设置创意黑白照

裁剪和拉直

打造清新的青山绿水效果

纯真孩童的写真照片处理

合成海市蜃楼

设置浓郁的秋景照片

导出Web格式照片

设置丰富颜色

设置简单的照片边框

设置层次分别的风景照片

将个人照片制作成个性月历

设置唯美的照片色调

设置怀旧的老照片效果

为花朵照片增加特殊效果

为花卉添加晕影效果

合成合照的人像效果

添加绚烂的光照效果

用清晰度滑块柔和图像

唯美风格婚纱照片的处理

为旅行照片添加纪念文字

数码照片的商业应用

制作宝丽来效果照片

设置绚丽渐变色彩

修复逆光的数码照片

修复曝光不足的照片

应用动作为数码照片添加艺术特效

应用自动化调整照片色调

为黑白照进行上色处理

制作高对比度黑白照

为数码照片添加水印效果

制作杂志风格的婚纱艺术照

制作手绘的人物效果

制作HDR效果

制作个性写真艺术照

快速调整照片的色调和影调

锐拓设计　编著

Photoshop CS5 数码照片处理从入门到精通

实战版

机械工业出版社
CHINA MACHINE PRESS

学习数码照片处理既能满足日常生活照的修饰需求，还能应对具有商业意味的图像设计、艺术照制作，真正做到一技在手不求人。本书主要介绍了利用 Photoshop CS5 进行照片处理的实用方法和各种常见问题的解决之道。作者结合多年的数码照片处理和实战经验，从照片的修复、修饰、图像的合成处理及照片的最终输出等多方面入手，通过对各种典型实例的技术分析和分步操作，帮助读者在掌握数码照片处理技法的同时，快速了解 Photoshop 软件的用法，是实现读者从入门到精通的操作型技法指导书。

本书配送多媒体 DVD 教学光盘，其中收录了在制作过程中用到的素材及源文件。本书适用于 Photoshop 的初学者、平面设计师、数码影楼从业者及对数码照片处理感兴趣的读者，也可作为社会培训学校、大中专院校相关专业的教学参考书或上机实践指导用书。

图书在版编目（CIP）数据

Photoshop CS5 数码照片处理从入门到精通 / 锐拓设计编著. —北京：机械工业出版社，2011.7

ISBN 978-7-111-35233-4

Ⅰ. ①P… Ⅱ. ①锐… Ⅲ. ①图象处理软件, Photoshop CS5
Ⅳ. ①TP391.41

中国版本图书馆 CIP 数据核字（2011）第 130275 号

机械工业出版社（北京市百万庄大街 22 号　邮政编码 100037）
策划编辑：丁　伦
责任编辑：丁　伦
责任印制：乔　宇
北京汇林印务有限公司印刷
2012 年 1 月第 1 版 • 第 1 次印刷
184mm×260mm • 30.5 印张 • 2 插页 • 763 千字
0001－4000 册
标准书号：ISBN 978-7-111-35233-4
　　　　　ISBN 978-7-89433-083-3（光盘）
定价：99.90 元（附赠 1DVD）

凡购本书，如有缺页、倒页、脱页，由本社发行部调换

电话服务
社服务中心：（010）88361066
销售一部：（010）68326294
销售二部：（010）88379649
读者购书热线：（010）88379203

网络服务
门户网：http://www.cmpbook.com
教材网：http://www.cmpedu.com

封面无防伪标均为盗版

前言

行业背景

随着数码相机的日益普及，数码照片后期处理已成为广大数码摄影爱好者不断深入讨论及创新实践的一个领域。不过同专业人士相比，同一处景点，也许普通人所拍摄的照片会显得平淡无奇，甚至存在缺憾。因此，数码照片后期的处理工作就显得尤为重要。对照片进行后期处理不仅可以提高照片的观赏性，而且可以实现化腐朽为神奇的惊人转变。

Adobe 公司的著名图形图像处理软件 Photoshop 是数码图像后期处理的利器，具有直观的操作界面、强大的编辑和合成功能、高质量的输出特性，使用它可以轻而易举地将原本平凡的照片调整为精美的摄影作品。

本书内容

在策划本书的过程中以一切从读者需求出发的理念，参考了大量经典的数码照片处理教程，并结合作者多年来的实际操作经验，详细介绍了使用 Photoshop CS5 软件进行数码照片处理的基础知识、操作方法和应用技巧，让读者循序渐进地掌握 Photoshop CS5 在照片处理中的使用技巧。

全书分为两大部分共 18 章，包括数码照片的导入和管理、Photoshop CS5 的基础知识、简单处理 RAW 格式的数码照片、RAW 格式数码照片的高级处理技术、数码照片的简单编辑、数码照片的光影调整、数码照片的调色技术、彩色照片和黑白照片的转换技术、照片的修复与润饰、为照片添加艺术装饰、为数码照片的添加艺术效果、数码照片的抠图与合成、数码照片的输出等 13 个基础内容章节，以及纯真孩童的写真照片处理、制作唯美艺术照片、唯美风格婚纱照片的处理、制作杂志风格的婚纱艺术照、数码照片的商业应用 5 个实例章节。

本书特色

本书所有章节的设置及实例内容，都以解决读者在照片处理中遇到的实际问题和制作过程中应该掌握的技术为核心，采用了统一的编排方式，将数码照片处理的相关内容穿插于知识补充中，使读者在学习技法的同时，了解更多关于照片处理的知识。而单独提出的技巧点拨，则是从不同角度对工具或命令等进行介绍，让读者学会更多的照片处理技法。

本书实例操作简单易懂，都有极强的代表性和扩展性，能够给读者启发，进而举一反三，制作出非常漂亮的照片。

附赠资源

随书配送的 DVD 光盘内容丰富，具有极高的学习价值和使用价值。收录了所有实例的素材图像、Psd 格式源文件，方便读者的查找和学习。在光盘中还提供了交互式多媒体视频语音教程，收录了书中重点实例的操作步骤。

参与本书编写的人员有李德华、孟尧、李晓华、陈慧娟、周维维、柏梅、徐文彬 、肖艳、王彦茹 、谢友红、孙天娇、赵冉、喻兰、陈茜、黄俊。

由于作者水平有限，书中疏漏和不足之处在所难免，恳请广大读者及专家不吝赐教。

——锐拓设计

目 录

简单处理RAW格式的数码照片

RAW格式数码照片的高级技术

数码照片的简单编辑

第6章 数码照片的光影调整

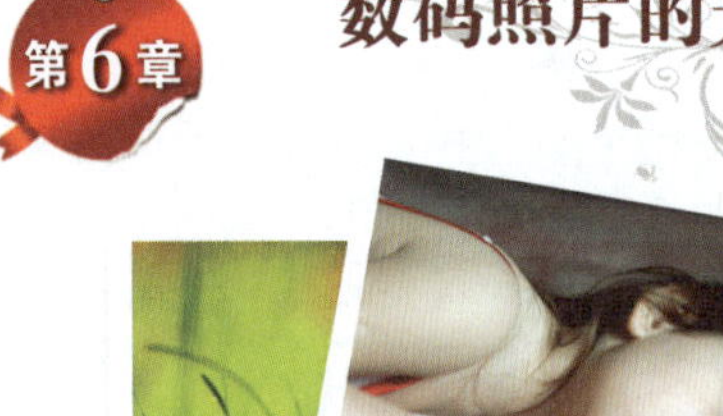

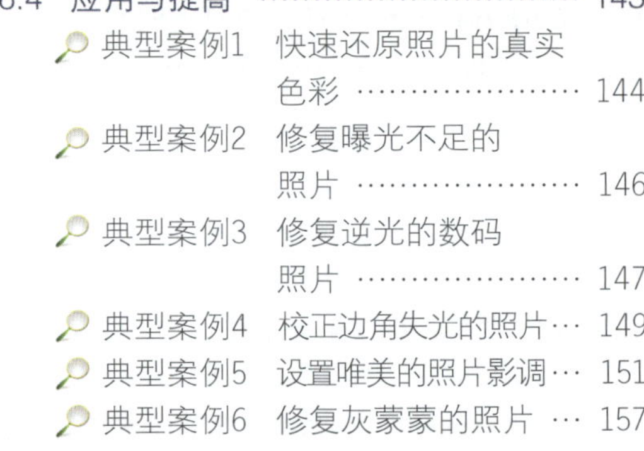

第7章 数码照片的调色技术

第8章 彩色照片和黑白照片的转换技术

第9章 照片的修复与润饰

第10章 为照片添加艺术装饰

第11章 数码照片的特殊效果制作

第12章 数码照片的抠图与合成

第13章 数码照片的输出

第14章 纯真孩童的写真照片处理

第15章 制作个人写真艺术照

第16章 唯美风格婚纱照片的处理

第17章 制作杂志风格的婚纱艺术照

第18章 数码照片的商业应用

1 数码照片的导入和管理

数码相机的存储空间是有限的，将数码照片导入到计算机中能完整地保存需要的数码照片，并方便对其进行管理，使浏览和后期处理变得更加简单。

本章的重要的概念有：了解数码照片导入到计算机的方法，理解如何使用看图片软件浏览照片，使用Adobe Bridge对照进行管理。

本章知识点

- 将数码照片导入计算机
- 数码照片的查看
- 用Adobe Bridge管理照片

1.1 数码照片的导入

在对数码照片进行后期处理时，首先要将拍摄好的数码照片导入计算机。通常用于数据的传输有两种方式，一是采用读卡器进行数据的传输，二是通过相机配置的数据线进行数据的传输，用户可根据个人习惯选择数码照片导出数码相机的方法。

核心知识 1　通过读卡器导入计算机

使用数码相机拍摄的数码照片一般存放在存储卡中，存储卡的种类很多，不同的数码相机使用的存储卡也有所不同，如图 1-1 所示。因此，在通过读卡器将照片导入计算机时，需要选择合适的读卡器。在拍摄完照片后可直接将存储卡取出，插入读卡器内，如图 1-2 所示。将读卡器与计算机直接连接，使用打开 U 盘的方法打开存储卡，复制存储卡内的数码照片。

图　1-1

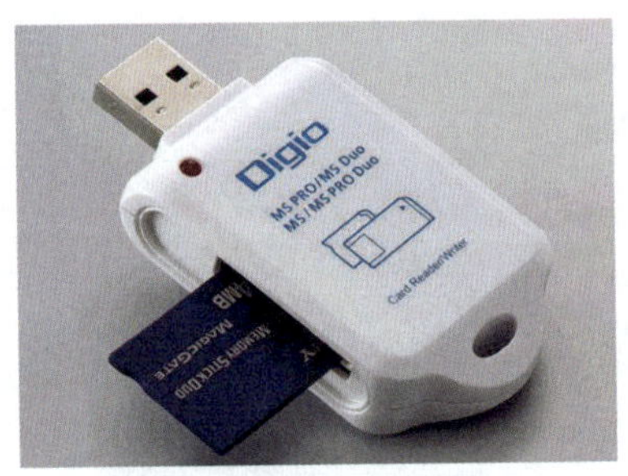

图　1-2

核心知识 2　直接连接数据线导入计算机

在购买数码相机时，厂家都会为其配置一根数据线，用于导出相机内的照片数据。按照数码相机配备的说明书，使用数据线将计算机和相机进行连接，如图 1-3 所示，计算机将自动对设备进行扫描，打开对话框，如图 1-4 所示。在对话框内单击“打开文件夹以查看文件”选项，即可以文件夹形式查看照片，并将数码照片复制到计算机上。

图　1-3

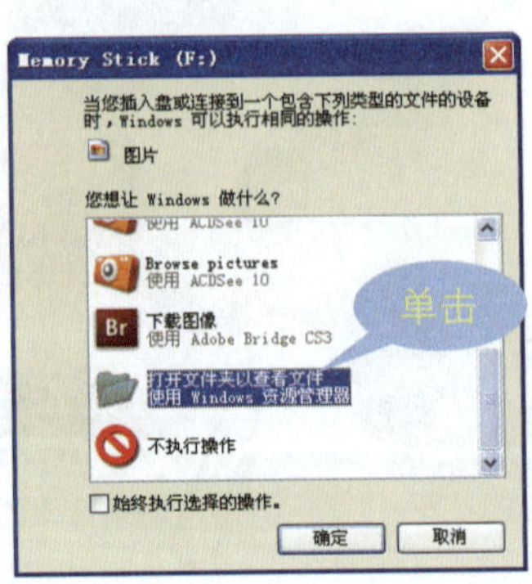

图　1-4

1.2 数码照片的查看

将数码照片导入计算机后，则可使用各种图像查看软件对其浏览，查看图像细节从中筛选出值得保留和后期处理的数码照片，并对筛选出的数码照片进行管理，使后期对图像的处理变得更加简单。

核心知识 1 使用 Windows 图片和传真查看器查看照片

"Windows 图片和传真查看器"是 Windows 系统自带的图像浏览软件，可快速打开数码照片并进行浏览、缩放、旋转、删除、复制等操作。右击需要查看的数码照片，在弹出的快捷菜单中选择"打开方式"→"Windows 图片和传真查看器"命令，如图 1-5 所示，打开"Windows 图片和传真查看器"窗口，如图 1-6 所示。

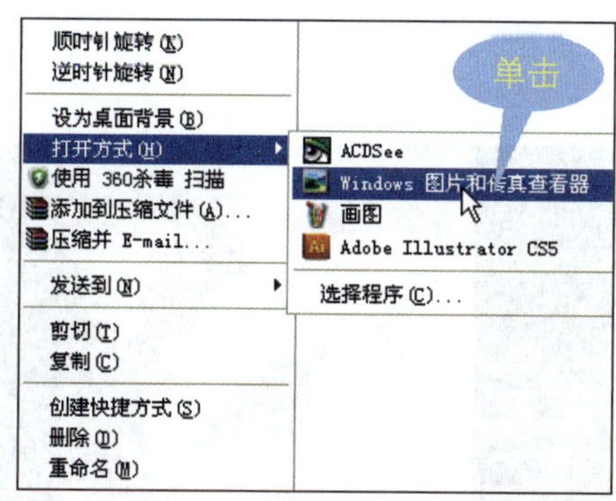

图 1-5

图 1-6

技 巧 点 拨

当系统设置"Windows 图片和传真查看器"为默认的图像浏览器时，可双击需要打开的图像，图像将在"Windows 图片和传真查看器"窗口中打开，不需要对图像进行打开方式的选择。

在"Windows 图片和传真查看器"下方为操作按钮，可对图像进行浏览、缩放、旋转、复制等操作，如图 1-7 所示。

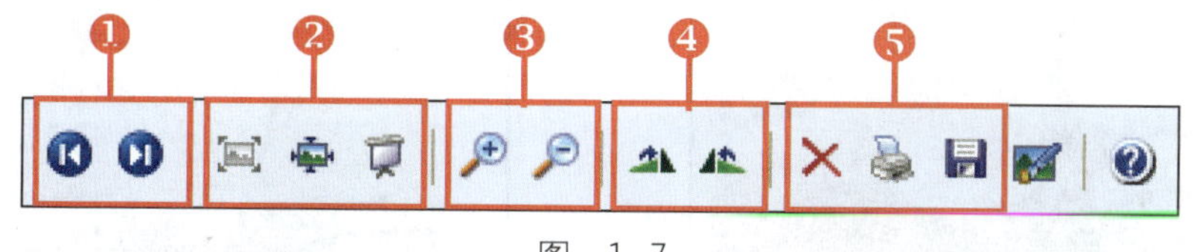

图 1-7

❶上一个图像/下一个图像

单击"上一个图像"按钮，可查看当前图像的上一张图像。如果当前图像为第一张图像，窗口将显示文件夹内最后一张图像，如图 1-8 所示。单击"下一个图像"按钮，可查看当前图像的下一张图像。如果当前图像为最后一张图像，窗口将显示文件夹内第一张图像，如图 1-9 所示。

图 1-8

图 1-9

❷设置查看模式

"Windows 图片和传真查看器"有 3 种查看图像的模式，其中包括"最合适"、"实际大小"和"开始幻灯片"。单击"最合适"按钮，图像将全部在窗口内显示，如图 1-10 所示。单击"实际大小"按钮，窗口内图像按图像实际大小显示，窗口边缘出现滑块，如图 1-11 所示。单击"开始幻灯片"按钮，图像将以幻灯片方式全屏显示，如图 1-12 所示。

图 1-10

图 1-11

图 1-12

❸缩放图像

在需要放大显示图像的位置，单击"放大"按钮，图像将逐渐放大，窗口边缘出现滑块，如图 1-13 所示。单击"缩小"按钮，图像将逐渐缩小，如图 1-14 所示。

图 1-13

图 1-14

❹旋转

单击“顺时针旋转”按钮，图像将按顺时针方向旋转90°，如图1-15所示。单击“逆时针旋转”按钮，图像将按逆时针方向旋转90°，如图1-15所示。

图 1-15

图 1-16

技巧点拨

当查看的图像尺寸过大，在对图像进行旋转时会弹出“Windows 图片和传真查看器”窗口，提示旋转会对图像进行压缩并降低图像质量。如需保证图像质量，单击“否”按钮即可。

❺删除、打印、复制图像

单击“删除”按钮，打开“确认文件删除”对话框，如图1-17所示。单击“是”按钮，确认删除图像；单击“否”按钮，取消删除图像。

图 1-17

单击“打印”按钮，打开“照片打印向导”对话框，如图1-18所示。单击“下一步”按钮，切换至“照片选择”界面，勾选需要打印的照片，如图1-19所示。

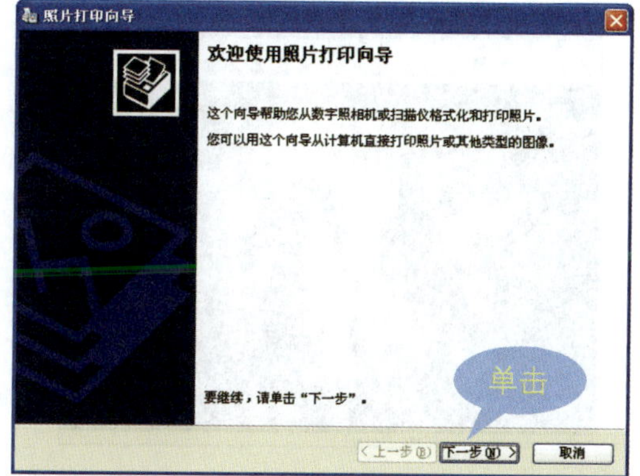

图 1-18

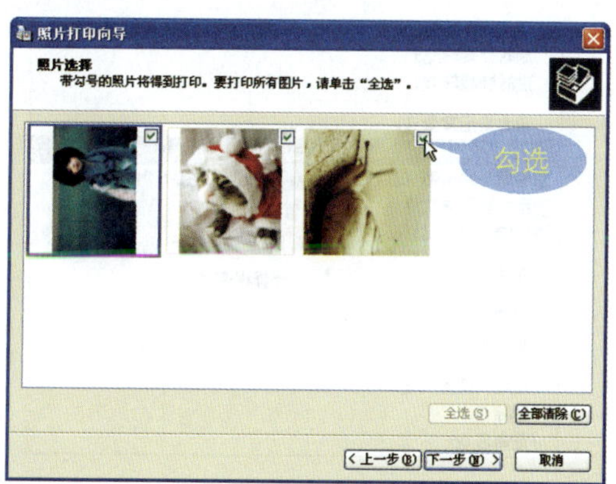

图 1-19

单击“下一步”按钮，切换至“打印选项”界面，设置使用的打印机，如图 1-20 所示。设置完成后，单击“下一步”按钮，切换至“布局选择”界面，设置打印照片的布局，如图 1-21 所示。

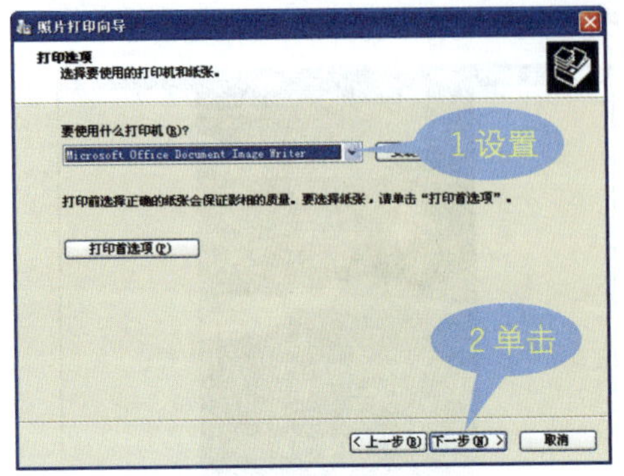

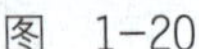

图 1-20

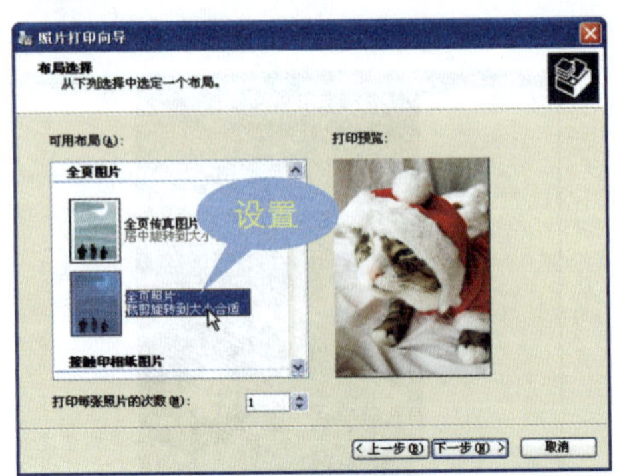

图 1-21

单击“复制到”按钮，打开“复制到”对话框，如图 1-22 所示。单击打开“保存在”下拉列表框，选择数码照片需要复制的位置，如图 1-23 所示。单击“保存”按钮，即可复制照片。

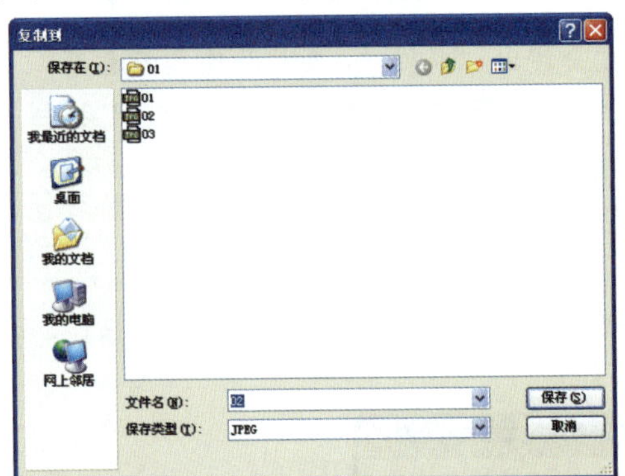

图 1-22

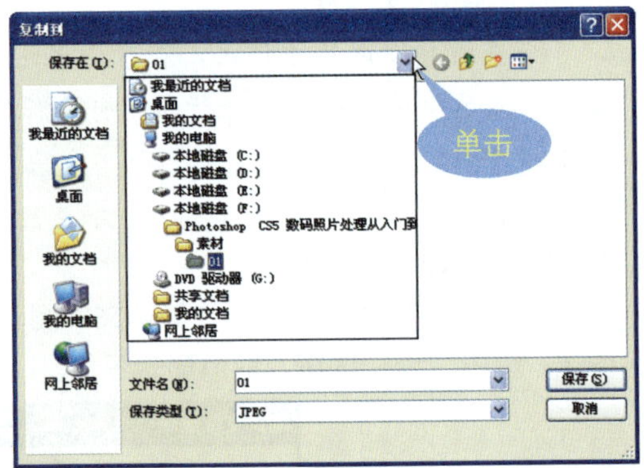

图 1-23

核心知识 2　使用 ACDSee 查看图片

ACDSee 是目前最为流行的查看图像的软件，它以便捷的操作及人性化的图像管理受到了用户的喜爱。右击需要查看的数码照片，在弹出的快捷菜单中选择“打开方式”→ACDSee 命令，如图 1-24 所示，打开“ACDSee”窗口，如图 1-25 所示。

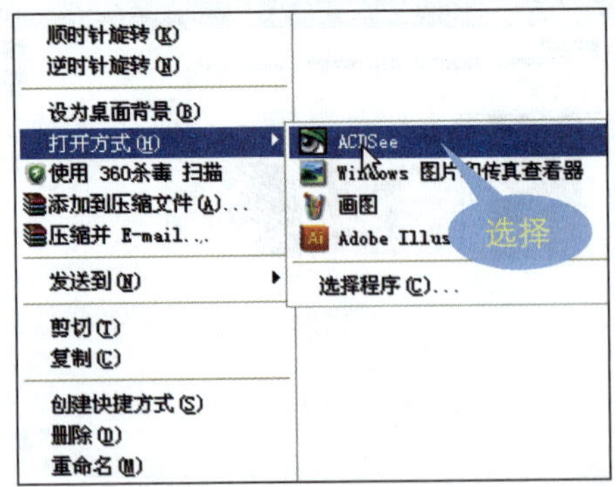

图 1-24

图 1-25

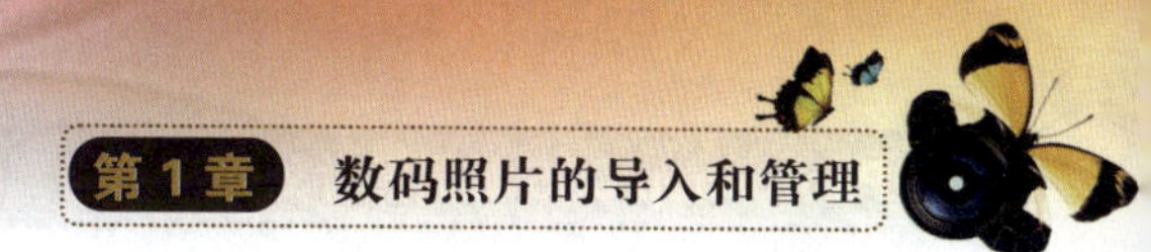

在 ACDSee 上方为操作按钮，可对图像进行查看、管理、复制、编辑、排序等操作，如图 1-26 所示。

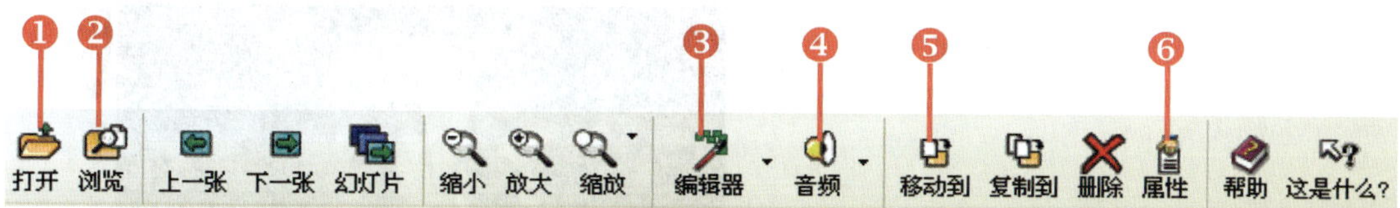

图 1-26

❶打开

单击“打开”按钮，打开“打开文件”对话框，如图 1-27 所示，在其中选择需要查看的数码照片，如图 1-28 所示。

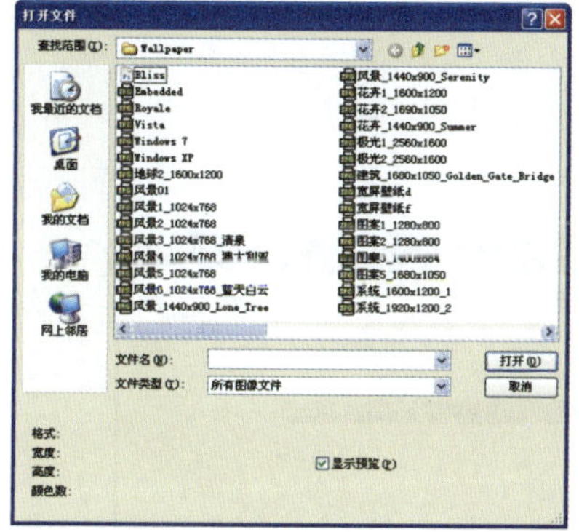

图 1-27

图 1-28

❷浏览

单击“浏览”按钮，将窗口切换至浏览模式，查看文件夹内的图像，如图 1-29 所示。单击“查看”标签，切换浏览模式布局，如图 1-30 所示。

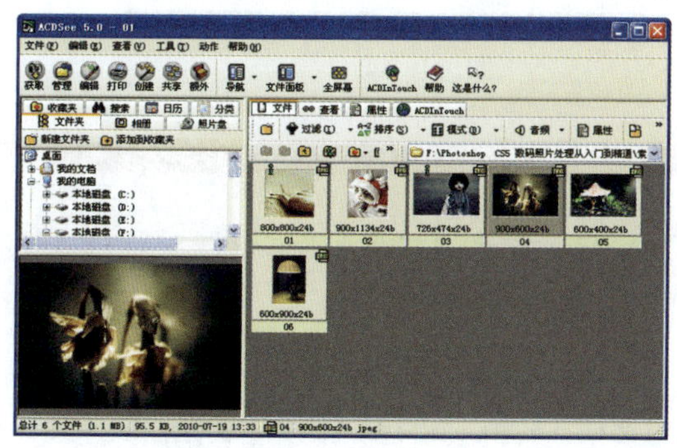

图 1-29

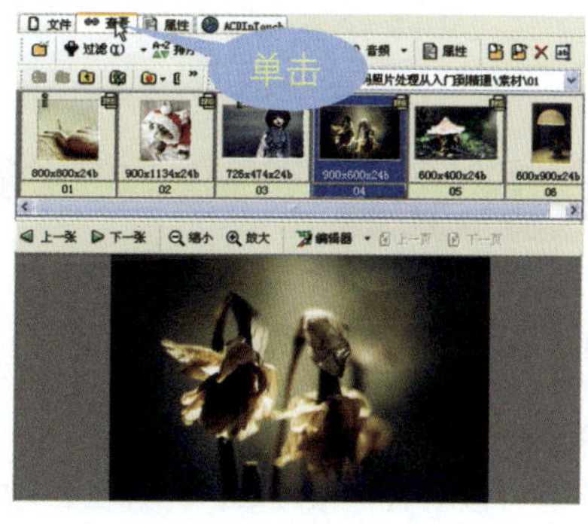

图 1-30

技巧点拨

ACDSee 浏览模式除了能根据用户的需要对图像进行浏览，还能修改图像的属性，以及为图像添加数据、设置关键字等。

❸模式

单击“编辑器”旁边的倒三角按钮，打开下拉列表，选中 FotoCanvas2 选项，如图 1-31 所示。打开 ACD FotoCanvas 对话框，可对图像进行简单编辑，如图 1-32 所示。

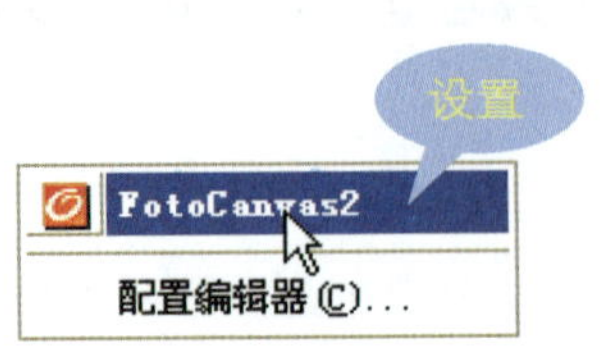

图 1-31

图 1-32

❹音频

单击“音频”按钮旁边的倒三角按钮，打开下拉列表，如图 1-33 所示。选中“编辑”选项，打开“编辑音频”对话框，如图 1-34 所示。

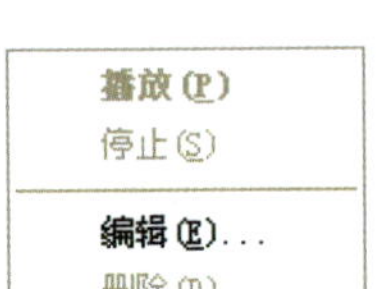

图 1-33

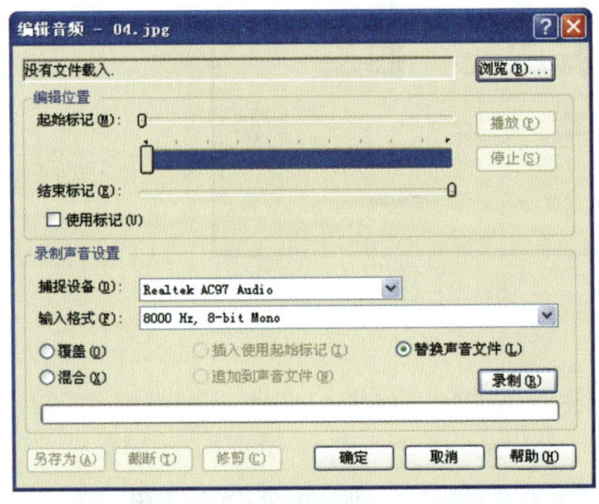

图 1-34

知识补充

在“编辑音频”对话框中单击“浏览”按钮，打开“打开声音文件”对话框，可对图像载入音频。ACDSee 支持 mp3、midi 和 wav 等格式音频文件。

❺移动到

单击“移动到”按钮，打开“移动文件”对话框。打开“目标”下拉列表框，选择文件移动的位置，如图 1-35 所示。

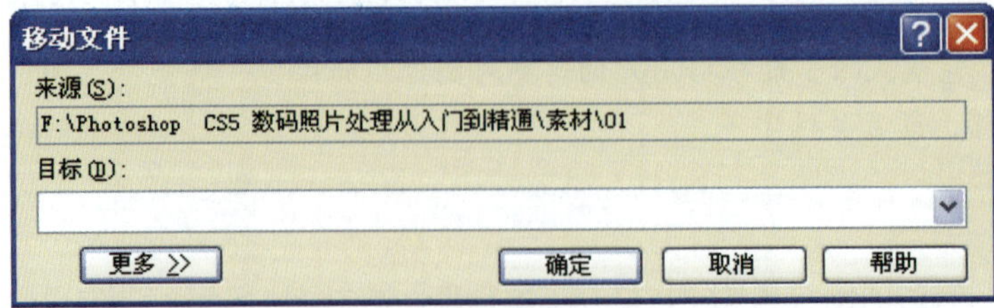

图 1-35

❻属性

单击“属性”按钮，打开“属性”对话框，如图 1-36 所示。单击“元数据”标签，可以查看图像元数据，如图 1-37 所示。

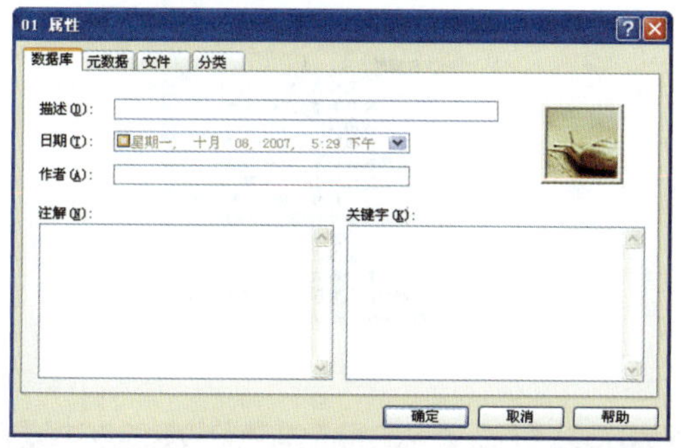

图　1-36

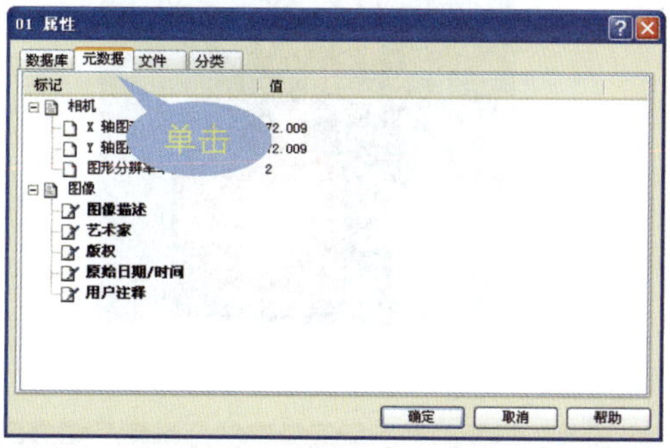

图　1-37

单击“文件”标签，可以查看“文件属性”和“图像属性”，也可以修改文件名，如图 1-38 所示。单击“分类”标签，切换至分类属性，在其中勾选分类选项对图进行分类，如图 1-39 所示。

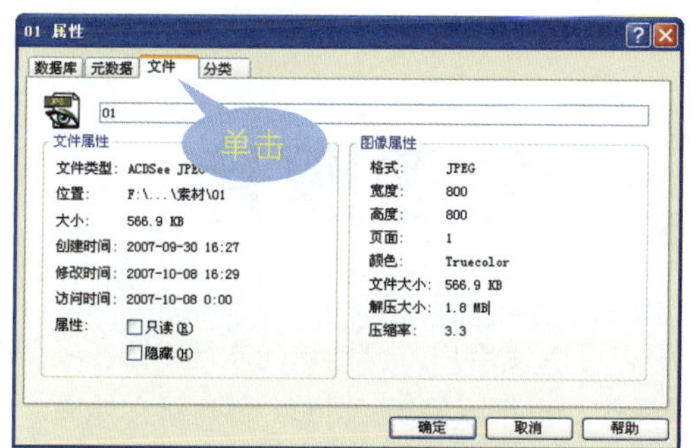

图　1-38

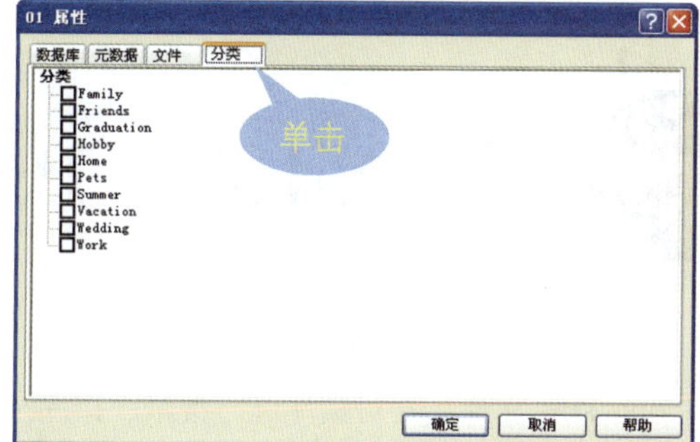

图　1-39

核心知识 3　使用 Adobe Bridge 查看图片

使用 Adobe Bridge 可以方便地查看 JPGE、PSD、AI 等文件，查看有关从数码相机导入的文件和数据的信息。

选择“开始”→“程序”→“Adobe Design Premium CS5”→“Adobe Bridge CS5”命令，如图 1-40 所示，打开 Adobe Bridge 对话框。在“文件夹”面板中，选择存储数码照片的文件夹，如图 1-41 所示。

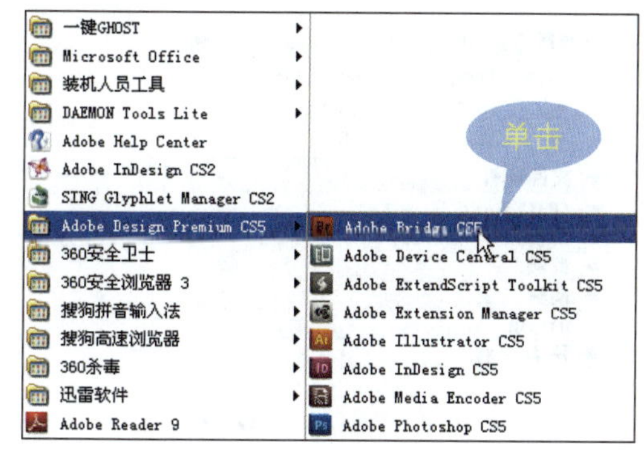

图　1-40

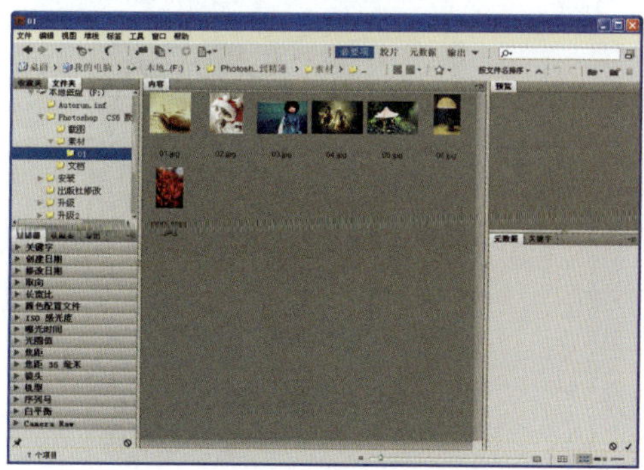

图　1-41

在“内容”面板中，选中需要查看的图像。在“预览”面板中，单击放大图像，查看图像细节，如图 1-42 所示。在“元数据”面板中，查看相机设置、文件属性、图像信息等，如图 1-43 所示。

图 1-42

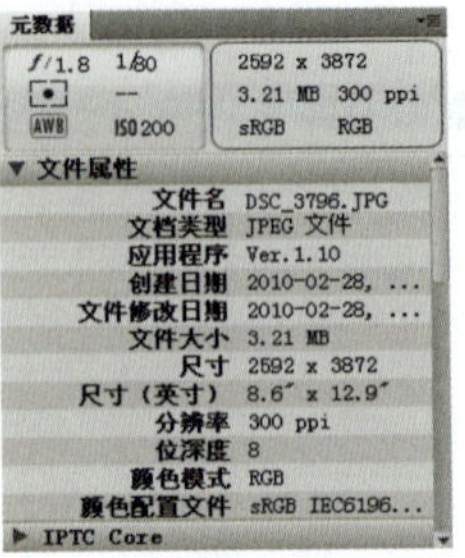

图 1-43

知 识 补 充

在“元数据”面板中，可对图像的部分元数据进行修改。双击文本后方的文字，可输入文字，从而对元数据进行添加或修改。

1.3 用 Adobe Bridge 管理照片

Adobe Bridge 是 Adobe Creative Suite 的控制中心，可以使用户方便地访问本地 PSD、AI、INDD 和 Adobe PDF 文件，并对文件进行搜索、排序和管理等操作。也可以使用 Bridge 创建新文件夹，对文件进行重命名、移动、删除操作，以及运行批处理命令，查看数码相机数据的信息。

核心知识 1 了解照片的 EXIF 拍摄信息

EXIF 信息就是由数码相机在拍摄过程中采集的一系列信息，它是镶嵌在 JPEG/TIFF 图像文件格式内的一组拍摄参数，主要包括摄影时的光圈、快门、ISO、时间等各种与当时摄影条件相关的信息，以及相机品牌型号、色彩编码、拍摄时录制的声音、全球定位系统（GPS）等信息。

打开 Adobe Bridge 软件，选中需要查看 EXIF 拍摄信息的数码照片，如图 1-44 所示。在“元数据”面板中，可以查看数码照片拍摄的数据及图像文件的信息，如图 1-45 所示。

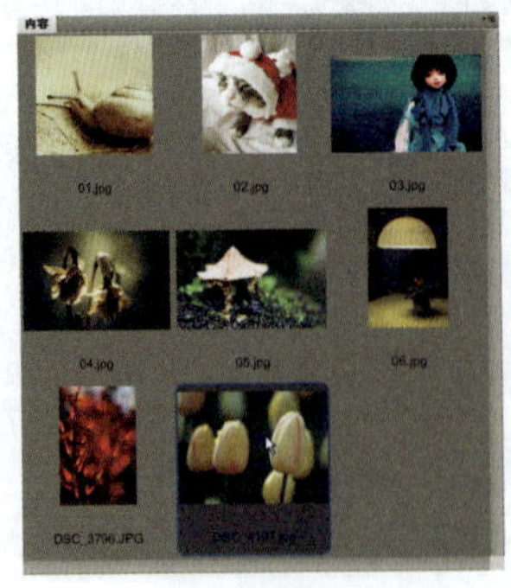

图 1-44

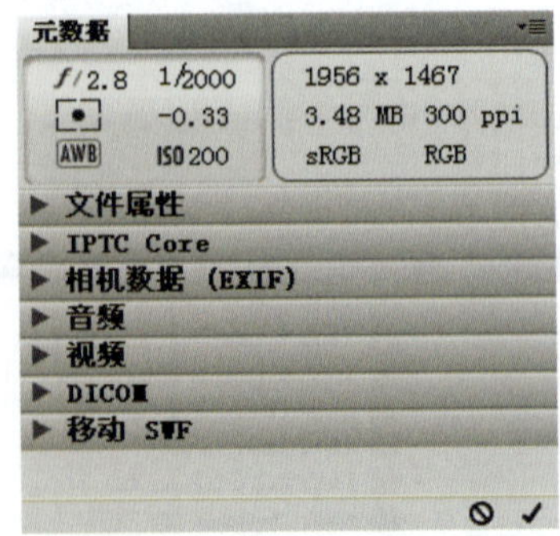

图 1-45

单击“文件属性”下拉列表，显示了数码照片文件信息，如图 1-46 所示。单击“相机数据”下拉列表，查看相机的相关数据，如图 1-47 所示。

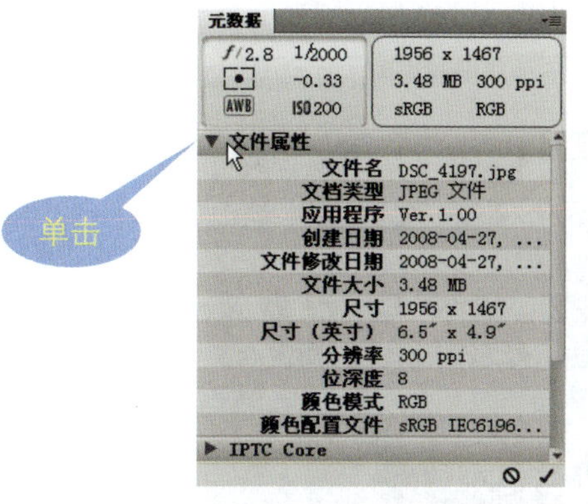

图 1-46

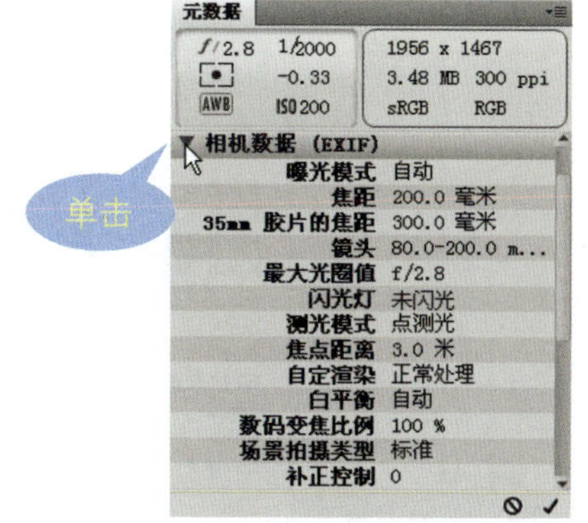

图 1-47

知识补充

“文件属性”描述文件的特征，包括文件大小、创建日期和修改日期。IPTC Core 显示有关文件的可编辑元数据。“相机数据”显示由数字摄像头分配的信息。“音频”显示音频文件的元数据，包括艺术家、专辑、曲目编号和流派。“视频”显示视频文件的元数据。

核心知识 2　从关键字搜索照片

在 Bridge 中使用过滤器可以快速地筛选、搜索出需要的照片。在“过滤器”面板中，单击“关键字”下拉列表，使用关键字对图像进行搜索，如图 1-48 所示。在列表中选中“已处理”选项，如图 1-49 所示，在“内容”面板中查看图像，如图 1-50 所示。

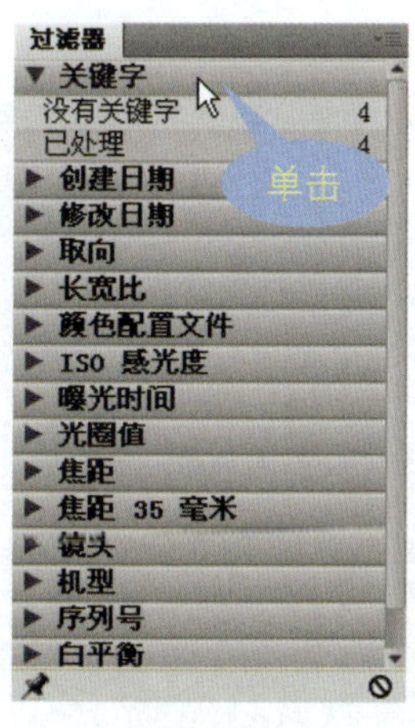

图 1-48

图 1-49

图 1-50

核心知识 3 对照片进行排序

在“内容”面板的空白处右击，在弹出的快捷菜单中选中“排序”命令，打开子菜单，如图 1-51 所示。选择相应的命令后，在“内容”面板中可以查看修改排序后的图像顺序，如图 1-52 所示。

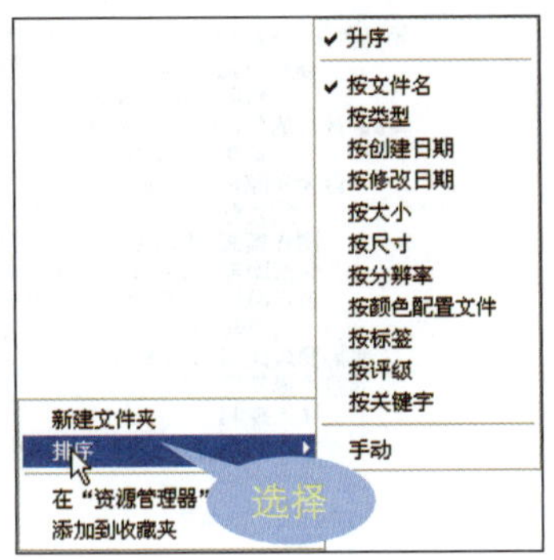

图 1-51

图 1-52

1.4 应用与提高

查看和管理数码照片对照片的后期处理有着很大的帮助，为了更加清晰地了解管理照片的方法，使后期查找、浏览照片也更加简单，可对数码照片进行分类存储、批量重命名、设置数码照片关键字，这些都是数码照片管理常用的方法。

典型案例 1 对数码照片进行分类存储

将数码照片导入计算机后，大量的数码照片存放在一起。由于数量太多不方便浏览，查找起来也比较费时，此时可使用 Adobe Bridge 对照片进行分类存储。新建文件夹后使用过滤器将照片进行分类，再将照片移动到需要存储的位置，具体操作步骤如下。

★素材文件：随书光盘\素材\1

★最终文件：随书光盘\源文件\1\横向、竖向文件夹

步骤 1 新建文件夹

打开 Bridge 程序，选择“文件”→“新建文件夹”命令。

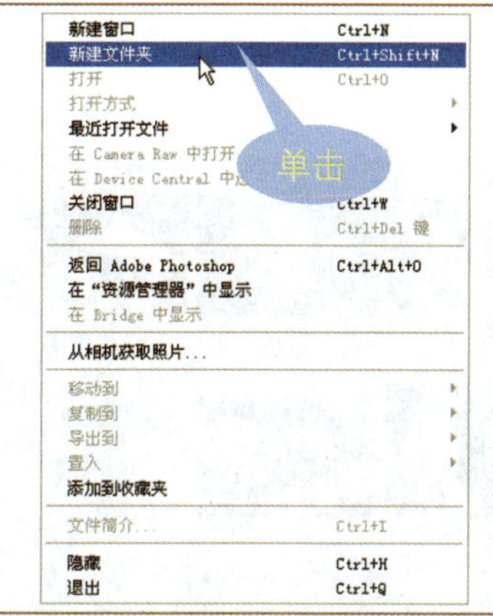

步骤 2 查看文件夹

在“内容”面板中将文件夹命名为“横向”。

步骤 3 设置过滤器

在“过滤器”面板的“取向”下拉列表中选中“横向”选项。

步骤 4 选中横向照片

在“内容”面板中，按快捷键〈Ctrl+A〉，选中所有图像。

步骤 5 移动文件

右击选中的图像后选择“移动到”→“选择文件夹”命令。

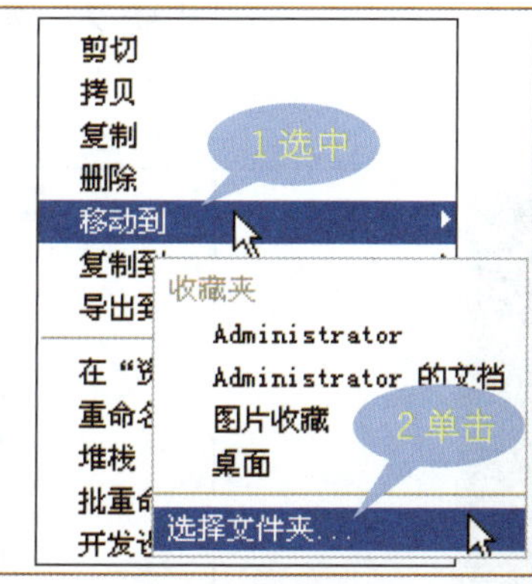

步骤 6 打开对话框

在打开的“浏览文件夹”对话框中选中“横向”文件夹，单击“确定”按钮。

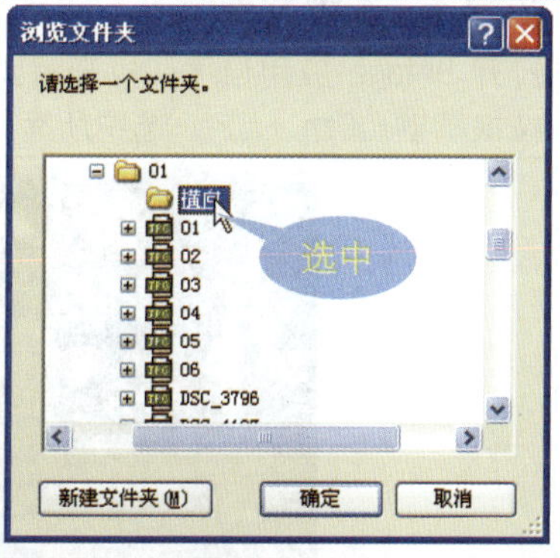

步骤 7 新建文件夹

选择“文件”→“新建文件夹”命令，在“内容”面板中将文件夹命名为“竖向”。

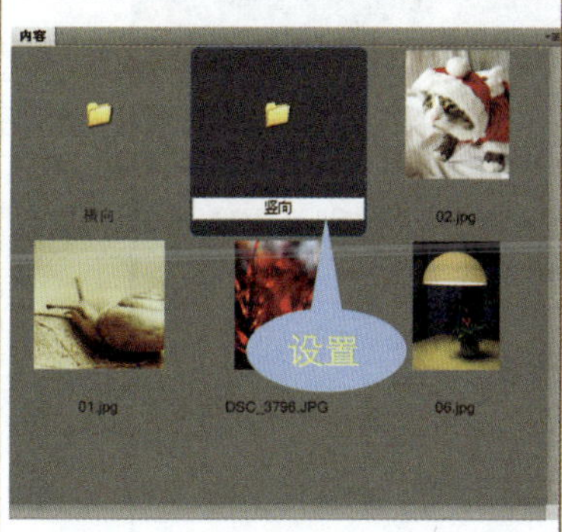

步骤 8 选中剩余照片

在“内容”面板中，按住〈Shift〉键，单击第一张照片和最后一张照片，选中剩下的照片。

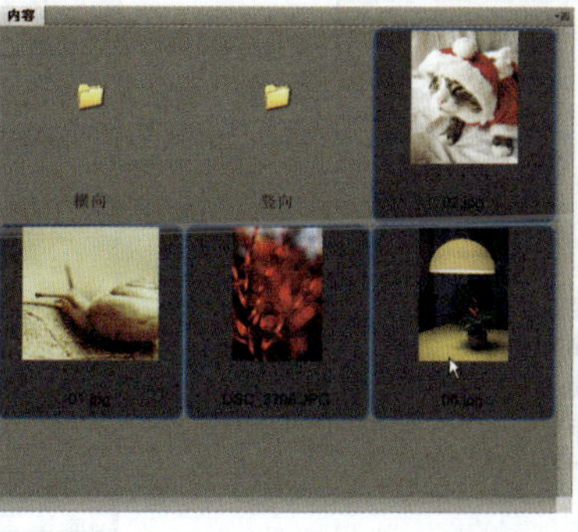

步骤 9 移动文件

右击选中的图像，在弹出的快捷菜单中选择“移动到”→“竖向”命令。

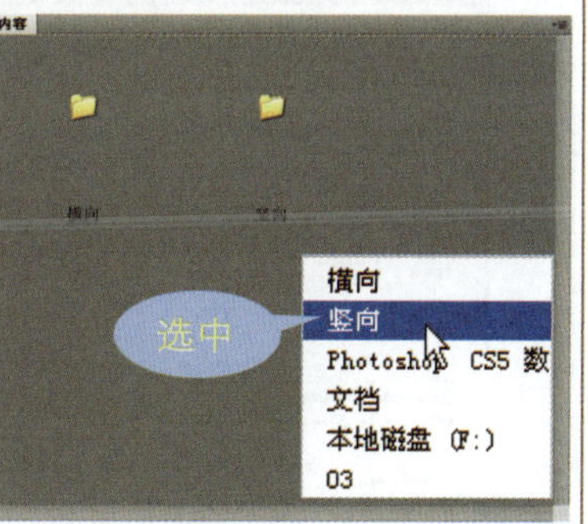

典型案例 2　对数码照片进行批量重命名

不同的数码相机会对数码照片自动生成特有的文件名，同一部相机拍摄的数码照片整理后序号也不会是连续的。为了更好地查看管理照片，可以统一对数码照片进行重命名。为了简化操作，可使用 Bridge 的“批重命名”命令对图像进行批量重命名，具体操作步骤如下。

★素材文件：随书光盘\素材\1\03.JPG、04.JPG、05.JPG、DSC-7197.JPG IMG_3220.JPG

★最终文件：随书光盘\源文件\1\01.JPG~05.JPG

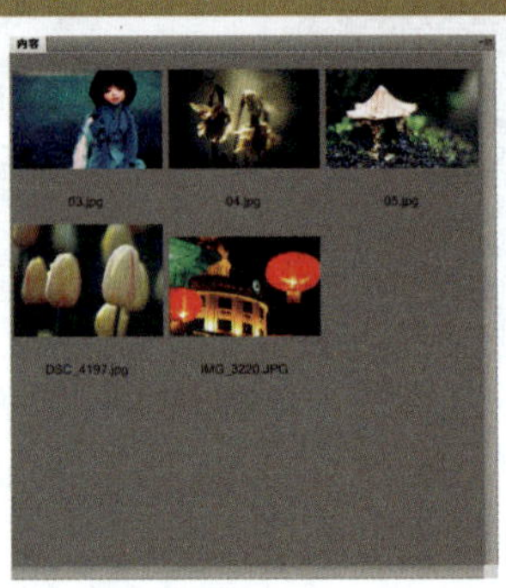

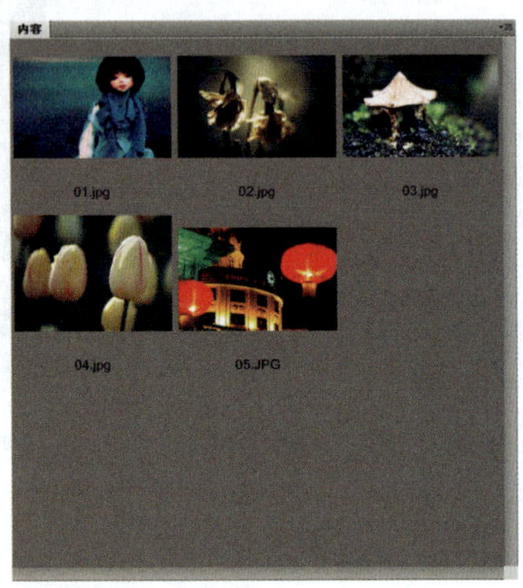

步骤 1　选中文件

打开 Bridge 应用程序，打开需要重命名的文件夹，按快捷键〈Ctrl+A〉，选中所有文件。

步骤 2　选择菜单命令

选择“工具”→“批重命名”命令，打开“批重命名”对话框。

步骤 3　打开“批重命名”对话框

在“批重命名”对话框的“目标文件夹”选项组中选中“复制到其他文件夹”单选按钮。

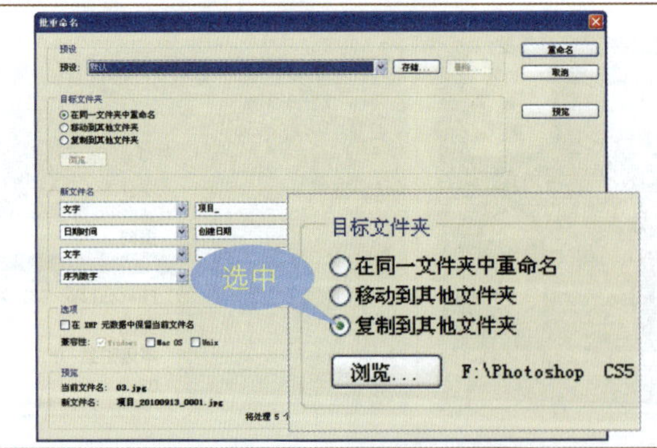

步骤 4　选择存储位置

单击“浏览”按钮，打开“浏览文件夹”对话框，选择文件存储的位置，单击“确定”按钮。

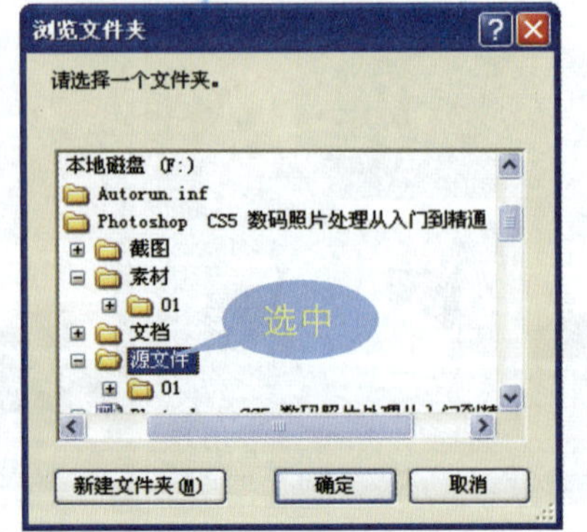

步骤 5　设置新文件名

在“新文件名”选项组中，单击“从文件名中移去此文本”按钮⊟，删除多余的文件名。

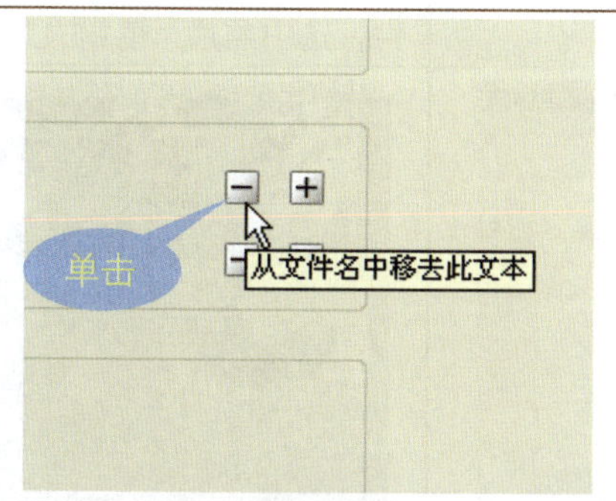

步骤 6　设置新文件名文本

在“新文件名”选项组中只保留一行框选项。打开第一个下拉列表框，选择“序列数字”选项。

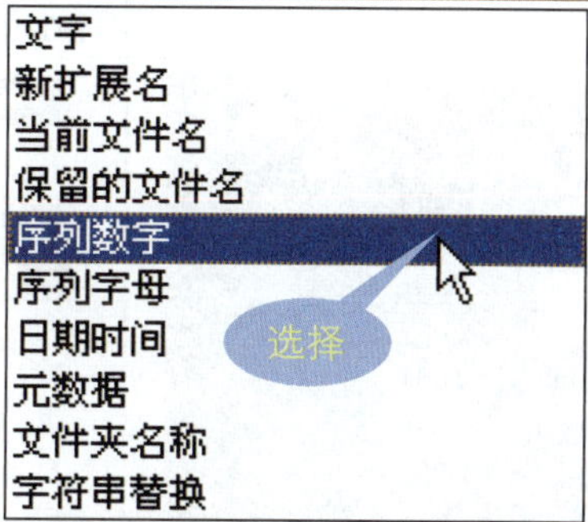

步骤 7　设置新文件名文本

在第二个下拉列表框中选择“2 位数”选项，在中间的文本框中输入文本 1。

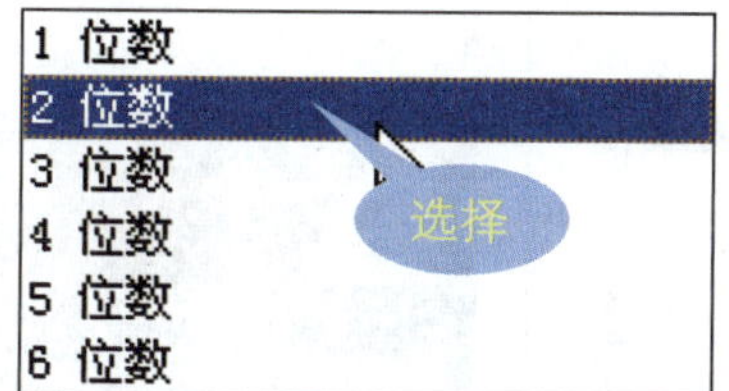

步骤 8　观察效果

在“预览”选项组内查看新文件名及批处理文件的总量。设置完成后，单击“确定”按钮，在“内容”面板中可以查看重命名后的文件名。

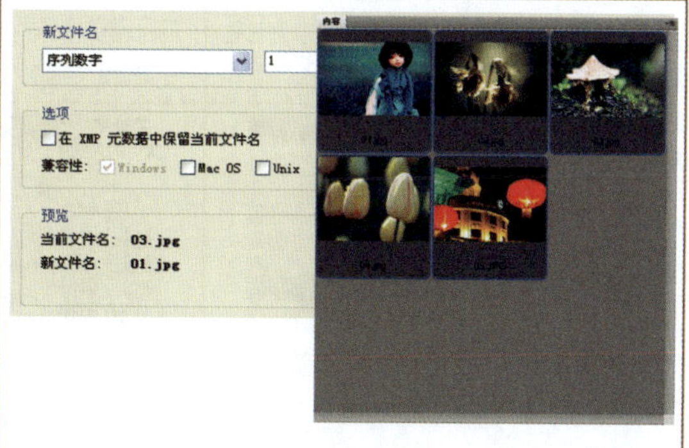

典型案例 3　设置关键字对数码照片进行筛选

为数码照片添加关键字，不仅可以增加照片的备注信息，还可以将照片进行简单的分类。再配合过滤器对图像进行筛选，可以快速地显示需要查看或者编辑的数码照片。为数码照片添加关键字并对图像进行关键字的筛选，具体操作步骤如下。

★素材文件：随书光盘\素材\1\2\01.jpg~04.jpg

★最终文件：随书光盘\源文件\1\2\01.jpg~04.jpg

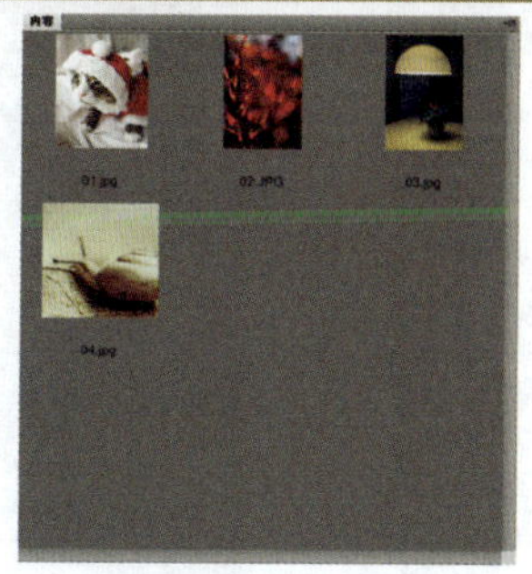

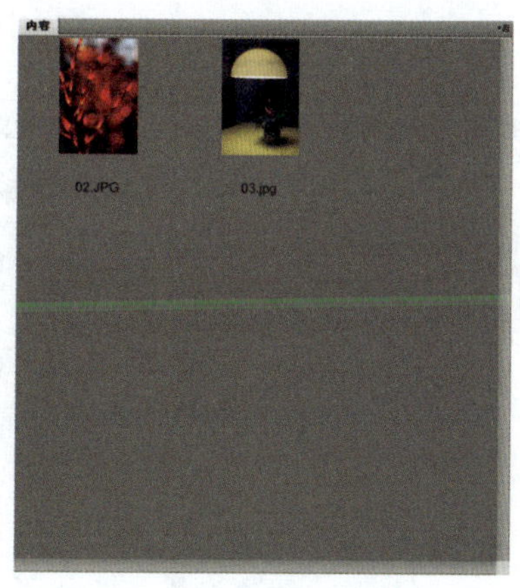

步骤 1　打开文件夹

打开 Bridge 应用程序，打开需要重命名的文件夹，查看文件夹中的照片。

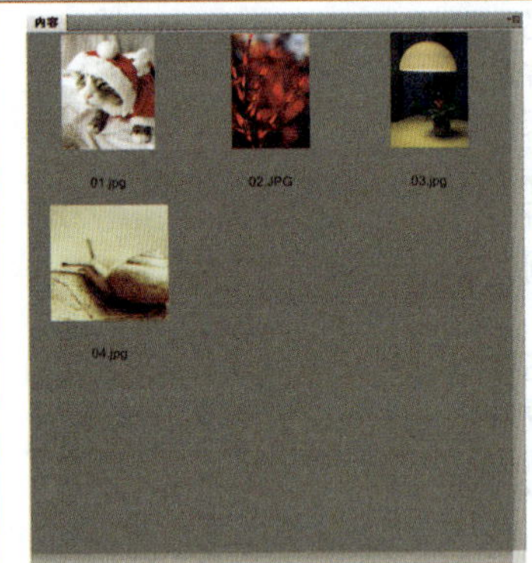

步骤 2　新建关键字

在“关键字”面板中，单击“新建关键字”按钮，在出现的文本框中输入文字“植物”。

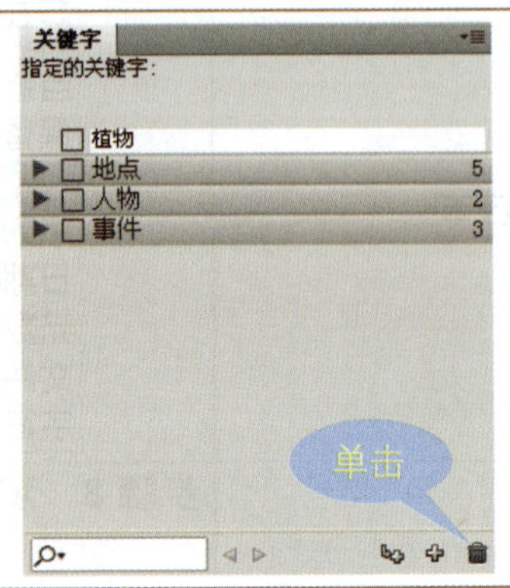

步骤 3　选中文件

在“内容”面板中，按住〈Ctrl〉键的同时单击 02、03 文件，选中照片为植物的文件。

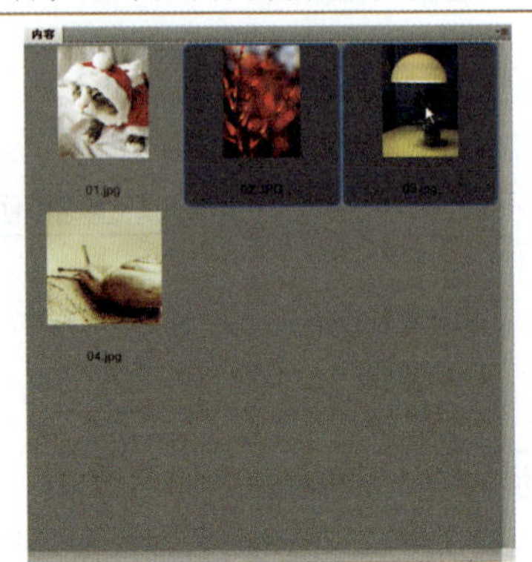

步骤 4　添加关键字

在“关键字”面板中，勾选“植物”复选框，为文字添加关键字“植物”。

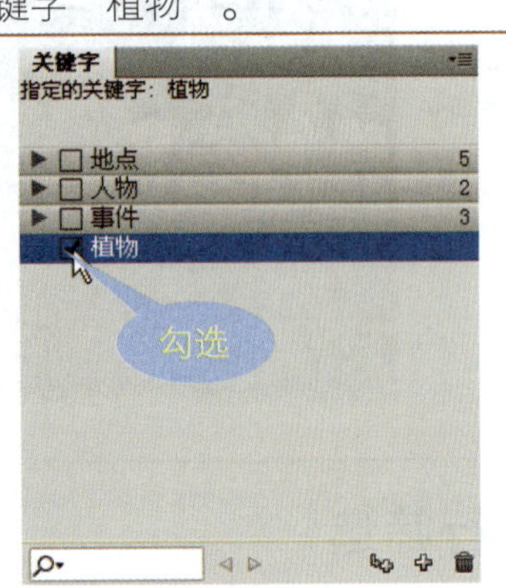

步骤 5　新建关键字

在“关键字”面板中，单击“新建关键字”按钮，在出现的文本框中输入文字“动物”。

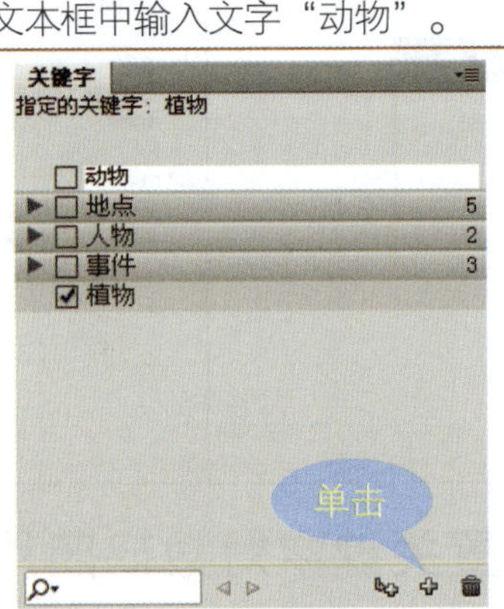
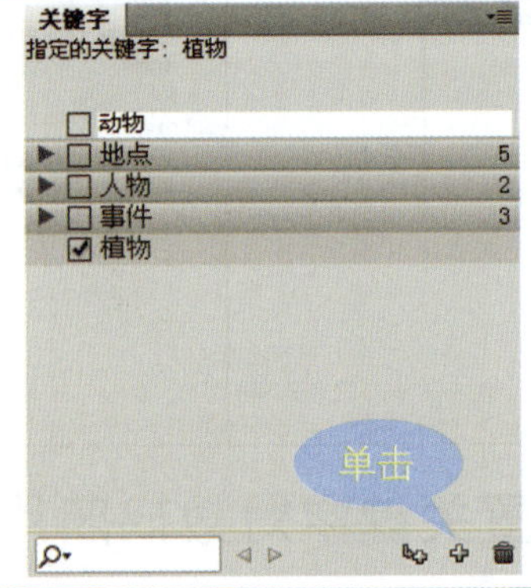

步骤 6　选中文件

在“内容”面板中，按住〈Ctrl〉键的同时单击 01、04 文件，选中图像为动物的文件。

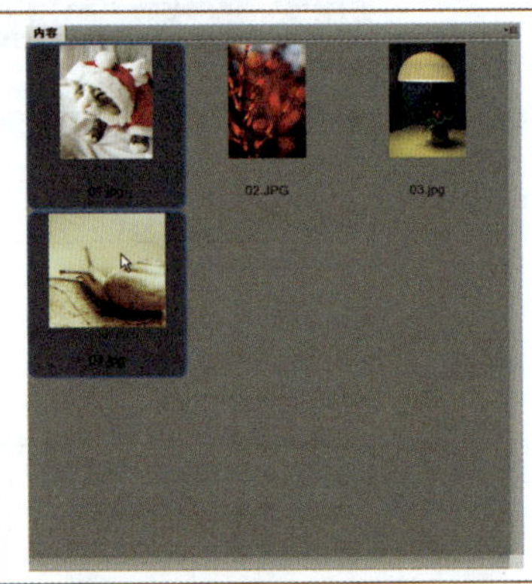

步骤 7　添加关键字

在“关键字”面板中，勾选“动物”复选框，为文字添加关键字“动物”。

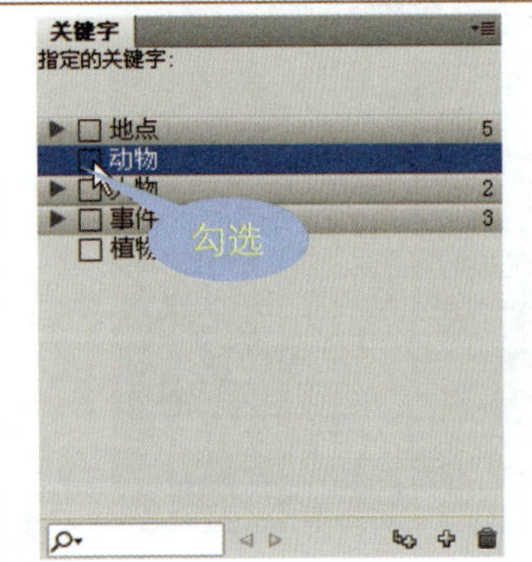

步骤 8　勾选“动物”关键字

在“过滤器”面板中勾选“动物”关键字，即可在“内容”面板中查看相应图像。

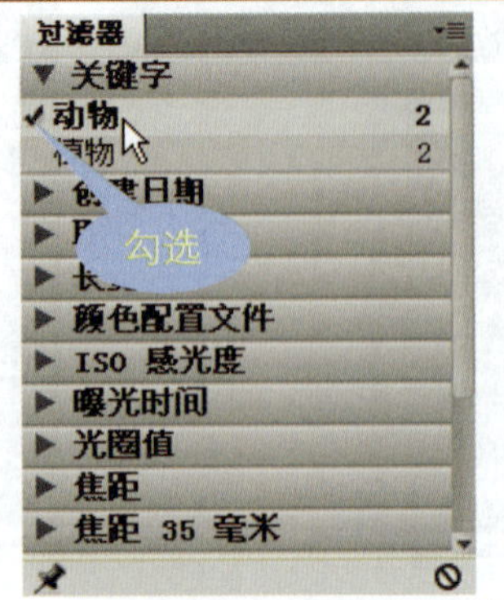

步骤 9　重新设置过滤器

在“过滤器”面板中单击“清除筛选器”按钮，取消勾选“动物”复选框，勾选“植物”复选框，在“内容”面板中查看。

2 掌握Photoshop CS5的基础知识

Photoshop适合于各类照片的处理，同时，全新的Photoshop CS5在保留原有功能外，还增加了更多新特性，提高了照片处理的效率。

本章的重要的概念有：常用的术语，全新的Photoshop工作界面，不同类型的工作区。

本章知识点

- 了解照片处理相关术语
- 了解Photoshop CS5的工作界面
- Photoshop CS5新特性
- 认识不同的显示模式

2.1 了解照片处理的相关术语

使用 Photoshop 处理照片时，常常会遇到一些非常重要的术语。只有在了解这些常用的术语后，才能在处理数码照片的过程中快速找到相应的工具和命令，对图像进行调整，直到满意为止。

核心知识 1　像素

照片清晰与否的关键是像素，通常一张数码照片将被转换为许多小方格，每个小方格称为一个像素，而每一个像素都有一个明确的颜色。在 Photoshop 中任意打开一幅图像，如图 2-1 所示。使用“缩放工具” 在图像中不断单击，放大图像，在放大图像后，图 2-2 所示为显示的花蕾的部分图像。由此可以得知，单位面积内包含的像素越多，图像就越清晰。

图　2-1

图　2-2

核心知识 2　分辨率

分辨率是指图像在一个单位长度内所包含像素的个数，一般以每英寸包含的像素数来计算。分辨率越高，图像结构越清晰。同时，分辨率的大小也决定了图像文件的大小，分辨率越大，文件所占用的空间也就越大。像素数目和分辨率决定了图像的大小，在像素相同的情况下，分辨率不同的图像打印出来的大小也不相同。图 2-3 和图 2-4 所示为同一张图像，分别设置像素为 100 像素/英寸和 10 像素/英寸的效果。

图　2-3

图　2-4

核心知识 3 了解多种图像的存储格式

Photoshop CS5 支持多种图像存储格式，不同的文件存储格式，其存储的方式与应用范围也不同。下面对几个常用的格式进行介绍。

❶Photoshop 格式

PSD、PDD 格式是 Photoshop 专用的文件格式，也是新建文件时默认的存储文件类型。这种文件格式不仅支持所有模式，还可将调整图层、参考线及 Alpha 通道等属性一并存储。

❷BMP 格式

以 BMP 格式存储图像时，系统使用 RLE 压缩方式。BMP 不但可以节省空间，而且不会破坏图像的细节。唯一不足的是当打开和存储文件时，速度相对较慢。

❸Photoshop EPS 格式

Photoshop EPS 格式是最广泛地被矢量绘图软件和排版软件所接受的格式，将图像置入 CorelDRAW、Illustrator 或 Page Maker 等软件中，就可以将图像存储成 Photoshop EPS 格式的文件。若将图像存储为位图格式，在存储为 Photoshop EPS 格式时，还可将图像的白色像素设置为透明效果。

❹TIFF 格式

TIFF 格式一般应用于不同的平台及不同的应用软件中，在图像打印规格上受到广泛支持。在将图像存储为 TIFF 格式时，可以选择应用的平台，也可以选择 LZW 的压缩方式。

❺ GIF 格式

GIF 格式最多可以存储 256 色的 RGB 颜色级数，因此，文件容量比其他格式要小，适合于网络图像的传输。由于 GIF 格式最多只能存储 256 色，所以在存储之前，必须将图像的模式转换为位图、灰度或者索引等颜色模式，否则无法存储。

❻JPEG 格式

JPEG 格式是一种压缩效率很高的存储模式。它和 GIF 格式的区别在于，JPEG 格式采用具有破坏性的 JPEG 压缩方式，可以处理 RGB 模式下的所有色彩信息。在存储过程中，JPEG 格式可以选择压缩级别：如果选择压缩率高的方式存储，图像的质量会降低；如果选择压缩率低的方式存储，则会使图像的质量接近于原图像。

❼PNG 格式

PNG 格式是被寄予厚望的明日之星，它结合了 GIF 和 JPEG 的特点，不但可以用破坏较小的压缩方式制作透明的背景效果，而且同时保留了矢量和文字信息。

核心知识 4 其他照片处理的相关术语

在 Photoshop CS5 中，除了前面介绍的像素和分辨率外，还有另外一些常用的相关术语，其中主要包括图层、蒙版、通道等，下面分别对这些术语进行介绍。

❶图层

图层是 Photoshop 中最重要的功能，也是进行照片处理的基础，在很多情况下都需要多个图层才能完成对图像的修饰。图层的优势在于，除背景层外的所有图层都支持图层蒙版、混合模式、透明度、填充更改效果及高级混合选项。

❷蒙版

图层蒙版可以理解成在当前图层上覆盖了一层玻璃，这种玻璃分为透明的和不透明的，前者显示全部，后者隐藏一部分。

❸通道

通道作为图像的一部分，与图像的格式密不可分。图像的颜色、格式将决定通道的数量，通过通道可以快速直现地查看当前图像的模式。

❹路径

使用路径工具所绘制的矢量图像称为路径，矢量路径可以是不封闭的。如果将起点与终点重合绘制时，则可以得到封闭的路径。绘制的路径可以通过“路径”面板进行查看。

2.2 了解 Photoshop CS5 的工作界面

Photoshop CS5 在 Photoshop CS4 的基础上又进行了很多更新，是除了保留原银灰色的界面背景外，对工作区中的工具及面板都作了新调整，同时，还对启动程序栏也进行了适当的更改。

核心知识 1　Photoshop CS5 的工作界面

双击 Photoshop CS5 图标，就可以启动 Photoshop CS5 应用程序，打开后的 Photoshop CS5 工作界面如图 2-5 所示。从图中可以看到，整个工作界面由启动程序栏、菜单栏、选项栏、工具箱、图像窗口、状态栏及面板组成。

图　2-5

核心知识 2 了解菜单命令

Photoshop 的菜单栏中包括了“文件”、“编辑”、“图像”、“图层”、“选择”、“滤镜”、“分析”、3D“视图”、“窗口”和“帮助”等 11 个菜单选项，如图 2-6 所示。单击菜单打开对应的子菜单，用户可以在其中执行各种操作命令对图像进行编辑。

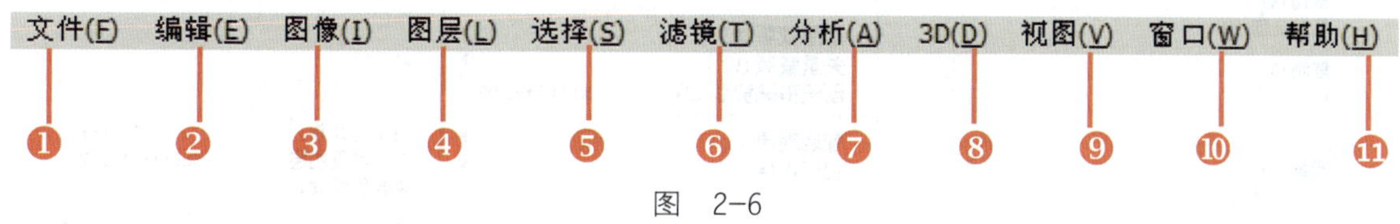

图 2-6

❶ “文件”菜单

执行“文件”菜单下的命令可快速对图像文件进行操作，如新建、打开、退出等，如图 2-7 所示。

❷ “编辑”菜单

“编辑”菜单命令中包含了很多简单的操作命令，通过执行“编辑”菜单下的命令可对图像进行剪切、复制、粘贴和定义形状等操作，如图 2-8 所示。

新建(N)...	Ctrl+N
打开(O)...	Ctrl+O
在 Bridge 中浏览(B)...	Alt+Ctrl+O
在 Mini Bridge 中浏览(G)...	
打开为...	Alt+Shift+Ctrl+O
打开为智能对象...	
最近打开文件(T)	▸
共享我的屏幕(H)...	
创建新审核(W)...	
Device Central...	
关闭(C)	Ctrl+W
关闭全部	Alt+Ctrl+W
关闭并转到 Bridge...	Shift+Ctrl+W
存储(S)	Ctrl+S
存储为(A)...	Shift+Ctrl+S
签入(I)...	
存储为 Web 和设备所用格式(D)...	Alt+Shift+Ctrl+S
恢复(V)	F12
置入(L)...	
导入(M)	▸
导出(E)	▸
自动(U)	▸
脚本(R)	▸
文件简介(F)...	Alt+Shift+Ctrl+I
打印(P)...	Ctrl+P
打印一份(Y)	Alt+Shift+Ctrl+P
退出(X)	Ctrl+Q

图 2-7

还原复制图层(O)	Ctrl+Z
前进一步(W)	Shift+Ctrl+Z
后退一步(K)	Alt+Ctrl+Z
渐隐(D)...	Shift+Ctrl+F
剪切(T)	Ctrl+X
拷贝(C)	Ctrl+C
合并拷贝(Y)	Shift+Ctrl+C
粘贴(P)	Ctrl+V
选择性粘贴(I)	▸
清除(E)	
拼写检查(H)...	
查找和替换文本(X)...	
填充(L)...	Shift+F5
描边(S)...	
内容识别比例	Alt+Shift+Ctrl+C
操控变形	
自由变换(F)	Ctrl+T
变换	▸
自动对齐图层...	
自动混合图层...	
定义画笔预设(B)...	
定义图案...	
定义自定形状...	
清理(R)	▸
Adobe PDF 预设...	
预设管理器(M)...	
颜色设置(G)...	Shift+Ctrl+K
指定配置文件...	
转换为配置文件(V)...	
键盘快捷键...	Alt+Shift+Ctrl+K
菜单(U)...	Alt+Shift+Ctrl+M
首选项(N)	▸

图 2-8

❸ “图像”菜单

“图像”菜单主要包含对图像进行调整的命令，包括图像模式、图像的调整命令、图像及画布大小的调整等，如图 2-9 所示。

❹ “图层”菜单

“图层”菜单的主要功能是对图层进行变换，其中包含了复制图层、新建图层、合并图层等操作，如图 2-10 所示。

模式 (M)
调整 (A)
自动色调 (N) Shift+Ctrl+L
自动对比度 (U) Alt+Shift+Ctrl+L
自动颜色 (O) Shift+Ctrl+B
图像大小 (I)... Alt+Ctrl+I
画布大小 (S)... Alt+Ctrl+C
图像旋转 (G)
裁剪 (P)
裁切 (R)...
显示全部 (V)
复制 (D)...
应用图像 (Y)...
计算 (C)...
变量 (B)
应用数据组 (L)...
陷印 (T)...

图 2-9

新建 (N)
复制图层 (D)...
删除
图层属性 (P)...
图层样式 (Y)
智能滤镜
新建填充图层 (W)
新建调整图层 (J)
图层内容选项 (O)...
图层蒙版 (M)
矢量蒙版 (V)
创建剪贴蒙版 (C) Alt+Ctrl+G
智能对象
视频图层
文字
栅格化 (Z)
新建基于图层的切片 (B)
图层编组 (G) Ctrl+G
取消图层编组 (U) Shift+Ctrl+G
隐藏图层 (R)
排列 (A)
对齐 (I)
分布 (T)
锁定组内的所有图层 (X)...
链接图层 (K)
选择链接图层 (S)
向下合并 (E) Ctrl+E
合并可见图层 Shift+Ctrl+E
拼合图像 (F)
修边

图 2-10

❺ “选择”菜单

“选择”菜单命令主要用于对画面中创建的图像选区进行编辑，包括全选选区、变换选区、存储和载入选区等，如图 2-11 所示。

❻ “滤镜”菜单

“滤镜”菜单是 Photoshop CS5 中所有滤镜的集合，如图 2-12 所示。其中包含了很多滤镜效果，在使用时只需单击要使用的滤镜即可。

全部 (A) Ctrl+A
取消选择 (D) Ctrl+D
重新选择 (E) Shift+Ctrl+D
反向 (I) Shift+Ctrl+I
所有图层 (L) Alt+Ctrl+A
取消选择图层 (S)
相似图层 (Y)
色彩范围 (C)...
调整边缘 (F)... Alt+Ctrl+R
修改 (M)
扩大选取 (G)
选取相似 (R)
变换选区 (T)
在快速蒙版模式下编辑 (Q)
载入选区 (O)...
存储选区 (V)...

图 2-11

上次滤镜操作 (F) Ctrl+F
转换为智能滤镜
滤镜库 (G)...
镜头校正 (R)... Shift+Ctrl+R
液化 (L)... Shift+Ctrl+X
消失点 (V)... Alt+Ctrl+V
风格化
画笔描边
模糊
扭曲
锐化
视频
素描
纹理
像素化
渲染
艺术效果
杂色
其它
Digimarc
浏览联机滤镜...

图 2-12

❼ “分析”菜单

“分析”菜单命令主要用于对一些测量后的数据进行分析变换，如图 2-13 所示。

❽ 3D 菜单

在打开的 3D 模式上应用 3D 菜单命令可以对图案进行编辑，也可以进行新的 3D 模式创建，如图 2-14 所示。

❾ “视图”菜单

“视图”菜单命令可以对打开或正在编辑的图像进行快速缩小或放大，并显示或隐藏标尺和网格等，如图 2-15 所示。

设置测量比例 (S)
选择数据点 (D)
记录测量 (M)
标尺工具 (R)
计数工具 (C)
置入比例标记 (P)...

图　2-13

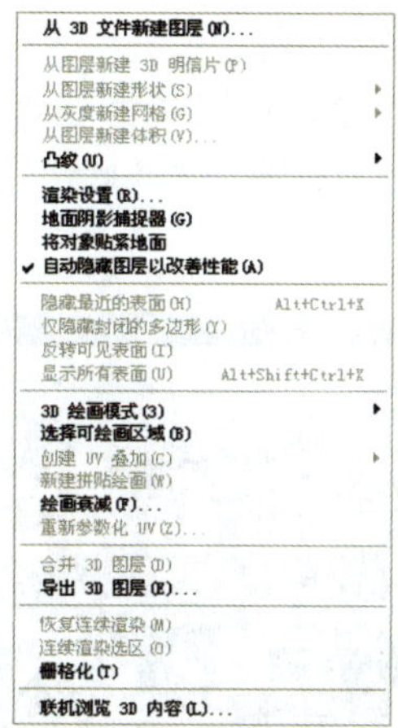

图　2-14

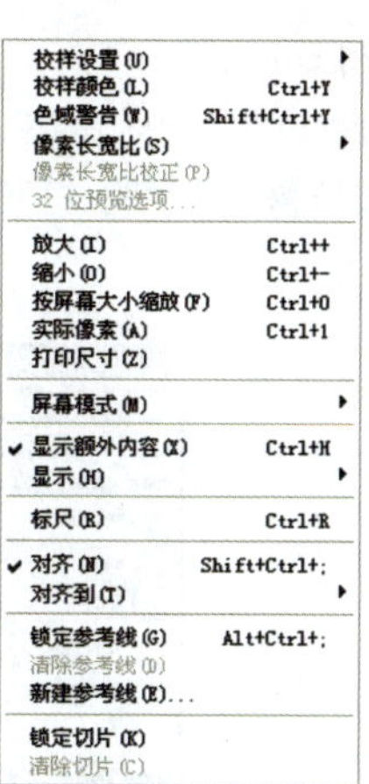

图　2-15

⑩ “窗口”菜单

“窗口”菜单命令主要用于对 Photoshop CS5 工作界面的各个面板进行显示或隐藏。若此菜单下的菜单命令前有一个勾选符号✔时，则表明该面板为显示状态，如图 2-16 所示。

⑪ “帮助”菜单

“帮助”菜单命令是在用户使用 Photoshop CS5 的过程中，为用户提供使用 Photoshop CS5 的帮助信息，如图 2-17 所示。

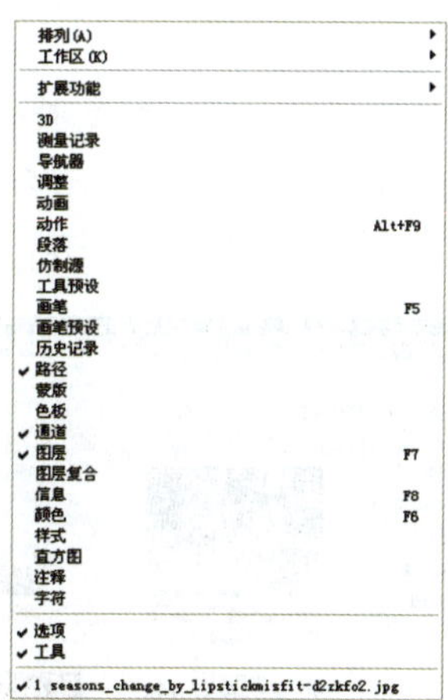

图　2-16

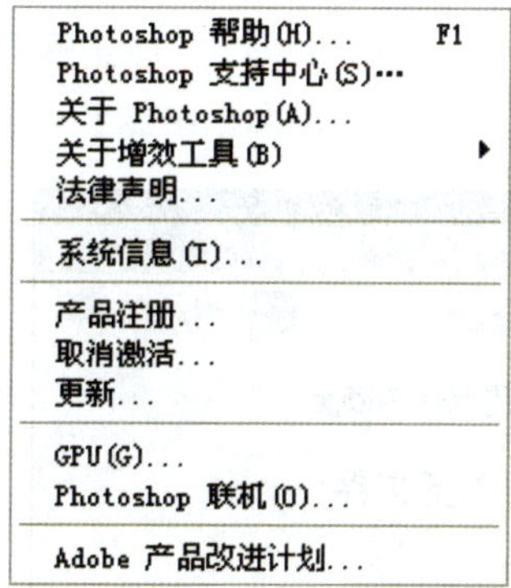

图　2-17

核心知识 3　了解全新启动程序栏

启动软件后，在工作界面最上方为启动程序栏，在启动程序栏中包括了全新的选项按钮，如“启动 Bridge”、“启动 Mini Bridge”、“缩放级别”等，如图 2-18 所示。

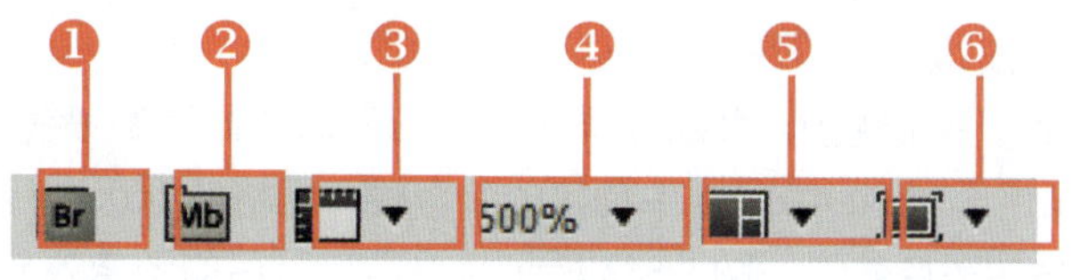

图　2-18

❶启动 Bridge

Photoshop CS5 提供的 Bridge 功能，可以更方便地快速启动 Bridge。只需要单击“启动 Bridge”按钮，就可以打开 Bridge 界面，通过 Bridge 可以更有效地管理用数码相机拍摄的照片，如图 2-19 所示。

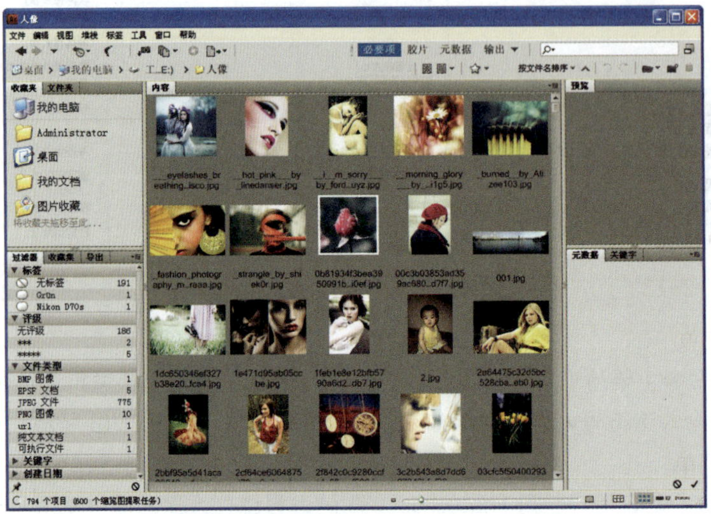

图 2-19

❷启动 Mini Bridge

Mini Bridge 是 Photoshop CS5 一个全新的工作面板，使用此面板可以更方便地进行图像的查看和选择。单击“启动 Mini Bridge”按钮，将打开 Mini Bridge 面板，如图 2-20 所示。单击“浏览文件”按钮，在 Mini Bridge 面板中显示一个文件夹下的多个图像，如图 2-21 所示。

图 2-20

图 2-21

❸“查看额外内容”按钮

单击“查看额外内容”按钮，可以查看在该按钮下的“显示参考线”、“显示网格”和“显示标尺”3 个选项，分别用于对 Photoshop 中创建的参考线、网格及标尺进行显示或隐藏。图 2-22 所示为显示参考线和标尺后的图像效果，图 2-23 所示为显示标尺后的图像效果。

图　2-22

图　2-23

❹ “缩放级别”按钮

单击 “缩放级别”按钮 100% ▾，在弹出的下拉列表中包含了 25%、50%、100%和 200% 4 个不同级别的缩放选项，如图 2-24 所示。单击其中一个选项，图像即按选择的数字进行缩放。图 2-25 和图 2-26 所示分别为 25%和 100%显示的图像效果。

25%
50%
100%
200%

图　2-24

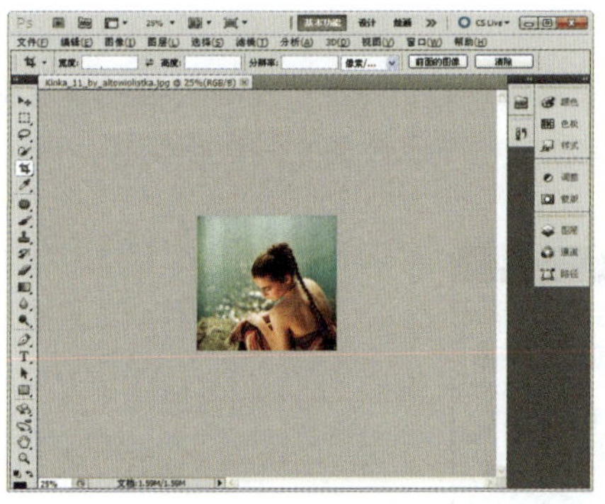

图　2-25

图　2-26

❺ “排列文档”按钮

单击“排列文档”按钮，可以在打开的菜单中查看多种不同的文档排列方式，如图 2-27 所示。用户根据需要选择其中的一种排列方式进行文档的排列显示。图 2-28 所示为三联显示方式。

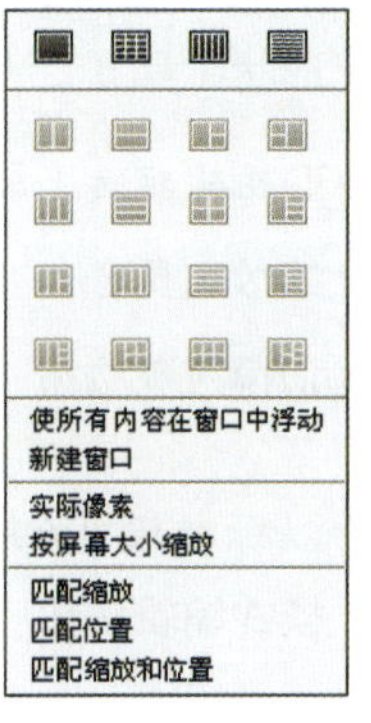

图　2-27

图　2-28

❻“屏幕模式”按钮

单击启动程序栏中的“屏幕模式”按钮，在打开的下拉菜单中有“标准屏幕模式”、“带有菜单栏的全屏模式”和“全屏模式”3 种不同的屏幕显示模式，如图 2-29 所示。在默认情况下，打开的图像均以“标准屏幕模式”进行显示，如图 2-30 所示。

✓ 标准屏幕模式
带有菜单栏的全屏模式
全屏模式
单击

图 2-29

图 2-30

核心知识 4 认识工具箱

工具箱将 Photoshop 的功能以图标的形式聚集在一起，并放于工作界面的最左侧。在工具箱中单击顶部的按钮，可以将工具箱在双栏显示效果和单栏显示效果之间进行切换。图 2-31 所示为双栏显示的工具箱。

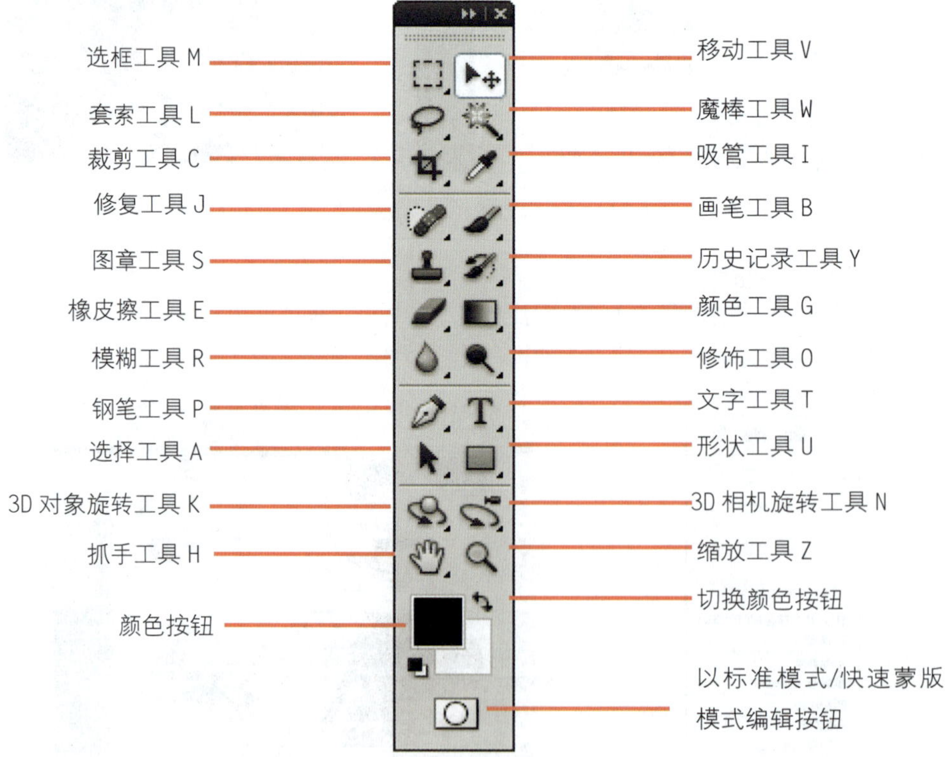

图 2-31

技 巧 点 拨

在工具栏中单击带有隐藏工具的工具图标，按〈Shift〉键并连续按快捷键，则会依次显示隐藏的工具。如单击“套索工具”按钮，再按〈Shift〉键，然后连续按“套索工具”的快捷键〈L〉，则会依次显示“多边形套索工具”按钮和“磁性套索工具”按钮。

核心知识 5　认识面板

面板汇集了图像操作中常用的选项和功能，在编辑图像时，单击工具箱中的工具或执行菜单栏中的命令后，结合面板可以进一步细致地调整各个选项，也可将面板中的功能应用到图像中。Photoshop 根据各项功能的分类，提供了 24 个面板，下面分别介绍较常用的面板。

❶“样式”面板和“信息”面板

“样式”面板用于制作样式图标，单击面板中的样式即可制作出应用特效的图像，如图 2-32 所示。“信息”面板以数值形式显示图像信息，将光标移至图像上，就会显示出图像的颜色信息，如图 2-33 所示。

图　2-32

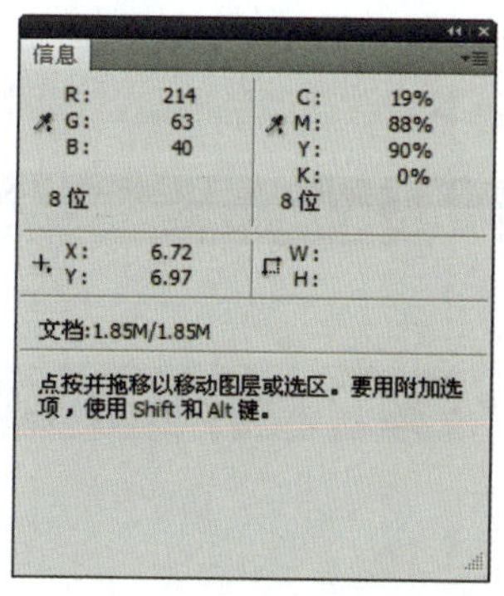

图　2-33

❷“字符”面板和“段落”面板

在编辑或修改文本时，通过“字符”面板可对文字属性进行设置，主要包括文字大小、颜色和字间距等，如图 2-34 所示。“段落”面板可以设置与文本段落相关的选项，可调整间距，增加或减少缩进，如图 2-35 所示。

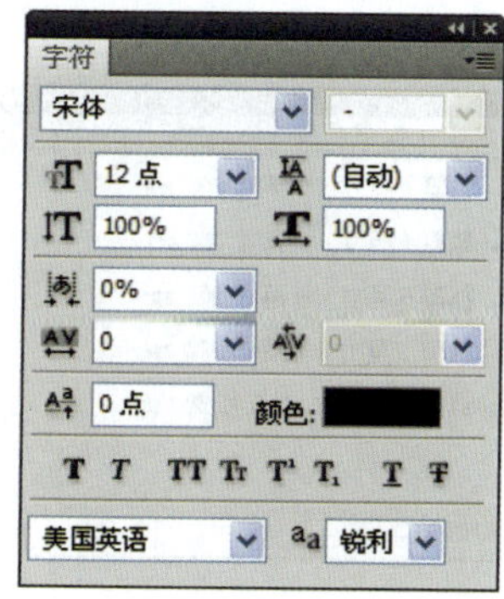

图　2-34

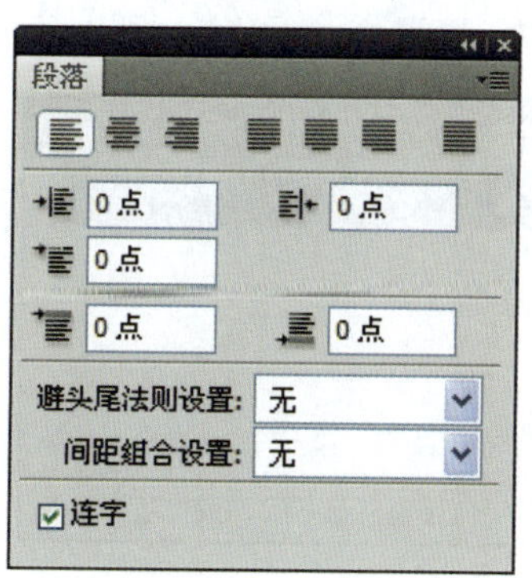

图　2-35

❸ "导航器" 面板和 "直方图" 面板

"导航器" 面板通过放大或缩小图像来查找指定区域，利用面板中的视图框可以搜索大图像，如图 2-36 所示。在 "直方图" 面板中可以看到图像的所有色调分布情况，图像主要分为最亮区域、中间区域和暗淡区域 3 部分，如图 2-37 所示。

图 2-36

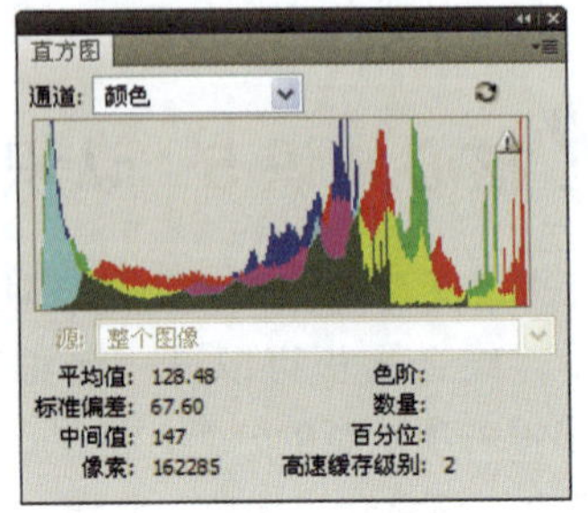

图 2-37

❹ "图层" 面板和 "通道" 面板

"图层" 面板提供图层的创建和删除等功能，并且可以在面板中设置图像的不透明度和图层蒙版等，如图 2-38 所示。"通道" 面板用于管理颜色的信息或利用通道指定图像选区，主要用于创建 Alpha 通道及有效管理颜色通道，如图 2-39 所示。

图 2-38

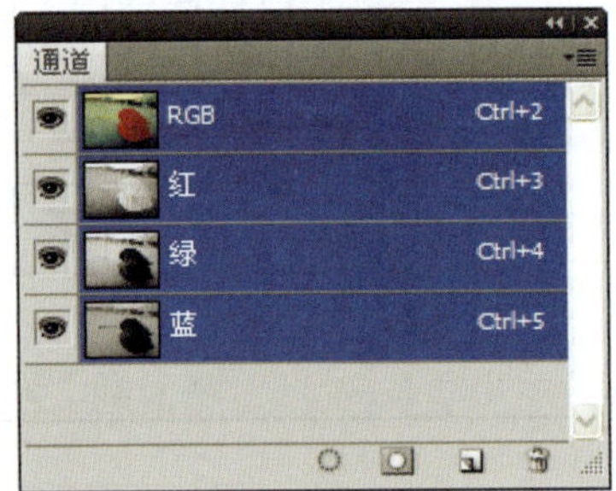

图 2-39

❺ "路径" 面板和 "工具预设" 面板

"路径" 面板用于将选项区转换为路径，或者将路径转换为选区。利用 "路径" 面板可以应用各种路径的相关功能，如图 2-40 所示。"工具预设" 面板包括了常用的工具，可以将相同的工具存储为不同的设置，以提高工作效率，如图 2-41 所示。

图 2-40

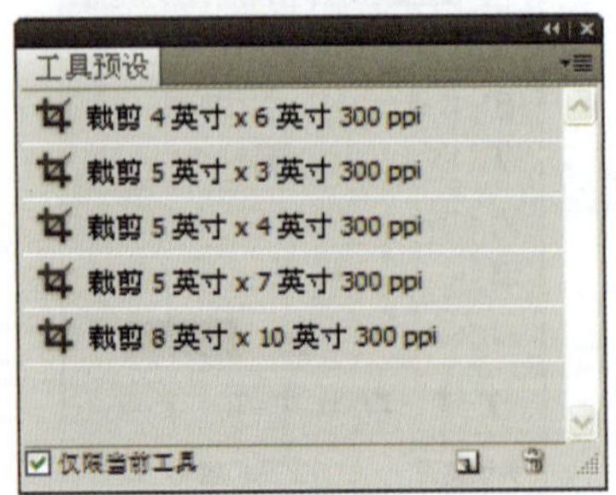

图 2-41

❻ “动作”面板和“历史记录”面板

“动作”面板可以一次性完成多个操作过程，记录操作顺序后，在其他图像上可以一次性应用整个过程，如图 2-42 所示。“历史记录”面板用于恢复操作过程，将图像操作过程按顺序记录下来，如图 2-43 所示。

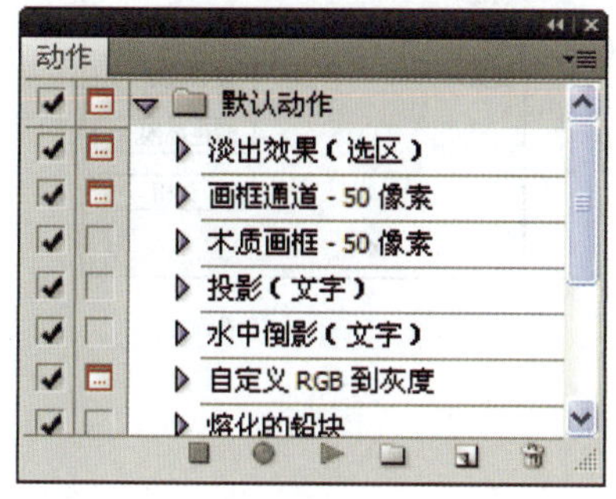

图 2-42

图 2-43

❼ “画笔”面板和“调整”面板

“画笔”面板提供画笔的形状、大小、材质、杂点程度和柔和选项等，如图 2-44 所示。“调整”面板主要用于为图像选择的某个对象设置调整图层，并通过预设置的调整命令来添加调整图像的显示效果，如图 2-45 所示。

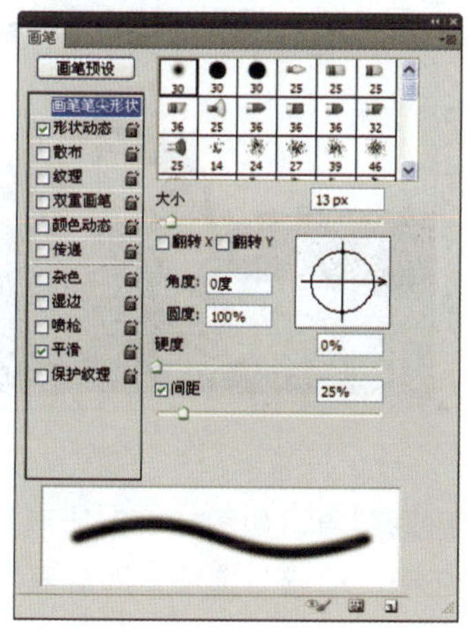

图 2-44

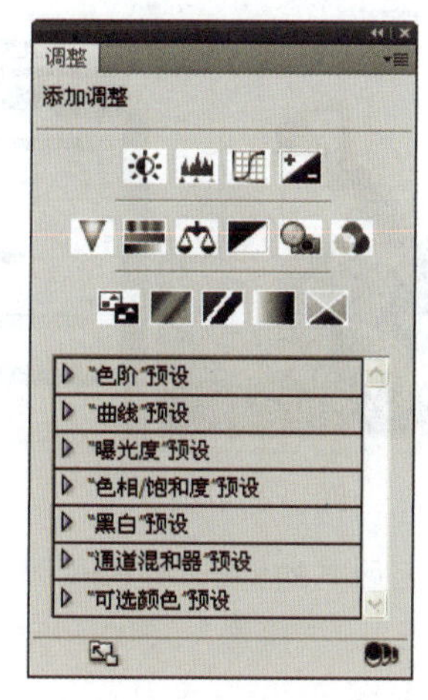

图 2-45

知识补充

在 Photoshop 中，面板也可以应用快捷键进行显示或隐藏。其中，“画笔”面板的快捷键为 F5；“颜色”面板的快捷键为 F6；“图层”面板的快捷键为 F7；“信息”面板的快捷键为 F8；“动作”面板的快捷键为 F9。

❽ “蒙版”面板和 3D 面板

“蒙版”面板针对蒙版进行相应的编辑。在选择或创建蒙版后，在“蒙版”面板下方的按钮才可用，通过这些按钮可更好地调整蒙版效果，如图 2-46 所示。3D 面板用于 3D 对象的编辑，选择 3D 图层后，在面板中显示关联的 3D 文件组件，如图 2-47 所示。

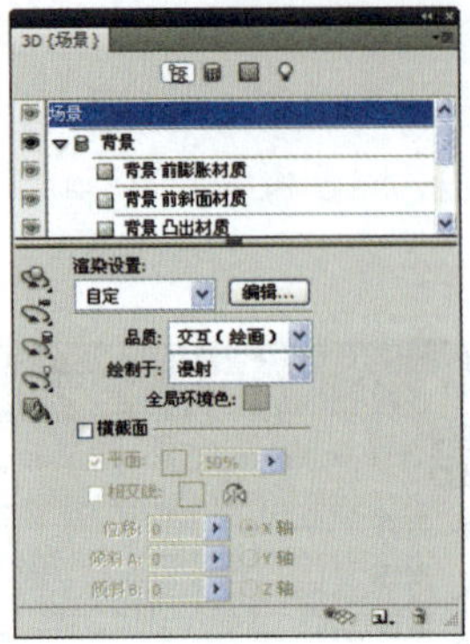
图 2-46

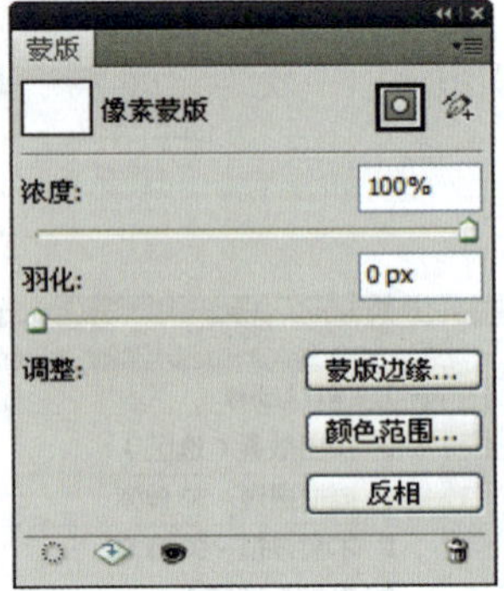

图 2-47

核心知识 6 了解工作区

Photoshop 为了便于图像的编辑，还针对不同的用户设置了对应的工作区域。在启动程序栏右侧单击对应的按钮，可以在不同的工作区之间进行切换，如图 2-48 所示。单击“设计”按钮，切换至“设计”工作区下显示图像效果，单击“摄影”按钮，切换至“摄影”工作区下显示图像效果，如图 2-49 所示。

图 2-48

图 2-49

单击工作区后方的倒三角按钮，则可以打开对应的级联菜单，如图 2-50 所示。在菜单中包括“设计”、“绘画”、“摄影”、3D、“动感”等工作区。选择“动感”选项，即可显示“动感”工作区，如图 2-51 所示。

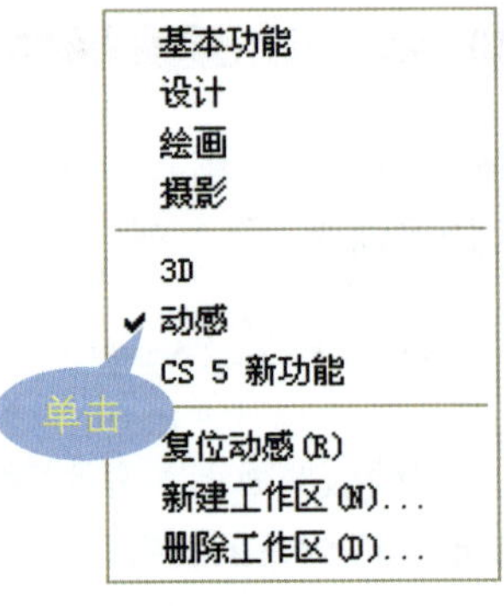

图 2-50

图 2-51

❻ “动作”面板和“历史记录”面板

“动作”面板可以一次性完成多个操作过程，记录操作顺序后，在其他图像上可以一次性应用整个过程，如图 2–42 所示。“历史记录”面板用于恢复操作过程，将图像操作过程按顺序记录下来，如图 2–43 所示。

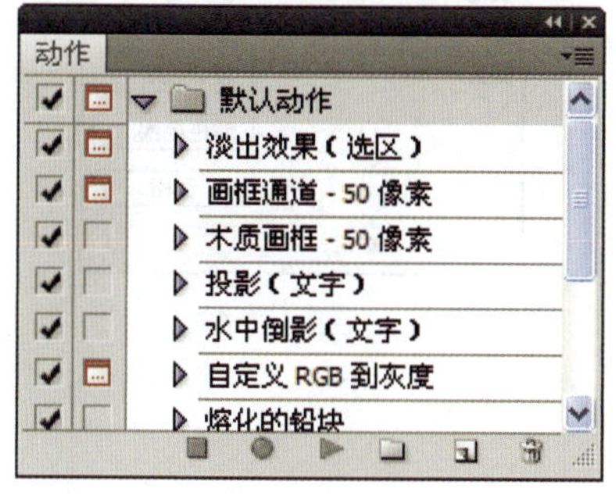

图 2–42

图 2–43

❼ “画笔”面板和“调整”面板

“画笔”面板提供画笔的形状、大小、材质、杂点程度和柔和选项等，如图 2–44 所示。“调整”面板主要用于为图像选择的某个对象设置调整图层，并通过预设置的调整命令来添加调整图像的显示效果，如图 2–45 所示。

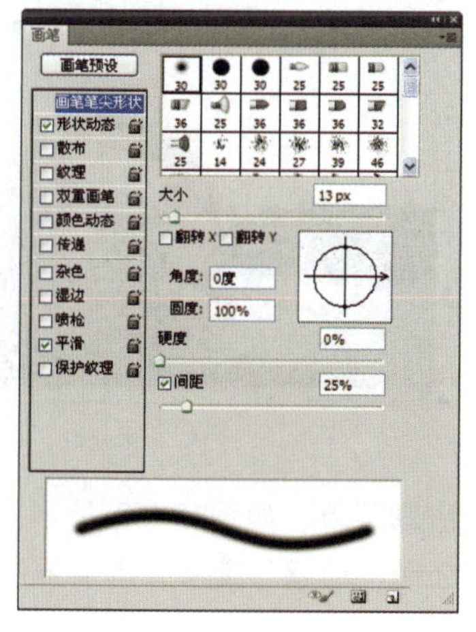

图 2–44

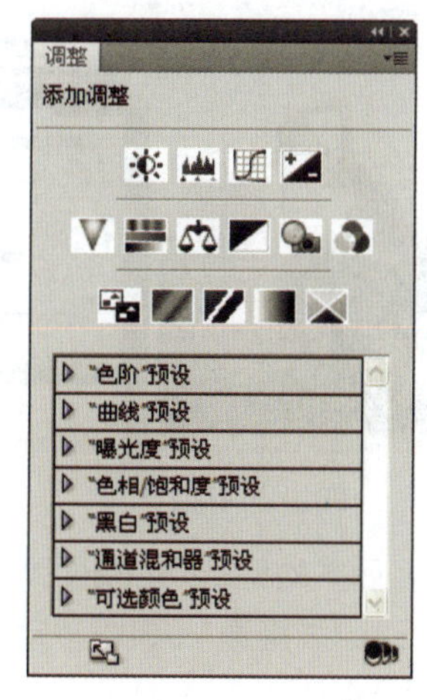

图 2–45

知识补充

在 Photoshop 中，面板也可以应用快捷键进行显示或隐藏。其中，“画笔”面板的快捷键为 F5；“颜色”面板的快捷键为 F6；“图层”面板的快捷键为 F7；“信息”面板的快捷键为 F8；“动作”面板的快捷键为 F9。

❽ “蒙版”面板和 3D 面板

“蒙版”面板针对蒙版进行相应的编辑。在选择或创建蒙版后，在“蒙版”面板下方的按钮才可用，通过这些按钮可更好地调整蒙版效果，如图 2–46 所示。3D 面板用于 3D 对象的编辑，选择 3D 图层后，在面板中显示关联的 3D 文件组件，如图 2–47 所示。

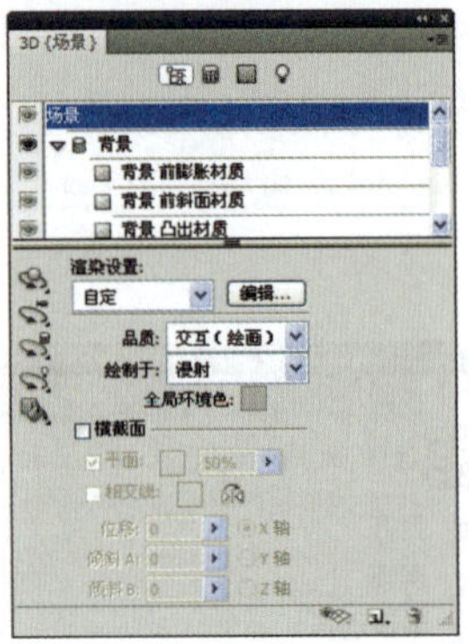

图　2-46

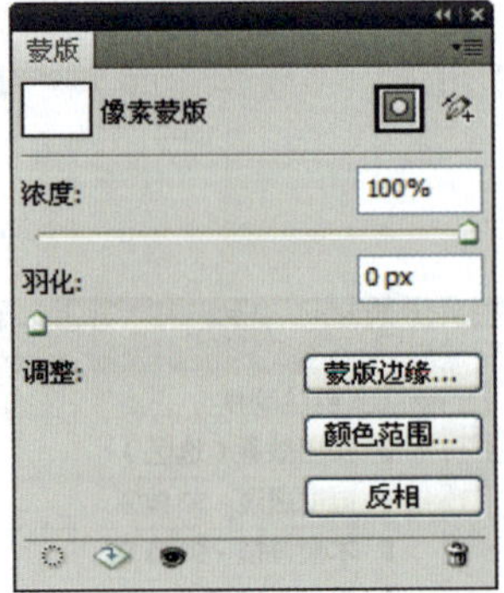

图　2-47

 核心知识 6　了解工作区

Photoshop 为了便于图像的编辑，还针对不同的用户设置了对应的工作区域。在启动程序栏右侧单击对应的按钮，可以在不同的工作区之间进行切换，如图 2-48 所示。单击“设计”按钮，切换至“设计”工作区下显示图像效果，单击“摄影”按钮，切换至“摄影”工作区下显示图像效果，如图 2-49 所示。

图　2-48

图　2-49

单击工作区后方的倒三角按钮，则可以打开对应的级联菜单，如图 2-50 所示。在菜单中包括“设计”、“绘画”、“摄影”、3D、“动感”等工作区。选择“动感”选项，即可显示“动感”工作区，如图 2-51 所示。

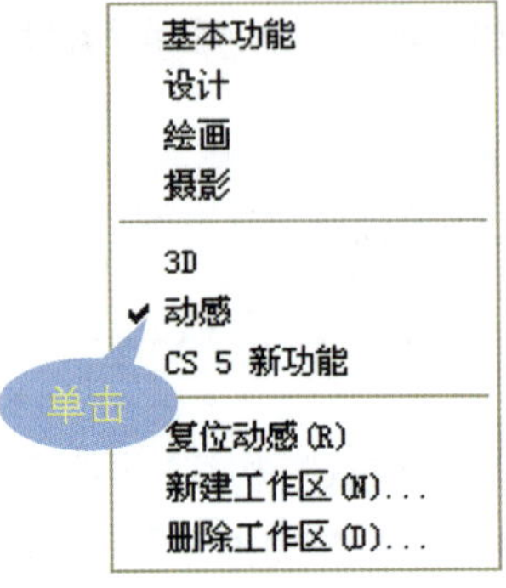

图　2-50

图　2-51

2.3 Photoshop CS5 新特性应用于照片处理

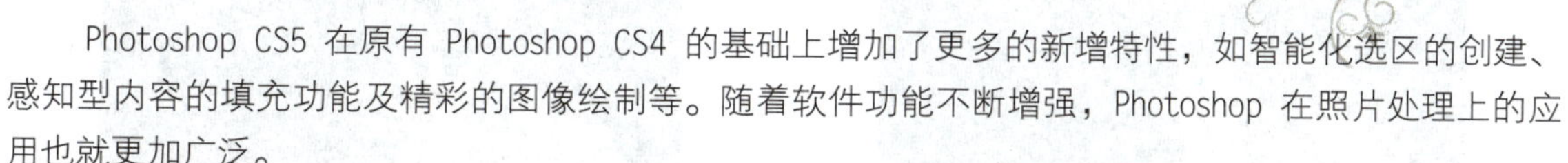

Photoshop CS5 在原有 Photoshop CS4 的基础上增加了更多的新增特性，如智能化选区的创建、感知型内容的填充功能及精彩的图像绘制等。随着软件功能不断增强，Photoshop 在照片处理上的应用也就更加广泛。

核心知识 1 复杂选区的快速创建

全新的智能选区技术可以更快且更准确地从背景中抽出主体，从而创建逼真的复合图像。“调整边缘”命令可以提高选区边缘的品质，从而以不同的背景查看选区以便于读者对图像的编辑。同时，还可以使用“调整边缘”命令调整图层蒙版。

对于边缘复杂且不容易抠出的图像，如人物的发丝等，可利用调整边缘的方式轻松地完成对复杂区域的选择。将人物的发丝创建为选区后，再通过“调整边缘”命令对选区进行扩充和细致调整，调整后的选区更加细致，可将发丝完整地进行选择。如图 2-52 所示，为打开图像创建选区后的效果。选择“选择”→“调整边缘”命令，打开“调整边缘”对话框，在对话框中进行参数设置，如图 2-53 所示。通过复制后得到如图 2-54 所示的图像效果。

图 2-52

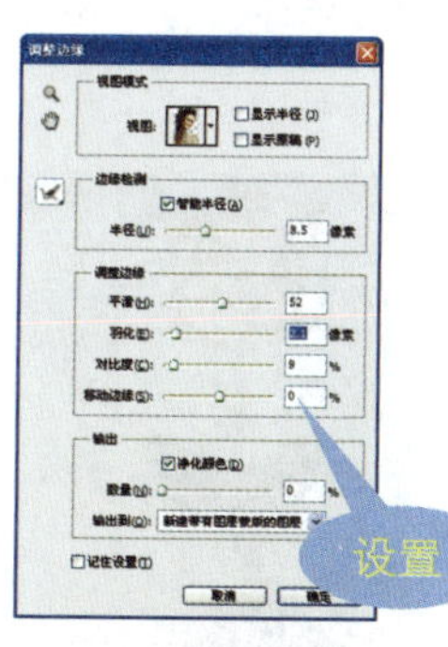

图 2-53

图 2-54

知识补充

在通过直接拖动至工作区中打开图像的过程中，需要注意拖动文件时的技巧，否则将弹出提示对话框。将需要打开的素材拖动至任务栏 Adobe Photoshop CS5 图标后，不能立即释放鼠标，而是将素材拖动至 Photoshop CS5 软件的工作区后再释放鼠标，才可打开图像文件。

核心知识 2 内容识别型填充

新增的内容识别填充功能可以随机合成相似的图像内容，即使用附近的相似图像内容不留痕迹地填充选区，并将创建的选区略微扩展到要复制的区域之中，以获得最佳的填充效果。

内容识别型填充命令可以通过创建的选区，将选区中的内容填充与背景相似图像的内容。选择一张素材照片，如图 2-55 所示，在该照片选择上方的花朵图像，按下〈Delete〉键，打开“填充”对话框，在其中的“使用”选项组下单击“内容识别填充”选项，将花朵自然地删除，对原花朵的部分自动进行填充，效果如图 2-56 所示。

图 2-55

图 2-56

 核心知识 3　自由操控变形

全新的操控变形功能即是提供一种可视网格，借助于此网格，随意扭曲特定图像区域的同时保持其他区域中的原图像不变，其应用范围小到粗细的图像修饰，大到总体图像的变换。除了可以对图像图层、形状图层和文本图层进行变形外，还可以向图层蒙版和矢量蒙版应用操控变形。

选择一幅素材照片，如图 2-57 所示，选择图像中的花朵部分，并进行复制后，执行“编辑”→“操作变形”命令定位操作网格，如图 2-58 所示。定位网格后，通过拖动网格的上控制点即可对图像进行自由的变形操作，效果如图 2-59 所示。

图 2-57

图 2-58

图 2-59

 核心知识 4　非凡出众的绘图效果

在 Photoshop CS5 中新增了“混合器画笔工具”。通过混合器画笔可以模拟真实的绘画技术，如混合画布上的颜色、组合画笔上的颜色及在描边过程中使用不同的绘画湿度，模拟出逼真的绘画效果。

打开一张素材照片，如图 2-60 所示，单击“混合器画笔工具”按钮后，在显示的选项栏中选择合适的混合画笔组合方式，在图像上涂抹。通过涂抹将图像变换为艺术绘画效果，如图 2-61 所示。

图　2-60

图　2-61

核心知识 5　全新的镜头校正

对于场景较大的拍摄，被拍摄的物体有可能会出现倾斜变形的现象，其中最为常见的是桶形变形、枕形失真等。Photoshop CS5 提供的“镜头校正”滤镜命令，使用已安装的常见镜头的配置文件修复画面中扭曲的图像。

选择一张拍摄的素材照片，如图 2-62 所示，选择“滤镜”→“镜头校正”命令，打开“镜头校正”对话框。通过在“镜头校正”滤镜对话框中选择“移去扭曲工具”对变形图像进行校正，效果如图 2-63 所示。

图　2-62

图　2-63

核心知识 6　出众的 HDR 成像

新增的 HDR 成像功能，应用更强大的色调映射功能，可创建从逼真照片到超现实照片的高动态范围图像，或者也可以通过 HDR 色调调整，将一种 HDR 外观应用于多个标准图像。其中，“合并到 HDR Pro”命令可以将同一场景的具有不同曝光度的多个图像合并起来，从而捕获单个 HDR 图像中的全部动态范围，此功能常用于校正图像的全景曝光问题。

打开两张不同曝光度的素材照片，如图 2-64 所示，通过选择“文件”→“自动”→“合并到 HDR Pro”命令，打开“合并到 HDR Pro”对话框。在对话框中添加需要合成的 HDR 图像，单击“确定”按钮，打开“手动设置曝光值”对话框。单击“确定”按钮，返回“合并到 HDR Pro”对话框，继续调整曝光度。通过调整曝光度，得到如图 2-65 所示的效果。

图 2-64

图 2-65

知识补充

HDR 图像包含的亮度级别远远超过了 16 或 8 位/通道图像所能存储的动态范围，因此要生成具有所需动态范围的图像，可从 32 位/通道转换为较低位深度时调整图像的曝光度和对比度。

核心知识 7 高效的内容识别缩放

内容识别缩放可在不更改重要可视内容（如画面中主要的人物、建筑、动物等）的情况下，调整图像大小并自动重排图像。通常使用的常规缩放在调整图像大小时会影响所有像素，而应用内容识别缩放则是主要影响没有重要可视内容的区域中的像素。内容识别缩放可以放大或缩小图像以改善合成效果、适合版面或更改方向，如果要在调整图像大小时使用一些常规缩放，则可以指定内容识别缩放与常规缩放的比例。

打开一张素材照片，如图 2-66 所示。双击“背景”图层，打开“新建”图层对话框，单击“确定”按钮，将其转换为普通图层，选择“编辑”→“内容识别比例”命令，再拖动图像四周的控制点，对图像进行缩放，效果如图 2-67 所示。

图 2-66

图 2-67

2.4 认识不同的显示模式

在 Photoshop 中，为了更有利地编辑和查看图像编辑效果，可以通过切换图像的显示模式和编辑模式来查看图像。通过在不同的模式下进行图像的编辑，将图像转换为适合于自己操作的方式。

核心知识 1 了解旋转视图

选择“编辑”→“首选项”→“性能”命令，打开“首选项”对话框。勾选“启用 OpenGL 绘图”复选框，即可启用 OpenGL 绘图。在启用 OpenGL 绘图后，可以对画布进行任意角度的旋转。应用旋转视图功能，可以在保证图像不失真的情况下，免去歪着头上色和绘图的麻烦。

单击工具箱中的“抓手工具”按钮不放，在打开的面板中选择隐藏的“旋转视图工具”，如图 2-68 所示，再用鼠标在图像上单击就会出现一个指针图标，按住鼠标拖动即可旋转视图，如图 2-69 所示。

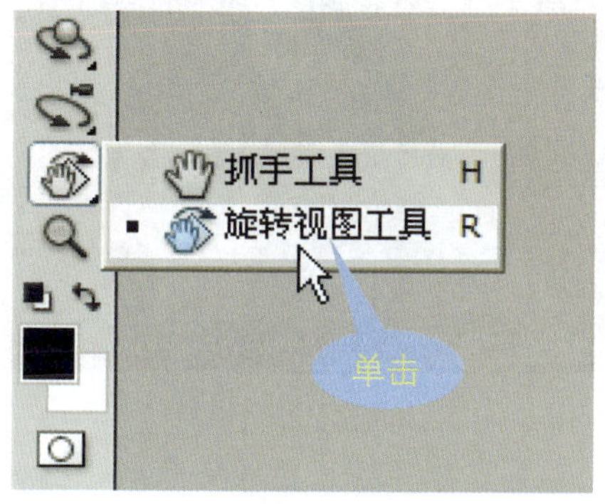

图 2-68

图 2-69

核心知识 2 设置不同的屏幕模式

Photoshop 通过单击启动程序栏中的“屏幕模式”按钮，可以快速地进行各种屏幕模式的转换。在“屏幕模式”下包括了“标准屏幕模式”、“带有菜单栏的全屏模式”和“全屏模式”3 种模式。选择“带有菜单栏的全屏模式”选项，以带有菜单栏的全屏模式显示当前图像，如图 2-70 所示。选择“全屏模式”选项，则以全屏模式显示当前图像，如图 2-71 所示。

图 2-70

图 2-71

技巧点拨

通过按键盘上的〈F〉键，也可以进行各种屏幕模式之间的快速转换。

核心知识 3 标准编辑模式和快速蒙版编辑模式

在编辑图像时常常会遇到选取大片区域内图像的情况，此时应用快速蒙版进行编辑会非常方便。在默认的快速蒙版模式下，可以将不需要的区域以红色半透明的形式进行显示。快速蒙版模式和标准编辑模式可互相转换。

在标准编辑模式下，应用工具箱中的工具绘制任意的选区，如图 2-72 所示。单击工具箱下方的"以快速蒙版模式编辑"按钮，即可将图像切换至快速蒙版编辑模式，如图 2-73 所示。

图 2-72

图 2-73

在快速蒙版编辑模式中工作时，"通道"面板中自动创建一个临时快速蒙版通道。隐藏 RGB 通道，如图 2-74 所示，可查看绘制蒙版，如图 2-75 所示，并加以修改。

图 2-74

图 2-75

在工具箱中双击"以快速蒙版模式编辑"按钮，打开"快速蒙版选项"对话框，如图 2-76 所示，可根据个人要求对快速蒙版选项进行设置。

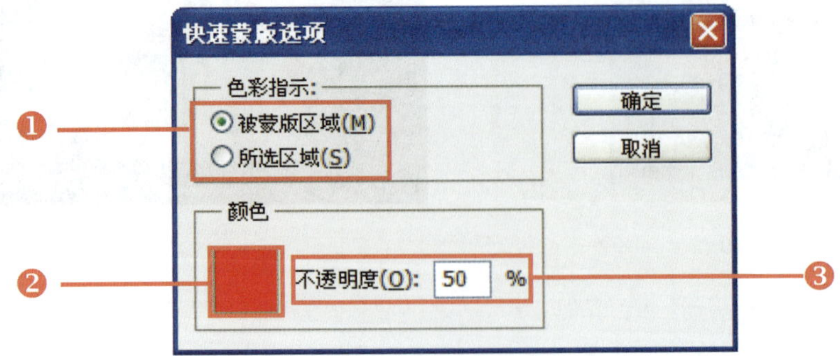

图 2-76

❶色彩指示

打开一幅图像，单击“以快速蒙版模式编辑”按钮，进入快速蒙版编辑状态后，应用画笔工具在图像上涂抹，即可在应用“色彩指示”选项组来设置蒙版区域。“色彩指示”选项组包含了“被蒙版区域”和“蒙版区域”两个单选按钮。

选中“被蒙版区域”单选按钮，蒙版区域将显示为黑色，即不透明效果，而所选区域则显示为白色，即为透明效果。此时，若使用白色画笔涂抹，可扩大选中区域，如图 2-77 所示；若使用黑色画笔涂抹，可扩大被蒙版区域，如图 2-78 所示。

图 2-77

图 2-78

选中“所选区域”单选按钮，被蒙版区域设置为白色，并将所选区域设置为黑色，即不透明效果。此时，若使用白色画笔涂抹，可扩大被蒙版区域，如图 2-79 所示；若使用黑色画笔涂抹，可扩大选中区域，如图 2-80 所示。

图 2-79

图 2-80

❷颜色

“颜色”选项组用于设置快速蒙版颜色。单击颜色色块，打开“选择快速蒙版颜色”对话框，如图 2-81 所示。在对话框中设置需要的颜色，更换蒙版颜色，如图 2-82 所示。

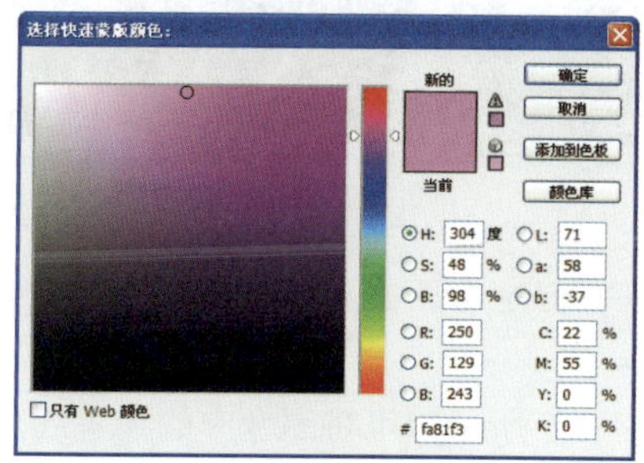

图 2-81

图 2-82

❸不透明度

"不透明度"用于设置蒙版在图像中显示的不透明度。输入不透明度为 10%，如图 2-83 所示，输入不透明度为 50%，如图 2-84 所示。

图 2-83

图 2-84

技巧点拨

要在快速蒙版的"被蒙版区域"和"所选区域"选项之间切换，请按住〈Alt〉键并单击"以快速蒙版模式编辑"按钮。

核心知识 4 显示和隐藏辅助线

在 Photoshop 中编辑图像时，可以通过显示或隐藏辅助线来帮助完成整个效果的处理。参考线用于确定图像或图像中某个元素的位置。与网格一样，参考线不会被打印出来。参考线除可以移动或删除外还可进行锁定，防止不小心将其移动。

在打开的图像中按快捷键〈Ctrl+R〉，可以快速显示网格，如图 2-85 所示。从网格的边缘位置拖动鼠标，可以快速创建水平或垂直方向的参考线，如图 2-86 所示。

图 2-85

图 2-86

在编辑完成图像以后，虽然在印刷时不会被打印出来，但是为了便于查看图像效果，可以将所创建的参考线隐藏。

选择"视图"→"显示"→"参考线"命令，如图 2-87 所示，可将图像中的参考线隐藏。同时，也可以单击启动程序栏上方的"查看额外内容"按钮，在下拉列表中取消选中"显示参考线"选项，如图 2-88 所示，隐藏参考线后的图像效果，如图 2-89 所示。

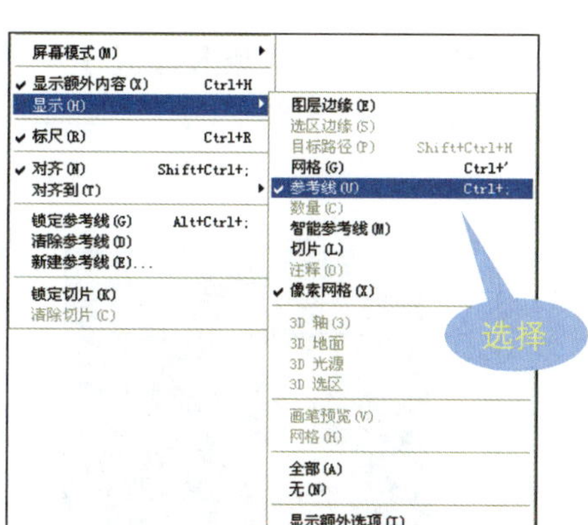

图　2-87

图　2-88

图　2-89

技 巧 点 拨

在图像中创建参考线后，执行“视图”→“清除参考线”菜单命令，可以删除图像中创建的所有参考线。执行“视图”→“锁定参考线”菜单命令，则可以锁定创建的参考线，即不可移动参考线的位置。

2.5 应用与提高

在对 Photoshop 软件有了一定的了解后，就可以进行简单的图像处理了，如为照片添加辅助线、设置方便个人处理照片的工作区等。通过这些操作，可以使照片处理变得更加具有艺术性。

典型案例 1　为照片添加水平辅助线

应用“标尺”、“网格”和“参考线”可以精确测量图像的高度和宽度，使用户在编辑照片时更加方便。本实例应用“移动工具”在图像中拖出参考线，然后根据参考线的位置在画面中输入合适的文字，并给制相应的图案，丰富图像内容。具体操作步骤如下。

★素材文件：随书光盘\素材\2\01.jpg、02.psd

★最终文件：随书光盘\源文件\2\为照片添加水平辅助线.psd

步骤 1　打开并显示标尺

打开随书光盘\素材\2\01.jpg，按下快捷键〈Ctrl+R〉，显示标尺。

步骤 2　创建水平参考线

单击工具箱中的“移动工具”按钮，从标尺上向下拖动光标，创建多条水平辅助线。

步骤 3　绘制矩形选区

选择“矩形选框工具”，沿图像边缘单击并拖动光标，绘制矩形选框。

步骤 4　删减选区

单击选项栏中的“从选区减去”按钮，继续在绘制好的矩形选区内单击并拖动鼠标，从而删减选区。

步骤 5　创建新图层并填充颜色

切换至“图层”面板，单击“创建新图层”按钮，新建“图层 1”，将前景色设置为黑色后，填充绘制的选区。

步骤 6　设置文字属性

选择“窗口”→“字符”命令，在打开的“字符”面板中对要输入的文字设置属性。

步骤 7　输入文字效果

单击“横排文字工具”按钮，将光标移至第二条辅助线位置，单击并输入相应文字。

步骤 8　输入更多文字

结合“字符”面板和“横排文字工具”，在图像上输入更多的文字。

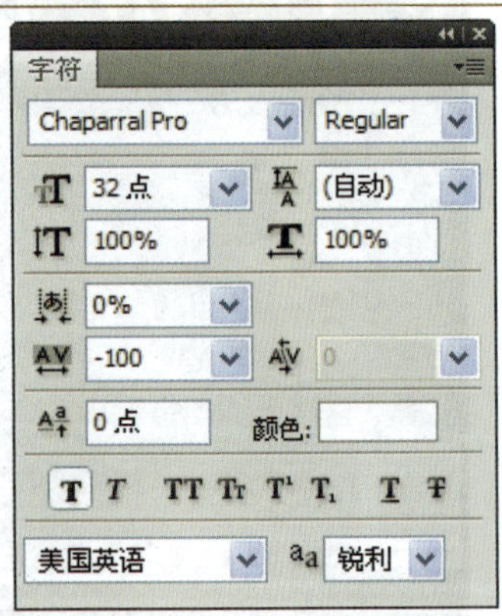

步骤 9　绘制白色矩形

单击“矩形工具”按钮，设置前景色为白色。新建“图层 2”，在图像左侧绘制白色矩形。

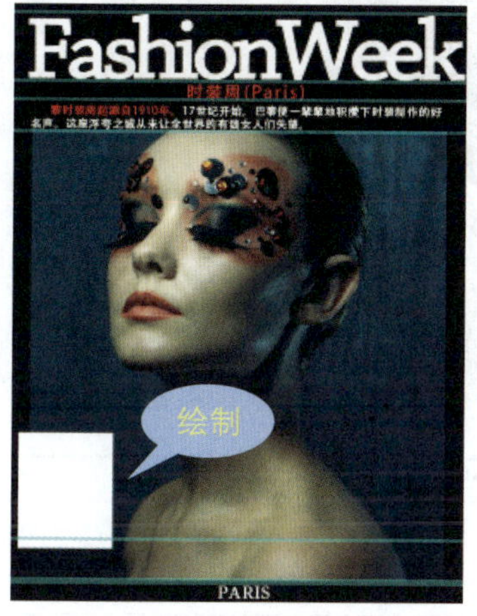

步骤 10　添加条码

打开随书光盘\素材\1\03.psd 素材图像，置于人物左侧，调整其大小和位置。

步骤 11　设置画笔属性

单击“画笔工具”按钮，然后在“画笔预设”面板中设置画笔“大小”为 3px，“硬度”为 100%。

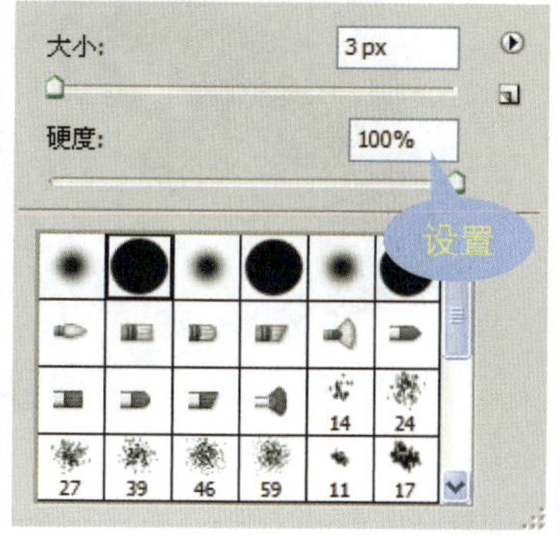

步骤 12　单击鼠标

新建“图层 4”，单击最下方一条辅助线的左侧。

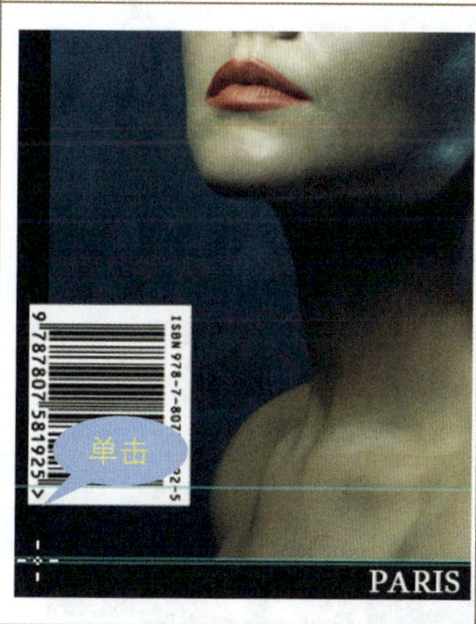

步骤 13　绘制直线

单击后，按下〈Shift〉键不放，再单击辅助线的右侧，绘制一条水平直线。

步骤 14　查看图像效果

选择“视图”→“显示”→“参考线”命令，可以隐藏创建的参考线，查看图像效果。

典型案例 2　设置方便个人处理照片的工作区

在对图像进行操作的过程中，为了提高工作效率，可以将必要的面板组合在一起，并将不需要的面板暂时隐藏。本实例将介绍在 Photoshop CS5 中如何设置一个方便个人处理照片的工作区，具体操作步骤如下。

★素材文件：随书光盘\素材\2\03.jpg

★最终文件：随书光盘\源文件\2\设置方便个人处理照片的工作区.psd

步骤 1　在默认工作区下显示素材

打开随书光盘\素材\第 2 章\3.jpg，并查看默认的工作区。

步骤 2　拖动“颜色”面板

按住鼠标左键不放，同时单击并拖动窗口右侧的“颜色”面板，此时面板呈半透明状。

步骤 3　单击“关闭”按钮

将面板拖动至图像窗口中后，释放鼠标左键，然后单击“颜色”面板右上角的“关闭”按钮。

步骤 4　关闭“颜色”面板

单击面板右上角的“关闭”按钮后，可以看到该面板从界面中删除。

步骤 5　选择"关闭选项卡组"命令 继续右击"色板"面板，在弹出的快捷菜单中选择"关闭选项卡组"命令。	**步骤 6　关闭多个面板** 在选择"关闭选项卡组"命令后，将该选项卡组中的"色板"和"样式"面板同时关闭。
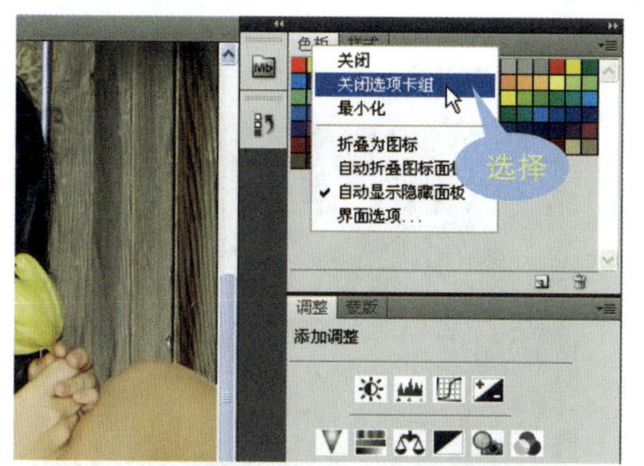	
步骤 7　拖动"调整"面板标签 单击"调整"标签，并同时按住鼠标左键不放向"图层"选项卡组中拖动，当拖动至一定位置后，标签上显示为蓝色线。	**步骤 8　将多个面板合并为一个面板组** 释放鼠标，将"调整"面板合并到"图层"面板组中。继续拖动"蒙版"面板，将其也拖动入"图层"面板组中。
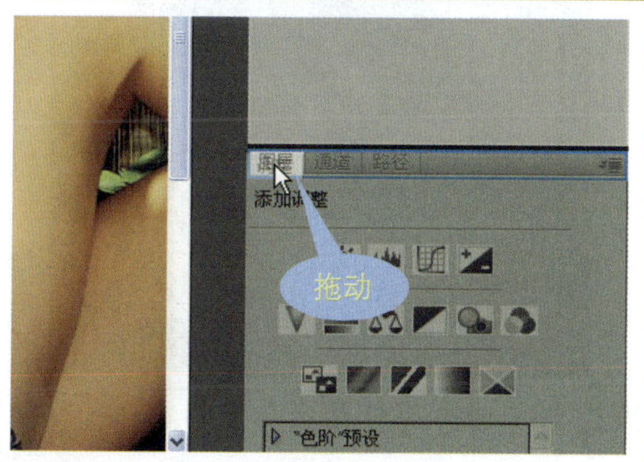	
步骤 9　选择"关闭"命令 单击"路径"标签，将面板切换至"路径"面板，右击该标签，在弹出的快捷菜单中选择"关闭"命令。	**步骤 10　关闭"路径"面板** 根据上一步选择的菜单命令，将原"图层"面板组中的"路径"面板关闭。
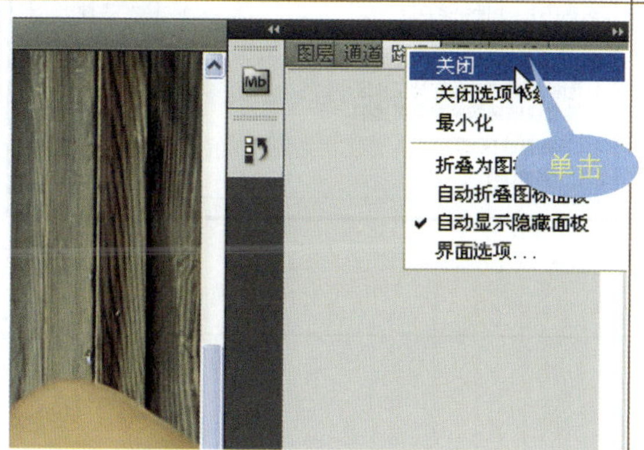	

步骤 11　单击"折叠为图标"按钮

将其他不需要的面板都关闭后，将光标移动到面板右侧的"折叠为图标"按钮上，光标将变为状。

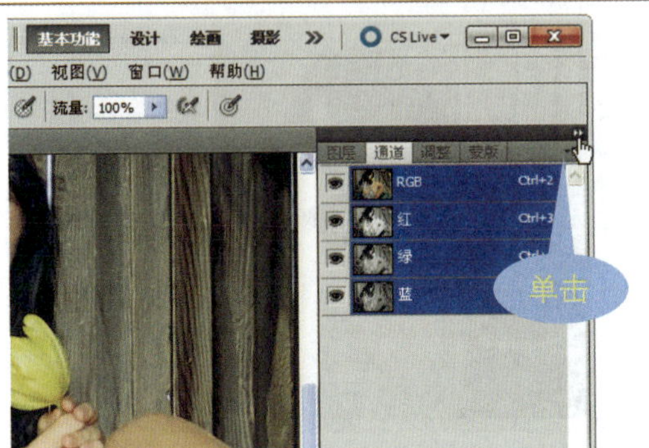

步骤 12　将面板折叠为图标

单击即可将所有当前显示的面板全部折叠为图标，置于图像窗口的右侧。

步骤 13　拖动面板组

将鼠标移至右侧的面板标签上，再次单击并向左侧拖动鼠标，可在窗口中随着移动面板的位置。

步骤 14　设置面板位置

当拖动至合适位置时释放鼠标，即可将面板放于该位置上。

步骤 15　选择"新建工作区"命令

设置好自定的工作区后，选择"窗口"→"工作区"→"新建工作区"命令。

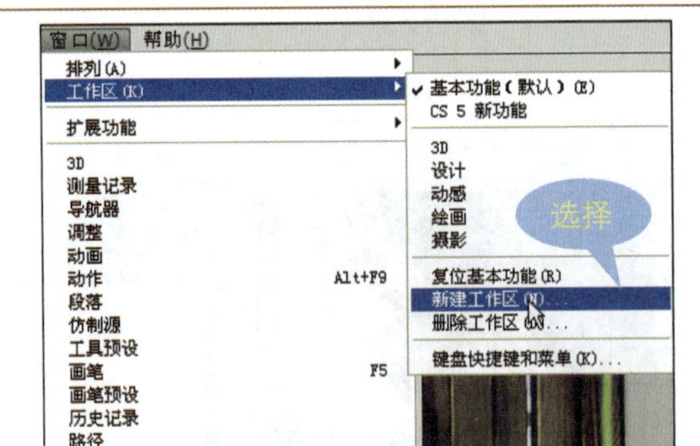

步骤 16　输入工作区名并存储

打开"新建工作区"对话框，在"名称"文本框中输入工作区的名称，单击"存储"按钮，保存工作区。

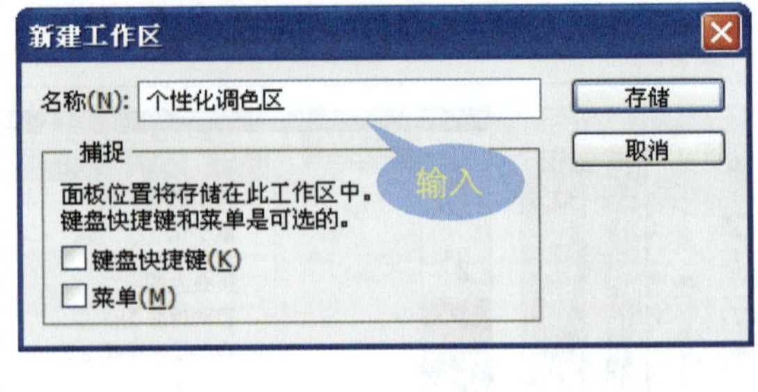

3 简单处理RAW格式的数码照片

Camera Raw 是Photoshop一个增效工具，用于RAW格式数码照片的查看和后期编辑。该软件能对照片的分辨率、白平衡、曝光度、颜色等进行调整。

本章的重要的概念有：初步了解Camera Raw，调整图像大小，利用Camera Raw简单处理数码照片的方法，以及白平衡、曝光度等数码照片概念。

本章知识点

- 认识Adobe Camera Raw
- 调整图像分辨率和大小
- 图像的基本调整

3.1 认识 Adobe Camera Raw

Adobe Camera Raw 是使用相机的有关信息及图像元数据来构建和处理彩色图像的软件。在调整相机原始图像时，原来相机的原始数据将保存下来，调整内容将作为元数据存储下来，可随时对图像进行调整。

核心知识 1 了解 Camera Raw

Camera Raw 软件是 Adobe Bridge 的一个增效工具。使用 Camera Raw 可打开 RAW 格式的数码照片，对数码照片进行查看和编辑。Camera Raw 界面如图 3-1 所示。

图 3-1

❶工具箱

工具箱包括 14 种工具，可对图像进行编辑。其中，“缩放工具”用于缩小、放大显示图像；“抓手工具”用于移动查看细节的图像。

技巧点拨

打开一张新图像，Camera Raw 会以完全显示的缩放比例对图像进行显示。部分图像的显示比例会造成图像的细微变形，选中“缩放工具”，单击图像即可纠正显示比例。

“白平衡工具”用于指定对象的颜色，确定全局场景的光线颜色，自动调整图像光照效果，如图 3-2 所示。单击“颜色取样工具”按钮，在窗口内单击图像，提取图像单击点的 RGB 颜色，并在图像窗口上方显示，如图 3-3 所示。

图　3-2

图　3-3

技巧点拨

“颜色取样器”最大数目为 9，单击图像预览区域上方“清除取样器”按钮，可清除图像中所有取样点的数据。

“目标调整工具”用于调整取样图像的亮度曲线。按住左键拖动鼠标，向左拖动，目标图像亮度变暗，如图 3-4 所示。向右拖动，目标图像亮度变暗亮，如图 3-5 所示。“裁剪工具”用于调整图像画布大小。

图　3-4

图　3-5

“拉直工具”，用于旋转裁剪图像，调整倾斜的照片，如图 3-6 所示。“污点去除”用于修复照片内的多余图像，红色圆圈选中需要去除的图像，拖动绿色圆圈旋转替换修补的图像，如图 3-7 所示。

图　3-6

图　3-7

“红眼去除” 用于去除图像中人物的红眼。“调整画笔” 用于调整照片局部图像。右击并拖动鼠标调整范围，如图 3-8 所示，在右侧的面板中显示调整的选项，如图 3-9 所示。

图 3-8

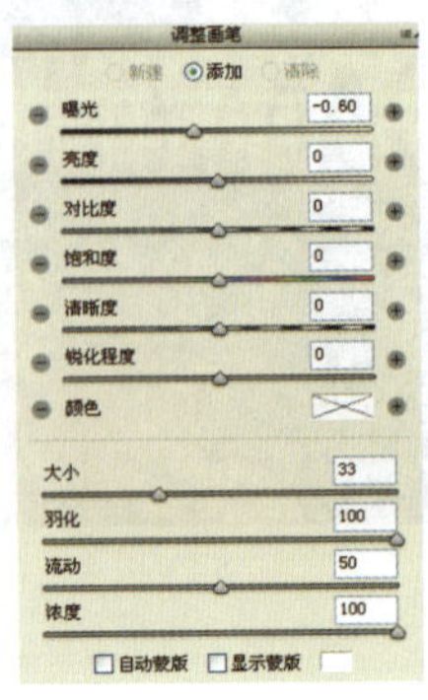

图 3-9

“渐变滤镜” 用于对图像进行渐变调整，如图 3-10 所示，在右侧的面板中显示调整的选项，如图 3-11 所示。单击“打开首选项对话框”按钮，可打开“Camera Raw 首选项对话框”。“逆时针旋转图像 90 度” 用于逆时针旋转图像，“顺时针旋转图像 90 度” 用于顺时针旋转图像。

图 3-10

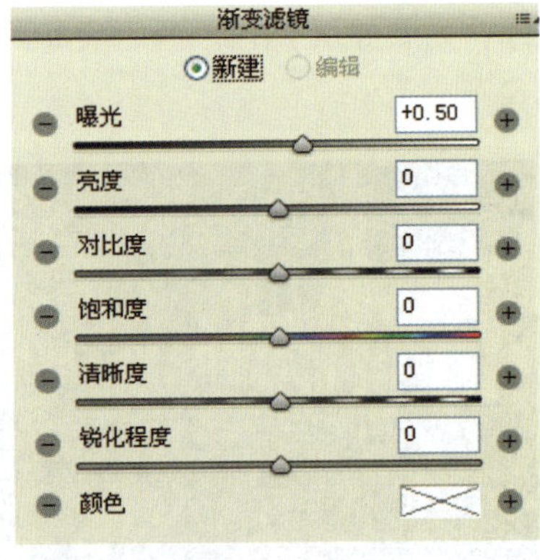

图 3-11

❷缩放级别

单击“缩放级别”下拉列表菜单，如图 3-12 所示。选择需要显示的图像大小，在图像预览区内查看图像，如图 3-13 所示。

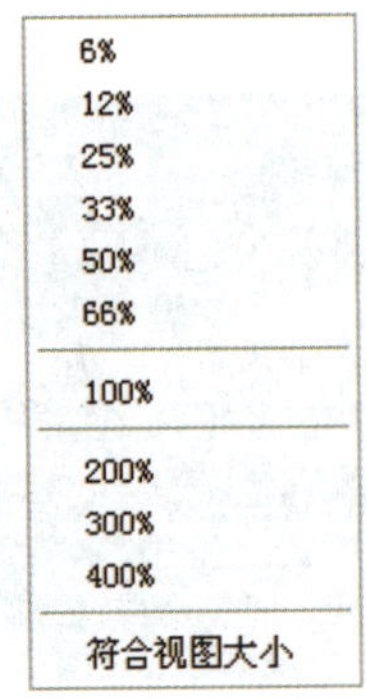

图 3-12

图 3-13

❸切换全屏模式

单击“切换至全屏模式”按钮，Camera Raw窗口将切换至全屏模式，如图3-14所示。再一次单击该按钮，Camera Raw窗口将切换至窗口模式，如图3-15所示。

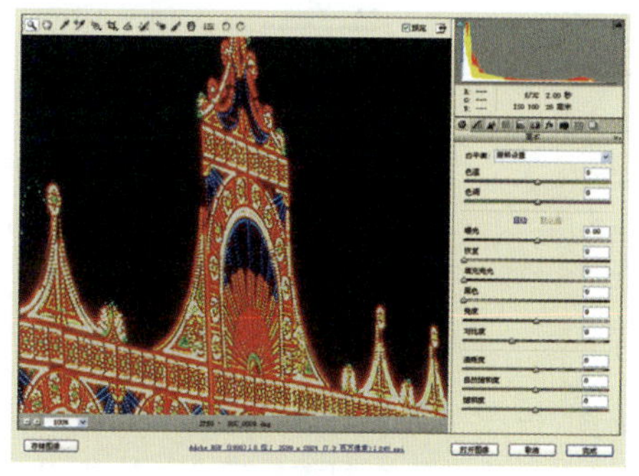

图 3-14

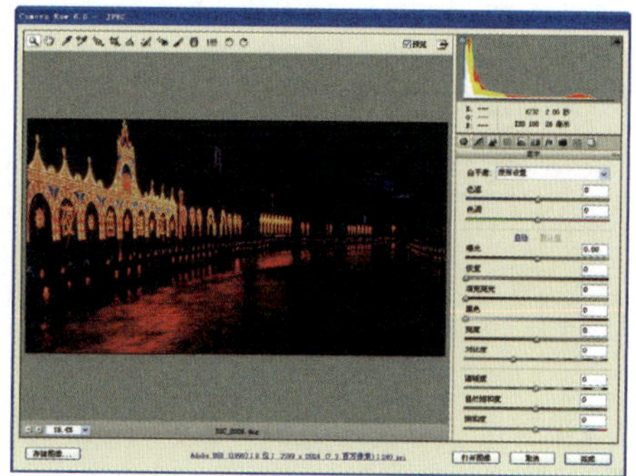

图 3-15

❹直方图

直方图显示了每个亮度级别的像素数量，在直方图的下方显示了光标位置的RGB值，以及打开的数码照片的元数据。

技巧点拨

单击直方图左上角的“阴影修剪警告”按钮和右上角的“高光修剪警告”按钮，可以看到欠曝的区域以蓝色块显示，过曝的区域以红色块显示。

❺图像调整选区

“图像调整选区”包括了10个调整选项区，可调节图像的色调、影调、颜色、模糊等参数。其中，“基本”选项用于调整照片的“白平衡”和“曝光度”，如图3-16所示。“色调曲线”选项用于调整照片的亮度和对比度，如图3-17所示。“细节”选项用于锐化图像及减少照片内的杂色，如图3-18所示。

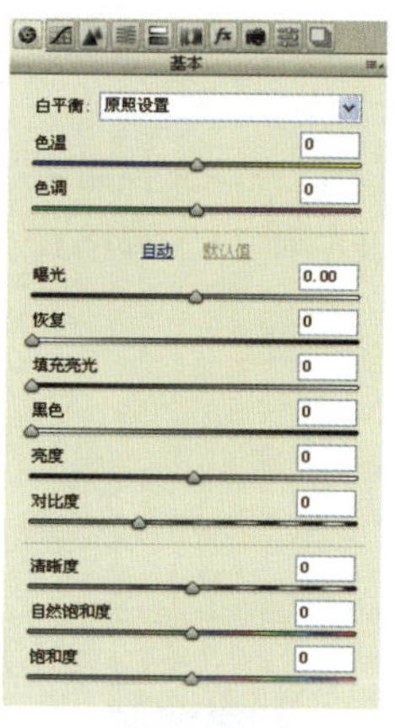

图 3-16

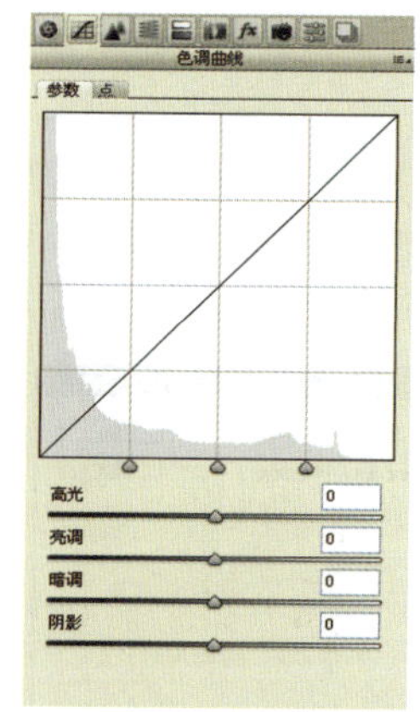

图 3-17

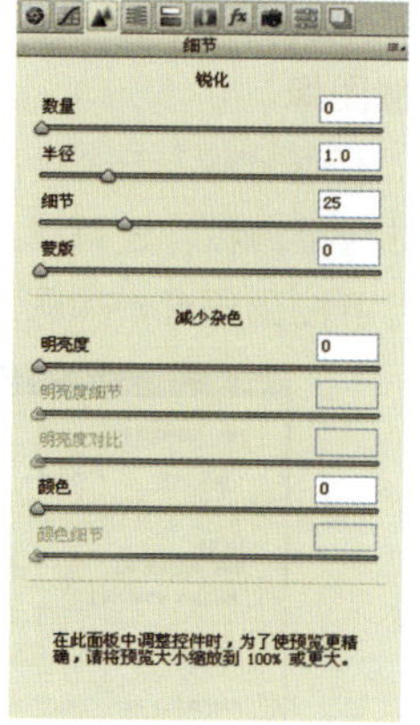

图 3-18

“HSL/灰度”选项用于调整照片的“色相”、“饱和度”和“明亮度”，如图3-19所示。“色调分离”选项用于调整照片图像“色相”和“饱和度”，如图3-20所示。“镜头校正”选项用于调整照片的色差修复画面中的红/青边等，如图3-21所示。

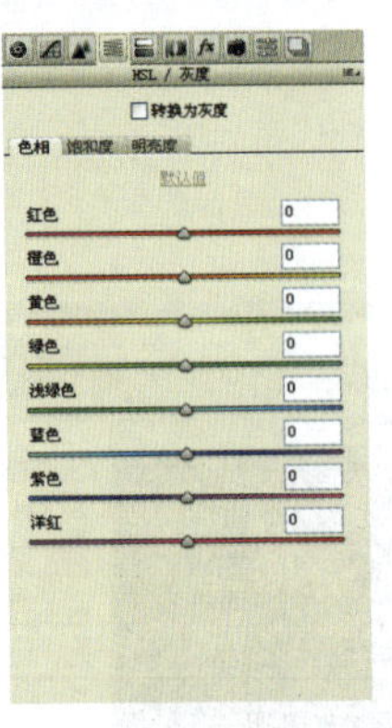

图　3-19

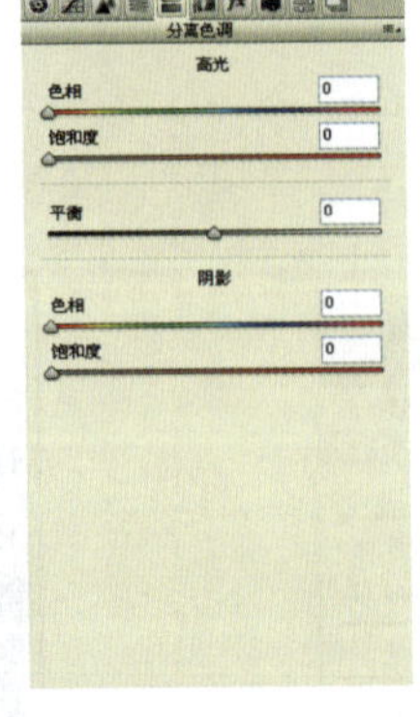

图　3-20

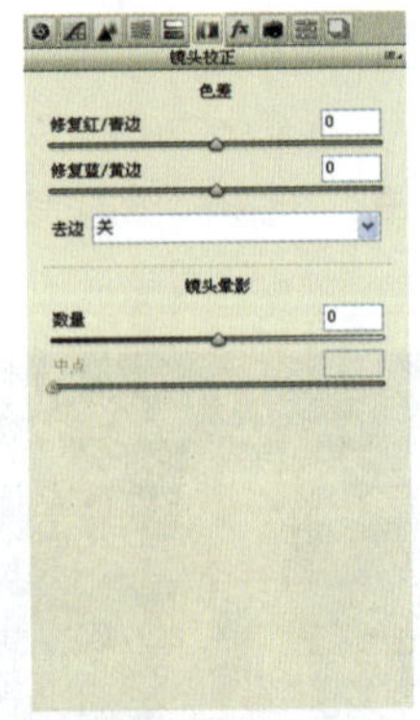

图　3-21

“效果”选项用于为照片添加颗粒和裁剪后晕影，如图 3-22 所示。“相机校准”选项用于调整照片偏色，如图 3-23 所示。“预设”选项用于保存对照片的调整并创建新预设，如图 3-24 所示。“快照”选项为照片添加快照保存调整进度。

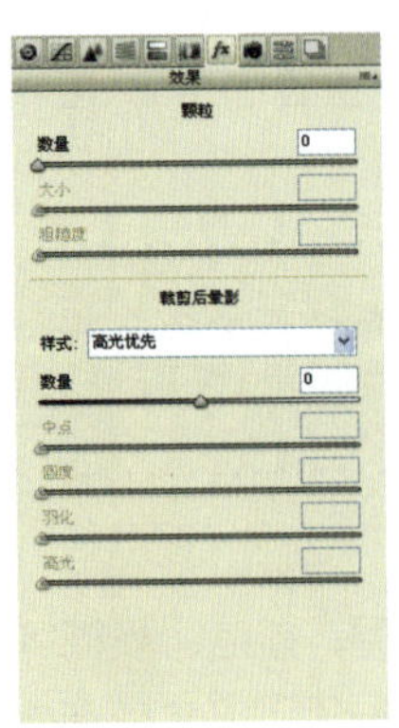

图　3-22

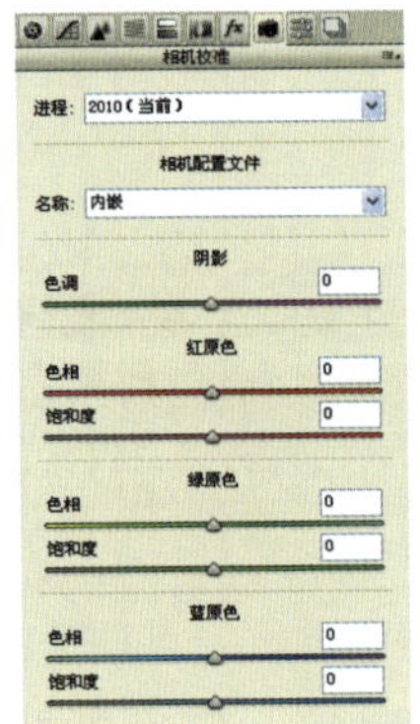

图　3-23

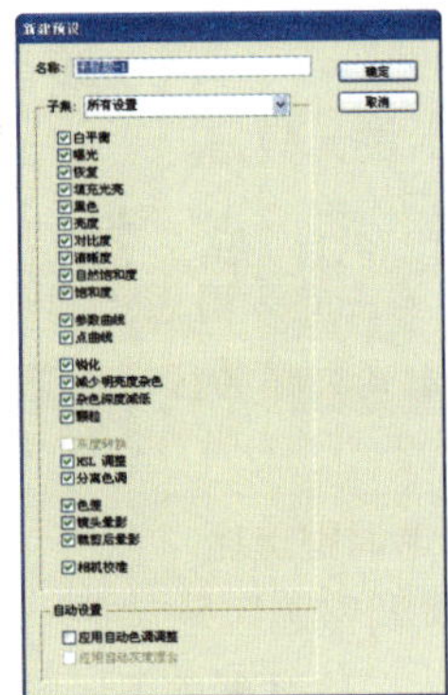

图　3-24

❻打开图像

单击“打开图像”按钮，自动启动 Photoshop CS5，在其中打开图像，可对图像进行编辑。

❼存储图像

单击“存储图像”按钮，打开“存储选项”对话框，如图 3-25 所示。在“文件命名”选项组中可将图像进行重命名，还可设置图像属性，将文件存储为 JPG、DNG、TIFF 和 PSD 等格式。打开“文件扩展名”下拉列表框，如图 3-26 所示。

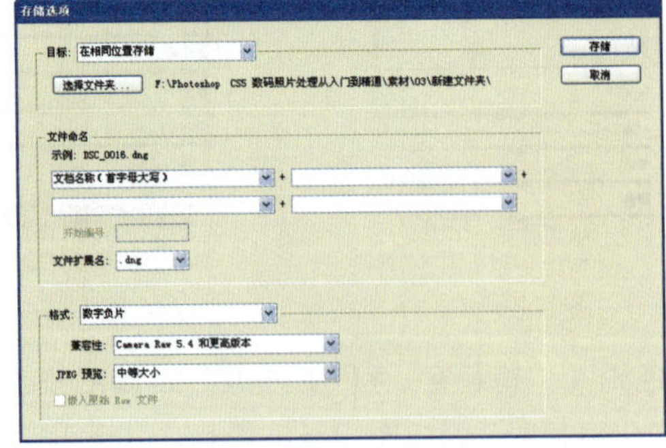

图　3-25

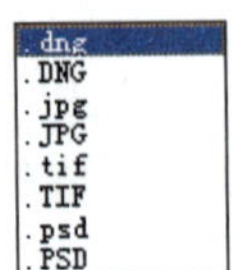

图　3-26

核心知识2 读取RAW、JPEG和TIFF格式照片

对数码照片进行查看之前要先启动 Adobe Bridge，不同格式的数码照片打开的方法相同，在 Bridge 中右击需要打开的数码照片，在弹出的快捷菜单中选中“在 Camera Raw 中打开”命令，如图 3-27 所示，在 Camera Raw 标题栏中会显示出图像的格式。打开 NEF 格式文件，如图 3-28 所示。

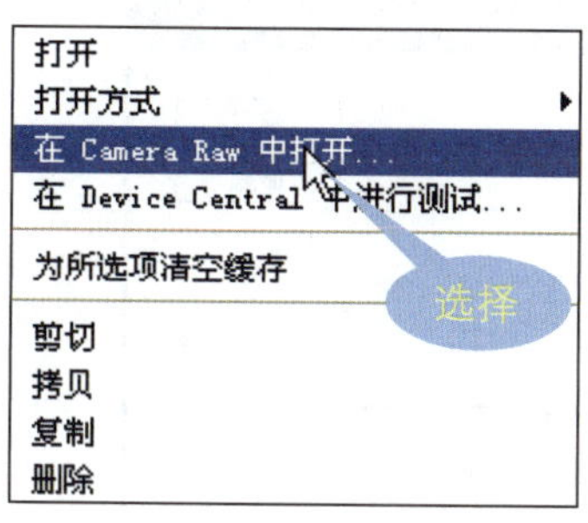

图 3-27

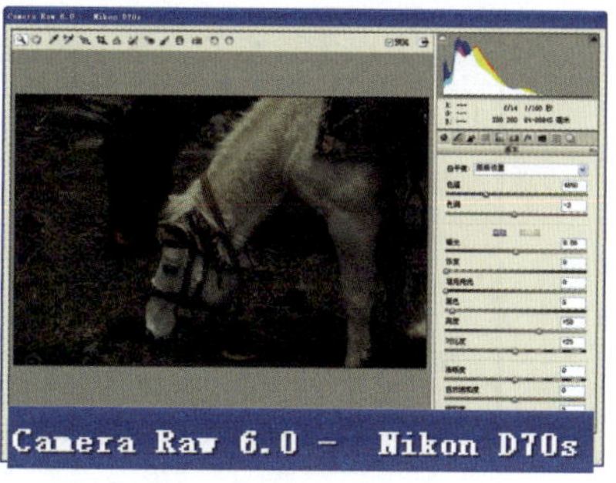

图 3-28

知识补充

数码相机生产厂家为了保护自己相机的呈像原理，会对 RAW 格式的数码照片进行加密设置。因此，RAW 格式文件的扩展名也不相同，例如 Nikon-D70s 的数码照片格式为 NEF。

在 Camera Raw 中打开 JPEG 格式文件，在标题栏中显示格式为 Camera Raw 6.0-JPEG，如图 3-29 所示。在 Camera Raw 中打开 TIFF 格式文件，在标题栏中显示格式为 Camera Raw 6.0-TIFF，如图 3-30 所示。

图 3-29

图 3-30

3.2 调整图像分辨率和大小

Camera Raw 在对数码照片文件调整大小及分辨率的同时，还可以对照片的大小进行设置。在设置图像的分辨率时，需要对工作流程选项进行设置。在调整照片的大小时，需要对照片进行重新裁剪，以更改照片的构图。

核心知识 1　调整图像分辨率

在 Camera Raw 中，可通过工作流程选项修改图像分辨率。在 Camera Raw 中打开需要修改的图像，单击窗口下方的图像信息，打开“工作流程选项”对话框，如图 3-31 所示。在对话框中可对图像分辨率进行设置，数值介于 1～999。

图　3-31

核心知识 2　在 Adobe Camera Raw 中裁剪照片

在拍摄数码照片时，不可能将所有因素考虑齐全，照片中会有多余的图像。为了方便后期处理，摄影师会拍摄更多的背景，此时可运用 Camera Raw 裁剪照片。

在 Camera Raw 中，“裁剪工具”和“拉直工具”都可用于图像的裁剪。单击“裁剪工具”按钮 ，在图像中拖动鼠标自由调整图像裁剪的范围，如图 3-32 所示。也可右击裁剪框，在弹出的快捷菜单中选择合适的比例对图像进行约束比例裁剪，如图 3-33 所示。

图　3-32

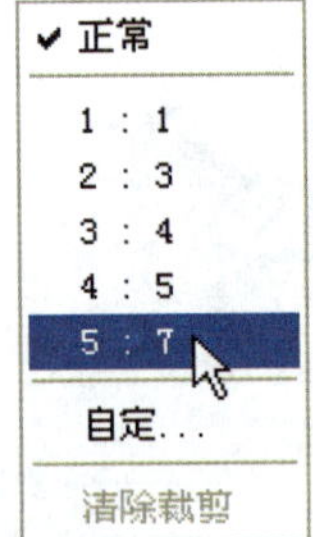

图　3-33

知识补充

在快捷菜单中，若选择“2:3”命令，可裁剪为 6 英寸数码照片；若选择“3:4”命令，可裁剪为 10 英寸数码照片；若选择“4:5”命令，可裁剪为 12 英寸数码照片；若选择“5:7”命令，可裁剪为 7 英寸数码照片。

在弹出的快捷菜单中选择“自定裁剪”命令，打开“自定裁剪”对话框，如图 3-34 所示。单击“裁剪”下拉菜单框，选择裁剪的大小，如图 3-35 所示，并根据需要设置相应的参数。

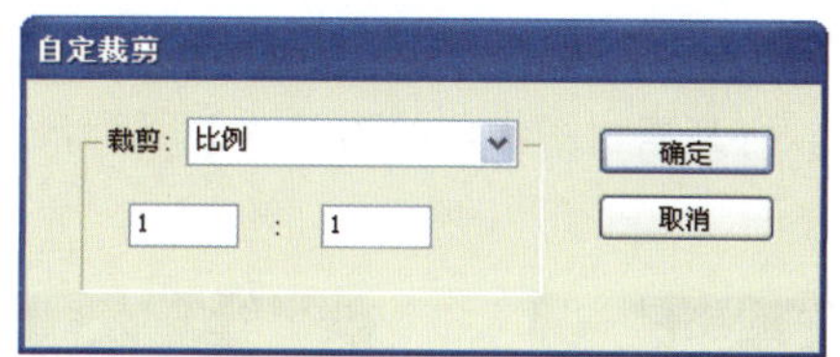

图 3-34

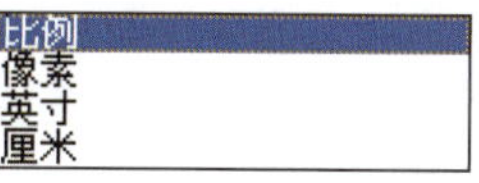

图 3-35

"拉直工具"可根据参照线旋转裁剪范围，校正倾斜的照片。单击"拉直工具"按钮，在图像中拖动鼠标调整图像水平参考线，如图 3-36 所示，设置完成后，在图像中出现旋转后的菜单范围框，如图 3-37 所示。对图像的裁剪范围设置完成后，按〈Enter〉键可确定裁剪。若裁剪范围需要重新修改，只需右击裁剪的图像，在弹出的快捷菜单中选择"清除裁剪"命令即可。

图 3-36

图 3-37

3.3 图像的基本调整

在 Camera Raw 中不仅可以对数码照片的构图进行设置，还可以利用"基本"面板对照片的"白平衡"和"曝光"进行调整，使拍摄的数码照片得到更加自然的色彩和曝光效果。

核心知识 1 基本调整 1：白平衡

白平衡是描述显示器中红、绿、蓝三基色混合生成后白色精确度的一项指标，在 Adobe Camera Raw 中，通过调整白平衡可以调节图像的色彩和色调。在"基本"面板中，前半部分是对白平衡的调整，如图 3-38 所示。

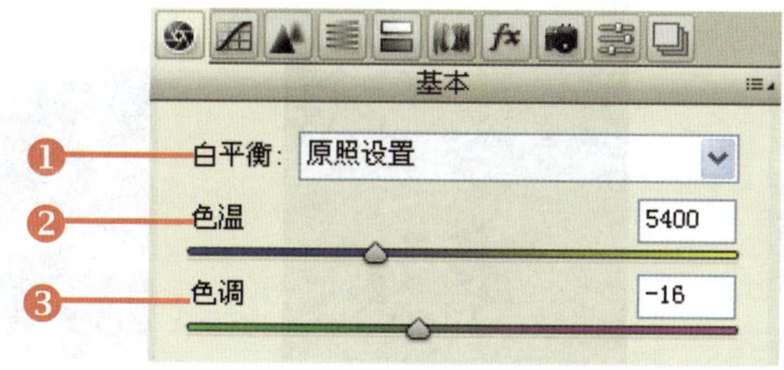

图 3-38

❶白平衡

打开“白平衡”下拉列表框，如图 3-39 所示。打开素材图像，如图 3-40 所示，选择“自定”选项，自动调整图像的白平衡，如图 3-41 所示。

图 3-39

图 3-40

图 3-41

除了“自定”快捷设置，在“白平衡”下拉列表框中还包括 7 种设置白平衡的快捷方式，可快速设置照片的白平衡效果，以仿造不同的环境调整照片。其中，选择“日光”选项，效果如图 3-42 所示。选择“阴天”选项，效果如图 3-43 所示。选择“阴影”选项，效果如图 3-44 所示。

图 3-42

图 3-43

图 3-44

选择“白质灯”选项，效果如图 3-45 所示。选择“荧光灯”选项，效果如图 3-46 所示。选择“闪光灯”效果如图 3-47 所示。

图 3-45

图 3-46

图 3-47

❷色温

色温是将环境中的热量以光的形式表现出来。该值越大，热量越多，照片颜色越温暖，如图 3-48 所示。该值越小，热量越小，照片颜色越寒冷，如图 3-49 所示。

图 3-48

图 3-49

❸色调

"色调"选项用于调整图像的颜色，拖动滑块可改变图像颜色。向左拖动滑块，图像颜色偏绿，如图 3-50 所示。向右拖动滑块，图像颜色偏红，如图 3-51 所示。

图 3-50

图 3-51

核心知识 2 基本调整 2：曝光

曝光是指使感光纸或摄影胶片感光，每张数码照片都有自己的曝光度。在"基本"面板中，后半部分是对照片曝光度的调整，如图 3-52 所示。

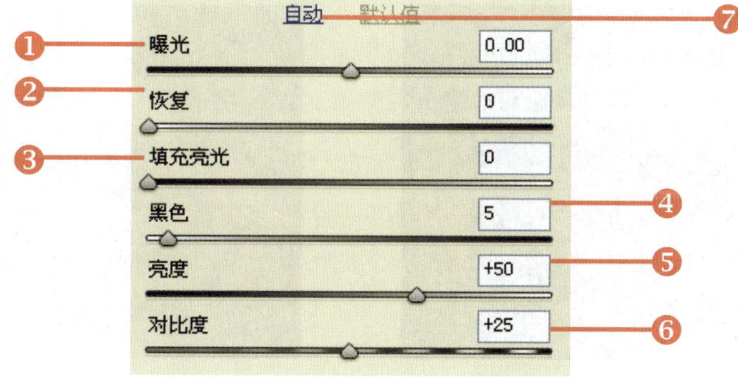

图 3-52

❶曝光

“曝光”选项用于调整图像的整体亮度，拖动滑块可改变图像亮度。若数值为正值，增加曝光度，如图 3-53 所示。若数值为负值，降低曝光度，如图 3-54 所示。

图 3-53

图 3-54

❷恢复

“恢复”选项用于调整高光区域的过度曝光。单击直方图内右上角的“高光修剪警告”按钮，在图像中查看高光区域的过度曝光，如图 3-55 所示。向右拖动滑块，可恢复图像，如图 3-56 所示。

图 3-55

图 3-56

❸填充亮光

“填充亮光”选项用于调整图像暗部的曝光度。打开一张暗部曝光不足的照片，如图 3-57 所示。向右拖动滑块，增加暗部的亮度，如图 3-58 所示。

图 3-57

图 3-58

❹黑色

“黑色”选项用于减少或增加图像的黑色区域。打开素材图像，如图 3-59 所示。增加黑色区域，调整照片的对比度，使照片更有层次感，如图 3-60 所示。

图 3-59

图 3-60

❺亮度

“亮度”选项用于调整“高光修剪”范围内图像的亮度。使用“亮度”调整图像的明暗，可保护图像数据不会丢失。打开素材图像，如图 3-61 所示。增加图像亮度，提亮照片，如图 3-62 所示。

图 3-61

图 3-62

❻对比度

“对比度”选项用于调整图像的对比度，数值范围在-50～+100 之间。拖动鼠标滑块，调整数值为负值，降低图像的对比度，如图 3-63 所示。调整数值为正值，增加图像的对比度，如图 3-64 所示。

图 3-63

图 3-64

❼自动

选择“自动”选项，可自动调整图像的曝光度、亮度、对比度等。选择“默认值”选项，图像恢复原照片设置。

3.4 应用与提高

使用 Camera Raw 可对 RAW 格式的数码照片进行简单的处理，调整图像的曝光度、对比度及构图，使图像更加完善。

典型案例 1　使用 Camera Raw 自动校正照片

Camera Raw 功能非常丰富，在“基本”面板中的调整是其最重要的部分，通过“基本”面板中的“自动”选项，可以使照片快速得到正确的色温和曝光量。从技术角度来讲，可得到比较完美的影调。

★素材文件：随书光盘\素材\3\01.nef

★最终文件：随书光盘\源文件\3\让 Camera Raw 自动校正照片.dng

步骤 1　打开素材图像 打开随书光盘\素材\3\01.nef，在预览窗口中查看效果。	步骤 2　设置白平衡 在“基本”面板中，打开“白平衡”下拉列表框，选择“日光”选项。
	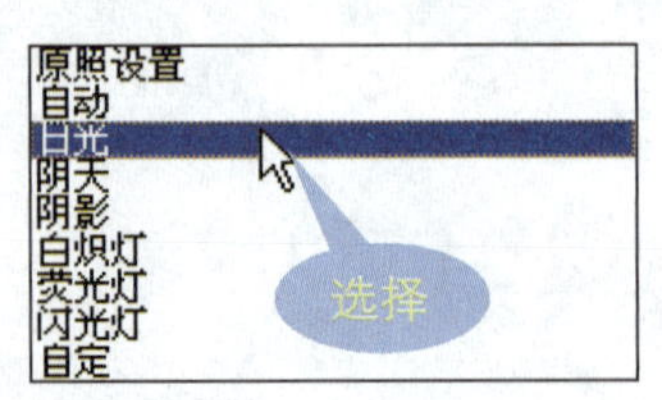

步骤 3　自动调整曝光度	步骤 4　查看效果
选择“曝光”选项上方“自动”选项，自动调整图像的曝光度。	在预览窗口中查看图像效果。

典型案例 2　用清晰度滑块柔和图像

在 Camera Raw 中，可重新调整图像的清晰度，以柔和图像，产生朦胧的效果。使用“调整画笔”工具，还可调整局部图像清晰度，从而制作出拍摄照片所产生的景深效果，让图像主题更加突出。

★素材文件：随书光盘\素材\3\02.dng
★最终文件：随书光盘\源文件\3\用清晰度滑块柔和图像.dng

步骤 1　打开素材图像	步骤 2　柔和图像	步骤 3　设置调整画笔
打开随书光盘\素材\3\02.dng。	在“基本”面板中，设置“清晰度”为-100，“自然饱和度”为+29，模糊图像。	在工具箱中单击“调整画笔”工具按钮，在“调整画笔”面板中，设置“清晰度”为+84，“锐化程度”为+72。

		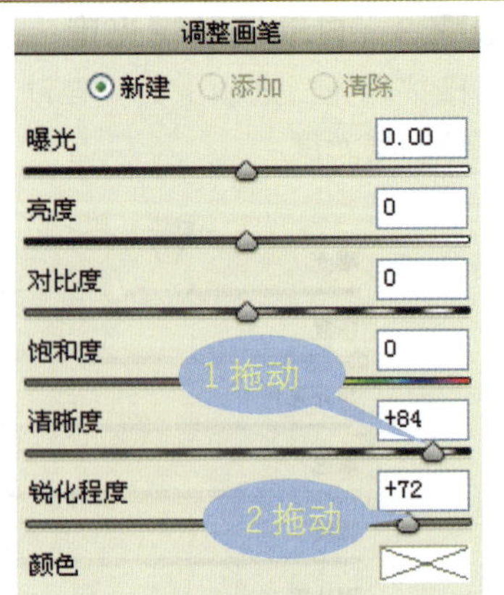
步骤 4　调整画笔大小 在预览窗口中单击右键并拖动鼠标，设置调整画笔的大小。	**步骤 5　锐化图像** 在花心和前半部分花瓣位置进行涂抹，修改图像清晰度。	**步骤 6　增加曝光度** 在“基本”面板中设置“曝光”为+0.45，增加曝光度。

典型案例 3　用填充亮光校正逆光照片

拍摄树枝上的果实角度多为仰视，因此多为逆光照片。为了保证拍摄的数码照片可保留所有色阶上的数据，对照片进行了欠曝处理。在 Camera Raw 中调整图像曝光度，用填充亮光调整暗部的亮度，校正逆光照片。

★ 素材文件：随书光盘\素材\3\03.dng

★ 最终文件：随书光盘\源文件\3\用填充亮光校正逆光照片.dng

步骤 1　打开素材图像

打开随书光盘\素材\3\03.dng，在预览窗口中查看效果。

步骤 2　调整白平衡

在“白平衡”下拉列表中选择“自定”选项，并设置“色温”为-13，“色调”为-4。

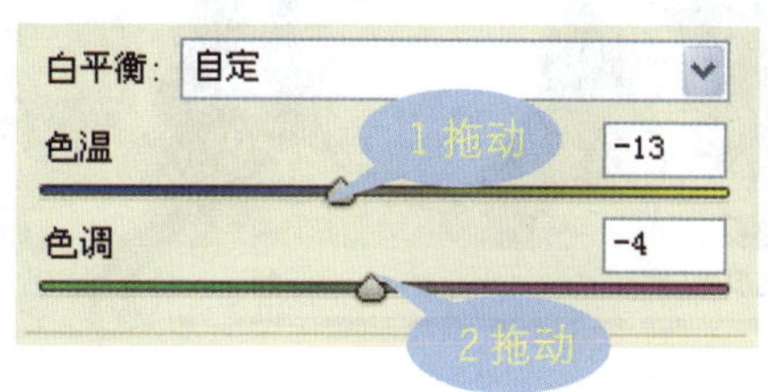

步骤 3　调整曝光度

在“曝光”选项中，拖动滑块调整该值为+0.05，增加图像曝光度。

步骤 4　调整暗部影调

在“填充亮光”选项中，拖动滑块调整该值为31，填充图像逆光区域的亮度。

步骤 5　调整黑色

在“黑色”选项中，拖动滑块调整该值为 5，降低图像中黑色的区域。

步骤 6　调整亮度

在“亮度”选项中，拖动滑块调整该值为+10，提亮图像的整体亮度。

步骤 7　调整对比度

在“对比度”选项中，拖动滑块调整该值为+4，使图像影调更有层次。

步骤 8　调整图像颜色

另外，设置“清晰度”为+12，“自然饱和度”为-3，“饱和度”为+7。

典型案例 4　用曲线调整对比度

当拍摄数码照片时，由于环境的原因，拍摄出来的照片影调偏灰。对比度较低，使用“曲线”面板中的各选项，可重新调整图像的影调，改变图像的对比度，让照片更有层次。

★素材文件：随书光盘\素材\3\04.dng

★最终文件：随书光盘\源文件\3\用曲线调整对比度.dng

步骤 1　打开素材图像

打开随书光盘\素材\3\04.dng，在预览窗口中查看效果。

步骤 2　调整图像色彩

在“基本”面板中，设置“自然饱和度”为+28，“饱和度”为+33。

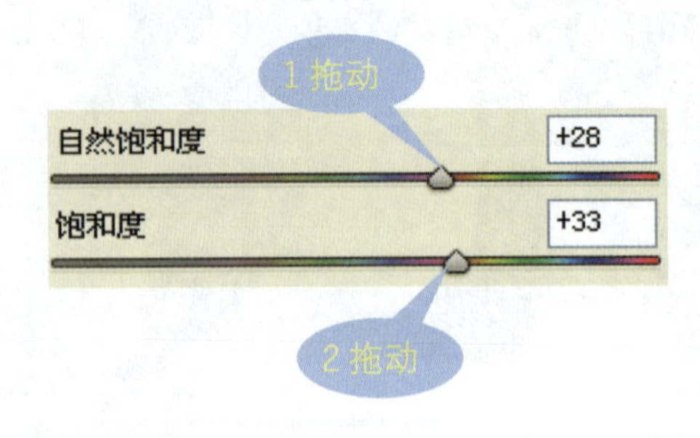

步骤 3　查看效果

在预览窗口中查看效果，图像的饱和度增加，颜色更加明亮。

步骤 4　设置图像亮度

单击“色调曲线”按钮，切换至“色调曲线”面板，设置“亮调”为+22。

<table>
<tr><td></td><td>
</td></tr>
<tr><td>步骤5　设置图像暗调
在“色调曲线”面板中，设置“暗调”为-40，降低暗调明度，拉大图像对比。</td><td>步骤6　调整图像暗部
在“基本”面板中，调整“填充亮光”为20，提亮暗部部分区域。</td></tr>
<tr><td>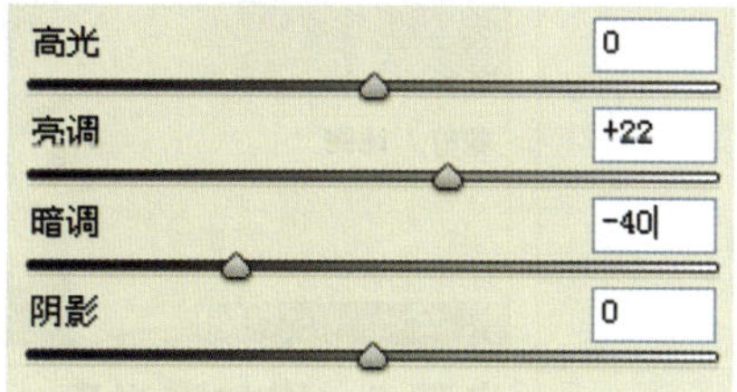
</td><td>
</td></tr>
</table>

典型案例5　裁剪和拉直

当拍摄单个建筑物时，如果没有掌握好角度，拍摄出来的建筑物就会是倾斜的。为了挽救倾斜的照片可以对图像进行旋转裁剪，如果希望能更精确的修改图像不要造成第二次的角度倾斜，可使用“拉直工具”校正图像。

★素材文件：随书光盘\素材\3\05.dng
★最终文件：随书光盘\源文件\3\裁剪和拉直.dng

步骤 1　打开素材图像	步骤 2　设置自定裁剪	步骤 3　设置裁剪比例
打开随书光盘\素材\3\05.dng，在预览窗口中查看效果。	在工具箱中选中“裁剪工具”，在图像中右击，在弹出的快捷菜单中选择“自定”命令。	打开“自定裁剪”对话框，设置裁剪比例为 7:5，在图像中拖动鼠标，裁剪图像。

步骤 4　拉直图像	**步骤 5　查看效果**	**步骤 6　增加曝光度**
在工具箱中单击“拉直工具”按钮，在图像中沿建筑中轴位置拖动参考线。	设置完成后，查看图像裁剪范围。按〈Enter〉键执行裁剪命令，查看图像效果。	在“基本”面板中，设置“曝光”为+0.50，“恢复”为 67，增加图像曝光度。

步骤 7　设置去除污点工具	**步骤 8　去除污点**	**步骤 9　增加图像清晰度**
在工具箱中单击“污点去除”按钮，在“去除污点”面板中，设置“类型”为“仿制”，“半径”为 22，“不透明度”为 100。	在预览窗口中单击图像，红色圆圈为需要覆盖的图像，绿色圆圈为修补源。	在“基本”面板中，设置“清晰度”为+23，在预览窗口中查看图像效果。

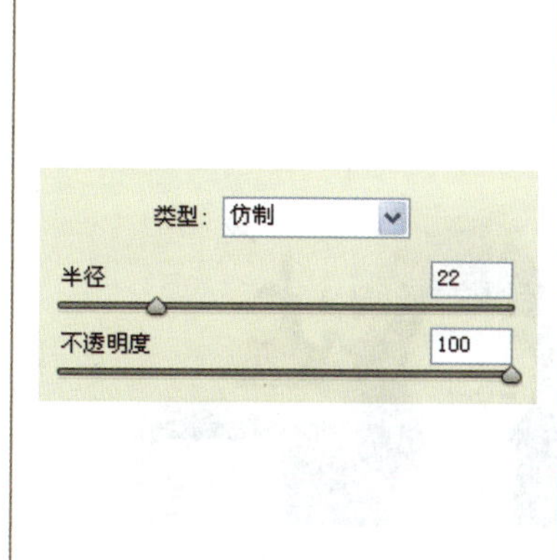

典型案例 6　使用相机配置文件获得 JPEG 处理效果

Camera Raw 软件可对数码照片的原始数据进行调整，其中包括曝光度清晰度图像的细节，甚至是图像的颜色，强大的功能可以将照片调整得更加完善，调整完成还能将照片存储为各种格式的图像。

★素材文件：随书光盘\素材\3\06.nef
★最终文件：随书光盘\源文件\3\使用相机配置文件获得 JPEG 处理效果.jpg

步骤 1　打开素材文件 打开随书光盘\素材\3\06.dng，在预览窗口中查看效果。	**步骤 2　调整图像影调** 在“基本”面板中，设置“曝光”为+0.85，“恢复”为 32，“填充亮光”为 29，“对比度”为+8。
	自动　默认值 曝光 +0.85 恢复 32 填充亮光 29 黑色 0 亮度 0 对比度 +8

步骤 3　调整图像清晰度

在“基本”面板中，设置“清晰度”为+40，调整图像的清晰度，在预览窗口中查看效果。

步骤 4　调整图像背景

在工具箱中单击“调整画笔”按钮，设置“饱和度”为-50，“清晰度”为-75，在背景处进行涂抹。

步骤 5　添加晕影

单击“效果”按钮，切换至“效果”面板。在“样式”下拉列表框中选择“颜色优先”选项，设置“数量”为-57，“中点”为 14，“圆度”为-40，“羽化”为 62。

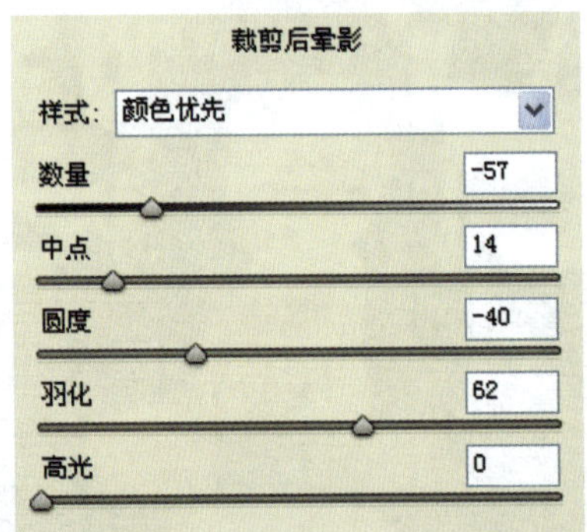

步骤 6　设置存储位置并命名文件

单击“存储图像”按钮，在打开的“存储选项”对话框的“目标”下拉列表框中选择“在新位置存储”选项，选择文件存储位置。在“文件命名”选项组中设置文件名为“使用相机配置文件获得 JPEG 处理效果”。

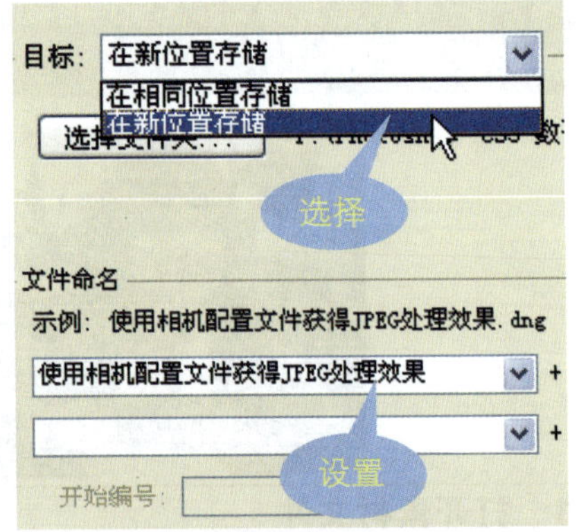

步骤 7　设置图像存储格式

在“文件扩展名”下拉列表框中选择“.jpg”选项，设置存储格式为 jpg

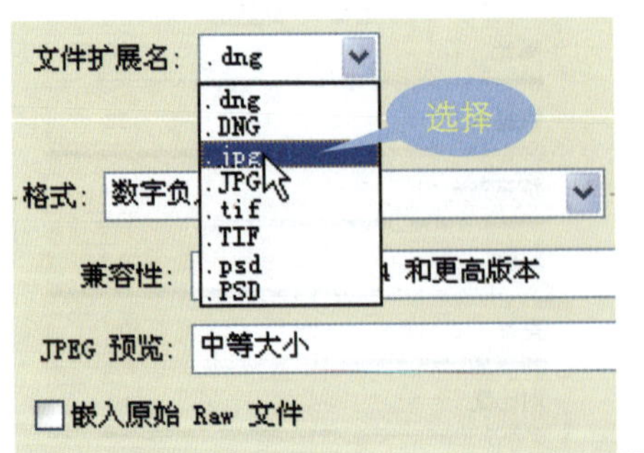

步骤 8　设置图像存储品质

在“品质”下拉列表框中设置品质为“最佳”。单击“存储”按钮，存储图像。

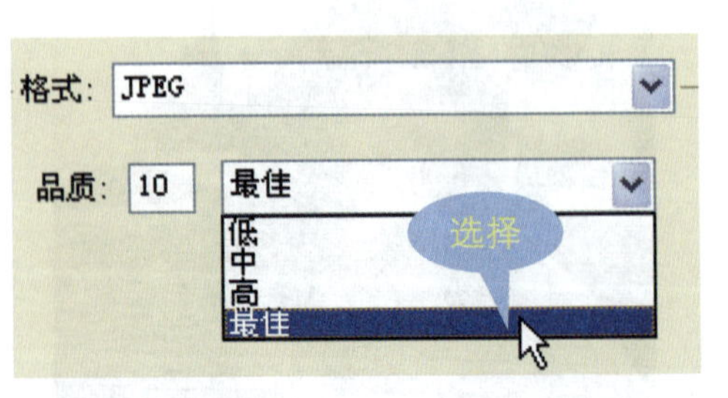

4 RAW格式数码照片的高级技术

使用Raw格式存储照片，可以最大限度地保留原照片的亮部和暗部的细节。在Adobe Camera Raw的后期处理中，可以对Raw格式的照片进行调整结构等高级操作，使照片得到最好的效果。

本章的重要的概念有：理解白平衡设置对图像的影响，使用Adobe Camera Raw对照片进行色调和影调调整，掌握Raw格式文件的存储方法。

本章知识点

- 在Adobe Camera Raw中调整图像的色调和颜色
- 在Adobe Camera Raw中对色调进行高级处理
- Raw格式的存储设置

4.1 在 Adobe Camera Raw 中调整图像的色调和颜色

在一张数码照片中，色调和颜色是影响照片质量的关键因素。数码相机拍摄的照片必须经过后期处理，才能将其转换为通用的图像格式。用户通过在 Adobe Camera Raw 中对照片的曝光度、颜色等进行设置，可以从数码照片中得到完美平衡的“原始图像”。

核心知识 1　对照片的影调进行调整

在 Adobe Camera Raw 中，通过设置“色调曲线”面板中的选项，可对图像影调进行微调。色调曲线表示对图像色调范围所作的更改。其中，水平轴表示图像的原始色调值，左侧为黑色，并向右逐渐变亮；垂直轴则表示更改的色调值，底部为黑色，向上逐渐为白色。

打开 Camera Raw，单击右侧的“色调曲线”按钮，即可打开“色调曲线”面板，如图 4-1 所示。

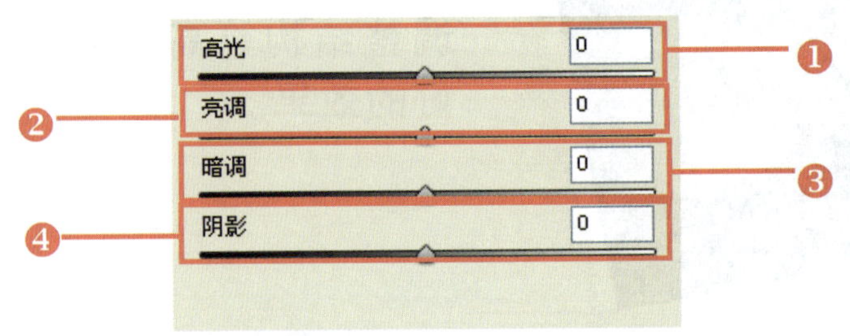

图　4-1

❶高光

“高光”用于为图像添加白色或黑色的对比，使图像看上去更显立体。打开一张素材图像，如图 4-2 所示。设置“高光”值为-100，效果如图 4-3 所示。设置“高光”值为+100，效果如图 4-4 所示。

图　4-2

图　4-3

图　4-4

❷亮调

"亮调"选项用于设置数码照片较亮部分的色调，从而增强或减弱亮光，而图像中的其他部分不会发生改变。当将"亮调"滑块拖动到+40 时，效果如图 4-5 所示。当将"亮调"滑块拖动到-40 时，效果如图 4-6 所示。

图 4-5

图 4-6

❸暗调

"暗调"选项刚好与"亮调"选项相反，用于图像暗部区域的调整，使图像中暗部区域变亮或变暗。图 4-7 和图 4-8 所示分别为设置"暗调"为-30 和+65 时的效果。

图 4-7

图 4-8

❹阴影

"阴影"选项用于设置数码照片阴影部分的色调。减小阴影，将增加亮部图像的对比，增加图像的层次感；增加阴影，则可以突出暗部细节。在打开的素材图像中，将"阴影"滑块拖动至-70 时，效果如图 4-9 所示，将"阴影"滑块拖动至+70 时，图像效果如图 4-10 所示。

技巧点拨

为了获得更好的照片效果，可以使用"白平衡工具"对照片的白平衡进行调整。当使用"白平衡工具"调整图像时，应单击包含图像细节且色调较浅的区域，而不要单击放大的区域或产生反射的高光区域。

图 4-9

图 4-10

核心知识 2 照片的颜色调整

打开 Adobe Camera Raw 后，除了应用右侧的“基本”选项可以使用图像色调控件对照片的色调范围进行调整外，还可以通过最下方的“自然饱和度”和“饱和度”等选项对整个图像的颜色进行设置，如图 4-11 所示。

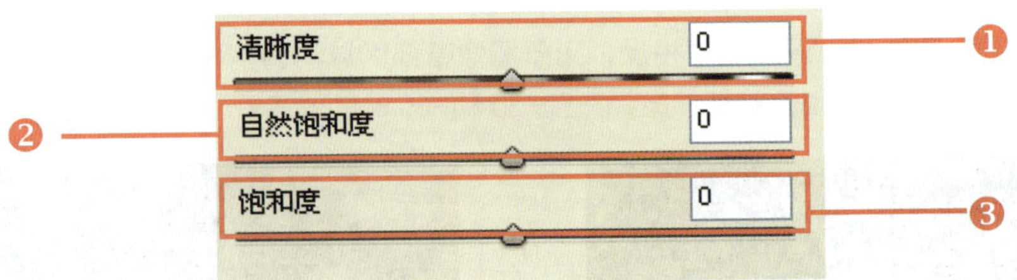

图 4-11

❶清晰度

“清晰度”选项用于对图像的清晰度进行调整。向左拖动“清晰度”滑块，图像将变得模糊，向右拖动“清晰度”滑块，则图像将变得清晰。打开一张素材照片，如图 4-12 所示。当设置“清晰度”为-100 时，效果如图 4-13 所示。当设置“清晰度”为+100 时，效果如图 4-14 所示。

图 4-12

图 4-13

图 4-14

❷自然饱和度

"自然饱和度"选项用于对图像的自然饱和度进行设置，可以在颜色接近最小饱和度时最大限度地减少修剪。当设置"自然饱和度"为-67 时，效果如图 4-15 所示。当设置"自然饱和度"为+75 时，效果如图 4-16 所示。

图 4-15

图 4-16

❸饱和度

"饱和度"选项可以均匀地调整图像颜色的饱和度，调整范围从 100（单色）到+100（单色）。饱和度对于颜色的调整同自然饱和度类似。当设置"饱和度"为-50 时，效果如图 4-17 所示。当设置"饱和度"为+100 时，效果如图 4-18 所示。

图 4-17

图 4-18

4.2 在 Adobe Camera Raw 中对色调的高级处理

从照片本身来说，它是由具有一定变化规律的色彩组成的集合，因此掌握好照片色调的调整，是学习照片处理的基础。应用 Adobe Camera Raw 可以对 RAW 格式的照片进行色调的校正及变换色调等操作。

核心知识 1　校正（或创建）边缘晕影

Adobe Camera Raw 在对图像的颜色进行调整的同时，还可以在照片边缘添加上逼真的镜头晕影效果。在“镜头校正”面板下，通过设置参数，即可修复由于各种拍摄原因出现的红、青、黄、蓝边，并对裁剪后的照片添加晕影效果。

单击右侧的“镜头校正”按钮，打开“镜头校正”面板。在面板中可以分别对“数量”和“中点”等选项进行设置，如图 4-19 所示。

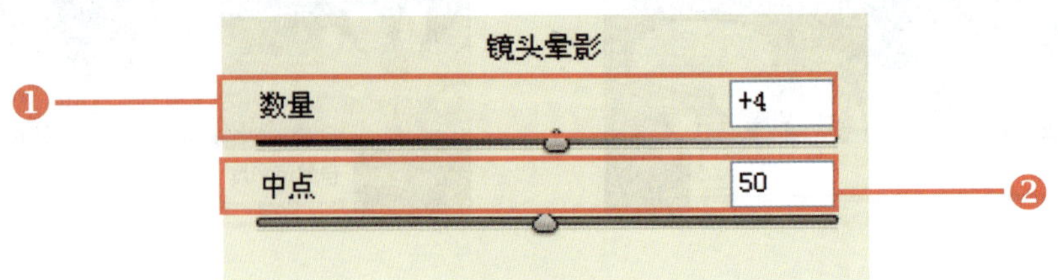

图　4-19

❶数量

在“镜头晕影”面板中，增加“数量”值，可以使角落变亮，即将图像中原有的晕影效果移去；减少“数量”值，则可以使角落变暗，即为图像增加晕影效果。打开一张素材图像，如图 4-20 所示。当设置“数量”为-100 时，效果如图 4-21 所示。当设置“数量”为+100 时，效果如图 4-22 所示。

图　4-20

图　4-21

图　4-22

❷中点

“中点”选项用于设置调整范围与图像四周的距离。减少“中点”值可以将调整应用于远离角落的较大区域，增加“中点”值，则可以将调整应用于离角落较近的区域。当设置“数量”值为-100 时，将“中点”设置为 9，效果如图 4-23 所示，将“中点”设置为 90，效果如图 4-24 所示。

图 4-23

图 4-24

知识补充

在“色调曲线”面板中，当设置“参数”选项卡中的参数时需要注意，“暗调”和“亮调”选项主要用于设置曲线的中间区域，而“高光”和“阴影”选项则主要用于影响色调范围的两端。

核心知识 2 黑白照片

简单地将图像的模式从彩色转换为灰度，便可以快速得到一个相当不错的黑白图像。在 Adobe Camera Raw 中，可以通过直接将图像转换为灰度图或通过调整饱和度两种不同的方式将图像设置为黑白照片效果。

打开需要设置的 RAW 格式照片，单击 Camera Raw 对话框右侧的“HSL/灰度”按钮，打开“HSL/灰度”面板，如图 4-25 所示。勾选“HSL/灰度”面板中的“转换为灰度”复选框，然后在其下的“灰度混合”选项卡中设置颜色参数，如图 4-26 所示，即可快速将彩色照片转换为灰度图。

图 4-25

图 4-26

除了应用“HSL/灰度”面板设置黑白照片，用户还可以通过设置“基本”选项卡中的“自然饱和

度”和“饱和度”选项调整数码照片的颜色，将其转换为黑白效果。

打开需要设置的 RAW 格式照片，如图 4-27 所示。在“基本”面板下，将“自然饱和度”和“饱和度”均设置为-100，即可将图像转换为黑白照片效果，如图 4-28 所示。

图 4-27

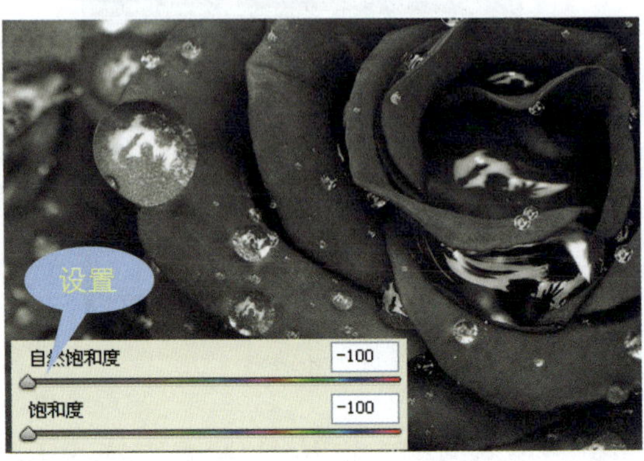

图 4-28

核心知识 3 用曲线调整照片对比度

Adobe Camera Raw 中的“色调曲线”面板与 Photoshop 中的“曲线”调整面板有许多相同之处，都提供了一些默认的预设曲线命令，可对照片的对比度进行设置。

单击 Camera Raw 对话框右侧的“色调曲线”按钮，打开“色调曲线”面板。单击“点”标签，切换至“点”选项卡，如图 4-29 所示。在此选项卡下通过应用预设曲线或重新输入参数值，可完成亮度、对比度的调节。同时，用户也可以根据需要，直接在曲线图像上单击并拖动曲线控制点，调整曲线外形，以更改图像的色彩对比度。

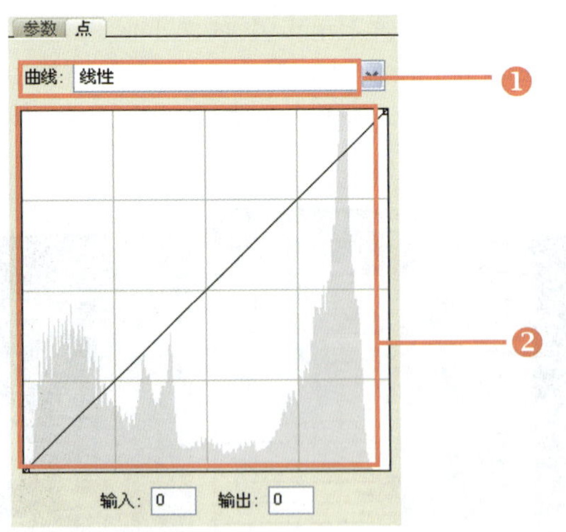

图 4-29

❶曲线

单击“曲线”下拉按钮，在打开的下拉列表中，可以查看到“线性”、“中对比度”、“强对比度”和“自定”等预设曲线。选择其中一个选项后，可以在图像中应用该曲线调整图像。图 4-30

和图 4-31 所示分别为选择“线性”曲线和“强对比度”曲线时的效果。

图 4-30

图 4-31

❷设置任意曲线形状

在曲线控制区中，用户可以在曲线上单击并添加多个控制点，然后选中并拖动控制点，即可对曲线进行任意调整，如图 4-32 所示。通过调整后，效果如图 4-33 所示。

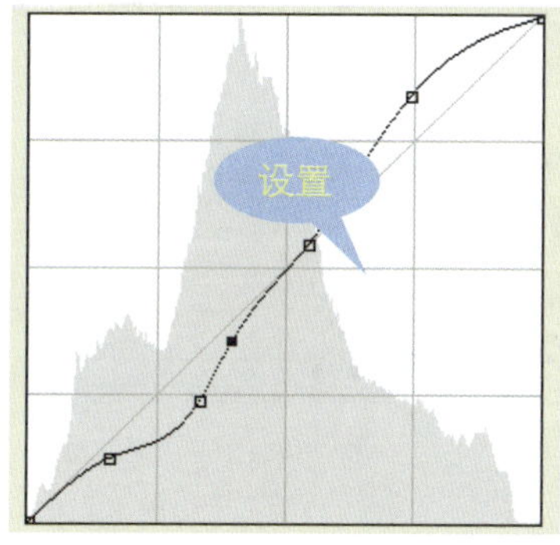

图 4-32

图 4-33

4.3 RAW 格式文件的存储设置

在 Adobe Camera Raw 中对图像进行编辑后，可以在保留原图像的情况下，重新将文件存储到新的位置，并指定其文件名及文件的存储格式。对 Raw 格式照片进行保存设置后，通过在 Photoshop CS5 中打开图像，能够对其进行更深入的编辑。

核心知识 1　存储 Raw 格式文件

每个数码相机制作商都有自己的 Raw 格式，所有 Raw 格式文件没有一种通用的格式，用户可以根据需要将其转换为其他的文件。

要转换并存储 RAW 格式文件，需要在打开的 Camera Raw 对话框中单击左下角的“存储图像”按钮，如图 4-34 所示。打开的“存储选项”对话框如图 4-35 所示，在其中显示了存储文件的格式及

命名等。

图　4-34

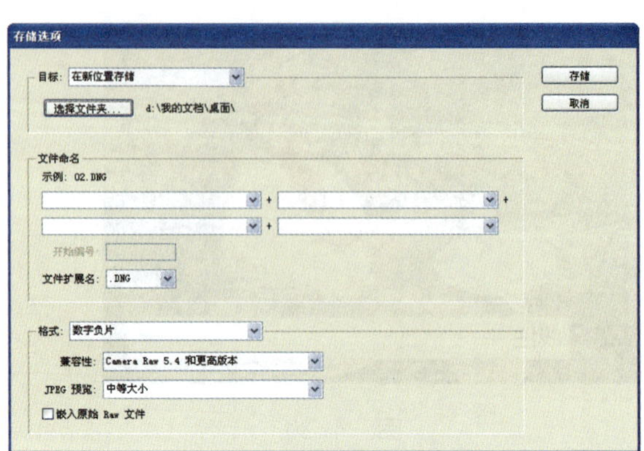

图　4-35

在“存储图像”对话框中，单击“选择文件夹”按钮，打开“选择目标文件夹”对话框。在对话框中可以重新设置 RAW 格式照片的存储位置，如图 4-36 所示，然后单击“选择”按钮，返回“存储图像”对话框，在对话框中进一步对要存储的图像的名称及存储扩展名进行设置，如图 4-37 所示。设置完成后单击“存储”按钮，即可完成 RAW 格式文件的存储。

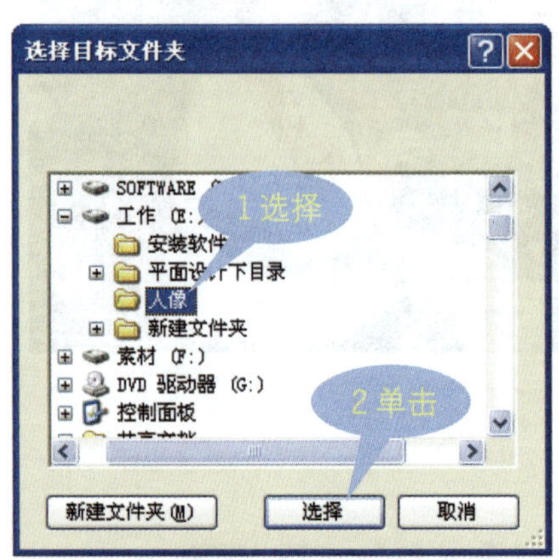

图　4-36

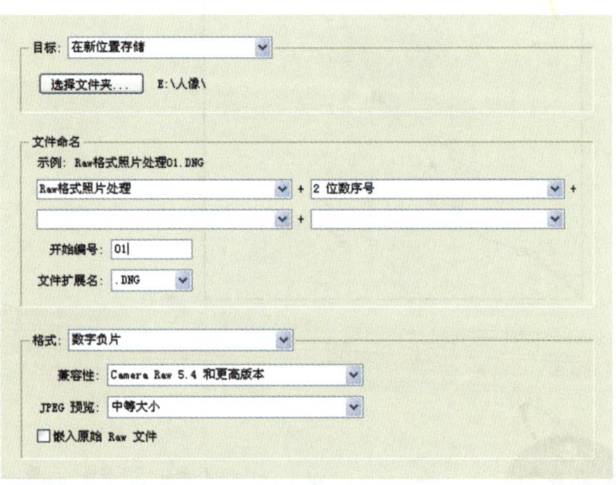

图　4-37

知识补充

在存储图像时，按〈Alt〉键的同时单击“存储图像”按钮，则可以跳过“存储选项”对话框直接应用 Raw 格式保存文件。

核心知识 2　在 Photoshop 中打开和保存处理后的 RAW 格式文件

除了一些较新的工作流程外，大部分 RAW 格式文件仅提供转换功能，而将大量的编辑工作交由

独立的图像编辑程序执行。因此，用户选择的转换程序应当可与常用的编辑程序完美结合，这一点是非常重要的，而对于大部分人来说，就意味着可与 Photoshop 结合使用。

在 Adobe Camera Raw 中设置完 RAW 格式的照片后，单击对话框右下角的“打开图像”按钮，如图 4-38 所示，则可以在 Photoshop CS5 中打开图像，如图 4-39 所示。在 Photoshop CS5 中打开图像后，选择“文件”→“存储”命令，即可对图像进行重新的存储操作。

图 4-38

图 4-39

技巧点拨

当按〈Alt〉键时，Adobe Camera Raw 对话框下方的“打开图像”按钮将变为“打开拷贝”按钮。单击此按钮，将文件在 Photoshop 中打开。当按〈Alt〉键时，“取消”按钮则将变为“复位”按钮，单击此按钮，将 Adobe Camera Raw 对话框中的设置恢复为默认值。

4.4 应用与提高

RAW 格式的照片是未经处理，且未经压缩的一种文件格式。通常将 RAW 概念化为“原始图像编码数据”，或更形象地称为“数码底片”。若要得到完美的照片效果，则就需要应用 Adobe Camera Raw 对照片进行色彩和影调的修饰。

典型案例 1 使用白平衡恢复自然色彩

在日常照片的拍摄过程中，用户通常很难把握正确的白平衡设置。若在拍摄时用户对自己的白平衡设置不满意，则可以在 Adobe Camera Raw 中进行调整。本实例将应用白平衡恢复照片的自然色彩，具体操作步骤如下。

★素材文件：随书光盘\素材\4\01.nef

★最终文件：随书光盘\源文件\4\使用白平衡恢复自然色彩.psd

步骤 1　打开素材图像 启动 Adobe Camera Raw 软件，在打开的 Camera Raw 对话框中打开随书光盘\素材\4\01.nef 图像。	步骤 2　设置白平衡 在“基本”面板中，在“白平衡”下拉列表框中选择“自定”选项，将“色温”设置为3650，“色调”设置为-5。
	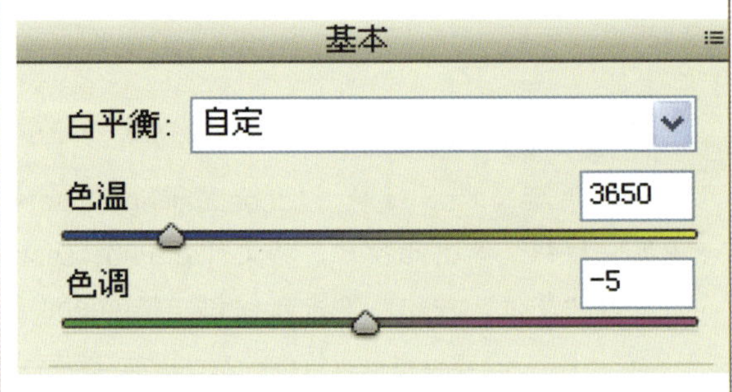
步骤 3　查看图像效果 执行上一步操作后，应用设置的参数值调整图像的颜色。	步骤 4　选择“自动”选项 在打开的 Camera Raw 对话框中，选择“基本”面板中的“自动”选项。
	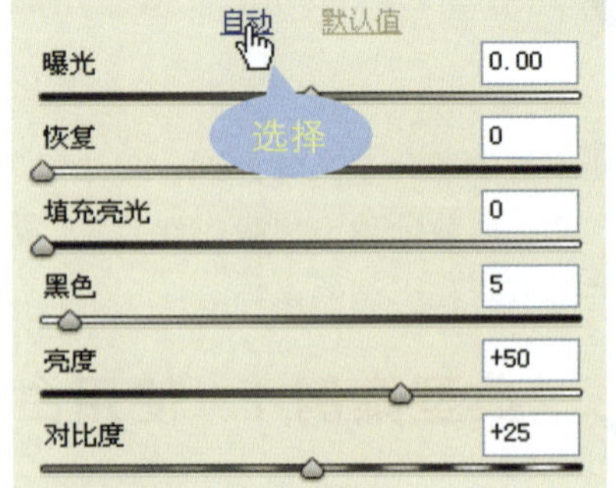
步骤 5　调整图像亮度 系统将自动对“曝光”、“恢复”、“黑色”等选项分别进行更改，增加整个图像的明亮度。	步骤 6　设置 HSL/灰度值 单击对话框右侧的“HSL/灰度”按钮，在打开的面板中设置“红色”为+31，“橙色”为-1，“黄色”为+25。

步骤7　在Photoshop中打开图像

设置完成后，单击Adobe Camera Raw对话框右下角的“打开图像”按钮，在Photoshop CS5中打开图像。

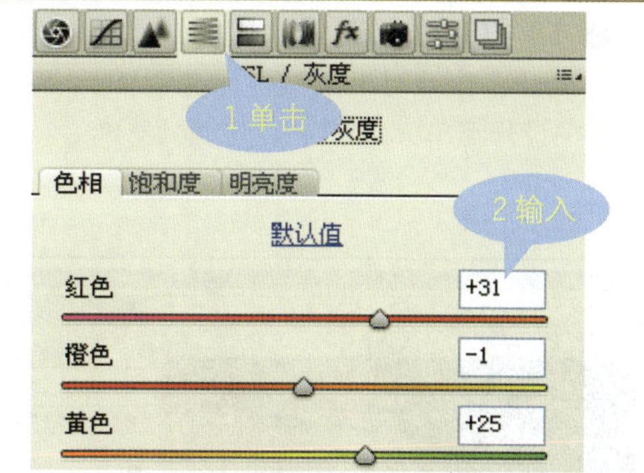

步骤8　选择“自动颜色”命令，调整图像

选择“图像”→“调整”→“自动颜色”命令，对图像的颜色进一步进行调整，还原真实的照片色彩。

典型案例2　快速调整照片的色调和影调

是否拥有完美的色调和影调将决定一张照片的成败。在Camera Raw对话框中，提供了多个不同的调整面板。在面板中通过设置参数，可以对原照片的色彩和影调进行变换。本实例通过应用Adobe Camera Raw，快速调整照片的色调和影调，具体操作步骤如下。

★素材文件：随书光盘\素材\4\02.nef

★最终文件：随书光盘\源文件\4\快速调整照片的色调和影调.dng

步骤 1　打开素材图像	步骤 2　设置光线参数
启动 Adobe Camera Raw 软件，在 Camera Raw 对话框中打开随书光盘\素材\4\02.nef 图像。	在“基本”面板中，依次设置“曝光”、“恢复”、“填充亮光”、“黑色”、“亮度”、“对比度”参数值为+0.75、0、22、5、+78 和+35。
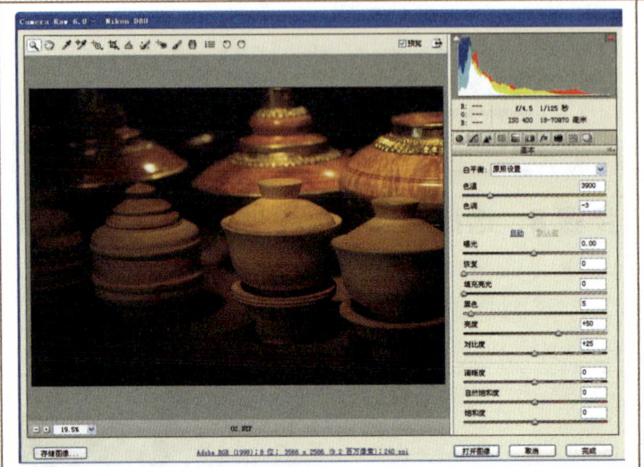	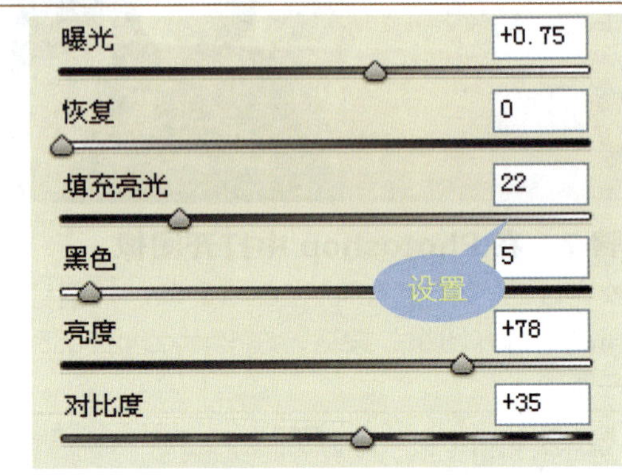
步骤 3　查看图像效果	步骤 4　设置清晰度和饱和度
根据上一步设置的各项参数值，调整图像整体的明亮度，使图像中的细节变得更清晰。	在“基本”面板中设置“清晰度”为+60，“自然饱和度”为-2。
	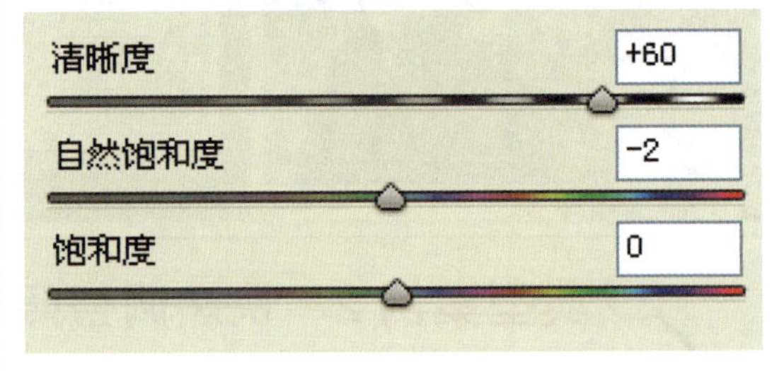
步骤 5　查看图像效果	步骤 6　设置白平衡参数
根据上一步设置的参数值，对图像的清晰度和颜色饱和度进行调整。	在“白平衡”下拉列表框中选择“自定”选项，并设置“色温”为 3900，“色调”为+5。
	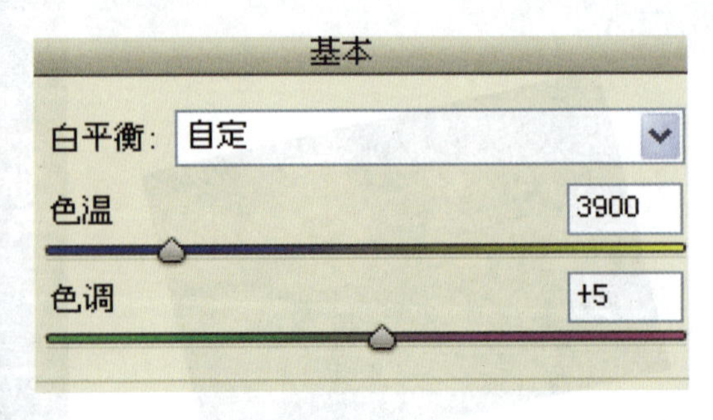

步骤 7 查看图像效果

根据上一步设置的参数值，对图像的白平衡进行设置，轻微地修饰图像的颜色。

步骤 8 选择“中对比度”曲线

单击“色调曲线”按钮，打开“色调曲线”面板。单击“点”标签，打开“点”选项卡，选择“中对比度”曲线。

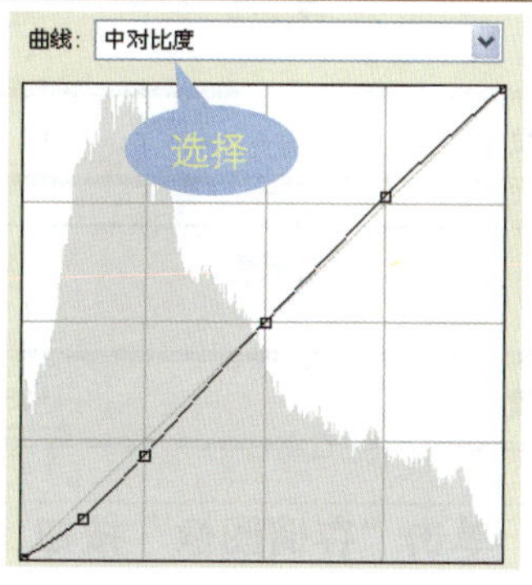

步骤 9 增加画面的颜色对比度

应用上一步选择的“中对比度”预设曲线，调整图像的对比度，增强画面效果。

步骤 10 设置细节

单击“细节”按钮，打开“细节”面板，然后在打开的面板中设置各项参数。

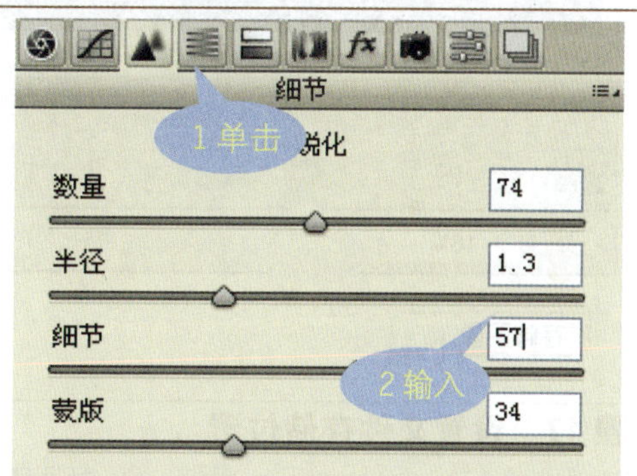

步骤 11 锐化图像效果

根据上一步设置的“细节”参数值，锐化图像的细节部分，得到清晰的图像效果。

步骤 12 校准相机颜色

单击“相机校准”按钮，打开“相机校准”面板。设置“阴影”为-3，“色相”为+4，“饱和度”为-8。

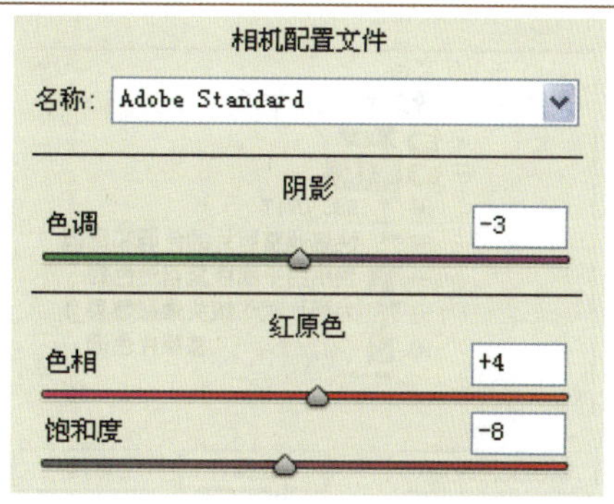

步骤 13　校准相机颜色

继续在“相机校准”面板下，设置绿原色的“色相”为+1，“饱和度”为+2，设置蓝原色的“色相”为-7，“饱和度”为-13。

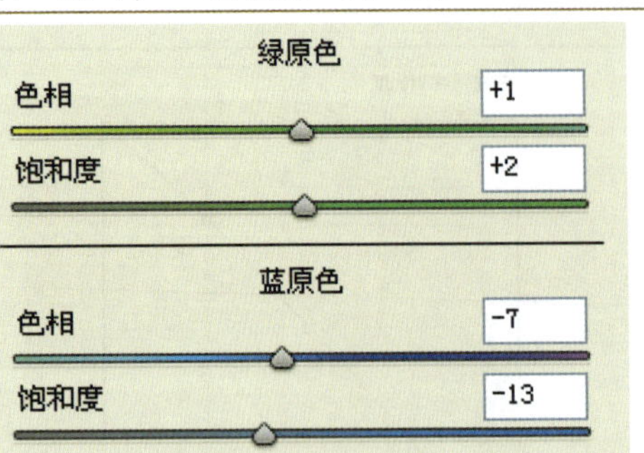

步骤 14　查看图像效果

设置完成后，在 Adobe Camera Raw 对话框左侧的预览窗口中查看设置后的效果。

步骤 15　单击“存储图像”按钮

确认效果后，单击“存储图像”按钮。

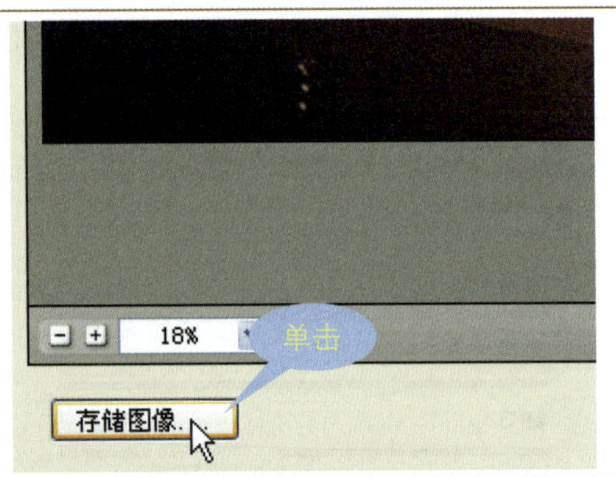

步骤 16　单击“选择文件夹”按钮

打开“存储选项”对话框，在对话框中单击“选择文件夹”按钮。

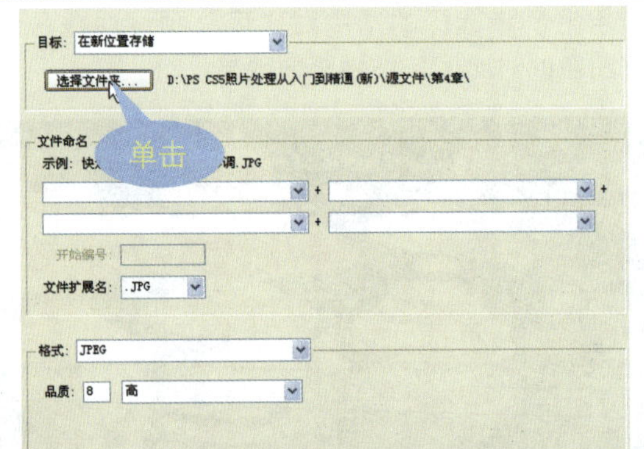

步骤 17　设置文件存储位置

打开“选择目标文件夹”对话框，在对话框中选择要存储文件的具体位置，再单击“选择”按钮。

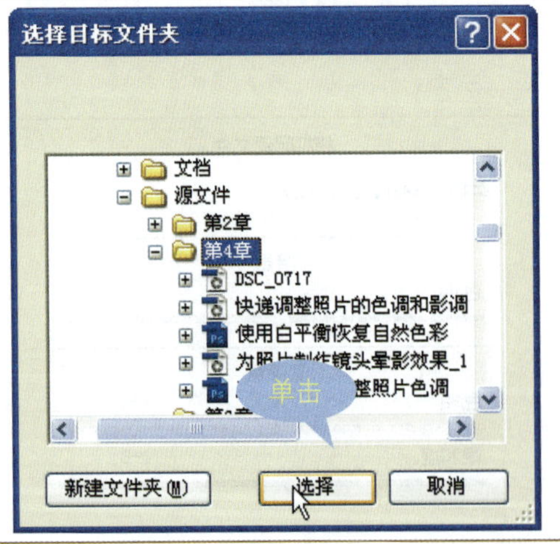

步骤 18　选择扩展名并输入存储名称

返回至“存储选项”对话框，在对话框中指定文件扩展名和文件名称。单击“存储”按钮，存储图像。

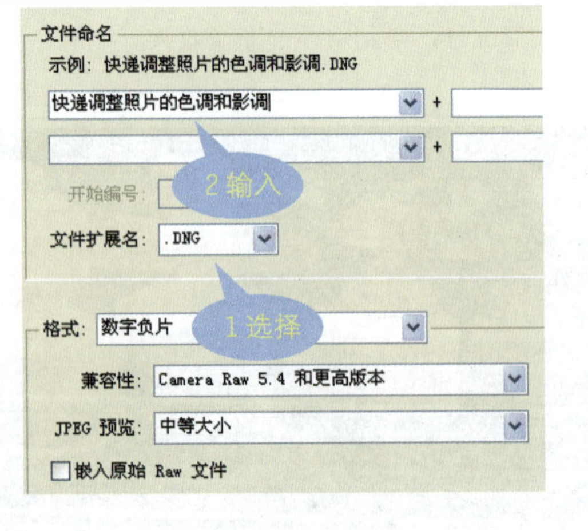

典型案例3　应用自动化调整照片色调

在 Adobe Camera Raw 中打开拍摄的照片时，通常都是以最原始的颜色进行图像的显示，所打开的照片难免会在明暗度或颜色上有一些小问题。此时可以通过 Adobe Camera Raw 提供的自动化调整选项和按钮，快速对照片的颜色进行调整，具体操作步骤如下。

★素材文件：随书光盘\素材\4\03.nef

★最终文件：随书光盘\源文件\4\应用自动化调整照片色调.psd

步骤1　打开素材图像

启动 Adobe Camera Raw 软件，在打开的 Adobe Camera Raw 对话框中打开随书光盘\素材\4\03.nef 图像。

步骤2　选择白平衡

打开“白平衡”下拉列表框，选择“自动”选项。

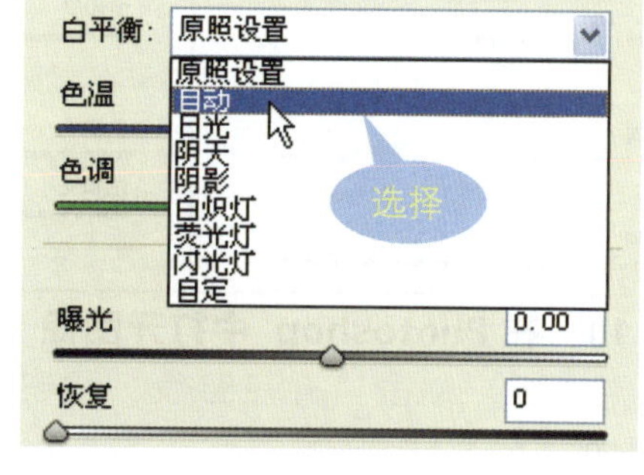

步骤3　校正图像颜色

应用选择的“自动”选项，对图像的白平衡进行校正，得到正确的颜色效果。

步骤4　选择“自动”选项

在“基本”面板中，选择“自动”选项。

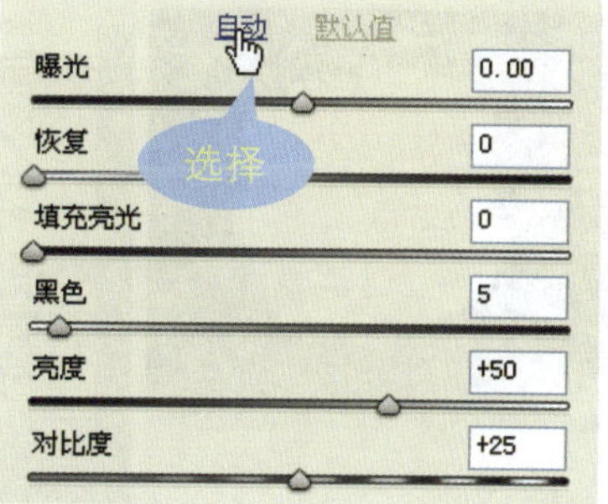

步骤 5　查看参数值

系统将自动修改该选项下的“曝光”、“恢复”、“填充亮光”、“亮度”等参数。

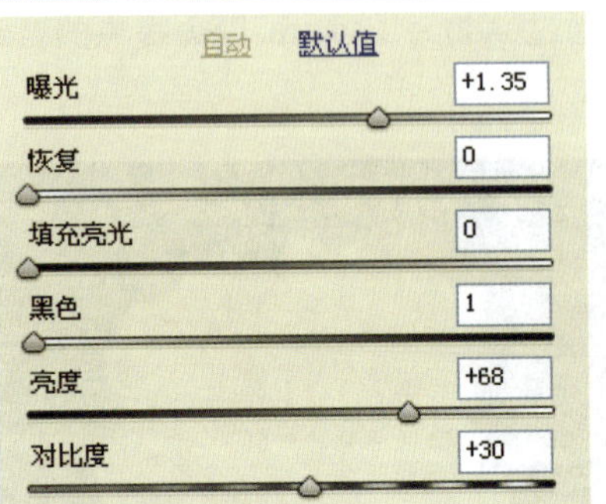

步骤 6　调整图像的明度

应用上一步修改的参数值，对图像明亮度进行调整，此时可以看到清晰的暗部细节。

步骤 7　校准相机颜色

单击“相机校准”按钮，打开“相机校准”面板，设置“阴影”为-6，“色相”为-36。

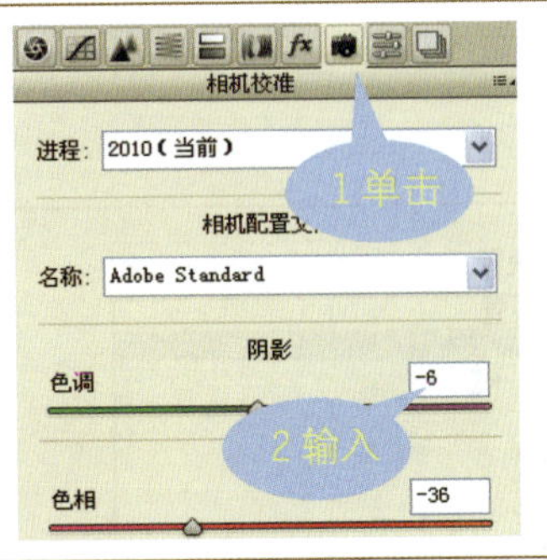

步骤 8　校准相机颜色

继续在“相机校准”面板下设置绿原色的“色相”为+13，“饱和度”为+41，设置蓝原色的“色相”为+24，“饱和度”为+23。

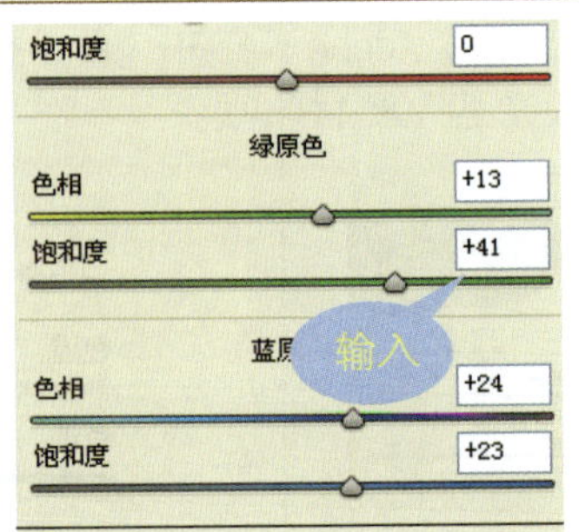

步骤 9　查看图像效果

设置完成后，应用前面设置的颜色样正图像颜色，使画面中的图像变得更加饱和。

步骤 10　在 Photoshop 中打开图像

设置完成后，单击“打开图像”按钮，在 Photoshop CS5 中打开图像。

步骤 11　应用“自动对比度”调整图像

选择“图像”→“调整”→“自动对比度”命令，对图像的对比度进行进一步的调整，还原真实的照片色彩。

典型案例 4 为照片制作镜头晕影效果

在照片中添加镜头晕影，可以增加照片的意境效果，使整个画面更具有层次感。本实例通过在 Adobe Camera Raw 的“镜头校正”面板中设置参数，为照片制作镜头晕影效果，具体操作步骤如下。

★素材文件：随书光盘\素材\4\04.nef
最终文件：随书光盘\源文件\4\为照片制作镜头晕影效果.dng

步骤 1 打开素材图像

启动 Adobe Camera Raw 软件，在打开的 Camera Raw 对话框中打开随书光盘\素材\4\04.nef 图像。

步骤 2 设置白平衡

打开“白平衡”下拉列表框，在其中选择“自动”选项。

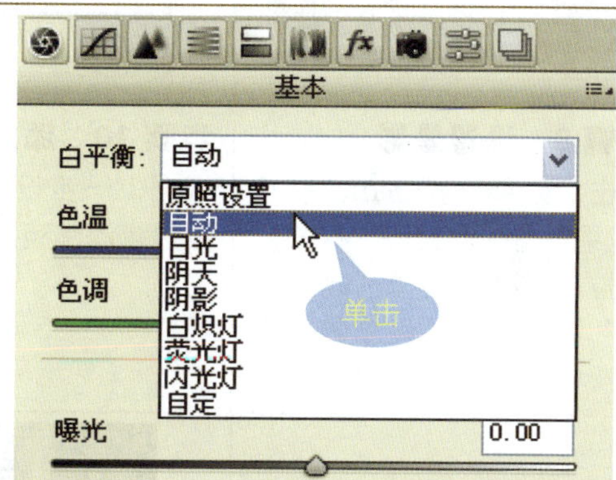

步骤 3 查看图像效果

应用上一步的“自动”选项，对图像颜色进行校正，得到正确颜色效果。

步骤 4 设置曝光等参数

在“基本”面板中设置“曝光”、“恢复”、“填充亮光”、“黑色”、“亮度”、“对比度”参数值。

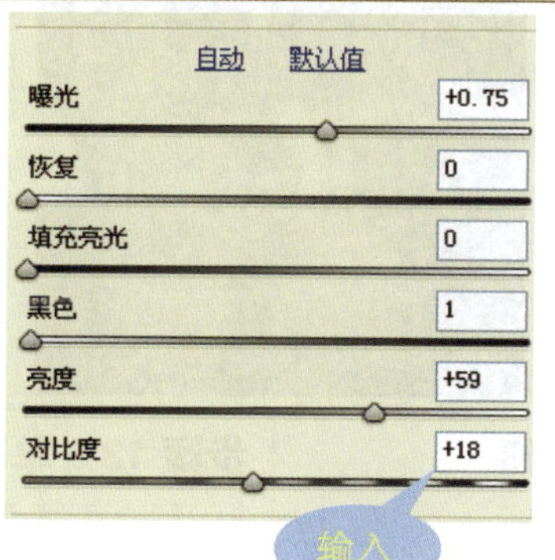

步骤 5 调整图像的明亮度

根据上一步设置的各项参数值，对整体图像的明亮度进行设置。

步骤 6　应用曲线调整图像

单击“色调曲线”按钮，打开“色调曲线”面板。打开面板下方的“点”选项卡，然后选择“中对比度”曲线，调整对比度效果。

步骤 7　校准相机颜色

单击“相机校准”按钮，打开“相机校准”面板，依次对阴影、红原色、绿原色和蓝原色进行设置。

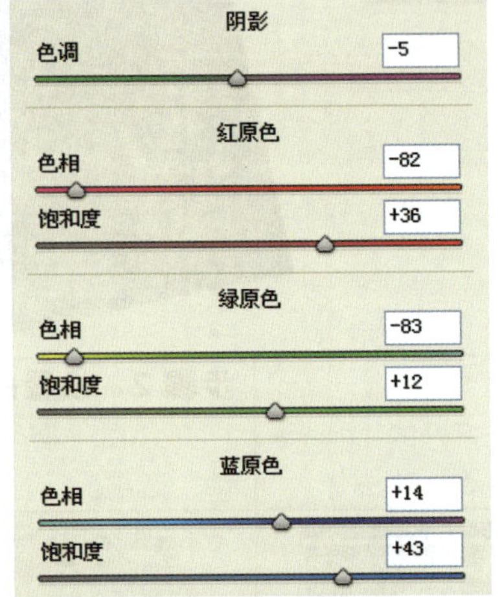

步骤 8　调整图像效果

应用上一步在“相机校准”面板中设置的颜色，适当调整图像颜色。

步骤 9　设置晕影

单击“效果”按钮，打开“效果”面板。打开“样式”下拉列表框，选择“高光优先”选项，然后设置依次拖动滑块调整各项参数值。

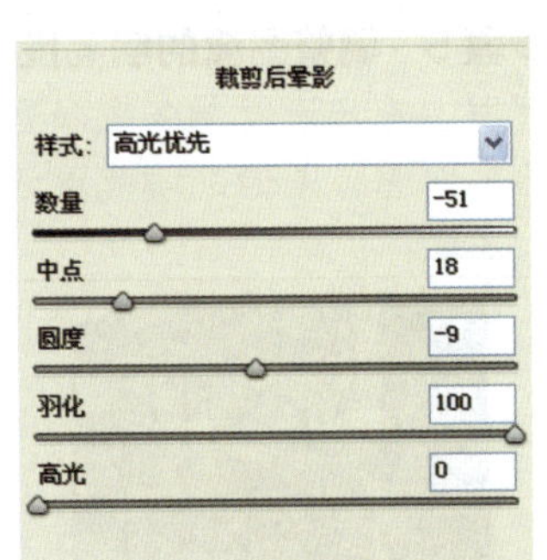

步骤 10　添加镜头晕影效果

根据上一步设置的各参数值，在图像边缘添加镜头晕影效果。

步骤 11　调整图像亮度

单击“色调曲线”按钮，打开“色调曲线”面板，设置“高光”为+47，“亮调”为+10。

步骤 12　单击“存储图像”按钮

确认效果后，单击“存储图像”按钮。

步骤 13　单击“选择文件夹”按钮

打开“存储选项”对话框，在对话框中单击“选择文件夹”按钮。

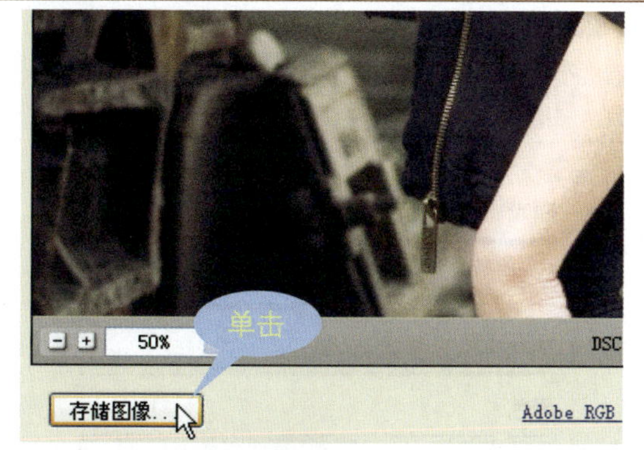

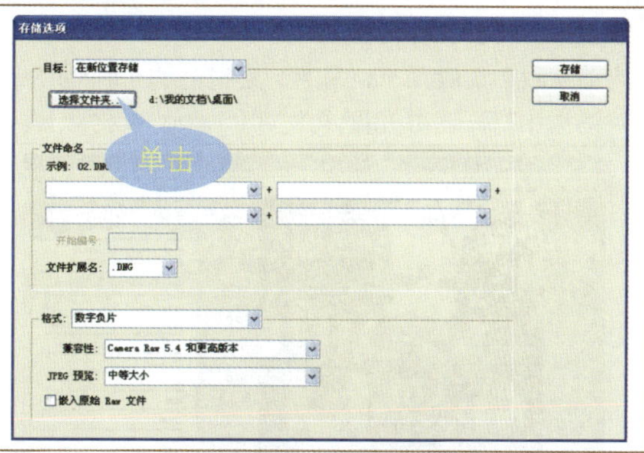

步骤 14　设置存储位置

打开"选择目标文件夹"对话框，在对话框中选择要存储文件的具体位置，之后单击"选择"按钮。

步骤 15　设置存储格式和名称

返回至"存储选项"对话框，设置存储的文件扩展名为 DNG，然后在文本框中输入名字。单击"存储"按钮，存储图像。

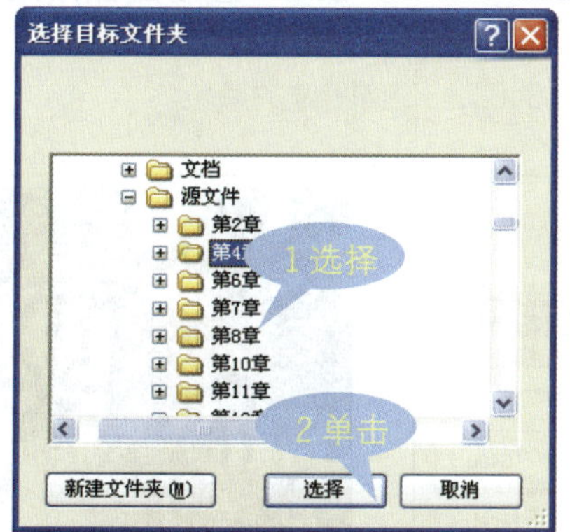

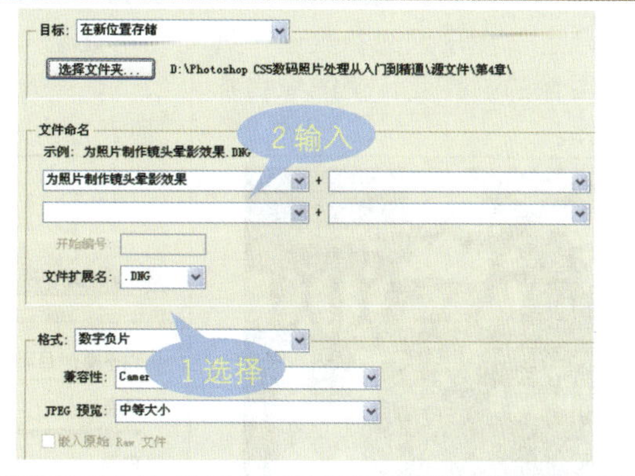

典型案例 5　为照片设置绚丽的渐变色彩

应用 Adobe Camera Raw 中的"渐变滤镜"，可以在图像中进行渐变颜色的设置。用户可以根据需要在 RAW 格式的照片上添加各种颜色丰富的渐变效果。本实例将照片转换为黑白图像，并为其设置绚丽的渐变色彩，具体操作步骤如下。

★素材文件：随书光盘\素材\4\05.dng
★最终文件：随书光盘\源文件\4\为照片设置绚丽的渐变色彩.dng

步骤 1　打开素材图像

启动 Adobe Camera Raw 软件，在打开的 Camera Raw 对话框中打开随书光盘\素材\4\05.dng 素材照片。

步骤 2　选择"自动"选项

在"基本"面板中，选择"自动"选项，对图像的"曝光"等参数进行调整。

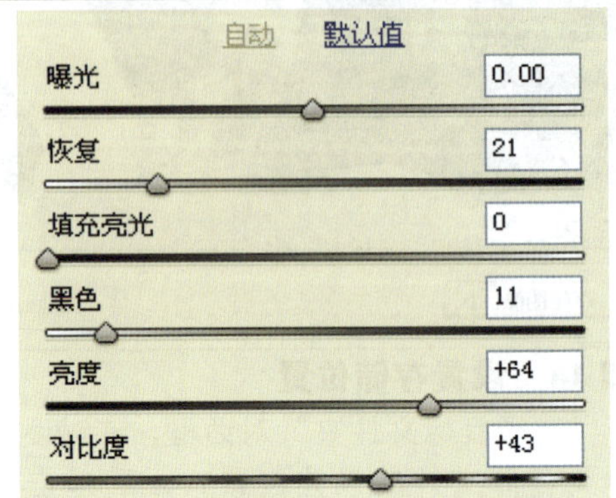

步骤 3　调整图像亮度

应用上一步设置的参数值，调整图像的明亮度，使图像更加立体。

步骤 4　设置白平衡

在对话框右侧的"白平衡"选项下，设置"色温"为 5400，"色调"为-28。

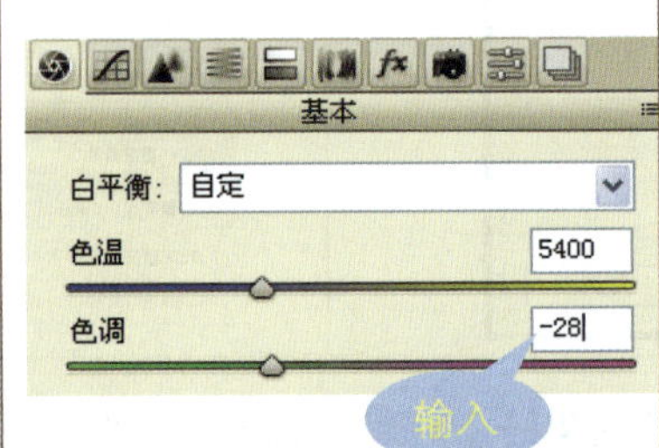

步骤 5　查看图像效果

根据上一步设置的参数值，调整图像的颜色。

步骤 6　勾选复选框

单击"HSL/灰度"图标，在打开的面板中勾选"转换为灰度"复选框。

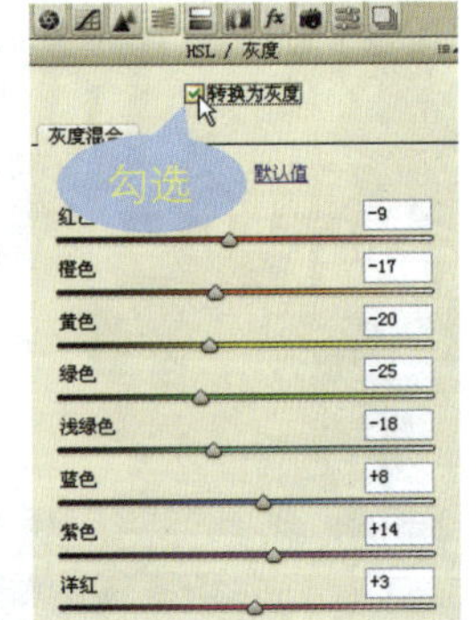

步骤 7　设置黑白照片效果

在上一步操作中，勾选"转换为灰度"复选框后，将原彩色图像转换为灰度图像效果。

步骤 8　调整 HSL/灰度的参数值

在"HSL/灰度"面板中，设置各个颜色的值，依次为+33、+46、+32、+17、-29、+27、+25 和+3。

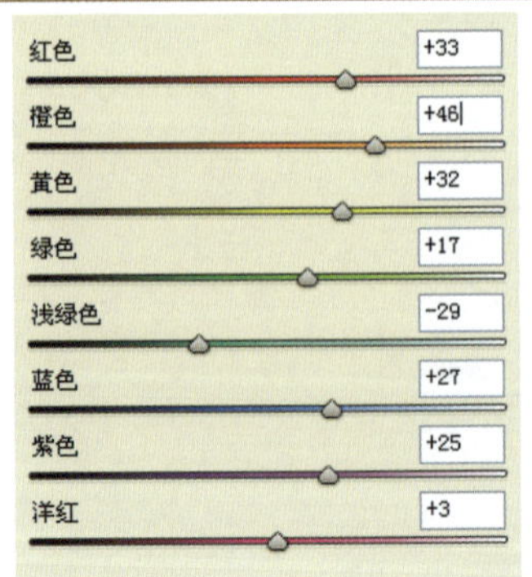

步骤 9　查看图像效果

应用上一步设置的参数值，进一步对图像的黑白对比进行调整。

步骤 10　设置细节参数

单击“细节”按钮，在打开的“细节”面板中依次设置参数为 81、2.2、29 和 1。

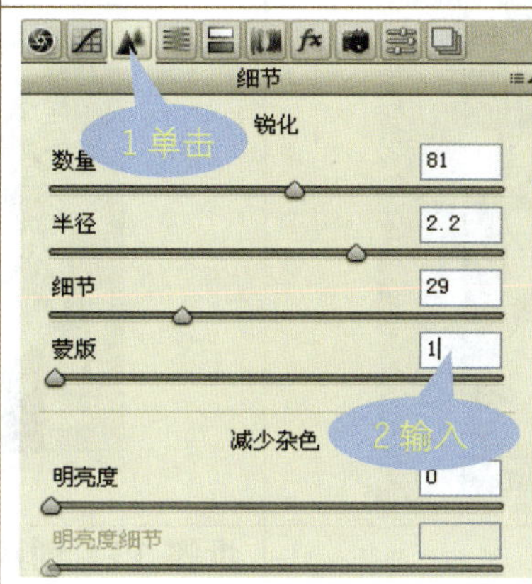

步骤 11　锐化图像的细节

根据上一步设置的参数值，锐化整个图像，得到清晰的图像效果。

步骤 12　单击“渐变滤镜”按钮

在调整好黑白图像后，单击 Camera Raw 对话框上方的“渐变滤镜”按钮。

步骤 13　绘制渐变虚线

在图像适当位置单击并拖动鼠标，创建渐变虚线。线条上的绿点表示滤镜开头边缘的起点，红点表示滤镜结尾边缘的中心。

步骤 14　单击“颜色”后的色块

单击并创建渐变线后，将鼠标移至右侧的“渐变滤镜”面板中，单击“颜色”后方的色块。

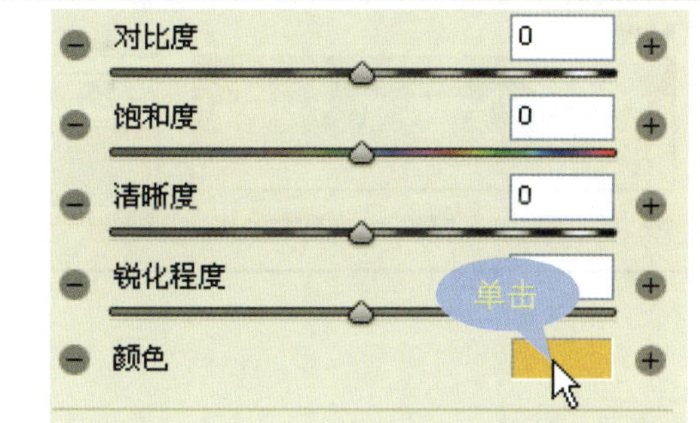

步骤 15　设置颜色值

打开“拾色器”对话框，在对话框设置“色相”为 115，“饱和度”为 21，设置完成后单击“确定”按钮。

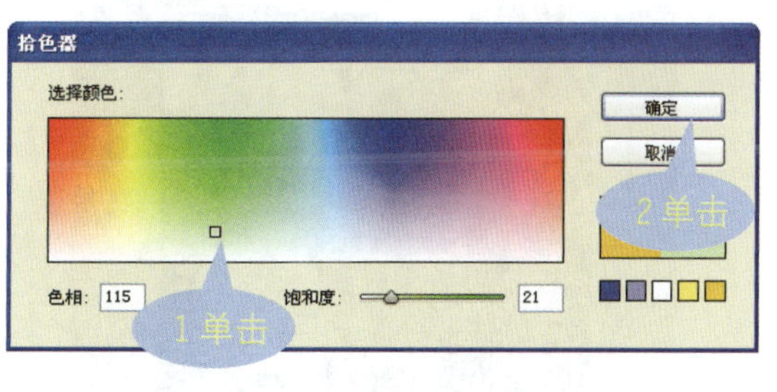

步骤 16　创建渐变颜色效果

返回 Camera Raw 对话框，在预览窗口中可以查看设置的渐变颜色效果。

步骤 17　绘制渐变虚线

在图像的中间位置单击并向下拖动鼠标，创建第二条渐变控制线。

步骤 18　设置颜色值

单击“颜色”后方的色块，打开“拾色器”对话框。设置“色相”为 51，“饱和度”为 74，设置完成后单击“确定”按钮。

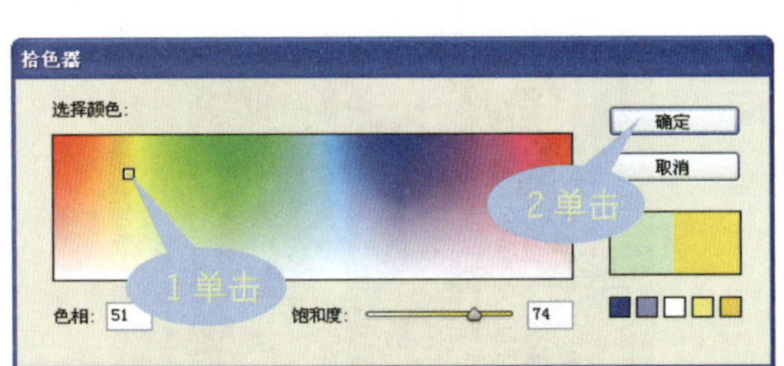

步骤 19　创建渐变颜色效果

返回 Camera Raw 对话框，在预览窗口中可以查看设置的渐变颜色效果。

步骤 20　绘制渐变虚线

从图像的底部向中间位置拖动鼠标，创建第三条渐变控制线。

步骤 21　设置颜色值

单击“颜色”后方的色块，打开“拾色器”对话框。设置“色相”为 13，“饱和度”为 51，设置完成后单击“确定”按钮。

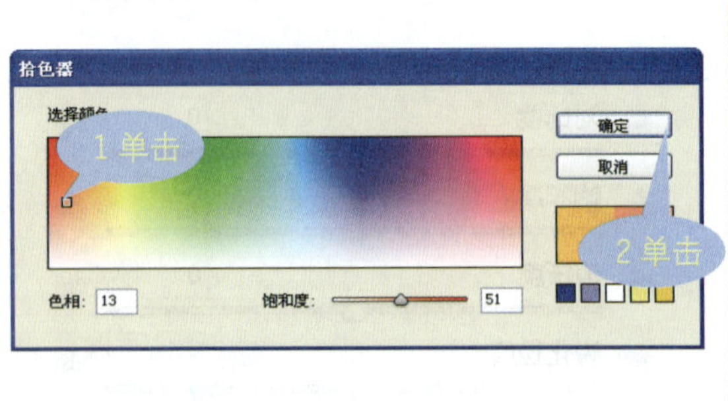

步骤 22 创建渐变颜色效果

返回 Camera Raw 对话框，在预览窗口中可以查看设置的渐变颜色效果。

步骤 23 退出渐变编辑状态

在完成渐变颜色的设置后，单击对话框框上方的任意工具按钮，退出渐变滤镜编辑。

步骤 24 设置色调曲线

单击对话框右侧的“色调曲线”按钮，在打开的面板中依次设置参数值。

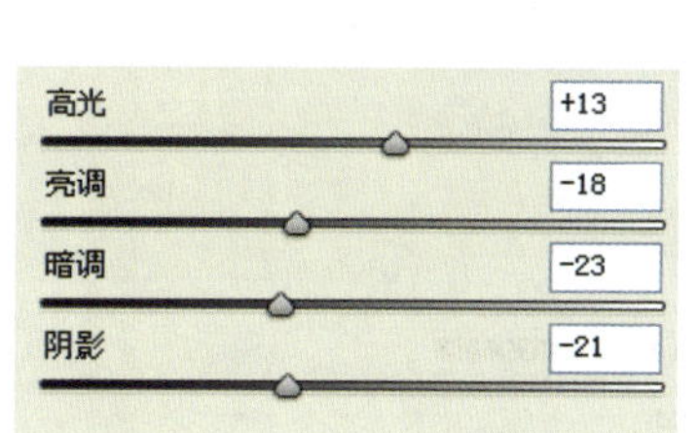

步骤 25 选择“强对比度”

在“色调曲线”面板的“点”选项卡的“曲线”下拉列表框中选择“强对比度”曲线。

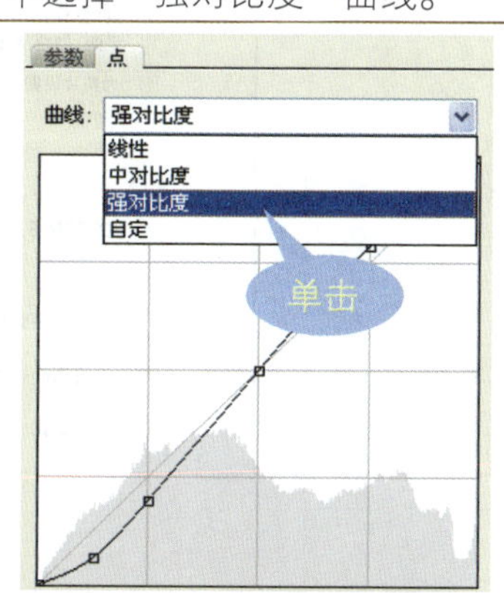

步骤 26 查看图像效果

设置完成曲线后，在预览窗口中查看设置后的效果。

步骤 27 设置裁剪后晕影

单击“效果”按钮fx，在“效果”面板中选择“高光优先”样式，然后依次调整各参数。

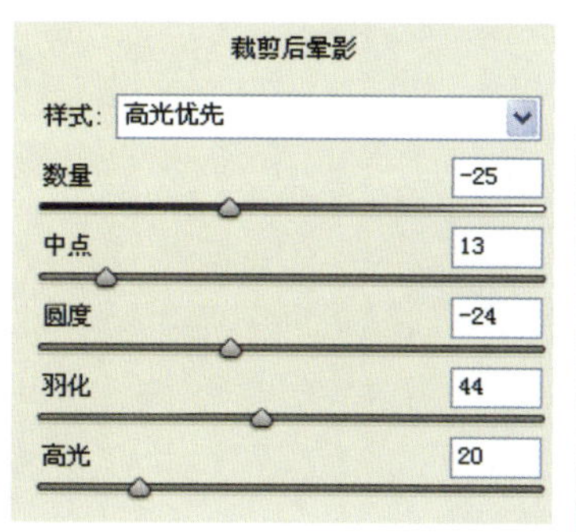

步骤 28 查看图像效果

根据上一步设置的参数值，在图像边缘添加镜头晕影效果。

步骤 29 单击“存储图像”按钮

设置完成后，单击“存储图像”按钮。

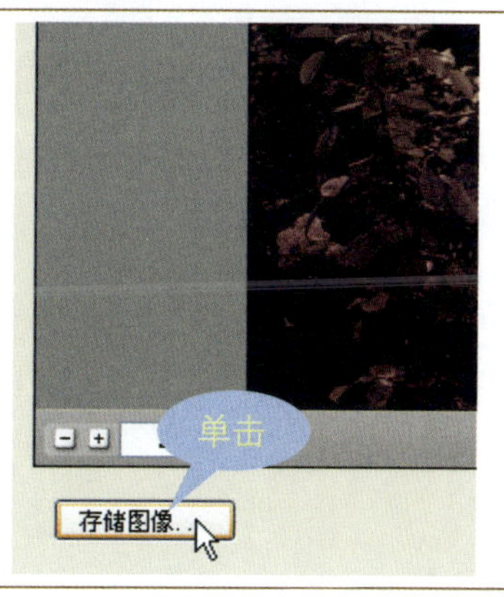

步骤 30　打开“存储选项”对话框

打开“存储选项”对话框，单击“选择文件夹”按钮。

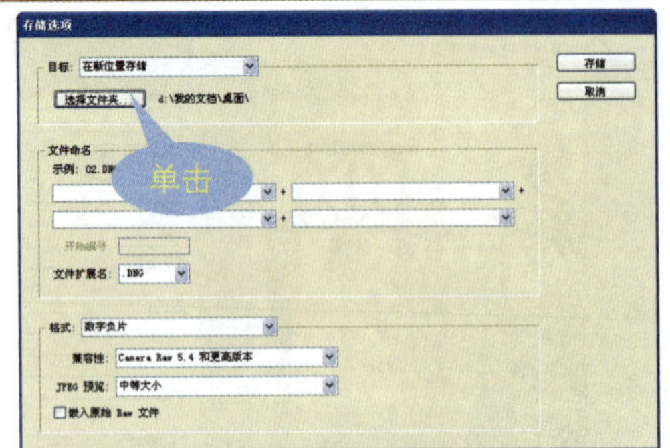

步骤 31　设置要存储的文件位置

打开“选择目标文件夹”对话框，选择要存储文件的具体位置，单击“选择”按钮。

步骤 32　选择文件存储扩展名

返回至“存储选项”对话框，打开“文件扩展名”下拉列表框，选择存储的文件扩展名为DNG。

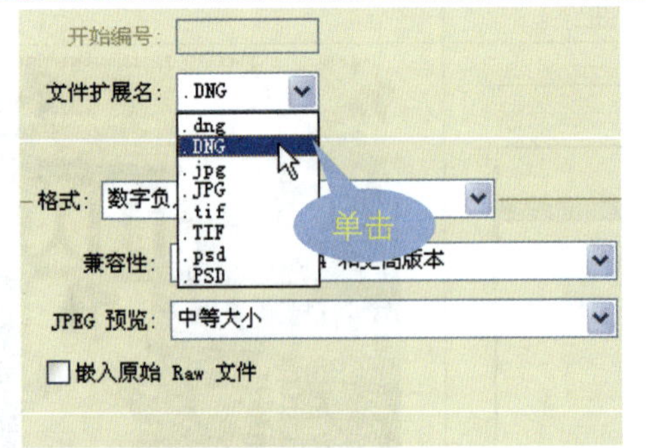

步骤 33　输入文件名

在文本框中输入要存储的文件名，然后单击“存储”按钮，存储图像。

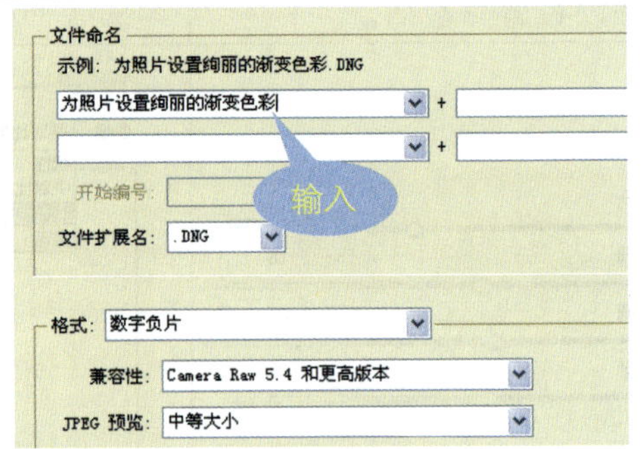

数码照片的简单编辑

使用工具和菜单命令对数码照片进行简单的操作，修改照片的尺寸，创建选区，修改图像颜色等都是处理数码照片的基础知识及基本技能。

本章的重要的概念有：熟悉数码照片的打开和存储操作，了解不同选区的创建，掌握裁剪工具和画布大小修改数码照片大小的方法。

本章知识点

- 数码照片处理前的基本操作
- 对数码照片创建选区
- 对数码照片进行裁剪
- 处理照片时的简单色彩应用
- 处理照片时的还原操作

5.1 数码照片处理前的基本操作

“打开”和“关闭”是学习任何软件第一步，在学习如何处理数码照片之前，先要了解如何在 Photoshop 中打开需要处理的数码照片，处理完成后要将编辑后的图像进行保存，这些都是必要的基本操作。

核心知识 1　打开数码照片

在 Photoshop 中打开数码照片有两种方法：使用快捷菜单在 Photoshop 中打开数码照片，即右击需要打开的数码照片，在弹出的快捷菜单中选择“打开”→Photoshop CS5 选项，如图 5-1 所示；打开 Photoshop CS5，选择“文件”→“打开”命令，如图 5-2 所示。

图　5-1

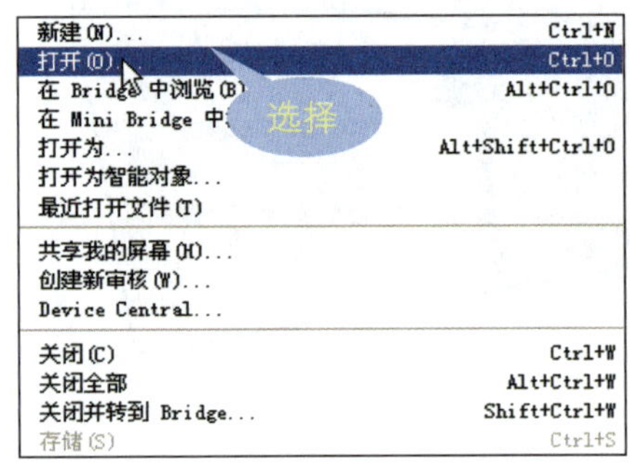

图　5-2

打开“打开”对话框，选中需要打开的文件，在预览窗口中查看图像效果，如图 5-3 所示。单击“打开”按钮，打开数码照片，如图 5-4 所示。

图　5-3

图　5-4

核心知识 2　对数码照片进行旋转

数码照片导入到计算机后会按照相机上的位置进行显示，部分图像摆放位置不正确。在

Photoshop CS5 中，可使用“编辑”菜单中的“变换”命令对数码照片进行旋转，如图 5-5 所示，也可用“图像”菜单中的“图像旋转”命令进行旋转，如图 5-6 所示。

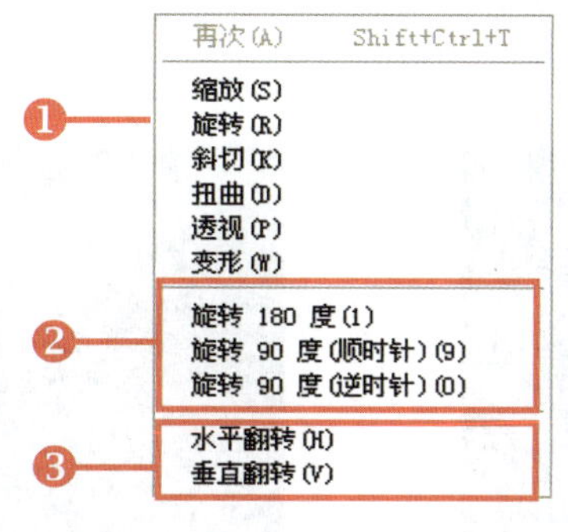

图 5-5

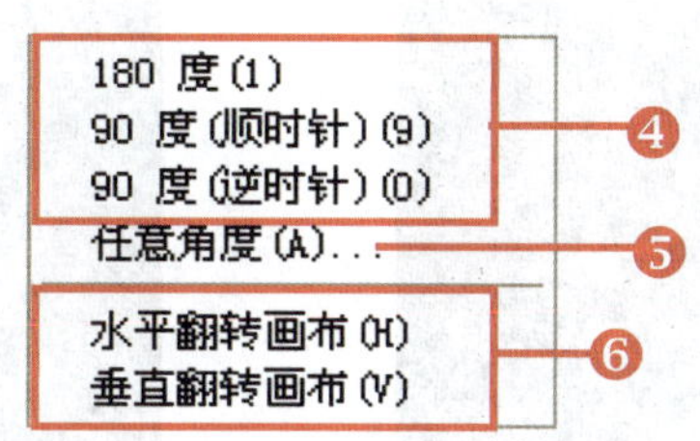

图 5-6

❶旋转

选择“编辑”→“变换”→“旋转”命令，图像四周出现边框，鼠标光标变为↰，如图 5-7 所示。拖动鼠标可对图像进行任意角度的自由调整，如图 5-8 所示。

图 5-7

图 5-8

❷固定旋转

选择“编辑”→“变化”→“旋转 180 度”命令，图像旋转 180 度，如图 5-9 所示。选择“编辑”→“变化”→“旋转 90 度（顺时针）”命令，图像顺时针旋转 90 度，如图 5-10 所示。选择“编辑”→“变化”→“旋转 90 度（逆时针）”命令，图像逆时针旋转 90 度，如图 5-11 所示。

图 5-9

图 5-10

图 5-11

❸水平翻转和垂直翻转

打开一张素材图像，如图 5-12 所示，选择“编辑”→“变化”→“水平翻转”命令，图像水平翻转，如图 5-13 所示。选择“编辑”→“变化”→“垂直翻转”命令，图像垂直翻转，如图 5-14 所示。

图 5-12

图 5-13

图 5-14

技 巧 点 拨

“变化”命令只能应用于单个图层内，不会旋转画布，且不可对背景图层进行旋转。如需对背景图层进行变化，可将背景图像解锁。

❹固定角度旋转

选择“图像”→“图像旋转”→“180 度”命令，图像旋转 180 度，如图 5-15 所示。选择“图像”→“图像旋转”→“90 度（顺时针）”命令，图像顺时针旋转 90 度，如图 5-16 所示。选择“图像”→“图像旋转”→“90 度（逆时针）”命令，图像逆时针旋转 90 度，如图 5-17 所示。

图 5-15

图 5-16

图 5-17

❺任意角度

选择“图像”→“图像旋转”→“任意角度”命令，打开“旋转画布”对话框，如图 5-18 所示。设置旋转角度，对图像进行任意旋转，如图 5-19 所示。

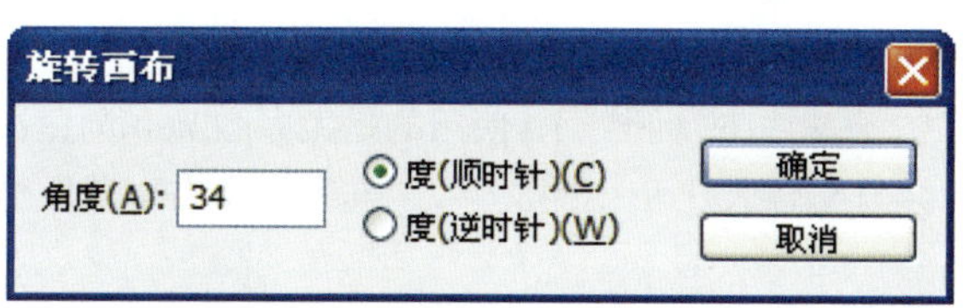

图 5-18

图 5-19

❻翻转画布

选择“图像”→“图像旋转”→“水平翻转画布”命令，画布水平翻转，如图 5-20 所示。执行“图像”→“图像旋转”→“垂直翻转画布”命令，画布垂直翻转，如图 5-21 所示。

图 5-20

图 5-21

知识补充

“图像旋转”命令旋转的是图像画布，旋转作用于画布本身和画布内的所有图层，其中也包含锁定的背景图层。

核心知识 3 存储数码照片

存储文件可分为“存储”和“存储为”两种。“存储”命令主要用于已保存的文件，对文件进行新内容的保存，或者将编辑后的图像覆盖原有的数码照片。选择“文件”→“存储”命令，打开“JPGE 选项”对话框，如图 5-22 所示。

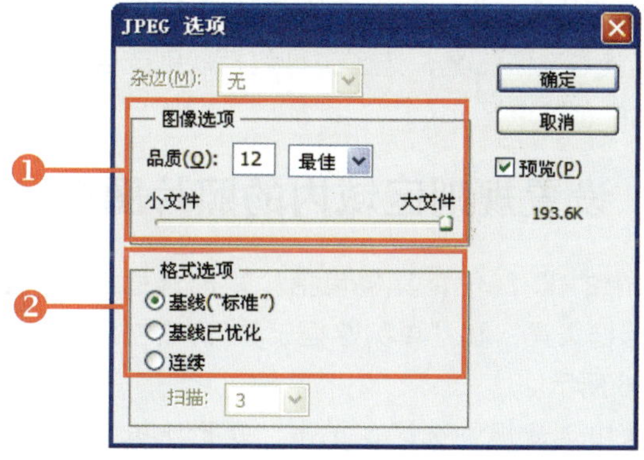

图 5-22

❶图像选项

“图像选项”选项组可对图像进行品质及大小的调整，指定图像品质。在“品质”文本框中输入1～12 的数值设置图像品质，或单击下拉列表框，包含“低”、“中”、“高”和“最佳”4 个选项。

❷格式选项

“格式选项”选项组用于指定 JPEG 文件的格式。“基线（“标准”）”使用的是大多数 Web 浏览器可识别的格式，“基线已优化”可创建包含优化颜色并且文件大小稍小的文件，“连续”将在下载图像时显示图像的一系列逐渐清晰的各个版本。

“存储为”命令主要将编辑后的图像作为新建文档进行存储。选择“文件”→“存储为”命令，打开“存储为”对话框，如图 5-23 所示。单击格式下拉列表框，可以看到在 Photoshop CS5 中包含了 20 种文件格式，如图 5-24 所示。

图　5-23

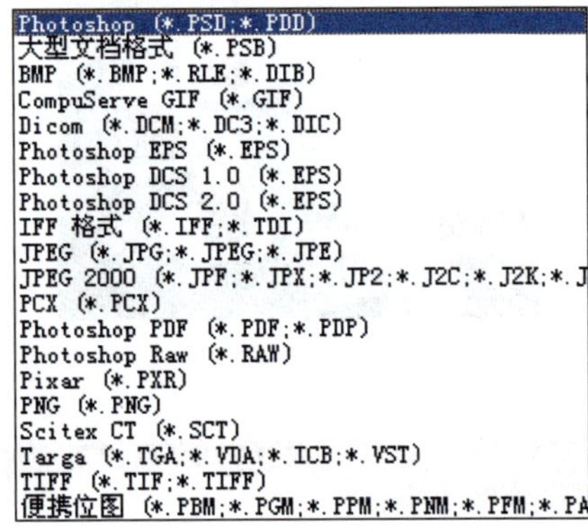

图　5-24

5.2 对数码照片创建选区

选区是 Photoshop CS5 中最重要的部分之一，可绘制矢量图像、局部调整图像。在 Photoshop CS5 中，最常用、最基本的工具就是选区工具，选区工具包括规则选区和不规则选区两种。除了选区工具，还可使用菜单命令在图像中创建选区。

核心知识 1　设置规则区域内的照片图像

规则选框工具位于工具箱中的第 2 位，其中包括“矩形选框工具”、“椭圆选框工具”、“单行选框工具”和“单列选框工具”。右击即可打开规则选框工具，如图 5-25 所示。

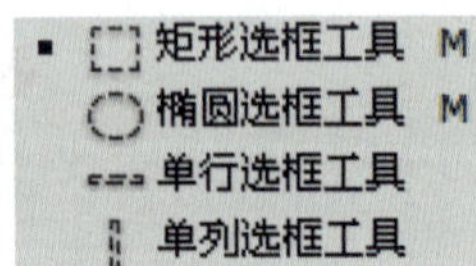

图　5-25

“矩形选框工具”可在图像中创建规则选区，单击“矩形选框工具”按钮，可查看该工具的选项栏，如图 5-26 所示。

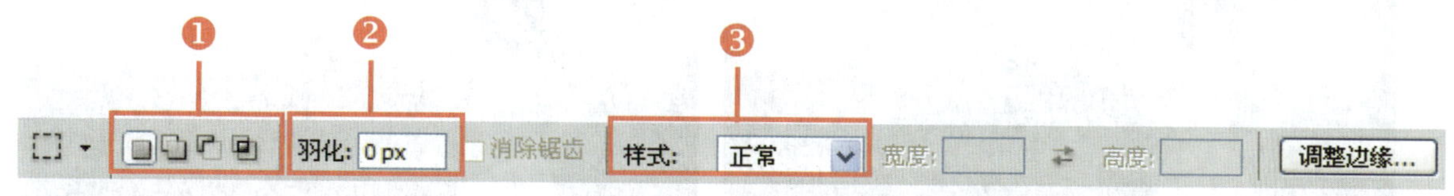

图 5-26

❶选区的布尔运算

选区的布尔运算包括了 4 个按钮。单击“新选区”按钮，在图像中拖动，新建一个选区，如图 5-27 所示。单击“添加到选区”按钮，在已有选区上添加新的区域，如图 5-28 所示。

图 5-27

图 5-28

单击“从选区减去”按钮，在已有选区上减去部分选区，如图 5-29 所示。单击“与选区交叉”按钮，再多次绘制选区，仅保留多个选区重叠的部分，如图 5-30 所示。

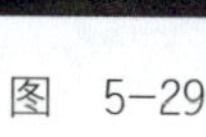

图 5-29

图 5-30

❷羽化

选区的羽化主要用于调整选区边缘，在创建选区之前，可在选项栏中设置羽化值。羽化值越小，边缘越清晰，如图 5-31 所示。羽化值越大，边缘越柔和，如图 5-32 所示。

图 5-31

图 5-32

❸样式

单击“样式”下拉列表框，其中包括“正常”、“固定比例”和“固定大小”3 个选项。选中“固定比例”选项，设置比例为 1:1，在图像中可创建一个正方形选区，如图 5-33 所示。选中“固定大小”选项，设置大小为 300px×500px，在图像中可创建一个 300px×500px 大小的选区，如图 5-34 所示。

图 5-33

图 5-34

核心知识 2　选取轮廓清晰的图像

在 Photoshop CS5 中，对轮廓清晰的图像进行创建选区的操作，可使用套索工具组中的“套索工具”、“多边形套索工具”和“磁性套索工具”，如图 5-35 所示。

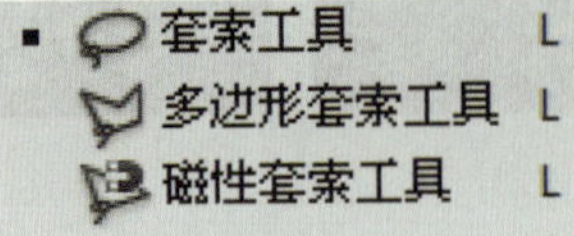

图 5-35

“套索工具”是套索工具组中的第一个工具，一般用于创建不规则的自由选区。在工具箱中单击“套索工具”按钮，在图像中长按左键拖动鼠标绘制选区，选区无锚点，如图 5-36 所示。绘制时完成选区边界即是鼠标滑过的位置，如图 5-37 所示。

图　5-36

图　5-37

技 巧 点 拨

在绘制选区时，将起点和终点的位置相连接即可闭合选区。如果未将所绘制的起点和终点连接，释放鼠标后区域边线将以直线显示。

“多边形套索工具”一般用于创建不规则的形状，在选取轮廓比较简单的图像时也经常用到。打开一张素材图像，如图 5-38 所示，在工具箱中单击“多边形套索工具”按钮，沿图像轮廓绘制选区，如图 5-39 所示。

图　5-38

图　5-39

“磁性套索工具”一般用于快速选择轮廓清晰、边缘较为复杂的图像。打开素材图像，瓶子轮廓清晰可见，单击“磁性套索工具”按钮，查看选项栏，如图 5-40 所示。

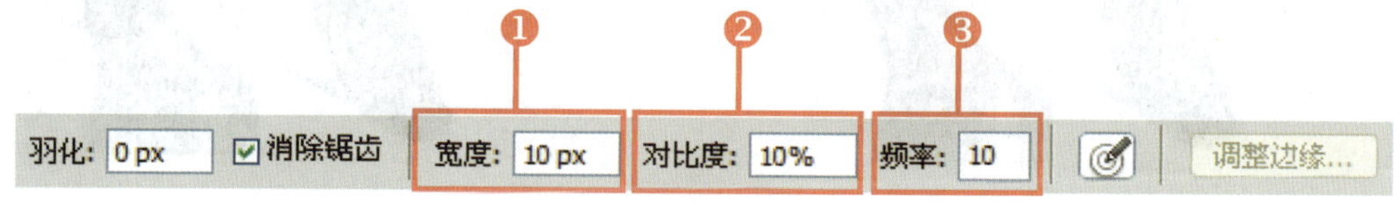

图　5-40

❶宽度

“宽度”用于设置磁性套索检测的范围，检测范围在 1px~256px 之间。该值越大，检测边缘的范围就越多，如图 5-41 所示。该值越小，创建的选取越精细，如图 5-42 所示。

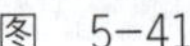

图 5-41

图 5-42

❷对比度

“对比度”用于设置边界的对比度，范围在 1%~100%之间。该值越大，边缘与周围的反差越大，如图 5-43 所示。该值越小，边缘与周围的反差越小，如图 5-44 所示。

图 5-43

图 5-44

❸频率

“频率”用于设置描点的密度，描点即边缘线上的小方块。频率越小，密度越小，生成的小方块越少，如图 5-45 所示。频率越大，密度越大，生成的小方块越多，如图 5-46 所示。

图 5-45

图 5-46

核心知识 3　选择单色或与背景颜色对比较大的图像

在 Photoshop 中，快速选择工具组可快速选择单色或与背景颜色对比较大的图像。“快速选择工

具”一般用于轮廓清晰的图像，即以图像的边界为选取边缘，快速地创建选区。在工具箱中单击“快速选择工具”按钮，查看选项栏，如图 5-47 所示。

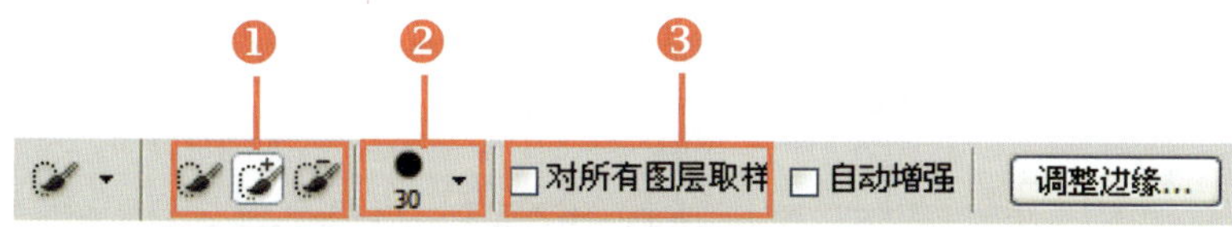

图 5-47

❶编辑选区

编辑选区包括 3 个按钮。单击“新选区”按钮，在图像中创建新选区。单击“添加到选区”按钮，在图像中添加多处选区，如图 5-48 所示。单击“从选区减去”按钮，在所选区域中减去部分区域，如图 5-49 所示。

图 5-48

图 5-49

❷设置画笔

单击的倒三角按钮，打开“画笔选取器”，如图 5-50 所示。在选取器内设置画笔的“大小”、“硬度”、“间距”等参数，在图像细节处也可创建选区，如图 5-51 所示。

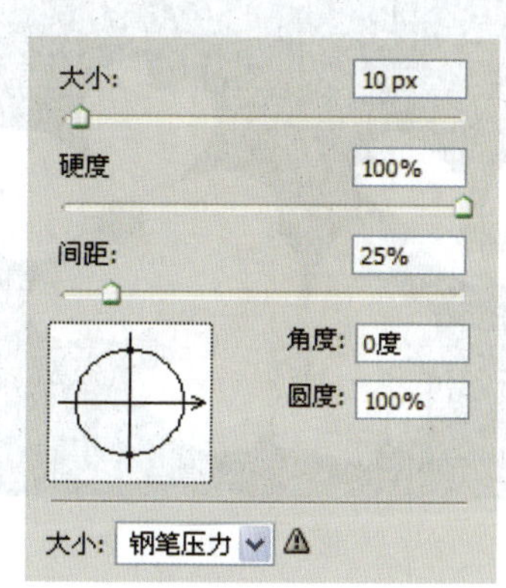

图 5-50

图 5-51

❸对所有图层取样

在由多个图层组成的图像中，勾选“对所有图层取样”复选框，将对所有图层进行取样；取消

勾选“对所有图层取样”复选框，“快速选择工具”只能在当前选择的图层中进行操作。

“魔棒工具”一般用于选取颜色比较单一的图像，即以颜色范围为边界，单击图像即可选取图像。在工具箱中单击“魔棒工具”按钮，查看选项栏，如图 5-52 所示。

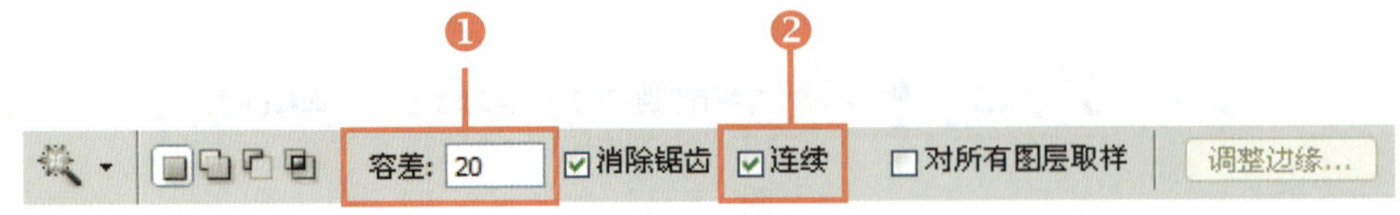

图 5-52

❶容差

“容差”用于指定所要选取图像的颜色范围，值在 0~255 之间。该值越大，选取的范围越广，如图 5-53 所示。该值越小，选取的范围越小，如图 5-54 所示。

图 5-53

图 5-54

❷连续

勾选“连续”复选框，在图像中创建的选区仅为连续的选区，如图 5-55 所示；取消勾选“连续”复选框，在图像中创建的选区为图像内所有容差范围内的图像，如图 5-56 所示。

图 5-55

图 5-56

核心知识 4 根据图像的色彩范围设置选区

使用“色彩范围”对话框，可在图像中根据图像的色彩范围创建选区。选择“选择”→“色彩范围”命令，打开“色彩范围”对话框，如图 5-57 所示。

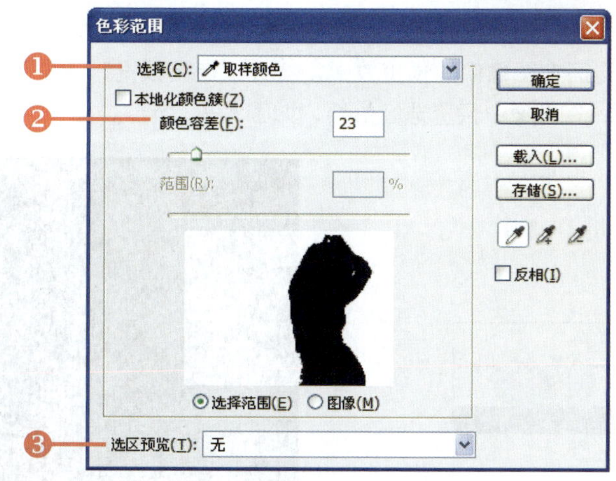

图 5-57

❶选择

“选择”用于设置选取的颜色范围，打开“选择”下拉列表框，如图 5-58 所示。选择“高光”选项，在图像中查看选区效果，如图 5-59 所示。

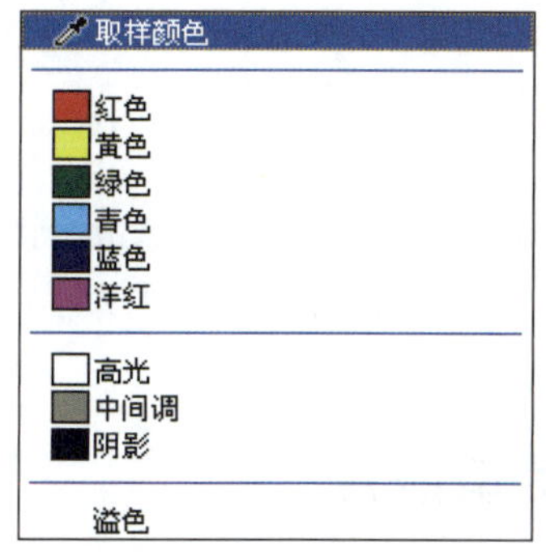

图 5-58

图 5-59

❷颜色容差

“颜色容差”用于指定与取样颜色的差值，差值范围即选区范围，值在 0~255 之间。该值越大，选区的范围越大，如图 5-60 所示。该值越小，选区的范围越小，如图 5-61 所示。

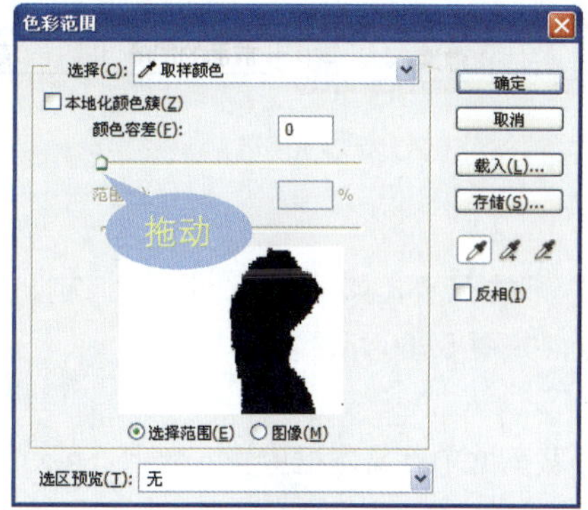

图 5-60

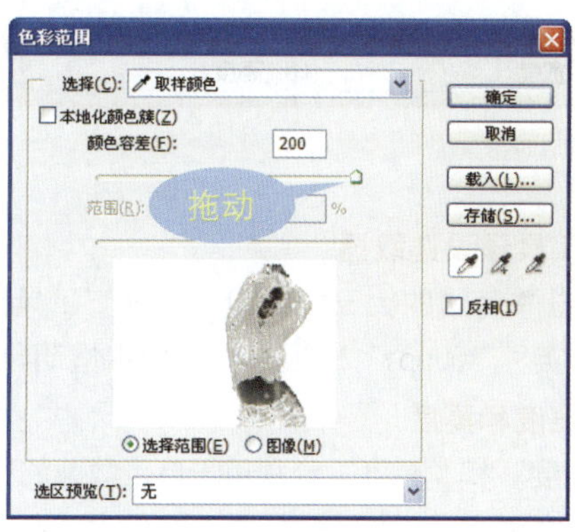

图 5-61

❸选区预览

“选区预览”用于设置选区在图像中的预览效果，打开“选区预览”下拉列表框，如图 5-62 所示。选择“黑色杂边”选项，在图像中预览选区效果，如图 5-63 所示。

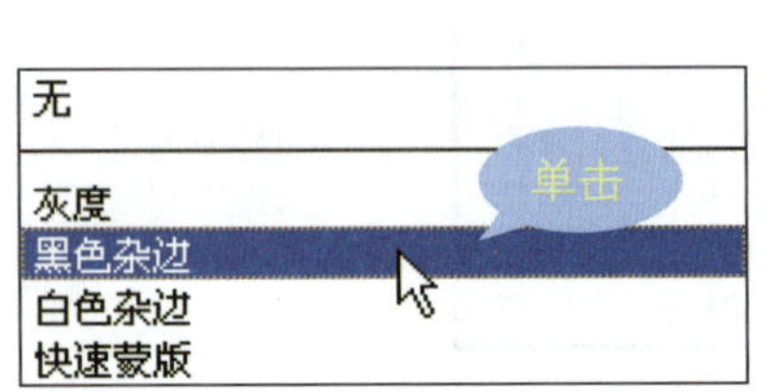

图 5-62

图 5-63

5.3 对数码照片进行裁剪

在对数码照片进行后期处理时，裁剪是一个必不可少的环节。裁剪图像可以修改、调整画面构图，还可以将图像边缘多余的背景去除。通过修改画布的大小，除了可以调整照片的大小，还可以扩充画布，为图像添加可用的留白区域。

核心知识 1 应用“裁剪工具”裁剪照片

“裁剪工具”主要用于修改图像的大小，使用“裁剪工具”时，可根据需要调整裁剪范围，修改画面构图。缩小裁剪，剪切边缘图像，或扩大裁剪，放大画布。单击“裁剪工具”按钮，查看选项栏，如图 5-64 所示。

图 5-64

❶工具预设选取器

单击旁边的倒三角按钮，打开“工具预设选取器”下拉列表，如图 5-65 所示。选择“裁剪 4 英寸×6 英寸 300ppi”选项，在图像中拖动鼠标裁剪图像，如图 5-66 所示。

❷宽度和高度

“宽度”和“高度”分别用于自定裁剪的宽度和高度。裁剪之前在文本框中输入数字，可对图像进行固定尺寸的裁剪，如图 5-67 所示。单击“高度和宽度互换”按钮，转化裁剪尺寸，如图 5-68 所示。

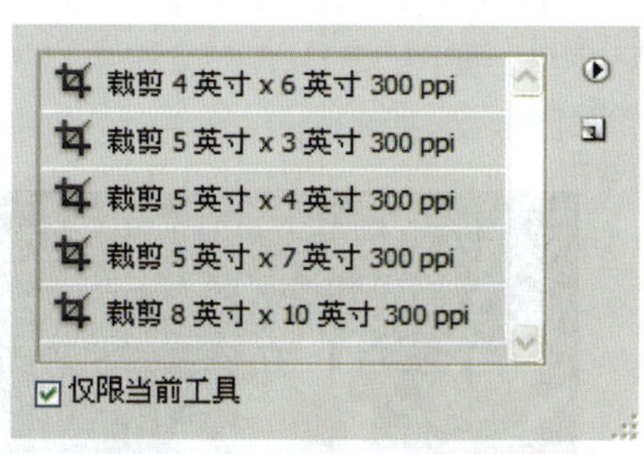

图 5-65

图 5-66

图 5-67

图 5-68

❸分辨率

“分辨率”用于设置裁剪后图像的分辨率。如果没有对分辨率进行设置，裁剪后的图像将沿用裁剪前图像的分辨率。

❹前面的图像

单击“前面的图像”按钮，在选项栏中将会出现当前图像的大小，如图 5-69 所示。在对图像进行裁剪时，将会按当前图像的分辨率及宽度和高度的比例进行裁剪。

图 5-69

❺清除

单击“清除”按钮，可清除之前对裁剪选项栏中的所有设置。

设置完“裁剪工具”后，在图像中拖动鼠标设置裁剪范围，选项栏切换为裁剪区域的界面，如图 5-70 所示。

图 5-70

❶裁剪区域

如果图像中不包含图层，则该选项不可用，其用于设置对裁剪图像的处理方式。选中“删除”单选按钮，裁剪部分图像被删除，移动图像，裁剪图像不可见，如图 5-71 所示。选中“隐藏”单选按钮，裁剪部分图像被隐藏，移动图像，裁剪图像可见，如图 5-72 所示。

图 5-71

图 5-72

❷裁剪参考线

打开“裁剪参考线叠加”下拉列表框，选择“网格”选项，在图像中查看参考线效果，如图 5-73 所示。选择“无”选项，在图像中查看参考线效果，如图 5-74 所示。

图 5-73

图 5-74

❸屏蔽

勾选“屏蔽”复选框，图像中裁剪区域将被屏蔽，如图 5-75 所示。取消勾选“屏蔽”复选框，图像中裁剪区域只以裁剪线显示，如图 5-76 所示。

图 5-75

图 5-76

❹屏蔽颜色

此选项在勾选“屏蔽”复选框时才可用。单击“颜色”色块，打开“拾色器”对话框。在对话框中可任意设置屏蔽颜色，效果如图 5-77 所示。在“不透明度”下拉列表框中设置屏蔽颜色不透明度，效果如图 5-78 所示。

图　5-77

图　5-78

❺清除

勾选“透视”复选框，拖动裁剪线上的锚点，调整裁剪图像的透视效果，如图 5-79 所示。设置完成后，单击“提交当前裁剪操作”按钮✓，查看裁剪后的图像效果，如图 5-80 所示。

图　5-79

图　5-80

核心知识 2　应用“画布大小”命令裁剪照片

“画布大小”对话框主要用于调整图像画布的大小。选择“图像”→“画布大小”命令，打开“画布大小”对话框，如图 5-81 所示。

❶宽度和高度

在“宽度”和“高度”文本框中输入数字，重新设置画布大小。当输入的数字小于原始图像数值时，弹出警告对话框，如图 5-82 所示。单击“继续”按钮，将对图像进行裁剪，如图 5-83 所示。

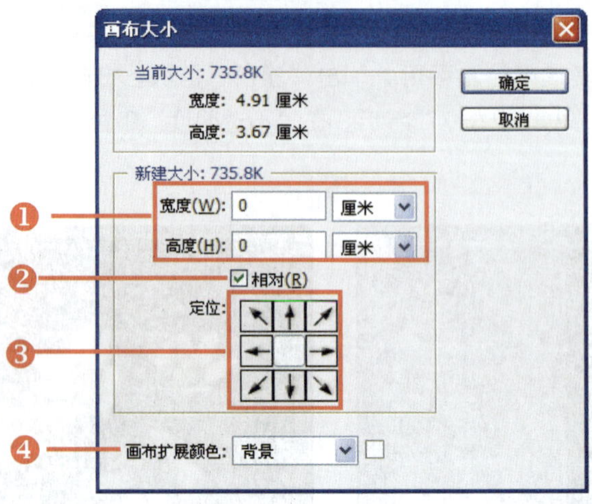

图 5-81

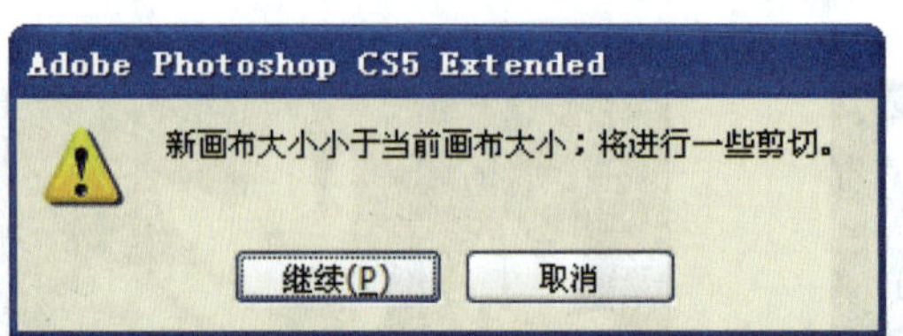

图 5-82

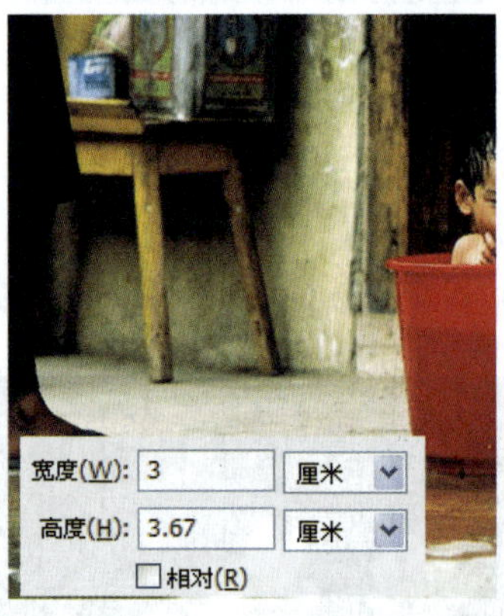

图 5-83

❷相对

勾选“相对”复选框，修改后的画布大小在原图像的基础上添加在“宽度”和“高度”中设置的尺寸。在“高度”和“宽度”文本框中输入数值，如图 5-84 所示。设置完成后，单击“确定”按钮，看到图像上添加了一条白色边框，如图 5-85 所示。

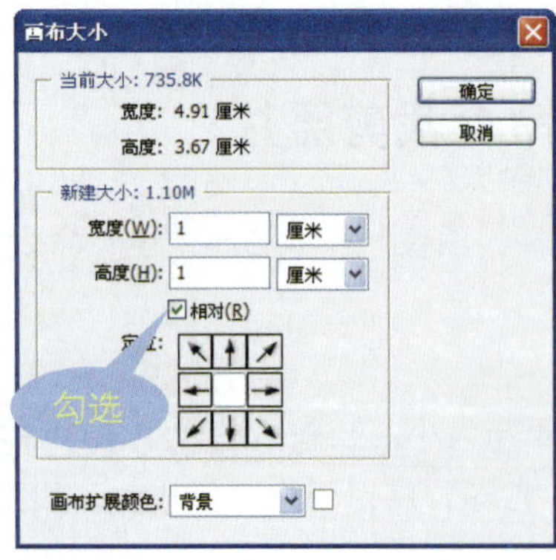

图 5-84

图 5-85

❸定位

“定位”用于设置图像裁剪的方向。单击“向右”按钮，设置裁剪范围为右边图像，如图 5-86 所示，在定位选项中单击“右上”按钮，设置裁剪范围为右上角为起点，如图 5-87 所示。

图 5-86

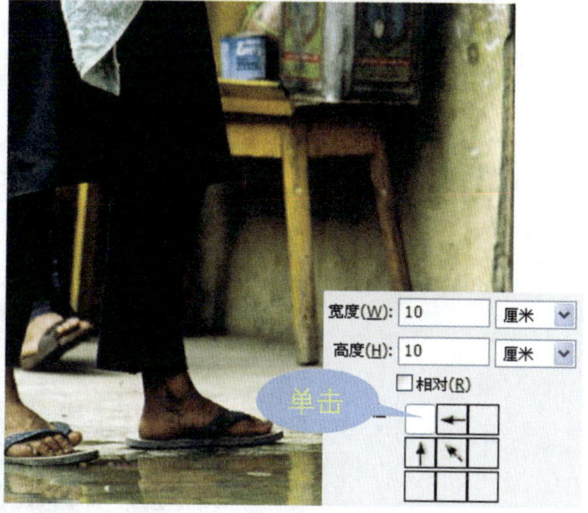

图 5-87

❹画布扩展颜色

打开“画布扩展颜色”下拉列表框，选择“黑色”选项，画布颜色填充为黑色，如图 5-88 所示。选择“灰色”选项，画布颜色填充为灰色，如图 5-89 所示。

图 5-88

图 5-89

核心知识 3 应用“裁剪并修齐照片”命令修正照片

“裁剪并修齐照片”命令用于裁剪扫描的多张照片，可修正扫描图像中倾斜的数码照片，并将单个照片裁剪出来，创建为新的图像文件。打开扫描的素材照片，如图 5-90 所示，选择“文件”→“自动”→“裁剪并修齐照片”命令，如图 5-91 所示。

在图像窗口中生成两个副本新文件，如图 5-92 所示。查看新文件“00 副本”的效果，修正了图像倾斜，如图 5-93 所示。查看新文件“00 副本 2”的效果，如图 5-94 所示。

图 5-90

图 5-91

图 5-92

图 5-93

图 5-94

5.4 处理照片时简单色彩的应用

在 Photoshop 中对数码照片调色的功能是非常强大的，其中最基本的就是对前景色和背景色的设

置，以及填充单色以修改照片颜色。前景色的设置是最常用也是最基本的，在处理时可利用前景色，使用填充工具对图像进行填充。

核心知识 1　设置前景色与背景色

在工具箱中单击“设置前景色”按钮，打开“拾色器（前景色）”对话框，在对话框中设置前景色，如图 5-95 所示。单击“设置背景色”按钮，打开“拾色器（背景色）”对话框，在对话框中设置背景色，如图 5-96 所示。

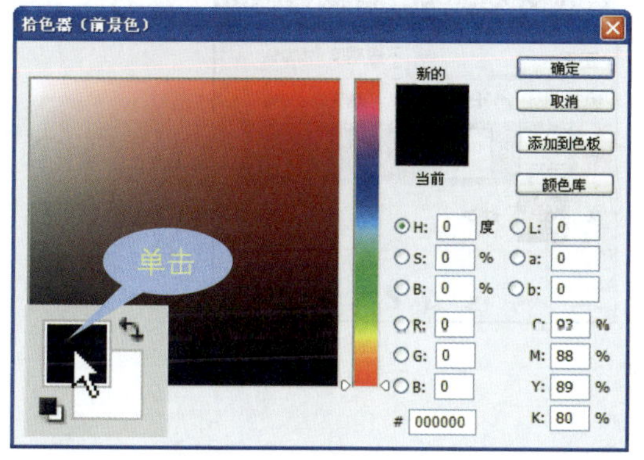

图　5-95

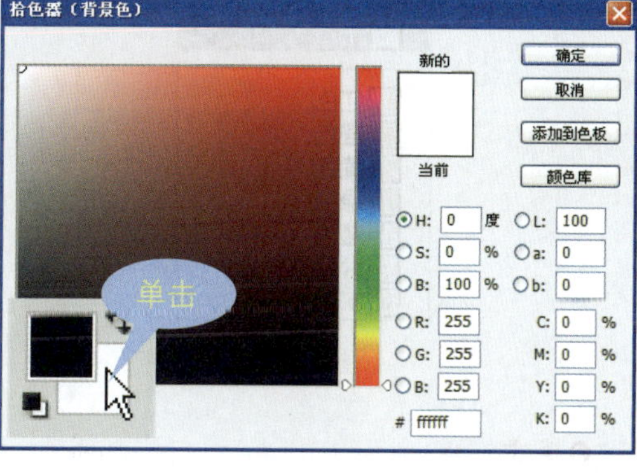

图　5-96

单击“切换前景色和背景色”按钮，切换前景色和背景色，如图 5-97 所示。单击“默认前景色和背景色”按钮，使前景色和背景色恢复到默认状态，如图 5-98 所示。

图　5-97　　　　图　5-98

核心知识 2　使用“新建填充图层”命令添加颜色

使用“新建填充图层”命令，可为图像添加颜色图层。选择“图层”→“新建填充图层”→“纯色”命令，打开“新建图层”对话框，如图 5-99 所示。

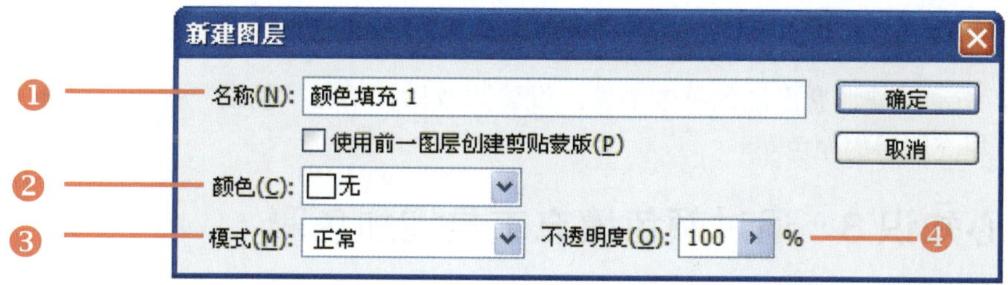

图　5-99

❶名称

在"名称"文本框中输入文字，为新建图层修改名称，在"图层"面板中新建填充图层名称为新输入的名称。

❷颜色

"颜色"用于设置"图层"面板中"指示图层可见性"按钮下方的底色。打开"颜色"下拉列表框，如图 5-100 所示。选择"红色"选项，在"图层"面板中可以看到，"指示图层可见性"按钮下方的底色变为红色，如图 5-101 所示。

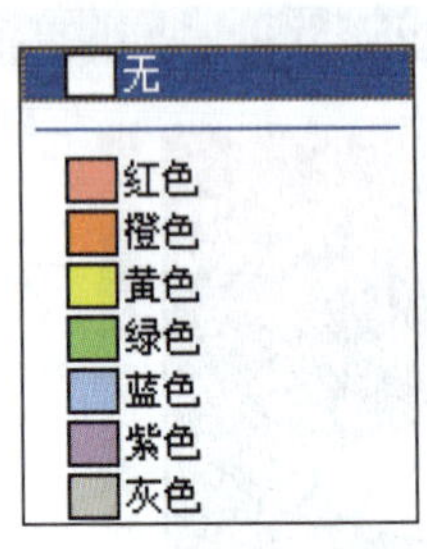

图 5-100

图 5-101

❸模式

"模式"用于设置填充图层的混合模式，与"图层"面板中的混合模式相同。打开"模式"下拉列表框，选择"叠加"选项，为图像添加蓝色填充图层，效果如图 5-102 所示。选择"颜色"选项，为图像添加蓝色填充图层，效果如图 5-103 所示。

图 5-102

图 5-103

❹不透明度

"不透明度"用于设置填充图层的不透明度，与"图层"面板中的不透明度相同。打开"不透明度"下拉列表框，拖动滑块调整图层的不透明度。设置完成后，单击"确定"按钮，打开"拾取实色"对话框，设置填充图层的颜色。

核心知识 3　通过颜色填充工具增加色彩

"油漆桶工具"可快速地为图层或选区填充颜色。单击"油漆桶工具"按钮，在选项栏中查看选项，如图 5-104 所示。

图 5-104

❶填充

打开“填充”下拉列表框，选择“前景”选项，以前景色填充；选择“图案”选项，对图像进行图案填充。

❷图案

当“填充”下拉列表框中选择“图案”选项时，此选项才可用。单击“图案选取器”旁的倒三角按钮，打开预设图案，如图 5-105 所示。单击其中相应图案，效果如图 5-106 所示。

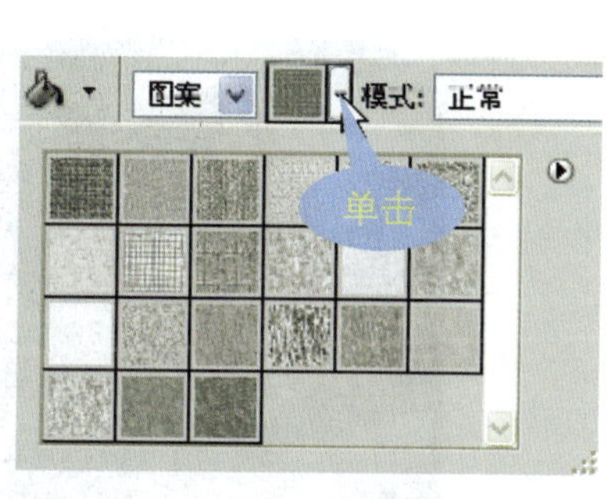

图 5-105

图 5-106

❸容差

“容差”用于设置颜色的范围，取值在 0~255 之间。数值越小，所填充的范围越小，如图 5-107 所示。数值越大，填充的范围越大，如图 5-108 所示。

图 5-107

图 5-108

❹所有图层

勾选“所有图层”复选框，填充将受所有图层的影响，对当前图层进行填充；取消勾选“所有图层”复选框，填充将受当前图层的影响，并对当前图层进行填充。

5.5 处理照片时的还原操作

在处理数码照片时，只有进行不断地尝试和调试的情况下，才能将图像处理到位，即将不需要的操作删除为数码照片调出最完美的效果。在 Photoshop 中可用“历史记录”面板和“编辑”菜单中的“撤销”命令进行操作。

核心知识 1 使用“撤销”命令还原操作

使用“撤销”命令可取消对图像的操作，还原图像状态。打开素材照片并进行去色操作，如图 5-109 所示。选择“编辑”→“还原去色”命令，如图 5-110 所示，将素材照片还原，如图 5-111 所示。

图 5-109

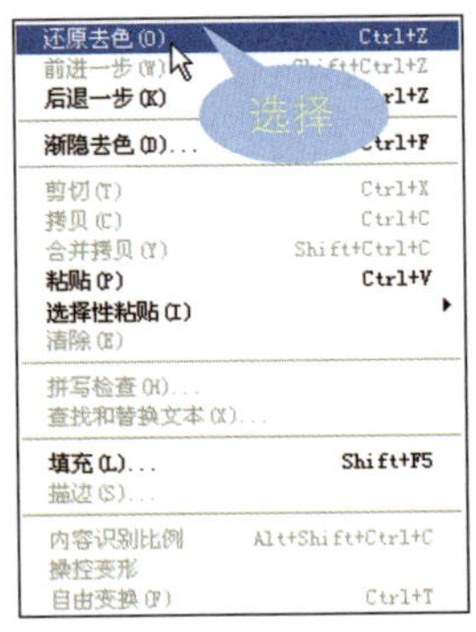

图 5-110

图 5-111

核心知识 2 使用“历史记录”面板还原操作

“历史记录”面板用于记录对图像的所有操作，在“历史记录”面板中单击操作步骤，即可还原操作，查看操作效果。打开素材照片并进行相应的操作，如图 5-112 所示。在“历史记录”面板中，单击“复制图层”操作，如图 5-113 所示，单击“删除当前状态”按钮，在弹出提示框中单击“是”按钮，即可将素材照片还原，如图 5-114 所示。

图 5-112

图 5-113

图 5-114

5.6 应用与提高

在对数码照片的基本处理方法进行了了解后，下面通过几个实例将这些基础知识进行串连。通过实例的演练进一步了解图像的基本编辑，同时对比操作实例的不同效果，理解它们的差别。

典型案例 1 设置简单的照片边框

照片中地面占了大部分区域，复制人物图像并进行翻转，为其添加镜面般的倒影效果，增加照片的艺术感。运用“裁剪工具”去除边缘的多余图像后，再结合“画布大小”命令为照片增加简单的黑色边框，具体操作步骤如下。

★ 素材文件：随书光盘\素材\5\01.jpg

★ 最终文件：随书光盘\源文件\5\设置简单的照片边框.psd

步骤 1 打开素材

打开随书光盘\素材\5\01.jpg，在图像窗口中查看效果。

步骤 2 创建选区

在工具箱中单击“矩形选框工具”按钮，在图像中拖动，绘制选区并选中人物。

步骤 3 创建新图像

按快捷键〈Ctrl+J〉，进行“通过拷贝的图层”操作，复制选区，创建新选区。

步骤 4 垂直翻转图像

选择“编辑”→“变换”→“垂直翻转”命令，垂直翻转图像。

步骤 5　修改图像的不透明度

在“图层”面板中，设置“图层 1”图层的“不透明度”为 50%。

步骤 6　移动图像

在工具箱中单击“移动工具”按钮，长按〈Shift〉键垂直移动图层。

步骤 7　柔化边缘

在工具箱中单击“橡皮擦工具”按钮，设置“硬度”为 0%。在图像的边界处涂抹，柔化边缘。

步骤 8　裁剪图像

在工具箱中单击“裁剪工具”按钮，在选项栏中设置“裁剪区域”为“删除”，将画布外的图像删除。

步骤 9　设置画布大小

选择“图像”→“画布大小”命令，打开“画布大小”对话框。勾选“相对”复选框，设置“宽

步骤 10　查看效果

设置完成后，单击“确定”按钮。在图像窗口中查看图像效果，为图像添加了边框。

度”和“高度”均为 2 厘米，“画布扩展颜色”为“黑色”。	
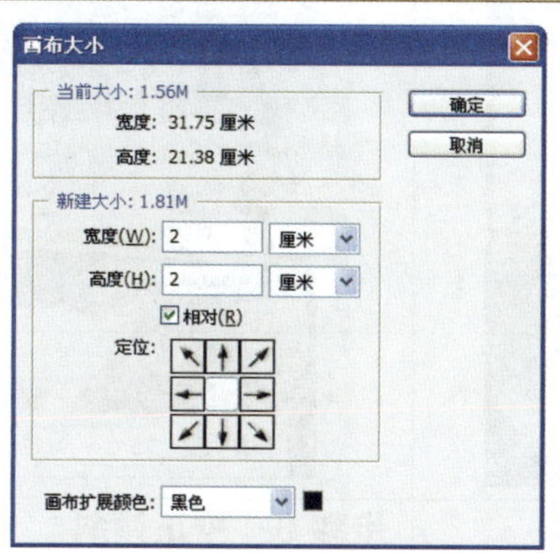	

典型案例 2　扶正倾斜的照片

在拍摄高大建筑物时，由于没有较好的参照物及透视等原因，拍摄出来的数码照片会出现不同程度的倾斜。本实例运用“裁剪工具”绘制裁剪框，通过调整裁剪框的透视角度，裁剪并扶正倾斜的照片，具体操作步骤如下。

★ 素材文件：随书光盘\素材\5\02.jpg

★ 最终文件：随书光盘\源文件\5\扶正倾斜的照片.psd

步骤 1　复制图层	**步骤 2　裁剪图像**	**步骤 3　调整图像阴影**
打开随书光盘\素材\5\02.jpg，选择“背景”图层，并将其拖动至“创建新图层”按钮 上，复制得到“背景副本”。	在工具箱中单击“裁剪工具”按钮，在图像中拖动鼠标，创建裁剪框。	勾选选项栏中的“透视”复选框，将光标移至裁剪框右上角的位置，单击并拖动鼠标，旋转裁剪框的角度。

步骤 4　调整图像色调	步骤 5　测量倾斜角度	步骤 6　校正倾斜
当调整至合适的角度后，按〈Enter〉键，确认设置，对图像进行裁剪操作。	在图像中绘制选区，按快捷键〈Ctrl+T〉，将光标移至选区右侧，调整选区内图像大小。	选择“图像”→“自动颜色”命令，适当修正图像的颜色。

典型案例 3　宝丽来拍摄图像效果制作

宝丽来照相机采用特种胶片，拍摄后立即自动冲洗，拍摄出来的片子为正方形。在 Photoshop 中将图像颜色调出宝丽来色调，然后使用裁剪工具将图像裁剪为正方形，最后使用画布大小为图像添加照片包边效果。

★素材文件：随书光盘\素材\5\03.jpg
★最终文件：随书光盘\源文件\5\宝丽来拍摄图像效果制作.psd

步骤 1　打开素材 打开随书光盘\素材\5\03.jpg，选择“背景”图层，并将其拖动至“创建新图层”按钮上，复制得到“背景副本”。	**步骤 2　添加照片滤镜** 在“图层”面板中，单击“创建新的填充或调整图层”按钮，打开列表，选择“照片滤镜”选项，为照片添加照片滤镜。设置“滤镜”为“加温滤镜（85）”，“浓度”为40。
	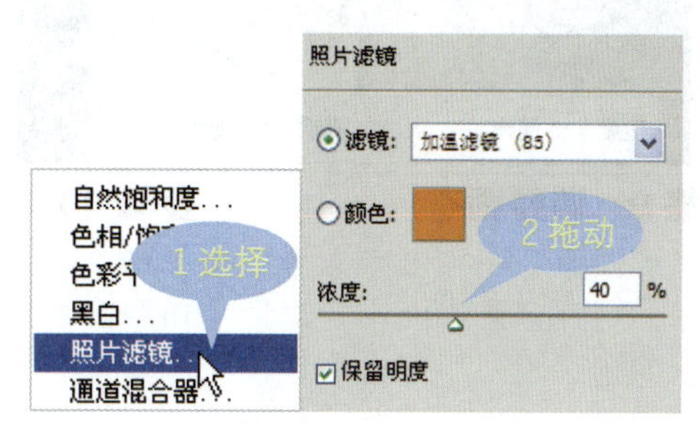
步骤 3　查看效果 在图像窗口中查看图像效果，图像整体色调变为暖调。	**步骤 4　调整面板** 在“调整”面板中，单击“返回到调整列表”按钮，单击“创建新的曲线调整图层”按钮。

步骤 5　调整红色曲线 在“调整”面板中，设置颜色为“红”，在图像中拖动鼠标，调整曲线。	**步骤 6　调整绿色曲线** 在“调整”面板中，设置颜色为“绿”，在图像中拖动鼠标，调整曲线。
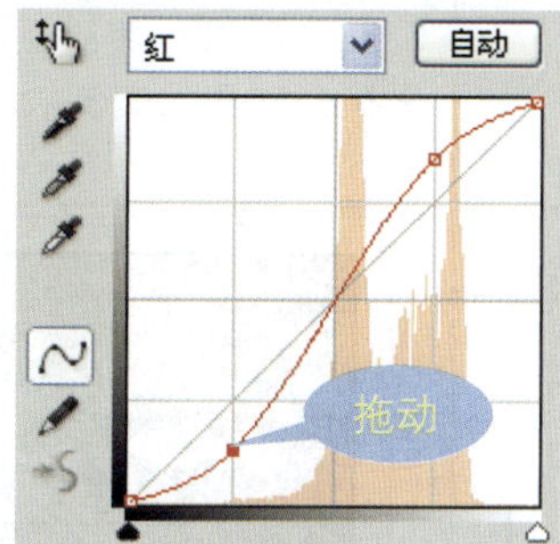	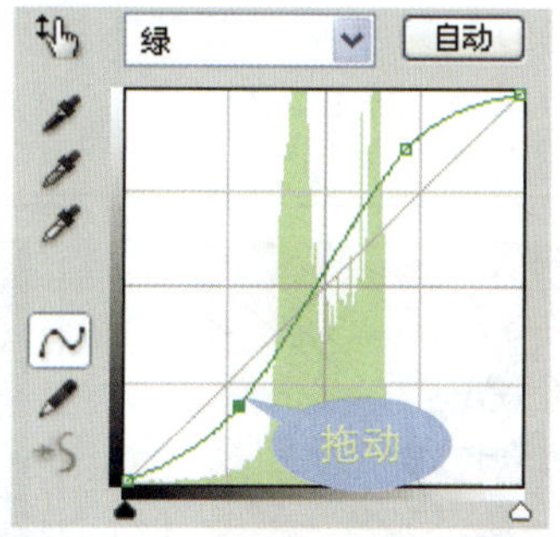
步骤 7　裁剪图像 在工具箱中单击“裁剪工具”按钮，在选项栏中设置“宽度”和“高度”均为10厘米，在图像中拖动鼠标，设置裁剪范围。	**步骤 8　调整画布** 执行“图像”→“画布大小”命令，打开“画布大小”对话框。勾选“相对”复选框，设置“宽度”和“高度”均为1.5厘米，“画布扩展颜色”为“白色”，单击“确定”按钮。

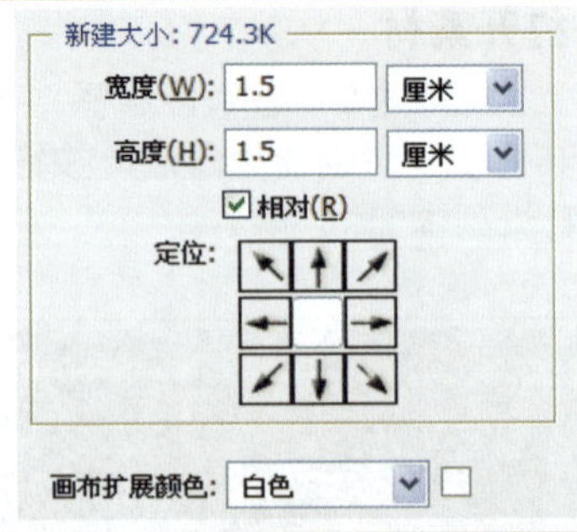

步骤 9　调整画布

选择“图像”→“画布大小”命令，打开“画布大小”对话框。勾选“相对”复选框，设置“高度”为 3 厘米，单击“向上”按钮。

步骤 10　查看裁剪效果

单击“确定”按钮，在图像窗口中查看效果。修改画布后的图像大小，为宝丽来效果。

步骤 11　载入选区

在“图层”面板中，单击“背景副本”图层，选择“选择”→“载入选区”命令，打开“载入选区”对话框。单击“确定”按钮，将背景图层载入选区。

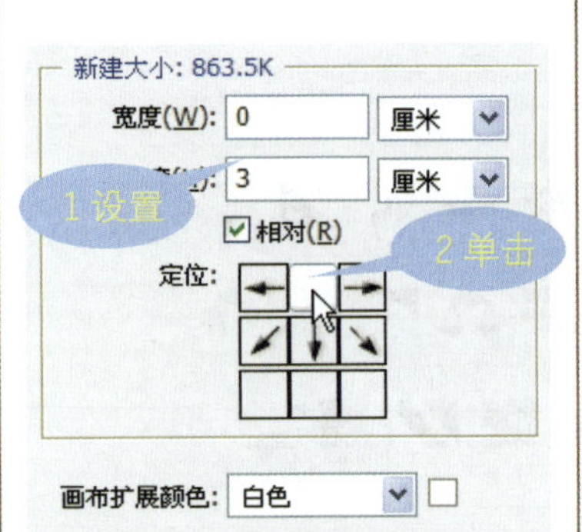

步骤 12　图像描边

右击创建的选区，在弹出的快捷菜单中选择“描边”命令，打开“描边”对话框。设置“宽度”为 2px“颜色”为“黑色”，“位置”为“内部”。

步骤 13　变换选区

选择“选择”→“反向”命令，反向选择选区，在图像窗口中查看效果。

步骤 14　添加颜色

打开“拾色器（前景色）”对话框，设置前景色为 R254、G251、B221，将选区填充为前景色，完成本实例的制作。

典型案例 4 对扫描的照片进行快速处理

过去拍摄的胶片照片可以通过扫描的方式转化为数码照片并存储在计算机中。在扫描照片时，可将多张数码照片同时进行扫描，再通过 Photoshop 将数码照片进行裁剪及校正在摆放扫描照片时造成的照片倾斜。具体操作步骤如下。

★ 素材文件：随书光盘\素材\5\04.jpg
★ 最终文件：随书光盘\源文件\5\对扫描的照片进行快速处理.psd、对扫描的照片进行快速处理副本 2.psd

步骤 1 打开素材
打开随书光盘\素材\5\04.jpg，在图像窗口中查看效果。

步骤 2 执行菜单命令
选择“文件”→“自动”→“裁剪并修齐照片”命令，裁剪照片。

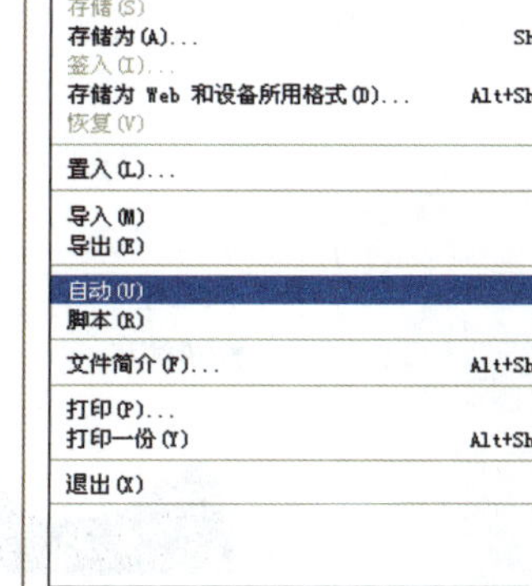

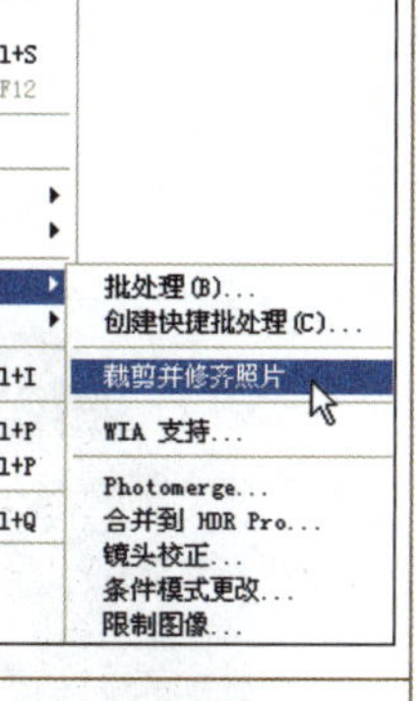

步骤 3 复制背景
根据步骤 2 的操作，在图像窗口中自动新建文件，查看 04 副本 2 图像，复制“背景”图层，得到“背景副本”图层。

步骤 4 色阶命令
选择“图像”→“调整”→“色阶”命令，打开“色阶”对话框，设置色阶为 1、1.32、216。

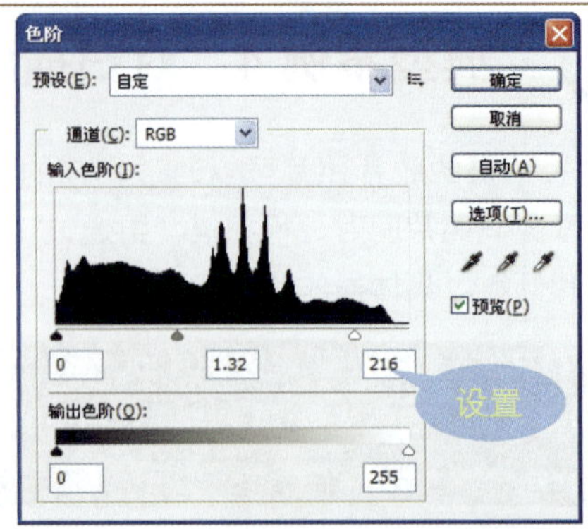

步骤 5　自动色调

选择“图像”→“自动色调”命令，调整图像色调。

步骤 6　放大图像

在工具箱中单击“缩放工具”按钮，放大图像。

步骤 7　修补图像

在工具箱中单击“修补工具”按钮，修补图像边缘。

步骤 8　复制图层

选中“04 副本”图像窗口，复制“背景”图层，得到“背景副本”图层。

步骤 9　“色阶”对话框

选择“图像”→“色阶”命令，打开“色阶”对话框，设置“色阶”为 0、1.45、229。

步骤 10　自动色调

选择“图像”→“自动色调”命令，调整图像色调。

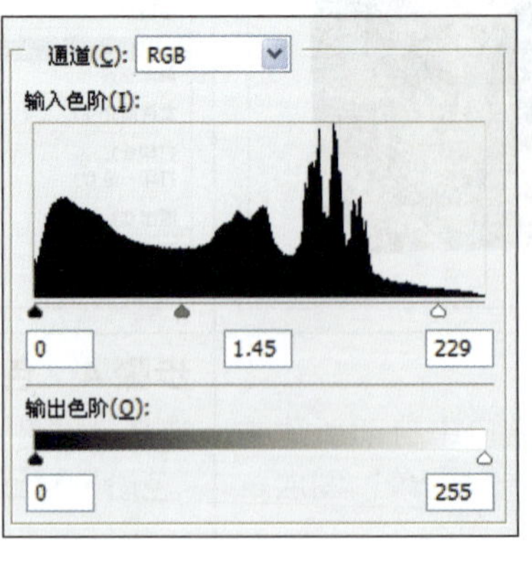

步骤 11　修补图像 在工具箱中单击“修补工具”按钮，选中修补图像。	**步骤 12　替换选区** 拖动鼠标，将选区内图像覆盖在替换图像上方。	**步骤 13　查看效果** 完成本实例的制作，在图像窗口中查看效果。
	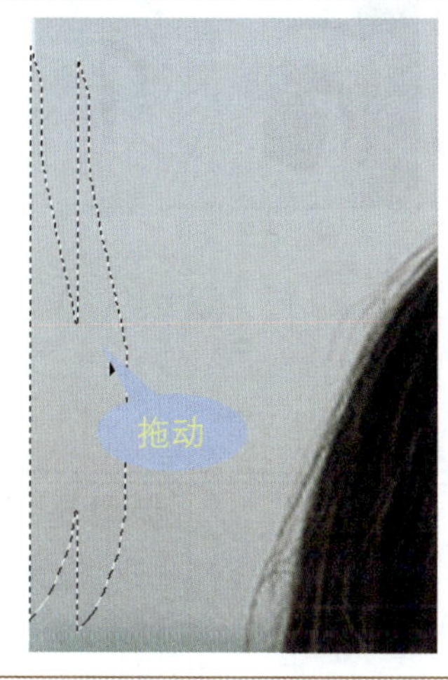	

典型案例 5　设置丰富的照片颜色效果

将绿色的玩偶放置在绿色草地上，整个画面一片绿色，色彩过于单调。使用渐变填充效果为数码照片设置丰富的照片颜色效果，去除玩偶上的色彩叠加，使背景草地的颜色更加丰富，具体操作步骤如下。

★ 素材文件：随书光盘\素材\5\05.jpg
★ 最终文件：随书光盘\源文件\5\设置丰富的照片颜色效果.psd

步骤 1　复制图层 打开随书光盘\素材\5\05.jpg，选择“背景”图层，并将其拖动至“创建新图层”按钮上，复制得到“背景副本”。	**步骤 2　锐化图像** 选择“滤镜”→“锐化”→“USM 锐化”命令，打开“USM 锐化”对话框，设置“数量”为 85，“半径”为 3.3。	**步骤 3　创建调整图层** 在“图层”面板中单击“创建新的填充或调整图层”按钮，打开列表，选择“渐变”选项。

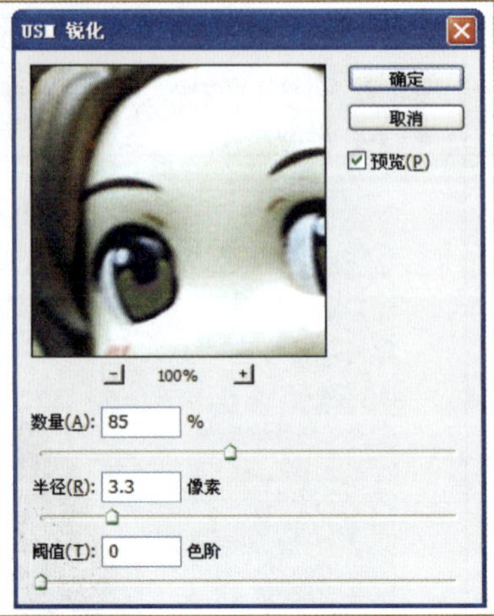

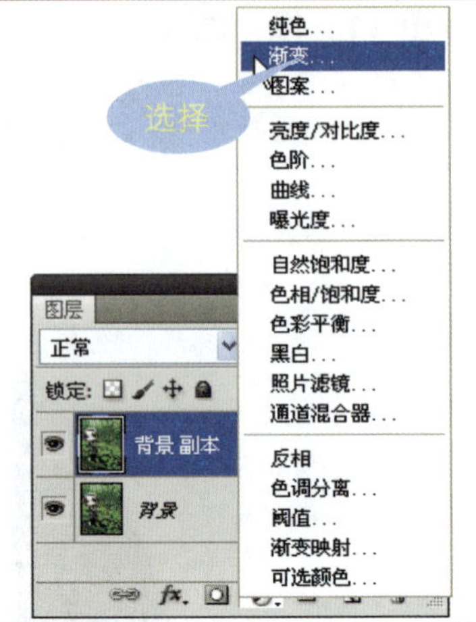

步骤 4 设置渐变填充

打开“渐变填充”对话框，打开“渐变”下拉列表框，选择“紫，绿，橙渐变”选项。

步骤 5 设置渐变填充

打开“缩放”下拉列表框，在弹出的滑动条中拖动鼠标，设置“缩放”为 80，单击“确定”按钮。

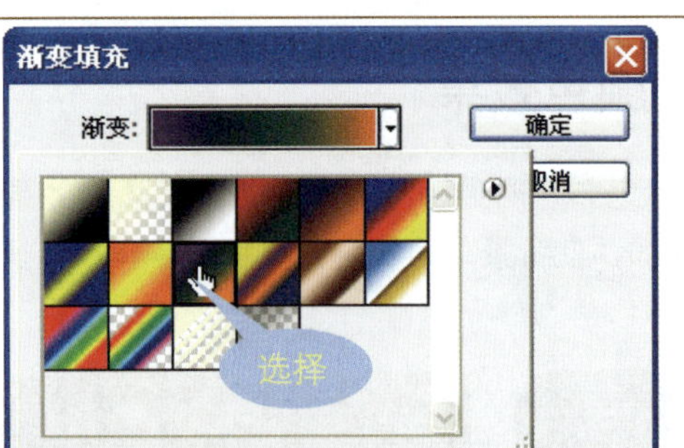

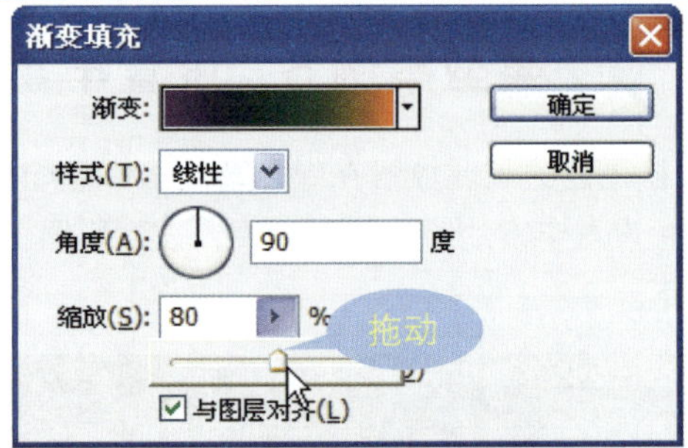

步骤 6 设置混合模式

在“图层”面板中，设置“混合模式”为“叠加”，在图像窗口中查看效果。

步骤 7 设置画笔大小

在工具箱中单击“画笔工具”按钮，在图像上右击，打开“画笔预设器”。设置“大小”为 50，“形状”为“柔边圆”。

步骤 8 绘制蒙版

在图像窗口中使用画笔工具对玩偶进行涂抹，绘制蒙版，完成本实例的制作。

6 数码照片的光影调整

有了Photoshop CS5软件，我们可以不用再担心数码照片的色调和影调不够完美。在Photoshop CS5中可根据不同的照片来选择合适的调整命令调整照片的影调，还原真实的拍摄效果。

本章的重要的概念有：认识常用的光影调整命令，如自动调整命令、色阶、曲线、阴影/高光、曝光度等，了解各命令对话框中选项的设置与应

本章知识点

- 快速调整照片颜色
- 照片影调的调整
- 进一步设置照片色彩和影调

6.1 快速调整照片颜色

在 Photoshop CS5 的“图像”菜单中包含了照片处理中常用的调整命令，使用其中的“自动色调”、“自动对比度”和“自动颜色”命令，可以快速自动调整数码照片的色调、对比度和颜色。

核心知识 1　认识直方图

直方图是正确判断数码照片影调是否正常的重要参数之一。在 Photoshop CS5 中，“直方图”面板是一个单独的面板，可一直在屏幕中保持开启状态，以帮助用户在调整时查看图像的色调和颜色的动态变化情况。在“直方图”面板中，以图形表现图像的每个亮度级别的像素数码及像素在图像中的分布情况，显示数码照片在阴影、中间调和高光中所包含的细节是否足以在照片中进行适当的校正，是调整数码照片色彩和影调必须掌握的基础知识之一。

选择“窗口”→“直方图”命令，即可打开“直方图”面板，如图 6-1 所示。单击“直方图”面板右上角的扩展按钮，在打开的菜单中可设置直方图像的视图方式，如图 6-2 所示。

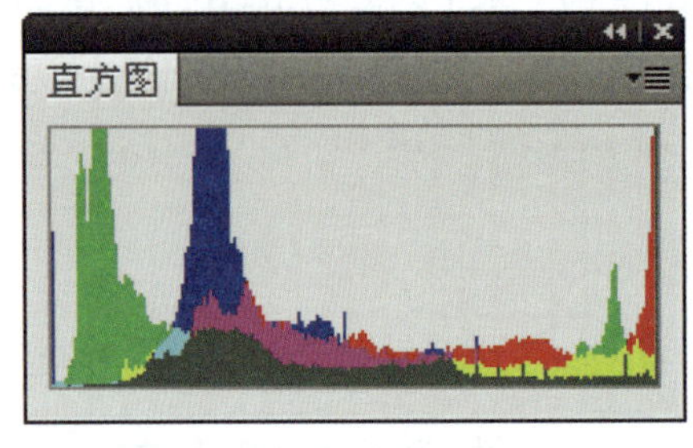

图　6-1

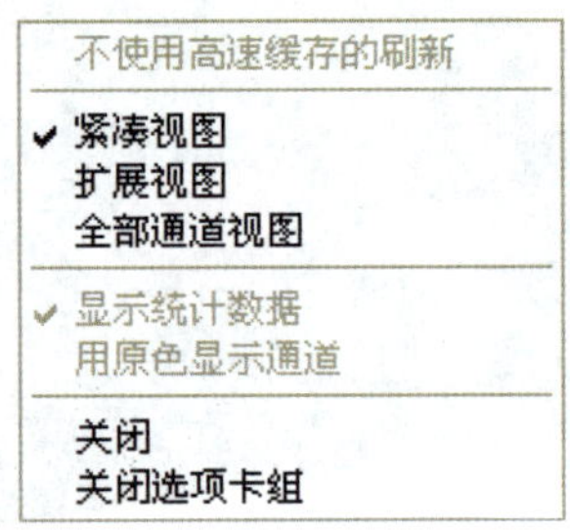

图　6-2

在默认打开的情况下，“直方图”面板以紧凑视图的方式显示，在此种显示方式下的面板不带控件或统计数据。若要查看详细的数据，单击面板右上角的扩展按钮，在打开的菜单中选择“扩展视图”命令，即可以扩展视图的方式显示图像，如图 6-3 所示。在扩展视图显示方式下，单击“通道”下拉按钮，在打开的下拉列表中可选择相应的通道，如图 6-4 所示。选择“红”通道，显示效果如图 6-5 所示。

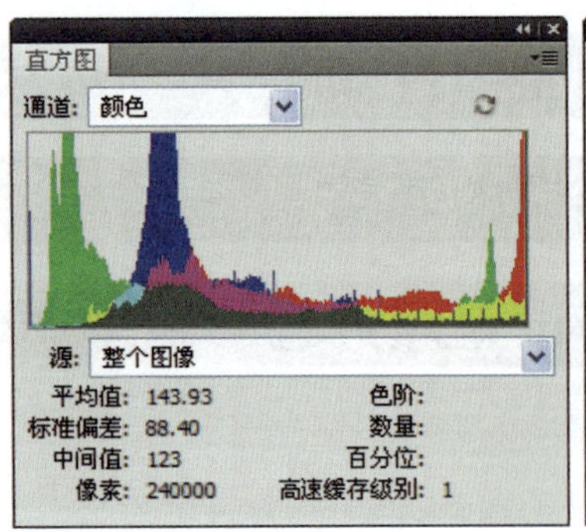

图　6-3

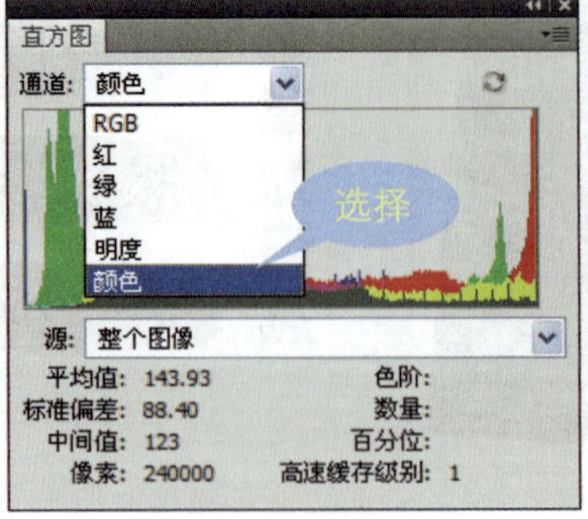

图　6-4

图　6-5

前面说过，在“直方图”中可以快速查看图像的影调和色调。打开“直方图”面板后，在直方图的左边显示图像的阴影，中间部分为图像的中间调，右边部分是图像的高光部分。因此，照片中最暗的像素由直方图中最左侧的竖直条表示，图像中最亮的像素由直方图最右侧的竖直条表示。对于一张曝光过度的数码照片，在“直方图”面板中可清楚地看到面板左侧像素太少，而右侧溢出，说明照片缺少黑色成分，如图 6-6 所示；一张曝光正常的数码照片，在“直方图”面板中看到左侧和右侧都没有溢出，说明照片的暗部和亮部都没有损失细节层次，如图 6-7 所示；而一张曝光不足的数码照片，则在“直方图”面板中可看到面板左侧有明显溢出，说明图像暗部细节损失过大，如图 6-8 所示。

图　6-6

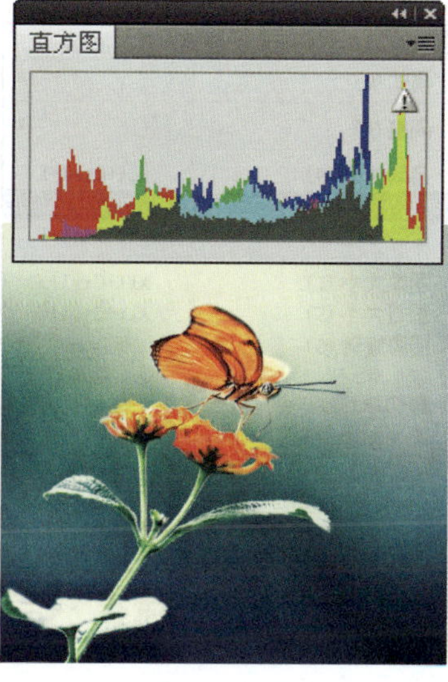

图　6-7

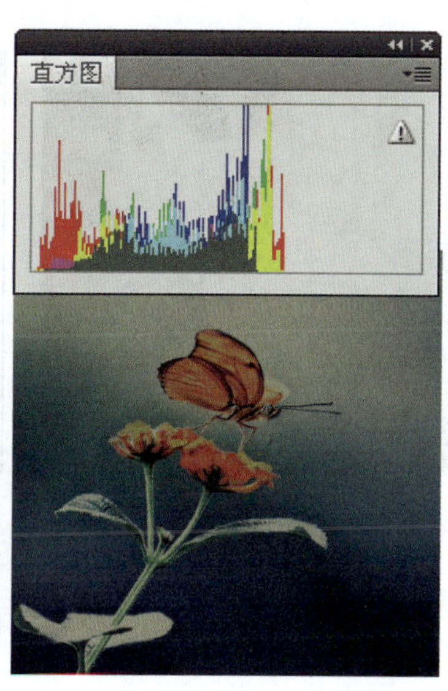

图　6-8

 核心知识 2　自动调整照片色调

“自动色调”命令可使数码照片的像素值平均分布，同时按照自动颜色校正值裁剪白色和黑色像素的百分比，恢复数码照片的亮度。

打开一张素材图像，如图 6-9 所示。选择“图像”→“自动色调”命令，如图 6-10 所示，或按快捷键〈Ctrl+Shift+L〉，即可快速调整数码照片的色调，效果如图 6-11 所示。

图　6-9

图　6-10

图　6-11

核心知识 3　自动调整照片对比度

“自动对比度”命令可自动调整数码照片的对比度，它通过裁剪数码照片中的阴影和高光值，再将照片剩余部分的最亮和最暗像素映射到纯白和纯黑，使照片的高光部分看起来更亮，阴影部分看起来更暗。

打开素材图像，如图 6-12 所示。执行“图像”→“自动对比度”菜单命令，如图 6-13 所示，或按快捷键〈Ctrl+Shift+Alt+L〉，即可快速调整照片中的对比度，使图像的影调恢复正常，如图 6-14 所示。

图　6-12

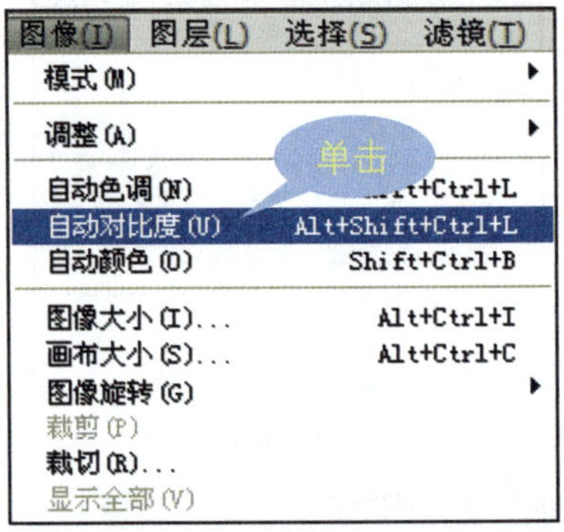

图　6-13

图　6-14

核心知识 4　自动调整照片颜色

“自动颜色”命令集合了“自动色调”和“自动对比度”的功能，通过搜索图像来标识阴影、中间值和高光，从而调整数码照片的颜色和对比度，尽可能得到最佳的图像效果。

打开素材图像，如图 6-15 所示。选择“图像”→“自动颜色”命令，如图 6-16 所示，或按快捷键〈Ctrl+Shift+B〉，Photoshop 将根据原始照片中的图像效果自动进行颜色调整，如图 6-17 所示。

图　6-15

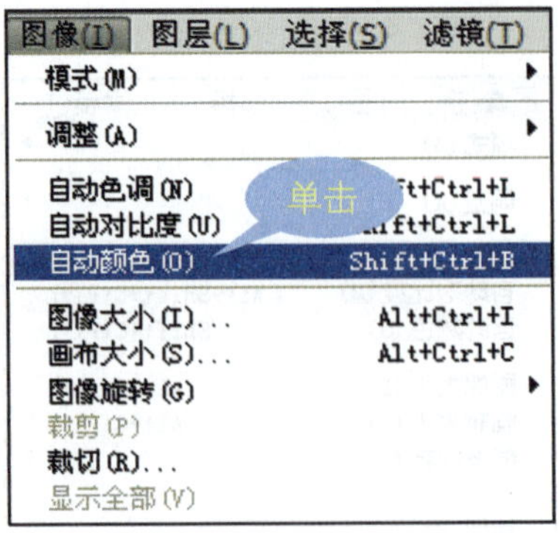

图　6-16

图　6-17

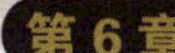

6.2 调整照片影调

只有在数码照片得到正确的捕光后，才能使照片呈现曼妙的光彩。如果照片不能得到足够的曝光，则会造成拍摄出的图像太暗或太亮。此时，整个画面看起来也不具有层次感，就需要通过后期对照片影调进行调整。

核心知识 1 调整图像亮度/对比度

"亮度/对比度"命令可以快速调整数码照片的亮度和对比度，对图像的色彩范围进行简单调整。当应用"亮度/对比度"命令调整图像时，会相对减少图像的细节信息。

选择"图像"→"调整"→"亮度/对比度"命令，打开"亮度/对比度"对话框，如图 6-18 所示。在对话框中通过拖动"亮度"和"对比度"滑块或在数值框中输入数值，即可设置图像的亮度、对比度。

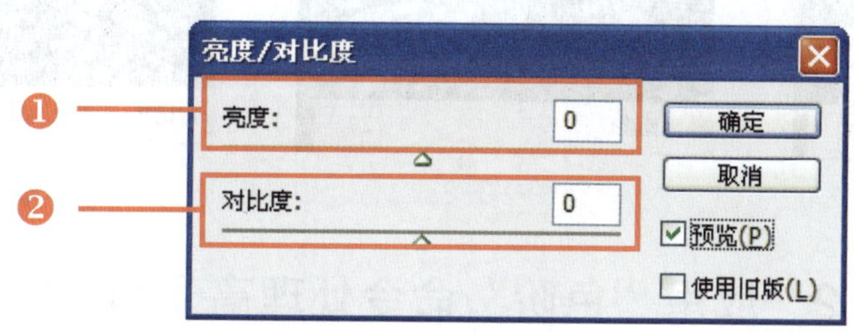

图 6-18

❶亮度

"亮度"选项用于设置图像的亮度。单击并向左拖动滑块可降低图像的亮度，单击并向右拖动滑块可增加图像的亮度，也可以直接在滑块右侧的数值框中输入需要的数值，输入数值范围为-150～+150 之间的任意整数。打开如图 6-19 所示的原图像，当设置"亮度"为-40 时，效果如图 6-20 所示，当设置"亮度"为+45 时，效果如图 6-21 所示。

图 6-19

图 6-20

图 6-21

知识补充

在拍摄数码照片时，中央重点测光模式适用于拍摄主题在中央，且光线均匀的情况，如建筑物特写等；点测光模式则适用于画面中出现明暗差异较大的情况，如舞台灯光等。

❷对比度

“对比度”选项用于设置图像的对比度。单击并向左拖动鼠标可降低图像的对比度，单击并向右拖动鼠标可增加图像的对比度，也可以在右侧的数值框中输入-50～+100 之间的任意整数。图 6-22、图 6-23 和图 6-24 所示分别为设置“对比度”为-50、20、80 时的效果。

图 6-22

图 6-23

图 6-24

核心知识 2 应用“色阶”命令处理高光和阴影照片

“色阶”命令是非常直观的亮度调整命令，用户可以根据照片的曝光直方图确定图像需要调整的幅度。“色阶”命令是照片处理中最常用的调整命令之一，利用此命令可以通过调整图像的阴影、中间调整和高光的强度级别来校正数码照片光影问题。执行“图像”→“调整”→“色阶”菜单命令，即可打开如图 6-25 所示的“色阶”对话框。

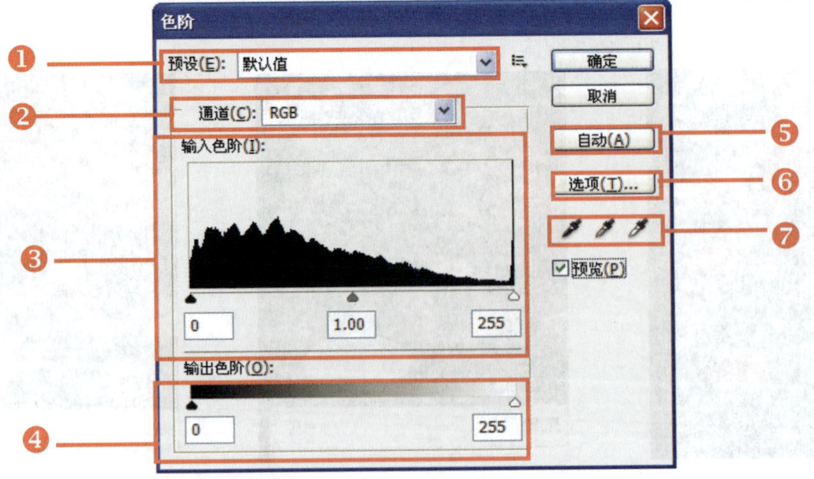

图 6-25

❶预设

在“预设”下拉列表框中提供了多种系统预设的色阶调整效果，如图 6-26 所示。用户可以根据需要选择不同的选项，使数码照片得到需要的显示效果。图 6-27 所示为原图像效果，选择“加亮阴影”色阶后，效果如图 6-28 所示。

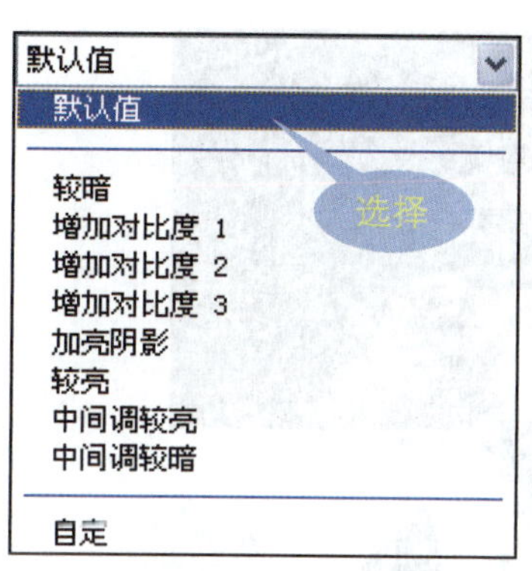

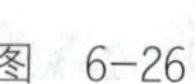
图 6-26

图 6-27

图 6-28

❷通道

在“通道”下拉列表框中提供了当前打开图像的所有颜色通道，用于选择合适通道进行图像的调整。打开素材图像后单击“通道”下拉按钮，在打开的下拉列表中查看具体的单个通道，如图 6-29 所示。选择“红”通道，调整色阶，效果如图 6-30 所示。选择“蓝”通道，调整色阶，效果如图 6-31 所示。

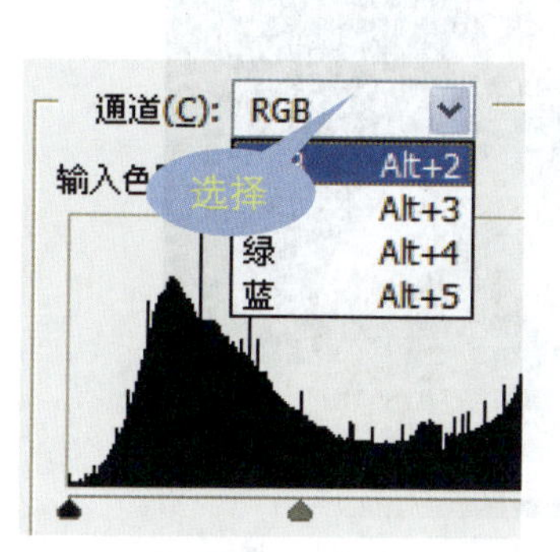

图 6-29

图 6-30

图 6-31

知识补充

对于拍摄者来说，在拍摄图像时可以结合多种快门速度和光圈组合，准确地将同样的光量送达到胶片，从而生成相应的效果，即使照片得到最佳光影效果。

❸输入色阶

通过拖动“输入色阶”下方的滑块，可以快速调整数码照片的色调和影调。拖动左侧的黑色滑块或在数值框中输入数值，可设置图像暗部的色调；拖动中间的灰色滑块或在数值框中输入数值，可设置图像的中间调；拖动右侧的白色滑块或在数值框中输入数值，可以设置图像的亮部色调。将中间的“输入色阶”滑块向左拖动，可使图像整体变亮，如图 6-32 所示；向右拖动，可使图像整体变暗，如图 6-33 所示。

图 6-32

图 6-33

❹输出色阶

拖动“输出色阶”下方的滑块，可以快速调整照片的亮度。若向右拖动黑色滑块，图像整体变亮，如图 6-34 所示；若向左拖动白色滑块，则图像整体变暗，如图 6-35 所示。

图 6-34

图 6-35

❺自动

单击“自动”按钮，将自动调整图像的对比度和明度。打开如图 6-36 所示的素材照片，单击“自动”按钮，图像效果如图 6-37 所示。

图 6-36

图 6-37

❻选项

单击“选项”按钮，可打开“自动颜色校正选项”对话框，如图 6-38 所示。在对话框中选中“增加单色对比度”单选按钮，可在不更改颜色平衡的情况下平衡图像的对比度；选中“增强每通道的对比度”单选按钮，则会为每个颜色通道单独平衡对比度，并消除多余偏色；选中“查找深色与浅色”单选按钮，则会将最近调整图像中所有接近中性中间调与等量的主色调调节成真正的中性。图 6-39 和图 6-40 所示分别为选中“增加单色对比度”单选按钮和“增强每通道的对比度”单选按钮后得到的效果。

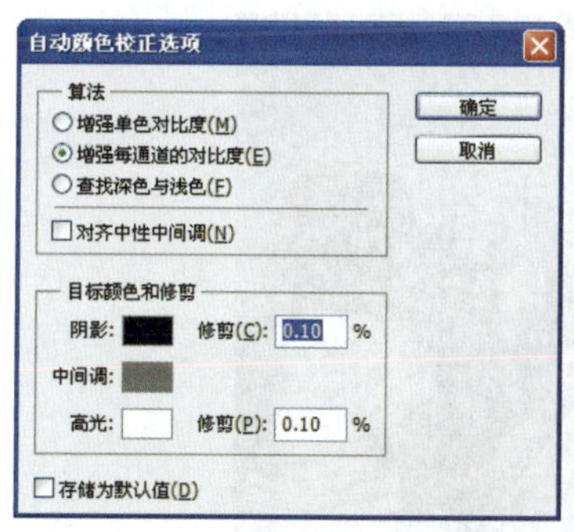

图 6-38

图 6-39

图 6-40

❼取样按钮

单击“在图像中取样以设置黑场”按钮，将取样的像素设置为最暗的像素；单击“在图像中取样以设置灰场”按钮，则将取样的像素设置为中间调的像素；单击“在图像中取样以设置白场”按钮，则将取样的像素设置为最亮的像素。

核心知识 3　应用“曲线”命令设置光线效果

“曲线”命令常用于调整指定色调范围的图像颜色，通过该命令进行调整后，不会使图像整体变暗或变亮。应用“曲线”命令不仅可以快速调整图像整体或单个通道的对比度，而且可以调整图像中任意指定位置的亮度和对比度。

选择“图像”→“调整”→“曲线”命令，或按快捷键〈Ctrl+M〉，打开“曲线”对话框，如图 6-41 所示。

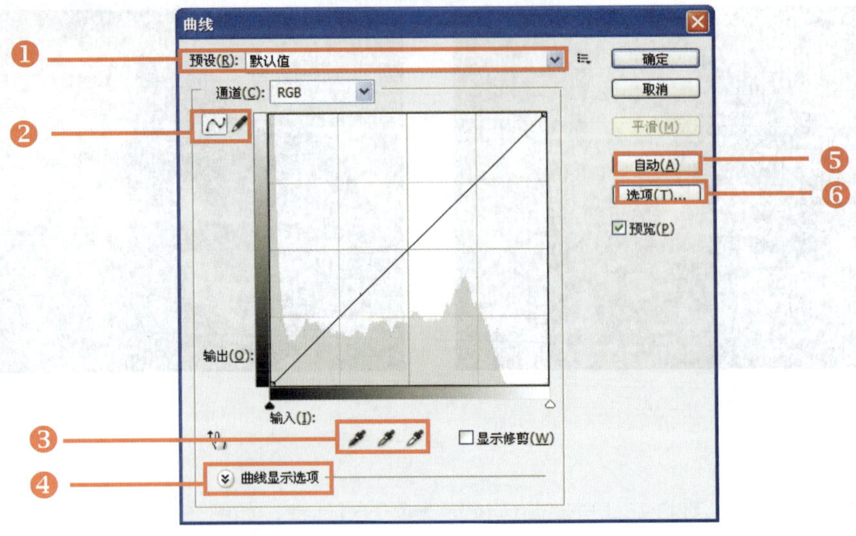

图 6-41

❶预设

在“预设”下拉列表框中提供了多种预设的曲线调整效果，如图 6-42 所示，用户可以根据需要选择不同的选项。图 6-43 所示为原图像效果，分别应用“较亮（RGB）”和“较暗（RGB）”预设曲线调整图像，调整后效果如图 6-44 和图 6-45 所示。

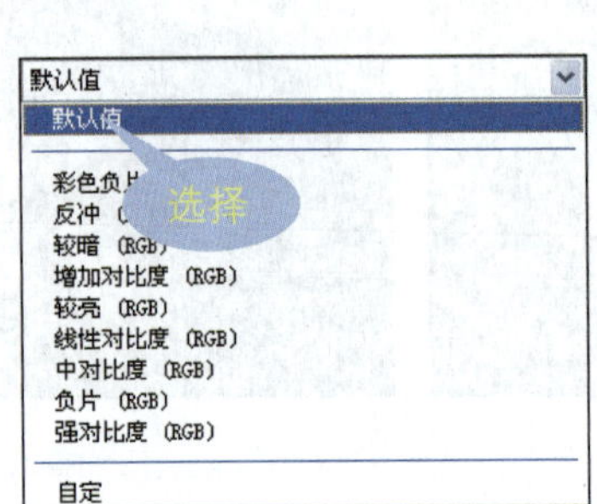

图 6-42

图 6-43

图 6-44

图 6-45

知识补充

数码相机的测光结果会影响相机的内部调整机制，并决定照片拍摄出来的影调。采用不同的测光模式，除了可以随环境、主体变化拍出较好的摄影质量外，也可以扩展相机的适用范围。

❷编辑点以修改曲线和通过绘制来修改曲线

单击“编辑点以修改曲线”按钮，则通过在曲线上添加点来调整曲线形状，如图 6-46 所示为通过编辑点修改曲线的图像效果。单击“通过绘制来修改曲线”按钮，则使用铅笔绘制曲线以调整图像的整体色调，图 6-47 所示为通过绘制曲线调整的图像效果。

图 6-46

图 6-47

❸设置黑、灰、白场按钮

单击“在图像中取样以设置黑场”按钮，对图像中较暗部分的影调进行设置；单击“在图像中取样以设置灰场”按钮，则对图像中灰度部分的影调进行调整；单击“在图像中取样以设置白场”按钮，则对图像中较亮部分的影调进行调整。

❹曲线显示选项

“曲线显示选项”选项组用于设置曲线显示的相关参数，包括显示的数量和显示方式，如图 6-48 所示。若单击“以四分之一色调增量显示简单网格”按钮，以 1/4 色调增量显示简单网格，如图 6-49 所示；若单击“以 10%增量显示详细网格”按钮，则以 10%色调增量显示详细网格，如图 6-50 所示。

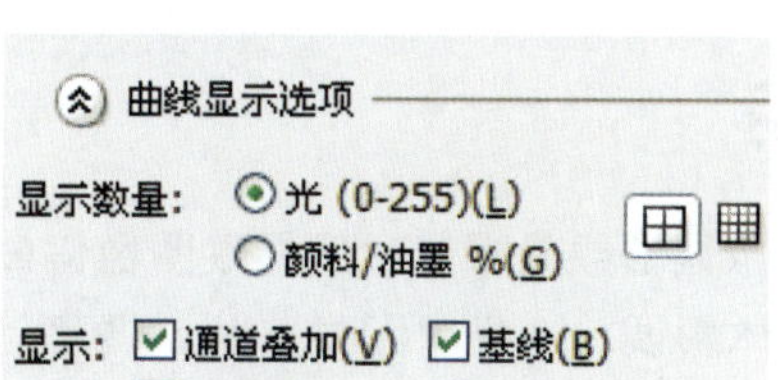

图 6-48

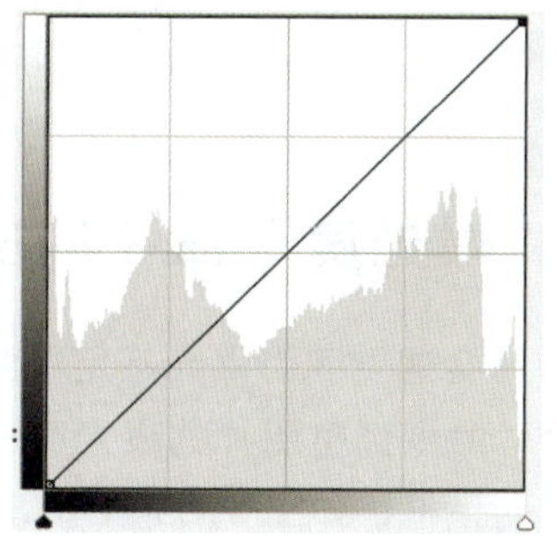

图 6-49

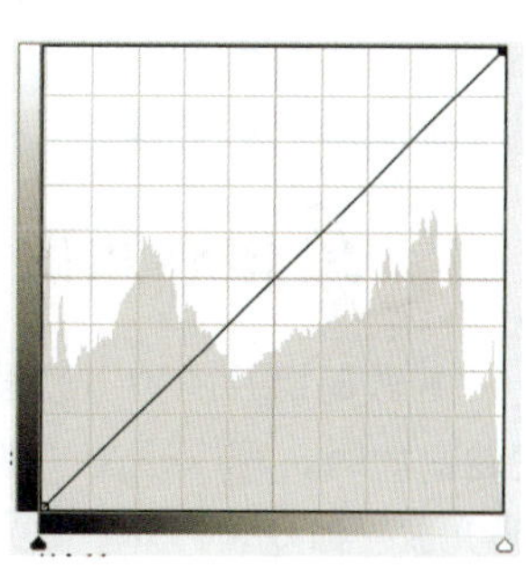

图 6-50

技巧点拨

"曲线"命令与"色阶"命令相同，"曲线"对话框也允许用户调整图像的整个色调范围。但不同的是，应用"色阶"命令只允许用户通过白场、黑场和灰度系数 3 个点设置图像影调，而"曲线"命令允许用户在图像的整个色调范围内最多调整 14 个不同的点，应用"曲线"命令还可以对图像中的个别颜色进行精确的设置。

❺自动

单击"自动"按钮，可快速调整图像的亮度和对比度。打开如图 6-51 所示的素材图像，单击"自动"按钮，自动应用曲线调整图像，效果如图 6-52 所示。

图 6-51

图 6-52

❻选项

单击"选项"按钮，可打开"自动颜色校正选项"对话框。在对话框中包括了"增强单色对比度"单选按钮、"增强每通道的对比度"单选按钮和"查找深色与浅色"单选按钮，各单选按钮的具体功能与"色阶"命令下的相同。

6.3 进一步设置照片的色彩和影调

在 Photoshop 中数码照片影调的相关参数，除了可以应用"曲线"和"色阶"等命令进行设置外，还可以通过使用"曝光度"和"阴影/高光"命令，快速校正照片的曝光问题。本节将具体对这两个命令进行深入讲解。

核心知识 1 "曝光度"命令的应用

在数码照片的拍摄过程中，常会遇到因为曝光不足导致图像偏暗或是曝光过度导致图像偏白的问题。此时，可以通过"曝光度"命令调整照片的曝光度和整体影调。选择"图像"→"调整"→"曝光度"命令，打开"曝光度"对话框，如图 6-53 所示。

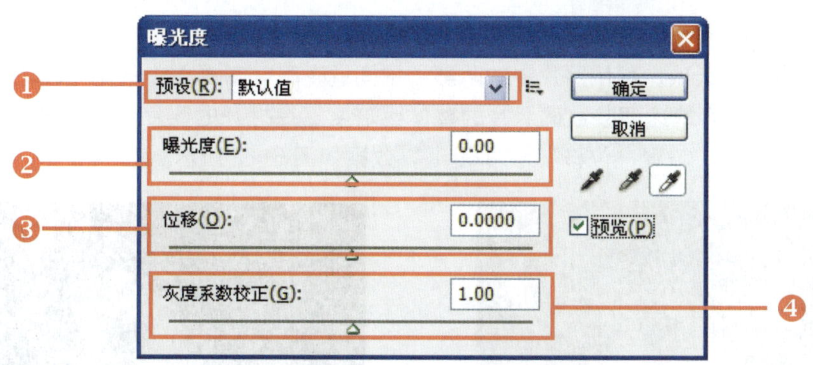

图 6-53

❶预设

"预设"下拉列表框用于快速选择系统提供的曝光度选项。单击"预设"下拉按钮，在打开的下拉列表中提供了"默认值"、"减 1.0"、"减 2.0"、"加 1.0"、"加 2.0"和"自定"6 个选项，如图 6-54 所示，用户可以根据需要选择不同的选项。打开如图 6-55 所示的原图像，设置"减 1.0"和"加 1.0"曝光度后，效果如图 6-56 和图 6-57 所示。

图 6-54　　图 6-55　　图 6-56　　图 6-57

❷曝光度

"曝光度"选项用于设置照片的曝光度，向右拖动滑块，增强照片的整体曝光度；向左拖动滑块，则降低照片的整体曝光度。图 6-58 所示为打开的原素材图像，通过增加和降低曝光度，分别得到如图 6-59 和图 6-60 所示的效果。

图 6-58

图 6-59

图 6-60

❸位移

通过设置“位移”选项，可使照片中的阴影和中间调变暗，对画面中的高光区域影响不大。通过设置“位移”参数，可快速调整数码照片的整体明暗度。在打开的照片中，设置“位移”为+0.2时，效果如图 6-61 所示；设置“位移”为-0.05 时，效果如图 6-62 所示。

图 6-61

图 6-62

❹灰度系数校正

此选项通过使用简单的乘方函数调整数码照片的灰度系数，用户可以通过拖动“灰度系数校正”滑块或直接在数值框中输入相应的参数值，调整图像。图 6-63 和图 6-64 分别为设置“灰度系数校正”为 1.7 和 0.9 时的照片效果。

图 6-63

图 6-64

核心知识 2 “阴影/高光”命令的应用

“阴影/高光”命令拥有分别控制调亮阴影和调暗高光的选项，适合于因为阴影或逆光而较暗的照片的调整。通过“阴影/高光”命令可快速调整数码照片的阴影和高光部分。选择“图像”→“调整”→“阴影/高光”命令，打开“阴影/高光”对话框，如图 6-65 所示。勾选对话框下方的“显示更多选项”复选框，可进一步对更多的参数进行设置，如图 6-66 所示。

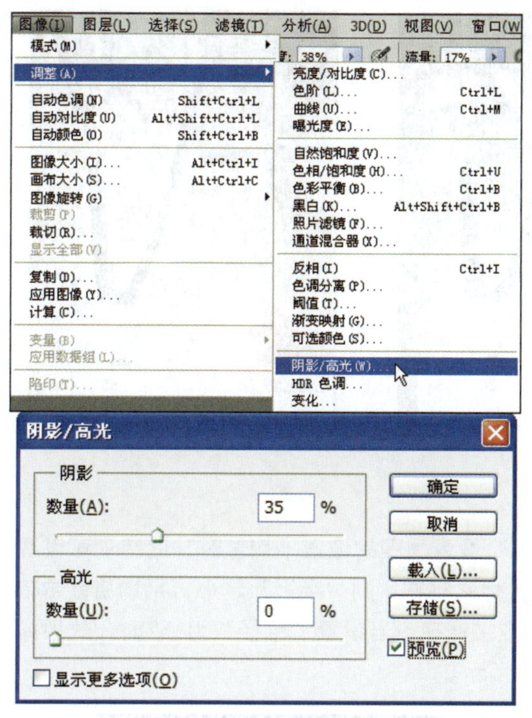

图 6-65

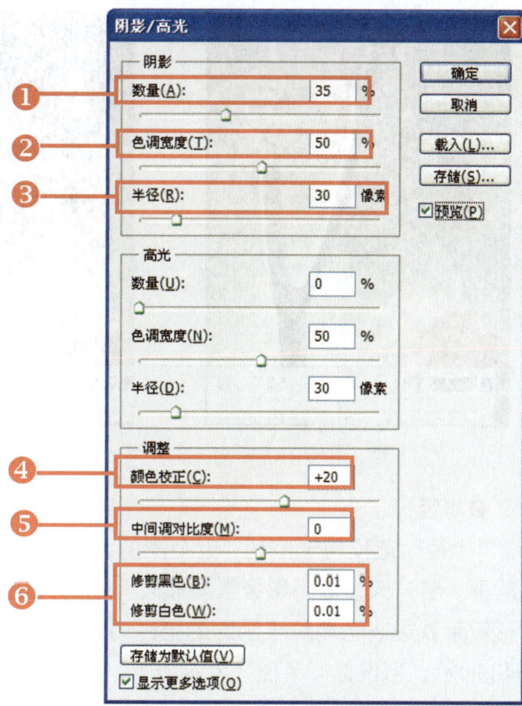

图 6-66

❶数量

“数量”选项用于设置图像中的阴影部分，通过拖动“数量”下方的滑块进行阴影的设置，向左拖动滑块，图像变暗；向右拖动滑块，则图像变亮。打开素材图像，如图 6-67 所示。当设置“数量”为 100%时，效果如图 6-68 所示。当设置“数量”为 0%时，效果如图 6-69 所示。

图 6-67

图 6-68

图 6-69

❷色调宽度

“色调宽度”选项决定了阴影或亮光使用多暗或多亮的像素来控制。在默认情况下，“色调宽度”为 50%，如图 6-70 所示。当设置“色调宽度”为 20%时，效果如图 6-71 所示。当设置“色调宽度”为 85%时，效果如图 6-72 所示。

图 6-70

图 6-71

图 6-72

❸半径

“半径”选项用于控制邻近范围的大小，在设置每个像素周围的像素平均值时，此选项可设置查找范围。若与大多数阴影像素紧邻之间还有其他的暗色像素存在，则“半径”越小，平均值就越暗，阴影像素就越有可能位于阴影的范围内，图像也就相应被调亮。当设置“半径”为 5%时，效果如图 6-73 所示。当设置“半径”为 65%时，效果如图 6-74 所示。

图 6-73

图 6-74

❹颜色校正

“颜色校正”选项用于设置调亮或调暗区域的饱和度。当输入值为负数时，降低图像的饱和度；当输入值为正数时，则增加图像的饱和度。图 6-75 和图 6-76 所示分别为设置“颜色校正”为-90、+90 时的图像效果。

图 6-75

图 6-76

❺中间调对比度

"中间调对比度"选项可以在不使用单个曲线调整的情况下，修复中间调的对比度。当设置"中间调对比度"为-70 时，效果如图 6-77 所示。当设置"中间调对比度"为+80%时，效果如图 6-78 所示。

图　6-77

图　6-78

❻修剪黑色/白色

通过调整百分比值，可以将 256 种色调中的大多数色调变成纯黑或者纯白，提高图像的对比。若将过多的色调转换为极端的纯黑或纯白，则会导致阴影和高光细节的受损，严重时会出现色调分离的现象。当设置"修剪黑色"为 50%时，效果如图 6-79 所示。当设置"修剪白色"为 25%时，效果如图 6-80 所示。

图　6-79

图　6-80

6.4 应用与提高

数码照片的光影参数主要通过对照片的高光、中间值及暗部区域进行调整。在 Photoshop CS5 中，可以通过不同的调整命令对照片中的一些光影问题进行快速的校正，使照片得到最完美的效果。

典型案例 1　快速还原照片的真实色彩

当对数码照片进行简单的色彩调整时，可以使用快速调整的方式完成，如 Photoshop CS5 中提供了多个快速调整命令。通过这些命令可以对图像的整体颜色进行校正，获得最佳的图像效果。本实例将介绍应用自动调整命令快速还原照片的真实色彩，具体操作步骤如下。

★素材文件：随书光盘\素材\6\01.jpg

★最终文件：随书光盘\源文件\6\快速还原照片的真实色彩.psd

步骤 1　打开素材图像

选择“文件”→“打开”命令，打开随书光盘\素材\6\01.jpg 图像文件。

步骤 2　复制图层

在打开的“图层”面板中选择“背景”图层，并将其拖动至“创建新图层”按钮上，复制得到“背景副本”。

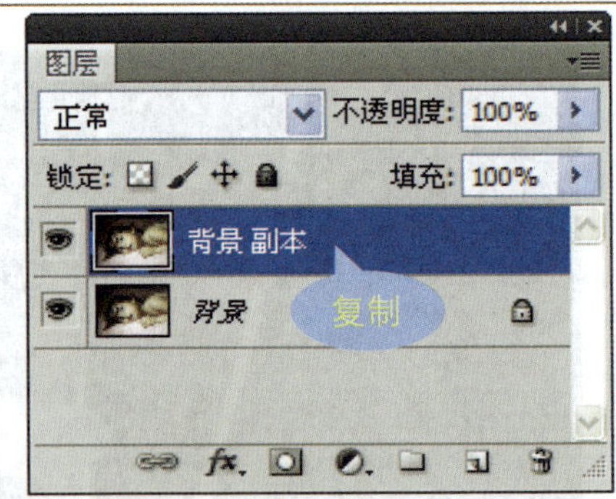

步骤 3　执行“自动颜色”命令

确认选择“背景副本”图层后，选择“图像”→“自动颜色”命令。

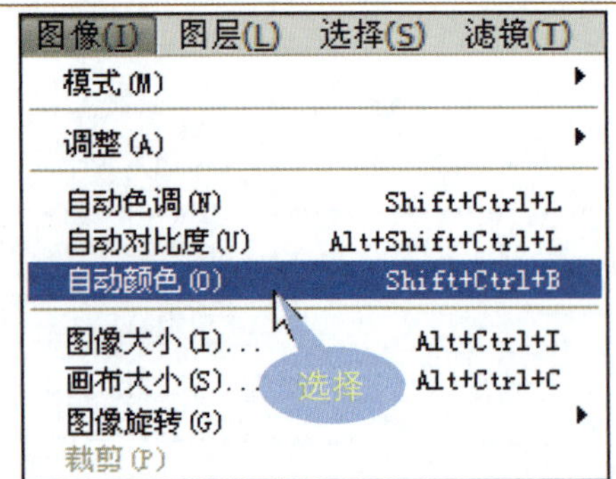

步骤 4　调整图像颜色

应用上一步设置的“自动颜色”命令，校正偏色的照片。

步骤5 单击"自动"按钮

选择"图像"→"调整"→"曲线"命令，或按快捷键〈Ctrl+M〉，打开"曲线"对话框，单击"自动"按钮。

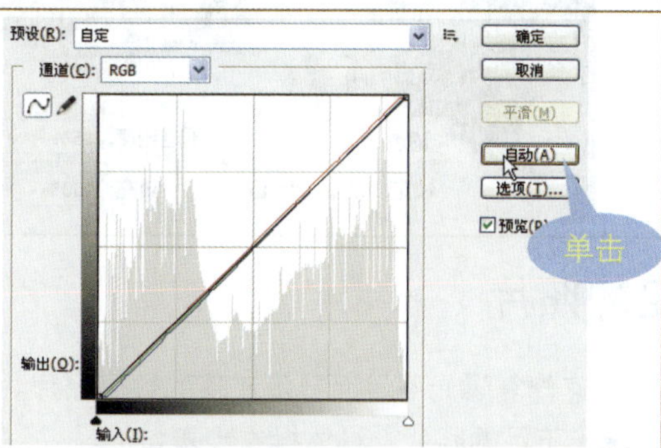

步骤6 调整图像影调

单击按钮后，自动对图像的明暗度进行调整，使图像恢复自然的影调。

步骤7 设置照片滤镜

单击"调整"面板中的"创建新的照片滤镜调整图层"图标，在打开的面板中选择"蓝"滤镜，设置"浓度"为10%。

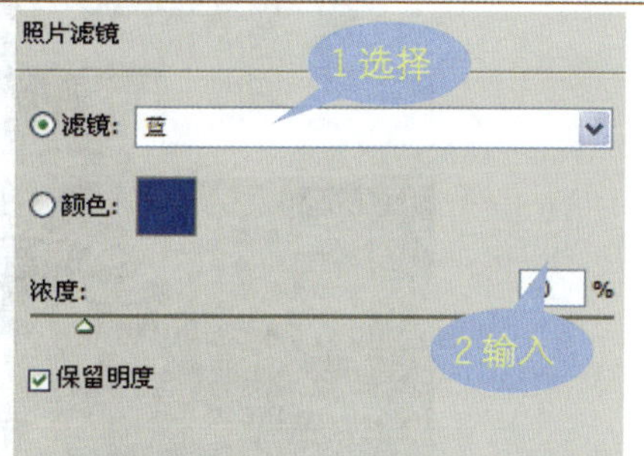

步骤8 查看图像效果

在"调整"面板中设置好参数后，退出"调整"面板，查看设置后的图像效果。

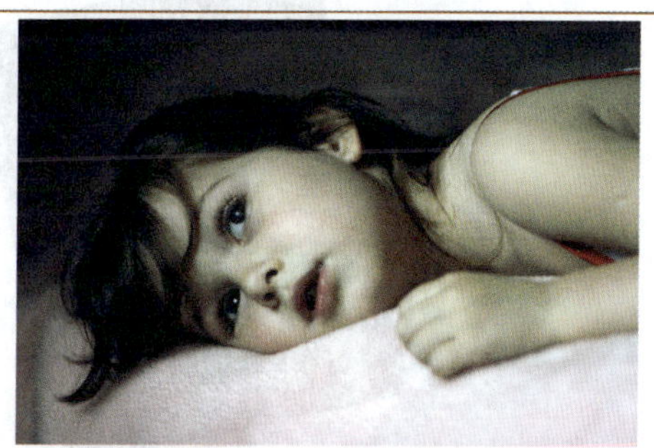

步骤9 盖印图层

单击"图层"面板下方的"创建新图层"按钮，新建"图层1"。按快捷键〈Ctrl+Shift+Alt+E〉，盖印图层。

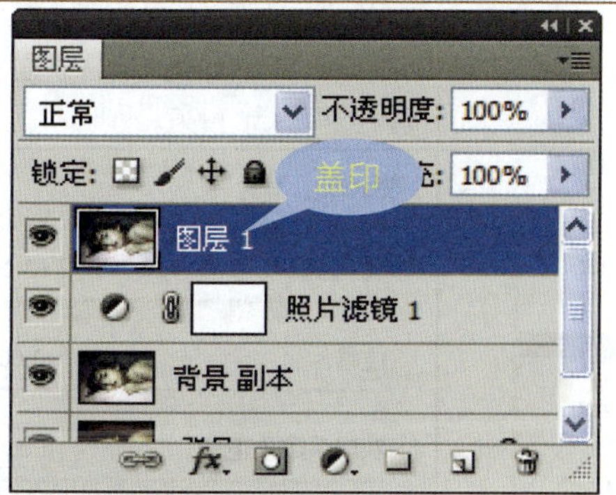

步骤10 设置"高斯模糊"滤镜

选择"滤镜"→"模糊"→"高斯模糊"命令，打开"高斯模糊"对话框。在对话框中设置"半径"为1.2像素，单击"确定"按钮。

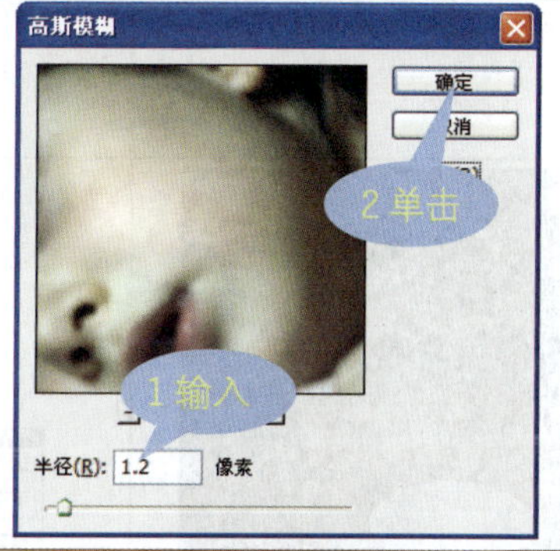

步骤11 模糊图像效果

根据上一步设置的"半径"值，高斯模糊"图层1"中的图像，查看模糊的图像效果。

步骤12 设置图层混合模式

选择"图层1"图层，将此图层的"混合模式"更改为"滤色"，设置"不透明度"为15%，叠加图像效果，完成本实例的制作。

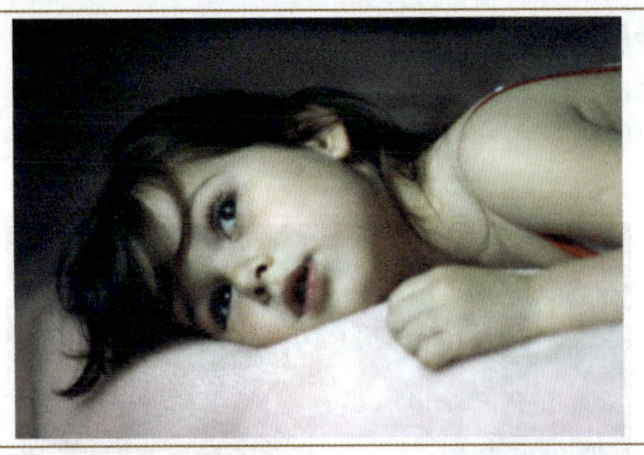

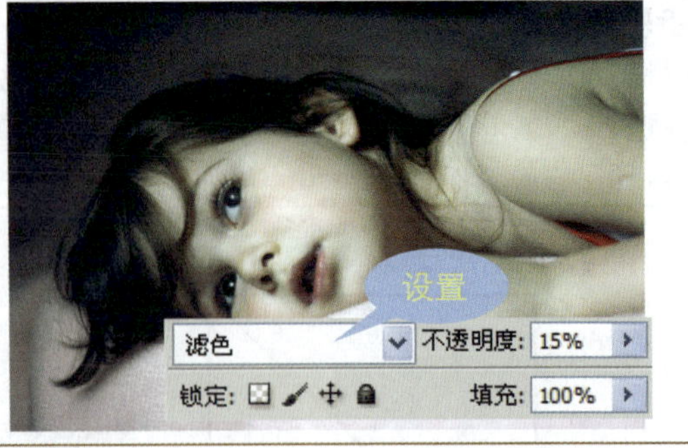

典型案例 2　修复曝光不足的照片

应用 Photoshop CS5 中的“曝光度”命令，可以快速修复曝光不足而显示灰暗的数码照片。本实例将结合“曝光度”命令及一些调整命令，快速修复曝光不足的照片，具体操作步骤如下。

★素材文件：随书光盘\素材\6\02.jpg
★最终文件：随书光盘\源文件\6\修复曝光不足的照片.psd

步骤 1　打开图像复制图层	步骤 2　执行菜单命令	步骤 3　设置曝光度
打开随书光盘\素材\6\02.jpg，选择“背景”图层，按下快捷键 Ctrl+J，复制图层，得到“图层 1”。	打开“图层”面板，单击下方的“创建新的填充或调整图层”按钮，在打开的菜单中选择“曝光度”命令。	创建“曝光度 1”调整层，并打开“曝光度”面板。在面板中设置“曝光度”为+3.04，“位移”为-0.0026，“灰度系数校正”为 1.05。
	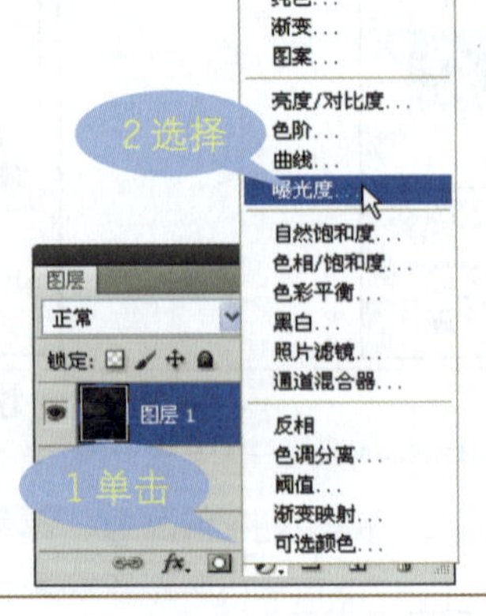	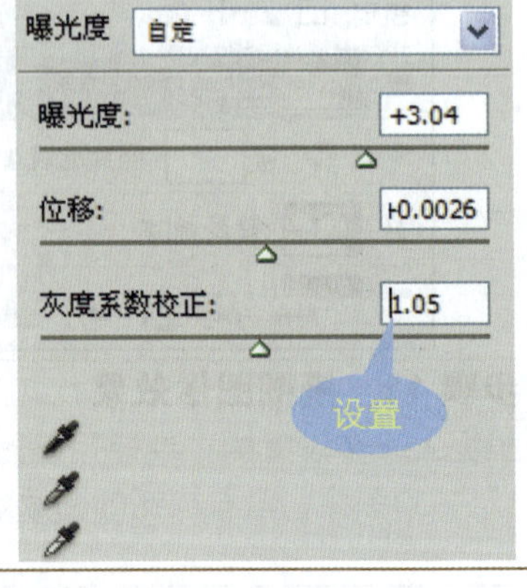

步骤4　查看图像效果

在“调整”面板中对“曝光度”参数进行设置后，退出“调整”面板，查看设置的图像。

步骤5　设置色阶

单击“调整”面板中的“创建新的色阶调整图层”图标，在打开的面板中设置色阶为6、1.00、210。

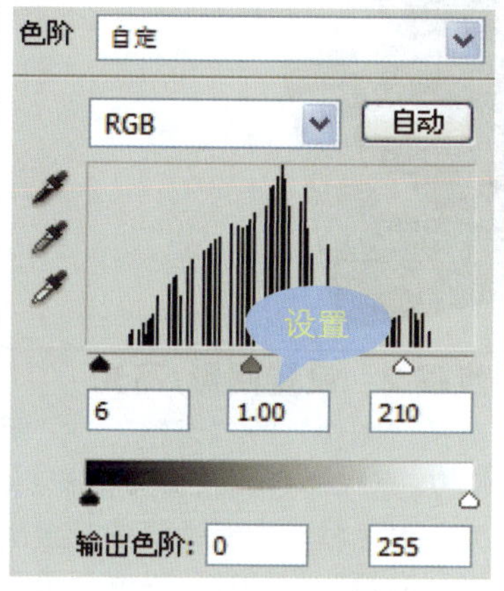

步骤6　调整图像效果

在“调整”面板中设置完“色阶”参数后，对图像的对比度进行调整，得到清晰的图像效果。

步骤7　设置色相/饱和度

单击“调整”面板中的“创建新的色相/饱和度调整图层”图标，在打开的面板中设置“饱和度”为+16。

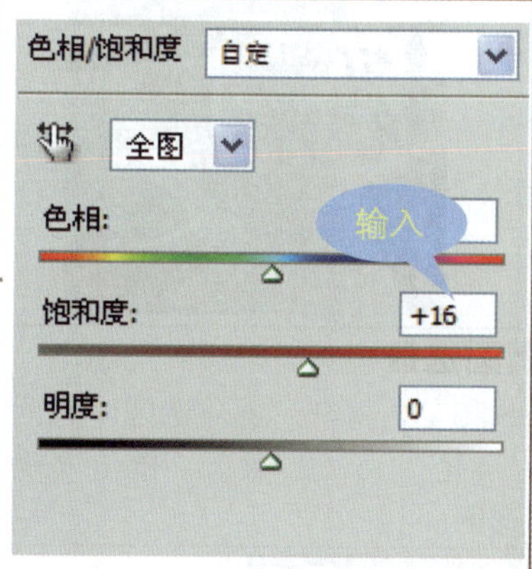

步骤8　设置色相/饱和度

继续在打开的面板中选择“蓝色”选项，设置“饱和度”为+28。

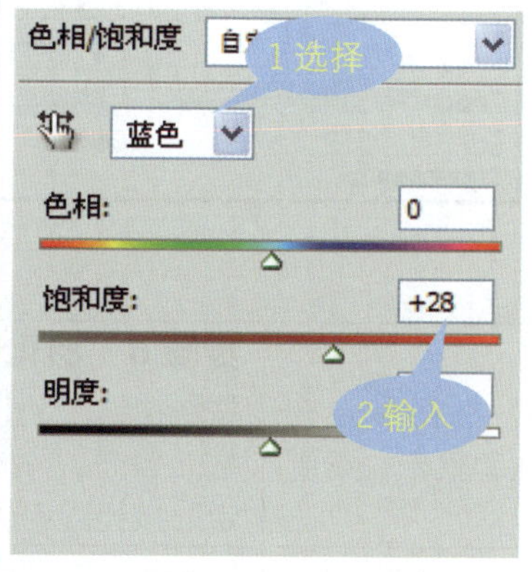

步骤9　增强颜色饱和度

设置完参数后，退出“调整”面板，增强画面的色彩饱和度。至此，完成本实例的制作。

典型案例3　修复逆光的数码照片

在天气晴朗的时候，使用逆光可以创建出一种强烈的对比反差效果。逆光的照片将在图像的亮度和暗部创建强烈的分界，有时候逆光的数码照片会显示得过暗，此时就需要对图像进行调整。本实例将通过使用“阴影/高光”命令，提高逆光照片中过暗的区域图像的亮度，降低高光部分的图像的亮度，得到正确的光照效果，具体操作步骤如下。

★素材文件：随书光盘\素材\6\03.jpg

★最终文件：随书光盘\源文件\6\修复逆光的数码照片.psd

步骤 1　打开图像复制图层

打开随书光盘\素材\6\03.jpg，选择“背景”图层，并将其拖动至“创建新图层”按钮上，复制得到“背景副本”。

步骤 2　设置阴影/高光

选择“图像”→“调整”→“阴影/高光”命令，打开“阴影/高光”对话框。在对话框中设置阴影“数量”为 81%，设置后单击“确定”按钮。

步骤 3　查看图像效果

关闭“阴影/高光”对话框，即可对图像暗部区域的图像进行调整，得到清亮的图像效果。

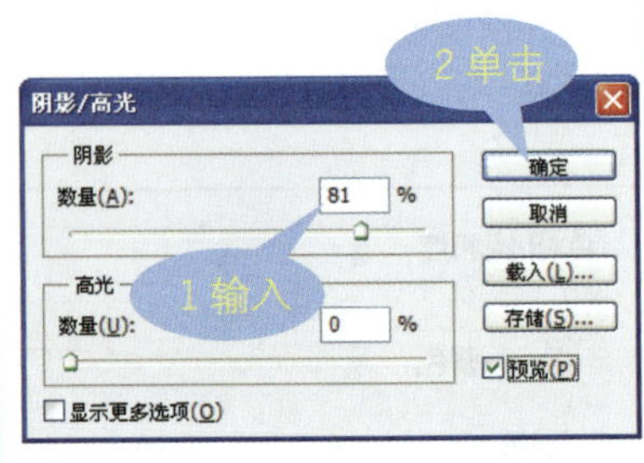

步骤 4　创建椭圆选区

单击工具箱中的“椭圆选框工具”按钮，在人物帽子后方过亮的区域单击并拖动鼠标，绘制一个椭圆选区。

步骤 5　羽化椭圆选区

按快捷键〈Shift+F6〉，打开“羽化选区”对话框。设置“羽化半径”为 50 像素，单击“确定”按钮，羽化选区。

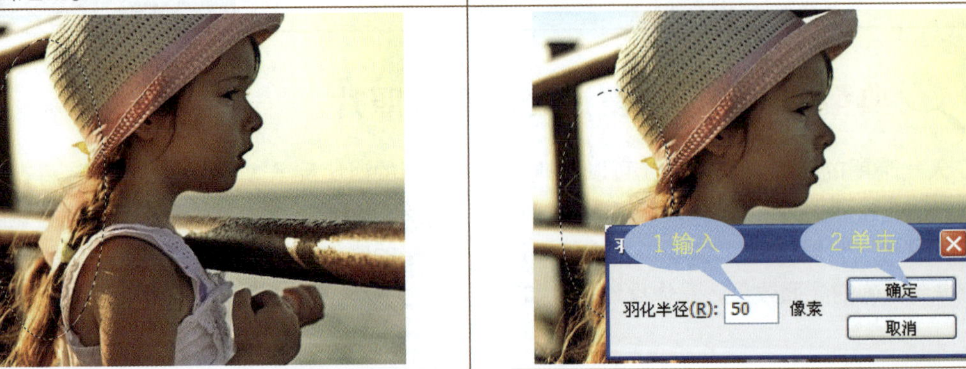

步骤6 设置亮度/对比度	步骤7 查看图像效果	步骤8 设置曲线
单击“调整”面板中的“创建新的亮度/对比度调整图层”图标，在打开的面板中将“亮度”设置为-16。	在“调整”面板中对“亮度”进行设置后，降低选区内图像的亮度。	单击“调整”面板中的“创建新的曲线调整图层”图标，在打开的面板中选择“较亮（RGB）”预设曲线。
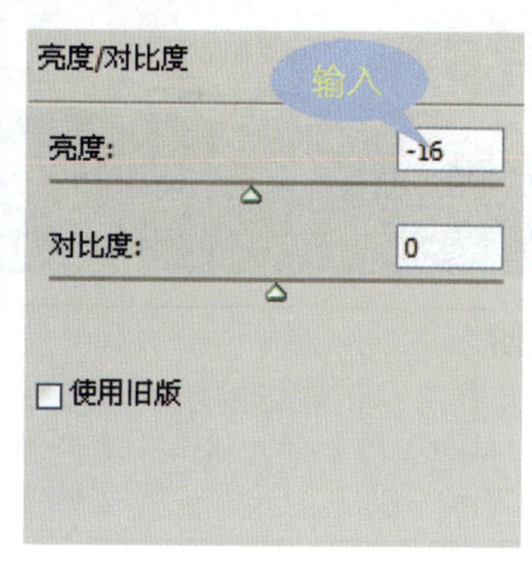		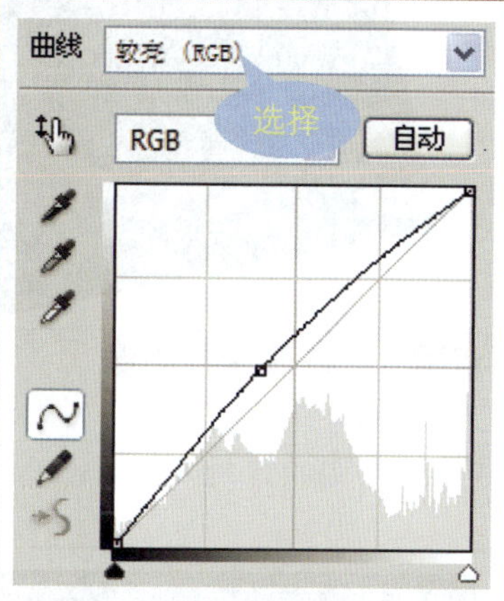
步骤9 查看图像效果	步骤10 盖印新图层	步骤11 更改图层混合模式
根据上一步选择的“较亮（RGB）”选项，调整图像的亮度，使画面更加明亮。	单击“图层”面板下方的“创建新图层”按钮，新建“图层1”，按快捷键〈Ctrl+Shift+Alt+E〉，盖印图层。	选择“图层1”图层，将此图层的“混合模式”更改为“柔光”，设置“不透明度”为18%，混合图层效果。至此，完成本实例的制作。
	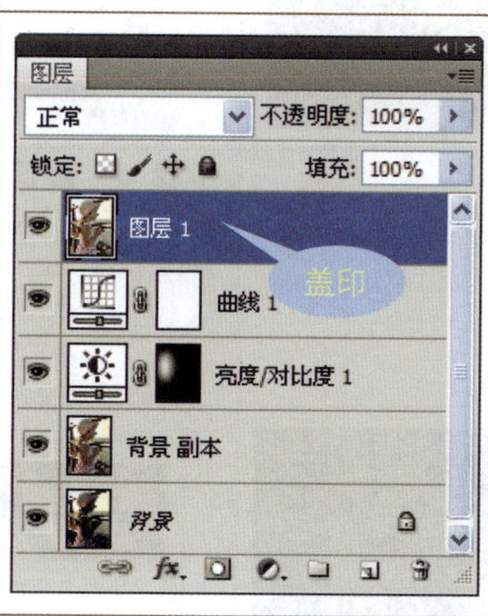	

典型案例4 校正边角失光的照片

在拍摄照片时，如果不能得到正确的曝光，则很容易出现边角失光，从而导致图像变暗，无法看到清晰的照片细节。本实例将结合“色阶”和渐变工具校正边角失光的照片，具体操作步骤如下。

★素材文件：随书光盘\素材\6\04.jpg

★最终文件：随书光盘\源文件\6\校正边角失光的照片.psd

步骤 1　打开素材图像

选择“文件”→“打开”命令，打开随书光盘\素材\6\04.jpg 图像文件。

步骤 2　设置色阶

单击“调整”面板中的“创建新的色阶调整图层”图标，在打开的面板中依次将色阶值设置为 0、2.56、104。

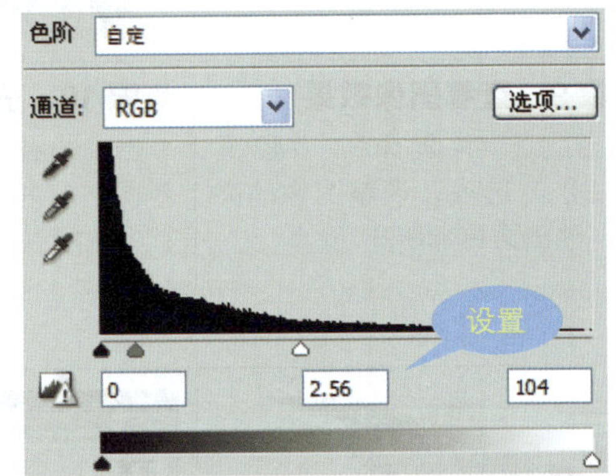

步骤 3　查看图像效果

在“调整”面板中对“色阶”参数进行设置后，退出“调整”面板，查看调整后的图像效果。

步骤 4　设置渐变颜色

单击工具箱中的“渐变工具”按钮，单击选项栏中的“点按可编辑渐变”按钮，在打开的面板中设置“前景色到透明渐变”的渐变，设置后单击“确定”按钮。

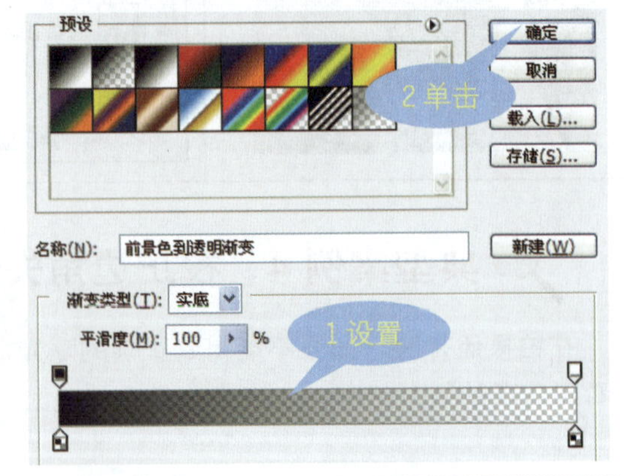

步骤5 在图像中拖动渐变	步骤6 应用渐变效果
单击选项栏中的“对称渐变”按钮，设置“不透明度”为26%，然后选择“色阶1”蒙版，从图像左下角向中心位置拖动鼠标。	当拖动至合适位置后，释放鼠标。在“色阶1”蒙版中应用了对称渐变效果，从而降低部分区域图像的亮度。

步骤7 单击“亮度/对比度”	步骤8 设置亮度/对比度	步骤9 查看图像效果
选择“窗口”→“调整”命令，打开“调整”面板。单击面板上方的“创建新的亮度/对比度调整图层”图标，添加一个“亮度/对比度”调整图层。	设置“亮度”为9，“对比度”为-19。	设置完“亮度”和“对比度”后，增加了画面的亮度。至此，完成本实例的制作。
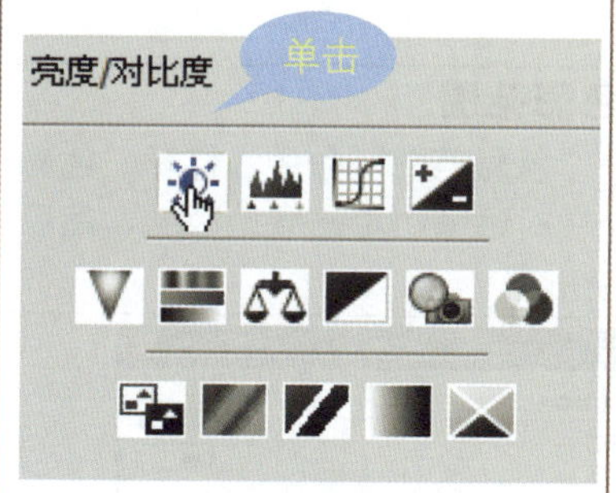 	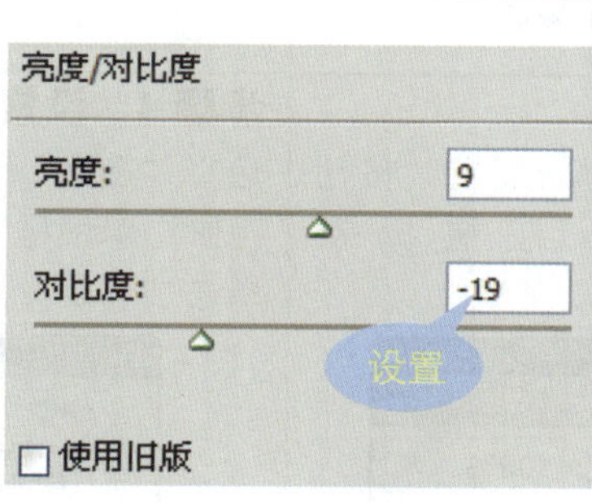 	

典型案例5 设置唯美的照片影调

对数码照片进行色调的处理，不仅可以增强画面的整体饱和度，还可以为照片创建独特的意境效果。本实例将应用“调整”面板中的多个调整命令，对图像的颜色进行设置，并通过添加“高斯模糊”滤镜，设置唯美的照片影调，具体操作步骤如下。

★素材文件：随书光盘\素材\6\05.jpg

★最终文件：随书光盘\源文件\6\设置唯美的照片色调.psd

步骤 1　打开图像复制图层 打开随书光盘\素材\6\05.jpg，选择“背景”图层，并将其拖动至“创建新图层”按钮上，复制得到“背景副本”。	步骤 2　应用“自动颜色”命令调整颜色 选择“背景副本”图层，选择“图像”→“自动颜色”命令，恢复图像原来的自然色彩。

步骤 3　盖印新图层 单击“图层”面板下方的“创建新图层”按钮，新建“图层 1”，按快捷键〈Ctrl+Shift+Alt+E〉，盖印图层。	步骤 4　设置色彩范围 选择“选择”→“色彩范围”命令，打开“色彩范围”对话框。在对话框中单击雪地区域，然后单击“确定”按钮。
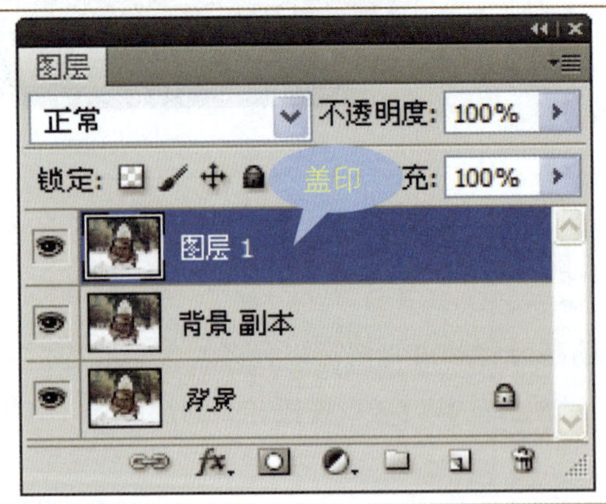	

步骤 5　创建图像选区

关闭“色彩范围”对话框，返回至图像窗口，得到雪地选区。

步骤 6　设置曲线形状

单击“调整”面板中的“创建新的曲线调整图层”图标，在打开面板的曲线图上单击并向上拖动鼠标，调整曲线形状。

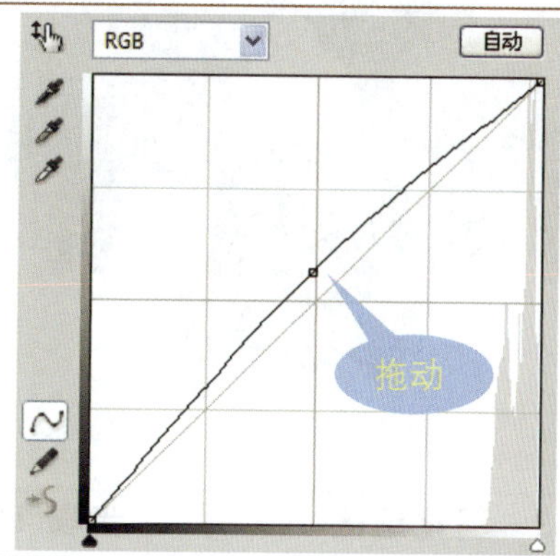

步骤 7　查看图像效果

根据上一步设置的曲线形状，调整选区内图像的亮度，使雪地区域变得更加白净。

步骤 8　载入选区

按住〈Ctrl〉键不放，单击“曲线 1”调整图层，将该图层作为选区载入。

步骤 9　反选选区

选择“选择”→“反向”命令，或按快捷键〈Ctrl+Shift+I〉，反选选区。

步骤 10　设置色彩平衡

单击“调整”面板中的“创建新的色彩平衡调整图层”图标，在打开的面板中依次将颜色值设置为+5、-12、-6。

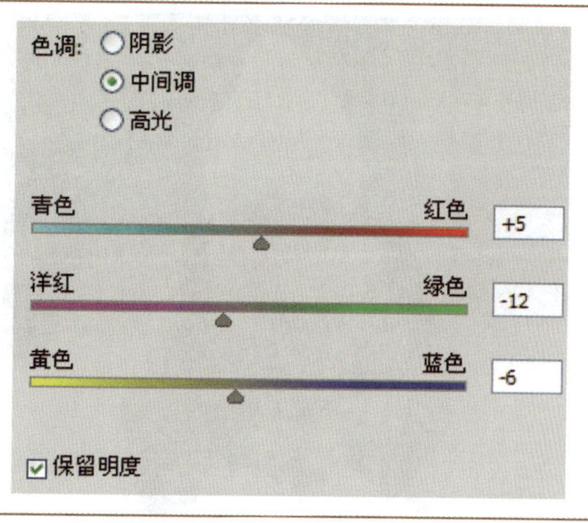

步骤 11　查看图像效果

设置后退出"调整"面板，根据上一步设置的颜色值调整选区内的图像颜色。

步骤 12　创建脸部选区

单击工具箱中的"快速选择工具"按钮，在小朋友脸部单击，创建选区。

步骤 13　羽化选区

按快捷键〈Shift+F6〉，打开"羽化选区"对话框。设置"羽化半径"为 5 像素，单击"确定"按钮。

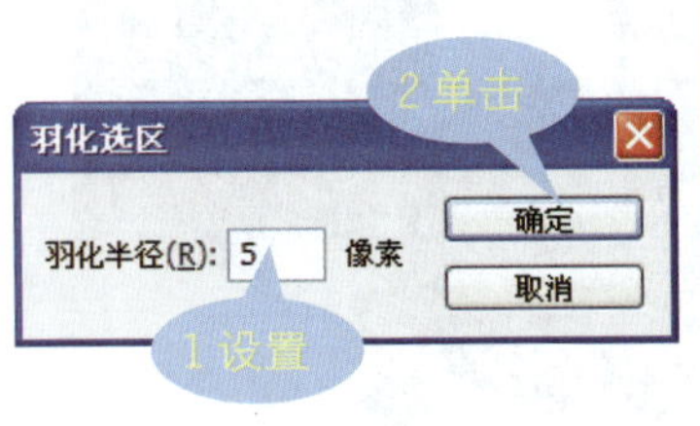

步骤 14　查看选区效果

关闭"羽化选区"对话框，应用设置的参数值对创建的选区进行羽化操作。

步骤 15　设置可选颜色

单击"调整"面板中的"创建新的可选颜色调整图层"图标，在打开的面板中依次将颜色百分比设置为+23%、-18%、0%、0%。

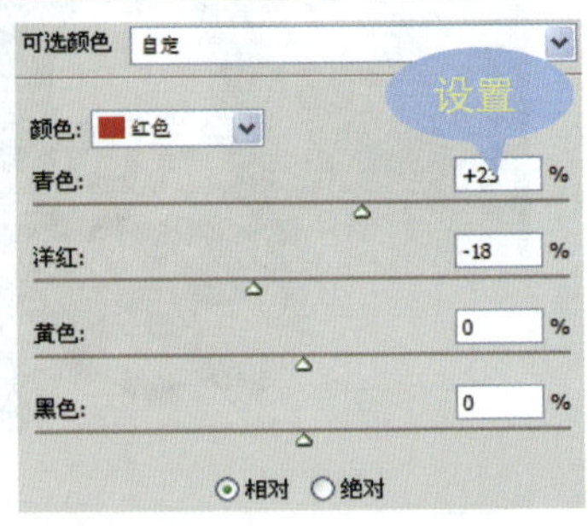

步骤 16　查看图像效果

在"调整"面板中对"可选颜色"值进行设置后，退出"调整"面板，降低脸部区域的红色饱和度。

步骤 17　设置"高斯模糊"滤镜

盖印"图层 2"，选择"滤镜"→"模糊"→"高斯模糊"命令，打开"高斯模糊"对话框。设置"半径"为 2.0 像素，单击"确定"按钮。

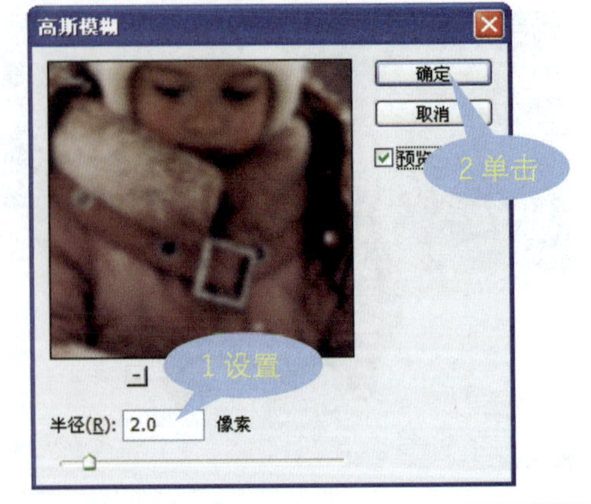

步骤 18　模糊图像效果

关闭“高斯模糊”对话框，应用上一步设置的“高斯模糊”滤镜，模糊图像。

步骤 19　更改图层混合模式

选择“图层 2”图层，将此图层的“混合模式”更改为“滤色”，设置“不透明度”为 54%。

步骤 20　编辑图层蒙版

选择“图层 2”图层，单击“图层”面板下方的“添加图层蒙版”按钮，创建图层蒙版。设置前景色为黑色，应用柔角画笔，涂抹雪地区域，编辑蒙版效果。

步骤 21　创建曲线调整

单击“调整”面板中的“创建新的曲线调整图层”图标，在打开的面板中选择“线性对比度（RGB）”预设曲线，增强画面的对比度。

步骤 22　创建图层蒙版

选择“曲线 2”图层，选中该调整图层蒙版。设置前景色为黑色，应用柔角画笔，涂抹雪地区域，还原雪地颜色。

步骤 23　设置色阶

单击“调整”面板中的“创建新的色阶调整图层”图标，在打开的面板中依次输入新的色阶数值，分别为 20、1.09、255。

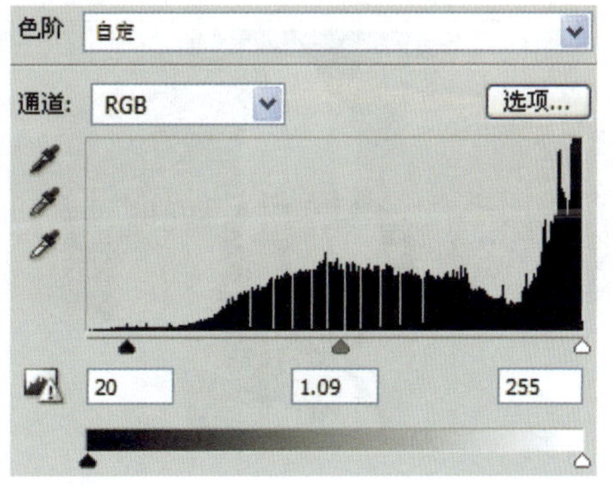

步骤 24　查看图像效果

在“调整”面板中对色阶进行设置后，应用参数对图像的颜色进行调整，提高图像的明亮度。

步骤 25　高斯模糊图像效果

盖印“图层 2”，选择“滤镜”→“模糊”→“高斯模糊”命令，打开“高斯模糊”对话框。设置“半径”为 4 像素，模糊图像。

步骤 26　更改图层混合模式

选择“图层 3”图层，将此图层的混合模式更改为“滤色”，设置“不透明度”为 55%。

步骤 27　在蒙版中编辑对象

选择“图层 3”图层，单击“图层”面板下方的“添加图层蒙版”按钮，创建图层蒙版，设置前景色为黑色，应用柔角画笔，涂抹雪地区域，编辑蒙版效果。

步骤 28　绘制小光点

单击“图层”面板中的“创建新图层”按钮，新建“图层 4”，将前景色设置为白色，选择柔角画笔，在图像上连续单击，绘制更多小点。

步骤 29　添加文字效果

单击工具箱中的“横排文字工具”按钮 T，在图像下方添加上文字，修饰图像效果。至此，完成本实例的制作。

典型案例 6　修复灰蒙蒙的照片

在雾天拍摄照片时，容易因为天气原因，使拍摄照片的照片整体偏灰。此时可以应用相应的调整命令进行编辑，还原真实的拍摄场景。在 Photoshop 中，应用“色阶”命令可以查看图像的颜色损失情况。本实例将介绍如何修复灰蒙蒙的照片，具体操作步骤如下。

★素材文件：随书光盘\素材\6\06.jpg

★最终文件：随书光盘\源文件\6\修复灰蒙蒙的照片.psd

步骤 1　打开图像复制图层 打开随书光盘\素材\6\06.jpg，选择“背景”图层，按快捷键〈Ctrl+J〉，复制图层，得到“图层 1”。	**步骤 2　设置色阶** 单击“调整”面板中的“创建新的色阶调整图层”图标，依次输入新的色阶值。
	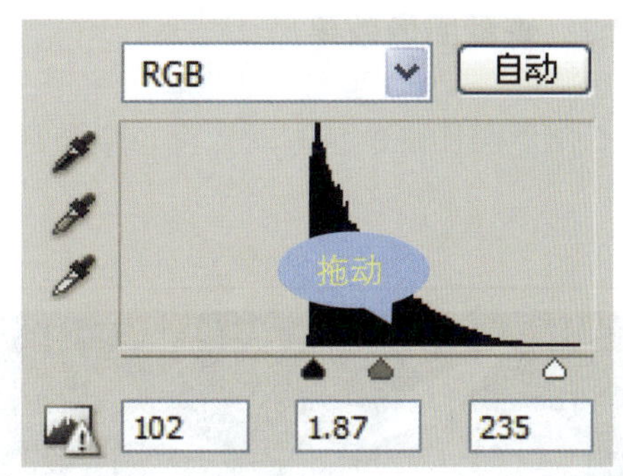
步骤 3　查看图像效果 设置后退出“调整”面板，并根据上一步设置的参数值调整图像效果。	**步骤 4　设置色相/饱和度** 单击“调整”面板中的“创建新的色相/饱和度调整图层”图标，更改“饱和度”为+27。

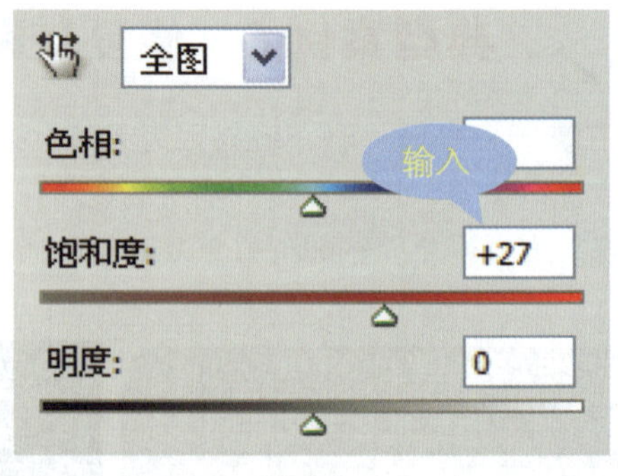

步骤 5　查看图像效果

设置后退出“调整”面板，并根据上一步设置的参数值提高整个图像的饱和度。

步骤 6　设置曲线形状

单击“调整”面板中的“创建新的曲线调整图层”图标，在打开面板的曲线图中单击并拖动鼠标，设置曲线形状。

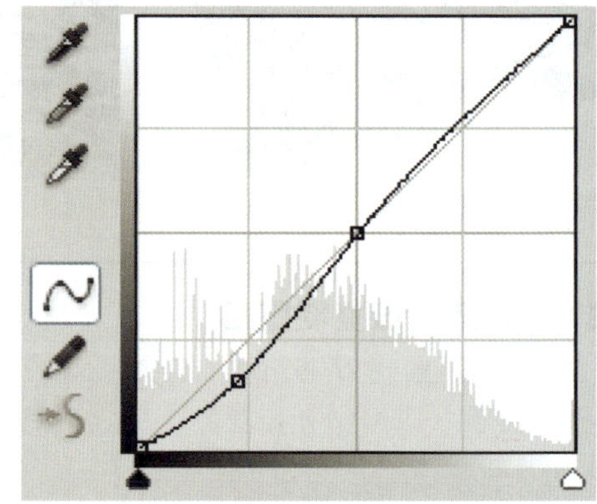

步骤 7　查看图像效果

设置后退出“调整”面板，并根据上一步设置的曲线形状调整图像的色彩对比度，增强画面层次。

步骤 8　编辑图层蒙版

选择“曲线 1”图层蒙版，单击工具箱中的“画笔工具”按钮。设置前景色为黑色，“不透明度”为 38%，“流量”为 17%，在房子上涂抹。

步骤 9　编辑图层蒙版 按下键盘上的〈[〉或〈]〉键，调整画笔笔触的大小。继续在图像中涂抹，降低右下角的图像的对比度。	
步骤 10　选择预设曲线 单击“调整”面板中的“创建新的曲线调整图层”图标，在打开的面板中选择“强对比度（RGB）”预设曲线。	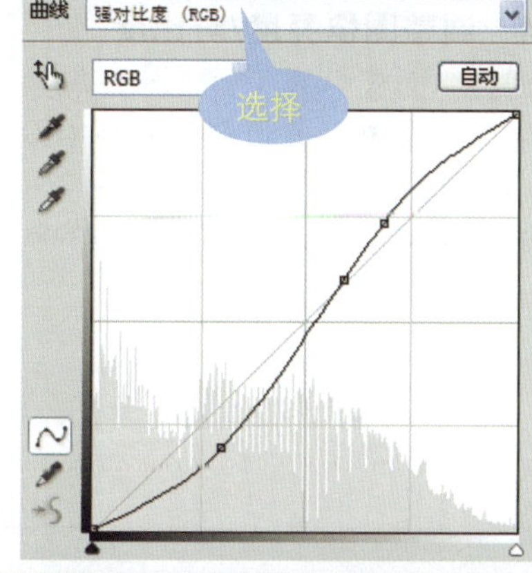
步骤 11　查看图像效果 根据上一步选择的“强对比度（RGB）”曲线，增加画面的颜色对比度。	
步骤 12　编辑图层蒙版 选择“曲线 2”的图层蒙版，设置前景色为黑色，应用柔角画笔。在蒙版中涂抹，编辑蒙版对象。	

步骤 13　更改图层混合模式 在“图层”面板中选择“曲线 2”图层，将此图层的“不透明度”更改为 20%，得到清晰的图像效果。	
步骤 14　调整图像亮度/对比度 单击“调整”面板中的“创建新的亮度/对比度调整图层”图标，在打开的面板中设置“亮度”为 3，“对比度”为-37，对亮度和对比度进一步进行调整。至此，完成本实例的制作。	

7 数码照片的调色技术

普通照片的色彩反应的是现实生活中景物的色彩，不体现任何艺术色彩。在Photoshop CS5中，提供了多个不同的色彩调整命令，可根据具体情况选择合适的命令调整照片的色彩。

本章的重要概念有：认识照片色彩调整的常用命令，如自然饱和度、色相/饱和度、色彩平衡等，学习照片艺术化调色技巧和应用，特殊化照片调色命令

本章知识点

- 调整照片色彩
- 艺术化照片的调色技巧
- 照片特殊颜色的调整

7.1 调整照片色彩

在 Photoshop CS5 中的各项调整命令不但可以快速调整数码照片的明暗影调，而且可以根据画面的整体需要，对照片的色彩进行处理。Photoshop 中常用的调整照片色彩命令包括“自然饱和度”命令、“色相/饱和度”命令及“色彩平衡”命令等。通过应用这些调整命令，可以将照片设置为各种不同的色彩效果。

核心知识 1　应用“自然饱和度”命令调整照片的色彩

“自然饱和度”命令可快速调整数码照片的饱和度至自然状态，选择“图像”→“调整”→“自然饱和度”命令，打开“自然饱和度”对话框，如图 7-1 所示。

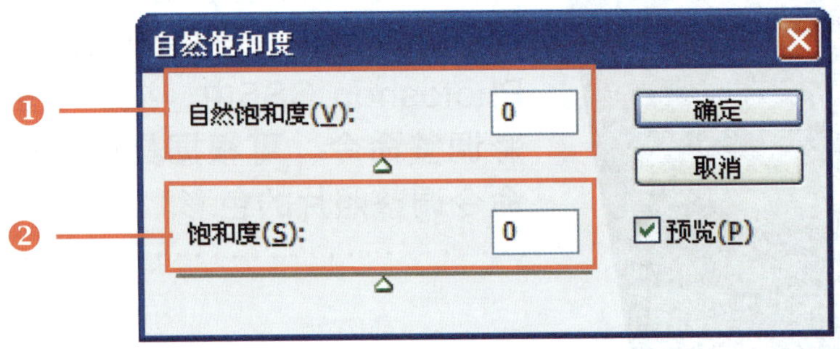

图 7-1

❶自然饱和度

“自然饱和度”选项可以调节图像中的自然饱和度，拖动滑块，数值在-100～+100 之间。若将滑块拖动至-100，图像变成一个灰色图像，如图 7-2 所示。若将滑块拖动至默认的 0，则显示原打开图像的效果，如图 7-3 所示。若将滑块拖动至+100，则图像颜色变得非常艳丽，如图 7-4 所示。

图 7-2

图 7-3

图 7-4

❷饱和度

“饱和度”选项同样是对整个图像颜色饱和度的调整，但是要比“自然饱和度”更强烈。拖动滑块，数值在–100～+100 之间。若将滑块拖动至–100，图像被去色，如图 7–5 所示。若将滑块拖动至 0，则为原图像效果，如图 7–6 所示。若将滑块拖动至+100，则图像颜色会有部分偏差，如图 7–7 所示。

图 7–5

图 7–6

图 7–7

技巧点拨

在“图层”面板中，单击“创建新的填充或调整图层”按钮，在弹出的菜单中选择“自然饱和度”命令，在“调整”面板中同样可对图像进行自然饱和度的调整。

核心知识 2　应用“色相/饱和度”命令调整照片的色彩

“色相/饱和度”命令不仅可以用于调整图像的整体颜色，还可以单独调整图像中一种颜色成分的色相、饱和度、明度。“色相/饱和度”命令适用于图像整体或局部色相、饱和度有所欠缺的照片的颜色校正。

选择“图像”→“调整”→“色相/饱和度”命令，或按快捷键〈Ctrl+U〉，打开“色相/饱和度”对话框，如图 7–8 所示。

❶预设

在“预设”下拉列表框中提供了“默认值”、“氰版照相”、“进一步增加饱和度”、“增加饱和度”、“旧样式”、“红色提升”、“深褐”、“强饱和度”、“黄色提升”和“自定”10 种系统预设的选项，如图 7–9 所示，用户可以根据选择不同的选项进行颜色的调整。如图 7–10 所示，为设置“黄色提升”的图像效果。

❷调整范围

在“调整范围”下拉列表框中提供了“全图”、“红色”、“黄色”、“绿色”、“青色”、“蓝色”和“洋红”7 个选项，如图 7–11 所示。单击下拉按钮，在打开的列表中选择对应的选项进行参数的设置。图 7–12 所示为调整“红色”后的效果，图 7–13 所示为调整“全图”后的效果。

❸色相

“色相”选项用于快速设置照片的色相，可以设置从–100～+100 的任意数值。当设置“色相”为–100 时，效果如图 7–14 所示。当设置“色相”为+20 时，效果如图 7–15 所示。

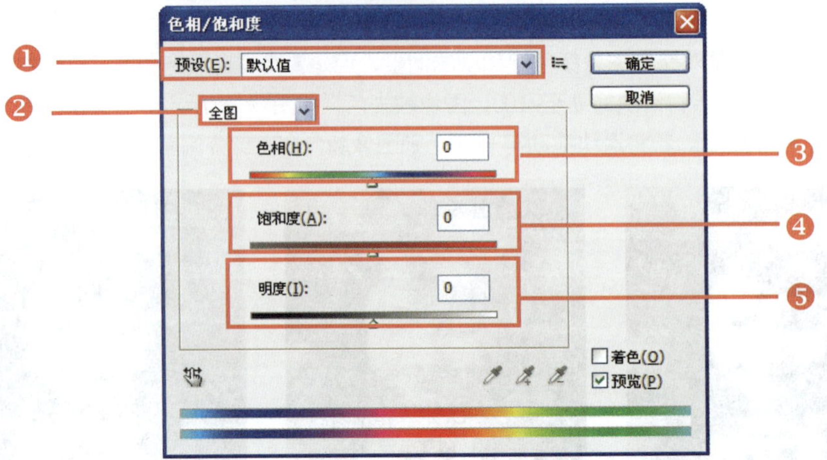

图 7-8

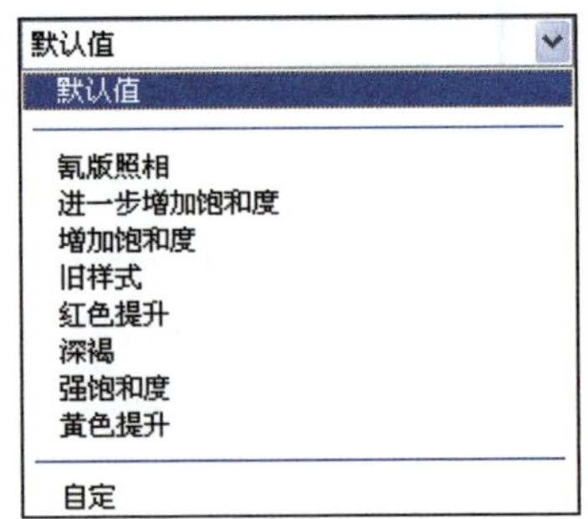

图 7-9

图 7-10

全图	Alt+2
红色	Alt+3
黄色	Alt+4
绿色	Alt+5
青色	Alt+6
蓝色	Alt+7
洋红	Alt+8

图 7-11

图 7-12

图 7-13

❹饱和度

“饱和度”选项用于调整图像颜色的饱和度，可以设置从-100～+100 的任意数值。当设置的参数为正数时，增加图像的饱和度，如图 7-16 所示。当设置的参数为负数时，则降低图像的饱和度，如图 7-17 所示。

❺明度

“明度”选项用于调整图像的亮度，可以设置从-100～+100 之间的任意数值。当设置的参数为负数时，降低图像的亮度，如图 7-18 所示。当设置的参数为正数时，增加图像的亮度，如图 7-19 所示。当参数设置为 100 时，图像显示为白色；当参数设置为-100 时，图像显示为黑色。

图 7-14

图 7-15

图 7-16

图 7-17

图 7-18

图 7-19

❻取样按钮

单击“吸管工具”按钮，在图像中单击以选择颜色范围；单击“添加到取样”按钮，则在图像中单击将扩大颜色范围；单击“从取样中减去”按钮，在图像上单击将缩小颜色范围。

核心知识 3 应用“色彩平衡”命令调整偏色的照片

“色彩平衡”命令主要用于纠正图像中出现的色彩偏差，更改图像的整体颜色。当使用“色彩平衡”命令调整图像时，必须确定“通道”面板中选择了复合通道，因为此命令只有在复合通道中才可

用。选择“图像”→“调整”→“色彩平衡”命令，打开“色彩平衡”对话框，如图 7-20 所示。

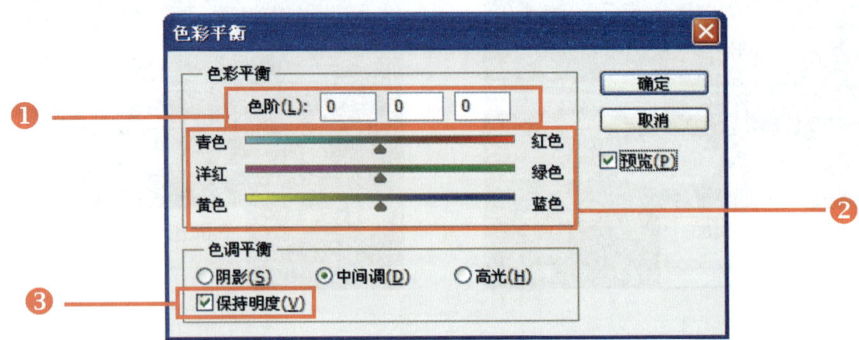

图 7-20

❶色阶

在“色阶”数值框中可以输入-100～+100 之间的任意数值来更改图像的颜色。打开如图 7-21 所示的素材图像，在“色阶”数值框中输入数值，分别为+32、-20、+37，得到如图 7-22 所示的效果。

图 7-21

图 7-22

❷调整图像颜色滑块

用户可以通过拖动 3 个颜色滑块调整数码照片的颜色，拖动某颜色下的滑块，可以增加该颜色的分量。如图 7-23 和图 7-24 所示，分别拖动至不同位置的图像效果。

图 7-23

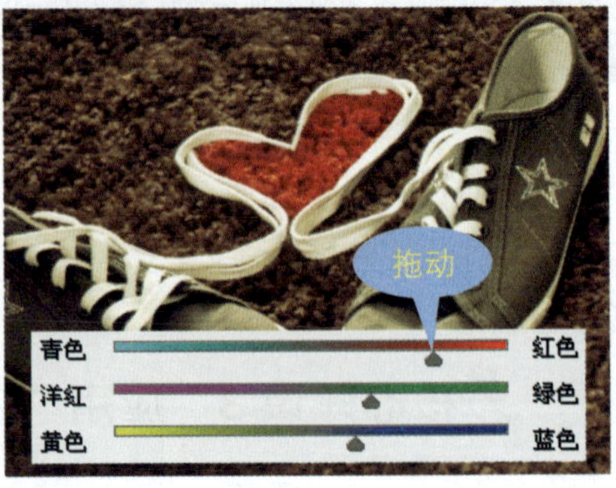

图 7-24

❸保持明度

勾选“保持明度”复选框，可防止图像的亮度值随颜色的更改而发生变化。图 7-25 和图 7-26 所示分别为勾选“保持明度”复选框和未勾选“保持明度”复选框时调整图像所得到的效果。

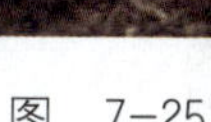

图 7-25

图 7-26

知识补充

在对人物照片进行调整时，若照片本身不存在曝光不足的情况，通常在调整色彩平衡时不勾选“保持明度”复选框。否则，在调整色阶值时容易出现高光位置曝光过度的情况。

7.2 艺术照片的调色技巧

艺术照本身具有色彩浓郁、对比强烈、视觉冲击效果强烈等特点，通过普通数码相机拍摄的照片，需要应用 Photoshop 对照片进行艺术色调的处理才能将其转换为更为美丽的艺术照片。

核心知识 1 应用“照片滤镜”命令设置照片冷暖调

使用“照片滤镜”命令可以在图像上摸拟出类似于在相机镜头前安放传统颜色滤镜后拍摄的效果。选择“图像”→“调整”→“照片滤镜”命令，打开“照片滤镜”对话框，如图 7-29 所示。在对话框中对滤镜进行选择，并设置滤镜浓度。

❶滤镜

“滤镜”选项是带有一个相机镜头使用的传统颜色滤镜列表。选中“滤镜”单选按钮，再单击后面的下拉按钮，打开下拉列表，在列表中提供了 20 种不同的颜色滤镜，如图 7-28 所示。打开如图 7-29 所示的素材图像，通过选择相应的滤镜，得到如图 7-30 和图 7-31 所示的图像效果。

❷颜色

选中“颜色”单选按钮，单击后面的颜色色块，打开“选择滤镜颜色”对话框，如图 7-32 所示。在对话框中可以自定义滤镜颜色，单击“确定”按钮，即可将设置的颜色应用于图像上，如图 7-33 所示。

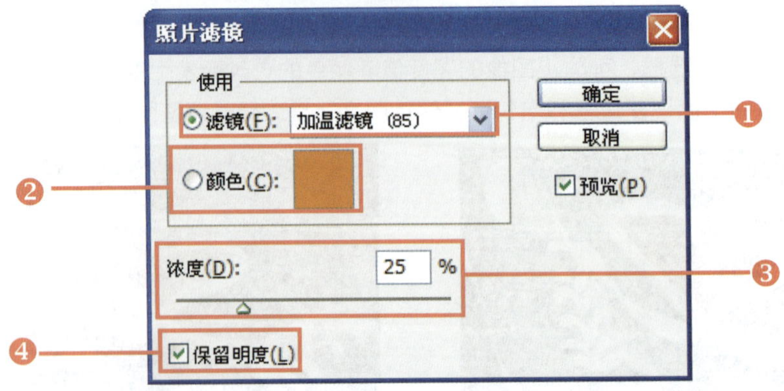

图 7-27

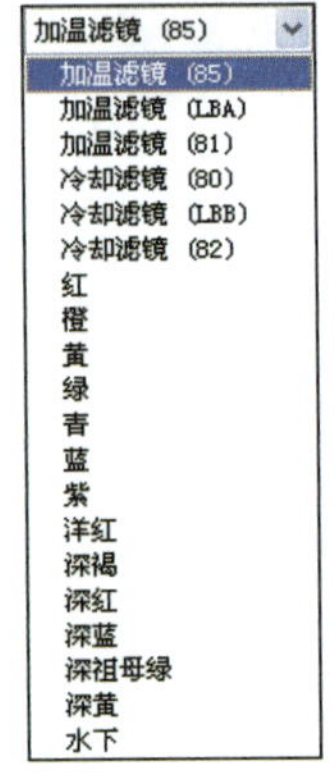

图 7-28

图 7-29

图 7-30

图 7-31

技 巧 点 拨

在"滤镜"下拉列表中选择其中一个滤镜后，按下键盘上的上、下方向键，可以快速在不同滤镜中进行切换。

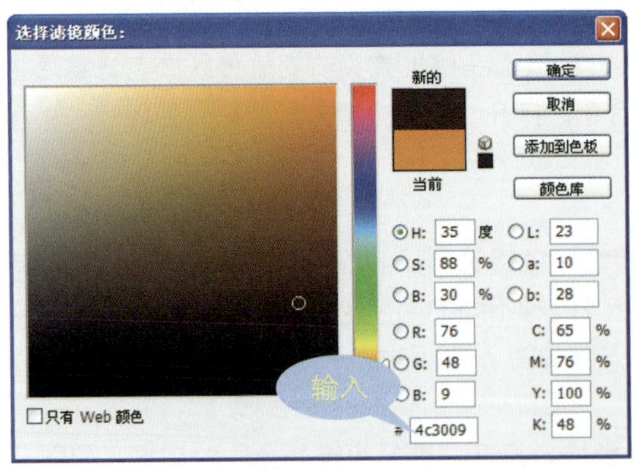

图 7-32

图 7-33

❸浓度

“浓度”选项用于调整应用色彩的浓度，拖动滑块或在数值框中输入数值，均可设置照片滤镜的浓度。设置的参数值越大，应用的色彩越浓，效果也就越突出。在打开的素材图像中，将“浓度”设置为 1%，效果如图 7-34 所示。将“浓度”设置为 80%，效果如图 7-35 所示。

图 7-34

图 7-35

❹保留明度

勾选“保留明度”复选框后，可在图像中应用滤镜时保留原照片的明度，防止图像变暗。当选择“加温滤镜（LBA）”滤镜并勾选“保留明度”复选框时，图像效果如图 7-36 所示。当未勾选“保留明度”复选框时，图像效果如图 7-37 所示。

图 7-36

图 7-37

知识补充

在对图像进行颜色调整时，可以通过调整图层进行。应用调整图层可以将色调和影调快速应用于数码照片，而不会永久更改数码照片本身。

核心知识 2 应用“可选颜色”命令进行选择性调色

“可选颜色”命令用于增加或减少特定的青色、洋红、黄色和黑色油墨的百分比，适合于调整基于一个用于显示用户指定颜色的颜色校正的 CMYK 文件。当使用“可选颜色”命令调整图像时，可以

选择特定的颜色进行设置或与其他颜色混合改变图像的色调。选择“图像”→“调整”→“可选颜色”命令，打开“可选颜色”对话框，如图 7-38 所示。

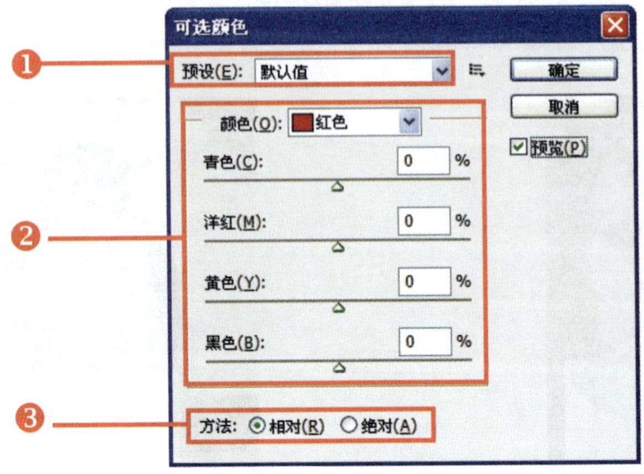

图 7-38

❶预设

“预设”选项用于选择设置可选颜色的方式，单击“预设”下拉按钮，在打开的下拉列表中提供了“默认值”和“自定”两个选项。当选择“默认值”时，显示最初打开的图像效果，如图 7-39 所示。当选择“自定”选项后，可以对图像颜色进行调整，通过设置参数，得到如图 7-40 所示的图像效果。

图 7-39

图 7-40

❷颜色

此选项组用于设置要更改的图像的颜色，单击“颜色”下拉按钮，在打开的下拉列表中提供了“红色”、“黄色”、“绿色”、“青色”、“蓝色”、“洋红”、“白色”、“中性色”和“黑色”9 个不同的颜色选项，如图 7-41 所示。当选择不同的选项时，将改变照片中不同区域的颜色。拖动各颜色下方的滑块，可以进行参数的设置。当设置的数值越大时，该颜色的颜色就越浓。选择“青色”选项，调整图像效果，如图 7-42 所示。选择“黄色”选项，调整图像效果，如图 7-43 所示。

❸方法

“方法”选项组用于调整墨水的量，提供了“相对”和“绝对”两个单选按钮。选中不同的单选按钮，可以得到不同的图像效果。当选择“红色”选项并进行相应参数的设置后，选中“相对”单选按钮，效果如图 7-44 所示；选中“绝对”单选按钮，效果如图 7-45 所示。

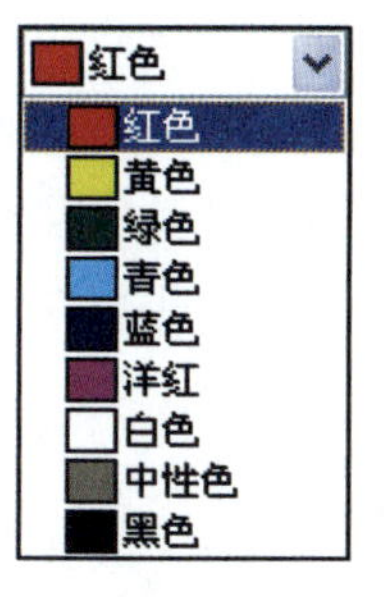

图 7-41

图 7-42

图 7-43

图 7-44

图 7-45

核心知识 3 应用“变化”命令调整照片颜色

“变化”命令不仅可以通过分别调整高光、中间调和阴影的色相、饱和度和亮度来进行数码照片的颜色调整，而且可以同时在预览窗口中查看几个不同选项的调整结果。通过设置参数，使图像的颜色更为精细。

选择“图像”→“调整”→“变化”命令，打开“变化”对话框，如图 7-46 所示。在对话框中通过设置各项参数，可以调整图像色调。

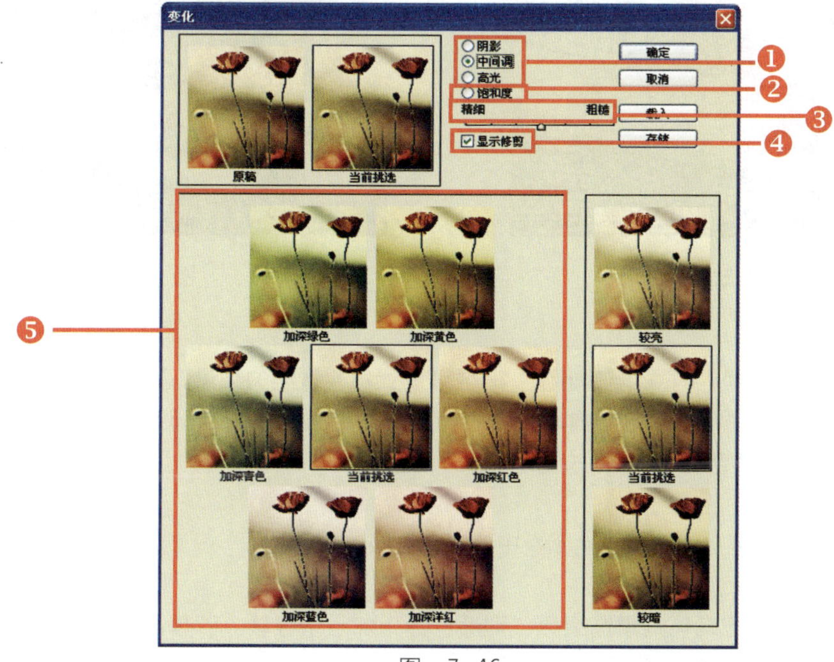

图 7-46

❶阴影、中间调和高光

选中“阴影”、“中间调”和“高光”单选按钮，可分别设置数码照片的较暗区域、中间区域和较亮区域的图像效果。任意打开一张照片，如图 7-47 所示，选中“中间调”单选按钮，单击“加深洋红”图标，效果如图 7-48 所示。选中“高光”单选按钮，单击“加深洋红”图标，效果如图 7-49 所示。

图 7-47

图 7-48

图 7-49

❷饱和度

选中“饱和度”单选按钮，则在下方的选项区中设置图像的色相饱和度。若超出了最大的颜色饱和度，则颜色可能被裁剪。单击“减少饱和度”图标，减少图像的饱和度，如图 7-50 所示。单击“增加饱和度”图标，则增加图像的饱和度，如图 7-51 所示。

图 7-50

图 7-51

❸精细/粗糙

拖动“变化”对话框中的“精细/粗糙”滑块可设置每次调整的数量，拖动一格滑块，调整量将双倍增加。单击鼠标向“精细”方向拖动，图像颜色更加细腻，如图 7-52 所示；单击鼠标向“粗糙”方向拖动，则图像颜色更加强烈，如图 7-53 所示。

❹显示修剪

勾选“显示修剪”复选框，可显示图像中的溢色区域。

❺预览图标

单击对话框下方相应颜色的预览图标，则颜色会增加一个等级。若单击“加深青色”图标，如图 7-54 所示，可以得到如图 7-55 所示的效果。

图 7-52

图 7-53

图 7-54

图 7-55

技巧点拨

在设置“变化”对话框时，若要将某特定颜色添加到数码照片，单击相应的预览图标即可；若要减去一种颜色，则单击其相反颜色的预览图标；若要调整图像的整体亮度，则单击对话框右侧的预览图标。

核心知识 4 应用“匹配颜色”命令调整照片颜色

“匹配颜色”命令可以匹配多个图像、图层或是选区之间的颜色，用于调整图像的亮度、色彩饱和度和色彩平衡。“匹配颜色”命令中的高级算法能够更好地控制图像的亮度和颜色成分。选择“图像”→“调整”→“匹配颜色”命令，打开“匹配颜色”对话框，如图 7-56 所示，在对话框中可设置匹配颜色的各项参数。

❶目标图像

“目标图像”选项组用于查看当前操作图像文件的信息。在图像中创建选区，当勾选“应用调整时忽略选区”复选框时，则将调整应用于整体目标图像，自动忽略目标图像中的选区，并调整整体目标图像。图 7-57 和图 7-58 所示分别为目标图像和源图像。

❷图像选项

“图像选项”选项组用于设置数码照片的“明亮度”、“颜色强度”和“渐隐”等参数。拖动“明亮度”滑块，可设置数码照片的亮度；拖动“颜色强度”滑块，可设置数码照片的颜色饱和度；拖动

“渐隐”滑块，则调整匹配图像的颜色与原图像的颜色近似程度；若勾选“中和”复选框，则颜色会变作要更改图像基准的图像色调的中间颜色。如图 6-59 和图 6-60 所示，分别将滑块拖动相同位置，通过勾选和未勾选“中和”复选框，得到不同的显示效果。

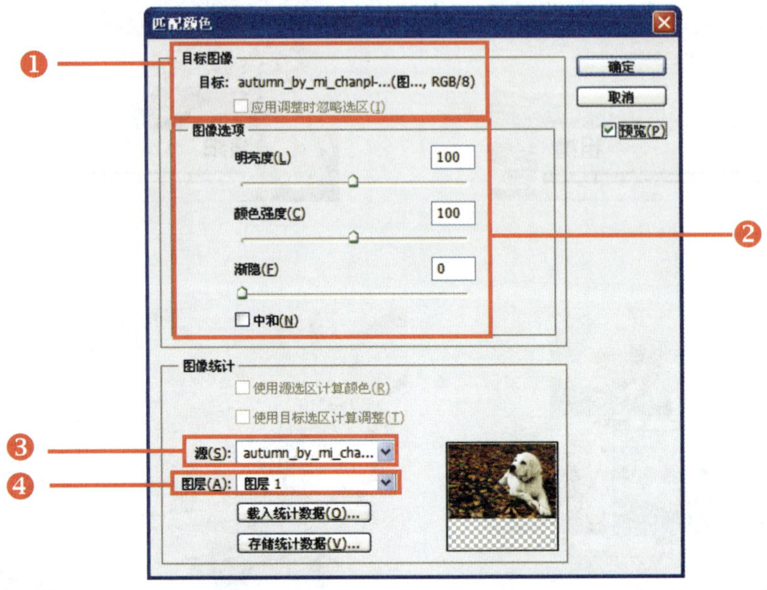

图 7-56

图 7-57

图 7-58

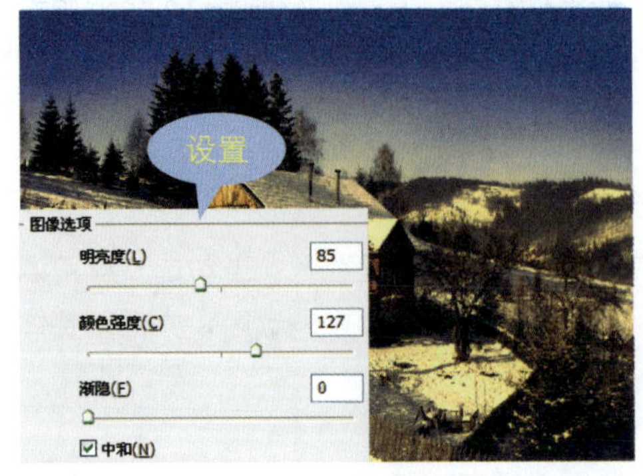

图 7-59

图 7-60

❸源

“源”选项用于设置目标图像中的颜色要匹配的源图像。单击“源”下拉按钮，在打开的下拉列表中选择要更改的图像文件，如图 7-61 所示。

❹图层

“图层”选项用于设置要匹配颜色的源图像中的图层。若要匹配源图像中所有图层的颜色，则在“图层”下拉列表框中选择“合并的”选项，如图 7-62 所示。

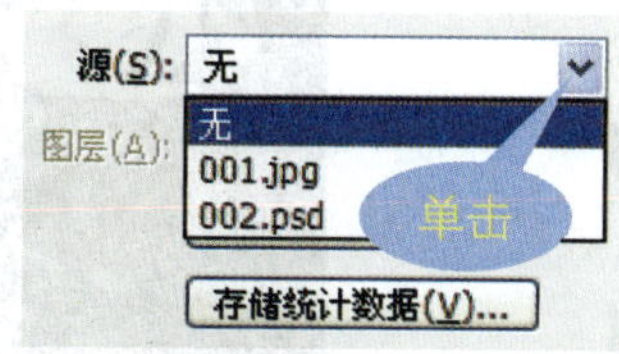

图 7-61

图 7-62

知识补充

强烈的色彩总能吸引人们的注意，相同的照片，不同的颜色会给浏览者不同的心理感受。如红色能产生刺激效果，使人产生冲动、愤怒、热情、活力的感觉；绿色介于冷暖两中色彩的中间，显得和睦、宁静、健康、安全。每种色彩在饱和度、透明度上略微变化，就会产生不同的感觉。以绿色为例，黄绿色有青春、旺盛的视觉意境，而蓝绿色则显得幽宁、阴深。

核心知识 5 颜色替换效果

在 Photoshop CS5 中，应用“替换颜色”命令不仅可以快速替换数码照片整体或某特定区域的颜色，还可以分别设置特殊区域的色相、饱和度和亮度。选择“图像”→“调整”→“替换颜色”命令，打开“替换颜色”对话框，如图 7-63 所示。

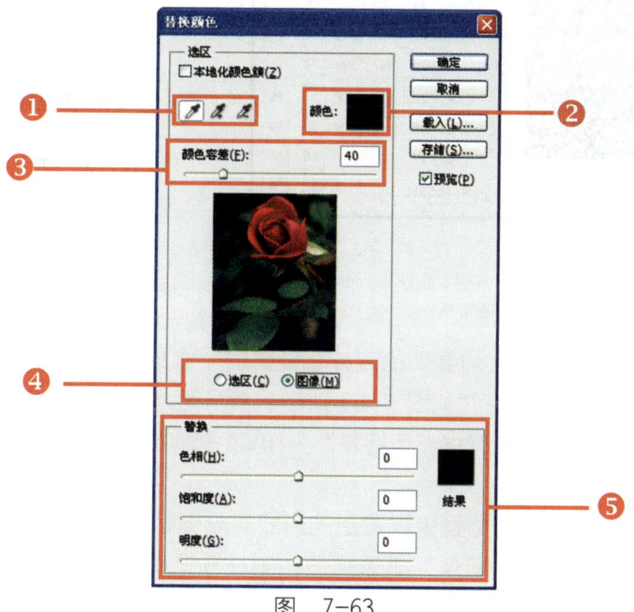

图 7-63

❶取样按钮

这 3 个按钮用于选择替换颜色的位置。单击“吸管工具”按钮，再单击预览框中的任意一点以创建选区，如图 7-64 所示；单击“添加到取样”按钮，则添加选区，如图 7-65 所示；单击“从取样中减去”按钮，则移去区域，如图 7-66 所示。

图 7-64

图 7-65

图 7-66

❷颜色

单击“颜色”选项后方的色块，打开“选择目标颜色”对话框，如图 7-67 所示。在对话框中可设置需要替换的颜色，设置后单击“确定”按钮，即可返回“替换颜色”对话框，并在“颜色”选项后方显示设置的颜色，如图 7-68 所示。

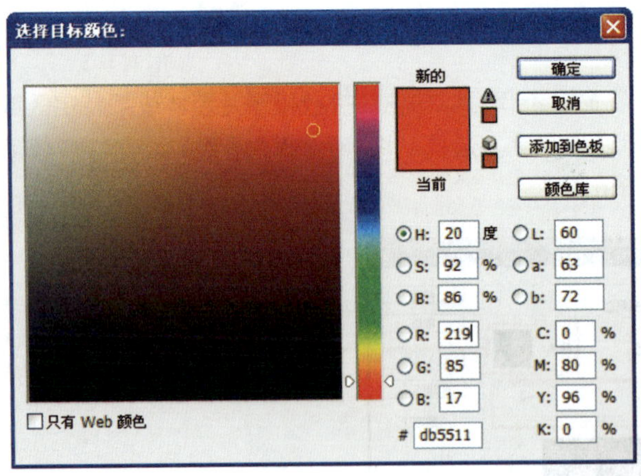

图 7-67

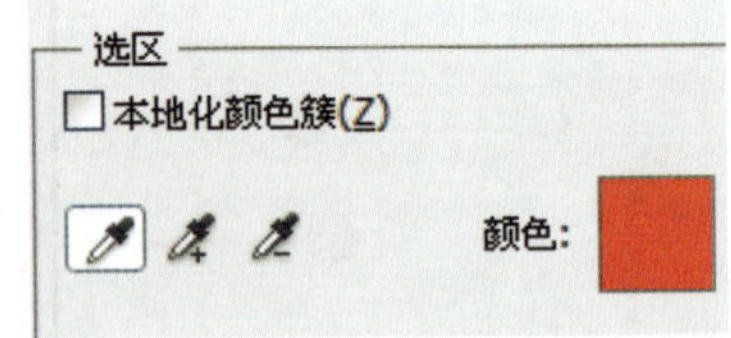

图 7-68

❸颜色容差

“颜色容差”选项用于调整选区边界外的衰减，设置的数值越大，选区范围就越大；反之，设置的数值越小，则选区范围就越小。打开如图 7-69 所示的素材照片，设置“颜色容差”为 20，替换颜色后的图像效果如图 7-70 所示。设置“颜色容差”为 180，替换颜色后的图像效果如图 7-71 所示。

❹选区和图像

选中“选区”单选按钮，在预览框中以蒙版的形式显示图像，被蒙版区域为黑色，未蒙版区域为白色，如图 7-72 所示，选中“图像”单选按钮，则在预览框中以图像的形式显示，如图 7-73 所示。

图　7-69

图　7-70

图　7-71

图　7-72

图　7-73

❺替换

在“替换”选项区中可以通过拖动“色相”、“饱和度”和“明度”滑块，设置替换颜色的色相、饱和度和明度。若双击“结果”上方的色块，将打开“选择目标颜色”对话框，在对话框中可快速选择替换的颜色。

7.3 照片特殊颜色的调整

对数码照片进行颜色的调整，除了可以调用常用的一些调整命令外，还可以调用一些用于特殊颜色调整的命令，如“反相”命令、“色调分离”命令及“阈值”命令等。通过使用这些命令，可以使照片得到更丰富的效果。

核心知识 1　设置照片反相效果

应用“反相”命令，可以将照片的颜色更改为它们的互补色，对图像中的颜色进行反转处理，效果类似于将照片转换为底片。打开一张素材照片，如图 7-74 所示，选择“图像”→“调整”→“反相”命令或按快捷键〈Ctrl+I〉，即可应用反相效果，如图 7-75 所示。

图 7-74

图 7-75

知识补充

当拍摄照片时，镜头焦距越小，视野范围越宽，照片内可以容纳景物的范围也就广；而镜头焦距越大，视野范围越窄，即可将很远的景物拉近，具有放大效果。广角镜头的视野较宽广，焦距短于标准镜头的焦距，通常也称为“短焦距镜头”。

核心知识 2　应用“色调分离”命令创建艺术效果

应用“色调分离”命令，可以指定图像中每个通道的亮度值，并将这些像素映射到最接近的匹配色调。选择“图像”→“调整”→“色调分离”命令，如图 7-76 所示，打开“色调分离”对话框，如图 7-77 所示。

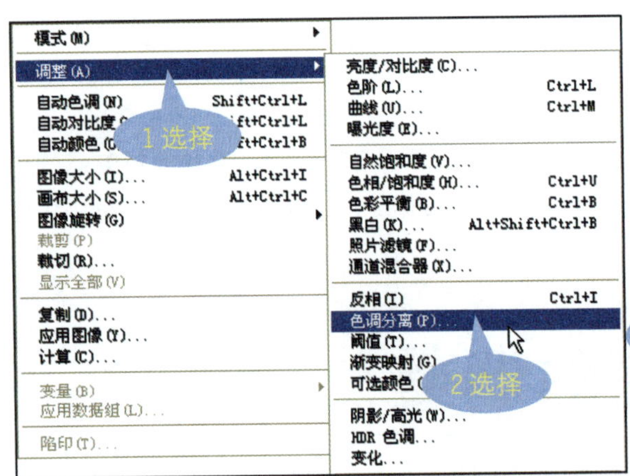

图 7-76

图 7-77

在打开的对话框中拖动“色阶”滑块，可设置数码照片的阴影，设置的数值越大，则图像表现出来的色彩就越丰富；反之，设置的数值越小，图像就变得越简单、粗糙。打开如图 7-78 所示的素材图像，当设置“色阶”为 2 和 4 时，图像效果如图 7-79 和图 7-80 所示。

核心知识 3　应用“阈值”命令分离照片色块

“阈值”命令可以将一幅彩色图像或灰度图像转换成只有黑白两个色调的高对比度的黑白效果。

"阈值"命令主要根据图像像素的亮度值把图像分为两部分，一部分用黑色表示，另一部分则用白色表示。打开素材图像，如图 7-81 所示，选择"图像"→"调整"→"阈值"命令，如图 7-82 所示。

图 7-78

图 7-79

图 7-80

图 7-81

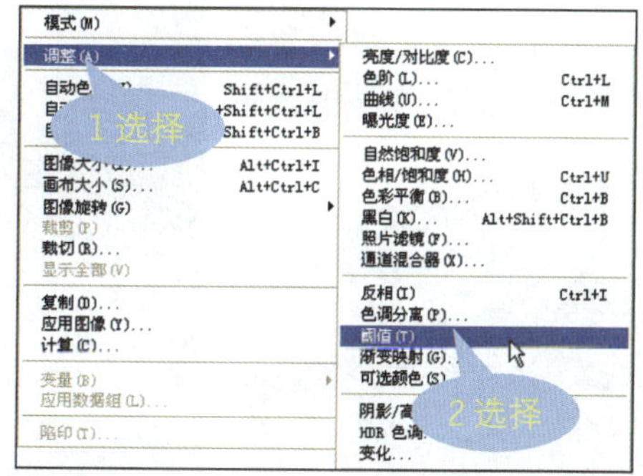

图 7-82

打开"阈值"对话框，在对话框中拖动"阈值色阶"滑块可设置图像的显示效果。设置的参数值越大，黑色像素分布越广；设置的参数值越小，则白色像素分布越广。设置"阈值色阶"为 128，效果如图 7-83 所示，设置"阈值色阶"为 80，效果如图 7-84 所示。

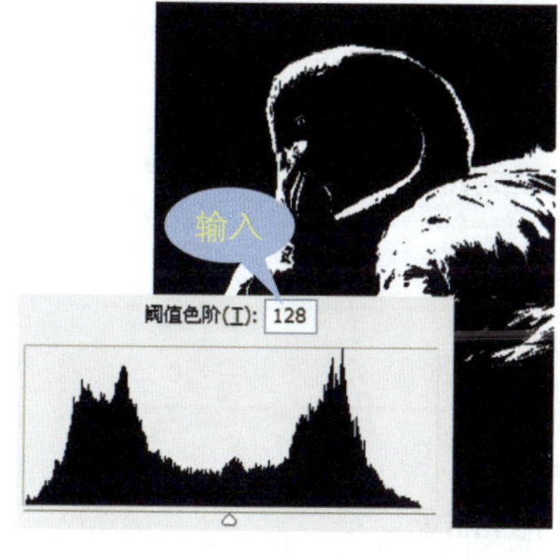

图 7-83

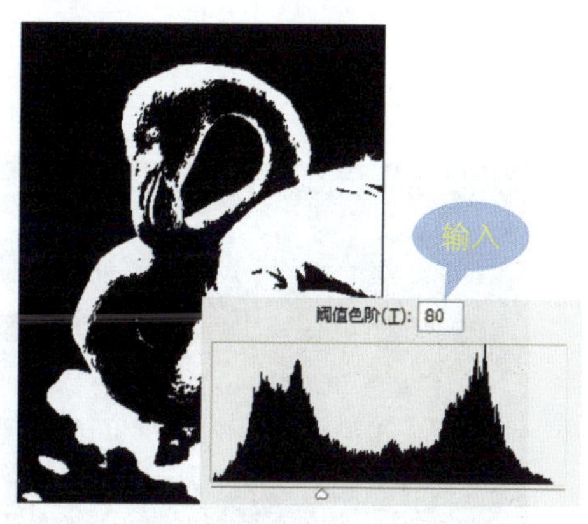

图 7-84

7.4 应用与提高

对于拍摄的数码照片可能存在的颜色不够亮丽、色偏等问题，应用 Photoshop 中的调整命令，对拍摄的照片进行调整，使照片恢复正常。同时，结合多个调整命令，还可以根据个人喜好将照片转换为艺术照片效果。

典型案例 1　设置层次分明的风景照片

由于光线不足等原因，导致拍摄的照片不能得到足够的曝光，出现照片画面整体偏暗、主次不明等情况。在下面的实例中，通过应用“色相/饱和度”命令设置层次分明的照片效果，具体操作步骤如下。

★素材文件：随书光盘\素材\7\01.jpg

★最终文件：随书光盘\源文件\7\设置层次分明的风景照片.psd

步骤 1　打开素材图像

打开随书光盘\素材\7\01.jpg，选择“背景”图层，并将其拖动至“创建新图层”按钮上，复制得到“背景副本”。

步骤 2　设置亮度/对比度

单击“调整”面板中的“创建新的亮度/对比度调整图层”图标，在打开的面板中设置“亮度”为 56。

亮度/对比度

亮度：56

输入

对比度：0

使用旧版

步骤 3　查看图像效果

根据上一步设置的“亮度/对比度”值，调整整个图像的亮度和对比度。

步骤 4　设置色阶

单击“调整”面板中的“创建新的色阶调整图层”图标，在打开的面板中设置“色阶”值为 0、1.06 和 223。

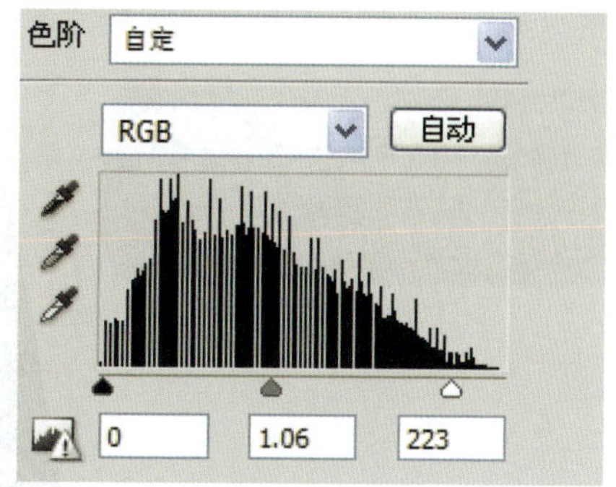

步骤 5　调整图像颜色

根据上一步设置的“色阶”参数，调整图像的颜色对比度，增加图像的颜色饱和度。

步骤 6　设置色相/饱和度

单击“调整”面板中的“创建新的色相/饱和度调整图层”图标，在打开的面板中将“饱和度”设置为+36。

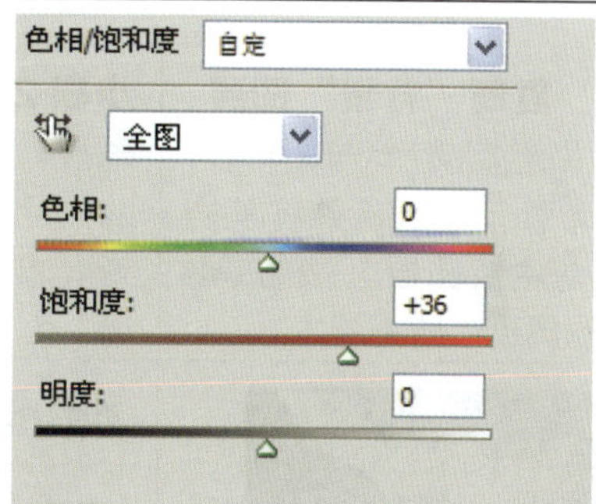

步骤 7　查看图像效果

根据上一步设置的“饱和度”值，进一步增强图像的饱和度。

步骤 8　设置曲线调整

单击“调整”面板中的“创建新的曲线调整图层”图标，在打开的面板中单击“曲线”下拉按钮，在打开的下拉列表中选择“线性对比度(RGB)”选项。

典型案例 2　设置浓郁的秋景照片

在户外旅行时，可以将各种美丽的风景拍摄下来用于留念，但是由于受到旅行时间和季节的限制，很难在同一时间拍摄同一景点四季的不同风光。本实例主要通过使用“可选颜色”命令将夏季拍摄出来的风景照片调整为浓郁的秋景照片，具体操作步骤如下。

★素材文件：随书光盘\素材\7\02.jpg

★最终文件：随书光盘\源文件\7\设置浓郁的秋景照片.psd

步骤 1　复制“背景”图层 打开随书光盘\素材\7\02.jpg，选择“背景”图层，并将其拖动至“创建新图层”按钮上，复制得到“背景副本”。	**步骤 2　设置亮度/对比度** 单击“调整”面板中的“创建新的亮度/对比度调整图层”图标，在打开的面板中设置“亮度”为 65，“对比度”为-20。	**步骤 3　查看图像效果** 在“调整”面板中设置参数后，应用设置的“亮度”和“对比度”，增加图像的亮度。
	亮度/对比度 亮度: 65 对比度: -20 输入 使用旧版	
步骤 4　设置可选颜色 单击“调整”面板中的“创建新的可选颜色调整图层”图标，在打开的面板中单击“颜色”下拉按钮，在打开的下拉列表中选择“黄色”选项，设置颜色百分比为 -33%、+10%、-10%、+1%。	**步骤 5　设置可选颜色** 在打开的可选颜色选项中，再次单击“颜色”下拉按钮，在打开的下拉列表中选择“绿色”选项，设置颜色百分比为-70%、+13%、-38%和 0%。	**步骤 6　调整图像颜色** 在“调整”面板中设置完成参数后，应用设置的可选颜色选项，调整图像的颜色。

<table>
<tr>
<td>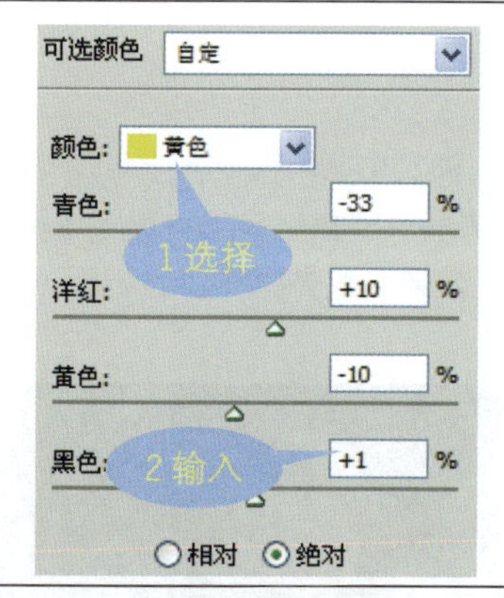</td>
<td>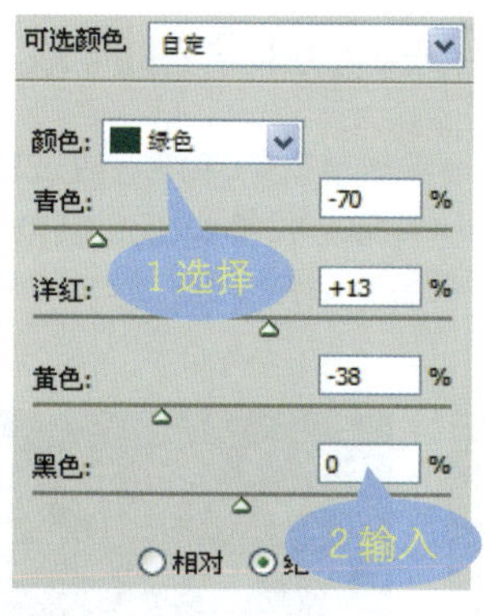</td>
<td></td>
</tr>
<tr>
<td>步骤 7　编辑图层蒙版
单击“画笔工具”按钮，设置前景色为黑色，选择“选取颜色 1”图层蒙版，应用“画笔工具”在蒙版中涂抹，编辑蒙版。</td>
<td>步骤 8　设置色阶
单击“调整”面板中的“创建新的色阶调整图层”图标，在打开的面板中设置“色阶”值为 0、1.12 和 255。</td>
<td>步骤 9　查看图像效果
在“调整”面板中设置后，应用上一步设置的参数值，调整图像颜色。</td>
</tr>
<tr>
<td></td>
<td>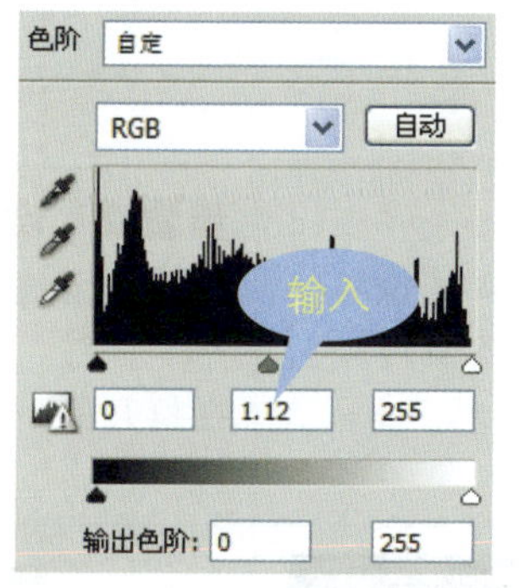</td>
<td></td>
</tr>
<tr>
<td>步骤 10　选择预设曲线
单击“调整”面板中的“创建新的曲线调整图层”图标，在打开的面板中单击并拖动鼠标，调整曲线形状。</td>
<td>步骤 11　查看图像效果
根据上一步设置的曲线，调整图像颜色，增强画面的色彩对比度。</td>
<td>步骤 12　编辑图层蒙版
单击“画笔工具”按钮，设置前景色为黑色，选择“选取颜色 1”图层蒙版，应用“画笔工具”在蒙版中涂抹，编辑蒙版。至此，完成本实例的制作。</td>
</tr>
<tr>
<td>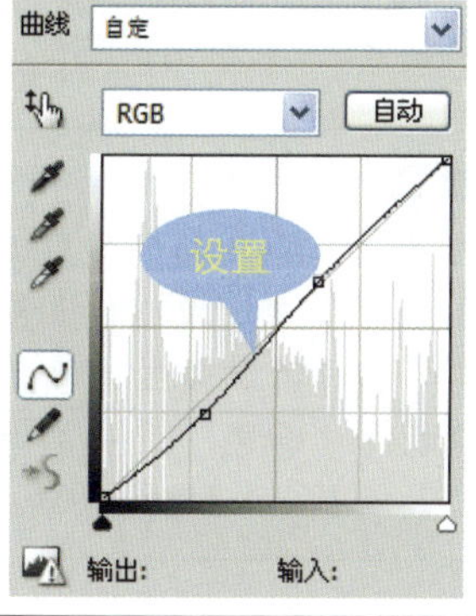</td>
<td></td>
<td></td>
</tr>
</table>

典型案例 3　为照片增加冷色调效果

照片色调的调整是设置数码照片时非常重要的操作，通过将照片设置为不同的色调后，可使普通的照片也能呈现独特的效果。本实例通过将照片转换为 Lab 颜色模式，使用“曲线”命令对单个通道进行颜色调整，为照片添加上冷色调，最后通过添加文字，修饰整个画面的效果，具体操作步骤如下。

★ 素材文件：随书光盘\素材\7\03.jpg、04.psd

★ 最终文件：随书光盘\源文件\7\为照片增加冷色调效果.psd

步骤 1　转换颜色模式

打开随书光盘\素材\7\03.jpg，选择“图像”→“模式”→“Lab 颜色”命令，将图像转换为 Lab 颜色模式。

步骤 2　设置曲线

选择“图像”→“调整”→“曲线”命令，打开“曲线”对话框。单击“通道”下拉按钮，在打开的下拉列表中选择 b 通道，然后设置曲线形状。

步骤 3　应用曲线调整

根据上一步设置的曲线，调整 b 通道内的图像颜色，调整后将图像转换为蓝色调颜色。

步骤 4　设置可选颜色

选择“图像”→“模式”→“RGB 颜色”菜单命令，将转换转为 RGB 颜色模式。单击“调整”面板中的“创建新的可选颜色调整图层”图标，在打开的面板中选择“青色”选项，再设置颜色百分比为+100%、−11%、−37%和−16%。

步骤 5 设置可选颜色

继续单击“颜色”下拉按钮，在打开的列表中选择“中性色”选项，设置颜色百分比为-6%、-12%、+16%和-3%。

步骤 6 查看图像效果

应用上述参数，调整图像的颜色。

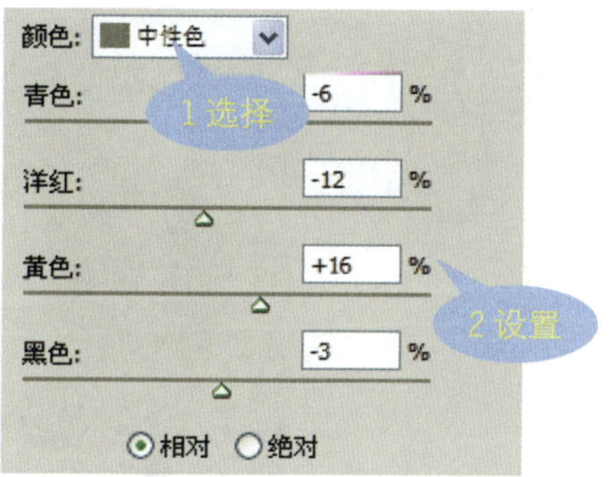

步骤 7 设置色阶

单击“调整”面板中的“创建新的色阶调整图层”图标，在打开的面板中设置“输入色阶”为 0、1.00 和 243。

步骤 8 盖印图层设置“高斯模糊”滤镜

盖印图层，选择“滤镜”→“模糊”→“高斯模糊”命令，打开“高斯模糊”对话框。在对话框中设置“半径”为 3.0 像素，单击“确定”按钮。

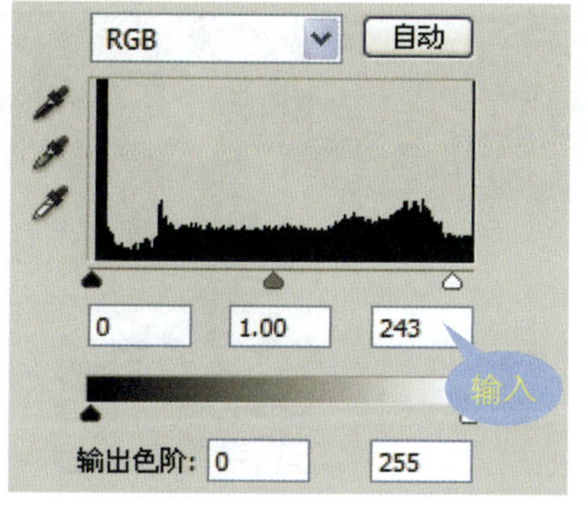

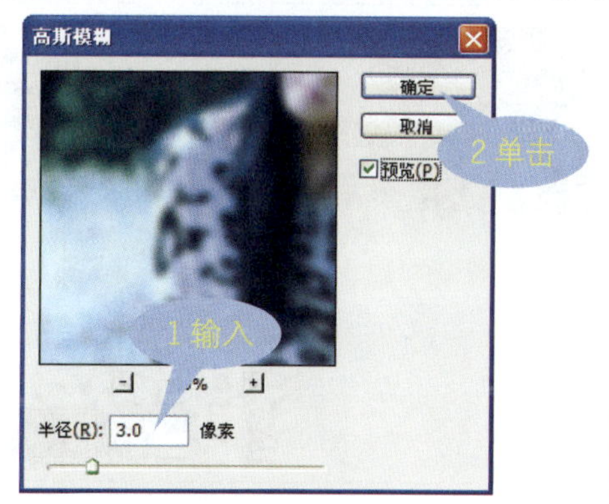

步骤 9 应用滤镜效果

关闭“高斯模糊”对话框，应用设置的“高斯模糊”滤镜，模糊图像。

步骤 10 更改图层混合模式

选择“图层 1”图层，设置此图层的“混合模式”为“滤色”，“不透明度”为 43%。

步骤 11　设置变化调整

选择“图像”→“调整”→“变化”命令，打开“变化”对话框。在对话框左侧单击“加深青色”图标，然后单击“确定”按钮。

步骤 12　加深图像颜色

通过在“变化”对话框中单击“加深青色”图标，加深图像中的青色。

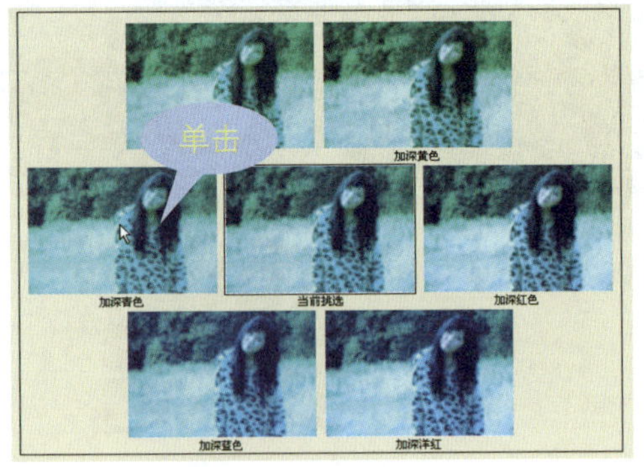

步骤 13　编辑图层蒙版

选择“图层 1”图层，单击“图层”面板底部的“添加图层蒙版”按钮，创建图层蒙版。应用“画笔工具”在蒙版中涂抹，还原清晰的人物图像。

步骤 14　添加文字

打开随书光盘\素材\7\04.psd 文字素材，应用“移动工具”把文字移至人物图像的左下角，并将其设置为合适大小。至此，完成图像的修饰。

典型案例 4　设置怀旧照片效果

现在随着数码相机功能的不断增强，很多数码相机都可以拍出怀旧色彩的照片。不过，这样只是仅仅对照片进行了一些简单的颜色处理，但是可以通过 Photoshop 作出一些更加逼真和更有质感的怀旧效果。本实例将具体介绍怀旧照片效果的制作，具体操作步骤如下。

★素材文件：随书光盘\素材\7\05.jpg ~08.jpg、 09.psd
★最终文件：随书光盘\源文件\7\设置怀旧照片效果.psd

步骤 1　复制“背景”图层

打开随书光盘\素材\7\05.jpg，单击“图层”面板底部的“创建新图层”按钮，新建图层，按快捷键〈Ctrl+Shift+Alt+E〉，盖印图层。

步骤 2　设置“纹理化”滤镜

选择“滤镜”→“纹理”→“纹理化”命令，打开“纹理化”对话框。选择“画布”纹理，设置“缩放”为 71%，“凸现”为 2，然后单击“确定”按钮。

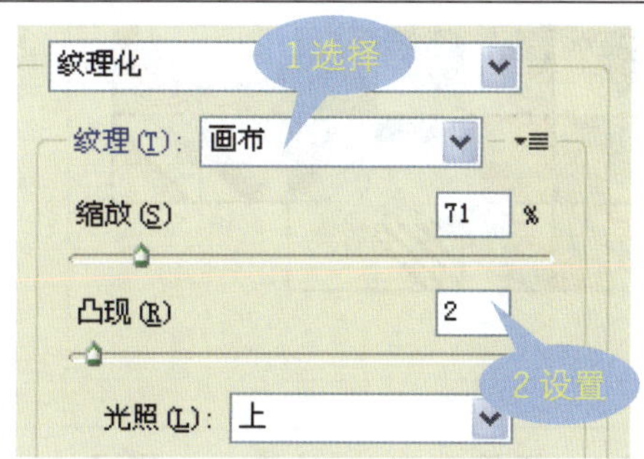

步骤 3　应用滤镜效果

根据上一步设置的“纹理化”滤镜，为图像添加了逼真的画布纹理效果。

步骤 4　设置“高斯模糊”滤镜

按快捷键〈Ctrl+J〉，复制图层。选择“滤镜”→“模糊”→“高斯模糊”命令，在打开的对话框中设置“半径”为 2.0，单击“确定”按钮。

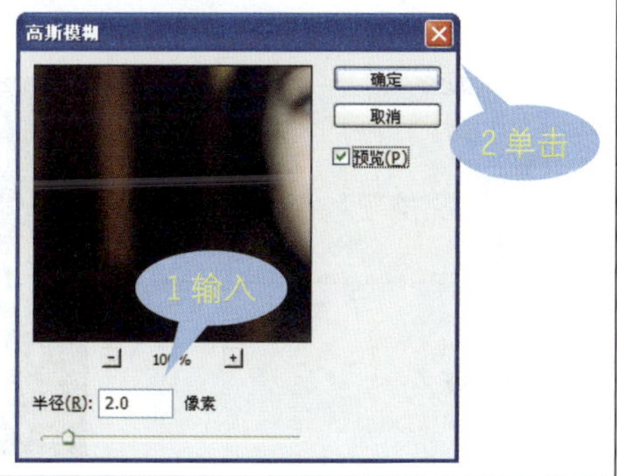

步骤 5　应用滤镜效果

应用上一步设置的“高斯模糊”滤镜，模糊图像效果。

步骤 6　创建图层蒙版

选择“背景副本 2”图层，单击“图层”面板底部的“添加图层蒙版”按钮，创建图层蒙版。

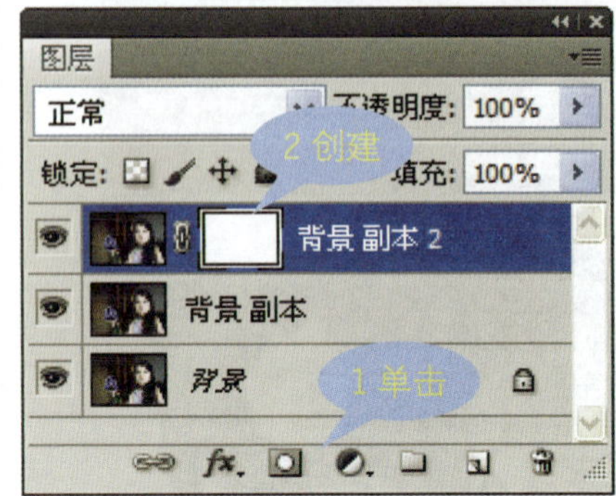

步骤 7　设置渐变颜色

设置前景色为黑色，单击工具箱中的“渐变工具”按钮，单击“渐变编辑器”下拉按钮，在打开的列表中选择“前景色到透明渐变”图标。

步骤 8　在蒙版中应用渐变

单击选项栏中的“径向渐变”按钮，选择蒙版对象，从人物的脸中心向外侧拖动鼠标，创建渐变效果。

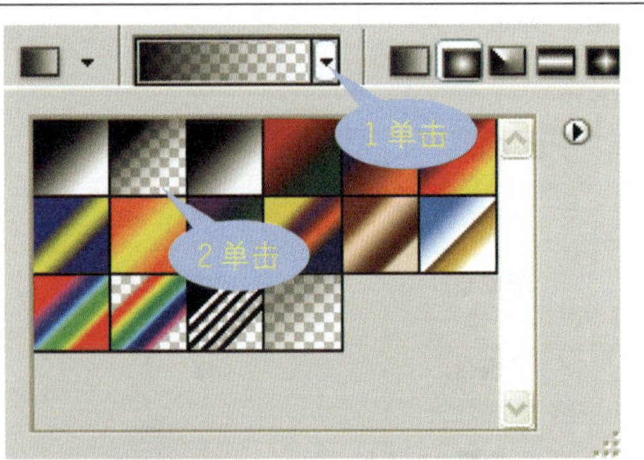

步骤 9　设置亮度/对比度

单击“调整”面板中的“创建新的亮度/对比度调整图层”图标，在打开的面板中设置“亮度”为-31。

步骤 10　查看图像效果

根据上一步设置的“亮度”值，降低图像的整体亮度。

步骤 11　设置色相/饱和度

单击“调整”面板中的“创建新的色相/饱和度调整图层”图标，在打开的面板中勾选“着色”复选框，设置“色相”为 60，“饱和度”为 16。

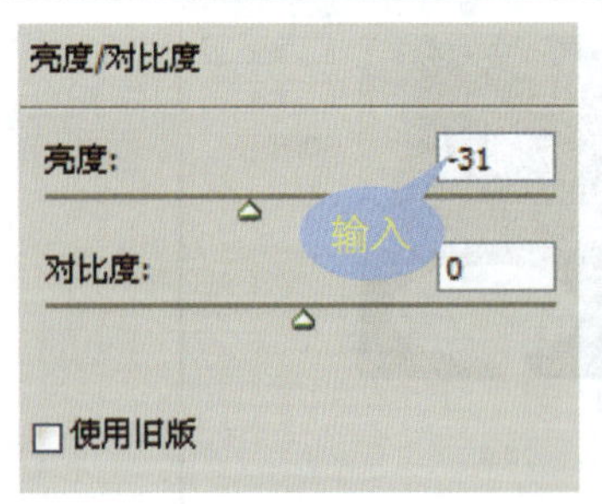

色相: 60
饱和度: 16
明度: 0
2 输入
1 勾选
着色

步骤 12　转换为单色调图像

通过设置“色相/饱和度”，将图像快速转换为单色调效果。

步骤 13　打开素材去除颜色

打开随书光盘\素材\7\06.jpg，选择“图像”→“调整”→“去色”命令，或按快捷键〈Ctrl+Shift+U〉，将图像转换为灰度图像。

步骤 14　移动图像并设置混合模式

应用“移动工具”把去除颜色后的图像移至人物图像上方，再将该图层的“混合模式”设置为“柔光”。

步骤 15　打开素材图像去除图像颜色

打开随书光盘\素材\7\07.jpg，选择“图像”→“调整”→“去色”命令，或按快捷键〈Ctrl+Shift+U〉，将图像转换为灰度图像。

步骤 16　移动图像并设置混合模式

应用“移动工具”把去除颜色后的图像移至人物图像上方，再将该图层的“混合模式”设置为“柔光”。

步骤 17　设置亮度/对比度

单击“调整”面板中的“创建新的亮度/对比度调整图层”图标，在打开的面板中设置“亮度”为-13，“对比度”为11。

亮度/对比度

设置

亮度： -13

对比度： 11

☐ 使用旧版

步骤 18　查看图像效果

退出“调整”面板，根据上一步设置的参数值，调整图像的亮度和对比度。

步骤 19　创建选区

打开随书光盘\素材\7\08.jpg，单击工具箱中的“魔棒工具”按钮，在图像边缘的白色区域单击，创建选区。

步骤 20　复制选区内的图像

按快捷键〈Ctrl+J〉，复制选区内的图像，并在“图层”面板中生成“图层 7”。

步骤 21　将图像转换为灰度图像

选择“图层 6”图层，选择“图像”→“调整”→“去色”命令，或按快捷键〈Ctrl+Shift+U〉，将图像转换为灰度图像。

步骤 22　更改图层混合模式

继续选择“图层 6”图层，设置此图层的“混合模式”为“划分”，“不透明度”为 39%。

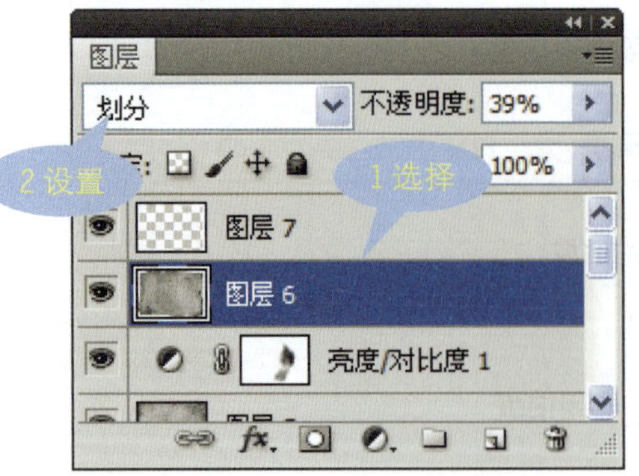

步骤 23　查看图像效果

根据上一步设置的图层混合模式叠加图像，加深纹理效果。

步骤 24 添加文字 打开随书光盘\素材\7\09.psd 文字素材，应用“移动工具”将文字移至人物图像的左上角，并设置为合适大小，并命名为“图层 8”。	步骤 25 调整图层顺序 选择“图层 8”图层，选择“图层”→“排列”→“后移一层”命令，再连续按快捷键〈Ctrl+[〉，调整图层顺序，将该图层移至“图层 3”上方。至此，完成本实例的制作。

典型案例 5 制作黄绿色调效果

将同一张照片调整为不同的色调，可以表现不同的意境效果。本实例首先对画面的颜色饱和度进行设置，然后再对图像的色调进行处理，制作黄绿色调效果，具体操作步骤如下。

★素材文件：随书光盘\素材\7\10.jpg、11.psd

★最终文件：随书光盘\源文件\7\制作黄绿色调效果.psd

步骤 1 复制“背景”图层 打开随书光盘\素材\7\10.jpg，选择“背景”图层，并将其拖动至“创建新图层”按钮上，复制得到“背景副本”。	步骤 2 设置色相/饱和度 单击“调整”面板中的“创建新的色相/饱和度调整图层”图标，在打开的面板中设置“饱和度”为+20。	步骤 3 调整图像颜色 根据上一步设置的参数值，调整图像的颜色，增强整个画面的颜色。

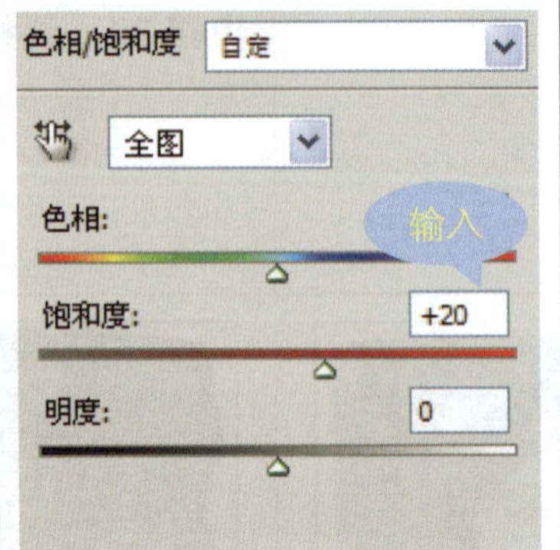

步骤 4　设置可选颜色

单击“调整”面板中的“创建新的可选颜色调整图层”图标，在打开的面板中设置颜色百分比为−20%、−57%、−12%和+24%。

步骤 5　设置可选颜色

单击“颜色”下拉按钮，在打开的列表中选择“黄色”选项，设置颜色百分比为−100%、−10%、+57%和−3%。

步骤 6　设置可选颜色

单击“颜色”下拉按钮，在打开的列表中选择“中性色”选项，设置颜色百分比为+5%、0%、+9%和−7%。

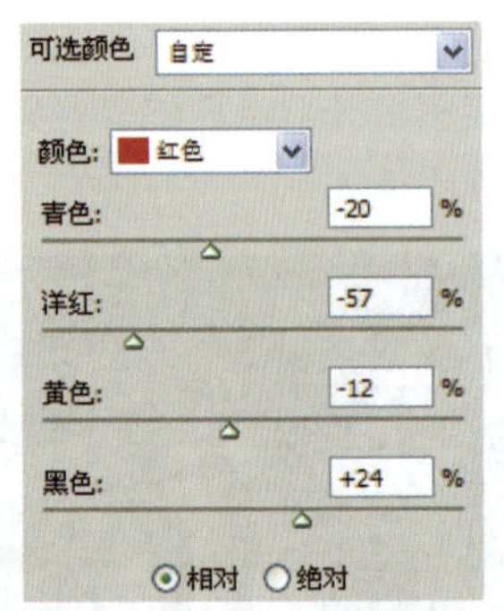

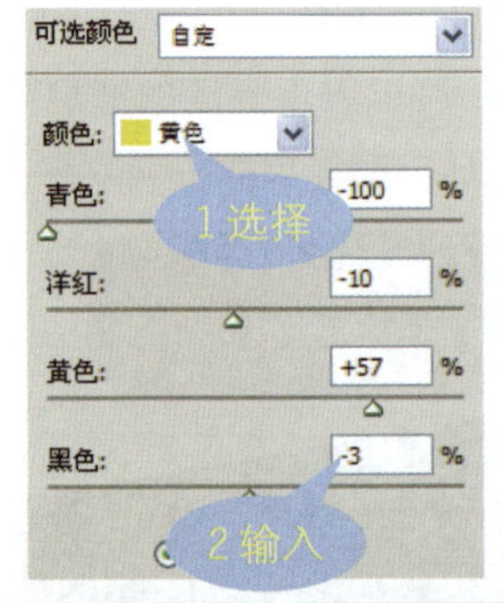

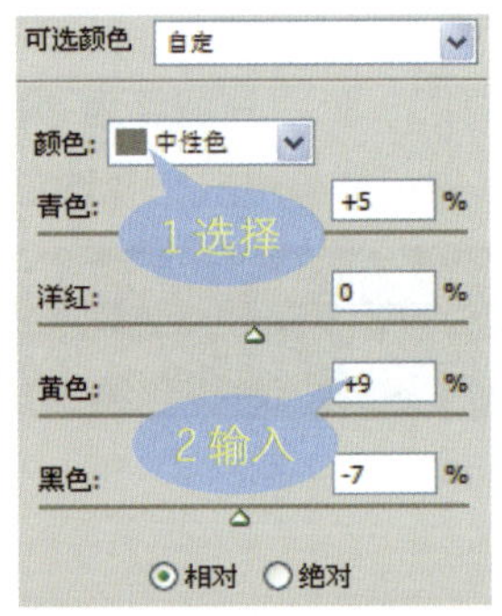

步骤 7　查看图像效果

在“调整”面板中分别对各个颜色进行设置后，应用设置的参数值，调整图像颜色。

步骤 8　设置照片滤镜滤镜

单击“调整”面板中的“创建新的照片滤镜调整图层”图标，在打开的面板中选择“黄”滤镜，设置“浓度”为39%，调整颜色。

步骤 9　设置色阶调整

单击“调整”面板中的“创建新的色阶调整图层”图标，在打开的面板中单击“色阶”下拉按钮，在打开的列表中选择“增加对比度 2”选项，增强对比度。

步骤 10　设置曲线调整

单击“调整”面板中的“创建新的曲线调整图层”图标，在打开的面板中单击“曲线”下拉按钮，在打开的下拉选择“中对比度（RGB）”，增强对比度。

步骤 11　创建选区

单击工具箱中的“快速选择工具”按钮，在人物图像上连续单击，创建选区。

步骤 12　羽化人像选区

按快捷键〈Shift+F6〉，打开“羽化选区”对话框，设置“羽化半径”为 3 像素，羽化选区。

步骤 13　设置可选颜色

单击“调整”面板中的“创建新的可选颜色调整图层”图标，在打开的面板中设置颜色百分比为-35%、+34%、-100%和+15%。

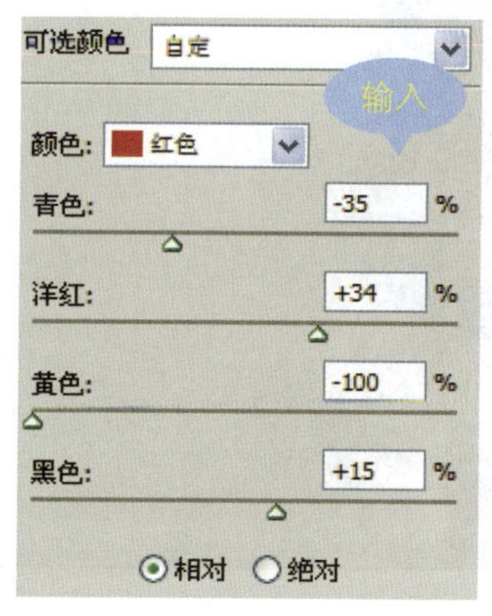

步骤 14　查看设置效果

在“调整”面板中对可选颜色进行设置后，退出面板，应用设置的参数调整选区内图像的颜色。

步骤 15　设置“中间调”值

单击“调整”面板中“创建新的色彩平衡调整图层”图标，在打开的面板中将“中间调”选项的颜色设置为-26、+12 和-37。

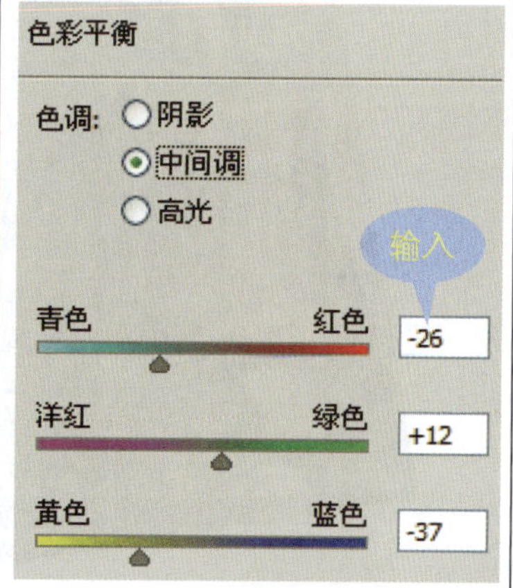

步骤 16　设置“阴影”值

选中“阴影”单选按钮，然后设置颜色值为-12、-31 和-5。

步骤 17　设置“高光”值

选中“高光”单选按钮，然后设置颜色值为-10、0 和 0。

步骤 18　查看图像效果

退出“调整”面板，应用设置的参数调整图像颜色，打开随书光盘\素材\7\11.psd 文字素材，并添加在图像的左上角。

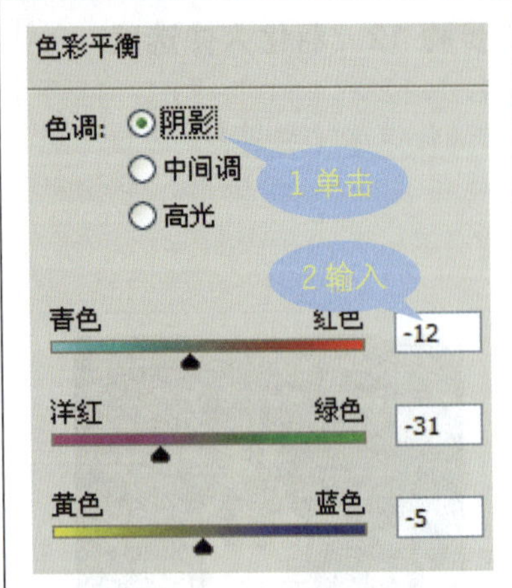

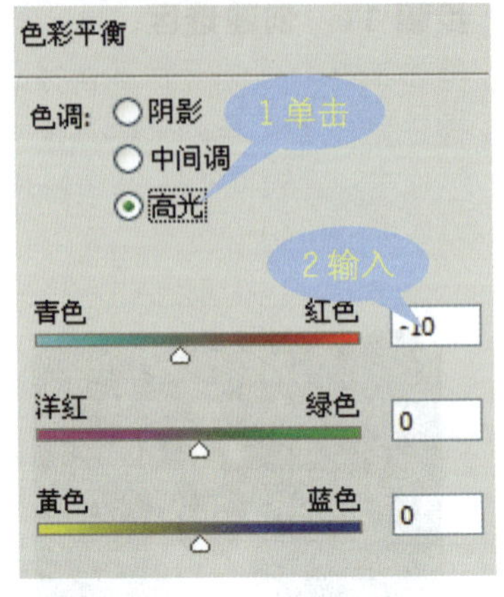

典型案例 6　将普通照片制作成插画效果

在 Photoshop CS5 中通过简单的几步操作就可以将普通照片制作成插画效果。本实例主要通过应用“反相”和“阈值”命令对照片的色调进行艺术化处理。再结合“照亮边缘”滤镜，查找图像边缘后，再次应用“反相”命令处理照片，最后通过调整图层的混合模式，打造插画效果，具体操作步骤如下。

★素材文件：随书光盘\素材\7\12.jpg、13.psd

★最终文件：随书光盘\源文件\7\将普通照片制作成插画效果.psd

步骤 1　复制“背景”图层	**步骤 2　选择“反相”命令**	**步骤 3　设置“最小值”滤镜**
打开随书光盘\素材\7\12.jpg，选择“背景”图层，并将其拖动至“创建新图层”按钮上，复制得到“背景副本”。	选择“图像”→“调整”→“反相”命令，或按快捷键〈Ctrl+I〉，将色彩反相。	选择“滤镜”→“其他”→“最小值”命令，打开“最小值”对话框。设置“半径”为 1 像素，单击“确定”按钮。

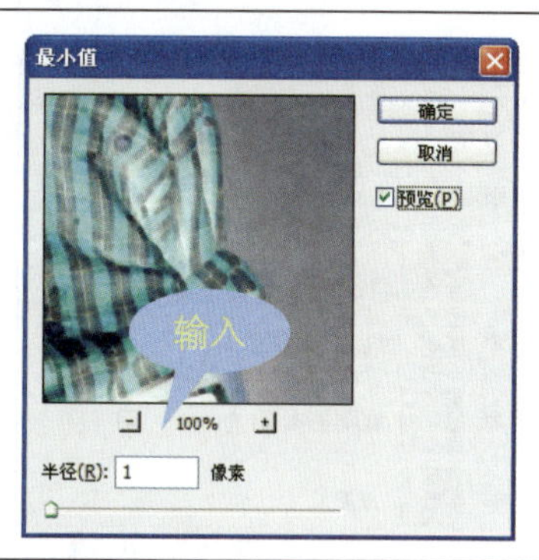

步骤 4　应用滤镜效果

确认"最小值"滤镜设置后，在图像窗口中可看到在图像中应用滤镜后的效果。

步骤 5　更改图层混合模式

在"图层"面板中确认"背景副本"图层为选中状态，设置图层"混合模式"为"颜色减淡"。

步骤 6　创建阈值调整图层

在"图层"中添加一个"阈值"调整图层，在打开的面板中，设置"阈值色阶"为 231。

步骤 7　查看图像效果效果

通过设置"阈值"调整图层，将图像转换为黑白粗线条描绘的效果。

步骤 8　编辑图层蒙版

单击工具箱中的"画笔工具"按钮，选择"阈值 1"蒙版，在脸部和手臂等位置涂抹。

步骤 9　复制图层调整顺序

选择"背景"图层，按快捷键〈Ctrl+J〉，复制得到"背景副本 2"图层，按快捷键〈Shift+Ctrl+[〉，将复制图层排列到最顶层。

步骤 10　设置滤镜

选择"背景副本 2"图层，选择"滤镜"→"风格化"→"照亮边缘"命令，在打开的对话框中设置参数值依次为 1、15 和 7。

步骤 11　应用滤镜效果

确认设置"照亮边缘"滤镜后，得到边缘线条明显的图像效果。

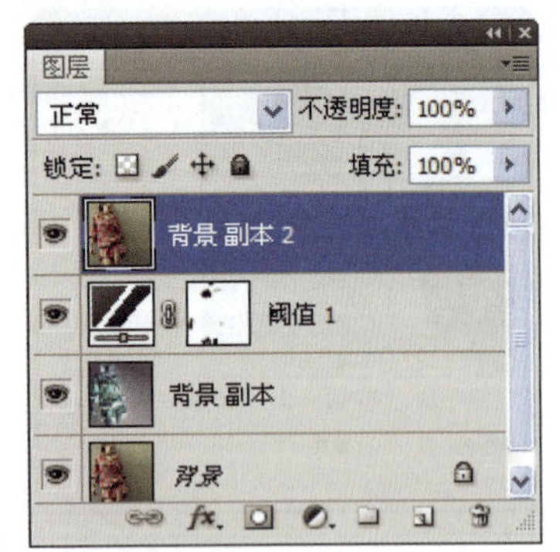

步骤 12　选择"反相"命令
选择"图像"→"调整"→"反相"命令，对图像进行反相，然后在"图层"面板中设置其"混合模式"为"变亮"。

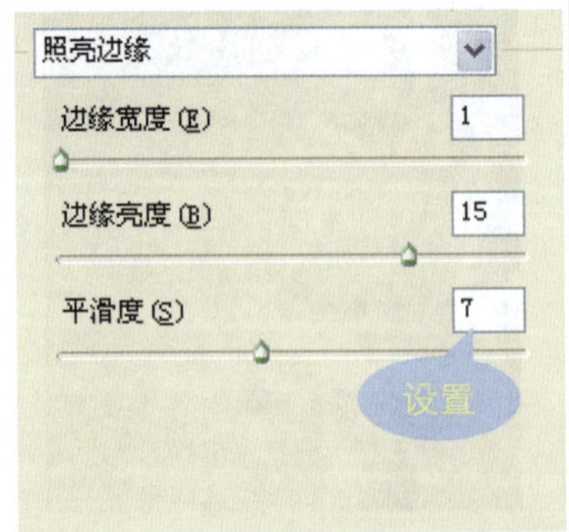

步骤 13　复制图层调整顺序
选择"背景"图层，按快捷键〈Ctrl+J〉，复制得到"背景副本 3"图层，按快捷键〈Shift+Ctrl+[〉，将复制图层排列到最顶层。

步骤 14　更改图层混合模式
在"图层"面板中选择"背景副本 3"图层，设置图层"混合模式"为"强光"。

步骤 15　设置曲线
创建"曲线 1"调整图层，在打开的面板中单击"曲线"下拉按钮，在打开的下拉列表中选择"中对比度 (RGB)"曲线。

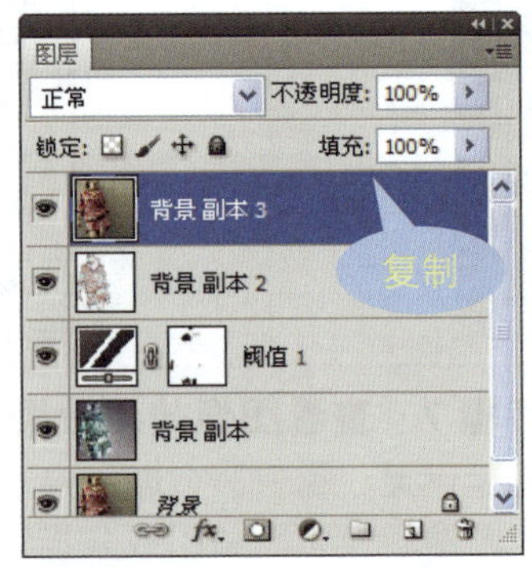

步骤 16　查看图像效果
根据上一步选择的"中对比度 (RGB)"曲线，增强图像的对比度。

步骤 17　添加文字
打开随书光盘\素材\7\13.jpg，应用"移动工具"把文字移至人物图像右侧，并将其设置为合适大小。至此，完成本实例的制作。

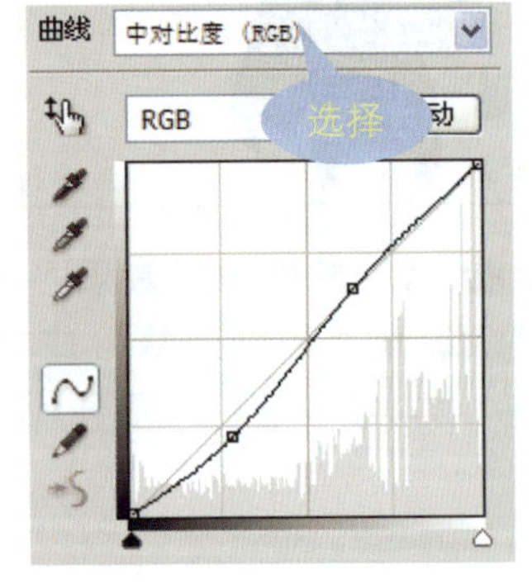

8 彩色照片和黑白照片的转换技术

色彩艳丽的照片自然能吸引人们的眼球，但是，层次分明的黑白照片同样也有自己独特的味道。通过应用Photoshop的调整命令和功能可以快速实现彩色照片与黑白照片之间的转换。

本章的重要的概念有：掌握在Photoshop中如何通过使用命令和功能快速将彩色照片转换为黑白照片的方法，在能够快速转换黑白照片的基础上学会制作高质量黑白照片的，以及对黑白照片进行上色操作。

本章知识点

- 快速将彩色照片转换黑白照片
- 制作高质量的黑白照片
- 为黑白照片上色

8.1 快速将彩色照片转换为黑白照片

随着黑白冲洗技术的不断发展，越来越多的人希望将自己的照片制作为经典的黑白照片。将彩色照片转换为黑白照片，增加照片的艺术表现力，可突出原照片的主题和个性。Photoshop CS5 中提供了多种将彩色照片转换为黑白照片的方法，本节将分别介绍。

核心知识 1　应用“去色”命令

若原图像的颜色深浅对比明显且颜色差异较小，应用“去色”命令即可将彩色照片快速转换为黑白照片。在此过程中，原图像的颜色模式不会发生改变。打开一张彩色照片，如图 8-1 所示，选择“图像”→“调整”→“去色”命令，可按快捷键〈Ctrl+Shift+U〉，即可将打开的照片转换为黑白效果，如图 8-2 所示。

图　8-1

图　8-2

核心知识 2　转换为“灰度”模式

简单地将图像的模式从彩色转换灰度，即可得到一张黑白图像效果。通过该转换后，许多滤镜功能将不能继续使用。打开一张素材照片，如图 8-3 所示，选择“图像”→“模式”→“灰度”命令，打开“信息”对话框，如图 8-4 所示。单击“扔掉”按钮，即可将图像转换为黑白照片，如图 8-5 所示。

图　8-3

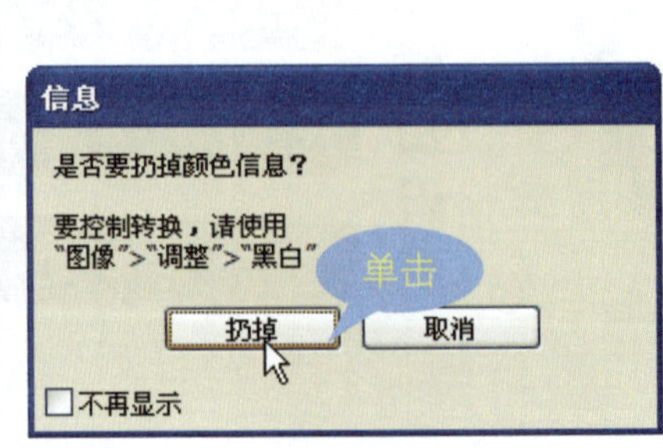

图　8-4

图　8-5

黑白照片相对于彩色照片更能营造特定的气氛、情绪和戏剧性。当彩色照片被简化为渐变的灰色图像时，照片原有的光线和色彩质量更有助于突出画面的戏剧性。

核心知识 3　使 Lab、“明度”通道分离

Lab 模式是一种输出过程中可以减少显示器或打印机等硬件颜色差异的颜色模式。打开一张 Lab 模式的素材照片，如图 8-6 所示，在“通道”面板中可以查看到此图像由 Lab、“明度”、a 和 b 四个通道构成，如图 8-7 所示。

图　8-6

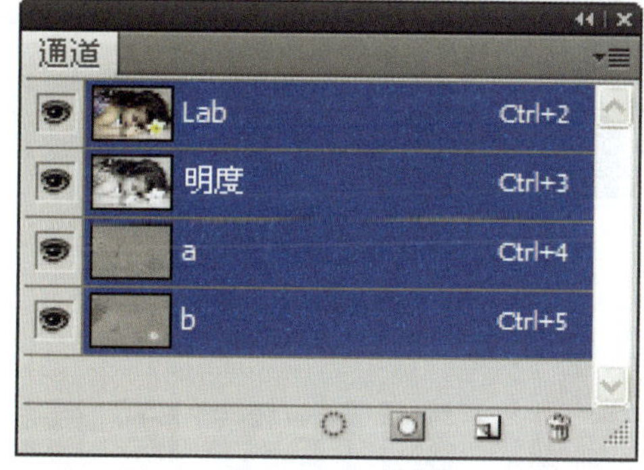

图　8-7

单击“通道”面板右上角的扩展按钮，在打开的菜单中选择“分离通道”命令，即可将 4 个通道分离，如图 8-8 所示。其中，“明度”通道将以灰度显示，图像效果如图 8-9 所示。

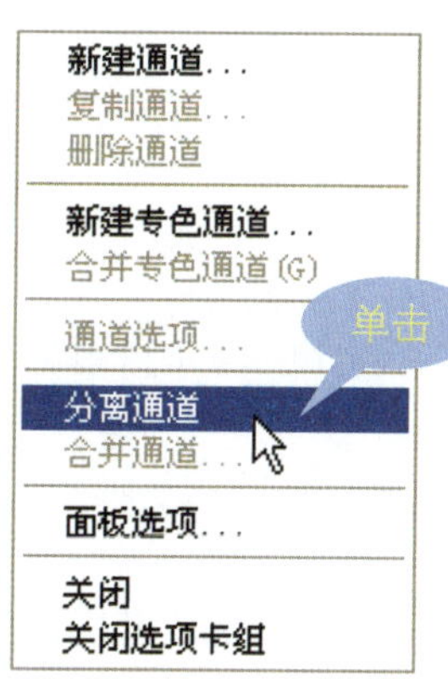

图　8-8

图　8-9

核心知识 4　整体降低饱和度

黑白照片因为可清晰展示数码照片的意图而成为众多摄影大师的首选。Photoshop CS5 中的“色相/饱和度”命令可以分别调整数码照片中各单个颜色成分的色相、饱和度和亮度，通过执行此命令，快速降低全图的饱和度，使用彩色照片变换为黑白效果。

打开一张素材图像，如图 8-10 所示，选择“图像”→“调整”→“色相/饱和度”命令，或单击“调整”面板中的“创建新的色相/饱和度调整图层”图标，在打开的参数面板中拖动“饱和度”滑块或是在“饱和度”数值框中输入-100，如图 8-11 所示。通过设置即可将彩色照片转换为黑白照片，效果如图 8-12 所示。

图 8-10

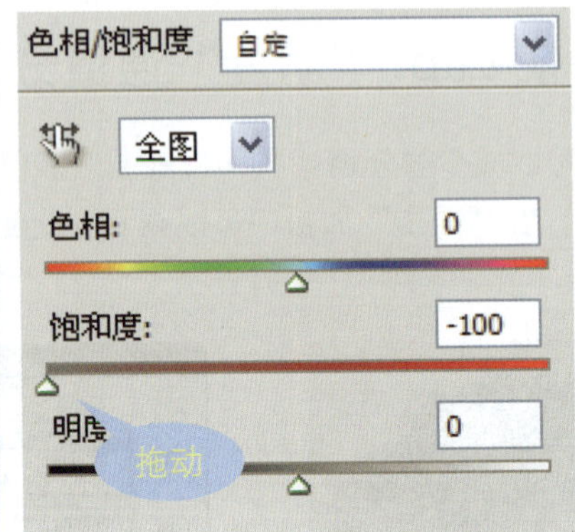

图 8-11

图 8-12

8.2 制作高质量的黑白照片

高质量的黑白照片可带给人一种独特的艺术气息，因此，黑白照片深受广大拍摄爱好者的喜爱。在本章的前面部分已经对快速转换黑白照片的具体方法进行了详细介绍，下面在本节中将进一步介绍如何制作高质量的黑白照片。在 Photoshop CS5 中，高质量的黑白照片的制作可以通过“黑白”命令、“通道混合器”命令、“渐变映射”命令及“计算”命令来实现。

核心知识 1　应用“黑白”命令

“黑白”命令可以将多个色调的图像制作成单一色调的图像，并对其饱和度等进行调整，使图像效果更明显。当在图像中应用“黑白”命令转换为灰度图像的过程时，图像的颜色模式不会发生改变。选择“图像”→“调整”→“黑白”命令，打开“黑白”对话框，如图 8-13 所示。

❶预设

在“预设”下拉列表框中提供了多种色调模式，根据需要可以选择不同的色调模式，也可以拖动滑块调整图像的颜色。图 8-14 所示为打开后的素材图像，选择“较暗”和“黄色滤镜”模式，效果如图 8-15 和图 8-16 所示。

❷“预设选项”按钮

单击“预设选项”按钮，在打开的快捷菜单中可以选择“存储预设”或“载入预设”命令。

❸色调

勾选“色调”复选框，将激活“色相”滑块和“饱和度”滑块。用户可以直接在数值框中输入相应的参数值，也可以分别拖动“色相”和“饱和度”滑块来变换图像的色调。打开素材图像，在“黑白”对话框中未勾选“色调”复选框时的图像效果如图 8-17 所示，勾选“色调”复选框后的图像效果如图 8-18 所示。

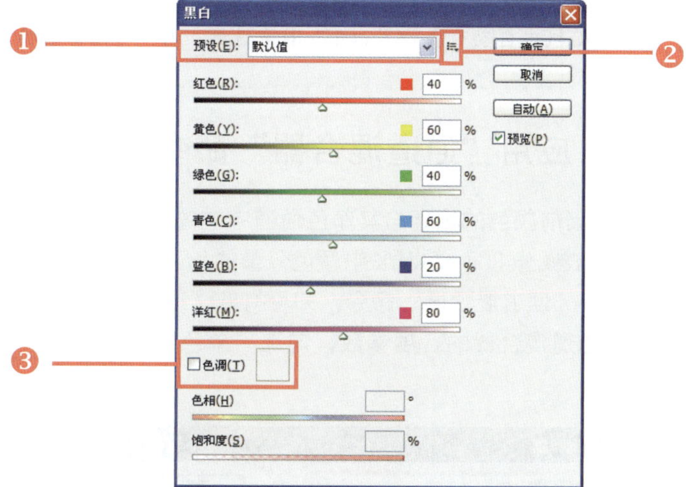

图 8-13

图 8-14

图 8-15

图 8-16

图 8-17

图 8-18

技巧点拨

在“图层”面板中，单击“创建新的填充或调整图层”按钮，在弹出的快捷菜单中选择“黑白”命令，将在“图层”面板中自动生成“黑白 1”调整图层，用于将图像转换为黑白效果。

核心知识 2　应用“通道混合器”命令

“通道混合器”命令可以将当前颜色的像素与其颜色通道中的像素按一定比例进行混合，创建高品质的灰度图像。颜色通道是代表图像 RGB 或 CMYK 中颜色分量的色调值的灰度图像。

选择“图像”→“调整”→“通道混合器”命令，即可打开“通道混合器”对话框，如图 8-19 所示。在该对话框中可以设置通道混合器的各项参数，勾选“单色”复选框，即可将图像转换为黑白色。

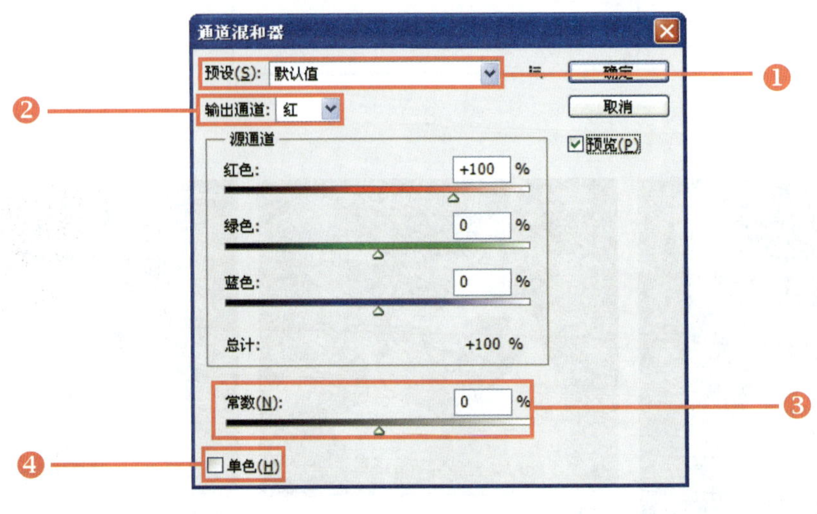

图　8-19

❶预设

在“预设”下拉列表框中提供了“默认值”、“红外线的黑白（RGB）”、“使用蓝色滤镜的黑白（RGB）”、“使用绿色滤镜的黑白（RGB）”、“使用橙色滤镜的黑白（RGB）”、“使用红色滤镜的黑白（RGB）”、“使用黄色滤镜的黑白（RGB）”和“自定”8 个选项。选择不同的选项，设置的黑白照片将呈现出不同的黑白效果。如图 8-20 所示为原图像，分别选择“使用蓝色滤镜的黑白（RGB）”和“使用红色滤镜的黑白（RGB）”选项，得到如图 8-21 和图 8-22 所示的图像。

❷输出通道

在“输出通道”下拉列表框中可以设置所有输出的通道。默认情况下，可以根据具体的选项在“输出通道”下拉列表框中选择“红”、“绿”、“蓝”选项，然后进一步在“源通道”选项组中设置参数，如图 8-23 所示，设置后的图像效果如图 8-24 所示。

❸常数

拖动“常数”滑块或在其后方的数值框中输入数值，可以设置输出通道的灰度值。若输入的数值为负数，增加更多的黑色；若输入的数值为正值，则增加更多的白色。当设置“常数”为+200%时，效果如图 8-25 所示。当设置“常数”为 0%时，效果如图 8-26 所示。当设置“常数”为-200%

时，效果如图 8-27 所示。

图 8-20

图 8-21

图 8-22

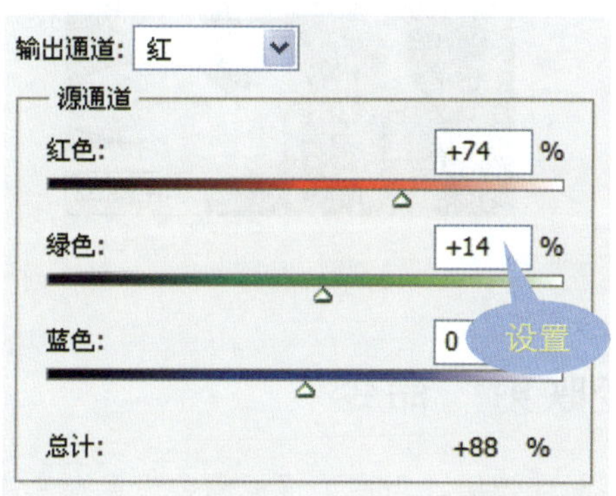

图 8-23

图 8-24

图 8-25

图 8-26

图 8-27

❹ “单色”复选框

勾选“单色”复选框，可以将图像快速转换为单色图像。设置源通道颜色比为+113%、

+60%、-7%，“常数”为-63%，不勾选“单色”复选框，图像效果如图 8-28 所示。若勾选“单色”复选框，则图像效果如图 8-29 所示。

知识补充

在“通道混合器”对话框中，拖动“红色”、“绿色”和“蓝色”滑块可尝试不同通道的设置效果。当设置的滑块正数越多，该颜色所支配区域内的图像就越亮；反之，若设置的滑块负数越多，则会加大混合效果中该通道的作用。

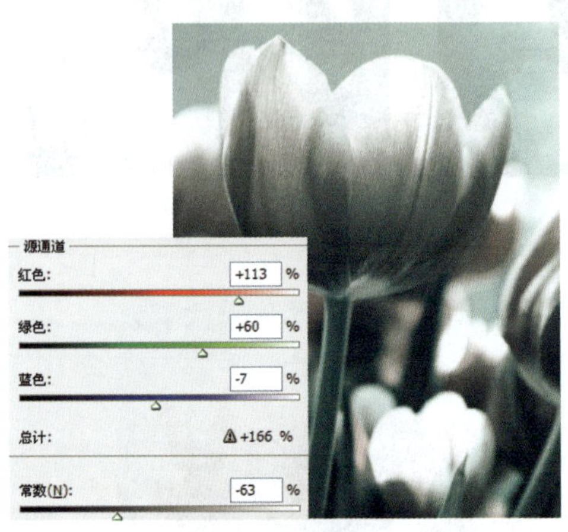

图 8-28

图 8-29

核心知识 3 应用“渐变映射”命令

应用“渐变映射”命令可以为图像添加灰度渐变效果，用户可根据需要设置渐变方式，对图像进行渐变叠加。在图像上应用“渐变映射”命令，可以通过调整亮度值和所选颜色渐变“重新映射”来对图像进行重新着色。选择“图像”→“调整”→“渐变映射”命令，打开“渐变映射”对话框，如图 8-30 所示。

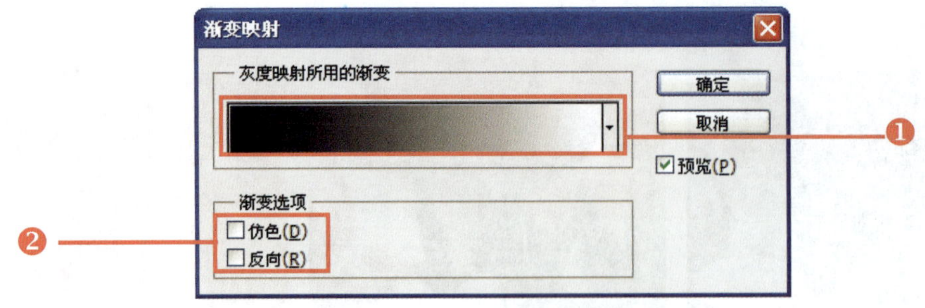

图 8-30

❶渐变色条

单击“渐变色条”右侧的下拉按钮，在打开的面板中可以选择需要的渐变填充效果，如图 8-31 所示。若要自定义渐变填充，则直接单击渐变色条，打开“渐变编辑器”对话框。在对话框中可设置需要的渐变填充颜色，如图 8-32 所示。

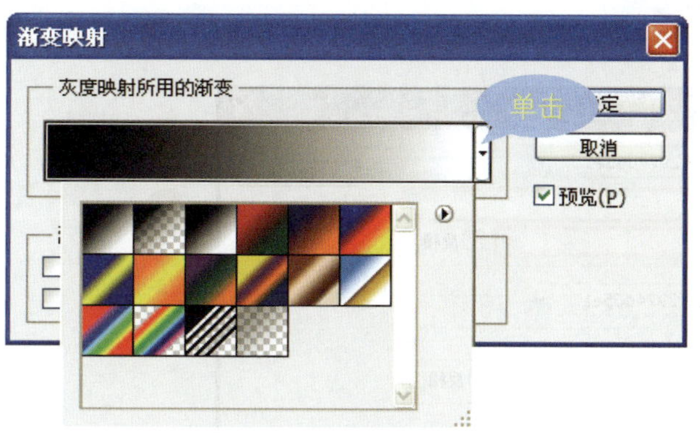

图 8-31

图 8-32

技巧点拨

在“图层”面板中要删除创建的调整图层，只需要在选中该调整图层的情况下，将其拖动至“删除图层”按钮上。在“图层”面板中单击调整图层的蒙版缩览图，将其拖动至“删除图层”按钮上，则将删除该图层蒙版，而不会将该整个图层一起删除。

❷渐变选项

在“渐变选项”选项组中包括了“仿色”和“反向”两个复选框。若勾选“仿色”复选框，添加随机杂色以平滑渐变填充的外观；若勾选“反向”复选框，则切换渐变填充的方向，从而应用反向渐变映射效果。打开如图 8-33 所示的素材图像，通过设置渐变颜色后，勾选“仿色”复选框，图像效果如图 8-34 所示。若勾选“反向”复选框，则得到如图 8-35 所示的效果。

图 8-33

图 8-34

图 8-35

核心知识 4 应用“计算”命令

Photoshop CS5 中的“计算”命令可以混合两个来自一个或多个源图像的单个通道，并将混合后的结果应用于新图像、通道或选区中。选择“图像”→“计算”命令，打开“计算”对话框，如图 8-36 所示。

❶图层

单击“图层”右侧的下拉按钮，在打开的下拉列表中选择用于设置“源 1”和“源 2”图像文件中的不同图层。

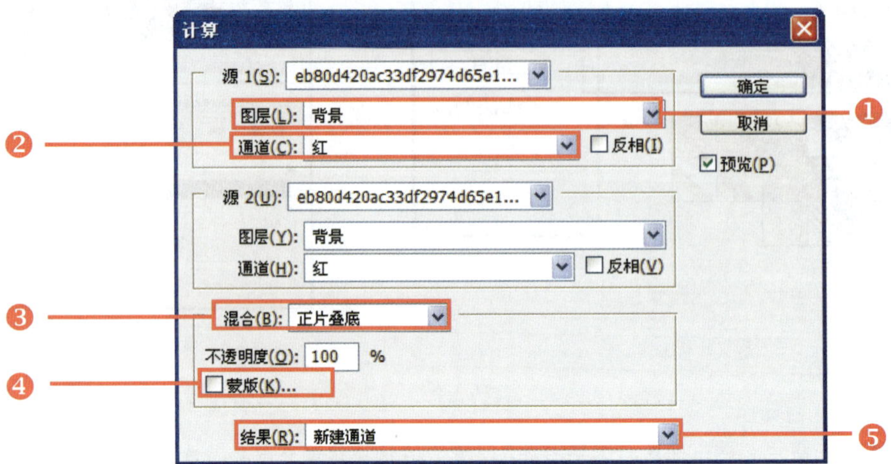

图 8-36

❷通道

单击“通道”右侧的下拉按钮，在打开的下拉列表中选择用于设置“源 1”和“源 2”图像文件中的不同通道。

❸混合

“混合”下拉列表框用于设置图层中通道或图像的模式，单击“通道”右侧的下拉按钮，即可根据需要选择合适的混合模式，打开如图 8-37 所示的图像，设置“模式”为“深色”时，效果如图 8-38 和图 8-39 所示。

图 8-37

图 8-38

图 8-39

知识补充

Photoshop CS5 中通过“应用图像”命令和“计算”命令都可以实现图层和通道之间的快速混合。若使用“应用图像”命令，则在单个和复合通道中进行混合；若使用“计算”命令，则只在单个通道中进行混合。

❹蒙版

勾选“蒙版”复选框，“计算”对话框中会显示更多的选项，如图 8-40 所示，在打开的“蒙版”选项组中进一步设置“图像”、“图层”和“通道”等各项参数。

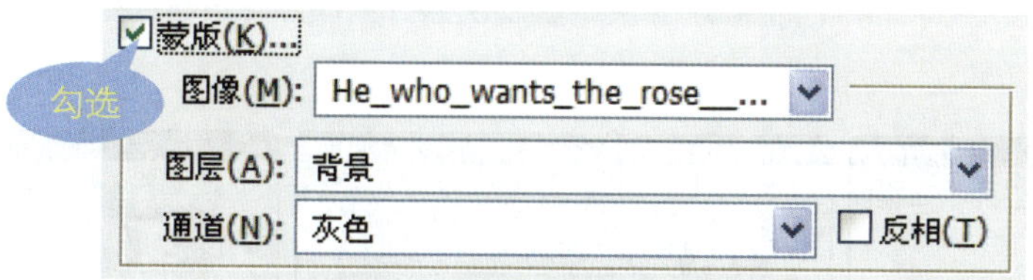

图 8-40

❺结果

在“结果”下拉列表中为用户提供了“新建文档”、“新建通道”和“选区”3 种方式。若选择“新建文档”选项，则将计算结果创建为一个新的文档，如图 8-41 所示。若选择“新建通道”选项，则将计算结果存储于新建的 Alpha1 通道之中，如图 8-42 所示；若选择“选区”选项，则将计算结果在当前图像中创建为选区对象，如图 8-43 所示。

图 8-41

图 8-42

图 8-43

8.3 为黑白照片上色

有些人也许会觉得黑白照片过于单调，不能完全表现照片中的景物。Photoshop CS5 的出现，就快速解决了这一问题。就算是只拍摄了黑白照片，也可以应用软件中的相关命令和功能、快速地将黑白照片转换为彩色照片。Photoshop 为了便于用户为黑白照片上色，提供了多种不同的具体操作方法。

核心知识 1 使用“历史记录”面板上色

“历史记录”面板的主要作用是对图像的操作进行记录。在编辑图像时，对当前图像进行的所有操作都将存储于“历史记录”面板中。通过单击面板中的相应操作步骤，可以对图像进行快速还原。“快照”是“历史记录”面板中的重要功能，可以创建图像任何状态的临时副本，常用于黑白图像的

上色处理。

选择“窗口”→“历史记录”命令，打开“历史记录”面板，如图 8-44 所示。单击面板下方的“创建新快照”按钮，即可将当前操作中的图像创建为新的快照，如图 8-45 所示。此时将原图像默认为下一快照并以图像名称命名，而新建的快照就以快照 1、快照 2 的顺序依次命名。图 8-46 所示为新建的“快照 1”。

图 8-44

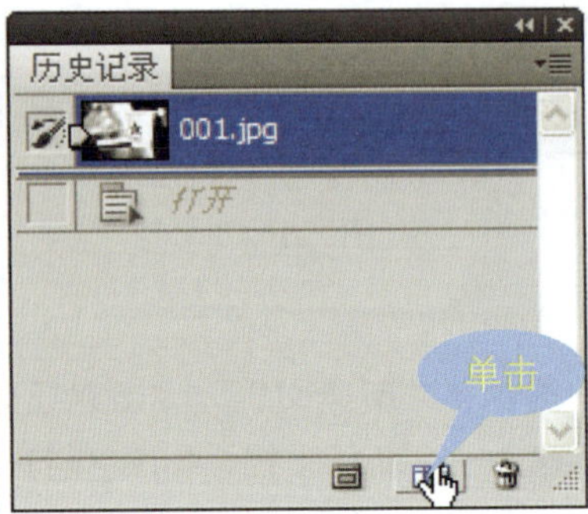

图 8-45

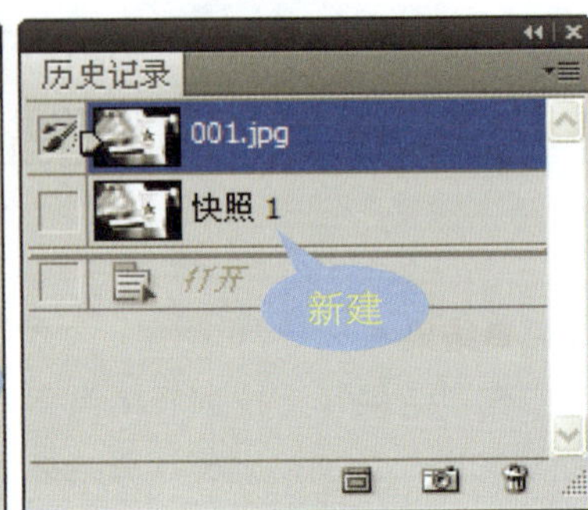

图 8-46

打开一幅素材图像，如图 8-47 所示。通过应用调整命令对图像进行颜色的调整后，应用“历史记录”面板记录所有的操作，并依次创建快照。然后结合“历史记录画笔工具”在图像上涂抹，即可为黑白图像着色，效果如图 8-48 所示。

图 8-47

图 8-48

核心知识 2　使用“渐变工具”着色

Photoshop 中的“渐变工具”可以创建多种颜色间的逐渐混合。渐变叠加技术通过应用彩色渐变产生明显或微妙的着色效果。打开需要设置的素材图像，如图 8-49 所示，单击“图层”面板底部的“创建新的填充或调整图层”按钮，在打开的菜单中选择“渐变”命令，如图 8-50 所示。

打开“渐变填充”对话框，在对话框中单击“渐变”右侧的下拉按钮，可以在打开的列表中选择要设置的渐变色，如图 8-51 所示，或单击“渐变色条”，打开如图 8-52 所示的“渐变编辑器”对话框，在对话框中根据需要重新编辑渐变颜色，设置后单击“确定”按钮，则将关闭此对话框，返回“渐变填充”对话框中。

图 8-49

图 8-50

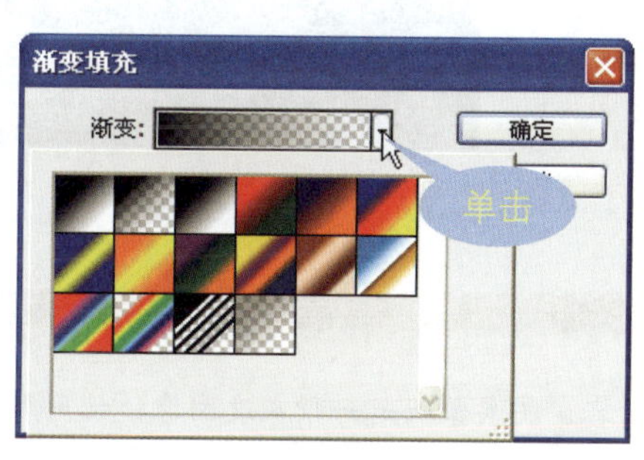

图 8-51

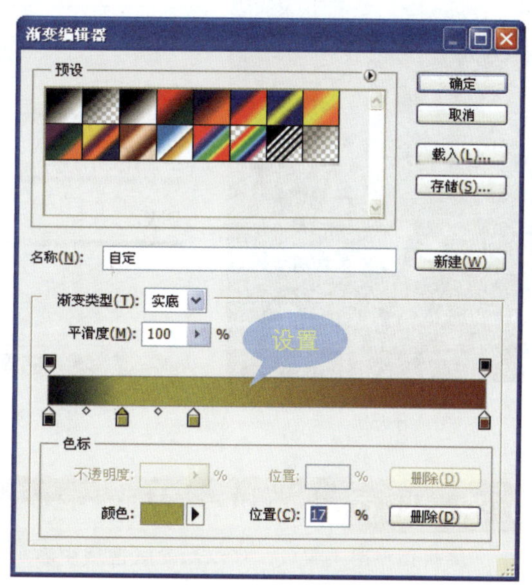

图 8-52

单击“渐变填充”对话框右侧的“确定”按钮，在“图层”面板中将创建一个“渐变填充 1”调整图层，如图 8-53 所示。此时，通过更改图层的混合模式，即可完成黑白照片的着色，如图 8-54 所示。

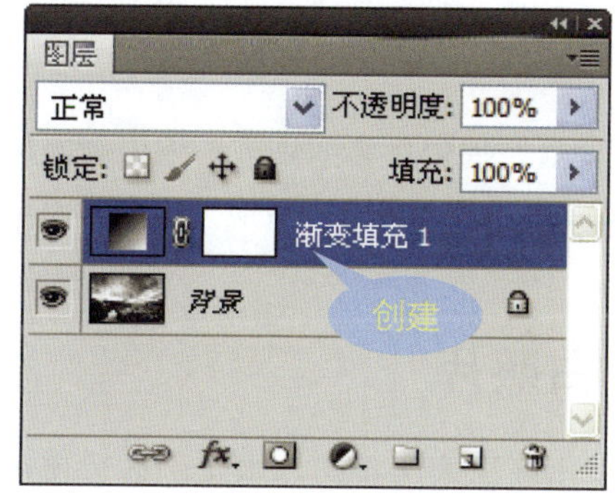

图 8-53

图 8-54

核心知识 3　应用“色相/饱和度”命令着色

“色相/饱和度”命令可以调整图像中特定颜色范围的色相、饱和度和亮度，而且应用“色相/饱和度”命令可以为照片快速着色。任意打开一张黑白照片，如图 8-55 所示，单击“图层”面板底部的“创建新的填充或调整图层”按钮，在打开的菜单中选择“色相/饱和度”命令，或选择“图层”→“新建调整图层”→“色相/饱和度”命令，打开“调整”面板，如图 8-56 所示。在面板中勾选“着色”复选框后，通过设置“色相”、“饱和度”和“明度”选项，为照片添加颜色，如图 8-57 所示。

图　8-55

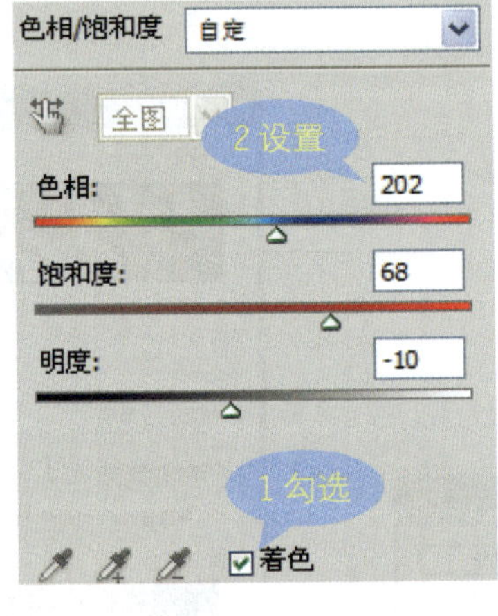

图　8-56

图　8-57

知识补充

编辑调整图层蒙版，可以向蒙版区域中添加或减去内容。图层蒙版是一种灰度图像，使用黑色画笔在蒙版中涂抹，会隐藏涂抹区域；使用白色画笔涂抹，则会显示隐藏的图像区域。

8.4 应用与提高

良好的黑白照片转换可使照片中特定图像的纹理更加明显，提供更多的细节，增强画面的视觉冲击力。Photoshop CS5 中可以通过多种方式在彩色照片和黑白照片之间进行转换，用户可以根据图像选择合适的方式进行照片转换。

典型案例 1　制作层次分明的黑白照片

与彩色照片相比，黑白照片更具有表现力，更能表现出画面的层次感。本实例通过使用“去色”命令，快速转换为黑白照片，并结合调整命令修整图像，制作出层次分明的黑白照片，具体操作步骤如下。

★素材文件：随书光盘\素材\8\01.jpg
★最终文件：随书光盘\源文件\8\制作层次分明的黑白照片.psd

步骤 1　复制“背景”图层 打开随书光盘\素材\8\01.jpg，选择“背景”图层，并将其拖动至“创建新图层”按钮上，复制得到“背景副本”。	**步骤 2　去掉图像的颜色** 选择“图像”→“调整”→“去色”命令，将彩色照片转换为黑白效果。

步骤 3　设置“色阶” 单击“调整”面板中的“创建新的色阶调整图层”图标，在打开的面板中依次设置色阶值为 19、1.26、253。	**步骤 4　查看图像效果** 在“调整”面板中对色阶参数进行设置后，应用设置的参数调整图像。
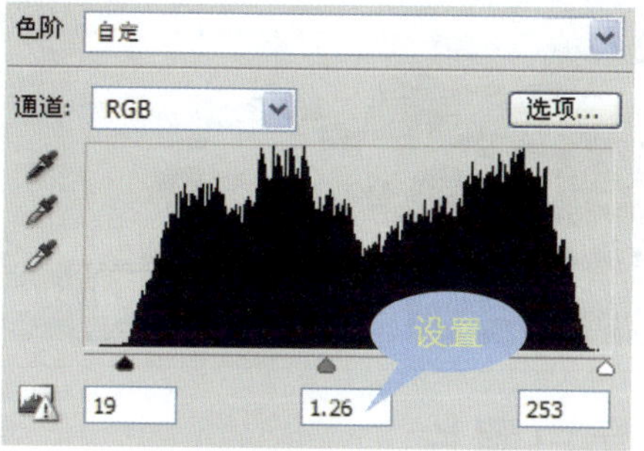	
步骤 5　“亮度/对比度” 单击“调整”面板中的“创建新的亮度/对比度调整图层”图标，在打开的面板中设置“亮度”为-3，“对比度”为 14。	**步骤 6　查看图像效果** 在“调整”面板中设置“亮度”和“对比度”后，应用设置的参数调整图像影调。

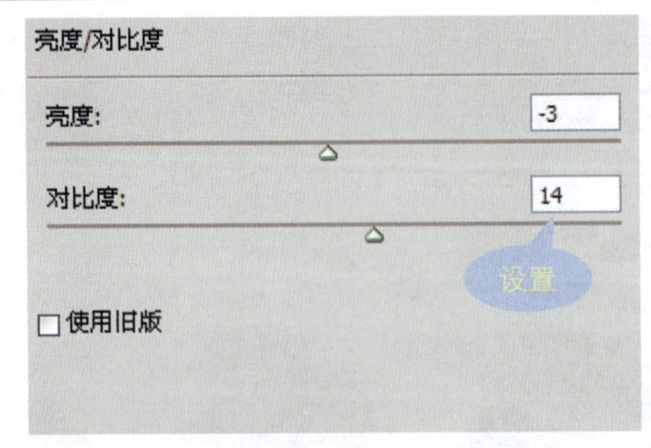

步骤 7　盖印图层

单击“图层”面板下方的“创建新图层”按钮 ，新建“图层 1”，按快捷键〈Ctrl+Shift+Alt+E〉，盖印图层。

步骤 8　锐化图像边缘

选择“滤镜”→“锐化”→“锐化边缘”命令，应用“锐化边缘”滤镜锐化图像。

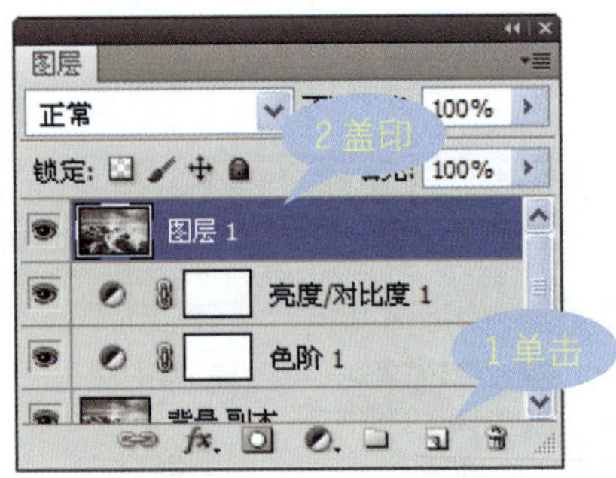

步骤 9　设置“色阶”

单击“调整”面板中的“创建新的色阶调整图层”图标，在打开的面板中单击“色阶”下拉按钮，在打开的下拉列表中选择“增加对比度 1”选项。

步骤 10　编辑图层蒙版

选择“色阶 2”图层蒙版，设置前景色为黑色，选择柔角画笔，在石头图像上涂抹，还原其亮度。至此，完成本实例的制作。

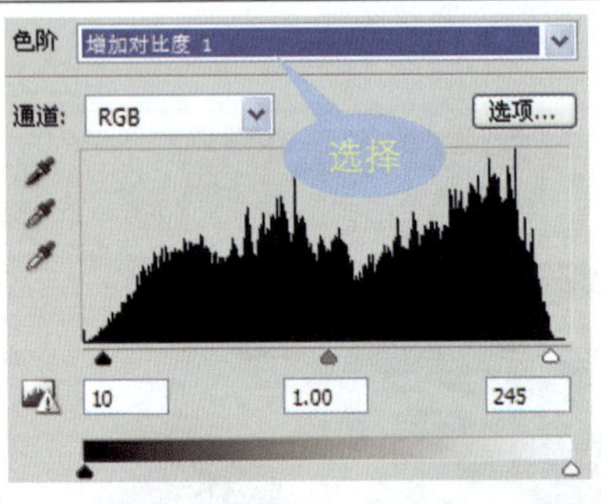

典型案例 2　制作高对比度的黑白照片

在照片上通过添加一个可以覆盖图像的“渐变映射”调整图层，可快速制作高对比度的黑白照片。在创建“渐变映射”调整图层时，可以根据需要应用“渐变编辑器”设置渐变颜色，控制最终的图像效果。本实例将详细介绍高对比度黑白照片的制作，具体操作步骤如下。

★素材文件：随书光盘\素材\8\02.jpg
★最终文件：随书光盘\源文件\8\制作高对比度的黑白照片.psd

步骤 1　复制“背景”图层	**步骤 2　单击渐变条**	**步骤 3　设置渐变颜色**
打开随书光盘\素材\8\02.jpg，选择“背景”图层，并将其拖动至“创建新图层”按钮上，复制得到“背景副本”。	单击“调整”面板中的“创建新的渐变映射调整图层”图标，在打开的面板中单击“渐变映射”下方的渐变条。	打开“渐变编辑器”对话框，在对话框中拖动对话框下方的渐变滑块，调整渐变颜色，完成后单击“确定”按钮。
	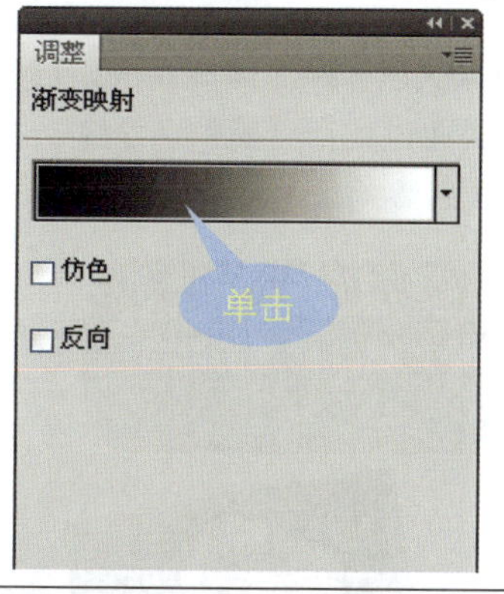	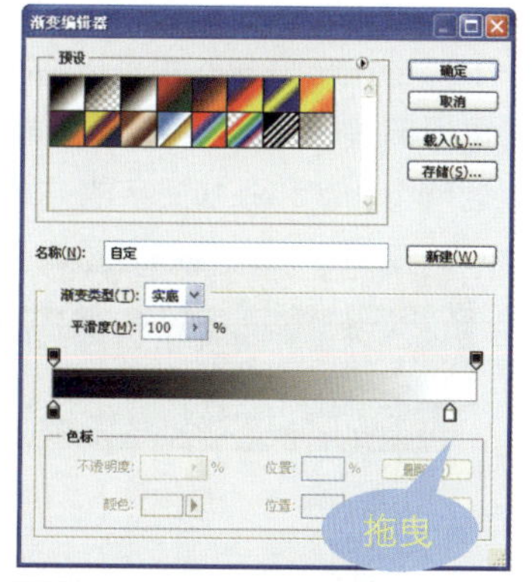
步骤 4　勾选“仿色”复选框	**步骤 5　选取多个图层**	**步骤 6　盖印选定图层**
返回“调整”面板，勾选“仿色”复选框，创建“渐变映射1”调整图层。	按住〈Shift〉键不放，单击“渐变映射 1”和“背景副本”图层，将两个图层同时选中。	按快捷键〈Ctrl+Shift+E〉，盖印所选的两个图层，得到“渐变映射 1（合并）”图层。
	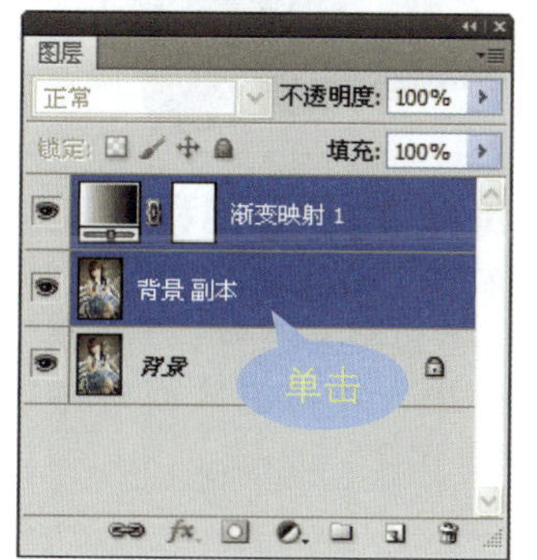	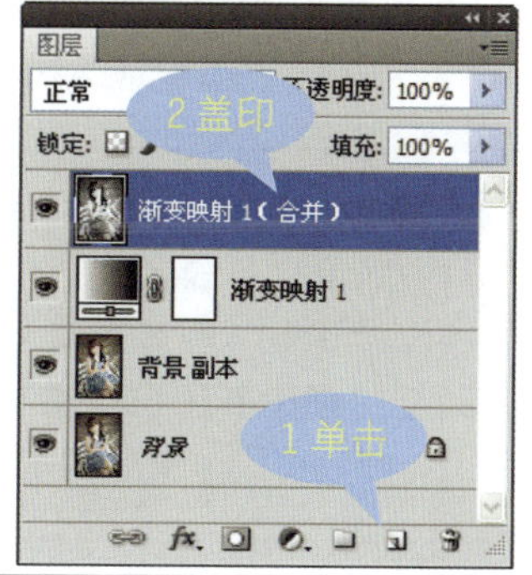

步骤 7　设置“色阶”	步骤 8　查看效果	步骤 9　编辑图层蒙版
单击“调整”面板中的“创建新的色阶调整图层”图标，在打开的面板中单击“色阶”下拉按钮，在打开的下拉列表中选择“增加对比度 1”选项。	在“调整”面板中设置色阶参数后，应用设置的参数值，增强图像的对比度。	选择“色阶 1”图层蒙版，应用柔角画笔，在人物右脸及右肩过亮区域涂抹，降低亮度。至此，完成本实例的制作。
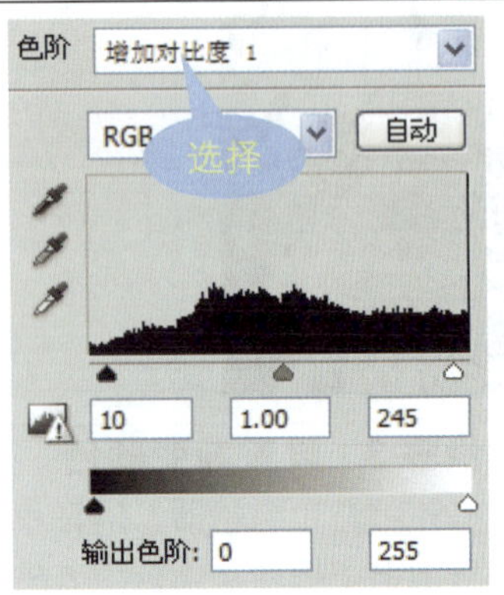		

典型案例 3　设置更有创意的黑白照片

在 Photoshop 中可以将整个图像快速转换为黑白效果，也可以对照片中的部分图像进行调整，设置局部黑白效果。在本实例中，主要通过应用“黑白”命令，将彩色图像转换为黑白照片，然后通过调整饱和度和添加文字的方式，完成最终的黑白照片效果，具体操作步骤如下。

★素材文件：随书光盘\素材\8\03.jpg、04.psd

★最终文件：随书光盘\源文件\8\设置更具创意的黑白照片.psd

步骤 1　复制“背景”图层	步骤 2　设置饱和度	步骤 3　查看图像效果
打开随书光盘\素材\8\03.jpg，选择“背景”图层，并将其拖动至“创建新图层”按钮上，复制得到“背景副本”。	单击“调整”面板中的“创建新的色相/饱和度调整图层”图标，在打开的面板中设置“饱和度”为+31。	在“调整”面板中设置“饱和度”后，退出面板，应用设置的参数，增加图像的饱和度。

	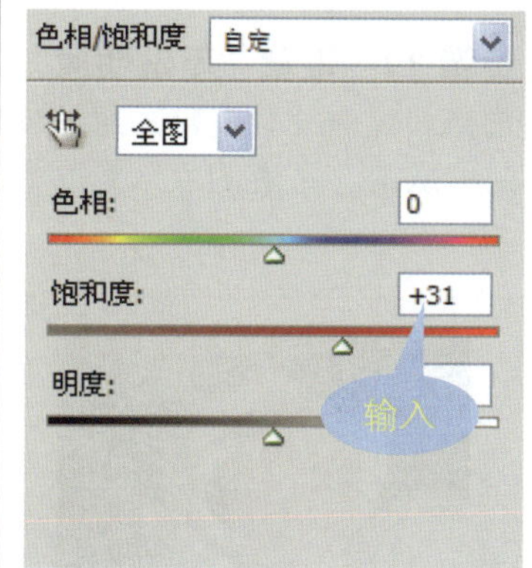	
步骤 4　盖印图层 单击“图层”面板底部的“创建新图层”按钮，新建“图层 1”，按快捷键〈Ctrl+Shift+Alt+F〉，盖印图层。	**步骤 5　设置“黑白”效果** 单击“调整”面板中的“创建新的黑白调整图层”图标，创建“黑白 1”调整图层，然后在打开的面板中设置各项参数。	**步骤 6　转换为黑白图像** 在“图层”面板中创建“黑白 1”调整图层后，将原图像转换为黑白照片效果。
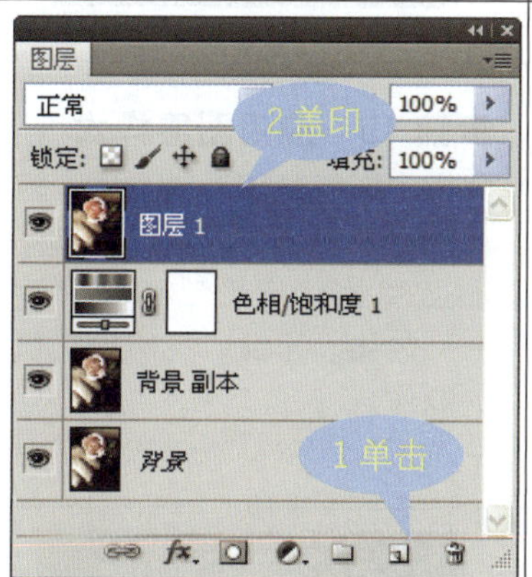	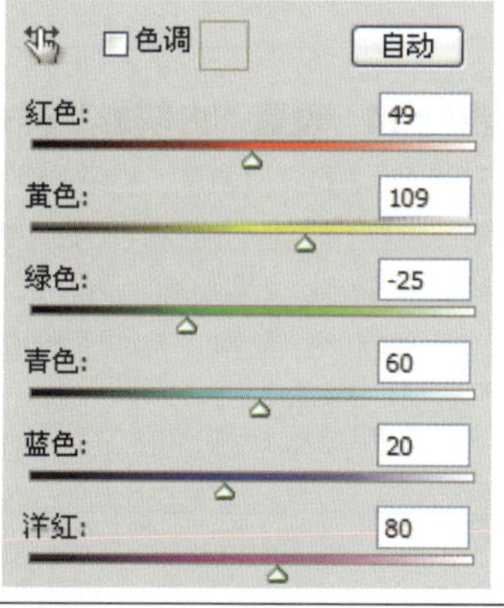	
步骤 7　编辑图层蒙版 选择“黑白 1”图层蒙版，应用柔角画笔，在玫瑰花上涂抹，还原玫瑰花的颜色。	**步骤 8　载入图层** 按住〈Ctrl〉键不放，单击“黑白 1”调整图层，将该图层载入到选区中。	**步骤 9　创建图层** 单击“调整”面板中的“创建新的黑白调整图层”图标，创建“黑白 2”调整图层，然后在面板中设置各项参数。
		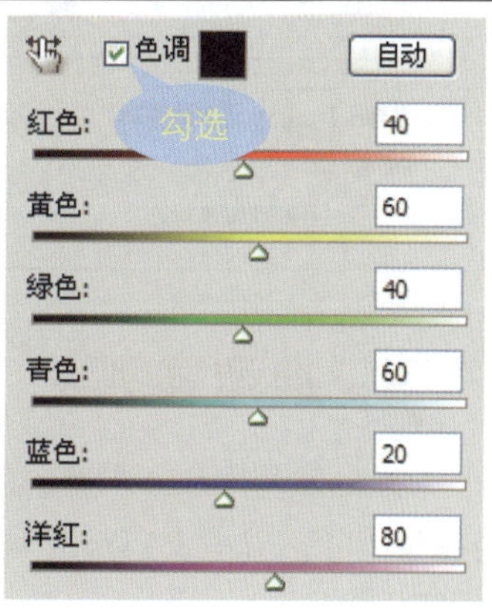

步骤 10　查看图像效果

在“图层”面板中创建“黑白 2”调整图层后，将原图像转换为黑白照片效果。

步骤 11　设置“不透明度”

选择“黑白 2”调整图层，将此图层的“不透明度”更改为50%。

步骤 12　打开并移动图像

打开随书光盘\素材\8\04.psd文字素材，然后将打开的文字移至玫瑰花下方。

步骤 13　设置“投影”样式

选择“图层”→“图层样式”→“投影”命令，打开“图层样式”对话框。在选择的“投影”选项下设置“不透明度”为 60%，“距离”和“大小”均为 5 像素。

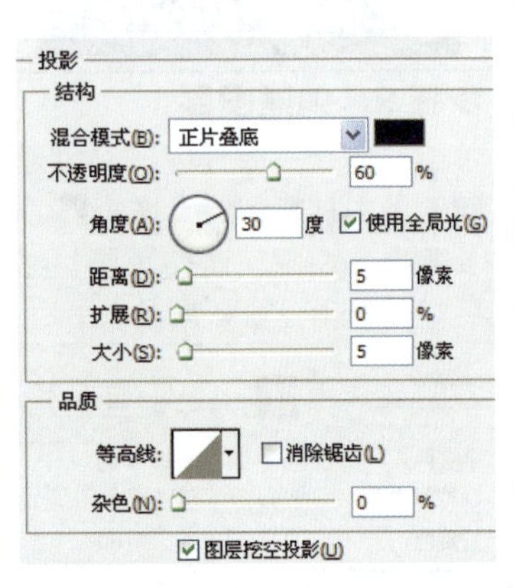

步骤 14　设置“内阴影”样式

勾选对话框左侧的“内阴影”复选框，设置“不透明度”为10%，设置“距离”和“大小”均为 5 像素，完成后单击“确定”按钮。

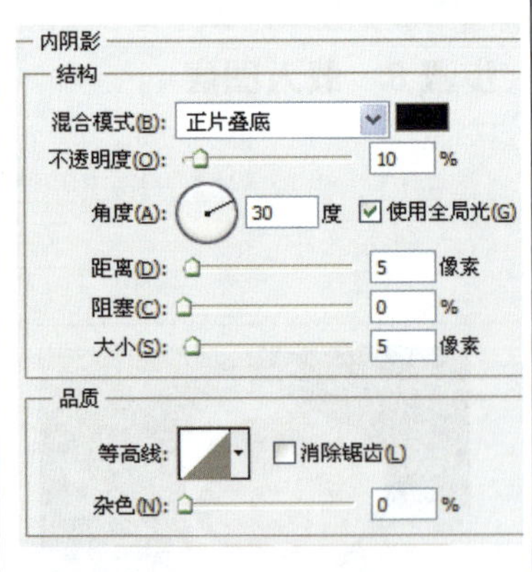

步骤 15　应用图层样式

关闭“图层样式”对话框，应用设置的图层样式，为文字添加逼真的“投影”和“内阴影”效果。至此，完成本实例的制作。

典型案例 4　快速转换为彩色照片

为黑白照片添加上丰富的颜色，可以使单一的图像变得更加漂亮。本实例将详细介绍如何应用“色相/饱和度”命令对打开的黑白图像进行区域上色，将其原来的黑白图像转换为彩色图像效果，具体操作步骤如下。

★素材文件：随书光盘\素材\8\05.jpg

★最终文件：随书光盘\源文件\8\快速转换为彩色照片.psd

步骤 1　打开素材 打开随书光盘\素材\8\05.jpg，打开后显示黑白的照片效果。	步骤 2　设置“色相/饱和度” 单击“调整”面板中的“创建新的色相/饱和度调整图层”图标，勾选“着色”复选框，设置“色相”为 107，“饱和度”为 53。
	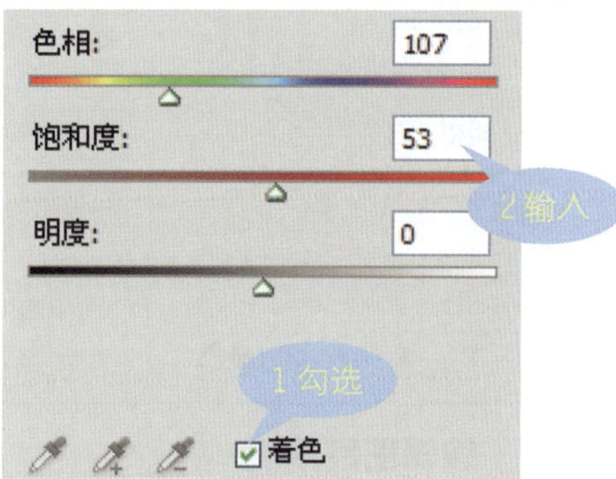
步骤 3　查看图像效果 在“调整”面板中设置“色相/饱和度”后，应用设置的参数值，为图像添加颜色。	步骤 4　编辑图层蒙版 选择“色相/饱和度 1”图层，应用黑色柔角画笔在箱子图像上涂抹，去除涂抹区域的颜色。

步骤 5　载入图层选区 按住〈Ctrl〉键不放，单击“色相/饱和度 1”图层，将该图层载入到选区中。	步骤 6　反选选区 选择“选择”→“反向”命令，或按快捷键〈Ctrl+Shift+I〉，反选选区。

步骤 7　设置“色相/饱和度”

单击“调整”面板中的“创建新的色相/饱和度调整图层”图标，勾选“着色”复选框，设置“色相”为 36，“饱和度”为 48。

步骤 8　查看图像效果

在“调整”面板中设置“色相/饱和度”后，应用设置的参数值，为图像添加颜色。

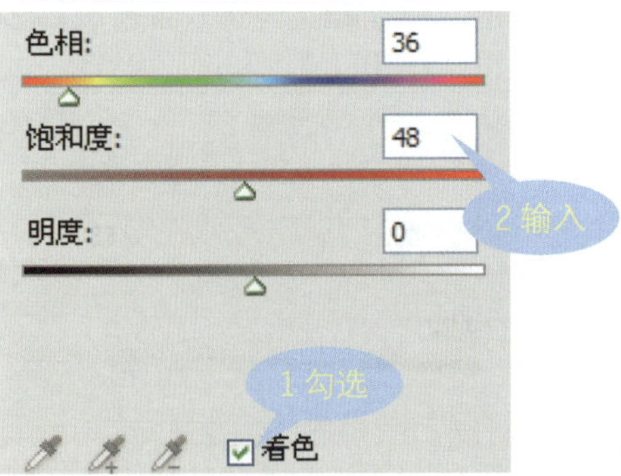

步骤 9　编辑图层蒙版

选择“色相/饱和度 2”图层，应用黑色柔角画笔在箱子中间的叶子图像上涂抹，去除涂抹区域的颜色。

步骤 10　设置“色相/饱和度”

单击“调整”面板中的“创建新的色相/饱和度调整图层”图标，勾选“着色”复选框，设置“饱和度”为 95。

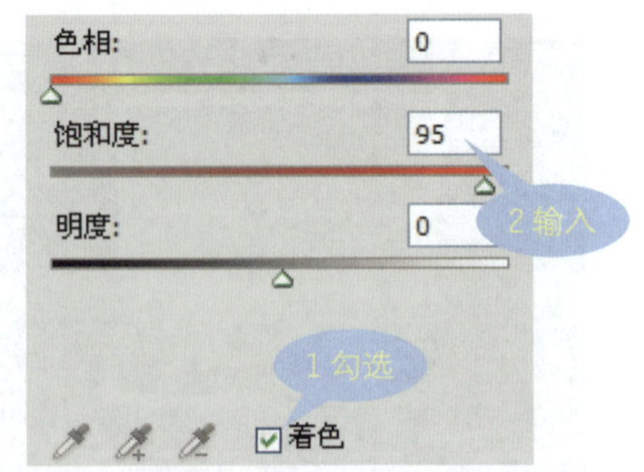

步骤 11　查看图像效果

在“调整”面板中设置“色相/饱和度”后，应用设置的参数值，为图像添加颜色。

步骤 12　编辑图层蒙版

选择“色相/饱和度 3”图层，应用黑色柔角画笔在蒙版上涂抹，只保留箱子内侧的红色。

步骤 13　设置"色相/饱和度"

单击"调整"面板中的"创建新的色相/饱和度调整图层"图标，勾选"着色"复选框，设置"色相"为 45，"饱和度"为 64。

步骤 14　查看图像效果

在"调整"面板中设置"色相/饱和度"后，应用设置的参数值，为图像添加颜色。

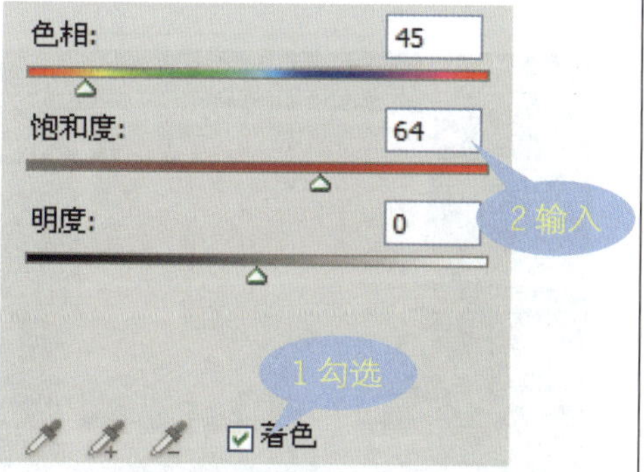

步骤 15　编辑图层蒙版

选择"色相/饱和度 4"图层，应用黑色柔角画笔在除中间叶子外的图像上涂抹，去除涂抹区域的颜色。

步骤 16　载入选区

按住〈Ctrl〉键不放，单击"色相/饱和度 1"图层，将该图层载入到选区中。

步骤 17　设置"选区"

单击"调整"面板中的"创建新的曲线调整图层"图标，创建"曲线 1"调整图层，在"调整"面板单击创建曲线点，再向下方拖动曲线点，调整曲线形状。

步骤 18　降低图像的亮度

在"调整"面板中完成曲线形状的调整后，应用设置的曲线调整图像的亮度。

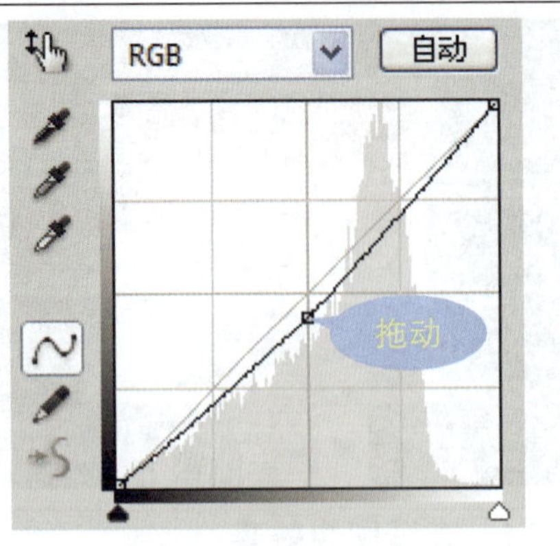

步骤 19　调整图层顺序

选择“曲线 1”图层，选择“图层”→“排列”→“后移一层”命令，将该图层移至“色相/饱和度 4”图层下方。

步骤 20　查看最终效果

根据上一步调整的图层顺序，显示调整顺序后的图像。至此，完成本实例的制作。

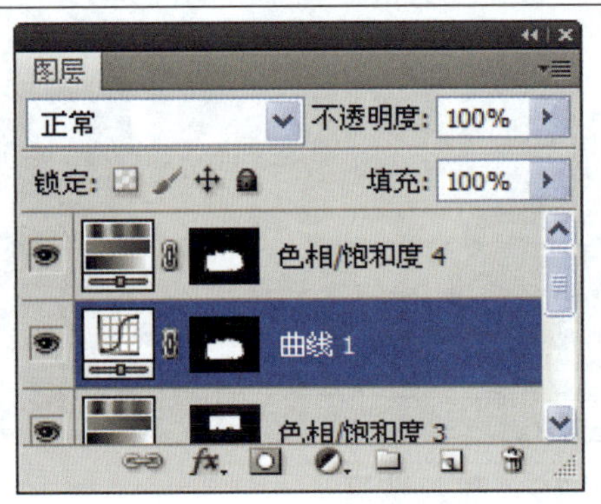

典型案例 5　精细地为黑白照片上色

通过结合快照功能和“历史记录画笔工具”，可轻松地对黑白照片进行上色。在应用快照功能为照片上色时，需要先将图像转换为 CMYK 模式，再进行照片的上色操作。本实例将介绍如何精细地为黑白照片上色，具体操作步骤如下。

★素材文件：随书光盘\素材\8\06.jpg、07.psd

★最终文件：随书光盘\源文件\8\精细地为黑白照片上色.psd

步骤 1　转换颜色模式

打开随书光盘\素材\8\06.jpg，选择“图像”→“模式”→“CMYK 颜色”命令，将图像转换为彩色模式。

步骤 2　复制图层

在“图层”面板中选择“背景”图层，将其拖动至“创建新图层”按钮上，复制得到“背景副本”图层。

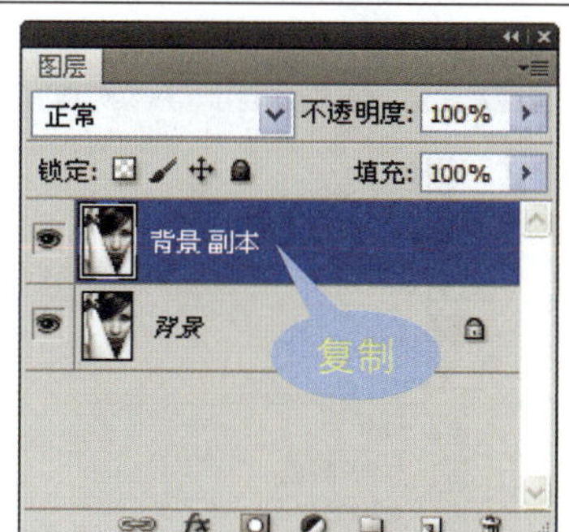

步骤 3　查看记录

选择“窗口”→“历史记录”命令，打开“历史记录”面板，在面板中记录了已经进行的所有操作。

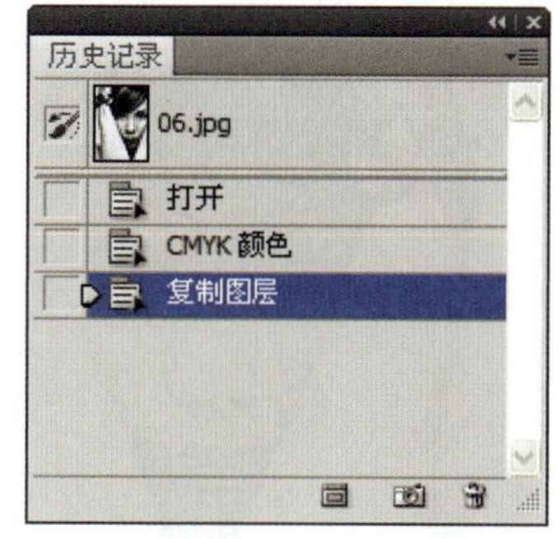

步骤 4　设置色彩平衡

选择“图像”→“调整”→“色彩平衡”命令，打开“色彩平衡”对话框。在对话框中已经选中了“中间调”单选按钮，设置“色阶”为-2、-38、-47。

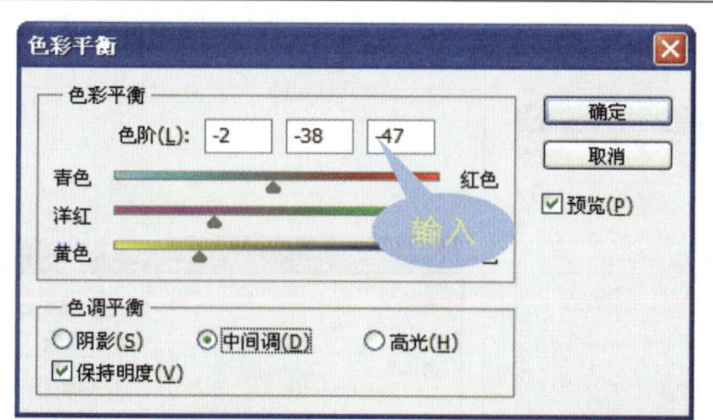

步骤 5　设置色彩平衡

选中“色彩平衡”对话框中的“阴影”单选按钮，然后将“色阶”更改为+24、-5、-34，设置完成后，单击“确定”按钮。

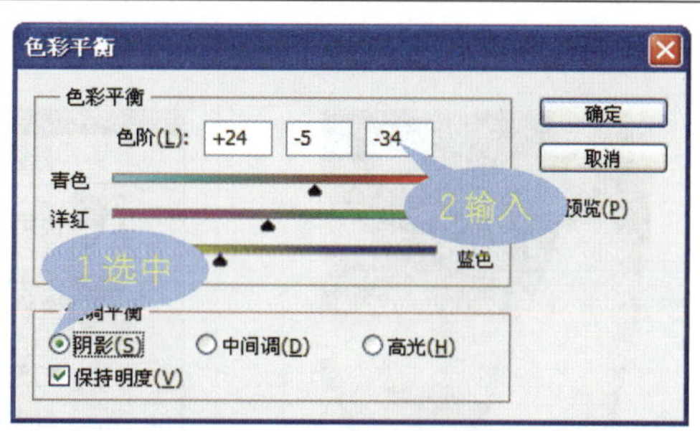

步骤 6　查看图像效果

根据前面所设置的“色彩平衡”，对原来的黑白图像进行着色。

步骤 7　创建快照

在“历史记录”面板中，单击右下角的“创建新快照”按钮，新建“快照 1”。

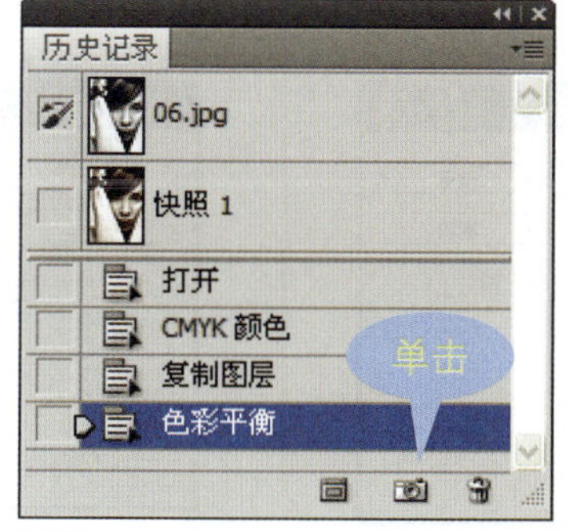

步骤 8　设置色相/饱和度

选择“图像”→“调整”→“色相/饱和度”命令，在打开的对话框中勾选“着色”复选框，设置“色相”为 18，“饱和度”为 71。

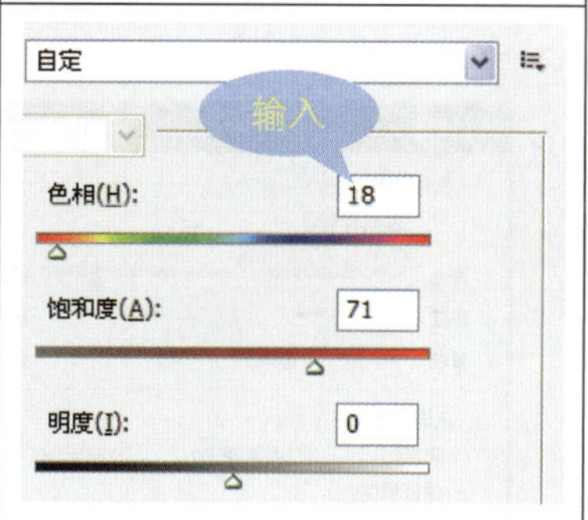

步骤 9　查看图像效果

根据上一步设置“色相/饱和度”，更改原图像的颜色饱和度。

步骤 10　创建快照

在“历史记录”面板中，单击右下角的“创建新快照”按钮，新建“快照 2”。

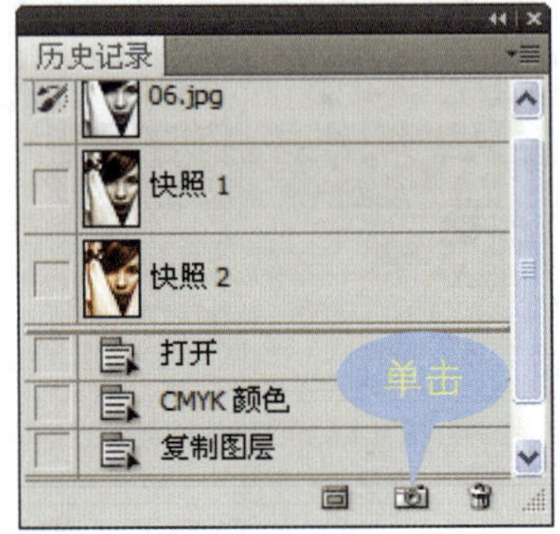

步骤 11　设置色相/饱和度

选择“图像”→“调整”→“色相/饱和度”命令，在打开的对话框中勾选“着色”复选框，设置“色相”为 18，“饱和度”为 33。

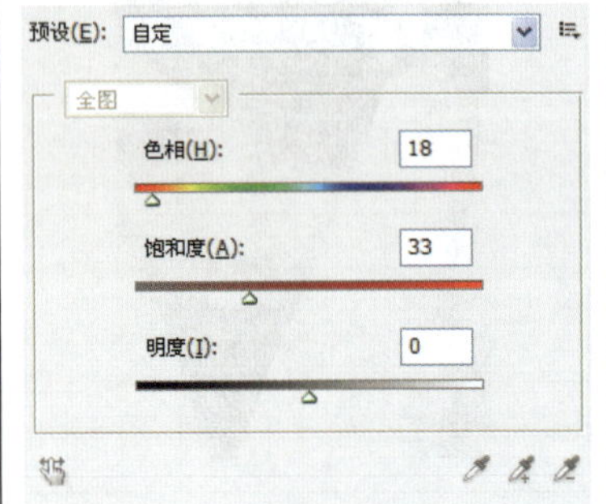

步骤 12　查看图像效果

根据上一步设置“色相/饱和度”，更改原图像的颜色饱和度。

步骤 13　创建快照

在“历史记录”面板中，单击右下角的“创建新快照”按钮，新建“快照 3”。

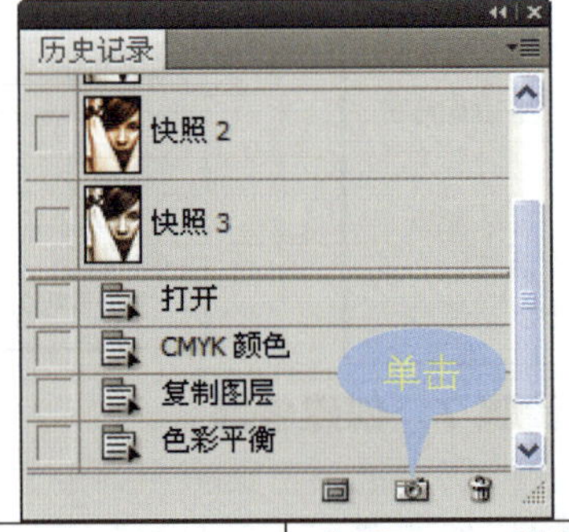

步骤 14　调整亮度/对比度

选择“图像”→“调整”→“亮度/对比度”命令，打开“亮度/对比度”对话框。设置“亮度”为 39，单击“确定”按钮，更改亮度。

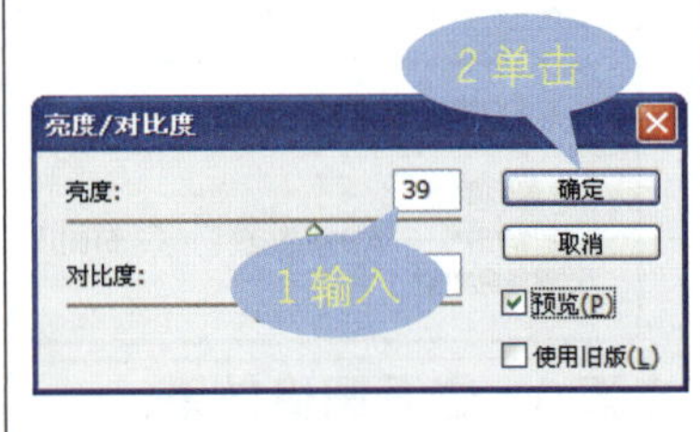

步骤 15　设置色彩平衡

选择“图像”→“调整”→“色彩平衡”命令，打开“色彩平衡”对话框。在对话框中已经选中了“中间调”单选按钮，设置“色阶”为+77、−66、−35。

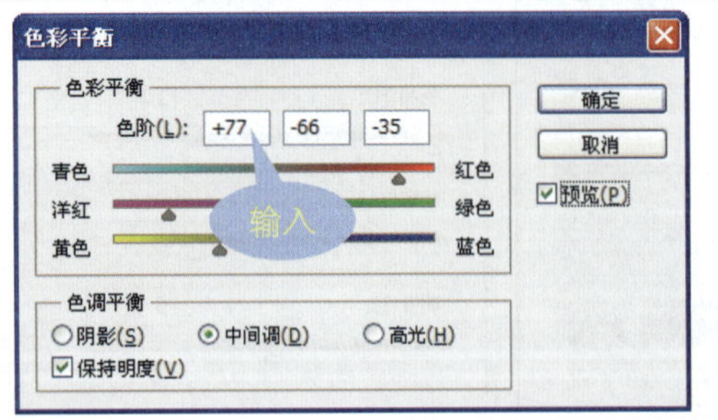

步骤 16　设置色彩平衡

选中“色彩平衡”对话框中的“阴影”单选按钮，然后将“色阶”更改为+94、−59、+12，设置完成后，单击“确定”按钮。

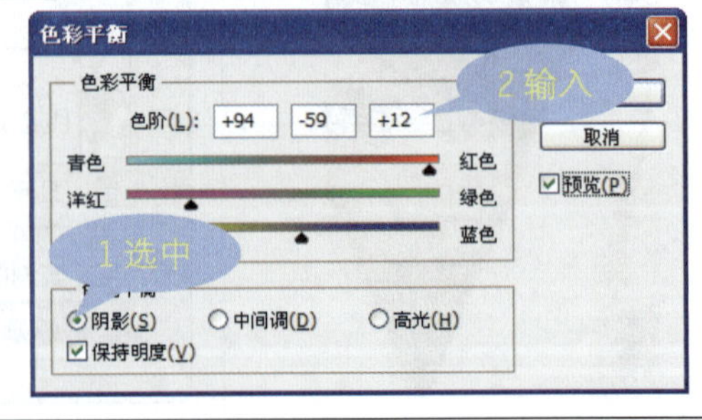

步骤 17　查看图像效果 根据前面所设置的"色彩平衡"，对原来的黑白图像进行着色。	步骤 18　创建快照 在"历史记录"面板中，单击右下角的"创建新快照"按钮，新建"快照 4"。	步骤 19　定位快照 在"历史记录"面板中单击"快照 4"，然后将"历史记录画笔"图标放在"快照 1"上。
	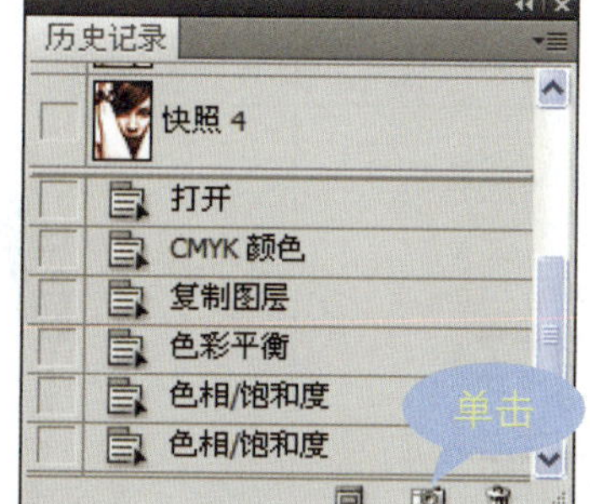	
步骤 20　在图像上涂抹 单击工具箱中的"历史记录画笔"按钮，按[或]键调整画笔大小，然后使用该工具在图像中人物的皮肤上涂抹。	步骤 21　添加颜色 适当调整画笔的"不透明度"和"流量"，继续在人物图像上涂抹，被涂抹后的区域显示皮肤颜色。	步骤 22　单击"快照 2" 在"历史记录"面板中单击"快照 4"，再将历史记录画笔图标放在"快照 2"上。
		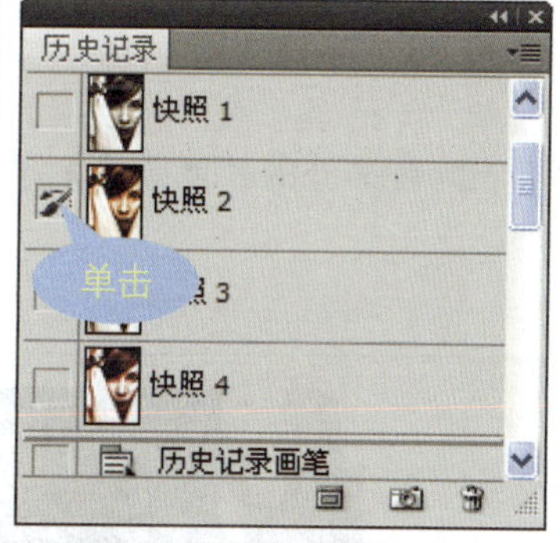
步骤 23　涂抹发丝和首饰 使用"历史记录画笔工具"在人物的首饰上涂抹，显示发丝和首饰颜色。	步骤 24　单击"快照 3" 在"历史记录"面板中单击"快照 4"，再将历史记录画笔图标放在"快照 3"上。	步骤 25　继续涂抹头发 使用"历史记录画笔工具"在人物的头发上涂抹，显示发丝颜色。
	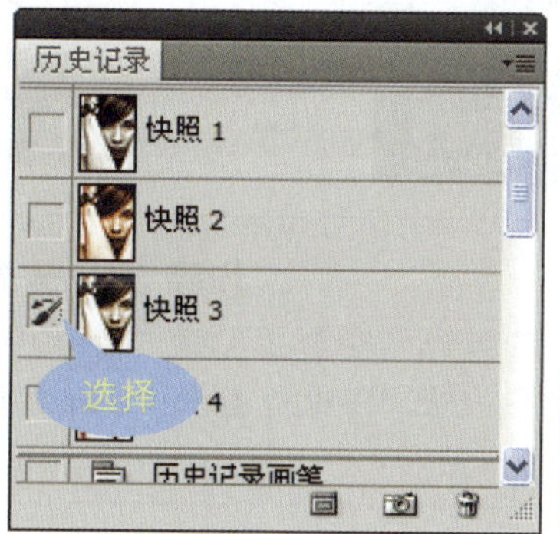	

步骤 26　设置"色相/饱和度"

返回至"图层"面板，单击"调整"面板中的"创建新的色相/饱和度调整图层"图标。然后勾选"着色"复选框，设置"色相"为 305，"饱和度"为 79。

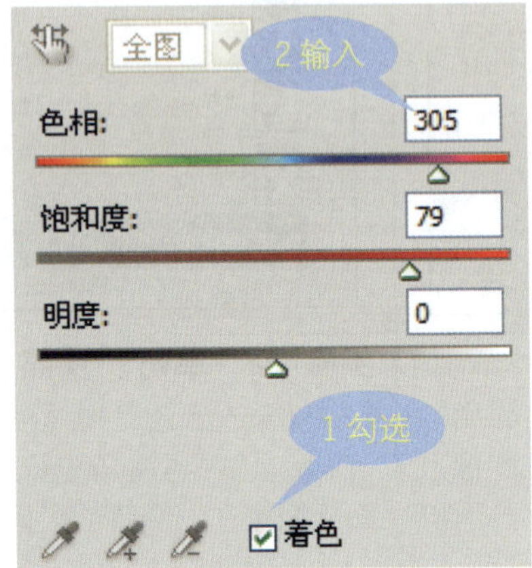

步骤 27　查看图像效果

根据上一步设置"色相/饱和度"，更改原图像的颜色饱和度。

步骤 28　涂抹去除颜色

选择"色相/饱和度 1"图层，应用黑色柔角画笔在除首饰外的其他区域涂抹，去除涂抹区域的颜色。

步骤 29　调整图像亮度

单击"调整"面板中的"创建新的亮度/对比度调整图层"图标，创建"亮度/对比度 1"调整图层，在打开的面板中设置"亮度"为 5，"对比度"为-17。

步骤 30　设置色彩平衡

单击"调整"面板中的"创建新的色彩平衡调整图层"图标，在打开的面板中设置"中间调"颜色为-100、-5、+54。

步骤 31　查看图像效果

创建"色彩平衡 1"调整图层，应用该图层调整整个图像的色调。

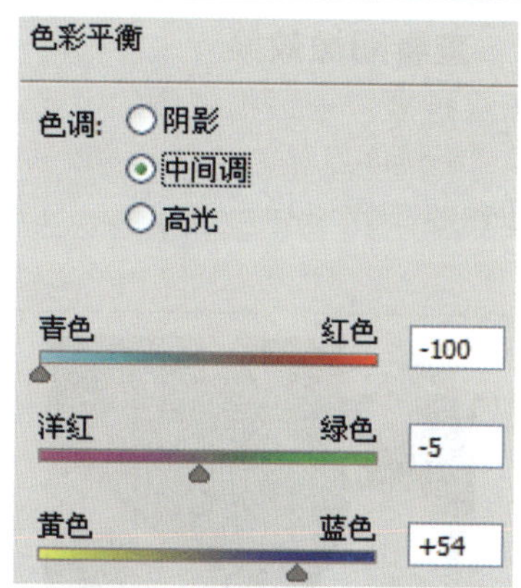

步骤 32　编辑图层蒙版

选择“色彩平衡 1”图层，应用黑色柔角画笔在除眼睛外的其他区域涂抹，保留蓝色眼睛。

步骤 33　设置色相/饱和度

单击“调整”面板中的“创建新的色相/饱和度调整图层”图标，设置“饱和度”为+16。

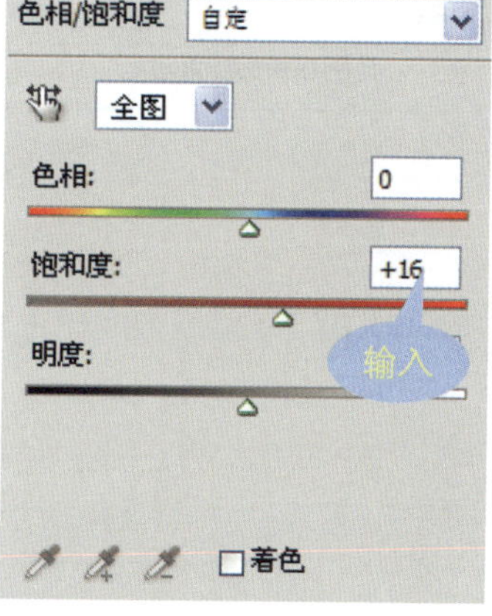

步骤 34　查看图像

根据上一步设置的“色相/饱和度”，增强整个图像的颜色饱和度。

步骤 35　打开文字素材

打开随书光盘\素材\8\07.psd 文字素材，然后将打开的文字移至人物图像左侧。

步骤 36　设置投影效样式

选择“图层”→“图层样式”→“投影”命令，在打开的对话框中设置投影的“不透明度”为 23%，“距离”为 3，“大小”为 4。

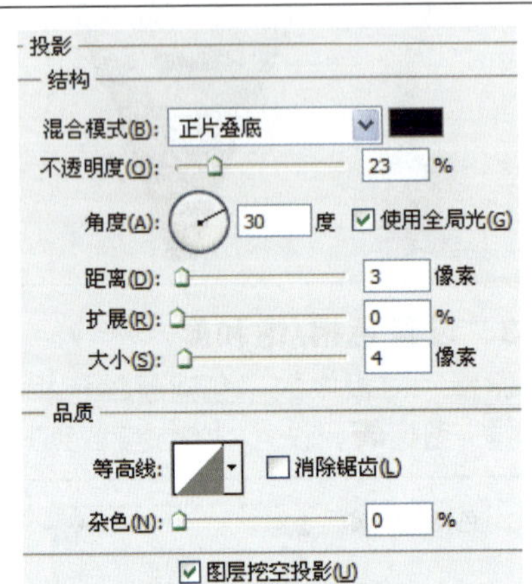

步骤 37　查看图像效果

勾选“图层样式”对话框左侧的“光泽”复选框，设置“不透明度”为 17%。设置后单击“确定”按钮，添加图层样式。至此，完成本实例的制作。

9 照片的修复与润饰

部分数码照片在拍摄时就存在问题，因此需要对图像进行修复。在Photoshop CS5中可使用相关菜单命令和工具等对图像进行修复和润饰。

本章的重要的概念有：理解不同的修复工具对图像产生的效果，常用的修复方向，了解锐化图像的方法和技巧。

本章知识点

- 对有缺陷的照片进行处理
- 消除照片蒙尘、噪点和纹理
- 数码照片的简单润饰
- 模糊照片的修复技术

9.1 对有缺陷的照片进行处理

完美的数码照片只是少数，大部分数码照片总是或多或少地存在一些瑕疵和缺陷。在 Photoshop 中包含了一组修复工具，用于修复、去除数码照片中的瑕疵，完善数码照片。

核心知识 1 使用“污点修复画笔工具”去除照片的瑕疵

“污点修复画笔工具”可对图像进行修复，该工具最大的优点就是不需要定义原点，具有自动匹配的强大功能。只要确定好要修补的图像的位置，Photoshop 即可从所修补区域的周围取样进行自动匹配。在工具箱中单击“污点修复画笔工具”按钮，查看选项栏，如图 9-1 所示。

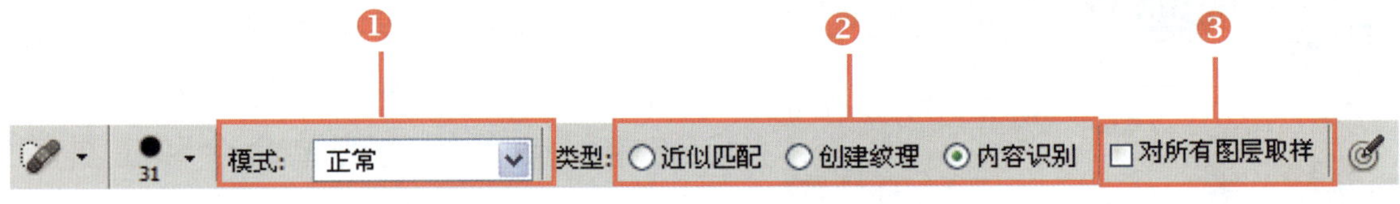

图 9-1

❶模式

“模式”下拉列表框用于指定图像与效果的合成方式，打开“模式”下拉列表框，如图 9-2 所示。打开素材图像，如图 9-3 所示，选择“正片叠底”模式，为图像去除污点，如图 9-4 所示。

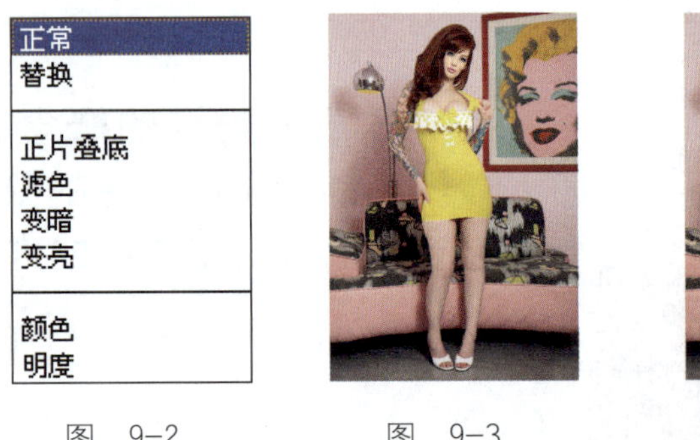

图 9-2　　图 9-3　　图 9-4

> **知识补充**
>
> “模式”下拉列表框中包含 8 种混合模式，与“图层”面板中的混合效果相同。第一组为图像的直接替换，第二组为取样图像和背景的混合叠加，第三组为使用取样图像颜色或“明度”修改原图像。

❷类型

选中“近似匹配”单选按钮，可使周围的像素修复图像，如图 9-5 所示。选中“创建纹理”单选按钮，将以纹理的质感修复图像，如图 9-6 所示。选中“内容识别”单选按钮，使用附近的相似图像内容不留痕迹地修复图像，如图 9-7 所示。

图 9-5

图 9-6

图 9-7

❸对所有图层取样

勾选“对所有图层取样”复选框，可以从所有可见图层中进行取样；取消勾选“对所有图层取样”复选框，则在当前图层中进行取样。

核心知识 2 使用“修复画笔工具”处理灰尘等瑕疵

“修复画笔工具”可用于修复图像中的瑕疵，修复后的图像不露痕迹地融合在周围图像中。“修复画笔工具”还可将取样图像的纹理、光照、透明度等和修复的图像进行匹配，使修复后的图像更显自然。在工具箱中单击“修复画笔工具”按钮，查看选项栏，如图 9-8 所示。

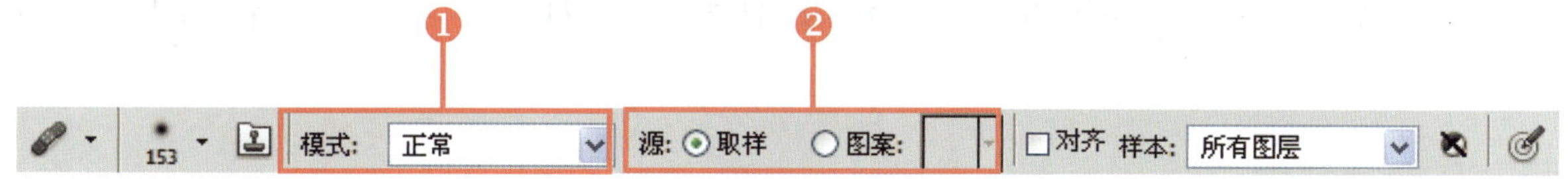

图 9-8

❶模式

“模式”下拉列表框用于设置取样图像和修复图像的混合模式。打开“模式”下拉列表框，如图 9-9 所示。选择“替换”选项，取样图像将直接替换修复图像，不做任何叠加和匹配，如图 9-10 所示。

图 9-9

图 9-10

❷源

“源”选项组用于设置替换图像的源。选中“取样”单选按钮，替换图像为取样图像；选中“图

案”单选按钮，替换图像为图案。单击下三角按钮，打开“图案拾色器”，如图 9-11 所示，使用图案修复图像，如图 9-12 所示。

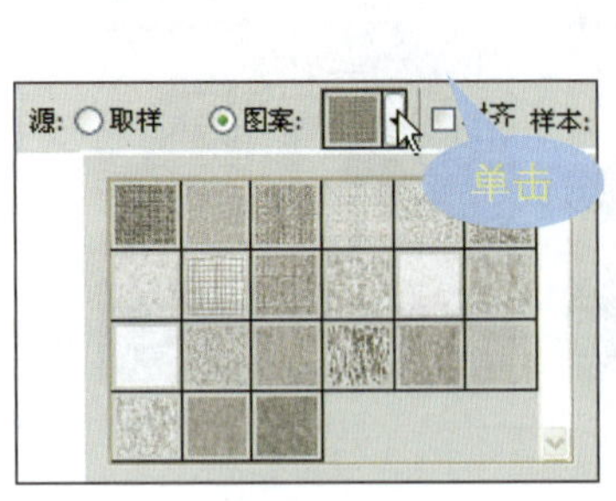

图 9-11

图 9-12

核心知识 3 使用“修补工具”精确地修补图像

“修补工具”可对图像进行区域性修复，使用图像中的其他区域或图案来修复选中区域。因此，在对图像修复前需在图像内创建一个选区。单击“修补工具”按钮，查看选项栏，如图 9-13 所示。

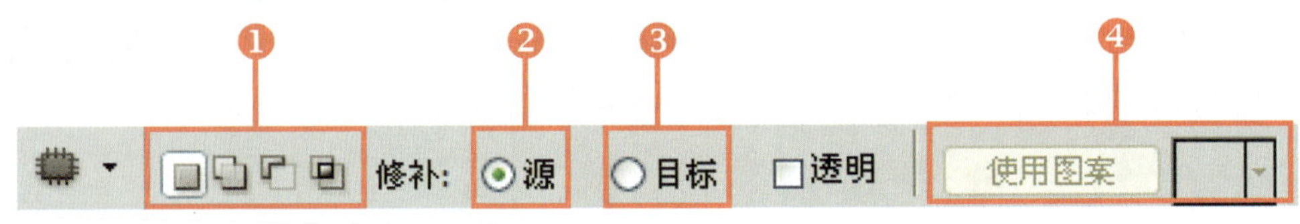

图 9-13

❶选区方式

“选区方式”选项组与其他创建选区的布尔运算相同，其中包括 4 个按钮：“新选区”、“添加到选区”、“从选区减去”、“与选区交叉”。单击“添加到选区”按钮，在图像中创建选区，如图 9-14 所示。单击“从选区减去”按钮，在图像中创建选区，如图 9-15 所示。

图 9-14

图 9-15

❷源

选中“源”单选按钮，拖动选区内图像至其他区域，将其他区域的图像作为源修补选区内图像，如图 9-16 所示。释放鼠标后，选区内图像替换为源图像，如图 9-17 所示。

图　9-16

图　9-17

❸目标

选中“目标”单选按钮，拖动选区内图像至其他区域，将选区内图像作为源修补图像内其他区域图像，如图 9-18 所示。释放鼠标后，选区内图像替换其他区域图像，如图 9-19 所示。

图　9-18

图　9-19

❹使用图案

“使用图案”按钮用于在选区内使用图案对图像进行修复。在图像中创建选区，如图 9-20 所示。单击“使用图案”按钮，使用图案修补图像，如图 9-21 所示。

图　9-20

图　9-21

技 巧 点 拨

单击“使用图案”后面的“图案拾色器”按钮，可在预设图案中选择需要的图案，也可新建图案，使用新建图案对图像进行修复。

核心知识 4　应用“仿制图章工具”修复图像

“仿制图章工具”可将图像内的图像仿制到其他区域，使用取样图像对图像进行覆盖，并与周围图像融合。单击“仿制图章工具”按钮，查看选项栏，如图 9-22 所示。

图　9-22

❶切换仿制源面板

单击“切换仿制源面板”按钮，打开“仿制源”面板，如图 9-23 所示。在面板中单击“仿制源”按钮，即可打开隐藏的仿制源，如图 9-24 所示。

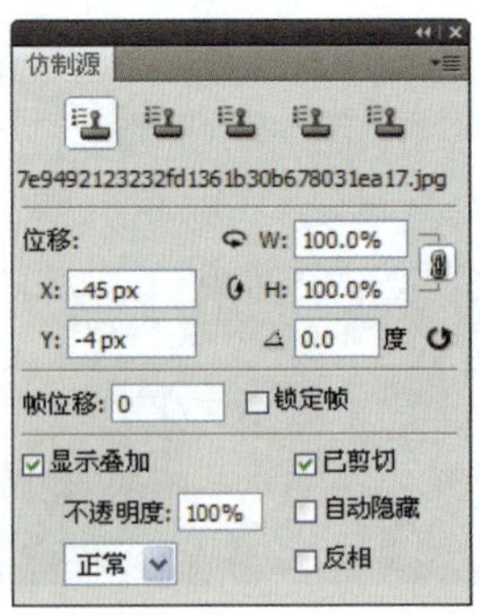

图　9-23

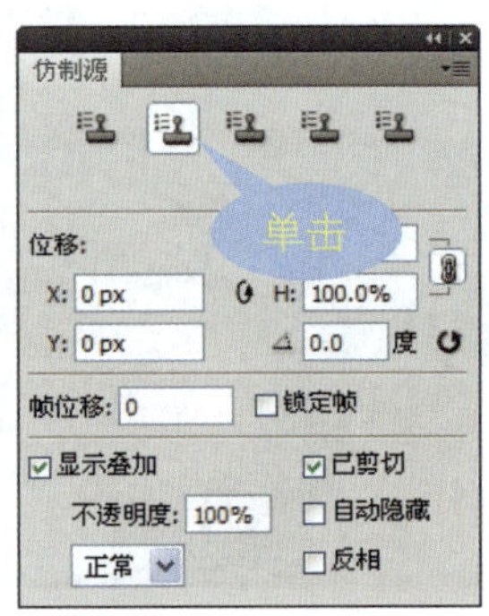

图　9-24

❷不透明度

“不透明度”下拉列表框用于设置图像覆盖时的不透明度，拖动滑块即可调整不透明度。设置“不透明度”为 20%，如图 9-25 所示。设置“不透明度”为 100%，如图 9-26 所示。

图　9-25

图　9-26

❸流量

“流量”下拉列表框用于表示应用“仿制图章工具”绘制时的压力大小。拖动滑块即可设置流量，设置的数值越大，则绘制时颜色就越深。设置“流量”为 20%，效果如图 9-27 所示。设置“流量”为 80%，如图 9-28 所示。

图 9-27

图 9-28

❹样本

“样本”下拉列表框用于设置仿制源取样的图层。打开“样本”下拉列框，包括“当前图层”、“当前和下方图层”和“所有图层”3 个选项，选择相应的选项，即可在指定的图层中进行数据取样。

核心知识 5　还原照片原本的颜色

当拍摄数码照片时，照片的颜色受到环境和光源的影响，拍摄出来的照片会有偏色现象。在 Photoshop CS5 中对照片进行颜色的校正和还原照片颜色，可使用“自动颜色”命令。打开素材图像，如图 9-29 所示，选择“图像”→“自动颜色”命令，如图 9-30 所示，即可校正照片颜色，如图 9-31 所示。

图 9-29

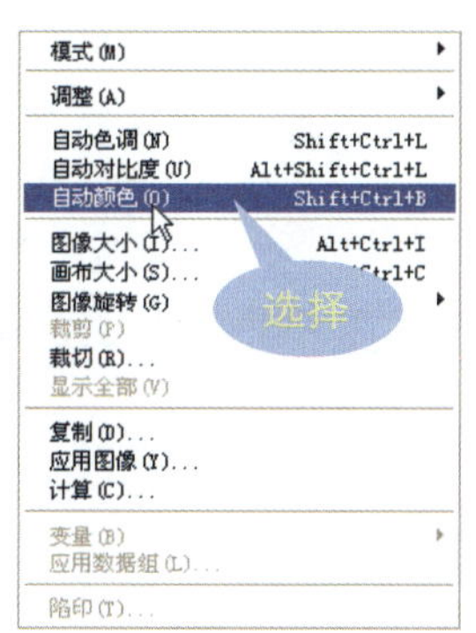

图 9-30

图 9-31

9.2 消除照片中的蒙尘、噪点和纹理

在数码照片中，蒙尘、噪点和纹理同样是数码照片的克星。虽然它们体积很小，可是分布面比较广，也影响了照片的整体质量。

核心知识 1　应用“减少杂色”滤镜

“减少杂色”滤镜主要用于减少图像中的杂色、颗粒、瑕疵等，使画面颜色更加统一，不再显得杂乱，对图像的细节进行锐化。选择“滤镜”→“杂色”→“减少杂色”命令，如图 9-32 所示，打开“减少杂色”对话框，如图 9-33 所示。

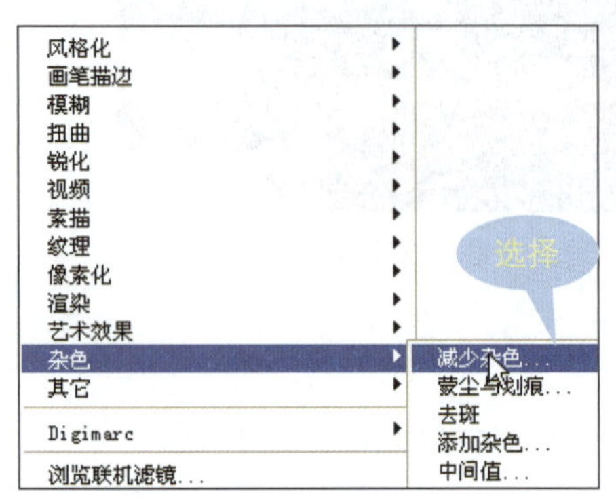

图 9-32

图 9-33

在“减少杂色”对话框中，选中“基本”单选按钮，以“基本”模式减少杂色，如图 9-34 所示。选中“高级”单选按钮，则以“高级”模式减少杂色，如图 9-35 所示。

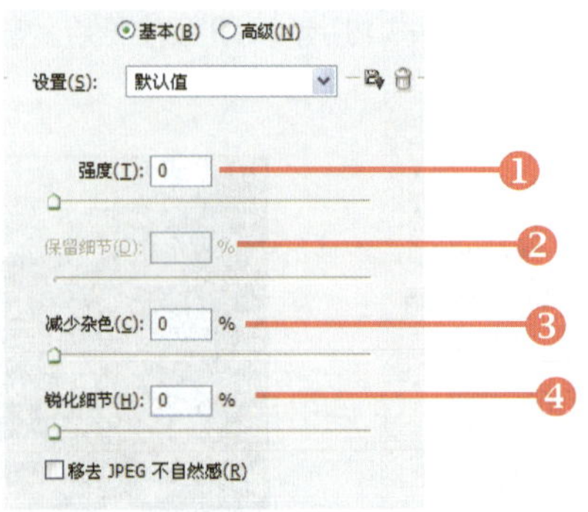

图 9-34

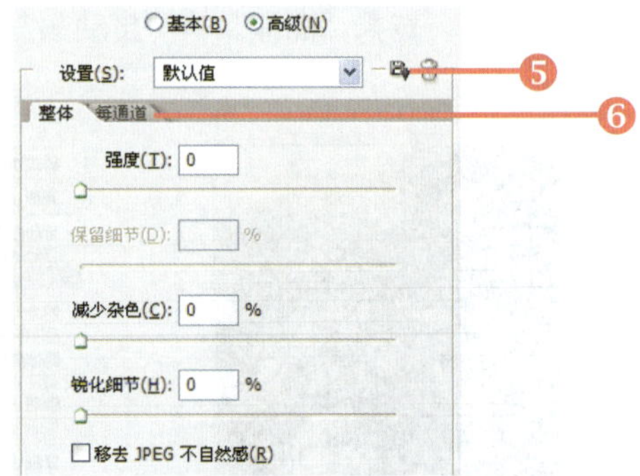

图 9-35

❶强度

“强度”选项用于设置图像中减少杂色的强度，强度范围为 0~10。当该值为 0 时，无减少杂色效果，“保留细节”选项不可用。数值越小，图像减少杂色的强度越小，如图 9-36 所示。数值越大，图像减少杂色的强度越大，如图 9-37 所示。

图 9-36

图 9-37

❷保留细节

“保留细节”选项用于设置图像细节的保留程度，数值范围为 1~100。数值越小，图像保留的细节越少。设置“保留细节”为 20%，如图 9-38 所示。数值越大，图像保留的细节越多。设置“保留细节”为 80%，如图 9-39 所示。

图 9-38

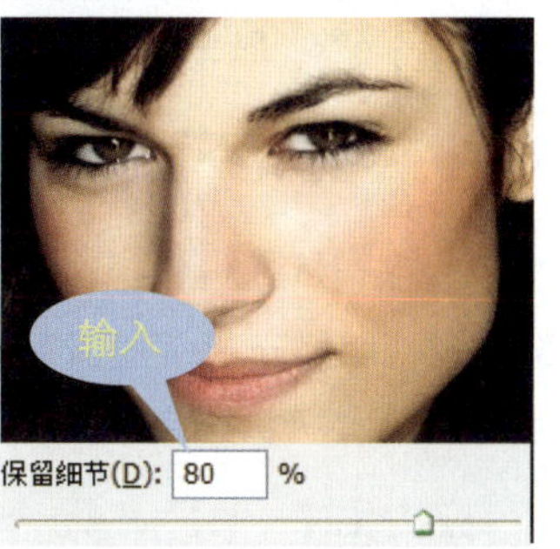

图 9-39

❸减少杂色

“减少杂色”选项用于设置图像中颜色的修减程度，当设置“减少杂色”为 0 时，图像中修减的颜色为最小限度，如图 9-40 所示。当设置“减少杂色”为 100 时，图像中修减的颜色为最大限度，如图 9-41 所示。

图 9-40

图 9-41

❹锐化细节

“减少杂色”会对图像造成一定的模糊，调整“锐化细节”可消除细节处的模糊，使图像更加清晰。拖动鼠标调整滑块，数值越小，锐化程度越小，如图 9-42 所示。数值越大，锐化程度越大，如图 9-43 所示。

图 9-42

图 9-43

❺存储设置

单击“存储当前设置的拷贝”按钮，打开“新建滤镜设置”对话框，如图 9-44 所示，在文本框中输入名称。

图 9-44

❻每通道

单击“每通道”标签，切换至“每通道”选项卡。打开“通道”下拉列表框，选择需要调整的通道，如图 9-45 所示，拖动滑块，调整“强度”和“保留细节”，如图 9-46 所示。

图 9-45　　图 9-46

核心知识 2　应用模糊滤镜

在 Photoshop CS5 中使用模糊滤镜组对图像进行模糊处理，可去除图像中的噪点，使图像更加平滑。选择“滤镜”→“模糊”命令，查看滤镜组，如图 9-47 所示。

图 9-47

❶表面模糊

“表面模糊”滤镜在保留边缘的同时模糊图像，消除杂色或粒度。“半径”选项指定模糊取样区域的大小，“阈值”选项控制相邻像素色调值与中心像素值相差多大时才能成为模糊的一部分。色调值差小于阈值的像素，则被排除在模糊之外。

打开素材图像，如图 9-48 所示，选择“滤镜”→“模糊”→“表面模糊”命令，打开“表面模糊”对话框，如图 9-49 所示。对图像进行表面模糊，如图 9-50 所示。

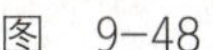

图 9-48

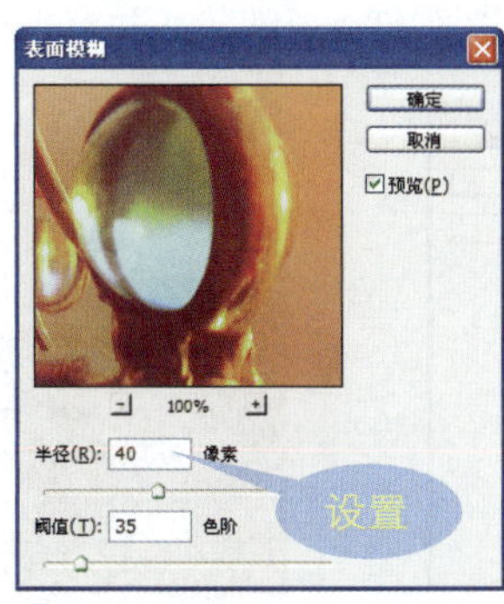

图 9-49

图 9-50

❷动感模糊

“动感模糊”滤镜是在指定方向对图像进行指定强度的模糊。选择“滤镜”→“模糊”→“动感模糊”命令，打开“动感模糊”对话框，如图 9-51 所示。对图像进行动感模糊，如图 9-52 所示，使用“动感模糊”滤镜后的图像效果类似于对一个移动的对象拍照。

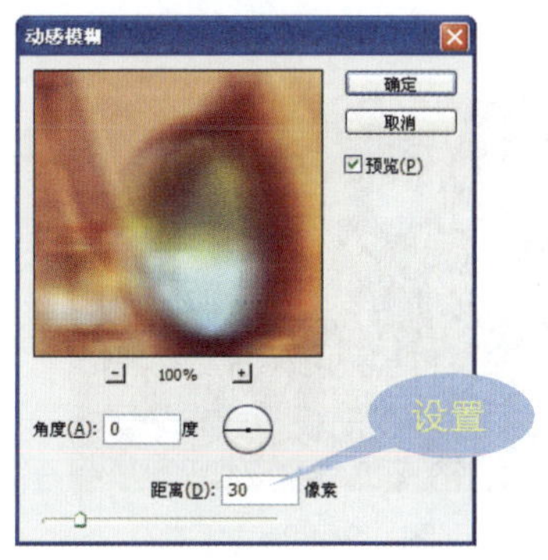

图 9-51

图 9-52

❸方框模糊

“方框模糊”滤镜是基于相邻像素的平均颜色值来模糊图像，可以用于计算指定区域像素的平均值，打开“方框模糊”对话框，如图 9-53 所示。设置“半径”越大，产生的模糊效果越好，如图 9-54 所示。

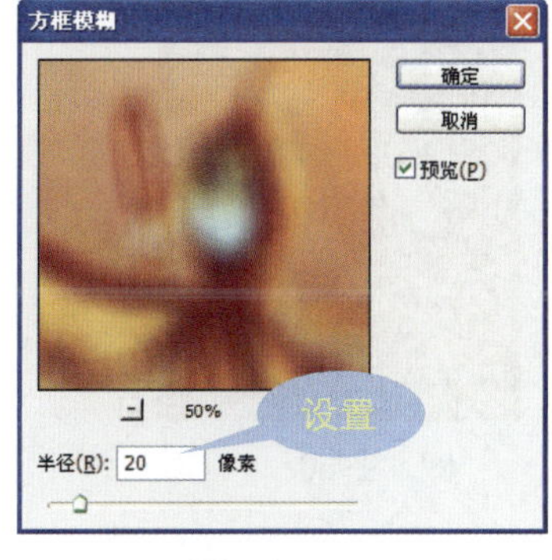

图 9-53

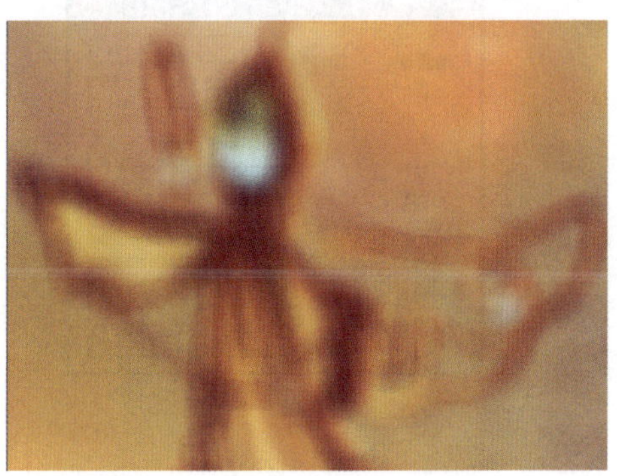

图 9-54

❹高斯模糊

“高斯模糊”滤镜可对图像进行可调整的快速模糊。高斯是指当 Photoshop 将加权平均应用于像素时生成的钟形曲线。“高斯模糊”滤镜添加低频细节，并产生一种朦胧效果。

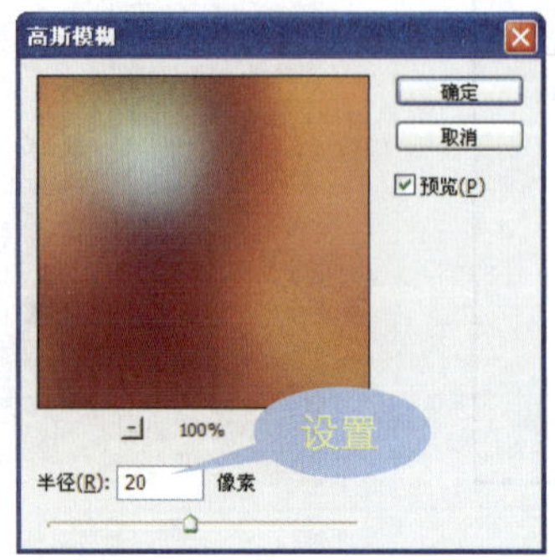

图 9-55

图 9-56

❺近一步模糊

“进一步模糊”滤镜和“模糊”滤镜的效果相同，在图像中有显著颜色变化的地方消除杂色，但是“进一步模糊”滤镜的效果比“模糊”滤镜强 3～4 倍。打开素材图像，如图 9-57 所示。执行“模糊”菜单命令，效果如图 9-58 所示。

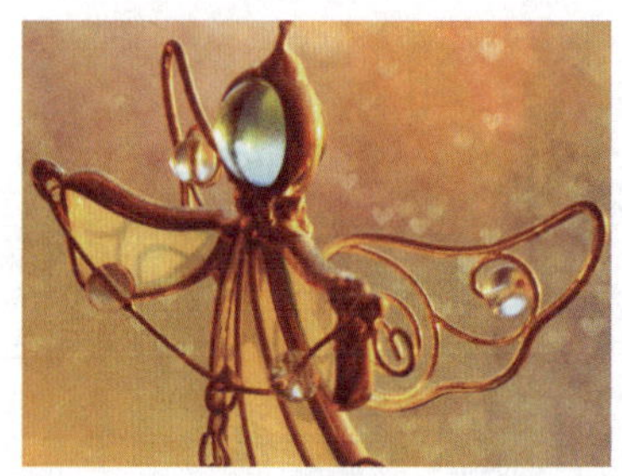

图 9-57

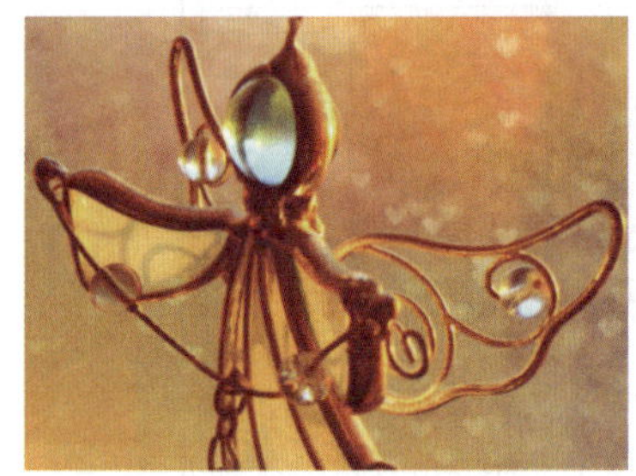

图 9-58

❻径向模糊

“径向模糊”滤镜模拟缩放或旋转的相机所产生的模糊，产生一种柔化的模糊，打开“径向模糊”对话框，如图 9-59 所示，对图像进行“径向模糊”，如图 9-60 所示。

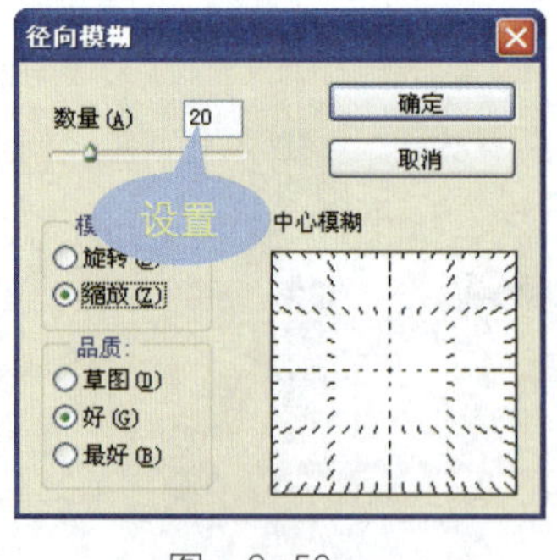

图 9-59

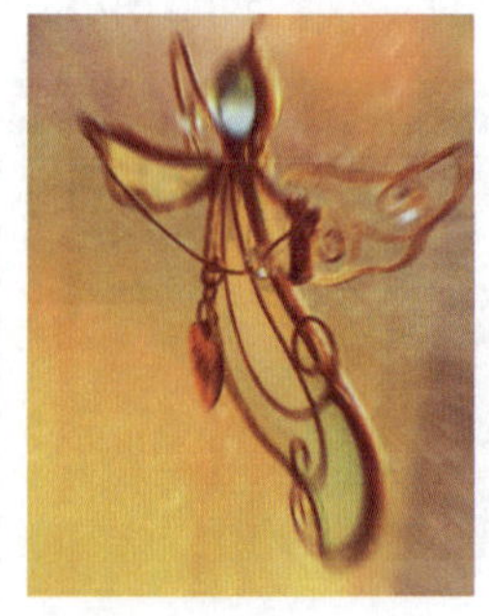

图 9-60

❼镜头模糊

“镜头模糊”滤镜是向图像中添加模糊，以产生更窄的景深效果，使图像中的一些对象在焦点

内，而使另一些区域变模糊。打开“镜头模糊”对话框，如图 9-61 所示，对图像进行“镜头模糊”，如图 9-62 所示。

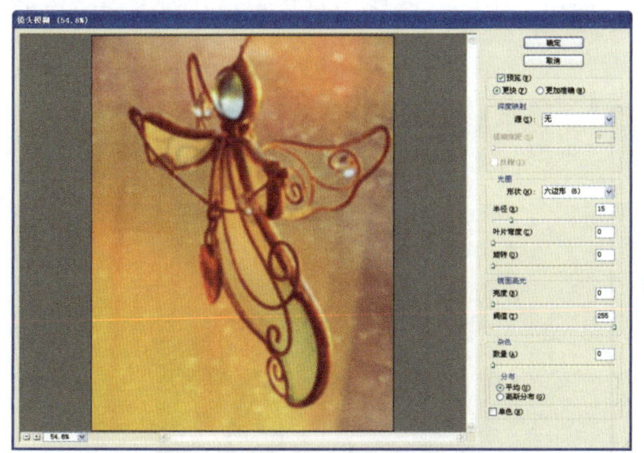

图 9-61

图 9-62

❽平均

当应用“平均”滤镜模糊时，找出图像或选区的平均颜色，然后用该颜色填充图像或选区以创建平滑的外观。对图像进行“平均”模糊，如图 9-63 所示，对图像中选区进行“平均”模糊，如图 9-64 所示。

图 9-63

图 9-64

❾特殊模糊

“特殊模糊”滤镜是精确地模糊图像，对模糊的图像指定“半径”、“阈值”和“品质”，“半径”用于确定在其中搜索不同像素的区域大小，“阈值”用于确定像素具有多大差异后才会受到影响。打开“特殊模糊”对话框，如图 9-65 所示，对图像进行“特殊模糊”，如图 9-66 所示。

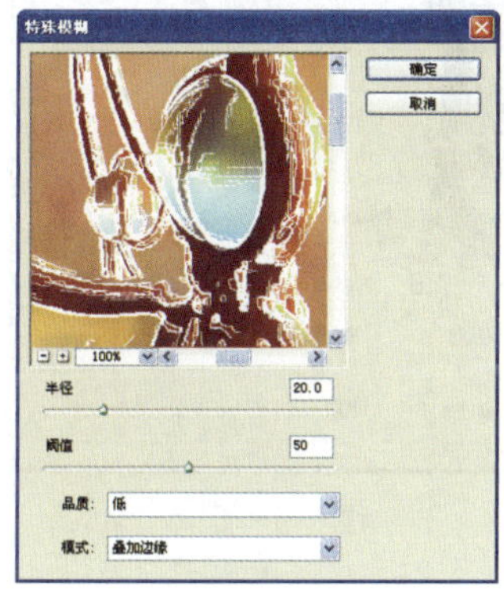

图 9-65

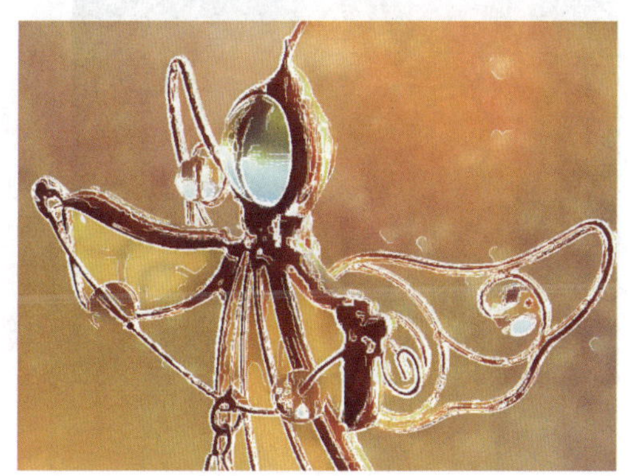

图 9-66

⑩形状模糊

“形状模糊”滤镜是使用指定的内核来创建模糊。打开“形状模糊”对话框，如图 9-67 所示。从“自定形状预设”列表中选取一种形状，并使用“半径”滑块调整其大小，对图像进行形状模糊，如图 9-68 所示。

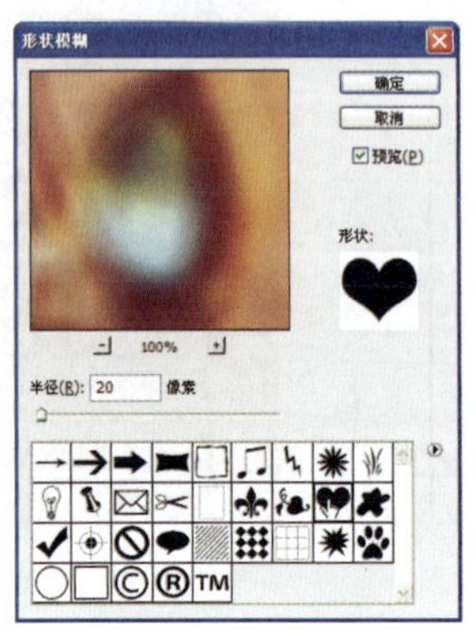

图 9-67

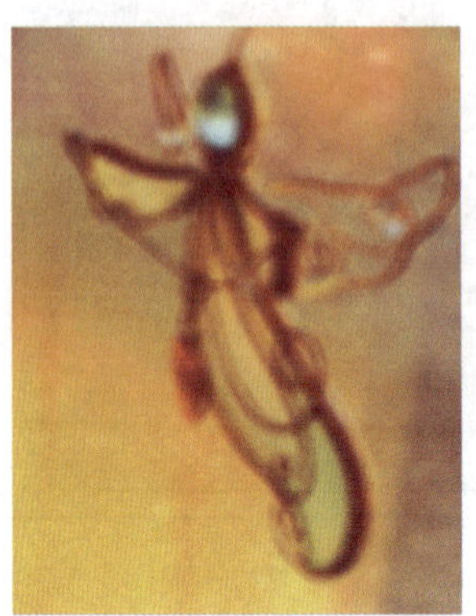

图 9-68

技巧点拨

当“高斯模糊”、“方框模糊”、“动感模糊”或“形状模糊”应用于选区时，有时会在选区的边缘附近产生意外的视觉效果。这些模糊滤镜将使用选定区域之外的图像数据在选定区域内部创建新的模糊像素，为了避免产生意外效果，可以使用“特殊模糊”或“镜头模糊”对选区进行模糊。

核心知识 3 应用“蒙尘与划痕”滤镜

“蒙尘与划痕”滤镜在 Photoshop 中主要用于去除图像上的划痕和细小的颗粒瑕疵。打开素材图像，图像中有多处划过的痕迹，如图 9-69 所示。选择“滤镜”→“杂色”→“蒙尘与划痕”命令，打开“蒙尘与划痕”对话框，如图 9-70 所示。

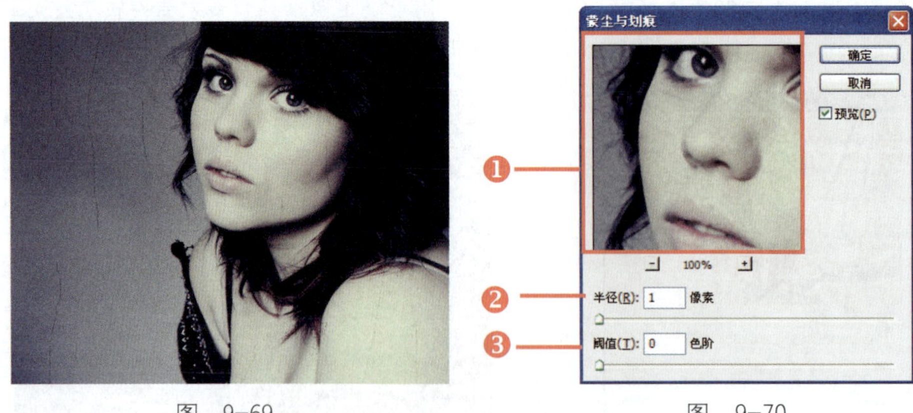

图 9-69　　图 9-70

❶预览

在预览窗口中可查看滤镜对图像调整的效果，单击减号按钮，可缩小预览图像，如图 9-71 所示；单击加号按钮，可放大图像查看滤镜细节效果，如图 9-72 所示。

图 9-71

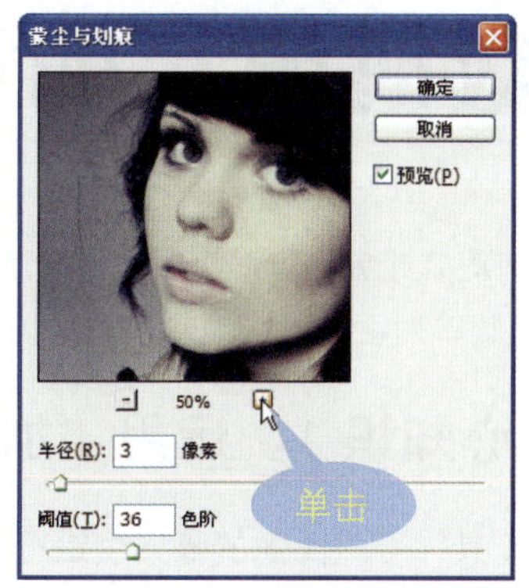

图 9-72

❷半径

“半径”选项用于确定在其中搜索不同像素的区域大小，数值范围在 1~16 之间，向左拖动滑块减小半径，将使图像模糊，如图 9-73 所示。向右拖动滑块增加半径，强化模糊效果，如图 9-74 所示。

图 9-73

图 9-74

❸阈值

“阈值”选项用于设置差异像素的范围，可通过输入值来逐渐增大“阈值”。设置“阈值”为 36，如图 9-75 所示，设置“阈值”为 55，如图 9-76 所示。

图 9-75

图 9-76

9.3 数码照片的简单润饰

对于那些没有瑕疵或者修复瑕疵后显得平淡的照片，可在 Photoshop CS5 中使用“加深工具”、“减淡工具”、“海绵工具”等对图像进行简单的润饰，调整图像的明暗，修改图像的饱和度，使照片更显精彩。

核心知识 1　运用“加深/减淡工具”处理明暗

“加深/减淡工具”可对图像的曝光度进行局部的调节。单击“加深工具”按钮，查看选项栏，如图 9-77 所示。

图　9-77

❶范围

打开“范围”下拉列表框，其中包括“阴影”、“中间调”和“高光”3 个选项。在列表中可选择图像中需要修改的范围，选择“阴影”选项，在雨靴上涂抹，如图 9-78 所示。选择“高光”选项，在雨靴上涂抹，如图 9-79 所示。

图　9-78

图　9-79

❷曝光度

“曝光度”选项用于设置图像曝光度的强弱。拖动滑块调整“曝光度”，当该值为 20%时，如图 9-80 所示。当该值为 80%时，如图 9-81 所示。

图　9-80

图　9-81

❸保护色调

“保护色调”复选框用于修改图像时发生颜色在色相上的偏移。勾选“保护色调”复选框，图像变暗且颜色保持不变，如图 9-82 所示，取消勾选“保护色调”复选框，图像变暗且颜色也发生变化，如图 9-83 所示。

图 9-82

图 9-83

核心知识 2 通过“海绵工具”润饰色彩

“海绵工具”用于调整图像局部的色彩饱和度，可降低图像饱和度，也可增加图像饱和度，使图像更加艳丽。单击“海绵工具”按钮，查看选项栏，如图 9-84 所示。

图 9-84

❶模式

打开“模式”下拉列表框，其中包括“降低饱和度”和“饱和”两个选项，用于设置海绵工具的模式。选择“降低饱和度”选项，在人物面部进行涂抹吸取颜色，如图 9-85 所示。选择“饱和”选项，在人物面部进行涂抹从而释放颜色，如图 9-86 所示。

图 9-85

图 9-86

❷流量

“流量”下拉列表框用于设置“海绵工具”的强度。“流量”值越小，效果越弱，如图 9-87 所

示。“流量”值越大，效果越明显，如图 9-88 所示。

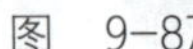

图 9-87

图 9-88

❸自然饱和度

勾选“自然饱和度”复选框，使图像中对颜色的修改更加自然，可防止图像的失真，如图 9-89 所示。取消勾选“自然饱和度”复选框，图像中对颜色的修改更加标准，颜色变化较大，如图 9-90 所示。

图 9-89

图 9-90

9.4 模糊照片的修复技术

数码照片的清晰度最大程度上决定了照片的质量，在挑选数码照片时，大部分被淘汰掉的是画面比较模糊的照片，其中也包含了许多色调、构图、意境都不错的照片。为了挽救这些照片，可使用 Photoshop CS5 对图像进行修复，锐化照片。

核心知识 1 应用“锐化工具”使照片清晰

“锐化工具”用于增加边缘的对比度，以加强外观上的锐化效果，增加照片清晰度。单击“锐化工具”按钮△，查看选项栏，如图 9-91 所示。

图 9-91

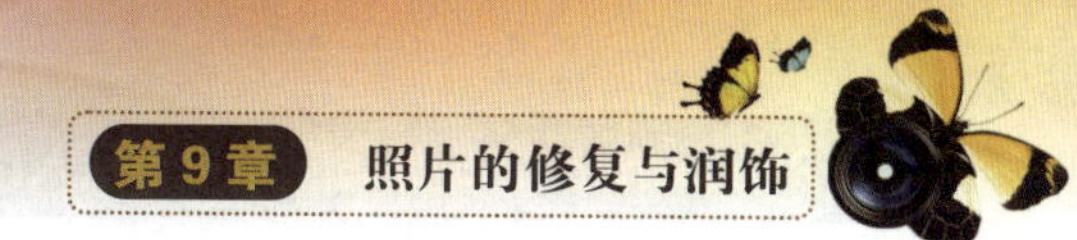

❶模式

“模式”下拉列表框用于设置锐化过程中的色调和影调。打开素材图像，如图 9-92 所示，在“模式”下拉列表框中选择“变亮”选项，如图 9-93 所示，涂抹图像，如图 9-94 所示。

图　9-92

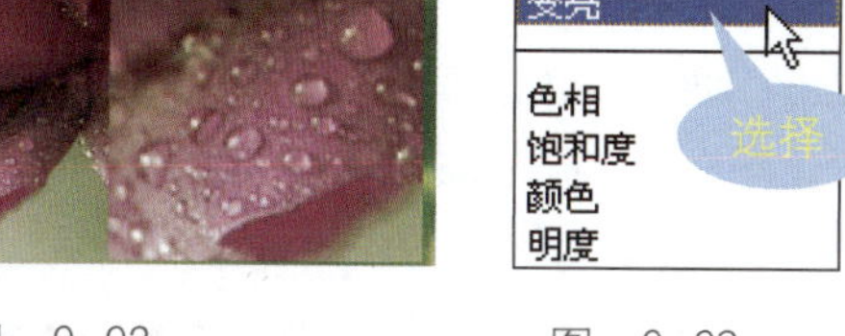

图　9-93

图　9-94

❷强度

“强度”下拉列表框用于设置锐化图像的强度。数值越大，锐化程度越大，如图 9-95 所示。数值越小，锐化程度越小，如图 9-96 所示，

图　9-95

图　9-96

❸对所有图层取样

勾选“对所有图层取样”复选框，使用“锐化工具”时对所有图层都起作用；取消勾选“对所有图层取样”复选框，使用“锐化工具”时只对当前图层起作用。

❹保护细节

勾选“保护细节”复选框，在对图像进行锐化时保护图像细节，防止过度造成图像变形。

技巧点拨

使用“锐化工具”对图像进行锐化涂抹的次数越多，效果越明显。在某个位置进行反复涂抹，可能会造成图像在色彩上的变化。为了保证图像的颜色，在对图像进行锐化时，应始终保持勾选“保护细节”。

核心知识 2　应用锐化滤镜使照片清晰

使图像更加清晰的方法除了“锐化工具”外，还可使用锐化滤镜，该滤镜主要用于锐化图层和选区内的图像。选择“滤镜”→“锐化”命令，查看锐化滤镜组，如图 9-97 所示。

图 9-97

❶USM 锐化

"USM 锐化"滤镜可用于专业的色彩校正，调整图像边缘细节的对比度，并在边缘的两侧生成一条亮线和一条暗线以突出边缘，在视觉上锐化图像。选择"滤镜"→"锐化"→"USM 锐化"命令，打开"USM 锐化"对话框，如图 9-98 所示，对图像进行锐化，如图 9-99 所示。

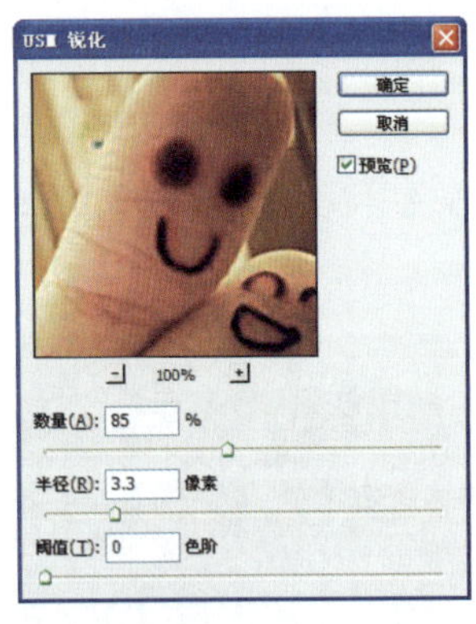

图 9-98

图 9-99

❷进一步锐化、锐化

"进一步锐化"滤镜和"锐化"滤镜相似，都用于聚焦选区并提高其清晰度。"进一步锐化"滤镜比"锐化"滤镜产生的锐化效果更强。选择"滤镜"→"锐化"→"进一步锐化"命令，如图 9-100 所示。选择"滤镜"→"锐化"→"锐化"命令，如图 9-101 所示。

图 9-100

图 9-101

❸锐化边缘

"锐化边缘"滤镜用于查找图像中颜色发生显著变化的区域，然后在不指定数量的情况下将其锐化，同时保留总体的平滑度。

❹智能锐化

“智能锐化”滤镜通过设置锐化算法或控制阴影和高光中的锐化量来锐化图像。选择“滤镜”→“锐化”→“智能锐化”命令，打开“智能锐化”对话框，如图 9-102 所示，智能锐化图像，如图 9-103 所示。

图 9-102

图 9-103

核心知识 3 通道锐化提升照片的整体质量

通过 Lab 通道锐化图像，可以有效地避免照片在锐化时产生的色差。使用 Lab 通道锐化图像时可对图像进行更多的锐化，所以得到的效果也是很好的。打开素材照片，如图 9-104 所示，将照片转化为 Lab 模式，在“通道”面板中查看效果，如图 9-105 所示。

图 9-104

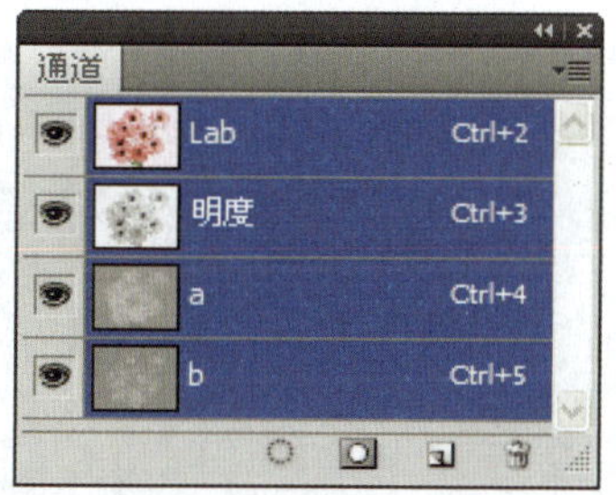

图 9-105

在“通道”面板中，选择“明度”通道，如图 9-106 所示。选择“滤镜”→“锐化”→“智能锐化”命令，将图像中的“明度”通道进行锐化，如图 9-107 所示。

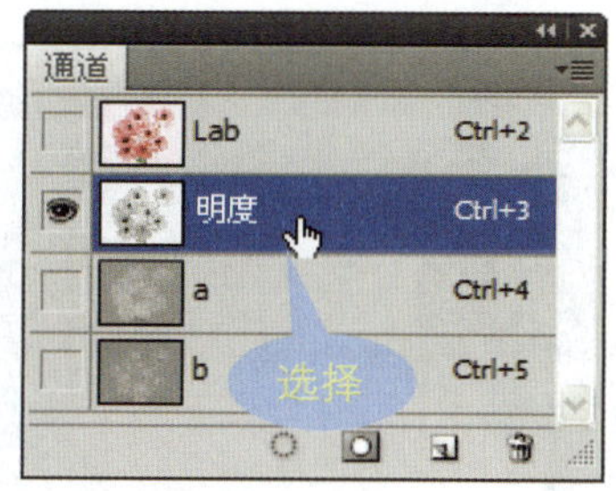

图 9-106

图 9-107

核心知识 4　结合通道和滤镜使照片清晰

在对图像进行锐化时，大部分是自动识别图像的边缘对图像进行锐化。可是，在锐化过程也有可能将不必要的图像进行锐化，或者将不需要的背景图像也进行锐化。在 Photoshop CS5 中，结合通道和滤镜可自主选择图像边缘，并对图像进行锐化。在“通道”面板中，选择信息最为丰富的通道，使用“照亮边缘”滤镜找出图像中的边缘。

打开素材照片，如图 9-108 所示。在“通道”面板中查看图像信息，“红”通道中信息最为丰富，如图 9-109 所示。

图　9-108

图　9-109

复制“红”通道选择“滤镜”→“风格化”→“照亮边缘”命令，对图像执行“照亮边缘”效果，如图 9-110 所示。对图像边缘进行修整，去除不需要的背景。使用“色阶”命令调整边缘对比度，如图 9-111 所示。

图　9-110

图　9-111

将“红副本”通道载入选区，选中 RGB 通道，在图像窗口中查看边缘选区，如图 9-112 所示。选择“滤镜”→“艺术效果”→“绘画涂抹”命令，对图像进行边缘锐化，如图 9-113 所示。

图　9-112

图　9-113

9.5 应用与提高

数码照片的后期初步处理主要包括了对问题照片的修复和对数码照片的润饰，使数码照片具有基本的美感，然后才是对数码照片的精细调整。在处理照片时，将修复和润饰照片的技法融会贯通，更加自然地修复照片。

典型案例 1　消除照片中遮挡的图像

在拍摄数码照片时，为了保证图像构图的美感，有时会将环境中的遮挡物拍摄在画面中。在 Photoshop CS5 中，可使用“修补工具”去除图像中多余的物体。为了使图像更加自然，可配合多种工具对照片进行修改。

★素材文件：随书光盘\素材\9\01.jpg
★最终文件：随书光盘\源文件\9\消除照片中遮挡的图像.psd

步骤 1　打开素材	步骤 2　创建选区
打开随书光盘\素材\9\01.jpg，选择“背景”图层，并将其拖动至“创建新图层”按钮上，复制得到“背景副本”。	在工具箱中单击“修补工具”按钮，在图像中绘制选区，选中遮挡的栏杆。

步骤 3　修补图像	步骤 4　创建选区
选中选区拖动鼠标，将选区图像移至海面的图像上。	在工具箱中单击“多边形套索工具”按钮，在图像中创建选区。

步骤 5　修补图像

在工具箱中单击“修补工具”按钮，选中选区拖动鼠标，将选区图像移至海面的图像上，替换图像。

步骤 6　覆盖图像

在工具箱中单击“仿制图章工具”按钮，按住〈Alt〉键的同时在木板上取样，在栏杆区域进行涂抹，替换图像。

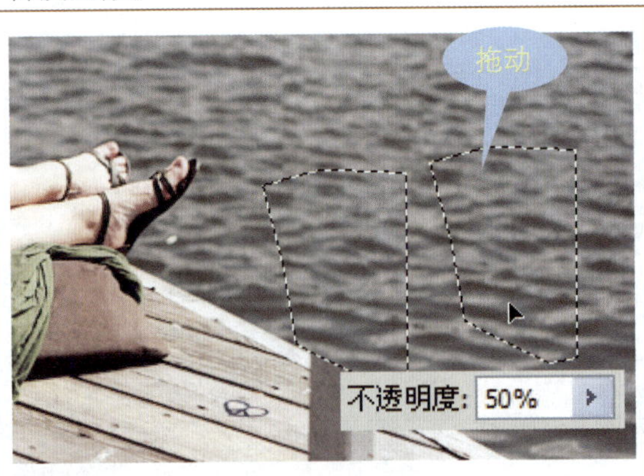

步骤 7　调整图像曲线

在“调整”面板中，单击“创建新的曲线调整层”按钮，在打开的面板中设置通道为“红”，拖动鼠标调整曲线。

步骤 8　使用照片滤镜

单击“返回到调整列表”按钮，在“调整”面板中，单击“创建新的照片滤镜调整层”按钮。

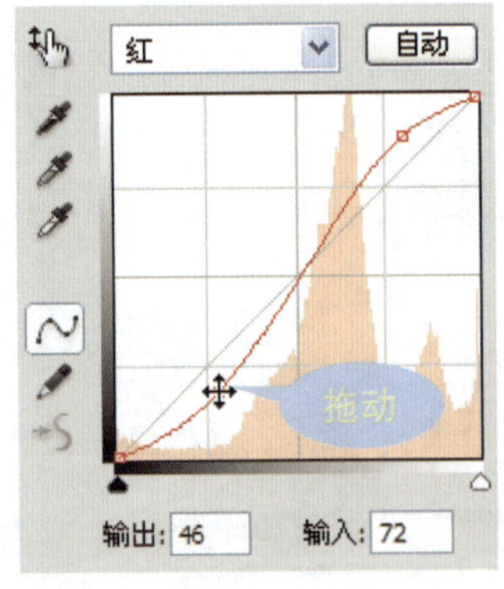

步骤 9　设置照片滤镜

在打开的面板中设置滤镜为“黄”，“浓度”为30。

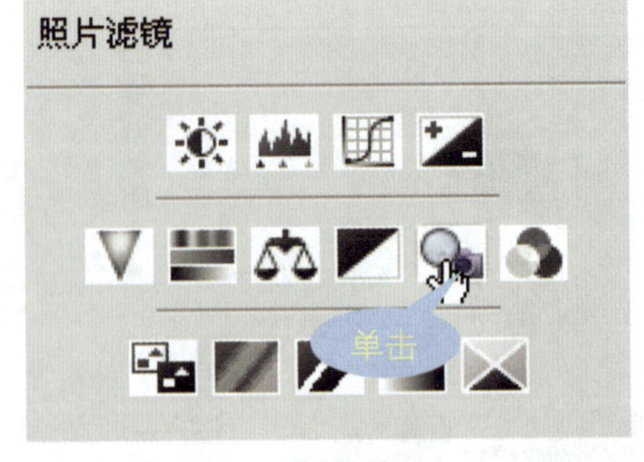

步骤 10　查看效果

在图像窗口中查看效果，栏杆被去除，图像颜色作了相应的调整。至此，完成本实例的制作。

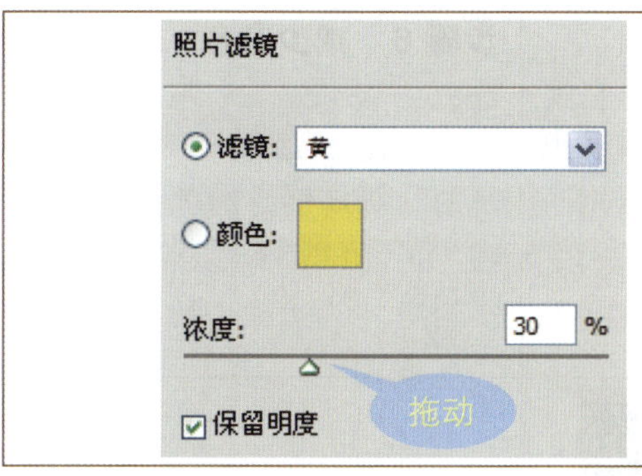

典型案例 2 修复破损的老照片

老照片是问题照片中最严重的一类，因为随着时间的推移，照片会发黄、受潮和受损，画面也会变得模糊。为了修复破损的老照片，可使用“污点修复画笔工具”修复画面中的裂痕，使用“修补工具”修复画面中的水印，调整照片的颜色和色调。

★素材文件：随书光盘\素材\9\02.jpg
★最终文件：随书光盘\源文件\9\修复破损的老照片.psd

步骤 1 复制图层	步骤 2 设置笔尖形状	步骤 3 设置修复类型
打开随书光盘\素材\9\02.jpg，按快捷键〈Ctrl+J〉，复制“背景”图层，得到“背景副本”图层。	在工具箱中单击“污点修复画笔工具”按钮，在图像窗口右击，设置画笔“大小”为12Px，“硬度”为50%。	在选项栏中选中“近似匹配”单选按钮，在图像中裂痕处进行涂抹。
	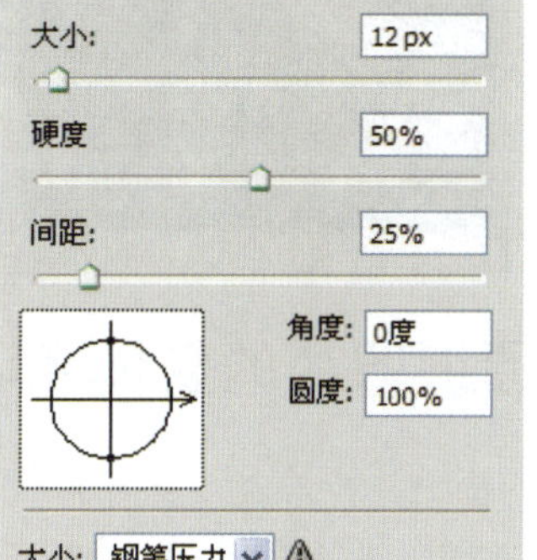	

步骤 4　去除图像水印	**步骤 5　创建选区**	**步骤 6　减少杂色**
在工具箱中单击“修补工具”按钮，在图像中有水印痕迹的位置进行图像修补。	在工具箱中单击“多边形套索工具”按钮，在图像中沿边框位置绘制选区。	选择“滤镜”→“杂色”→“减少杂色”命令，打开“减少杂色”对话框。设置“强度”为 10，“保留细节”为 30，“减少杂色”为 100，“锐化细节”为 70。
		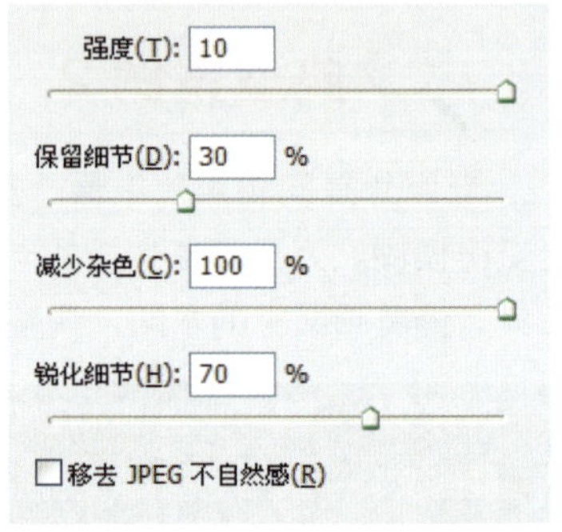
步骤 7　调整图像颜色	**步骤 8　转化选区**	**步骤 9　修复边框**
选择“图像”→“调整”→“可选颜色”命令，打开“可选颜色”对话框。设置“颜色”为“黄色”，“黄色”为-80，“黑色”为+40。	在图像窗口中查看颜色调整效果，选择“选择”→“反向”命令，选中图像边框。	设置前景色为 R：225、G：245、B：208，将选区填充为前景色，取消选择。至此，完成本实例的制作。
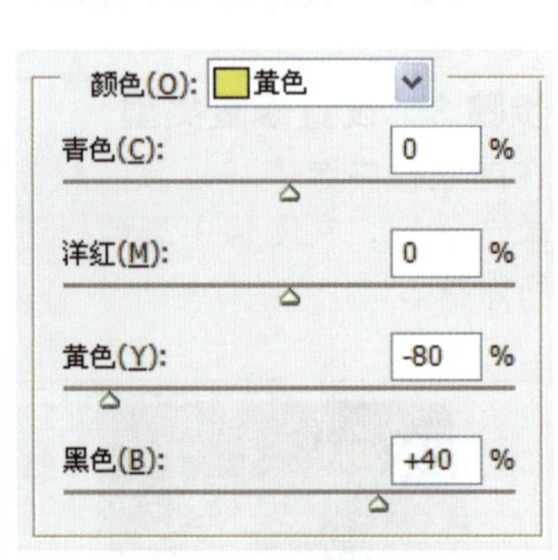		

典型案例 3　还原旧照片的整体色调

旧照片拍摄出来的颜色和拍摄的相机、胶片、环境等有着很大的关系，由于技术有限，以前拍摄的旧照片都会有不同程度的偏色。此时，可使用 Photoshop 的自动校正功能对图像进行颜色、对比度和色调的调整。

★素材文件：随书光盘\素材\9\03.jpg

★最终文件：随书光盘\源文件\9\还原旧照片的整体色调.psd

步骤 1　打开素材

打开随书光盘\素材\9\03.jpg，选择“背景”图层，并将其拖动至“创建新图层”按钮上，复制得到“背景副本”。

步骤 2　添加照片滤镜

选择“图像”→“自动对比度”命令，对图像进行对比度调整。

步骤 3　查看效果

选择“图像”→“自动颜色”命令，对图像进行颜色调整。

步骤 4　调整面板

选择“图像”→“自动色调”命令，对图像进行色调调整。

步骤 5　调整红色曲线

选择“图像”→“调整”→“亮度/对比度”命令，打开“亮度/对比度”对话框。设置“亮度”为 50，“对比度”为-50。

步骤 6　调整绿色曲线

在图像窗口中查看图像效果，还原了旧照片的整体色调。至此，完成本实例的制作。

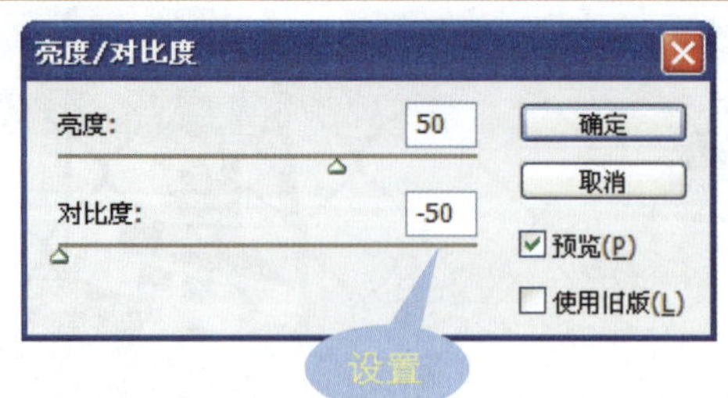

典型案例 4　去除照片中的明显噪点

“噪点”主要是指相机在拍摄过程中所产生的图像中的粗糙部分，也指图像中不该出现的外来像素。若将图像放大，则会出现细小的颗粒。此时，可使用“减少杂色”和“特殊模糊”命令去除照片内的噪点。

★素材文件：随书光盘\素材\9\04.jpg

★最终文件：随书光盘\源文件\9\去除照片中的明显噪点.psd

步骤 1　打开素材	步骤 2　放大图像
打开随书光盘\素材\9\04.jpg，选择“背景”图层，并将其拖动至“创建新图层”按钮上，复制得到“背景副本”。	在工具箱中单击“缩放工具”按钮，在选项栏中选中“放大”。放大图像，查看细节。
	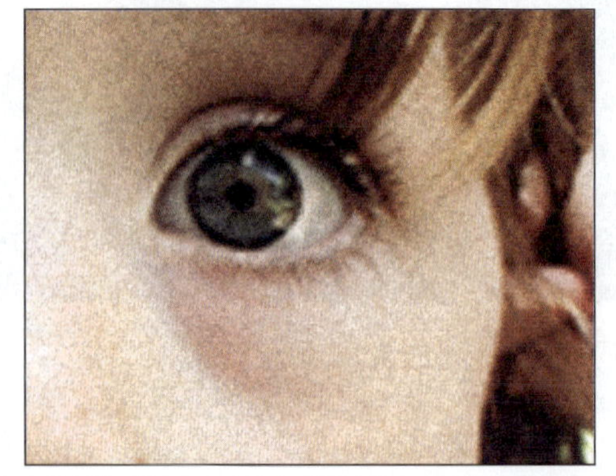

步骤 3　设置“去除杂色”滤镜

选择“滤镜”→“杂色”→“减少杂色”命令，打开“减少杂色”对话框。设置“强度”为 10，“保留细节”为 0，“减少杂色”为 100，“锐化细节”为 7。

步骤 4　在快速蒙版模式下编辑图像

在工具箱中单击“以快速蒙版模式编辑”按钮 ，在工具箱中选中“画笔工具” ，在孩子皮肤部分进行涂抹。

步骤 5　退出快速蒙版并查看选区

在工具箱中单击“以标准模式编辑”按钮 ，退出快速蒙版模式。

步骤 6　设置“特殊模糊”滤镜

选择“滤镜”→“模糊”→“特殊模糊”命令，打开“特殊模糊”对话框。设置“半径”为 4.1，“阈值”为 10.0。

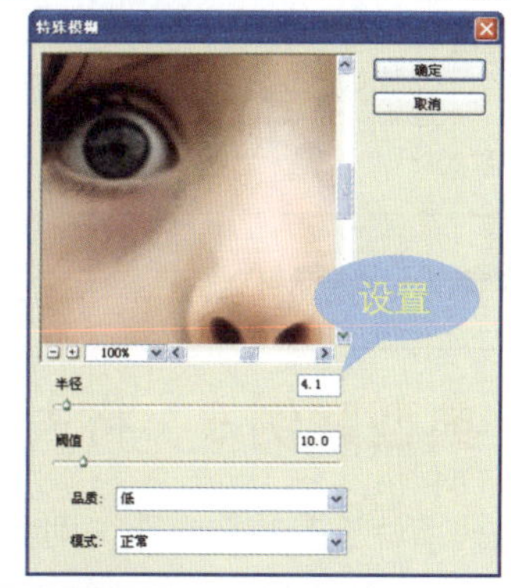

步骤 7　模糊图像

在图像窗口中查看减少噪点后的图像效果，孩子的皮肤光滑了许多。

步骤 8　复制图层

在“图层”面板中，复制“背景副本”图层，得到“背景副本 2”图层。

步骤 9　转换颜色模式	步骤 10　选择“明度”通道
选择“图像”→“模式”→“Lab 模式颜色”命令，弹出提示对话框。单击“不拼合”按钮。	在“通道”面板中，查看图像通道，选中“明度”通道。
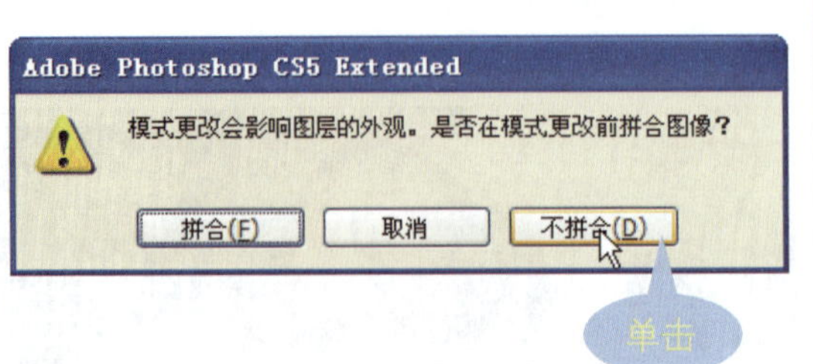	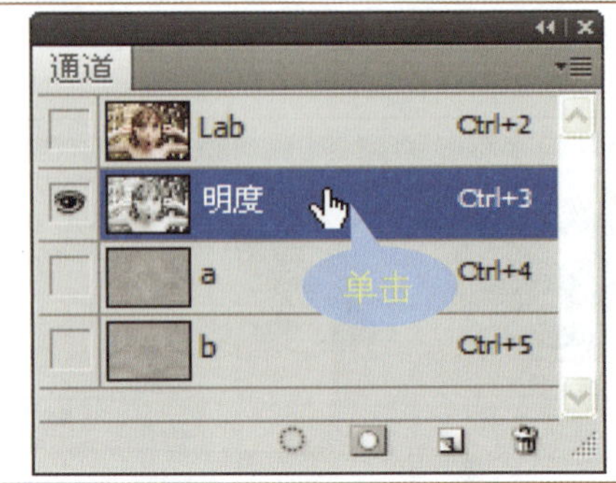
步骤 11　设置“智能锐化”滤镜	**步骤 12　转换颜色模式**
选择“滤镜”→“锐化”→“智能锐化”命令，打开“智能锐化”对话框。设置“数量”为 64，“半径”为 2.8，“移去”为“高斯模糊”。	选择“图像”→“模式”→“RGB 颜色”命令，将图像转化为 RGB 模式，弹出提示对话框，单击“不拼合”按钮。至此，完成本实例的制作。
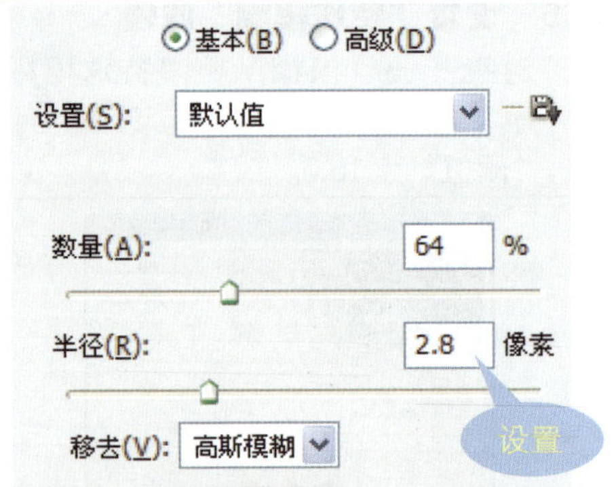	

典型案例 5　将失焦的照片进行清晰处理

拍摄数码照片没有找准焦距，则会造成拍摄出来的物体模糊。为了挽救失焦的照片，可对图像进行清晰处理。结合通道和照片滤镜查找出照片的边缘，对图像进行锐化处理，调整图像的颜色，具体操作步骤如下。

★素材文件：随书光盘\素材\9\05.jpg
★最终文件：随书光盘\源文件\9\将失焦的照片进行清晰处理.psd

步骤 1 打开素材

打开随书光盘\素材\9\05.jpg，选择“背景”图层，并将其拖动至“创建新图层”按钮上，复制得到“背景副本”。

步骤 2 复制通道

在“通道”面板中，复制“红”通道，得到“红副本”通道。

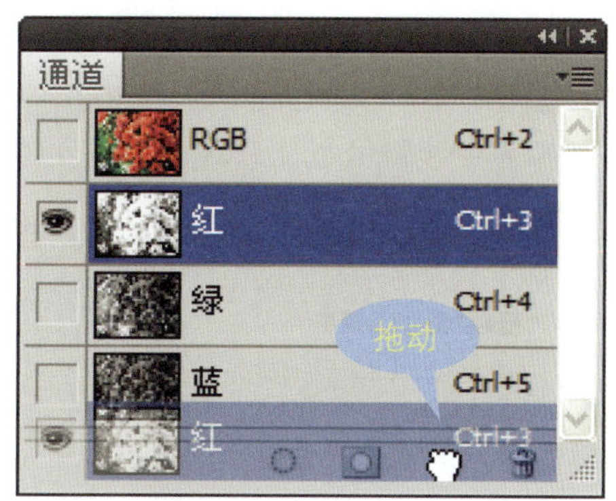

步骤 3 照亮边缘

选择“滤镜”→“风格化”→“照亮边缘”命令，打开“照亮边缘”对话框。设置“边缘宽度”为 1，“边缘亮度”为 20，“平滑度”为 6。

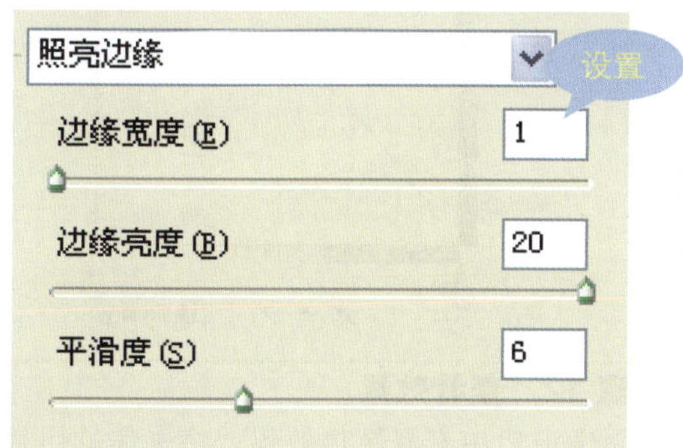

步骤 4 载入选区

在“通道”面板中，按住〈Ctrl〉键的同时单击“红副本”通道，将“红副本”通道载入选区。

步骤 5 查看选区

在图像窗口中查看通道选区，图像照亮边缘被选中。

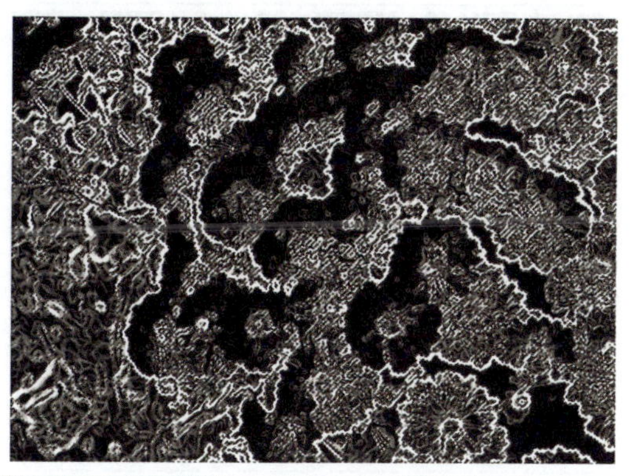

步骤 6 选中图层

在“图层”面板中，单击“背景副本”图层，在图像窗口中显示所有通道。

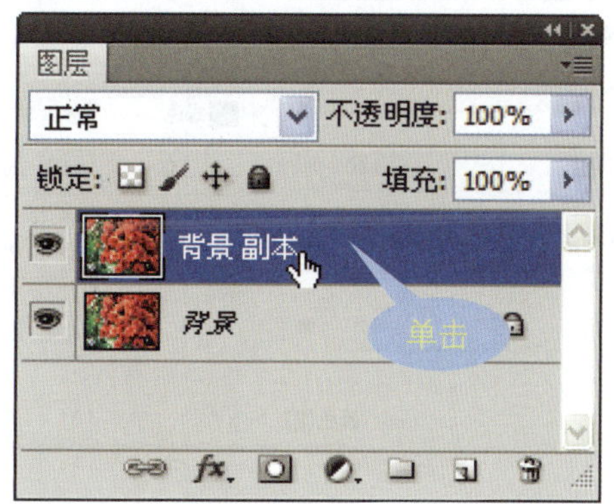

步骤 7　锐化图像

选择"滤镜"→"艺术效果"→"绘画涂抹"命令，打开"绘画涂抹"对话框。设置"画笔大小"为 1，"锐化程度"为 11。

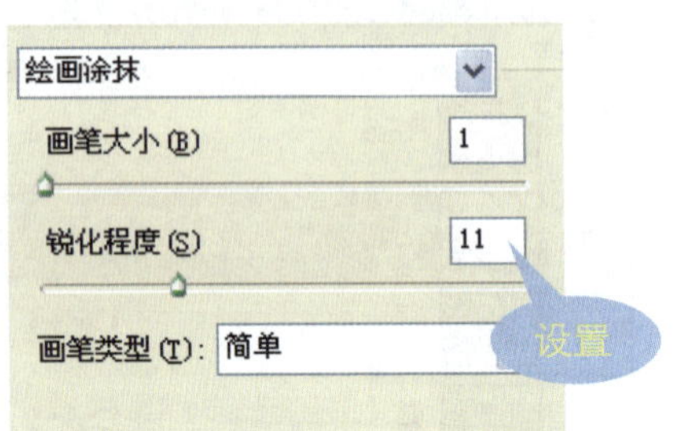

步骤 8　取消选择，查看效果

按快捷键〈Ctrl+D〉，取消选择操作，在图像窗口中查看锐化图像效果。

步骤 9　近一步锐化

选择"滤镜"→"锐化"→"进一步锐化"命令，在图像窗口中查看效果。

步骤 10　调整曲线

选择"图像"→"调整"→"曲线"命令，打开"曲线"对话框。拖动鼠标，调整曲线。

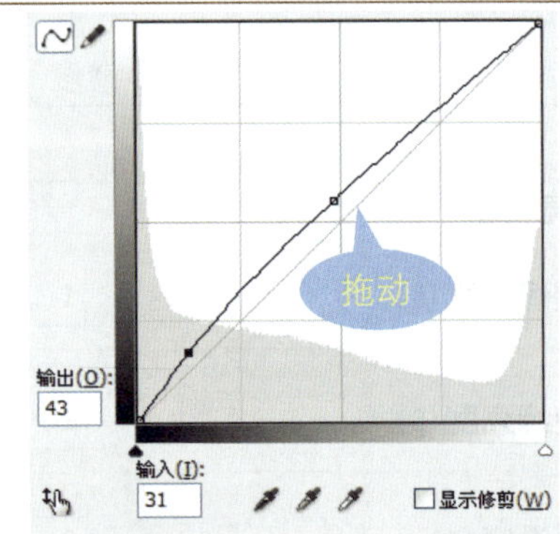

步骤 11　调整图像颜色

选择"图像"→"调整"→"可选颜色"命令，打开"可选颜色"对话框。设置"颜色"为"红色"，"洋红"为+20%，"黄色"为+11%。然后设置"颜色"为"绿色"，"青色"为+63%，"洋红"为-34%，"黄色"为+24%。

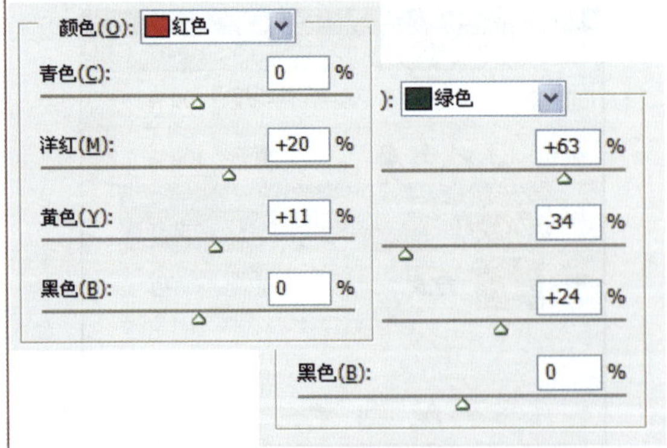

步骤 12　查看效果

在图像窗口中查看图像效果，将失焦的照片进行清晰处理。至此，完成本实例的制作。

典型案例 6 对因手抖产生的模糊照片进行修复

当拍摄数码照片时，手部的抖动会使图像产生移动方向上的模糊。在查看了照片效果和进行抖动原因的分析后，可对图像进行智能锐化，去除移动方向上的模糊，配合使用“高反差保留” 滤镜使图像更加清晰。

★ 素材文件：随书光盘\素材\9\06.jpg

★ 最终文件：随书光盘\源文件\9\对因手抖产生的模糊照片进行修复.psd

步骤 1 打开素材

打开随书光盘\素材\9\06.jpg，选择“背景”图层，并将其拖动至“创建新图层”按钮上，复制得到“背景副本”。

步骤 2 调整颜色模式

选择“图像”→“模式”→“Lab 颜色”命令，弹出提示对话框。单击“不拼合”按钮，将图层转化为 Lab 颜色模式。

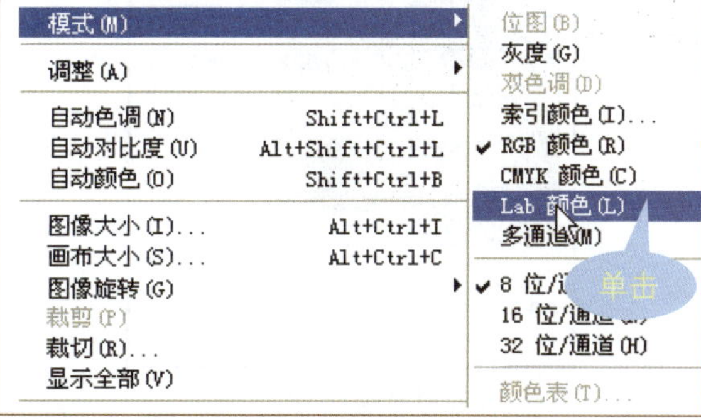

步骤 3 选择通道

在“通道”面板中，查看图像通道，选择“明度”通道。

步骤 4 智能锐化图像

选择“滤镜”→“锐化”→“智能锐化”命令，打开“智能锐化”对话框。设置“数量”为 95，“半径”为 10，“移去”为“动感模糊”，“角度”为 90。

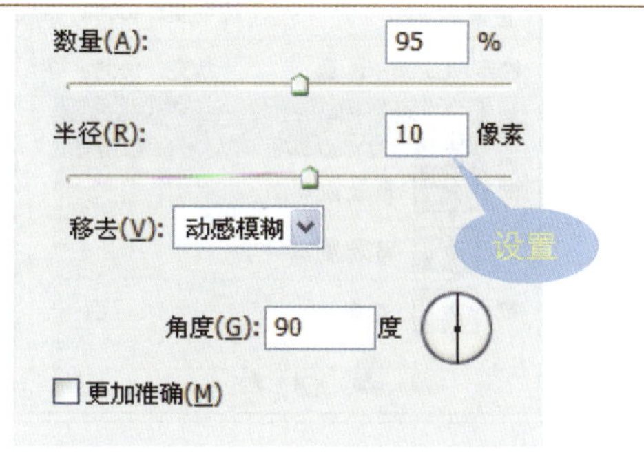

步骤 5　调整颜色模式

选择“图像”→“模式”→“RGB 颜色”命令，将图像转化为 RGB 模式，弹出提示对话框。单击“不拼合”按钮，查看图像效果。

步骤 6　去色

在“图层”面板中，复制“背景副本”图层，得到“背景副本 2”图层，选择“图像”→“调整”→“去色”命令。

步骤 7　高反差保留

选择“滤镜”→“其他”→“高反差保留”命令，打开“高反差保留”对话框，设置“半径”为 3.0。

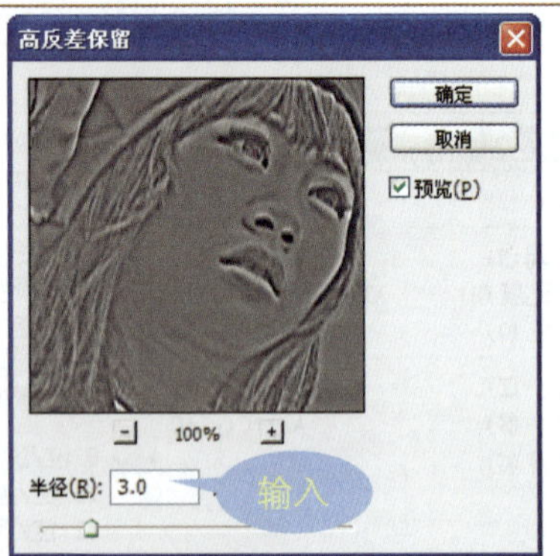

步骤 8　修改混合模式

在“图层”面板中，设置“混合模式”为“叠加”，修改“背景副本 2”图层混合模式。

步骤 9　盖印可见图层

按快捷键〈Ctrl+Alt+Shift+E〉，进行盖印可见图层操作，创建“图层 1”图层。

步骤 10　调整图像饱和度

选择“图像”→“调整”→“自然饱和度”命令，打开“自然饱和度”对话框，设置“自然饱和度”为+65。至此，完成本实例的制作。

10 为照片添加艺术装饰

对于平常拍摄的数码照片，为了使其画面更加丰富，可以通过应用图形绘制工具和文字工具在图像上添加上形式多样的文字和图形，为照片添加艺术装饰，使用照片变得更加精美。

本章的重要的概念有：了解绘图工具、形状绘制工具和文字工具在数码照片中的具体应用，学会快速在拍摄的照片中添加文字或图案的方法，从而修饰数码照片。

本章知识点

- 应用绘图工具装饰数码照片
- 规则形状的绘制和编辑技巧
- 不规则形状的绘制编辑
- 添加和设置文字

10.1 应用绘图工具装饰数码照片

对于最初拍摄的照片来说，可以通过在图像中添加更多的图案，装饰数码照片。Photoshop CS5 提供了强大的艺术绘图工具，用户可以利用这些工具为数码照片添加各种漂亮的图像，使用整个画面更加饱满。

核心知识 1　画笔工具

应用 Photoshop CS5 中的“画笔工具”可以绘制出各种形态的图像。单击工具箱中的“画笔工具”按钮，可在显示的选项栏中进一步设置画笔的“大小”、“流量”和“不透明度”。图 10-1 所示为“画笔工具”选项栏。

图　10-1

❶画笔预设

“画笔预设”选项包含了很多画笔笔尖等相关选项，用户可以在其中选择需要的画笔预设，直接进行图形的绘制。打开“画笔预设”面板，单击右侧的按钮，在打开的菜单中选择“画笔”命令，如图 10-2 所示，系统自动打开提示对话框。在对话框中单击“确定”按钮，将显示全部“画笔工具”的预设选项；单击“追加”按钮，则会加载画笔的预设效果，如图 10-3 所示。

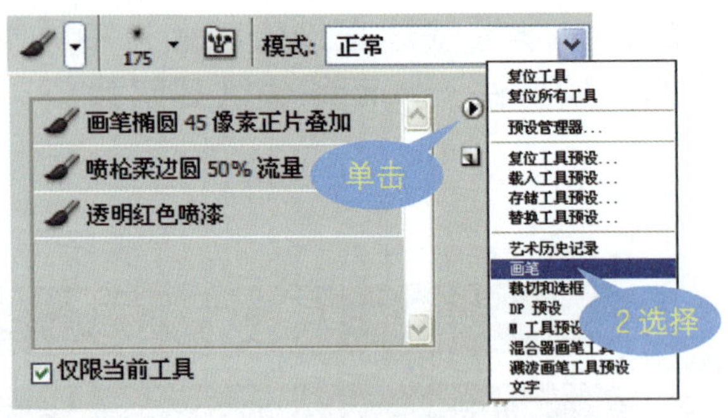

图　10-2

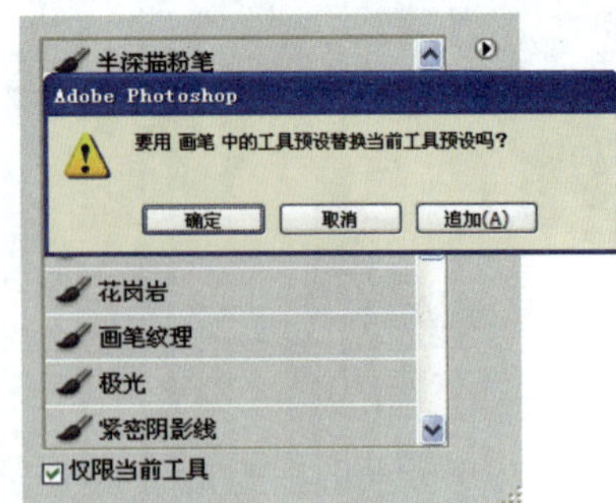

图　10-3

❷画笔

“画笔”选项用于设置画笔的“大小”、“硬度”和“样式”等参数。单击“画笔”下拉按钮，如图 10-4 所示。若单击面板右侧的扩展按钮，则在打开的菜单中可进一步设置当前画笔的各项参数，如图 10-5 所示。

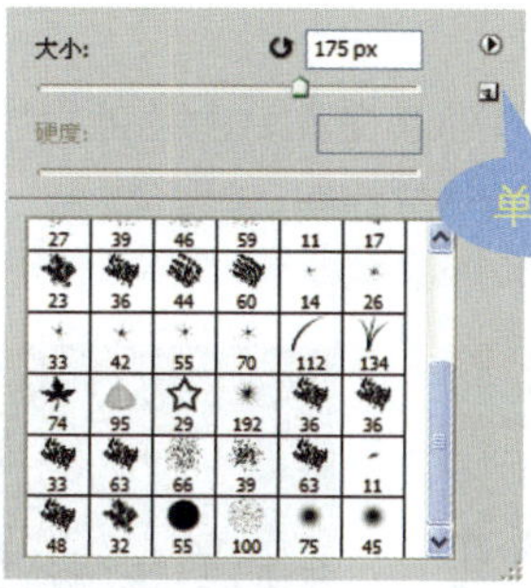

图 10-4

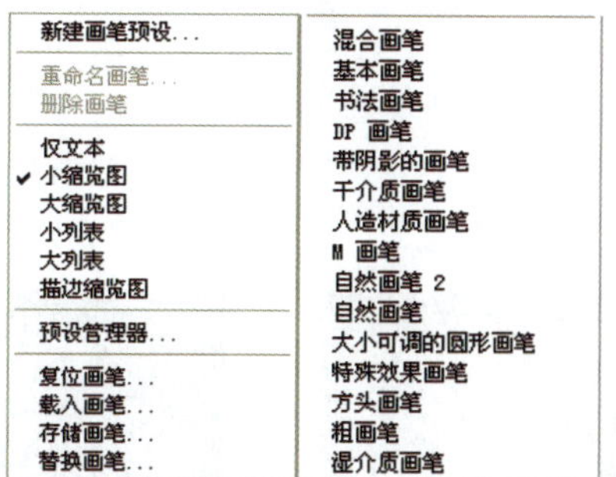

图 10-5

❸切换画笔面板

单击“切换画笔面板”按钮，将打开“画笔”面板，如图 10-6 所示。勾选面板左侧的复选框，可以在各个参数面板中进行切换。勾选“散布”复选框，显示如图 10-7 所示的参数面板。单击“画笔预设”按钮，将打开“画笔预设”面板，如图 10-8 所示。

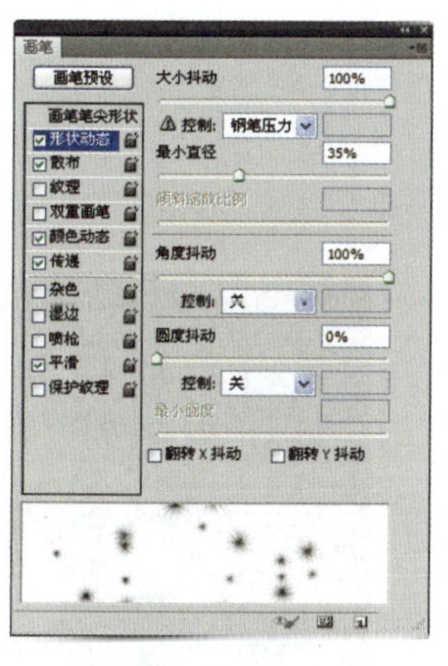

图 10-6

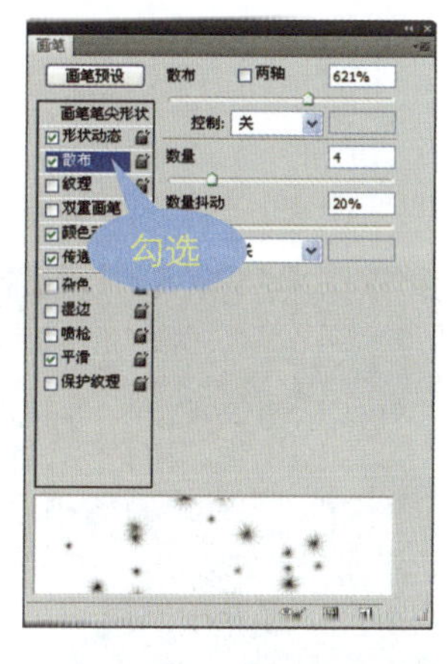

图 10-7

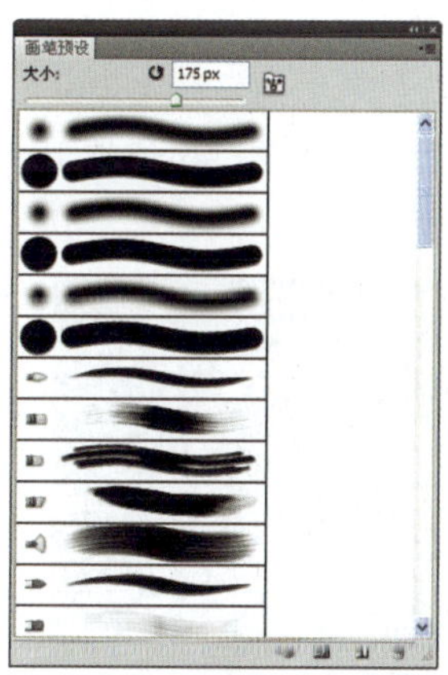

图 10-8

❹模式

“模式”下拉列表框用于设置选中画笔的混合模式。单击“模式”下拉按钮，可在打开的列表中选择需要的混合模式，Photoshop CS5 提供了 29 种不同的混合模式，如图 10-9 所示。图 10-10 和图 10-11 所示，分别为应用“正常”模式和“差值”模式绘制的图像效果。

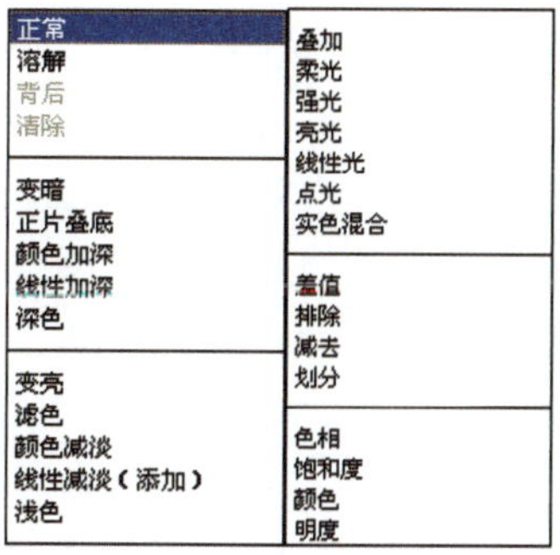

正常
溶解
背后
清除

变暗
正片叠底
颜色加深
线性加深
深色

变亮
滤色
颜色减淡
线性减淡（添加）
浅色

叠加
柔光
强光
亮光
线性光
点光
实色混合

差值
排除
减去
划分

色相
饱和度
颜色
明度

图 10-9

图 10-10

图 10-11

❺不透明度

“不透明度”下拉列表框用于设置画笔的不透明度。用户可以在其后的数值框中输入数值，也可以直接拖动滑块更改不透明度。设置的数值越小，则画笔笔触越透明。图 10-12、图 10-13、和图 10-14 所示分别为设置“不透明度”为 20%、50%和 100%后绘制的图像效果。

图 10-12

图 10-13

图 10-14

❻流量

“流量”下拉列表框用于设置画笔的流动速率和涂抹速度。设置的数值越大，绘制的图像的颜色就越深；反之，设置的数值越小，则绘制图像的颜色就越浅。图 10-15、图 10-16、和图 10-17 所示分别为设置“流量”为 20%、50%、100%后绘制的图像效果。

图 10-15

图 10-16

图 10-17

❼启动喷枪模式

单击“启动喷枪模式”按钮，则将画笔用作喷枪。

技 巧 点 拨

在 Photoshop CS5 中，可以将指定的选区或图案定义为画笔。在选区选取要定义的图像后，通过“编辑”→“定义画笔预设”命令可以进行画笔的自定义，自定义画笔的使用与预设的画笔方法相同。

核心知识 2　颜色替换工具

使用“颜色替换工具”可以在图像上将某种颜色通过涂抹的方式替换成当前所设置的前景色。单击工具箱中的“画笔工具”按钮，在打开的隐藏面板中选择“颜色替换工具”，显示对应的工具选项栏，如图 10-18 所示。

图 10-18

❶画笔

单击“画笔”右侧的下拉按钮，在打开的面板中可进一步对画笔的“大小”、“硬度”、“间距”及“圆度”等参数进行设置，如图 10-19 所示。打开如图 10-20 所示的素材图像，应用画笔涂抹，则应用设置的参数替换涂抹区域图像，如图 10-21 所示。

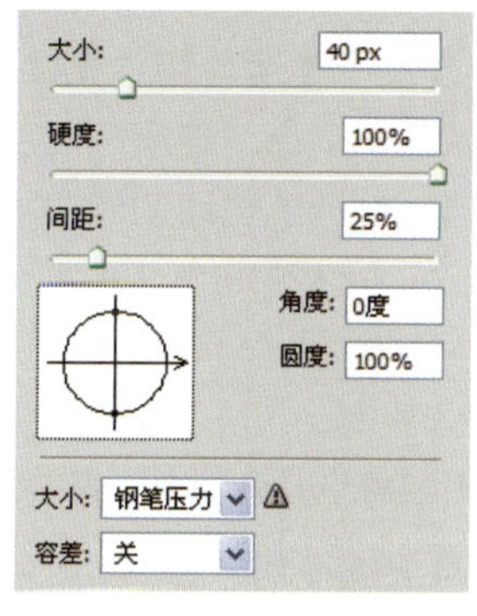

图 10-19

图 10-20

图 10-21

❷模式

在“模式”下拉列表框中包括“色相”、“饱和度”、“颜色”和“明度”4 种模式，默认情况下，选择“颜色”模式。将前景色设置为#ff00cc，分别应用不同的模式在图像上进行绘制。图 10-22、图 10-23、图 10-24 和图 10-25 所示分别为设置“模式”为“色相”、“饱和度”、“颜色”和“明度”后涂抹得到的图像效果。

图 10-22

图 10-23

图 10-24

图 10-25

❸取样

单击“取样：连续”按钮，可以拖动鼠标对颜色进行连续取样，如图 10-26 所示。单击“取样：一次”按钮，只替换第一次单击的颜色区域中的目标颜色，如图 10-27 所示。单击“取样：背景色板”按钮；只替换包含当前背景色的区域，如图 10-28 所示。

图 10-26

图 10-27

图 10-28

❹限制

通过“限制”下拉列表框确定颜色替换的范围，其中包括“不连续”、“连续”和“查找边缘”3个选项。若选择“不连续”选项，替换出现在指针下任何位置的样本颜色；选择“连续”选项，则替换与紧挨在指针下的邻近颜色；选择“查找边缘”选项，则替换包含样本颜色的连续区域，同时更好地保留形状边缘的锐化程度。

❺容差

“容差”下拉列表框用于替换颜色的范围。用户可以在“容差”数值框中输入 0～100 之间的任意数值。输入的数值越大，替换的范围就越广；输入的数值越小，则替换的范围就越小。分别将“容差”设置为10%、25%和 90%，然后在花朵上涂抹，涂抹后的图像效果分别如图 10-29、图 10-30 和图 10-31 所示。

图 10-29

图 10-30

图 10-31

❻消除锯齿

勾选“消除锯齿”复选框，可为设置的区域定义平滑的边缘。

10.2 规则形状的绘制和编辑技巧

Photoshop CS5 拥有多种形状工具，包括“矩形工具”、“圆角矩形工具”、“椭圆工具”、“多边形工具”、“直线工具”和“自定形状工具”，使用这些工具可以绘制规则形状的图形。在默认情况下，选择形状工具并进行拖动，即可绘制各种形状。当然，用户可以从提供的预设形状中进行选择，然后绘制图形。

核心知识 1　矩形和圆角矩形工具

使用“矩形工具”和“圆角矩形工具”，可以在图像上快速绘制出矩形、正方形或圆角矩形，单击工具箱中的“矩形工具”按钮或“圆角矩形工具”按钮，然后在图像中的合适位置单击并拖动鼠标，即可绘制矩形或圆角矩形。单击工具箱中的“矩形工具”按钮或“圆角矩形工具”按钮后，可在显示的选项栏中对各个参数作进一步的设置，使绘制出来的图像更加准确和精美。图 10-32 所示为“矩形工具”选项栏。

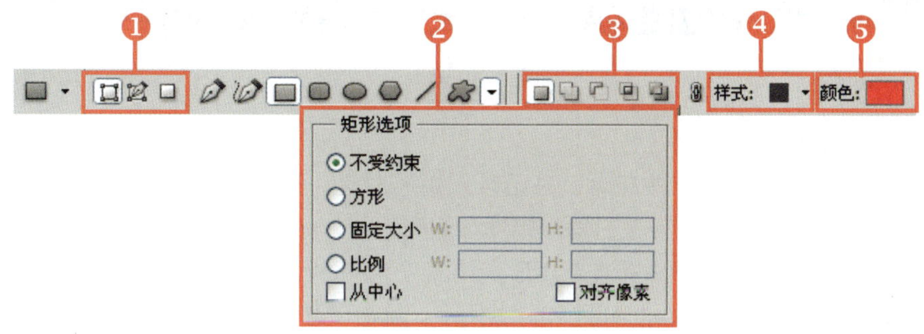

图　10-32

❶绘图工具模式

绘制工具模式按钮用于设置绘制形状的模式，包括“形状图层”、“路径”和“填充像素”3 个按钮。单击“形状图层”按钮，则在当前的图层中创建形状，如图 10-33 所示。单击“路径”按钮，则在当前的图层中绘制一个工作路径，如图 10-34 所示。单击“填充像素”按钮，则直接在图层中绘制形状，如图 10-35 所示。

图　10-33

图　10-34

图　10-35

❷矩形选项

单击形状右侧的倒三角按钮，打开“矩形选项”面板，用于设置“矩形工具”的大小等参数。选中“不受约束”单选按钮，则绘制的矩形不受尺寸大小的限制，此单选按钮为系统默认的选项；选中“方形”单选按钮，则绘制出正方形路径或形状；选中“固定大小”单选按钮，在 W 和 H 数值框中输入数值，设置矩形的宽度和高度；选中“比例”单选按钮，在 W 和 H 数值框中输入数值，设置矩形的宽度和高度之间的比例值。若勾选“从中心”复选框，则绘制矩形时从图像中心位置开始绘制；若勾选“对齐像素”复选框，则绘制矩形时使边靠近像素的边缘，将矩形或圆角矩形的边缘对齐像素边界。图 10-36、图 10-37 和图 10-38 所示分别为选中“方形”、“固定大小”和“比例”单选按钮时绘制的图形效果。

图 10-36

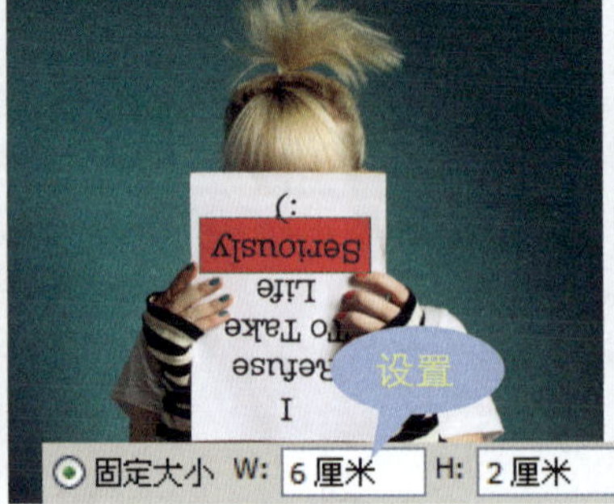

图 10-37

图 10-38

❸设置矩形形状区域

单击“创建新的形状图层”按钮，开始绘制矩形形状，此选项只用于“形状图层”操作模式下。单击“添加到形状区域（+）”按钮，则添加矩形形状，如图 10-39 所示。单击“从形状区域减去（—）”按钮，则在原矩形中减去新矩形，如图 10-40 所示。单击“交叉形状区域”按钮，则保留新矩形和原矩形交叉的区域，如图 10-41 所示。单击“重叠形状区域除外”按钮，则排除重叠区域，如图 10-42 所示。

图 10-39

图 10-40

图 10-41

图 10-42

❹样式

“样式”下拉列表框用于为绘制的矩形添加各种特殊效果。单击“样式”下拉按钮，在打开的面板中选取需要的样式，如图 10-43 所示。单击面板右上角的扩展按钮，在打开的菜单中可以追加更多的样式到“样式”面板中，单击即可选择追加的样式，如图 10-44 所示。

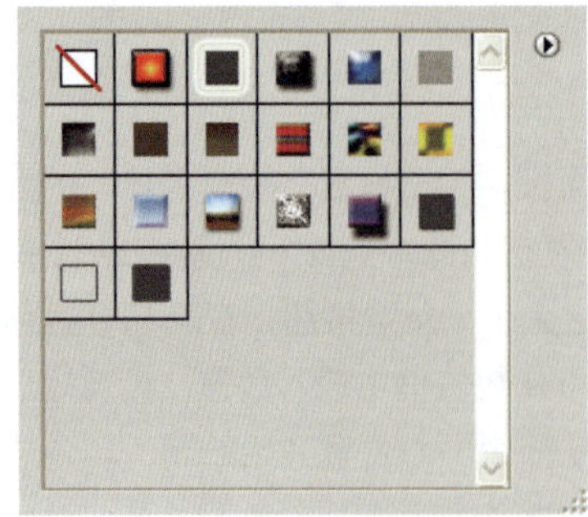

图 10-43

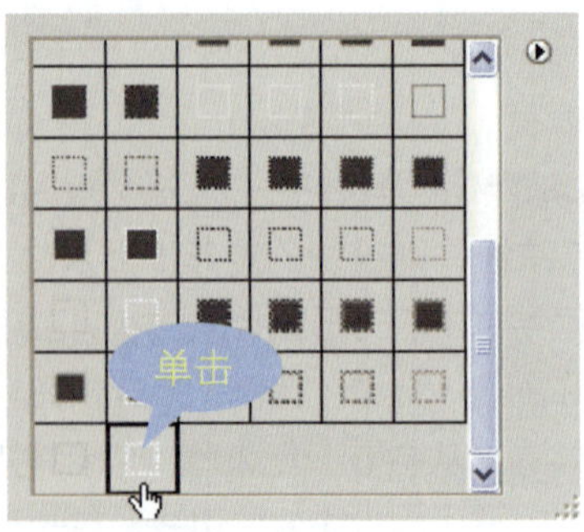

图 10-44

❺颜色

单击“颜色”后方的色块，将打开“拾色器”对话框。在此对话框中可进一步设置矩形的颜色，设置完成后单击“确定”按钮即可。

知识补充

选择“圆角矩形工具”后，显示对应的选项栏。在选项栏中添加了一个“半径”参数，用于设置要绘制的圆角矩形的圆角弧度。用户可以在数值框中输入 0～35278 的任意一个数值，所设置的数值大小将直接影响到绘制的圆角矩形的外形。

核心知识 2 椭圆工具

“椭圆工具”可以绘制正圆或椭圆形状。打开需要绘制的素材图像，设置前景色为#947e05，单击工具箱中的“椭圆工具”按钮，在图像中单击并拖动鼠标，如图 10-45 所示。通过设置后，更改该形状图层的混合模式，可以得到如图 10-46 所示的效果。

图 10-45

图 10-46

核心知识 3 多边形工具

“多边形工具”可在图像上快速绘制多边形图形。单击工具箱中的“多边形工具”按钮，可以进一步在“多边形工具”选项栏中设置多边形的“边”、“半径”及“平滑拐角”等，如图 10-47 所示。

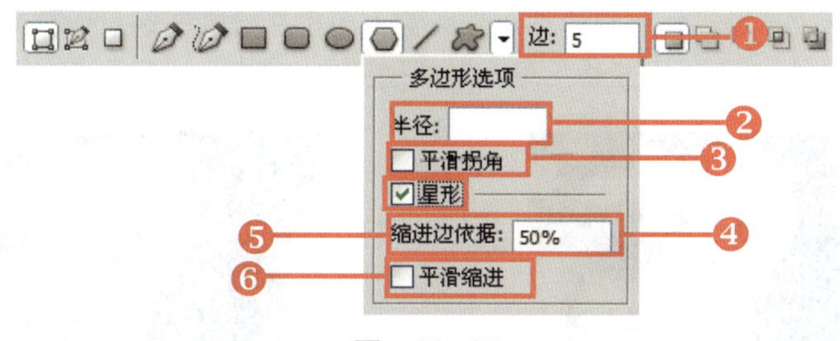

图 10-47

❶边

在“边”数值框中输入数值，可以设置多边形或星形的边数和角度。输入的数值越大，则绘制的边数就越多。当设置“边”为 5 时，绘制图像，效果如图 10-48 所示。当设置“边”为 10 时，绘制图像，效果如图 10-49 所示。当设置“边”为 20 时，绘制图像，效果如图 10-50 所示。

图 10-48

图 10-49

图 10-50

❷半径

“半径”数值框用于设置多边形或星形的大小。用户可在“半径”数值框中输入 0.035～5291.667 之间的任意数值。当不在“半径”数值框中输入数值时，则可通过单击并拖动鼠标的距离决定多边形的大小。分别设置“半径”为 0.2 厘米、0.5 厘米和 0.8 厘米，单击并拖动鼠标绘制多边形，绘制后的图像如图 10-51、图 10-52 和图 10-53 所示。

图 10-51

图 10-52

图 10-53

❸平滑拐角

勾选“平滑拐角”复选框，可使绘制的多边形或星形的边缘更加平滑。

❹星形

勾选“星形”复选框，将启动“缩进边依据”数值框和“平滑缩进”复选框。用户可以通过拖动鼠标绘制星形。勾选“平滑拐角”复选框，在图像上单击并绘制图像。效果如图 10-54 所示。勾选“平滑拐角”和“星形”复选框，在图像上单击并绘制图像，效果如图 10-55 所示。

图 10-54

图 10-55

❺缩进边依据

在“缩进边依据”数值框中可输入 1～99 的任意一个整数，用于控制边的缩进量。如图 10-56、图 10-57 和图 10-58 所示，分别为设置“缩进边依据”为 2%、20%和 50%时所绘制的图像效果。

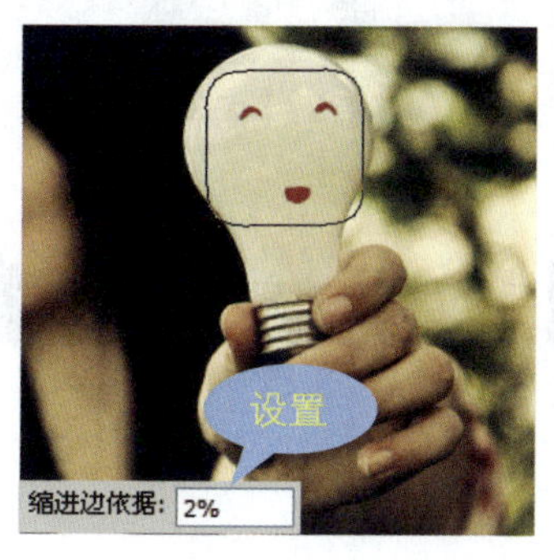

图 10-56

图 10-57

图 10-58

❻平滑缩进

勾选“平滑缩进”复选框，可绘制平滑的星形。

技 巧 点 拨

在绘制多边形路径时，可以对绘制的多边形路径的边数进行调整。若选择“多边形工具”在图像中绘制多边形路径后，按快捷键〈Ctrl+Enter〉，可以将绘制的路径快速转换为选区。

核心知识 4 直线工具

顾名思义，“直线工具”即是在图像上绘制出不同长短的直线或带箭头的线段。选中工具箱中的“直线工具” 后，可在其选项栏中进一步对要绘制直线的粗细进行设置，还可以为绘制的直线添加箭头效果。图 10-59 所示为“直线工具”选项栏。

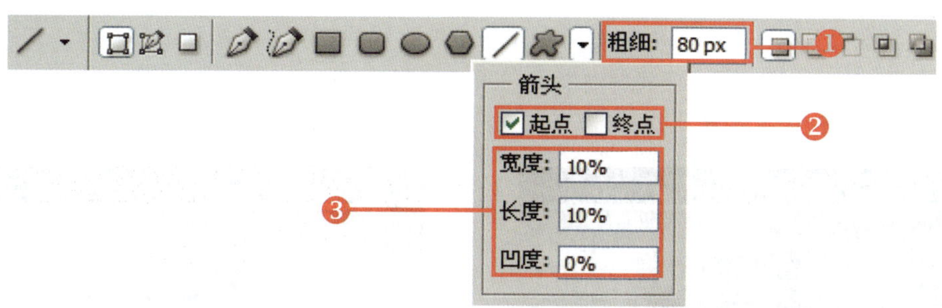

图 10-59

❶粗细

“粗细”选项用于设置绘制直线的宽度，可以在此数值框中根据需要输入相应的数值，然后进行直线的绘制。打开一幅素材图像，如图 10-60 所示。设置“粗细”为 20px，在图像中单击并拖动鼠标，绘制直线，效果如图 10-61 所示。设置“粗细”为 60px，在图像中单击并拖动鼠标，绘制直线，如图 10-62 所示。

图 10-60

图 10-61

图 10-62

❷箭头

"箭头"选项组用于设置线段的起点和终点，通过改变线段的粗细，制作箭头形状的图形。若勾选"起点"复选框，则在起点部分添加箭头效果；若勾选"终点"复选框，则在终点部分添加箭头效果。图 10-63 和图 10-64 所示，分别为勾选"起点"和"终点"复选框时绘制出来的效果。

图 10-63

图 10-64

❸宽度、长度和凹度

"宽度"、"长度"和"凹度"数值框分别用于设置线段的宽度、长度和凹度。当用户在"凹度"数值框中输入负值时，箭头的底部将背离箭尖。图 10-65 和图 10-66 所示分别为设置"凹度"值为50%和-50%时绘制出的箭头效果。

图 10-65

图 10-66

核心知识 5 自定形状工具

“自定形状工具”用于绘制一些自定义的图案或路径。打开需要设置的素材图像，如图 10-67 所示。单击工具箱中的“自定义形状工具”按钮，单击选项栏中的“自定形状工具”右侧的下拉按钮，在打开的面板中选择需要的形状。然后在画面中单击并拖动鼠标，即可绘制选中的形状，如图 10-68 所示。

图 10-67

图 10-68

10.3 不规则形状的创建和编辑

在编辑数码照片时，不仅可以在图像上进行规则形状的绘制，还可以应用“钢笔工具”绘制不规则的形状。应用“钢笔工具”在图像中绘制不规则形状后，可结合“路径”面板对路径进行填充和描边等操作，也可以将绘制的形状定义为形状，便于下次调用此形状。

核心知识 1 使用钢笔工具绘制图形

使用“钢笔工具”可通过单击并拖动鼠标创建出需要的路径形状。单击工具箱中的“钢笔工具”按钮，将显示对应的选项栏，如图 10-69 所示，在选项栏中可以设置绘制的形状。

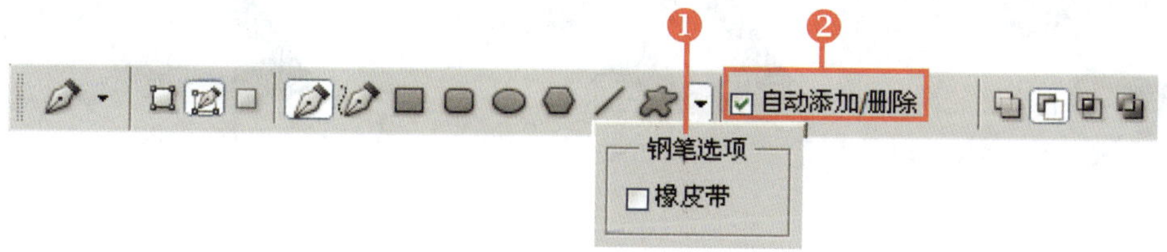

图 10-69

❶自动添加/删除

勾选“自动添加/删除”复选框后，将光标移至所绘制的路径上。当光标变为形状时，单击可添加锚点，如图 10-70 所示。当光标变为形状时，单击可删除锚点，如图 10-71 所示。

图 10-70

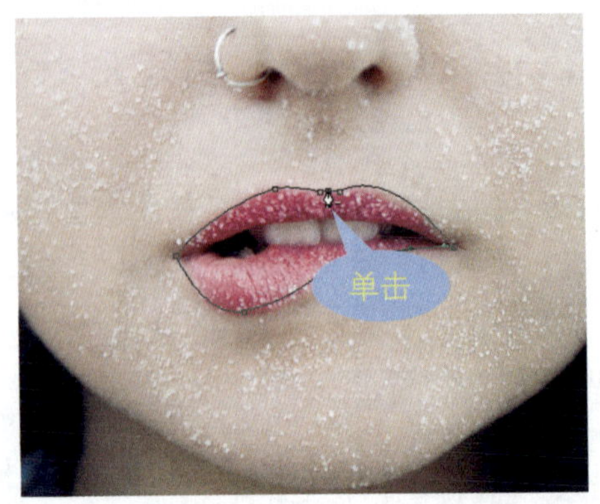

图 10-71

❷橡皮带

单击“自定形状工具”右侧的下拉按钮，打开“钢笔选项”。勾选“橡皮带”复选框，则在图像中绘制路径时可以预览路径。

技巧点拨

单击“钢笔工具”按钮，在隐藏的面板中选择“自由钢笔工具”，然后在选项栏中勾选“磁性的”复选框，则将自由钢笔工具转换为磁性钢笔工具，可沿着图像边界绘制路径。

核心知识 2 路径的填充和描边

应用路径绘制工具在图像中创建工作路径后，通过单击“路径”面板中的相应按钮快速为绘制的路径进行颜色填充或填充描边效果。

打开一幅素材图像，应用“钢笔工具”在图像上创建工作路径，如图 10-72 所示，打开“路径”面板。在面板中选择需要设置的路径，单击底部的“用前景色填充路径”按钮，则用当前设置的前景色填充绘制的路径，如图 10-73 所示。单击“用画笔描边路径”按钮，则用设置的前景色对路径进行描边操作，如图 10-74 所示。

图 10-72

图 10-73

图 10-74

核心知识 3 载入自定形状

应用“自定形状工具”绘制图形时，若“形状”面板中无符合要求的形状，用户可以根据情况创建自定形状。要创建自定义形状，需要应用“钢笔工具”或其他形状工具绘制出需要的路径形状，如图 10-75 所示，然后选择“编辑”→“定义自定形状”命令，如图 10-76 所示。

图　10-75

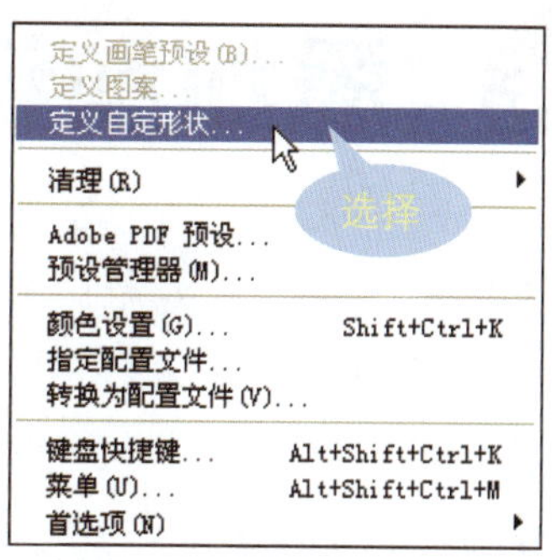

图　10-76

打开“形状名称”对话框，在对话框中输入自定形状的名称，如图 10-77 所示，设置完成后单击“确定”按钮，关闭对话框。此时单击选项栏中的“自定形状工具”右侧的下拉按钮，新创建的形状将出现在“形状”面板中，如图 10-78 所示。

图　10-77

图　10-78

通过应用“定义自定形状”命令重新定义新的形状后，打开一幅图像，如图 10-79 所示。选择“自定形状工具”，然后在“形状”面板中选择定义的形状，再单击选项栏中的“填充像素”按钮，即可绘制该形状的图形，如图 10-80 所示。绘制后，还可以应用其他的工具添加更多的文字或图案等，使画面更加饱满，如图 10-81 所示。

图　10-79

图　10-80

图　10-81

10.4 添加和设置文字

在照片中输入文字，可以达到丰富数码照片主题内容的效果。Photoshop CS5 拥有强大的基于矢量的文字输入和编辑功能，用户可根据图像的具体需求，在图像中应用文字工具进行文字的输入，对于已经输入的文字，还可以通过“字符”面板进一步设置，创建创意和特效文字。

核心知识 1　横排和直排文字工具的应用

右击工具箱中的“横排文字工具”按钮T，在打开的隐藏面板中可以看到 Photoshop CS5 中的所有文字工具，其中包括“横排文字工具”T、“直排文字工具”IT、“横排文字蒙版工具”T和“直排文字蒙版工具”IT。按快捷键〈Shift+T〉，可以快速在各个文字工具之间切换。

使用“横排文字工具”，可以在图像中输入水平排列的文字。打开要输入文字的图像，如图 10-82 所示，单击工具箱中的“横排文字工具”按钮T，在图像窗口中需要输入文本的位置单击，即可开始输入文本，如图 10-83 所示。完成输入后，适当对文字的大小和颜色进行调整，得到如图 10-84 所示的图像效果。

图　10-82

图　10-83

图　10-84

“直排文字工具”用于在图像中输入垂直排列的文字。打开要输入文字的素材图像，如图 10-85 所示，单击工具箱中的“横排文字工具”按钮T，在打开的隐藏面板中选择“直排文字工具”IT，在图像窗口中需要输入文本的位置单击并输入文字，如图 10-86 所示。完成输入后，可以对输入的文字设置不同的颜色和大小，如图 10-87 所示。

图　10-85

图　10-86

图　10-87

知识补充

在文字工具选项栏中，“字符”和“段落”面板中所设置的参数可快速应用到文字、整个文本图层或多个文本图层中。根据图像的不同需要，利用面板进行参数的设置，可在提高工作效率的同时制作更精美的文字效果。

核心知识 2 文字的设置

使用文字工具在图像中输入文本后，需要对输入的文字大小、颜色、行距和间距等进行设置。在 Photoshop CS5 中，可以通过“字符”面板对字符微距、字距及基线偏移等进行设置。选择“窗口”→“字符”命令，打开“字符”面板，如图 10-88 所示。单击面板右上角的扩展按钮，在打开的菜单中可进一步设置更多的文本选项。

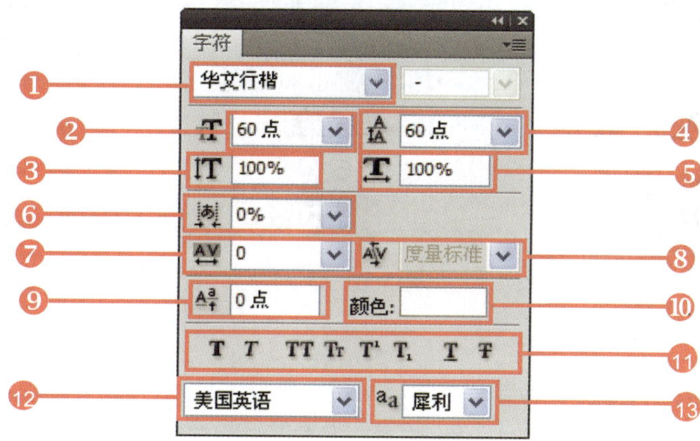

图 10-88

❶设置字体系列

此下拉列表框与文字工具选项栏中的“设置字体系列”下拉列表框相同，用于设置文本的字体类型。单击“设置字体系列”下拉按钮，在打开的下拉列表中选择需要的字体样式及类型，如图 10-89 所示。当用户选择不同的字体时，将在图像中得到不同的文本效果。图 10-90 和图 10-91 所示分别为设置字体为“方正稚艺-GBK”和“华文彩云”后的图像效果。

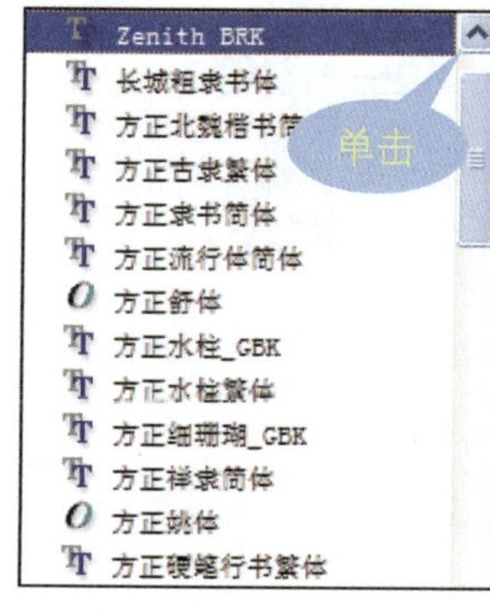

图 10-89

图 10-90

图 10-91

❷设置字体大小

此下拉列表框与文字工具选项栏中的“设置字体大小”下拉列表框相同，用于设置选中文本的字号。单击“设置字体大小”下拉按钮，在打开的下拉列表中可选择文字的大小。除此之外，还可以直接在“设置字体大小”数值框中输入合适的字体大小值。

❸垂直缩放

“垂直缩放”数值框用于设置文本字体的高度缩放比例，用户可以输入 0~1000 的任意整数值，系统默认值为 100%。图 10-92、图 10-93 和图 10-94 所示分别为输入文字和分别设置“垂直缩放”为 130%、160%后的图像效果。

图 10-92

图 10-93

图 10-94

❹设置间距

“设置间距”下拉列表框用于调整文本的行间距。单击“设置行距”下拉按钮，在打开的下拉列表中可选择预设的行间距值，如图 10-95 所示。设置的行间距值越大，则行距就越大。图 10-96、图 10-97 和图 10-98 所示分别表示“设置间距”为“自动”、“30 点”、“100 点”时的图像效果。

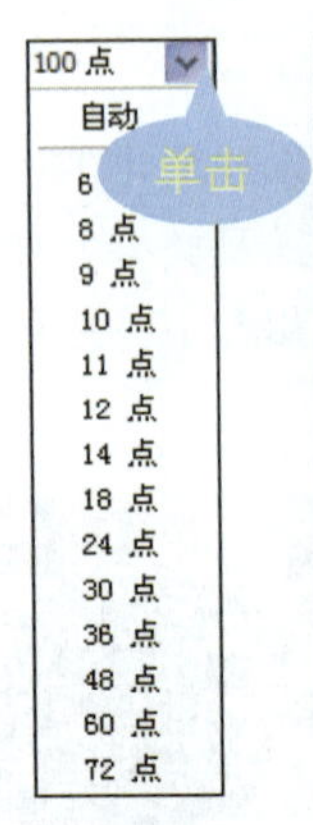

图 10-95

图 10-96

图 10-97

图 10-98

技巧点拨

若要一次性更改多个文本图层中的内容，则在选择多个文本图层后，单击“图层”面板底部的“链接图层”按钮，将多个文本图层进行链接。

❺水平缩放

"水平缩放"与"垂直缩放"正好相反，用于设置字符的宽度缩放比例，用户也可以输入 0~1000 的任意整数值，系统默认值为 100%。

❻设置所选字符的比例间距

此下拉列表框用于设置字符的比例间距，单击"设置所选字符的比例间距"下拉按钮，在打开的下拉列表中可选择软件提供的字符间距值，如图 10-99 所示。用户也可以在数值框中输入需要设置的参数，输入的数值越大，则字符之间的间距越小。图 10-100、图 10-101 和图 10-102 所示分别为设置"设置所选字符的比例间距"值为 0%、50%和 100%时的图像效果。

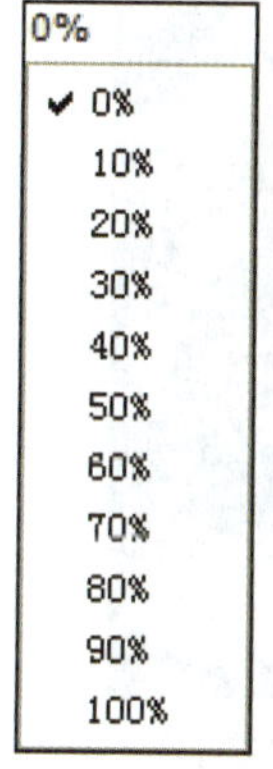

图 10-99

图 10-100

图 10-101

图 10-102

❼设置所选字符的字距调整

此选项用于设置字符间的间距，单击"设置所选字符的字距调整"下拉按钮，在打开的下拉列表中可选择软件预设的字距调整值，如图 10-103 所示。用户也可根据需要直接输入相应的数值，输入的数值越大，则字符间距越大。图 10-104、图 10-105 和图 10-106 所示分别为设置"设置所选字符的字距调整"值为-100、0 和 200 时的图像效果。

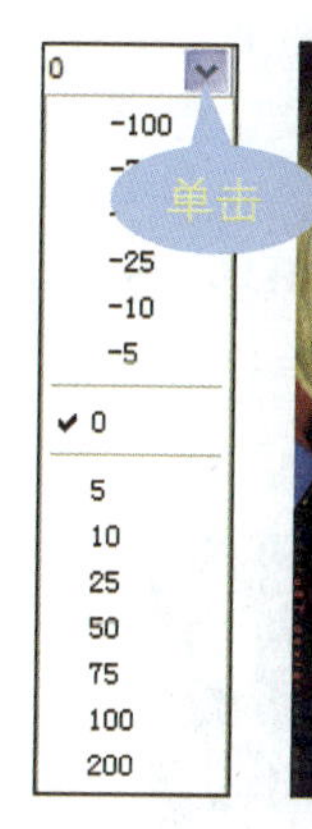

图 10-103

图 10-104

图 10-105

图 10-106

❽设置两个字符间的字距微调

此下拉列表框用于设置两个字符之间的字距微调，可以设置-1000~1000 的任意数值。若要为选中的字符使用字体的内置字距微调信息，选择"度量标准"选项；若要依据选定字符的形状自动调整

文本之间的间距，则选择“视觉”选项；若要手动调整字距微调，则可在其后的文本框中直接输入一个数值，或从该选项的下拉列表中选择需要的参数值。

❾设置基线偏移

“设置基线偏线”文本框用于控制文字与基线的距离，通过设置参数可以上移或下移选中文本，以创建上标或下标。当用户需要手动设置照片中字体的位置时，基线偏移尤其有用。若输入正值，使横排文字上移并使直排文字移向基线右侧；若输入负值，则使横排文字下移并使直排文字移向基线左侧。图 10-107、图 10-108 和图 10-109 所示分别为设置“设置基线偏移”为 10 点、50 点和 320 点后的图像效果。

图 10-107

图 10-108

图 10-109

❿设置文本颜色

单击“设置文本颜色”色块，打开“选择文本颜色”对话框，在对话框中可设置和更改文本颜色。在对话框中设置好颜色后，单击“确定”按钮，即可更改选中文本的颜色。

⓫设置字体样式

字体样式用于对输入的文字添加各种不同的样式。单击“仿粗体”按钮，则将选中字符设置为粗体；单击“仿斜体”按钮，则将选中字符设置为斜体；单击“全部大写字母”按钮，则将选中文本中的英文字符设置为大写；单击“小型大写字母”按钮，则将选中文本中的英文字符设置为小型大写；单击“上标”按钮，则将选中字符设置为上标位置；单击“下标”按钮，则将选中字符设置为下标位置；单击“下划线”按钮，则为选中文本添加下划线；单击“删除线”按钮，则为选中文本添加删除线。图 10-110 和图 10-111 所示分别为设置“仿粗体”和“全部大写字母”后的图像效果。

图 10-110

图 10-111

⑫对所选字符进行有关连字符和拼写规则的语言设置

此下拉列表框用于对所选文本进行有关连字符和拼写规则的语言设置。

⑬设置消除锯齿的方法

此下拉列表框与文字工具选项栏中的“设置消除锯齿的方法”下拉列表框相同，用于设置消除锯齿的方法。单击“设置消除锯齿的方法”下拉按钮，在打开的下拉列表中选择消除文字锯齿的方法，Photoshop CS5 中包含了“无”、“锐利”、“犀利”、“浑厚”和“平滑”5 个选项。默认情况下，选择“锐利”选项。选择“犀利”选项，设置的文字较为不清晰；选择“浑厚”选项，则设置的文字显示更加厚重，适合于显示器上较小的文字；选择“平滑”选项，则使设置的文字变得平滑。图 10-112 和图 10-113 所示分别为设置“设置消除锯齿的方法”为“浑厚”和“平滑”时的图像效果。

图 10-112

图 10-113

核心知识 3 添加创意文字

Photoshop 中可以为数码照片添加各种平面创意文字，其中最为突出的即为通过路径创建路径文字。通过路径创建的路径文字，既可以沿路径边缘输入文字，也可以在闭合的路径内部添加并输入文字。

要沿路径边缘输入文字，先使用工具箱中的“钢笔工具”在画面中单击并拖动，绘制路径，如图 10-114 所示。然后单击工具箱中的“横排文字工具”按钮，将鼠标移于路径的一端。当光标变为时单击，定位输入点，如图 10-115 所示，此时即可开始沿路径输入文字，如图 10-116 所示。

图 10-114

图 10-115

图 10-116

除沿路径输入文字外，用户还可以通过创建封闭路径的方式，控制文字的大小和位置。要创建封闭路径文字，单击工具箱中的“自定形状工具”按钮，单击选项栏中的“路径”按钮，在“形

状”面板中选择需要的形状，如图 10-117 所示。在画面中单击并拖动鼠标绘制路径，如图 10-118 所示。然后单击“横排文字工具”按钮T，设置好字体和字号后，将鼠标移至路径上，当光标变为Ⓘ时单击，即可输入文字。输入文字后，效果如图 10-129 所示。

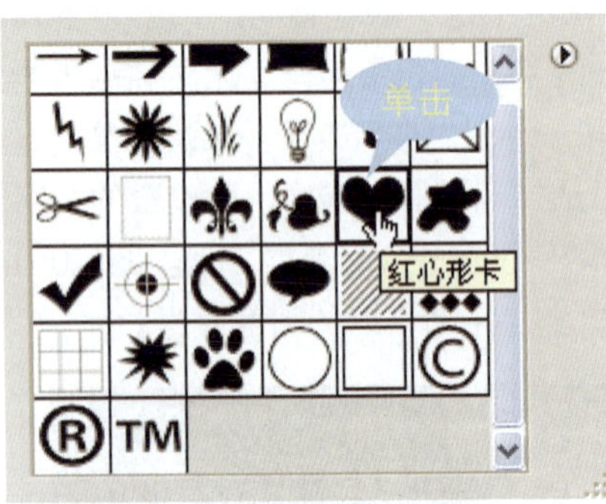

图 10-117

图 10-118

图 10-119

技 巧 点 拨

若要更改文本中的单个文字，需应用文字工具在已经输入的文字上拖动鼠标，将其选中，使其呈反相显示状态后，再在“字符”面板进行参数设置。

核心知识 4 添加特效文字

对于 Photoshop 中输入的文字，可以通过“样式”面板和“图层样式”对话框为输入的文字添加上特殊的文字效果。

使用 Photoshop CS5 中预设的样式，可快速为文字添加各种特效。选择“窗口”→“样式”命令，打开“样式”面板。单击面板右上角的扩展按钮，在打开的菜单中选择需要的命令，如图 10-120 所示。选择命令后，将打开系统警告对话框，如图 10-121 所示。单击“确定”按钮，则以选中的样式代替当前样式；单击“追加”按钮，则将选中的样式追加至“样式”面板中。

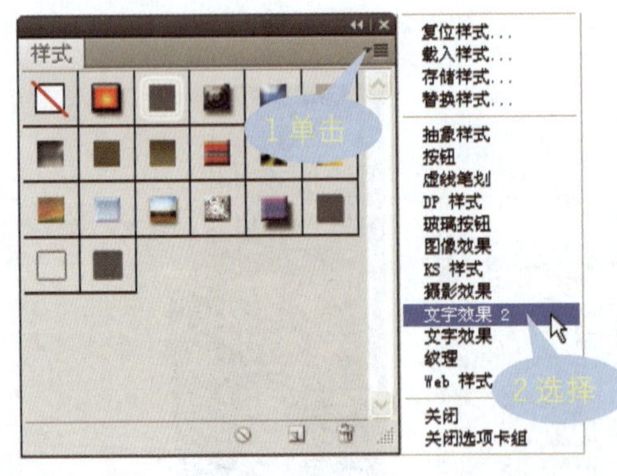

图 10-120

图 10-121

要应用“样式”面板中的样式，先应用文字工具在打开的照片中输入相应的文字，如图 10-122 所示，再打开“样式”面板，单击面板中需要的样式，如图 10-123 所示。单击“白色幻影外部发光”样式，将该样式应用至选中的文字上，如图 10-124 所示。

图 10-122

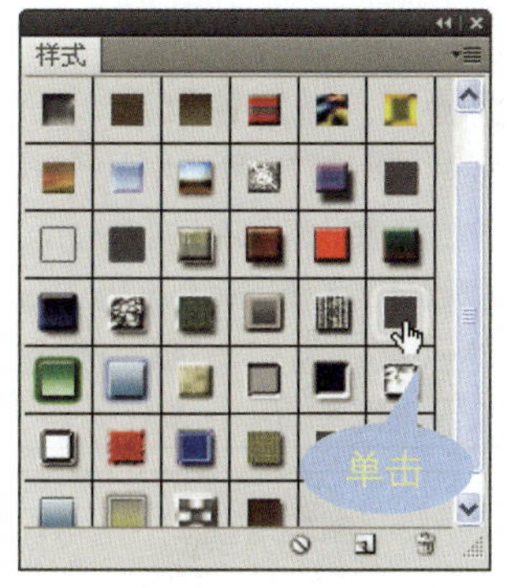

图 10-123

图 10-124

技巧点拨

在 Photoshop CS5 中，用户可以任意缩放、旋转和斜切整个文字图层，但却不可以选择并变换文本图层中的部分字符。若要更改文本图层中的单个字符，必须将该字符放于一个单独的文本图层中才可行。

10.5 应用与提高

为了丰富照片内容，通常会在照片中添加一些文字或图形。通过使用 Photoshop CS5 提供的图形绘制工具和文字工具修饰照片，能够增加照片的表现力，为照片添加上各种不同的艺术装饰，以得到完美的画面效果。

典型案例 1 为人像照片添加彩妆效果

利用 Photoshop 的图像绘制功能，可以为人像照片添加彩妆效果。下面的实例中，通过应对图像的饱和度进行设置后，利用“画笔工具”在脸部进行涂抹，绘制创意彩妆，具体操作步骤如下。

★素材文件：随书光盘\素材\10\01.jpg、02.jpg、03.psd

★最终文件：随书光盘\源文件\10\为人像照片添加彩妆效果.psd

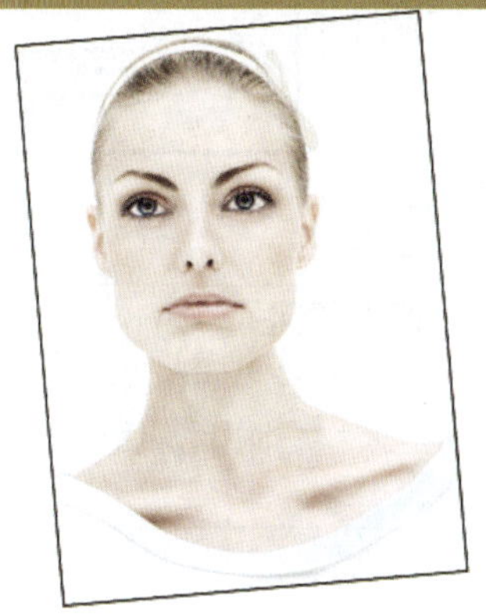

步骤 1　打开素材图像

打开随书光盘\素材\10\01.jpg，选择“背景”图层，并将其拖动至“创建新图层”按钮上，复制得到“背景副本”。

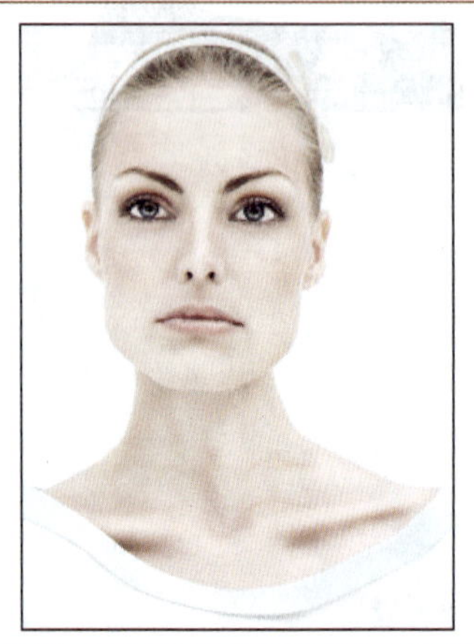

步骤 2　增加饱和度

单击“调整”面板中的“创建新的色相/饱和度调整图层”图标，在打开的面板中设置“饱和度”为+12，通过设置提高画面饱和度。

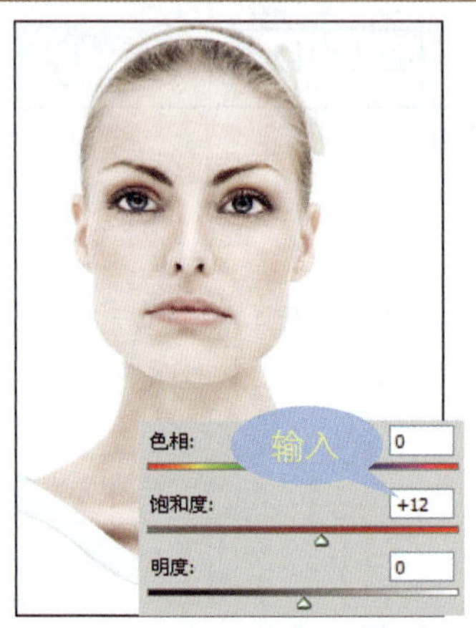

步骤 3　创建选区

单击工具箱中的“快速选择工具”按钮，调整画笔大小，然后在人物的嘴唇上单击，创建选区。

步骤 4　羽化选区

按快捷键〈Shift+F6〉，打开“羽化选区”对话框。设置“羽化半径”为 1 像素，单击“确定”按钮，羽化选区。

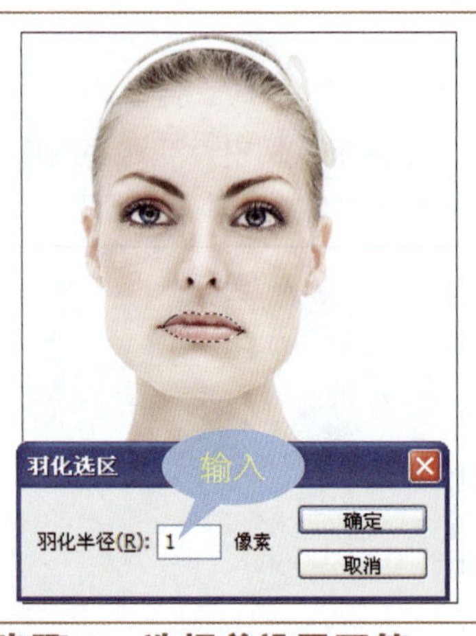

步骤 5　为选区填充颜色

设置前景色为 R：201、G：11、B：11，新建“图层 1”，并将“混合模式”设置为“滤色”，然后应用“画笔工具”在选区中涂抹，变换嘴唇颜色。

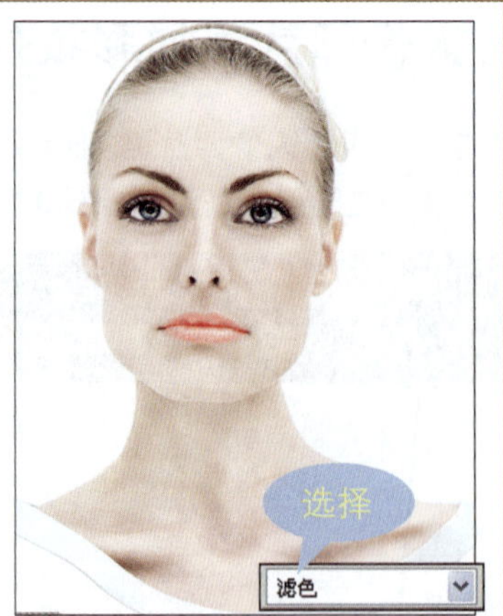

步骤 6　选择并载入画笔

选择“画笔工具”，单击“画笔预设选取器”右侧的按钮，在打开的菜单中选择“载入画笔”命令，在打开的对话框中选择画笔，单击“载入”按钮。

步骤 7　选择并设置画笔

载入睫毛画笔，打开“画笔”面板，选择所需画笔，然后设置“大小”为 90px，“角度”为-7 度，勾选“翻转 Y”复选框。

步骤 8　绘制睫毛

单击“创建新图层”按钮，新建“图层 2”，将鼠标移至人物右眼上方后单击，绘制逼真的长睫毛效果。

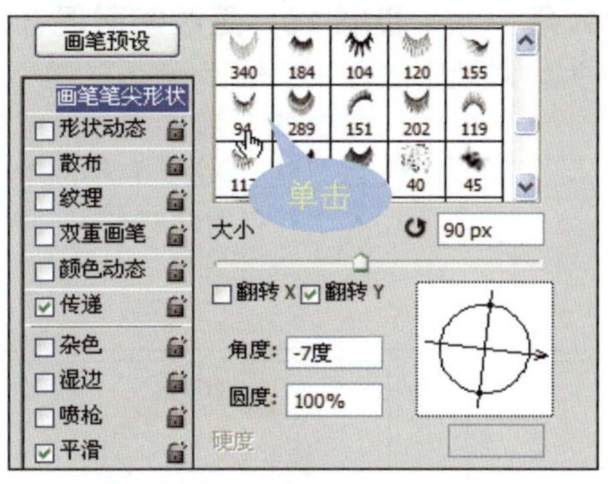

步骤 9　选择并设置画笔

打开“画笔”面板，不更改其他参数，直接勾选“翻转 X”复选框。

步骤 10　绘制睫毛

将鼠标移至人物左眼上方后单击，绘制逼真的长睫毛效果。

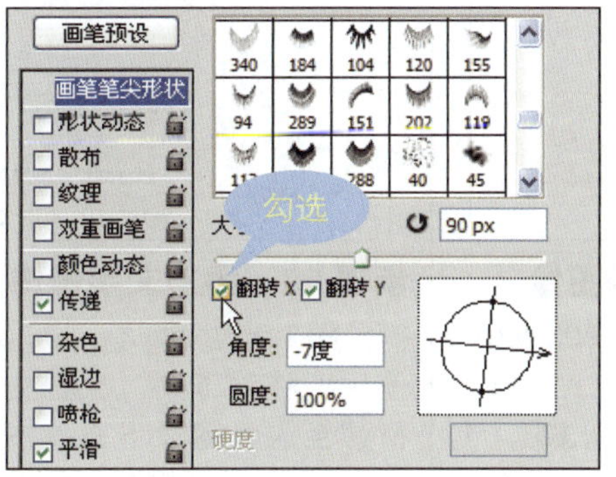

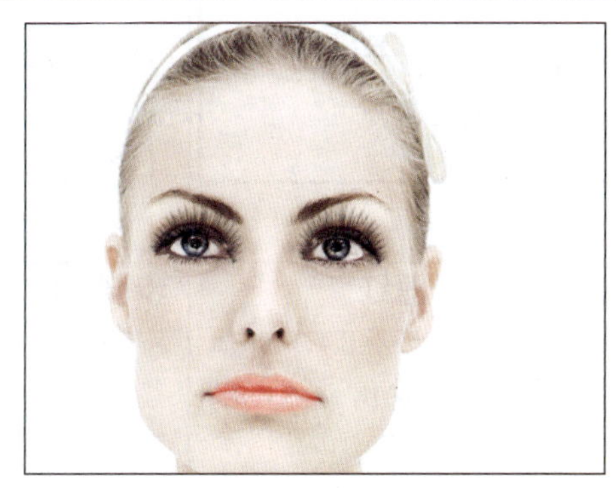

步骤 11　在眼睛上方创建选区

单击工具箱中的“套索工具”按钮，设置“羽化”为 8px，在眼睛上方单击并拖动鼠标，绘制眼影选区。

步骤 12　为选区填充颜色

设置前景色为#e03c49，新建“图层 3”，并将“混合模式”设置为“柔光”。按快捷键〈Alt+Delete〉，绘制红色眼影。

步骤 13　继续绘制影影

设置前景色为#1f368d，新建“图层 4”，并将“混合模式”设置为“色相”。按快捷键〈Alt+Delete〉，绘制蓝色眼影。

步骤 14　设置滤镜	步骤 15　模糊图像效果	步骤 16　更改图层混合模式
选择“图层 4”图层，按快捷键〈Ctrl+J〉，复制图层。选择“滤镜”→“模糊”→“高斯模糊”命令，打开“高斯模糊”对话框，设置“半径”为 13.9 像素。	单击“确定”按钮，关闭对话框，模糊复制的图像。	选择“图层 4 副本”图层，将此图层的“混合模式”重新更改为“线性减淡（添加）”，增加人物五官立体感。
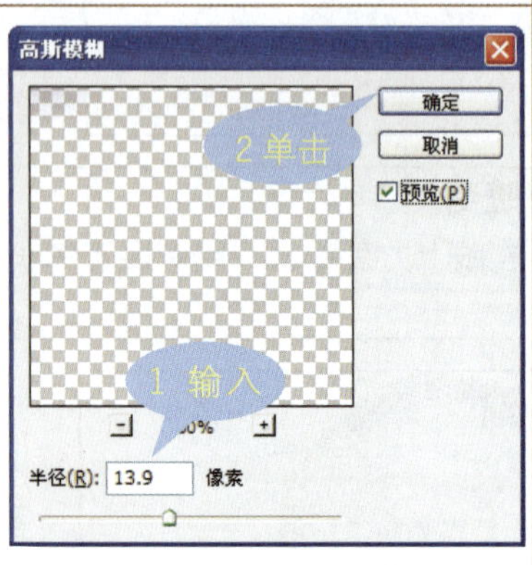		
步骤 17　绘制腮红	**步骤 18　添加背景图像**	**步骤 19　添加文字修饰**
设置前景色为#f72e88，新建“图层 5”，选择柔角画笔，设置“不透明度”为 10%，“流量”为 9%。在脸颊区域涂抹，绘制淡淡的腮红。	打开随书光盘\素材\10\02.jpg，并将其移至人物图像上，单击“添加蒙版蒙版”按钮，创建图层蒙版。应用“画笔工具”在蒙版中涂抹，隐藏遮挡人物的区域中的图像。	打开随书光盘\素材\10\03.psd，使用“移动工具”把文字素材移至人物图像下方。按快捷键〈Ctrl+T〉，打开变换工具，将文字调整为合适大小。 至此，完成本实例的操作。

典型案例 2　为花朵照片进行增效

对于拍摄的风景照片，可以利用 Photoshop 进行处理，使用照片变得更加漂亮。本实例通过对照片进行颜色的调整，增强画面层次感，然后为文字添加光点，对照片进行增效设置，具体操作步骤如下。

★素材文件：随书光盘\素材\10\04.jpg、05.jpg
★最终文件：随书光盘\源文件\10\为花朵照片进行增效.psd

步骤 1 复制图层

打开随书光盘\素材\10\04.jpg，选择“背景”图层，并将其拖动至“创建新图层”按钮上，复制得到“背景副本”。

步骤 2 调整亮度/对比度

单击“调整”面板中的“创建新的亮度/对比度调整图层”图标，在打开的面板中设置“亮度”为 29，“对比度”为 9，调整图像亮度。

步骤 3 设置色阶调整

单击“调整”面板中的“创建新的色阶调整图层”图标，在打开的面板中设置“色阶”值为 0、0.96 和 238，进一步增加画面的亮度。

步骤 4 设置“高斯模糊”滤镜

按快捷键〈Ctrl+Shift+Alt+E〉，盖印图层。选择“滤镜”→“模糊”→“高斯模糊”命令，打开“高斯模糊”对话框。设置“半径”为 3.0 像素，单击“确定”按钮。

步骤 5 模糊图像

关闭“高斯模糊”对话框，应用设置的“高斯模糊”滤镜模糊图像。

步骤 6 更改图层混合模式

选择“图层 1”图层，将此图层的“混合模式”更改为“滤色”，设置“不透明度”为 20%。

步骤 7　盖印图层并模糊图像

按快捷键〈Ctrl+Shift+Alt+E〉，应用再次盖印图层。然后按快捷键〈Ctrl+F〉，再一次应用“高斯模糊”滤镜，模糊图像。

步骤 8　更改图层混合模式

选择“图层 1”图层，将此图层的“混合模式”更改为“滤色”，使得到画面变得更亮。

步骤 9　编辑图层蒙版

选择“图层 2”图层，单击“添加图层蒙版”按钮，添加图层蒙版。设置前景色为黑色，选择柔角画笔，在蒙版中涂抹，隐藏部分图像。

步骤 10　打开并移动素材图像

打开随书光盘\素材\10\05.jpg，然后将打开的图像移至花朵上方。按快捷键〈Ctrl+T〉，将图像设置为合适大小。

步骤 11　更改图层混合模式

选择“图层 3”图层，将此图层的“混合模式”更改为“滤色”，通过设置后，在图像上叠加星光效果。

步骤 12　编辑图层蒙版

选择“图层 3”图层，单击“添加图层蒙版”按钮，添加图层蒙版。设置前景色为黑色，选择柔角画笔，在蒙版中涂抹，隐藏部分光点。

步骤 13　复制并调整蒙版

选择“图层 3”图层，按快捷键〈Ctrl+J〉，复制得到“图层 3 副本”图层。然后应用“画笔工具”再次在蒙版上涂抹，调整图像效果。

步骤 14　绘制更多小光点

单击“图层”面板底部的“创建新图层”按钮，新建“图层 4”。选择柔角画笔，在画面上连续单击，绘制更多不同大小和颜色的小光点。

步骤 15　绘制渐变图案

设置前景色为黑色，单击“渐变工具”按钮，在“渐变拾色器”中选择“前景色到透明渐变”选项。单击选项栏中的“径向渐变”按钮，新建“图层 5”，然后从图像中心向外拖动鼠标，绘制渐变图案。

步骤 16　更改图层混合模式

选择“图层 5”图层，将此图层的“混合模式”更改为“叠加”，设置“不透明度”为 61%，创建晕影效果。

步骤 17　设置色阶调整

单击“调整”面板中的“创建新的色阶调整图层”图标，在打开的面板中设置“色阶”为 9、1.00 和 255，调整图像。

步骤 18　添加修饰性文字

选择工具箱中的“横排文字工具”，在图像上输入文字，修饰照片。至此，本实例制作完成。

典型案例 3　为照片添加星光镜拍摄效果

在拍摄夜景时，部分摄影师喜欢选择星光镜表现点状光线的闪烁感，让画面更具璀璨效果。应用 Photoshop 可以为自己拍摄的普通夜景照片增加星光镜拍摄效果。本实例应用“色彩范围”命令选出照片中的高光区域，结合调整命令对得到的高光选区进行提亮，突出夜晚迷人的霓虹灯效果。再应用“画笔工具”添加更加闪亮星光，得到最后的星光镜拍摄效果，具体操作步骤如下。

★素材文件：随书光盘\素材\10\06.jpg

★最终文件：随书光盘\源文件\10\为照片添加星光镜效果.psd

步骤 1　复制“背景”图层

打开随书光盘\素材\10\06.jpg，选择“背景”图层，并将其拖动至“创建新图层”按钮上，复制得到“背景副本”。

步骤 2　设置色彩范围

选择“选择”→“色彩范围”命令，打开“色彩范围”对话框。在对话框中较亮区域单击，然后单击“确定”按钮。

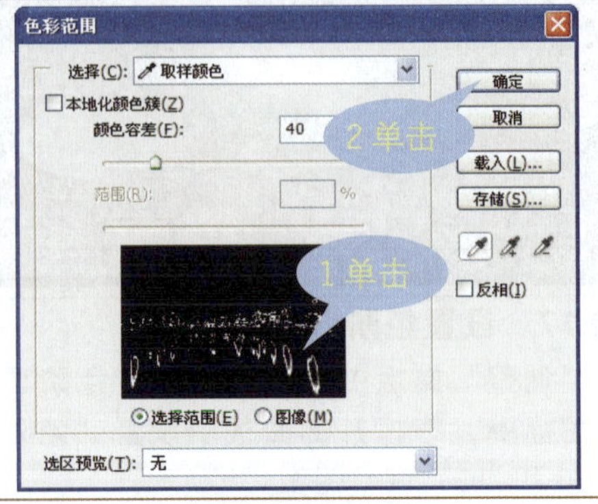

步骤 3 创建高光选区

关闭“色彩范围”对话框，在图像上得到高光选区。

步骤 4 设置曲线调整

单击“调整”面板中的“创建新的曲线调整图层”图标，在打开的面板中单击并向上拖动鼠标，调整曲线形状。通过调整曲线，增加选区内图像的亮度。

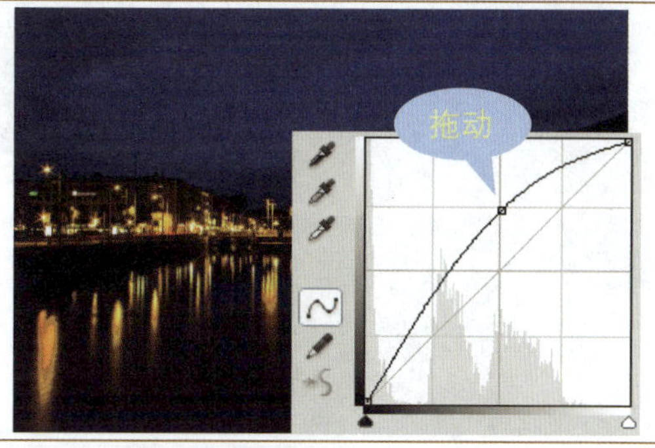

步骤 5 载入并反选选区

按住〈Ctrl〉键不放，单击“曲线 1”图层，将该图层作为选区载入。按快捷键〈Ctrl+Shift+I〉，反选选区。

步骤 6 设置曲线调整

单击“调整”面板中的“创建新的曲线调整图层”图标，在打开的面板中单击并向上拖动鼠标，调整曲线形状。通过调整曲线，增加选区内图像的亮度。

步骤 7 创建高光选区

按快捷键〈Ctrl+Shift+I〉，盖印图层。选择“选择”→“色彩范围”命令，打开“色彩范围”对话框。在对话框中较亮区域单击，然后单击“确定”按钮，创建选区。

步骤 8 添加发光样式

按快捷键〈Ctrl+J〉，复制选区内的图像。选择“图层”→“图层样式”→“外发光”命令，打开“图层样式”对话框。设置“混合模式”为“亮光”，“不透明度”为 29%，增强图像的亮度。

步骤 9　绘制十字光线

打开“画笔”面板，在“画笔预设选择器”中选择“交叉排线 1”，新建“图层 3”，然后在图像上绘制直字形的排线效果。

步骤 10　绘制十字光线

打开“画笔”面板，将“角度”更改为 45 度，继续在图像上绘制十字形的光线图案。

步骤 11　设置发光样式

选择“图层”→“图层样式”→“外发光”命令，打开“图层样式”对话框。设置“混合模式”为“亮光”，“不透明度”为 29%，调整图像。

步骤 12　复制图层

选择“图层 3”图层，连续按两次快捷键〈Ctrl+J〉，复制得到两个副本图层，分别调整两个副本图层中图像的大小和位置。

步骤 13　设置曲线调整

单击“调整”面板中的“创建新的曲线调整图层”图标，在打开的面板中选择“线性对比度（RGB）”曲线，增加图像的对比度。

步骤 14　设置色阶调整

单击“调整”面板中的“创建新的色阶调整图层”图标，在打开的面板中设置“色阶”为 0、1.17 和 233，调整图像颜色。

典型案例 4　为旅行照片添加纪念文字

运用文字工具在照片中添加上色彩变换的文字，并为输入的文字添加图层样式，不仅可以增加文字表现效果，而且可以更好地表现照片内容。本例将应用文字工具为旅行照片添加纪念文字，具体操作步骤如下。

★ 素材文件：随书光盘\素材\10\07.jpg

★ 最终文件：随书光盘\源文件\10\为旅行照片添加纪念文字.psd

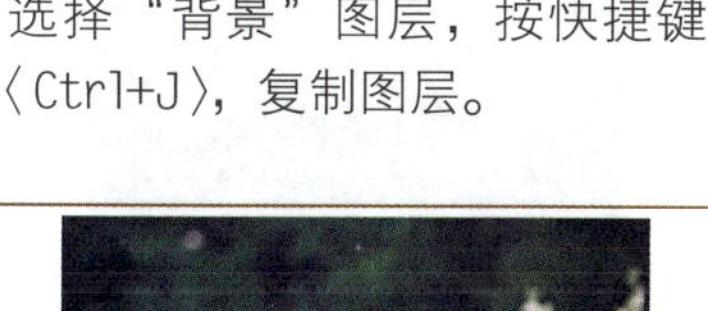

步骤 1　复制图层

打开随书光盘\素材\10\07.jpg，选择“背景”图层，按快捷键〈Ctrl+J〉，复制图层。

步骤 2　设置色阶

单击“调整”面板中的“创建新的色阶调整图层”图标，在打开的面板中选择“增加对比度 2”选项，增强画面对比度。

步骤 3　设置文字属性

选择“横排文字工具”T，打开“字符”面板，在该面板中对要输入的文字属性进行设置。

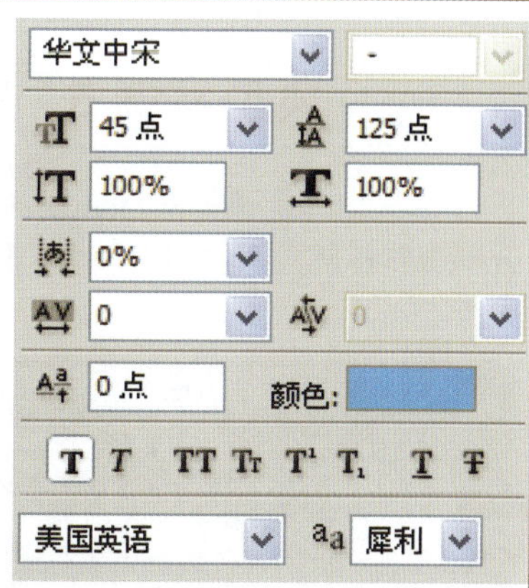

步骤 4　输入并查看文字

在图像的右上角单击，定位输入位置，然后输入文字。

步骤 5　设置“投影”样式

选择“图层”→“图层样式”→“投影”命令，打开“图层样式”对话框。设置颜色为 #a29595 “不透明度”为 59%，“距离”为 30 像素，“大小”为 7 像素。

步骤 6　查看图像样式

根据上一步在“图层样式”对话框中设置的各项参数，对输入的文字添加投影效果。

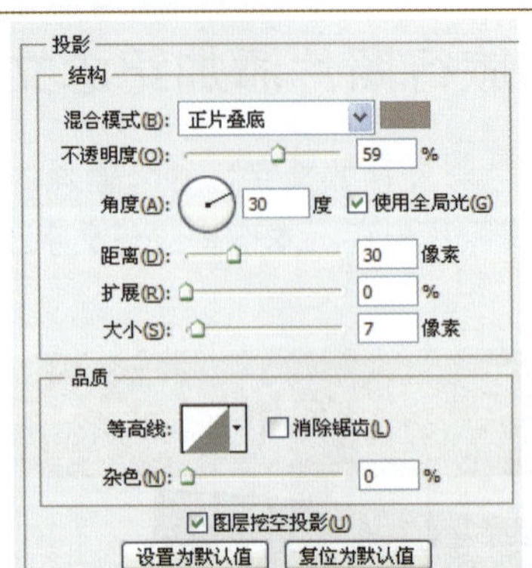

步骤 7　更改文本属性

再次选择“横排文字工具”T，打开“字符”面板，在该面板中对要输入的文字属性进行设置。

步骤 8　输入文字效果

在图像的右上角单击，鼠标，输入文字。

步骤 9　添加更多文字效果

继续输入文字并应用同样的样式效果。至此，完成本实例的制作。

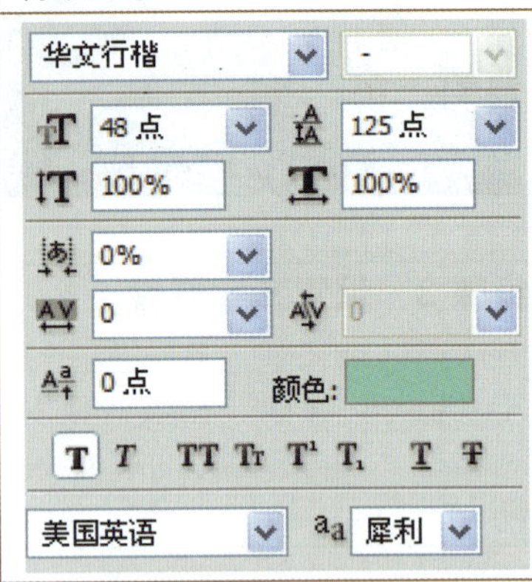

典型案例 5　将个人照片制作成个性日历

本实例把拍摄的照片制作为个性日历，通过使用图层蒙版将素材图像添加到一个图像上，然后分别调整各部分图像的颜色后，最后再进行文字的添加，具体操作步骤如下。

★ 素材文件：随书光盘\素材\10\08.jpg、09.jpg、10psd、11.jpg、12.psd

★ 最终文件：随书光盘\源文件\10\将个人照片制作成个性日历.psd

步骤 1　复制图层

打开随书光盘\素材\10\08.jpg，选择“背景”图层，并将其拖动至“创建新图层”按钮上，复制得到“背景副本”。

步骤 2　打开并移动素材

打开随书光盘\素材\10\09.jpg，选择“移动工具”，把打开的小朋友图像移至背景图像的右侧。按快捷键〈Ctrl+T〉，调整图像的大小和位置。

步骤 3　为人物图像添加蒙版

选择“图层 1”，单击“添加图层蒙版”按钮，选择柔角画笔。调整“不透明度”和“流量”，在蒙版上涂抹，隐藏部分图像。

步骤 4　打开并移动素材图像

打开随书光盘\素材\10\10.psd，选择“移动工具”，把打开的图像移至背景图像的左上角。按快捷键〈Ctrl+T〉，调整图像的大小和位置。

步骤 5　设置并添加“投影”样式

选择“图层”→“图层样式”→“投影”命令，打开“图层样式”对话框。设置“不透明度”为 32%，“距离”为 6 像素，“大小”为 18 像素，添加投影效果。

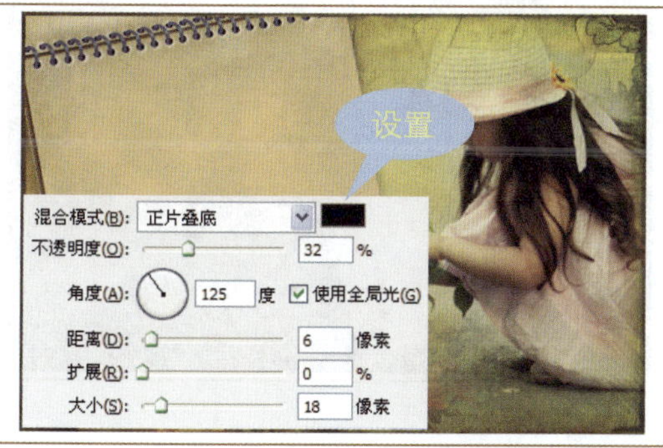

步骤 6　打开并移动素材图像

打开随书光盘\素材\10\11.jpg，选择“移动工具”，把打开的图像移至背景图像的左上角。按快捷键〈Ctrl+T〉，调整图像的大小和位置，并将此“图层 3”的“混合模式”更改为“正片叠底”。

步骤 7　创建图像选区

隐藏"图层 3"图层，选择工具箱中的"魔棒工具"，单击"添加到选区"按钮，在左上角的图案上连续单击，创建选区。

步骤 8　创建蒙版隐藏选区外图像

显示并选择"图层 3"图层，单击"图层"面板下方的"添加图层蒙版"按钮，添加图层蒙版，隐藏选区外的图像。

步骤 9　设置并添加"投影"样式

选择"图层"→"图层样式"→"投影"命令，打开"图层样式"对话框。设置"不透明度"为49%，"距离"为 5 像素，"大小"为 21 像素，添加投影效果。

步骤 10　调整亮度/对比度

按住〈Ctrl〉键的同时单击"图层 3"图层，单击"调整"面板中的"创建新的亮度/对比度调整图层"图标。设置"亮度"为 67，"对比度"为-27，调整图像的亮度和对比度。

步骤 11　设置曲线调整

按住〈Ctrl〉键的同时单击"图层 3"图层，单击"调整"面板中的"创建新的曲线调整图层"图标，选择"中对比度（RGB）"曲线，增强对比度。

步骤 12　打开并移动素材图像

打开随书光盘\素材\10\12.psd，选择"移动工具"，把打开的图像移至背景图像下方。按快捷键〈Ctrl+T〉，调整图像的大小和位置。

步骤 13　设置"投影"样式 选择"图层"→"图层样式"→"投影"命令，打开"图层样式"对话框。设置"不透明度"为66%，"距离"和"大小"均为 8 像素。	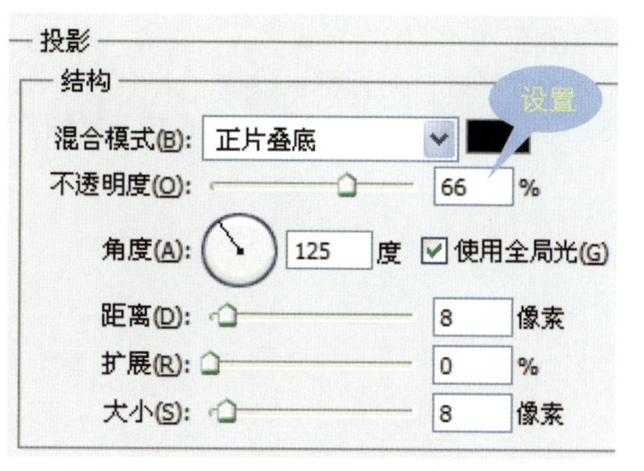
步骤 14　添加投影效果 确认图层样式后，根据上一步设置的参数值，为图像添加逼真的投影效果。	
步骤 15　设置并输入文字 选择"横排文字工具"T，打开"字符"面板。在该面板中对要输入的文字属性进行设置，然后在图像中输入文字。	

步骤 16　设置“描边”样式

选择“图层”→“图层样式”→“描边”命令，打开“图层样式”对话框。设置“大小”为 18 像素，“颜色”为“白色”，单击“确定”按钮。

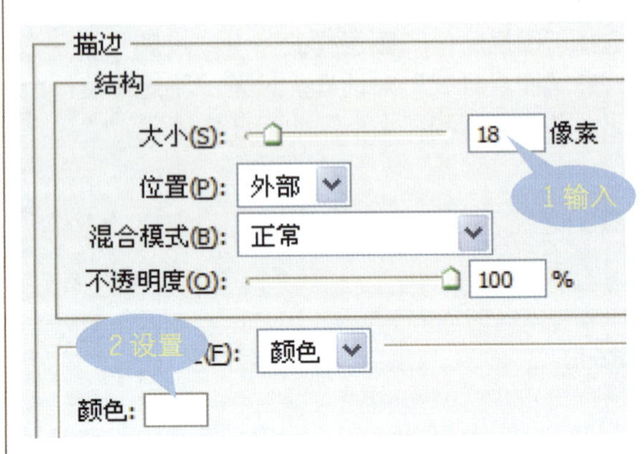

步骤 17　查看描边效果

根据上一步设置的参数值，为输入的文字添加白色描边效果。

步骤 18　输入更多文字效果

继续应用文字工具在图像上输入更多的文字，并添加“描边”样式效果。至此，完成本实例的制作。

11 数码照片的特殊效果制作

使用Photoshop CS5中的滤镜可以为数码照片添加各种艺术特效。通过在照片中添加艺术效果，可以使拍摄的照片变得更具有自己独特的艺术韵味。

本章的重要的概念有：了解滤镜库中的常用滤镜、认识在“滤镜”菜单中的各个滤镜，学会快速在照片中应用预设动作为数码照片添加特殊效果的方法。

本章知识点

- 滤镜库的设置
- 应用滤镜为数码照片添加特效
- 预设动作的载入和应用

11.1 滤镜库的设置

Photoshop CS5 中的滤镜是通过一定的程序算法，对数码照片中像素的色彩、色调、亮度、对比度、饱和度和分布排列等进行变换处理，使用滤镜可以使数码照片产生各种特殊的图像效果。在 Photoshop CS5 的滤镜库存中有多种滤镜命令，用户可根据需要选择滤镜，进行画面整体效果的设置。

核心知识 1　了解滤镜库

选择“滤镜”→“滤镜库”命令，打开“滤镜库”对话框。用户可通过选择滤镜库中的图标，对滤镜进行选择和设置，如图 11-1 所示。

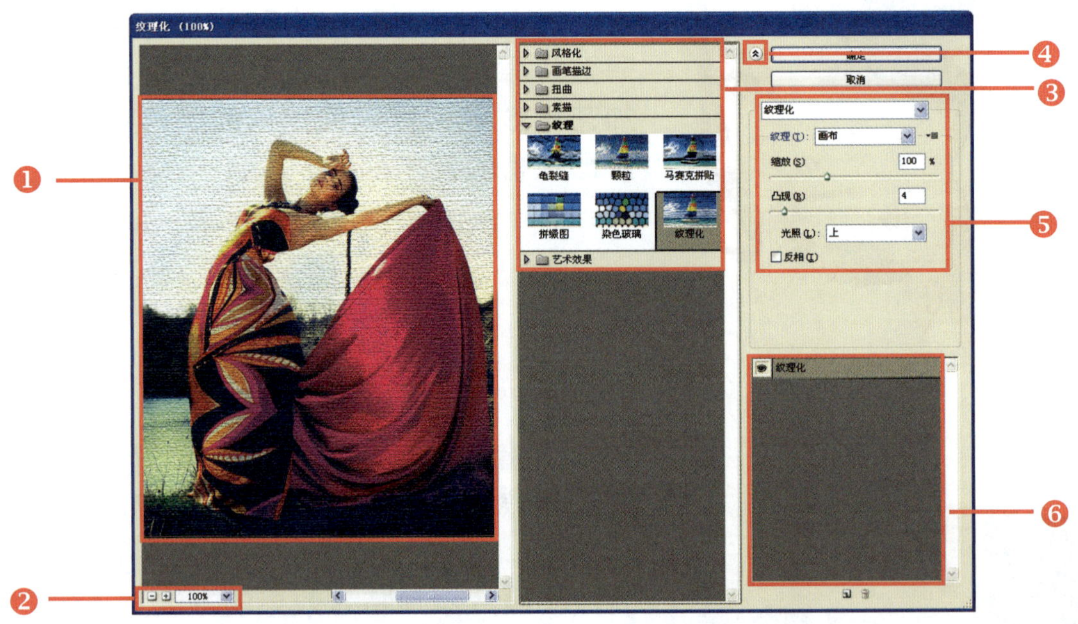

图　11-1

❶预览

在预览窗口中可看到打开和设置后数码照片的变化效果。打开素材图像效果，如图 11-2 所示。设置“水彩”滤镜后，在预览窗口中显示的图像效果如图 11-3 所示。

图　11-2

图　11-3

❷放大、缩小和设置当前图像的缩放百分比

此选项用于设置当前图像的预览大小。单击“缩小”按钮⊟，则将打开的图像进行等比例缩小；单击“放大”按钮⊞，则将打开的图像进行等比例放大；打开“图像缩放比”下拉列表框，如图 11-4 所示，在打开的下拉列表中可选择需要的图像缩放比。图 11-5、图 11-6 和图 11-7 所示分别为原素材图像、缩小和放大显示效果。

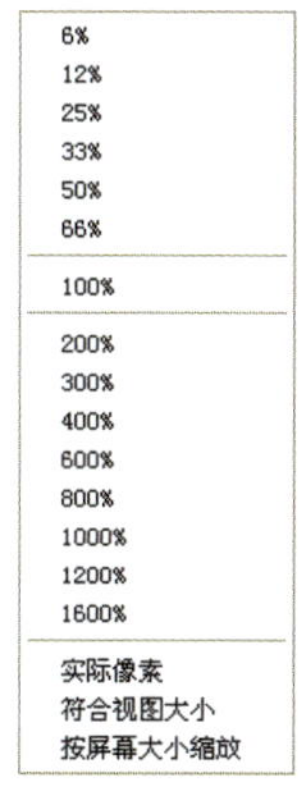

图　11-4

图　11-5

图　11-6

图　11-7

❸滤镜类别和缩览图

滤镜类别和缩览图用于查看或选择滤镜库中的滤镜效果。在滤镜库类别中包括风格化、画笔描边、扭曲、素描、纹理和艺术效果 6 种滤镜组。单击各滤镜组左侧的展开图标▶，即可显示该滤镜组中的各个滤镜。

❹显示/隐藏滤镜缩览图

单击⊗图标，即可快速显示或隐藏滤镜缩览图。图 11-8 和图 11-9 所示分别为显示滤镜缩览图和隐藏缩览图的效果。

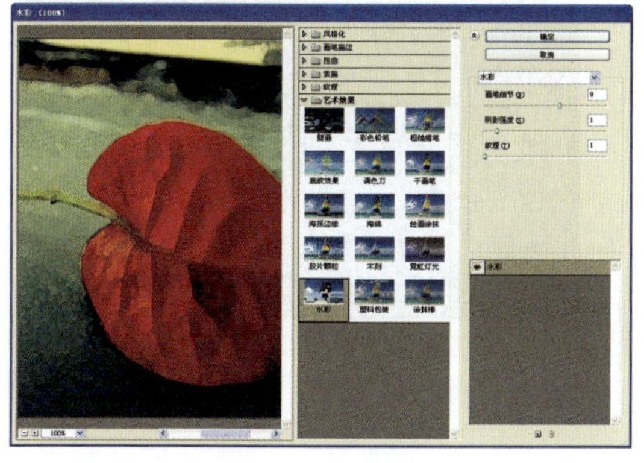

图　11-8

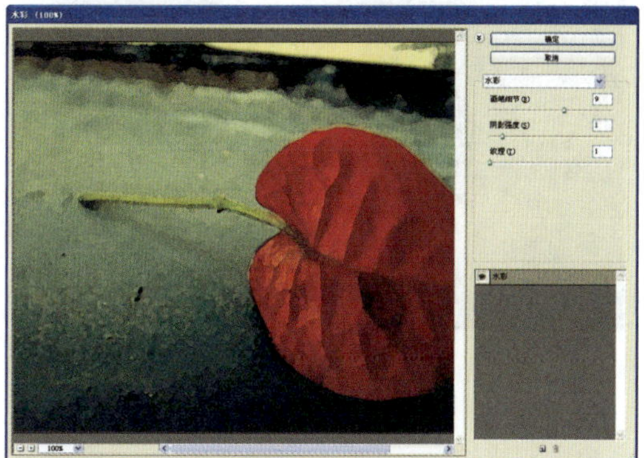

图　11-9

❺所选滤镜选项

此选项用于设置选中滤镜的各项参数，即当单击滤镜组中的其中任意一个滤镜后，在滤镜选项中对该滤镜的各项参数进行设置。

❻显示/隐藏滤镜图层、新建效果图层和删除效果图层

单击“显示/隐藏滤镜图层”图标👁，可显示或隐藏设置的滤镜效果；单击“新建效果图层”按

钮，则可添加滤镜，此选项主要是用于在图像上应用多个滤镜；单击“删除效果图层”按钮，则可删除当前选中的效果图层。

核心知识 2　在滤镜库中应用滤镜

在滤镜库中提供了风格化、画笔描边、扭曲、素描、纹理和艺术效果 6 种滤镜组，如图 11-10 所示。单击各滤镜组名称左侧的展开图标，即可显示该滤镜组中的各个滤镜。

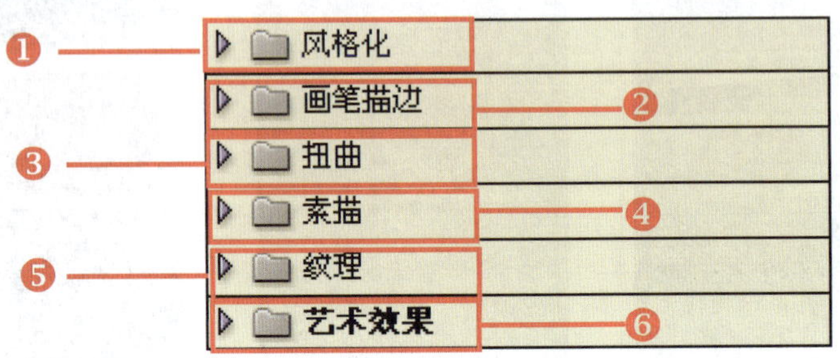

图　11-10

❶风格化

“风格化”滤镜组中只有一个“照亮边缘”滤镜，此滤镜可快速描绘数码照片中图像的轮廓。用户可以通过调整轮廓的宽度和亮度等参数，制作出类似于霓红灯的发光效果。单击“照亮边缘”选项，在右侧的选项设置参数。拖动“边缘宽度”滑块，设置转换图像边缘的宽度；拖动“边缘亮度”滑块，则设置转换图像边缘的亮度；拖动“平滑度”滑块，则设置转换图像边缘的柔和性和光滑性。图 11-11 和图 11-12 所示分别为原图像和应用“照亮边缘”滤镜后的效果。

图　11-11

图　11-12

❷画笔描边

“画笔描边”滤镜组中的滤镜主要通过画笔及油墨描边，创建类似于绘画的外观效果，应用“滤镜库”可重复应用画笔描边滤镜组中的多个滤镜。在“画笔描边”滤镜组中包括了“成角的线条”、“墨水轮廓”、“喷溅”、“喷色描边”、“强化的边缘”、“深色线条”、“烟灰墨”和“阴影线”8 个滤镜，如图 11-13 所示，用户可以根据需要选择不同的滤镜。“成角的线条”滤镜可以利用特定方向的画笔表现图像油墨效果，制作出好像使用油墨画笔在对角线上绘图的效果。图 11-14 所示为原图像，图 11-15 所示为应用“成角的线条”滤镜后的效果。

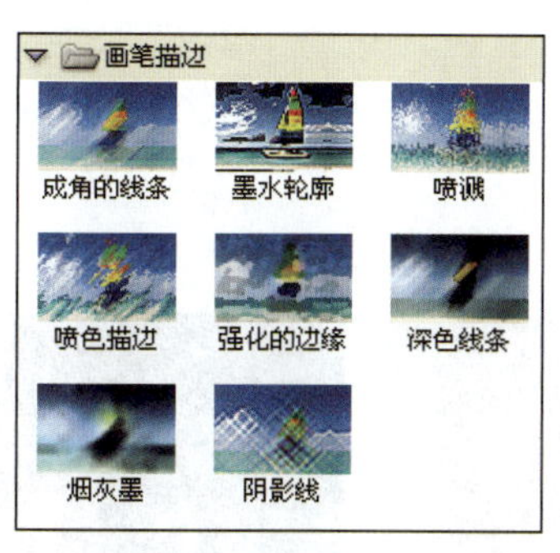

图 11-13

图 11-14

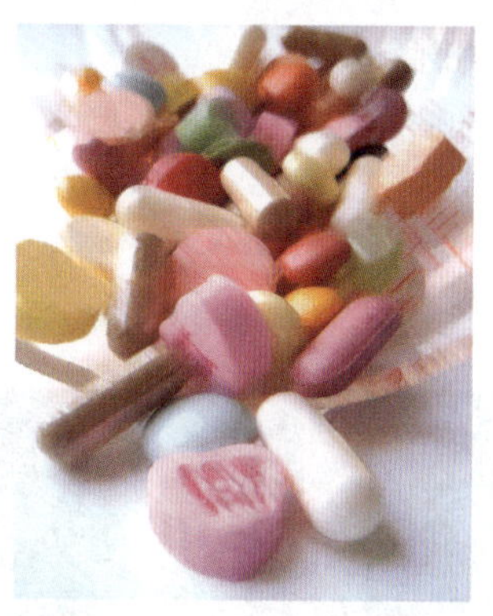

图 11-15

“墨水轮廓”滤镜使用对角的线条描边重新绘制图像，用相反方向的线来绘制图像中的亮区和暗区，如图 11-16 所示。“喷溅”滤镜可以在数码照片中产生画面颗粒飞溅的效果，如图 11-17 所示。“喷色描边”滤镜可以使用图像的主色，用成角的喷溅的颜色线条重新绘画图像，如图 11-18 所示。

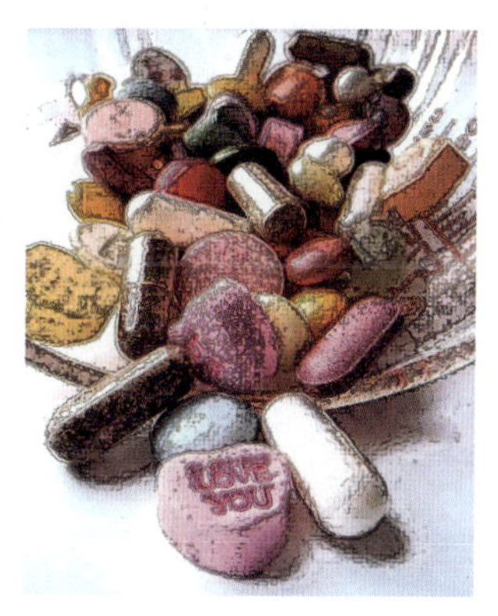

图 11-16

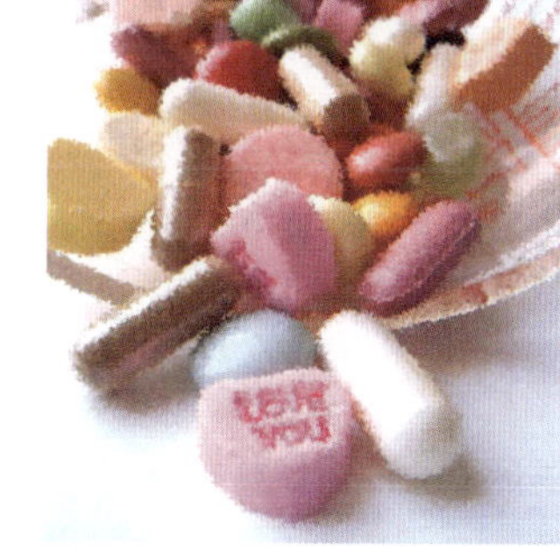

图 11-17

图 11-18

“强化的边缘”滤镜可以突出强调数码照片的边缘，设置图像中的边缘为高亮度的白色粉笔状或者低亮度的黑色油墨状，如图 11-19 所示。“深色线条”滤镜可使数码照片产生强烈的黑色阴影效果，如图 11-20 所示。“烟灰墨”滤镜可以使照片表现出木炭画或墨水被宣纸吸引后晕开的效果，如图 11-21 所示。“阴影线”滤镜可以使数码照片产生用交叉网线描边或雕刻的效果，如图 11-22 所示。

图 11-19

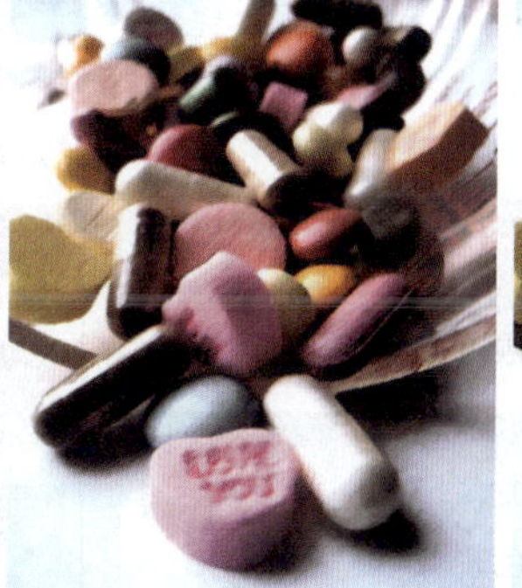

图 11-20

图 11-21

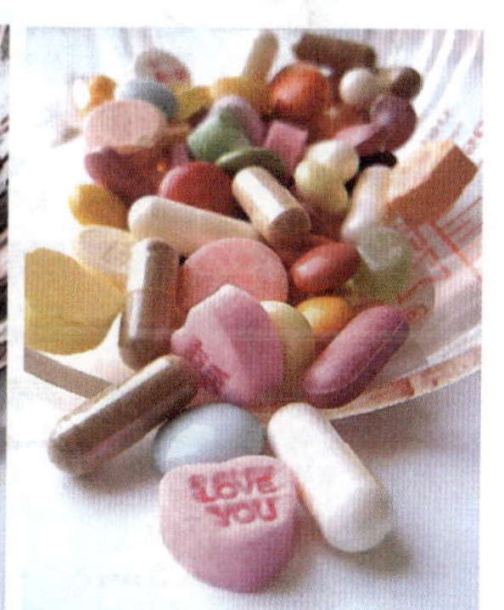

图 11-22

❸扭曲

"扭曲"滤镜组包括"玻璃"、"海洋波纹"和"扩散亮光"3 个滤镜。"玻璃"滤镜可以使数码照片产生类似于透过不同的玻璃看到的效果；"海洋波纹"滤镜可使数码照片产生一层水波纹；"扩散亮光"滤镜可以在图像中加入较强的白色光芒。图 11-23 所示为原图像，图 11-24、图 11-25 和图 11-26 所示分别为"玻璃"滤镜效果、"海洋波纹"滤镜效果和"扩散亮光"滤镜效果。

图 11-23

图 11-24

图 11-25

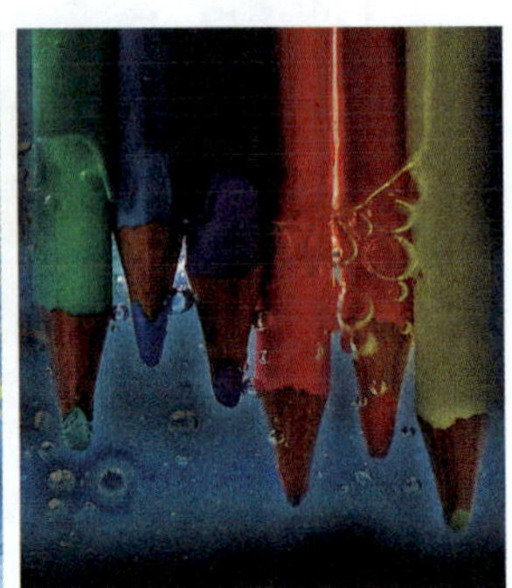

图 11-26

❹素描

单击"滤镜库"滤镜组左侧的展开图标▶，即可打开"素描"滤镜列表。在列表中查看到包括了"半调图案"、"便条纸"、"粉笔和炭笔"、"铬黄渐变"、"绘图笔"、"基底凸现"、"石膏效果""水彩画纸"、"撕边"、"炭笔"、"炭精笔"、"图章"、"网状"和"影印"14 种滤镜，如图 11-27 所示。该滤镜组中的滤镜可以在照片中表现木炭或钢笔等工具绘制草图的效果。

❺纹理

单击"纹理"滤镜组左侧的展开图标▶，即可显示该滤镜组中的"龟裂缝"、"颗粒"、"马赛克拼贴"、"拼缀图"、"染色玻璃"和"纹理化"6 个滤镜，如图 11-28 所示。选择其中一个滤镜，再设置参数，即可在图像中应用该滤镜。

❻艺术效果

"艺术效果"滤镜组位于滤镜库的最下方，单击"艺术效果"滤镜组左侧的展开图标▶，即可显示该滤镜组中的所有滤镜，如图 11-29 所示。单击对应的滤镜，即可在图像中应用该滤镜为图像添加特殊效果。

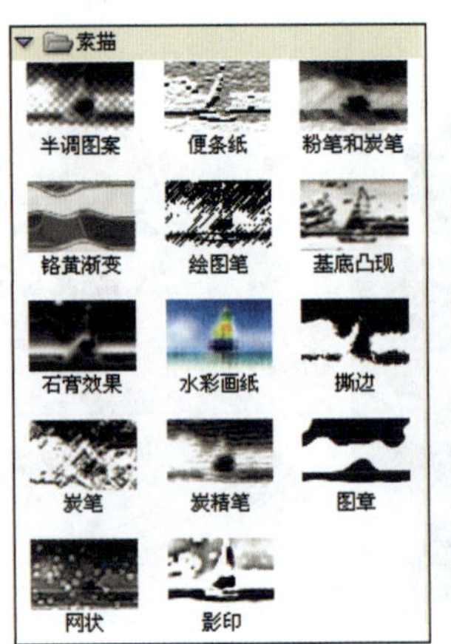

图 11-27

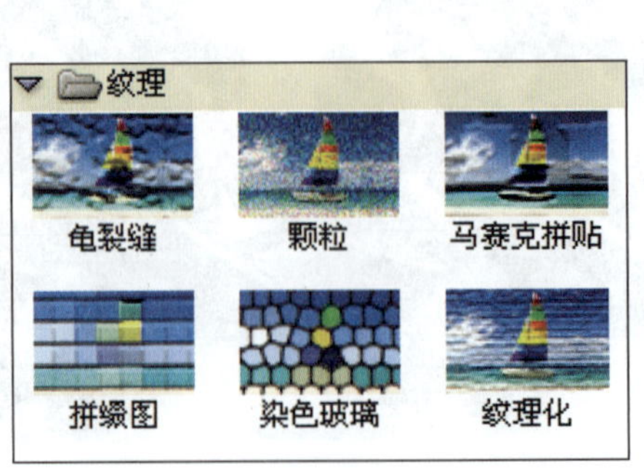

图 11-28

图 11-29

11.2 应用滤镜为数码照片添加特效

Photoshop CS5 中提供了 100 多种滤镜，主要包括艺术效果、扭曲、素描、纹理渲染及像素化等。通过使用这些滤镜，可将数码照片处理成各种特殊的艺术绘画效果，如油画、素描、水彩画等。

核心知识 1 绘画艺术效果滤镜的应用

艺术效果滤镜用于表现一种具有艺术特色的绘画效果，如油画、水彩画、铅笔画、粉笔画、水粉画等。在 Photoshop CS5 提供了“壁画”、“彩色铅笔”、“粗糙蜡笔”、“底纹效果”、“海绵”和“涂抹棒”等 15 种艺术效果滤镜。执行“滤镜艺术效果”菜单命令，在打开的子菜单中即可看到提供的多种绘画艺术滤镜，如图 11-30 所示。

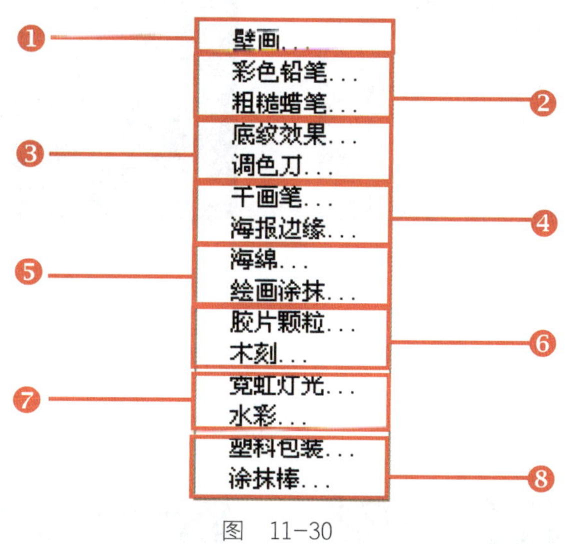

图 11-30

❶壁画

“壁画”滤镜通过应用小块的颜色，以短而圆的粗略涂抹的笔触重新绘制图像，通过涂抹后使画面表现出中世纪壁画的仿旧效果。打开如图 11-31 所示的素材图像，选择“滤镜”→“艺术效果”→“壁画”命令，然后在打开“壁画”滤镜对话框中设置参数，如图 11-32 所示。通过应用此滤镜效果，使用照片中的图像整体变暗，且轮廓更加清晰，效果如图 11-33 所示。

图 11-31

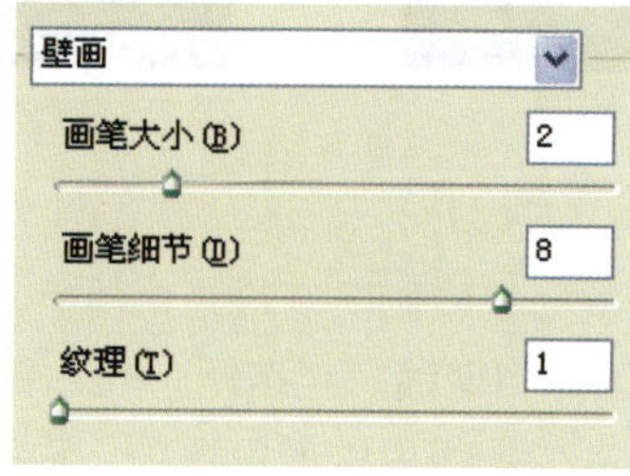

图 11-32

图 11-33

知识补充

人像和风景是数码拍摄影中常用的两大主题。掌握数码相机中风景模式的应用技巧，可以帮助初学者拍出漂亮的风景照片。使用风景模式拍摄照片，不仅可以使图像色彩和光影更加准确，而且可以很好地控制景深的范围，使照片主题明确突出。在拍摄人像照片时，应采用人像模式，使拍摄出来的人物更加迷人。

❷彩色铅笔与粗糙蜡笔

“彩色铅笔”滤镜用于制作类似于使用彩色铅笔绘制的图像效果，如图 11-34 所示。“粗糙蜡笔”滤镜用于制作类似于使用彩色蜡笔在图像上绘制的效果，在绘制的图像上添加纹理后，使图像更具有质感，如图 11-35 所示。

图 11-34

图 11-35

❸底纹效果与调色刀

“底纹效果”滤镜根据设置的参数和纹理类型，在数码照片中添加质感，表现出艺术绘画效果，如图 11-36 所示。“调色刀”滤镜可制作出如同使用油画刀绘制的效果，此滤镜主要用于表现类似于墨水晕开的绘画效果，如图 11-37 所示。

图 11-36

图 11-37

❹干画笔与海报边缘

“干画笔”滤镜通过应用干画笔的形式绘制图像边缘，使照片产生类似于使用干画笔涂抹过的效果。使用此滤镜可将图像的颜色范围降到普通颜色范围，起到简化图像的作用，如图 11-38 所示。“海报边缘”滤镜根据设置的参数值减少图像中的颜色数量，查找图像的边缘并绘制成黑色线条，如图 11-39 所示。

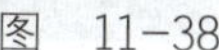

图 11-38

图 11-39

❺海绵与绘画涂抹

“海绵”滤镜用于模拟类似于湿海绵轻拂画笔的效果，用于表现照片中的斑纹，如图 11-40 所示。应用“绘画涂抹”滤镜，可表现出使用画笔随意涂抹的仿手绘的效果，如图 11-41 所示。

图 11-40

图 11-41

❻胶片颗粒与木刻

“胶片颗粒”滤镜将平滑的图案应用阴影和中间色调，将一种更平滑的图案添加至亮区，使图像产生一种在薄膜上布满黑色微粒的效果，常用于老照片的制作，如图 11-42 所示。“木刻”滤镜可以使图像看上去好像是由彩色的剪纸片组成的，适合于将图像制作成剪纸或木刻效果，如图 11-43 所示。

图 11-42

图 11-43

❼霓虹灯光与水彩

“霓虹灯光”滤镜根据设置的参数和纹理类型，在数码照片中添加质感，表现艺术绘画效果，如图 11-44 所示。“水彩”滤镜以水彩的风格绘制数码照片，使用蘸了水和颜料的中号画笔绘制图像以简化细节，可用于制作类似于水彩画的效果。当数码照片图像边缘有显著的色调变化时，使用此滤镜会使图像颜色更加饱和，如图 11-45 所示。

图 11-44

图 11-45

❽塑料包装与涂抹棒

“塑料包装”滤镜使图像表现一种质感强烈的塑料包装效果，一般应用于制作具有柔和光泽的效果，如图 11-46 所示。“涂抹棒”滤镜利用画笔表现出绘制水彩画的效果，在制作光泽比较暗的图像时使用，如图 11-47 所示。

图 11-46

图 11-47

核心知识 2 扭曲滤镜效果的应用

扭曲滤镜组中主要用于对图像进行扭曲和 3D 变换，以创建变形效果。在扭曲滤镜组中包括“波浪”、“波纹”、“玻璃”、“海洋波纹”、“极坐标”、“挤压”、“扩散亮光”、“切变”、“球面化”、“水波”、“旋转扭曲”和“置换”12 种滤镜，如图 13-48 所示。

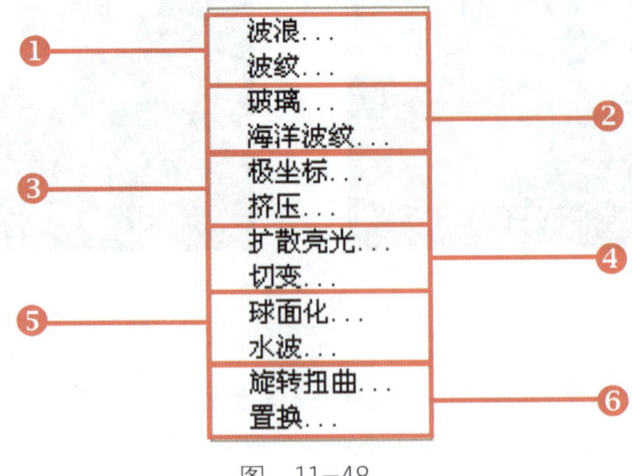

图 11-48

❶波浪与波纹

“波浪”滤镜将在图像上创建波状起伏的图案，可制作出波浪效果。“波纹”滤镜通过在选区中创建波状起伏的图案来模拟水池表现的波纹效果。图 11-49 所示为原素材图像，图 11-50 和图 11-51 所示分别为应用“波浪”滤镜和“波纹”滤镜后的效果。

图 11-49

图 11-50

图 11-51

❷玻璃与海洋波纹

“海洋波纹”滤镜可以将随机分隔的波纹添加到图像表面，使图像看起来像在水中一样，如图 11-52 所示。“玻璃”滤镜可使图像看起来像是透过不同类型的玻璃看到的效果，如图 11-53 所示。

图 11-52

图 11-53

❸极坐标与挤压

“极坐标”滤镜可以将选区从平面坐标转换为极坐标，也可以将选区从极坐标转换为平面坐标，从而产生扭曲效果，如图 11-54 所示。应用“挤压”滤镜可以掠夺图像，产生凸起或凹陷的效果，如图 11-55 所示。

图 11-54

图 11-55

❹扩散亮光与切变

“扩散亮光”滤镜可通过扩散图像中的白色区域，将图像从选区中心向外渐变亮光，从而产生一种特殊的朦胧效果，如图 11-56 所示。“切变”滤镜通过调整“切变”对话框中的曲线来扭曲图像，如图 11-57 所示。

图 11-56

图 11-57

❺球面化与水波

“球面化”滤镜能够在图像中间产生凸起或凹陷，使其具有 3D 效果，如图 11-58 所示。“水波”滤镜根据图像的像素半径将选区进行扭曲，从而产生类似于水波的效果，如图 11-59 所示。

图 11-58

图 11-59

知识补充

在大多数情况下，摄影师在进行拍摄之前，需要对被拍物进行仔细观察，寻找最佳的拍摄方向和角度。在拍摄静物照片时，摄影者要认真考虑物体和附件之间的层次关系，只有把握好正确的拍摄背景和场景，才能更好地衬托画面中的主体对象。另外，在拍摄照片时，适当地添加一些小道具，也可增加画面的整体风情，使拍摄出来的照片给人留下深刻的记忆。

❻旋转扭曲与置换

“旋转扭曲”并可将图像旋转，而且图像中心的旋转程度比图像边缘的旋转程度大，如图 11-60 所示。“置换”滤镜则需要使用一个 PSD 格式的图像作为置换图，然后对置换图进行相关的设置，以确定当前图像如何根据位移图发生弯曲、破碎，如图 11-61 所示。

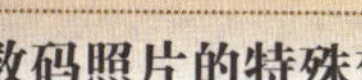

图 11-60

图 11-61

技巧点拨

在图像中应用滤镜后，按快捷键〈Ctrl+F〉，可在图像中重复应用上一次设置的滤镜对图像进行处理。按下快捷键〈Ctrl+Alt+F〉，则会打开用户上一次所选滤镜的滤镜对话框，在对话框中可以重新对滤镜的各项参数进行设置。

核心知识 3 素描滤镜效果的应用

素描滤镜组用于制作 3D 和手绘外观的图像效果，包括“半调图案”、“便条纸”、“粉笔和炭笔”、“铬黄”、“绘图笔”、“基底凸现”和“水彩画纸”等 14 种滤镜，如图 13-62 所示。

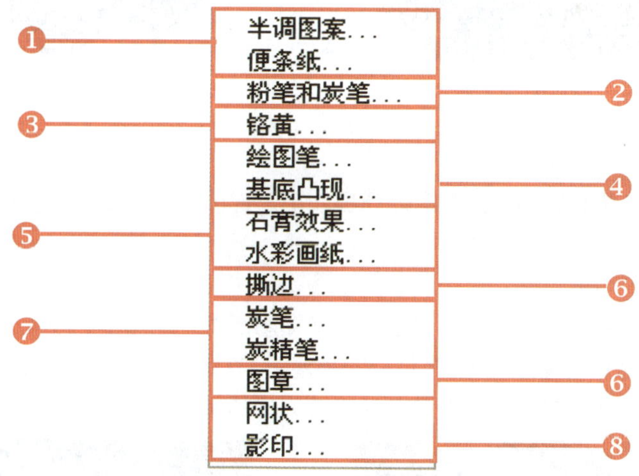

图 11-62

❶半调图案与便条纸

“半调图案”滤镜在保持图像中连续色调范围的同时模拟半调网屏的效果，颜色使用设置的前景色和背景色。“便条纸”滤镜可使数码照片沿着图像边缘线产生凹陷效果，生成类似于浮雕的凹陷压印效果。图 11-63 所示为打开的素材图像，图 11-64 和图 11-65 所示分别为应用“半调图案”滤镜和“便条纸”滤镜后的效果。

图 11-63

图 11-64

图 11-65

❷粉笔和炭笔

“粉笔和炭笔”滤镜将图像中的高光和阴影重新绘制，在图像的阴影区域用黑色对角炭笔线条进行替换，并使用粗糙粉笔绘制中间调的灰度背景。图 11-66 和图 11-67 所示分别为原图像和应用“粉笔和炭笔”滤镜后的效果。

图 11-66

图 11-67

❸铬黄

“铬黄”滤镜通过将高光部分进行向外凸出，阴影部分向内凹陷，在数码照片上表现出金属合成的效果。

❹绘画笔与基底凸现

“绘画笔”滤镜使用细小的形状油墨描边，捕捉原图像中的细节，使用前景色作为油墨，背景色为纸张，以替换原图像中的颜色，如图 11-68 所示。“基底凸现”滤镜可在数码照片上设置雕刻壁画的效果，前景色被设置为阴影颜色，背景色被设置为光的颜色，如图 11-69 所示。

图 11-68

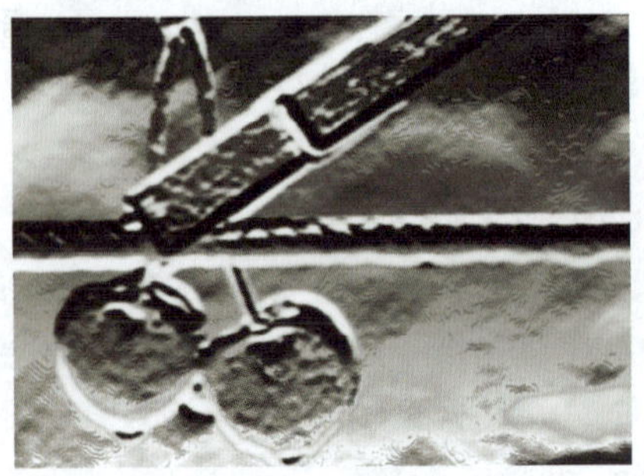
图 11-69

❺石膏效果与水彩画纸

“石膏效果”滤镜可以用前景色表现图像的阴影部分，用背景色表现图像的高光部分，在数码照片上应用浮雕效果，表现出立体感，如图 11-70 所示。“水彩画纸”滤镜可表现出墨水在线上晕开的效果，如图 11-71 所示。

图 11-70

图 11-71

❻撕边与图章

“撕边”滤镜可以用粗糙且撕破的纸片重建图像，使用前景色与背景色为图像着色，如图 11-72 所示。“图章”滤镜可简化图像，使图像效果类似于用橡皮或木质图章创建而成，如图 11-73 所示。

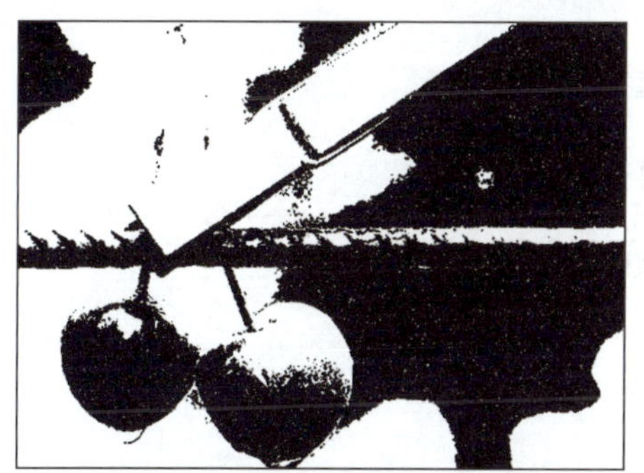

图 11-72

图 11-73

❼炭笔与炭精笔

“炭笔”滤镜可使图像产生色调分离的涂抹效果，图像中的主要边缘由粗线条绘制，而中间色调用对角描边绘制，如图 11-74 所示。“炭精笔”滤镜可以在图像上模拟浓黑和纯白的炭精笔纹理，使用前景色绘制暗部区域，使用背景色绘制亮部区域，如图 11-75 所示。

图 11-74

图 11-75

❽网状与影印

“网状”滤镜通过模拟胶片乳胶的可控收缩和扭曲来创建图像，使图像在阴影部分呈现出结块，在高光部分呈现出轻微的颗粒化效果，如图 11-76 所示。“影印”滤镜可由前景色和背景色模拟复印机影印图像效果，且只复制图像的暗部区域，而中间调改为黑色或白色，如图 11-77 所示。

图 11-76

图 11-77

核心知识 4 纹理及像素化效果滤镜的应用

纹理滤镜组中的各个滤镜用于在数码照片上添加各种特殊的纹理质感，单击“纹理”左侧的展开按钮，在展开的滤镜组中可看到在此滤镜组中包括了“龟裂缝”、“颗粒”、“马赛克拼贴”、“拼缀图”、“染色玻璃”和“纹理化”6 种滤镜，如图 11-78 所示。

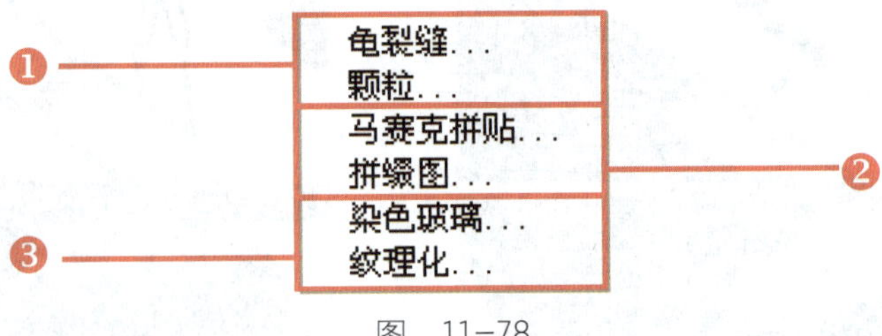

图 11-78

❶龟裂缝与颗粒

“龟裂缝”滤镜类似于将图像绘制在一个高凸起的石膏表面上，还可以对包含多种颜色值或灰度值的图像创建浮雕效果，如图 11-79 所示。“颗粒”滤镜可以应用不同的颗粒类型在图像中添加不同的纹理，如图 11-80 所示。

图 11-79

图 11-80

❷马赛克拼贴与拼缀图

“马赛克拼贴”可为数码照片添加类似于马赛克形状的效果，即整个图像看起来像由多种碎片拼贴而成，并在拼贴之间有深色的缝隙，如图 11-81 所示。“拼缀图”滤镜可以将图像分解成若干个正方形，且每个正方形图像是用该区域的主色进行填充，如图 11-82 所示。

图 11-81

图 11-82

❸染色玻璃与纹理化

“染色玻璃”滤镜可使图像产生类似于玻璃拼贴起来的效果，并使用前景色填充玻璃间的缝隙，如图 11-83 所示。“纹理化”滤镜可以根据需要选择不同的纹理类型，为照片添加纹理质感，如图 11-84 所示。

图 11-83

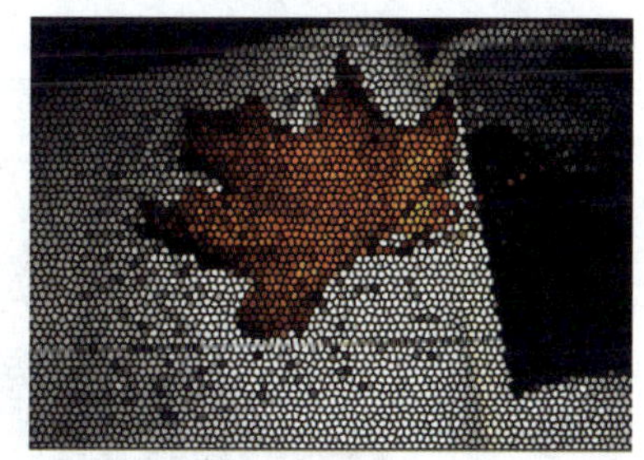

图 11-84

技 巧 点 拨

应用“纹理化”滤镜为照片设置纹理效果时，可以根据照片的具体情况选择合适的纹理类型。Photoshop CS5 中提供了“砖形”、“粗麻布”、“画布”和“砂岩”4 种不同的纹理。

像素化滤镜组主要使单元格中相似的像素结成颜色相近的像素块，重新组成图案和选区，从而产生点状、马赛克、碎片等各种特殊效果。像素化滤镜组包括“彩块化”、“彩色半调”、“点状化”、“晶格化”、“马赛克”、“碎片”和“铜版雕刻”7 种滤镜，如图 11-85 所示。

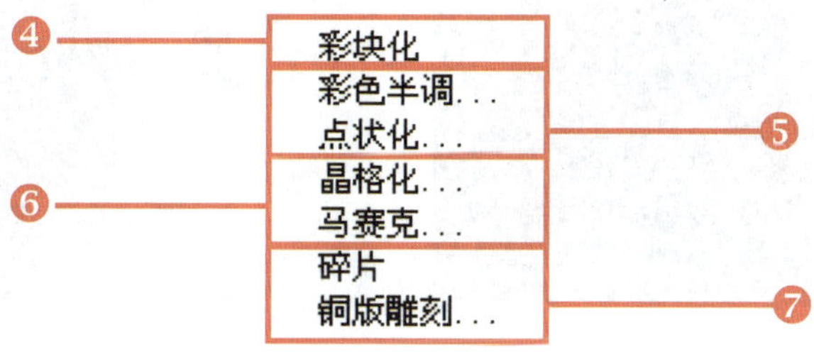

图 11-85

❹彩块化

“彩块化”滤镜可使用图像的纯色或颜色相近的像素结成相近颜色的像素块，应用此滤镜，可使扫描的图像看起来更加接近手绘图像，也可实现图像的抽象派效果。打开如图 11-86 所示的素材图

像，通过应用“彩块化”滤镜，效果如图 11-87 所示。

图 11-86

图 11-87

❺彩色半调与点状化

“彩色半调”滤镜可以表现出放大显示彩色印刷品所看到的效果，即将一个个大的网格屏蔽在图像的每一个通道上。对于每个通道，滤镜都将图像划分为矩形，并使用圆形替换每个矩形，如图 11-88 所示。“点状化”滤镜可将图像中的颜色分解成随机分布的网点，得到手绘的点状化效果，如图 11-89 所示。

图 11-88

图 11-89

❻晶格化与马赛克

“晶格化”滤镜可使像素结块，形成多边形纯色效果，如图 11-90 所示。“马赛克”滤镜可以将图像中的像素结成方块状，并使每一个方块中的像素颜色相同，如图 11-91 所示。

图 11-90

图 11-91

❼碎片与铜版雕刻

“碎片”滤镜可对选区像素进行 4 次复制，然后将复制的 4 个副本平均轻移，使图像产生不聚焦的模糊效果，如图 11-92 所示。“铜版雕刻”滤镜可将图像转换成黑白区域的随机图案或彩色图像中颜色完全饱和的随机图案，如图 11-93 所示。

图 11-92

图 11-93

核心知识 5 渲染滤镜的制作特效

使用渲染滤镜组中的滤镜，可以在图像中制作云彩图案、折射图案及模拟光反射的效果。其中包括“云彩”、“分层云彩”、“光照效果”、“镜头光晕”和“纤维”5 种滤镜，如图 11-94 所示。

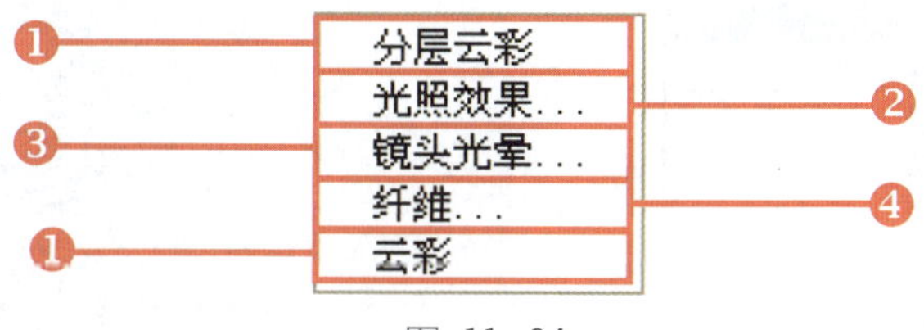

图 11-94

❶分层云彩与云彩

使用“分层云彩”滤镜，可以把图像中的某些部分设置为反相云彩图案。若多次执行此滤镜，可创建出与大理石纹理相似的凸缘和叶脉图案效果。“云彩”滤镜根据设置的前景色和背景色，生成随机化的云彩效果。打开素材图像，如图 11-95 所示。应用“分层云彩”滤镜后，效果如图 11-96 所示。应用“云彩”滤镜后，效果如图 11-97 所示。

图 11-95

图 11-96

图 11-97

❷光照效果

“光照效果”滤镜可以为图像添加不同样式的光照效果，也可灰度图像的纹理，创建类似于 3D 效果的图像。选择“滤镜”→“渲染”→“光照效果”命令，打开“光照效果”对话框，如图 11-98 所示。在对话框中设置参数后单击“确定”按钮，即可为图像添加光照效果，如图 11-99 所示。

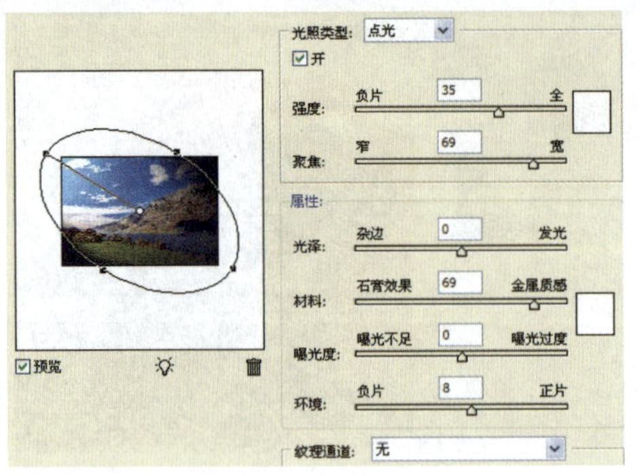

图 11-98

图 11-99

❸镜头光晕

“镜头光晕”滤镜可以模拟应用亮光照射到图像中所产生的折射效果。选择“滤镜”→“渲染”→“镜头光晕”命令，打开“镜头光晕”对话框。在预览框内拖动十字光标可调整光晕的中心位置，调整光照的位置，如图 11-100 所示。在图像中添加光晕后，效果如图 11-101 所示。

图 11-100

图 11-101

❹纤维

“纤维”滤镜是使用前景色和背景色，创建编制类似于纤维的图像外观。图 11-102 所示为在快速蒙版模式下的图像中渲染“纤维”滤镜的效果。退出快速蒙版后，再对选区进行颜色的填充，得到如图 11-103 所示的效果。

图 11-102

图 11-103

11.3 预设动作的载入和应用

在图像的编辑过程中，经常会重复同样的操作步骤。利用“动作”面板，可以将一些常用的操作组合成为一个动作，然后执行该动作就可以在图像上完成重复的操作。在 Photoshop CS5 中，通过运用“动作”面板中的动作，可快速完成数码照片的编辑。

核心知识 1 预设动作的载入和应用

在“动作”面板中，提供了多种预设的动作。通过使用预设的动作，可快速制作出各种不同的图像特效、文字特效和纹理特殊等。此外，还可以根据需要将自己下载的动作载入到“动作”面板中。

要载入新预设的动作，单击“动作”面板右上角的扩展按钮，在打开的菜单中选择“载入动作”命令，如图 11-104 所示，打开“载入动作”对话框。在对话框中单击要载入的动作，如图 11-105 所示，单击“载入”按钮即可。

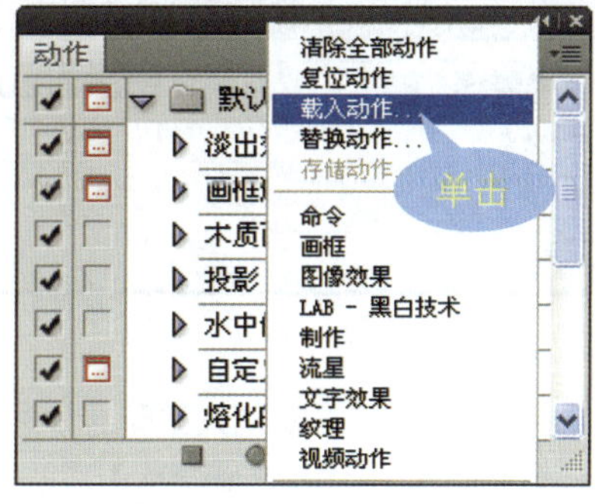

图 11-104

图 11-105

单击“动作”面板右侧的列表按钮，可以在面板最下方看到已经载入的新的预设动作，如图 11-106 所示。打开素材图像，单击载入的动作，即可在图像中应用该动作对图像进行编辑和处理。图 11-107 和图 11-108 所示分别为原图像和应用动作后的效果。

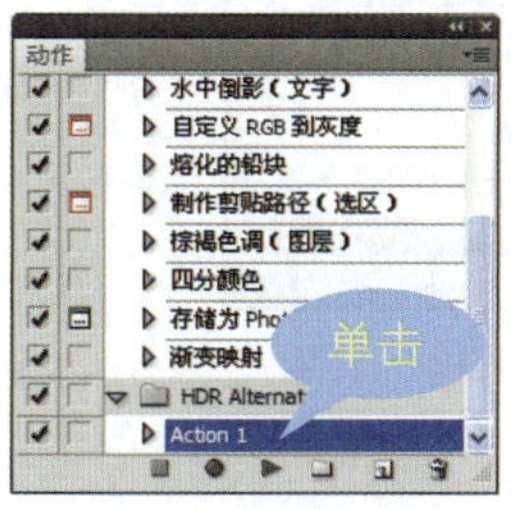

图 11-106

图 11-107

图 11-108

核心知识 2 创建自定义动作

在记录动作之前，先创建一个用于存储自定义动作的动作组，可方便地管理创建的动作。单击“动作”面板中的“创建新组”按钮，如图 11-109 所示，或在“动作”面板的扩展菜单中选择

"新建组"命令，打开"新建组"对话框。在对话框中输入动作组名，如图 11-110 所示，设置完成后单击"确定"按钮。

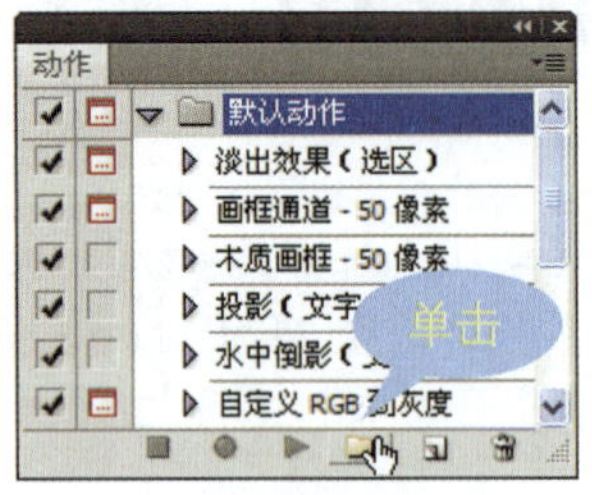

图 11-109

图 11-110

新建动作组后，接下来就是要将新记录的动作放于此动作组中。单击"动作"面板中的"新建动作"按钮，如图 11-111 所示，或单击"动作"面板右上角的扩展按钮，在打开的菜单中选择"新建动作"命令，打开"新建动作"对话框。在对话框中输入要创建的动作的名称，如图 11-112 所示。

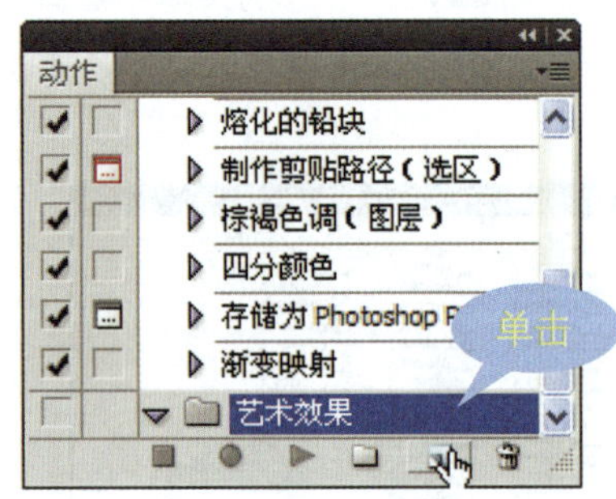

图 11-111

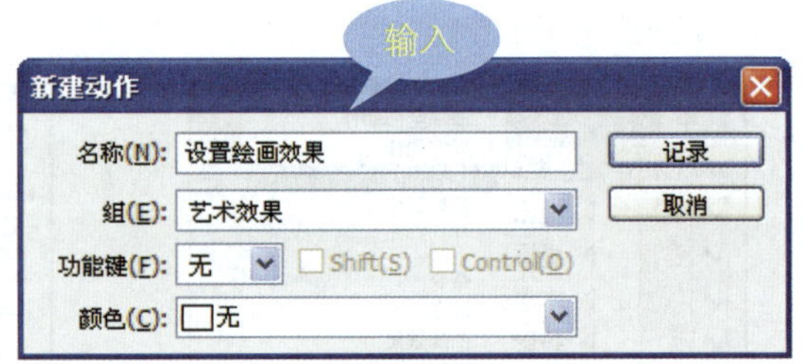

图 11-112

完成后，单击"记录"按钮，关闭对话框。此时，"动作"面板下方的"开始记录"按钮变为红色，如图 11-113 所示，接下来系统会将执行的操作记录在动作中。当记录完毕时，单击"停止播放/记录"按钮，完成新动作的创建，如图 11-114 所示。

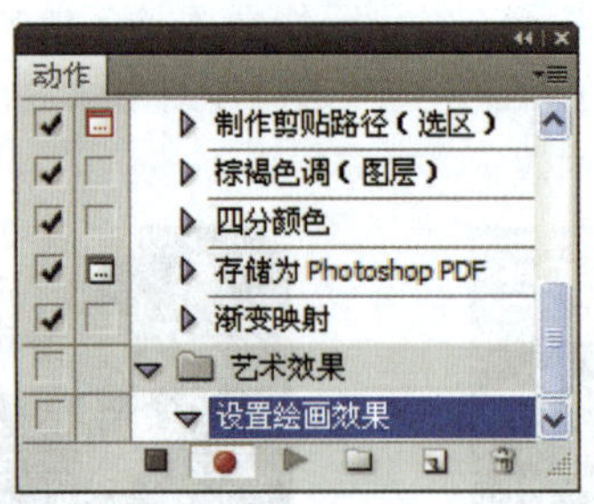

图 11-113

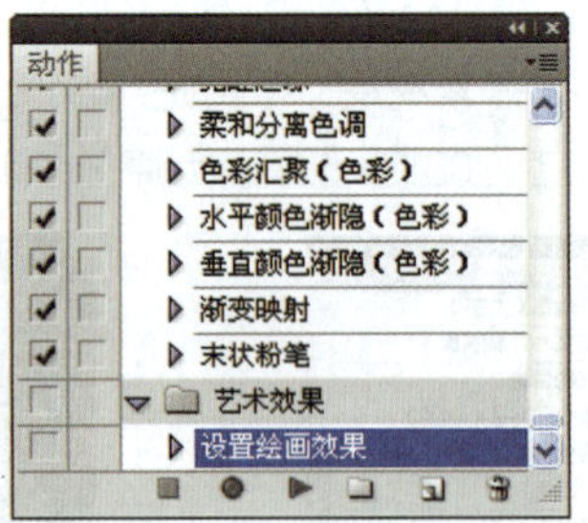

图 11-114

11.4 应用与提高

在 Photoshop 中，往往只需要简单的几步操作，便可将照片转换成具有特殊色彩的艺术照片。

典型案例 1 将普通风景照处理成精美油画效果

在 Photoshop 中，可以通过后期的处理将拍摄的风景照片变成一幅绘画作品，给人一种全新的视觉享受。本实例将介绍如何使用 Photoshop CS5 的艺术效果滤镜制作精美的油画效果，具体操作步骤如下。

★素材文件：随书光盘\素材\11\01.jpg、02.psd
★最终文件：随书光盘\源文件\11\将普通风景照片处理成精美油画效果.psd

步骤 1　复制图层 打开随书光盘\素材\11\01.jpg，选择“背景”图层，并将其拖动至“创建新图层”按钮上，复制得到“背景副本”。	**步骤 2　设置“水彩”滤镜** 选择“滤镜”→“艺术效果”→“水彩”命令，打开“水彩”对话框。设置“画笔细节”为 14，“阴影强度”为 1，“纹理”为 1，设置后单击“确定”按钮。	**步骤 3　查看应用滤镜效果** 根据上一步设置的“水彩”滤镜，加深图像，为图像添加水彩效果。

步骤 4　设置“中间值”滤镜 选择“滤镜”→“杂色”→“中间值”命令，打开“中间值”对话框。设置“半径”为 3 像素，单击“确定”按钮。	**步骤 5　查看应用滤镜效果** 根据上一步设置的“中间值”滤镜，对图像的细节进行简化，加深图像。	**步骤 6　设置“绘画涂抹”滤镜** 选择“滤镜”→“艺术效果”→“绘画涂抹”命令，打开“绘画涂抹”对话框。设置“画笔大小”为 3，“锐化程度”为 20，再单击“确定”按钮。

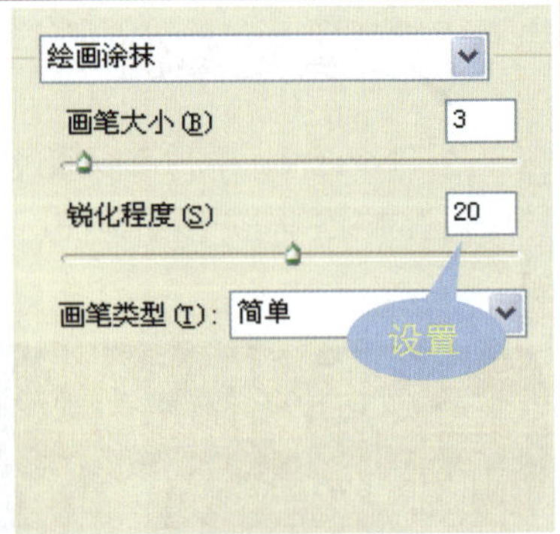

步骤 7　查看应用滤镜效果

根据上一步设置的"绘画涂抹"滤镜，为图像添加绘画涂抹效果。

步骤 8　设置图层混合模式

选择"背景副本"图层，设置"混合模式"为"滤色"，"不透明度"为 40%，提高整体图像的亮度。

步骤 9　复制图层

选择"背景副本"图层，选择"图层"→"复制图层"命令，生成"背景副本 2"图层。

步骤 10　设置"高反差保留"滤镜

选择"滤镜"→"其他"→"高反差保留"命令，打开"高反差保留"对话框。设置"半径"为 6.3 像素，单击"确定"按钮。

步骤 11　查看应用滤镜效果

根据上一步设置的"高反差保留"滤镜，保留图像中反差较大的区域。

步骤 12　复制图层，调整顺序

选择"背景副本"图层，按快捷键〈Ctrl+J〉，生成"背景副本 3"图层。选择"图层"→"排列"→"置为顶层"命令，调整图层顺序。

步骤 13 更改图层混合模式	步骤 14 设置色阶	步骤 15 调整颜色并添加文字
选择“背景副本 3”图层，设置“混合模式”为“叠加”，“不透明度”为 40%，增加图像整体的色彩对比度。	单击“调整”面板中的“创建新的色阶调整图层”图标，在打开的面板中设置“色阶”为 22、0.83 和 255。	创建“色阶”调整图层，调整图像颜色，打开随书光盘\素材\11\02.psd 素材，然后将文字移至图像上方合适位置。至此，完成本实例的制作。
	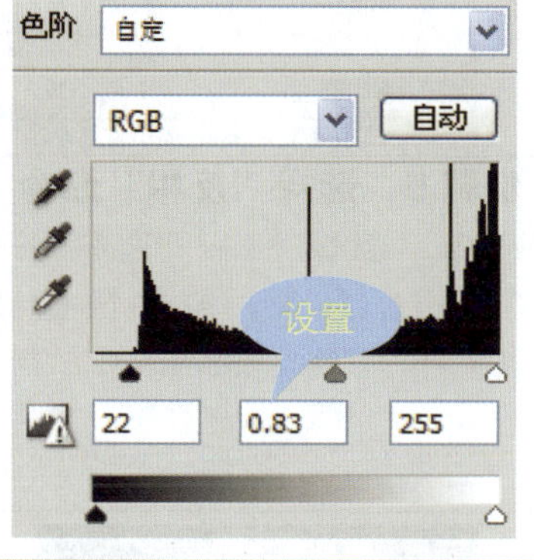	

典型案例 2 制作手绘的人物效果

拍摄与绘画在很多方面都是相通的，可以根据个人喜好将照片处理成手绘效果。在本实例中，首先设置图像的明暗度，设置后盖印并复制图层，分别对各图层进行反相处理。再结合滤镜和混合模式，将拍摄出来的普通人像照片制作成手绘的效果，具体操作步骤如下。

★素材文件：随书光盘\素材\11\03.jpg、04.psd

★最终文件：随书光盘\源文件\11\制作手绘的人物效果.psd

步骤 1 复制“背景”图层	步骤 2 调整图像亮度	步骤 3 盖印图层
打开随书光盘\素材\11\03.jpg，选择“背景”图层，并将其拖动至“创建新图层”按钮上，复制得到“背景副本”。	单击“调整”面板中的“创建新的亮度/对比度调整图层”图标，在打开的面板中设置“亮度”为 -7，“对比度”为 -11，降低图像的亮度。	单击“图层”面板下方的“创建新图层”按钮，新建“图层 1”图层。按快捷键〈Ctrl+Shift+Alt+E〉，盖印可见图层。

步骤 4　复制图层

选择“图层 1”图层，重复按快捷键〈Ctrl+J〉，复制 3 个副本图层，然后将上方的两个图层隐藏。选择“图层 1 副本”图层。

步骤 5　选择“反相”命令

选择“图像”→“调整”→“反相”命令，或按快捷键〈Ctrl+I〉，将色彩反相。

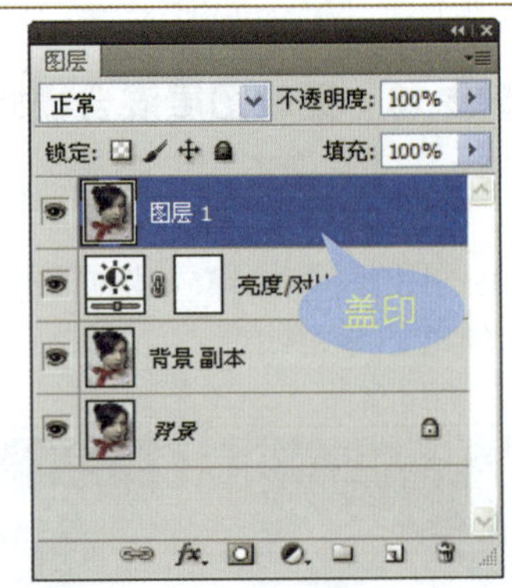

步骤 6　设置“最小值”滤镜

选择“滤镜”→“其他”→“最小值”命令，打开“最小值”对话框。设置“半径”为 1 像素，单击“确定”按钮。

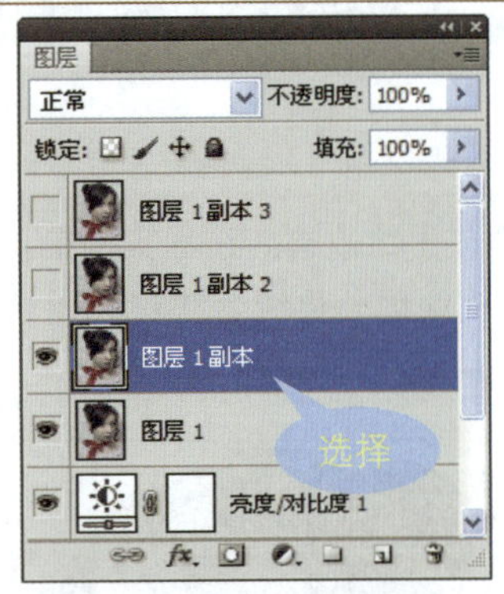

步骤 7　查看应用滤镜效果

应用“最小值”滤镜后，在图像窗口中查看图像效果。

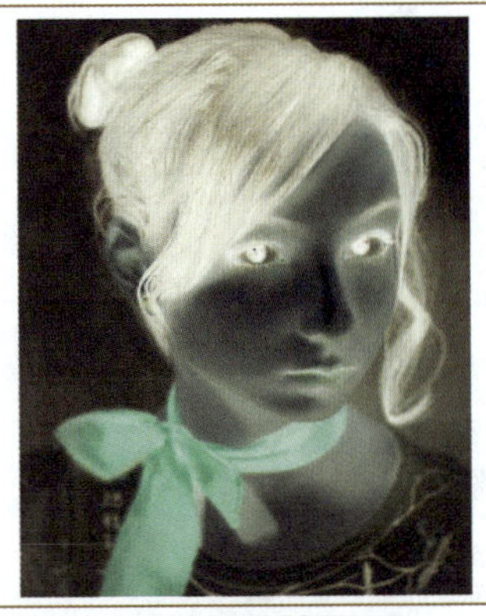

步骤 8　创建调整图层

单击“调整”面板中的“创建新的阈值调整图层”图标，在“图层”中创建“阈值 1”调整图层，在打开的面板中，设置“阈值色阶”为 177。

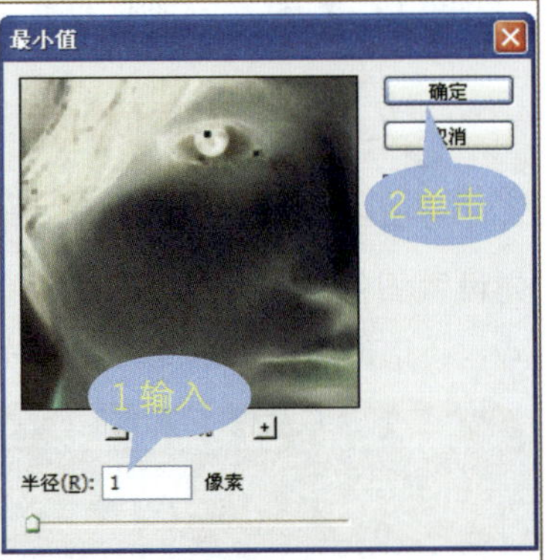

步骤 9　查看图像效果

通过设置“阈值”调整图层，将反相后的图像转换为黑白照片效果。

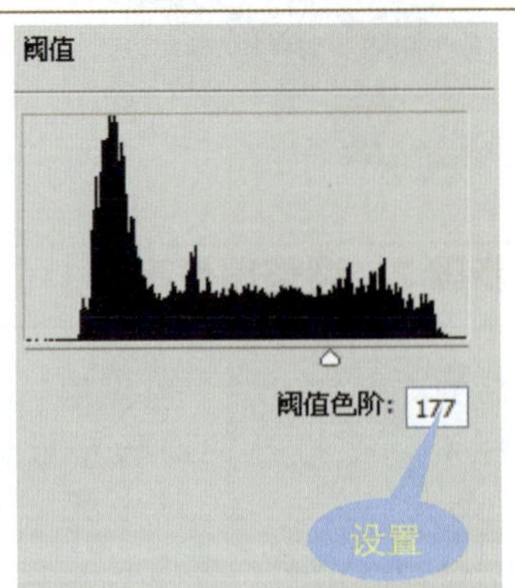

步骤 10　选择图层	步骤 11　设置“照亮边缘”滤镜	步骤 12　查看应用滤镜效果
单击“图层 1 副本 2”图层前方的“指示图层可见性”按钮 ，显示“图层 1 副本 2”中的图像。	选择“背景副本 2”图层，选择“滤镜”→“风格化”→“照亮边缘”命令，在打开的对话框中设置选项参数依次为 1、15、7。	应用“照亮边缘”滤镜后，得到边缘线条明显的图像效果。
	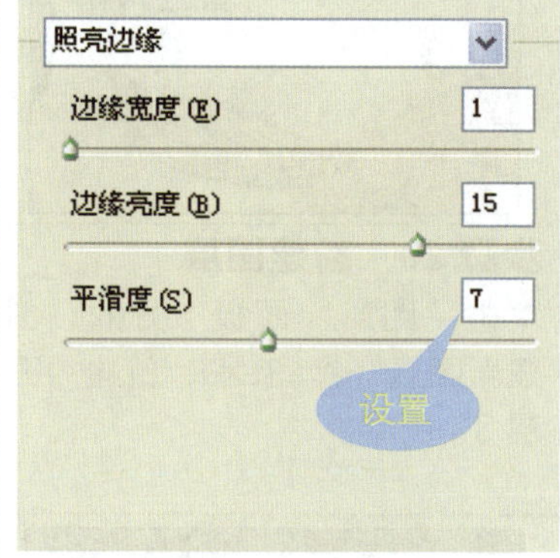	
步骤 13　执行“反相”命令	步骤 14　更改混合模式	步骤 15　更改混合模式
选择“图层 1 副本 2”图层，选择“图像”→“调整”→“反相”命令，或按快捷键〈Ctrl+I〉，对图像进行反相。	在选择“图层 1 副本 2”图层后，在“图层”面板中将此图层的“混合模式“调整为“变亮”。	单击“图层 1 副本 3”图层前的“指示图层可见性”按钮 ，显示“图层 1 副本 3”中的图像，设置“混合模式”为“强光”。
	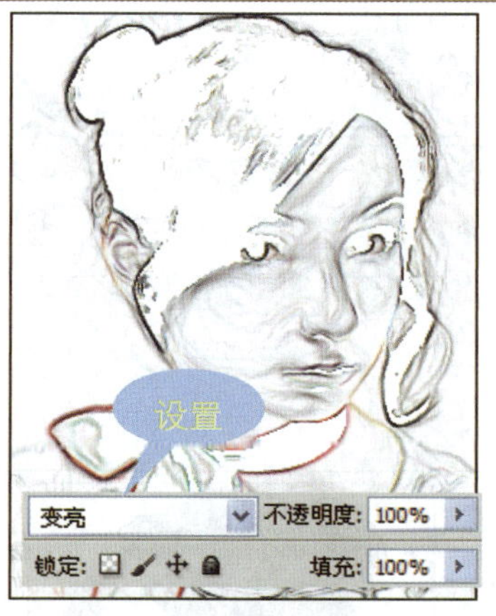	
步骤 16　盖印图层	步骤 17　设置取样点	步骤 18　修复图像
单击“图层”面板下方的“创建新图层”按钮 ，新建“图层 1”图层。按快捷键〈Ctrl+Shift+Alt+E〉，盖印可见图层。	选择“修复画笔工具” ，按住〈Alt〉不放，在眼睛下方的干净区域单击取样。	将鼠标移至脸部的黑色线条区域，通过拖动鼠标涂抹对象，去除该区域上的黑色线条。

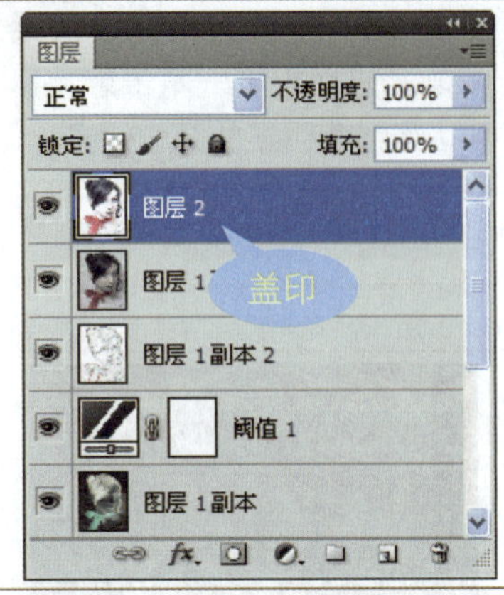

步骤 19　继续修复图像效果

选择“修复画笔工具”，继续在人物的面部皮肤上涂抹，修复脸上的纹理。

步骤 20　新建图层

单击“图层”面板下方的“创建新图层”按钮，新建“图层 3”图层。

步骤 21　美白皮肤

设置前景色为#f3f4f2，选择柔角画笔，设置“不透明度”为28%，“流量”为 27%。在脸上涂抹，美白皮肤。

步骤 22　设置色阶

按快捷键〈Ctrl+Shift+Alt+E〉，盖印图层。单击“调整”面板中的“创建新的色阶调整图层”图标，在打开的面板中设置“色阶”为 9、0.88 和 249。

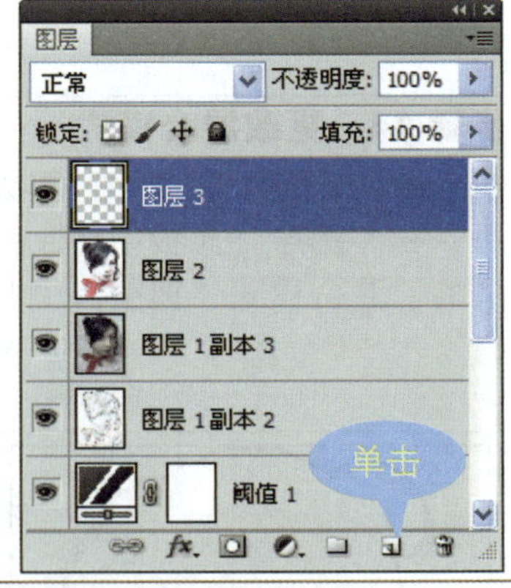

步骤 23　调整图像

创建“色阶 1”调整图层，根据设置的参值，调整图像的颜色。

步骤 24　添加文字效果

打开随书光盘\素材\11\04.psd 文字素材，然后将文字移至人物图像中的合适位置。至此，完成本实例的制作。

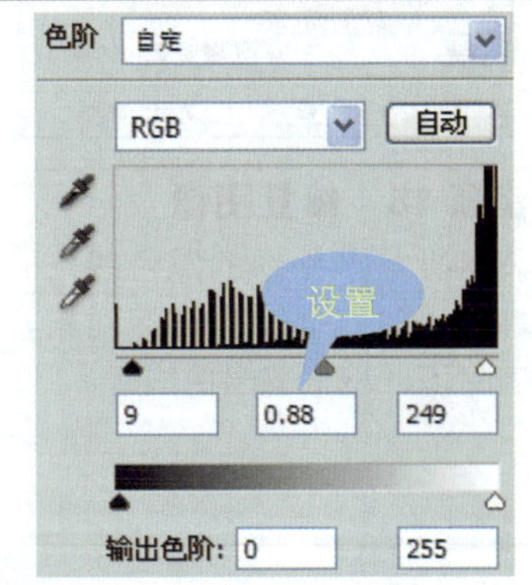

典型案例 3　制作非主流颓废照片

在各种网站上，可以看到很多非常漂亮的非主流图像。在下面的实例中，通过对照片进行艺术化调色，再结合“颗粒”滤镜和“纹理化”滤镜，快速制作出非主流且独具个性的颓废照片，具体操作步骤如下。

★素材文件：随书光盘\素材\11\05.jpg
★最终文件：随书光盘\源文件\11\制作非主流颓废照片.psd

步骤 1　复制“背景”图层

打开随书光盘\素材\11\05.jpg，选择“背景”图层，并将其拖动至“创建新图层”按钮上，复制得到“背景副本”。

步骤 2　降低图像饱和度

单击“调整”面板中的“创建新的色相/饱和度调整图层”图标，在打开的面板中设置“饱和度”为-34，降低图像的饱和度。

步骤 3　设置色相/饱和度

单击“调整”面板中的“创建新的色相/饱和度调整图层”图标，在打开的面板中勾选“着色”复选框，设置“色相”为 57，“饱和度”为 28。

步骤 4　对图像进行着色

创建“色相/饱和度 2”调整图层，根据上一步设置的参数值为图像着色，将其转换为单色调图像。

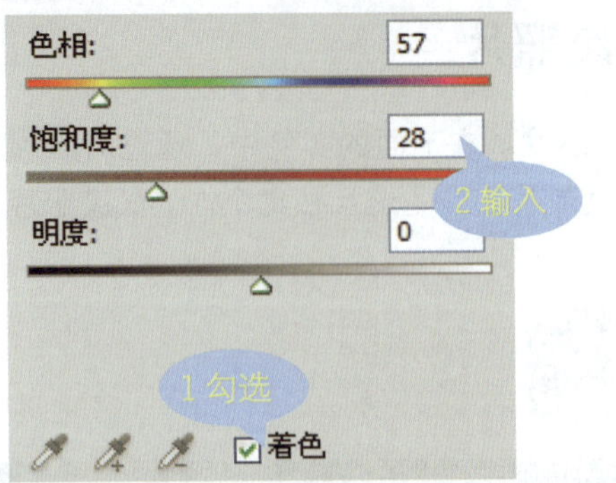

步骤 5　设置图层混合模式

选择"色相/饱和度 1"调整图层，设置"混合模式"为"叠加"，"不透明度"为 39%。

步骤 6　设置"中间调"颜色

单击"调整"面板中的"创建新的色彩平衡调整图层"图标，在打开的面板中设置颜色值为+24、−15 和−11。

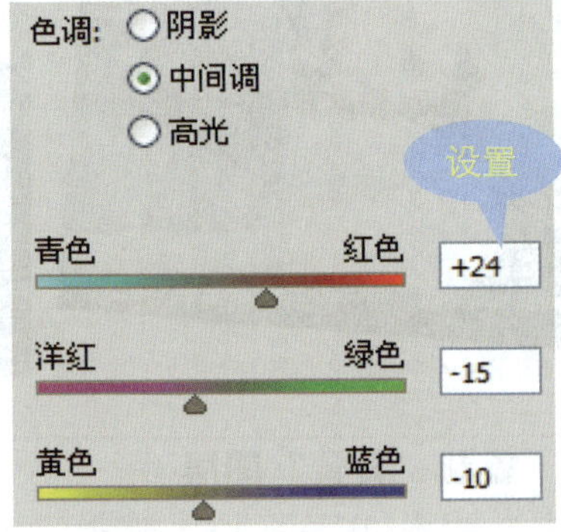

步骤 7　设置"阴影"颜色

选中面板上方的"阴影"单选按钮，然后在面板下方设置颜色值为+10、+3 和+22。

步骤 8　调整图像颜色

创建"色彩平衡 1"调整图层，根据设置的参数值，调整图像色调。

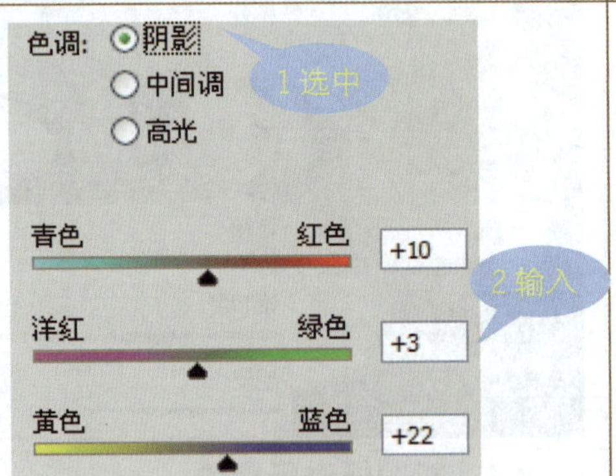

步骤 9　设置"颗粒"滤镜

按快捷键〈Ctrl+Shift+Alt+E〉，盖印可见图层。选择"滤镜"→"纹理"→"颗粒"命令，打开"颗粒"对话框。设置"强度"为 12，"对比度"为 68，单击"确定"按钮。

步骤 10　添加颗粒效果

根据上一步设置的"颗粒"滤镜，为图像添加颗粒效果。

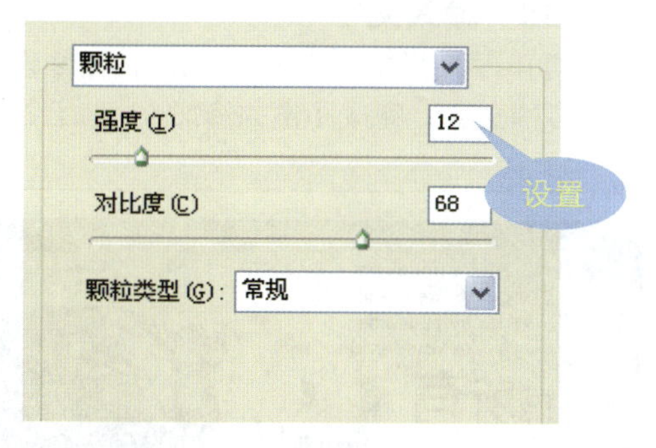

步骤 11　设置"纹理化"滤镜

选择"滤镜"→"纹理"→"纹理化"命令，打开"纹理化"对话框。选择"画布"纹理，设置"缩放"为 110%，"凸现"为 4，单击"确定"按钮。

步骤 12　添加纹理效果

设置完成后，根据上一步所设置的"纹理"滤镜，为图像添加逼真的画布纹理效果。

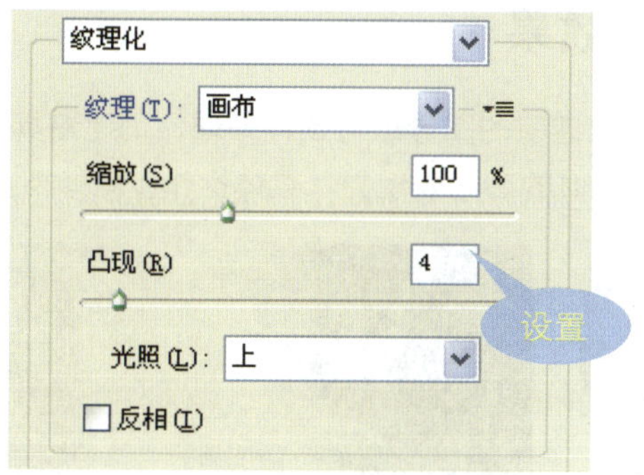

步骤 13　设置色相/饱和度

单击"调整"面板中的"创建新的色相/饱和度调整图层"图标，在打开的面板中设置"色相"为–3，"饱和度"为–24。

步骤 14　调整图像

创建"色相/饱和度 3"调整图层，根据上一步设置的参数值，调整图像的色相和饱和度。

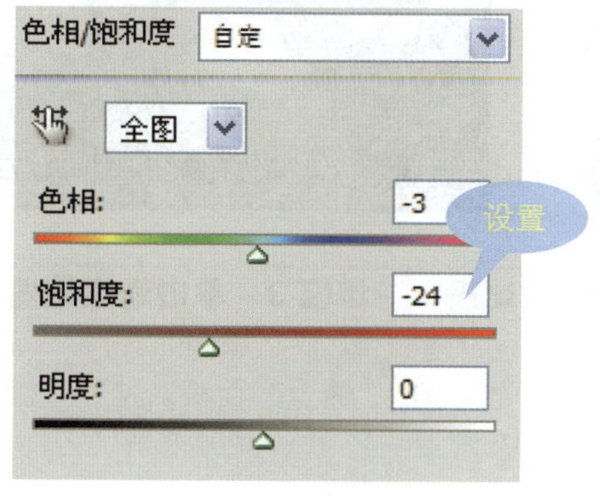

步骤 15　输入文字 单击工具箱中的"横排文字工具"按钮T，打开"字符"面板，在面板中设置文字属性后，输入黑色文本。	步骤 16　输入文字 继续应用"横排文字工具"T，在图像左侧输入更多的文字，完成图像的修饰。

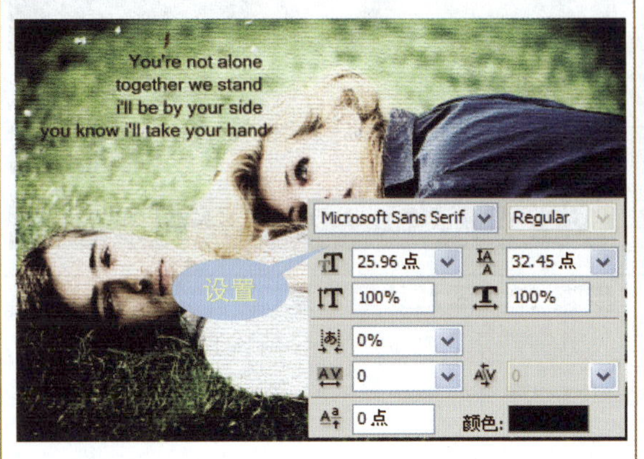

典型案例 4　添加绚烂的光照效果

Photoshop 可以通过使用"径向模糊"滤镜对单个通道中的图像进行模糊处理，创建逼真的光照效果。通过在普通的照片中添加绚烂的光照效果，增加画面的艺术表现力，具体操作步骤如下。

★素材文件：随书光盘\素材\11\06.jpg

★最终文件：随书光盘\源文件\11\添加绚烂的光照效果.psd

步骤 1　打开素材图像	步骤 2　调整亮度/对比度	步骤 3　单击通道缩览图
打开随书光盘\素材\11\06.jpg，选择"背景"图层，按快捷键〈Ctrl+J〉，复制图层。	单击"调整"面板中的"创建新的亮度/对比度调整图层"图标☀，在打开的面板中设置"亮度"为 31，"对比度"为 3，调整图像影调。	单击"通道"标签，切换至"通道"面板。按住〈Ctrl〉键不放，同时单击"蓝"通道的缩览图。

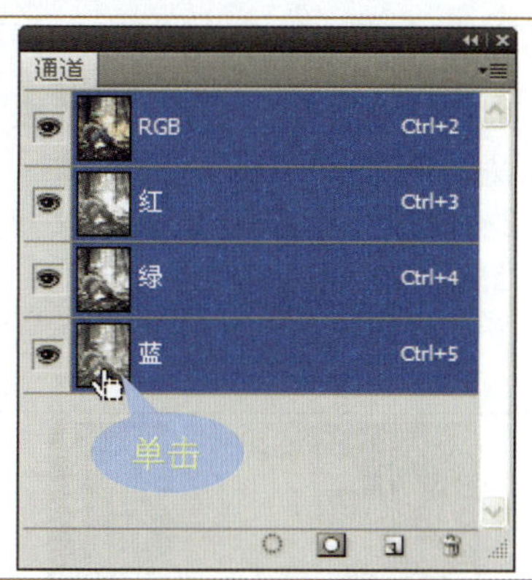

步骤 4　载入图像选区

载入“蓝”通道选区内的图像，单击 RGB 通道，返回至“图层”面板，查看载入的选区图像。

步骤 5　复制选区内的图像

按快捷键〈Ctrl+J〉，复制选区内的图像，生成“图层 2”图层。

步骤 6　设置“径向模糊”滤镜

选择“滤镜”→“模糊”→“径向模糊”命令，打开“径向模糊”对话框。设置“数量”为 100，“模糊方法”为“缩放”，“品质”为“好”，单击“确定”按钮。

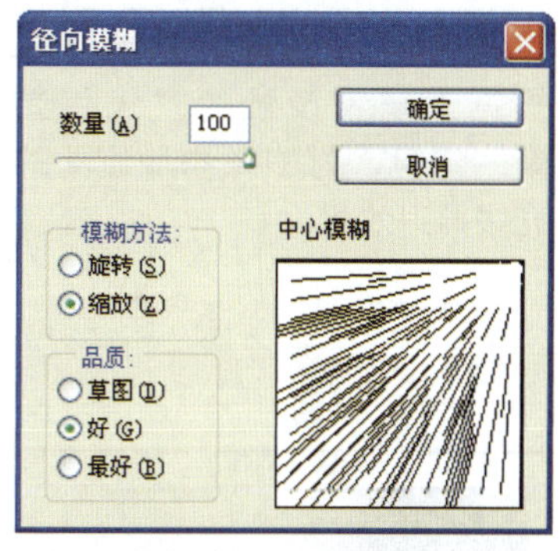

步骤 7　模糊图像效果

根据上一步设置的“径向模糊”滤镜，对“图层 2”中的图像进行模糊处理。

步骤 8　设置混合模式

选择“图层 2”图层，将此图层的图层的“混合模式”设置为“变亮”。

步骤 9　编辑图层蒙版

单击“添加图层蒙版”按钮，为“图层 2”添加蒙版。单击蒙版缩览图，选择较软的画笔在人物身上涂抹，隐藏局部的光线。

步骤 10　复制图层 选择“图层 2”图层，重复按快捷键〈Ctrl+J〉，生成“图层 2 副本”和“图层 2 副本 2”图层。	**步骤 11　更改图层混合模式** 选择最上方的“图层 2 副本 2”图层，将此图层的“混合模式”更改为“叠加”，增强光线强度。	**步骤 12　设置光晕滤镜** 盖印可见图层。选择“滤镜”→“渲染”→“镜头光晕”命令，打开“镜头光晕”对话框。选择“115 毫米聚焦”镜头，设置“亮度”为 139%，单击“确定”按钮。

步骤 13　添加镜头光晕效果 根据上一步设置的“镜头光晕”滤镜，为图像添加逼真的光线照射效果。	**步骤 14　添加渐变光晕效果** 选择“编辑”→“渐隐镜头光晕”命令，打开“渐隐”对话框。设置“不透明度”为 81%，降低光线强度。	**步骤 15　设置色阶调整图像** 单击“调整”面板中的“创建新的色阶调整图层”图标，在打开的面板中设置“色阶”为 19、0.89 和 255，调整图像影调。至此，完成本实例的制作。

典型案例 5　应用动作为数码照片添加艺术特效

本实例将具体介绍应用动作为数码照片添加艺术特效果。首先打开素材图像，将预先下载好的动作载入至“动作”面板中。然后单击载入的动作，对图像的颜色进行调整。再应用“磁胶颗粒”滤镜为照片添加颗粒效果，最后使用文字工具添加文字以修饰图像，具体操作步骤如下。

★素材文件：随书光盘\素材\11\07.jpg

★最终文件：随书光盘\源文件\11\应用动作为数码照片添加艺术特效.psd

步骤 1　复制“背景”图层

打开随书光盘\素材\11\07.jpg，选择“背景”图层，并将其拖动至“创建新图层”按钮上，复制得到“背景副本”。

步骤 2　选择“载入动作”命令

选择“窗口”→“动作”命令，打开“动作”面板。单击面板右上角的扩展按钮，在打开的菜单中选择“载入动作”命令。

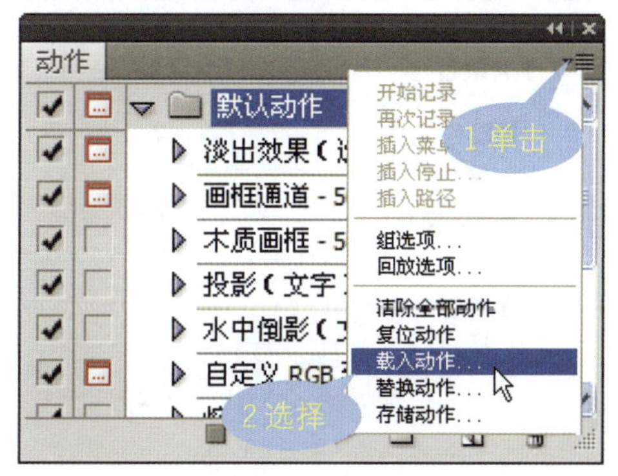

步骤 3　选择要载入的动作

打开“载入”对话框，在对话框中单击需要载入的“照片艺术处理”动作，单击“载入”按钮。

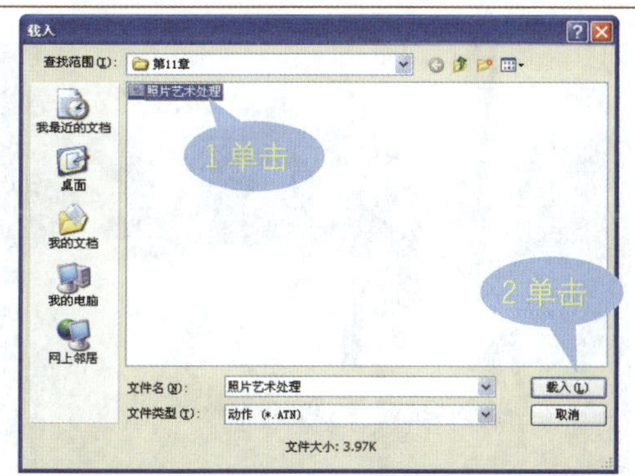

步骤 4　载入动作

载入选取的动作组，单击该动作组前方的倒三角按钮，打开动作列表，查看在该动作组中的相应动作。

步骤 5　单击并播放动作	步骤 6　在“图层”面板中查看动作的应用
选择“背景副本”图层，单击“动作”面板下方的“播放选定的动作”按钮，播放动作。完成后，查看应用动作编辑后的图像。	打开“图层”面板，在面板中可以看到应用动作的具体操作。
	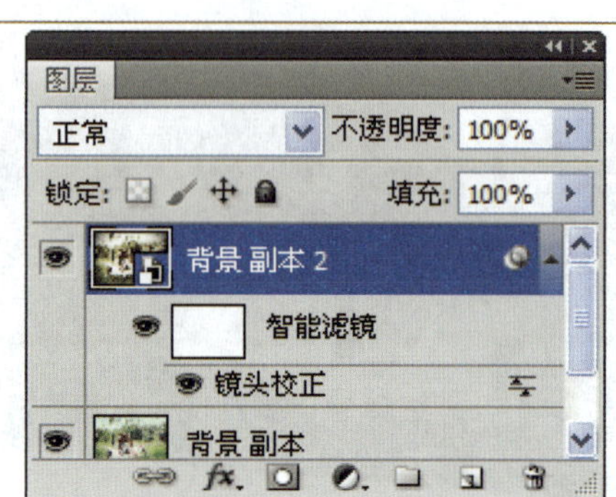
步骤 7　设置“胶片颗粒”滤镜	**步骤 8　添加颗粒效果**
选择“滤镜”→“艺术效果”→“胶片颗粒”命令，打开“胶片颗粒”对话框。设置“颗粒”为 2，“高光区域”为 0，“强度”为 2，单击“确定”按钮。	根据上一步设置的“胶片颗粒”滤镜，为图像添加颗粒效果。
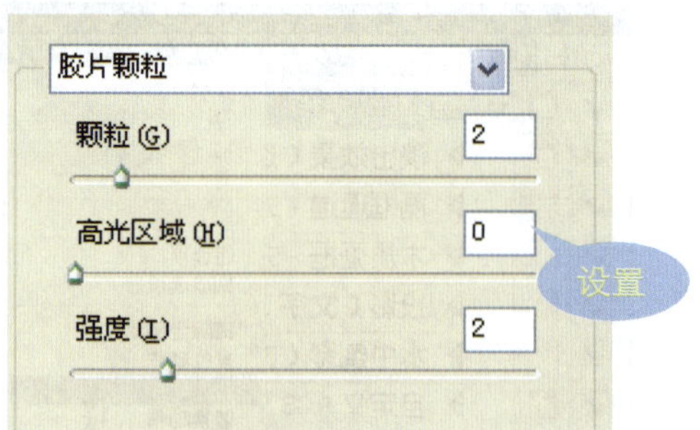	
步骤 9　绘制白色圆形图案	**步骤 10　添加文字效果**
设置前景色为白色，选择工具箱中的“椭圆工具”，设置“不透明度”为 65%，在图像中间绘制多个不同大小的椭圆。	单击工具箱中的“横排文字工具”按钮，在图像中输入文字，修饰图像。

典型案例 6 设置童话般的梦幻效果

Photoshop CS5 中提供了较多的用于设置艺术照片的滤镜菜单命令，结合这些滤镜菜单命令可以将日常拍摄的照片变得更加生动。本实例首先对图像的整体色调进行处理，然后应用“高斯模糊”滤镜模糊图像，将照片设置为童话般的梦幻效果，具体操作步骤如下。

★素材文件：随书光盘\素材\11\08.jpg、09.jpg、10.psd

★最终文件：随书光盘\源文件\11\设置童话般的梦幻效果.psd

步骤 1 复制图层 打开随书光盘\素材\11\08.jpg，选择“背景”图层，并将其拖动至“创建新图层”按钮上，复制得到“背景副本”。	**步骤 2 复制“绿”通道图像** 切换至“通道”面板，选择“绿”通道图标，按快捷键〈Ctrl+A〉，全选图层。再按快捷键〈Ctrl+C〉，复制“绿”通道图层。

步骤 3 粘贴“绿”通道图像 单击选择“蓝”通道图层，按快捷键〈Ctrl+V〉，将“绿”通道中的图像复制到“蓝”通道上。	**步骤 4 查看图像效果** 单击“图层”标签，返回“图层”面板，查看到复制通道所得到的图像效果。

步骤 5　设置可选颜色

单击“调整”面板中的“创建新的可选颜色调整图层”图标，在打开的面板中选择“青色”，设置颜色百分比为+6%、-30%、-76%和+49。

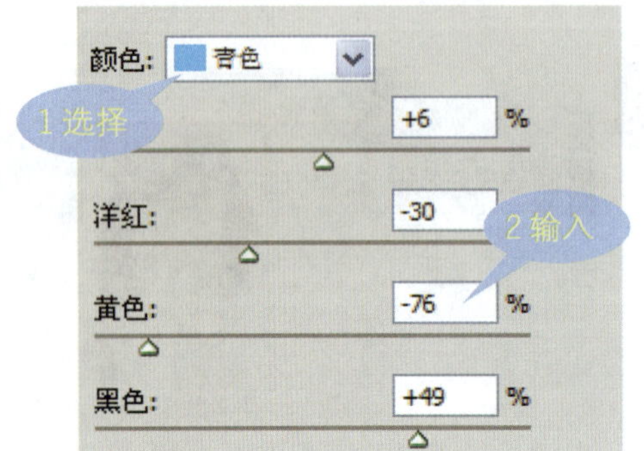

步骤 6　查看图像效果

创建“选择颜色 1”调整图层，根据设置的参数值，调整图像颜色。

步骤 7　调整图像的亮度/对比度

单击“调整”面板中的“创建新的亮度/对比度调整图层”图标，在打开的面板中设置“亮度”为 24，“对比度”为-12，调整图像亮度。

步骤 8　设置“高斯模糊”滤镜

按快捷键〈Ctrl+Shift+Alt+E〉，盖印可见图层。执行“滤镜”→“模糊”→“高斯模糊”命令，打开“高斯模糊”对话框。设置“半径”为 6.6 像素，单击“确定”按钮。

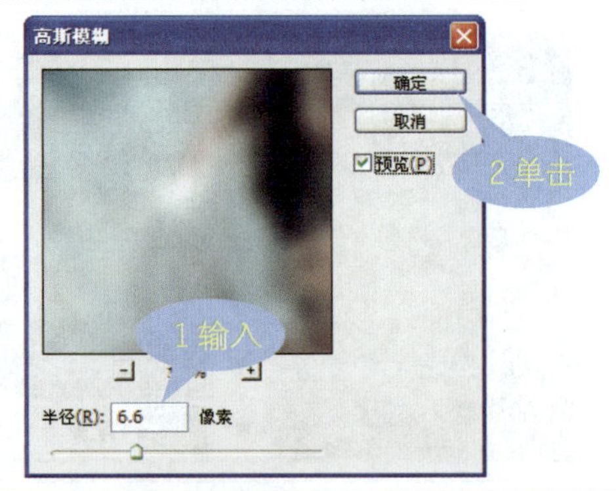

步骤 9　模糊图像

根据上一步设置的“高斯模糊”滤镜，对图像进行模糊处理。

步骤 10　设置图层混合模式

选择“图层 1”图层，将此图层的“混合模式”设置为“滤色”，“不透明度”为 46%。

步骤 11 编辑图层蒙版

单击“添加图层蒙版”按钮，为“图层 1”添加图层蒙版。单击“图层 1”的蒙版缩览图，选择较软的黑色画笔在图像中涂抹，还原局部图像的清晰色彩。

步骤 12 设置曲线调整图像影调

单击“调整”面板中的“创建新的曲线调整图层”图标，在打开的面板中拖动鼠标，调整曲线形状。通过重新设置曲线形状，增加图像的颜色。

步骤 13 编辑图层蒙版

单击“曲线 1”调整图层的蒙版缩览图，选择较软的黑色画笔在蒙版中涂抹，还原局部图像的清晰色彩。

步骤 14 再次模糊图像

按快捷键〈Ctrl+Shift+Alt+E〉，盖印图层，生成“图层 2”图层。按快捷键〈Ctrl+F〉，对“图层 2”中的图像运用“高斯模糊”滤镜模糊处理。

步骤 15 设置图层混合模式

选择“图层 1”图层，将此图层的“混合模式”设置为“滤色”，“不透明度”为 52%。

步骤 16 设置色阶，调整图像

单击“调整”面板中的“创建新的色阶调整图层”图标，在打开的面板中设置“色阶”为 34、0.93 和 255，调整图像的影调。

步骤 17　调整图像的颜色饱和度

单击“调整”面板中的“创建新的色相/饱和度调整图层”图标，在打开的面板中设置“色相”为-2，“饱和度”为+5，降低图像的颜色。

步骤 18　打开并复制背景素材

打开随书光盘\素材\11\09.jpg 素材图像，然后将打开的素材图像移至人物图像上方。

步骤 19　设置图层混合模式

选择“图层 3”图层，将此图层的“混合模式”设置为“柔光”，“不透明度”为 71%，将图案叠加于人物上方。

步骤 20　创建并编辑图层蒙版

单击“添加图层蒙版”按钮，为“图层 3”添加图层蒙版。单击“图层 3”的蒙版缩览图，选择较软的黑色画笔在人物上涂抹，隐藏叠加于人物身上的图案。

步骤 21　添加文字素材

打开随书光盘\素材\11\10.psd 文字素材图像，然后将文字移至人物图像左侧。按快捷键〈Ctrl+T〉，调整为合适的大小。

步骤 22　输入文字并绘制图案

选择“横排文字工具”T，在图像中输入文字。选择较软的画笔在图像中任意位置单击，绘制更多的小圆点，修饰图像。至此，完成本实例的制作。

12 数码照片的抠图与合成

图像的抠取与合成是Photoshop CS5最强大的功能之一，借助其丰富而专业的技术手段，可以对数码照片进行自由合成。

本章的重要的概念有：了解数码照片中常用的抠图技巧，认清各抠图技巧的具体操作方法和适合范围，认识蒙版的分类及具体应用。

本章知识点

- 数码照片的抠图技巧
- 蒙版在合成中的应用

12.1 数码照片的抠图技巧

对于数码照片中部分图像的抠取，可以通过多种的方法完成。除常用的快速选择法、快速擦除法外，还可使用“色彩范围”命令、“通道”及“钢笔工具”等抠取图像。选取不同的数码照片，可以根据具体情况而选择合适的方法抠取图像。

核心知识 1 快速选择法

Photoshop CS5 中的“快速选择工具”可以帮助用户快速创建选区，通过在图像中创建选区快速进行图像的抠取。右击工具箱中的“快速选择工具”按钮，在打开的隐藏面板中查看到“快速选择工具”和“魔棒工具”，如图 12-1 所示。

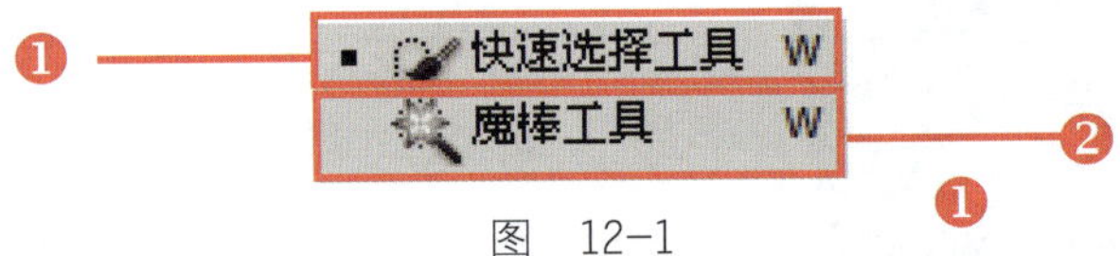

❶

图 12-1

❶快速选择工具

“快速选择工具”根据画笔大小来创建选区范围。打开一幅素材图像，如图 12-2 所示，单击工具箱中的“快速选择工具”按钮，在需要创建选区的位置单击并拖动鼠标即可创建选区，如图 12-3 所示。在创建选区后，按〈Delete〉键即可将选区内的图像删除，如图 12-4 所示。

图 12-2

图 12-3

图 12-4

知识补充

Photoshop CS5 与 Photoshop CS4 不同，用户若在“背景”图层中直接按〈Delete〉键，将打开“填充”对话框。直接单击“确定”按钮，会根据背景图像内容，对要删除区域的图像进行内容识别性填充，而无法将该区域图像删除。若要删除该区域图像，需要将“背景”图层转换为普通图层后再删除。

❷魔棒工具

“魔棒工具”适合于背景相对单一的图像抠取，主要通过设置“容差”值的大小来调整选择的范围。打开一幅素材图像，如图 12-5 所示。单击工具箱中的“魔棒工具”按钮，在需要删除的区域

单击，即可将与鼠标单击区域颜色相似的图像创建于一个选区中，如图 12-6 所示。在创建的选区后，按〈Delete〉键即可删除选区内的背景图像，如图 12-7 所示。

图 12-5

图 12-6

图 12-7

核心知识 2 快速擦除法

“橡皮擦工具”可以清除画面中多余的像素，常用于数码照片中部分图像的抠取。右击工具箱中的“橡皮擦工具”按钮，在打开的面板中显示了“橡皮擦工具”、“背景橡皮擦工具”和“魔术橡皮擦工具”3 个工具，如图 12-8 所示。默认情况下，在“背景”图层上使用“橡皮擦工具”涂抹，则被涂抹的部分将以背景色填充。若在其他图层中使用“橡皮擦工具”，擦除的部分呈透明色显示。

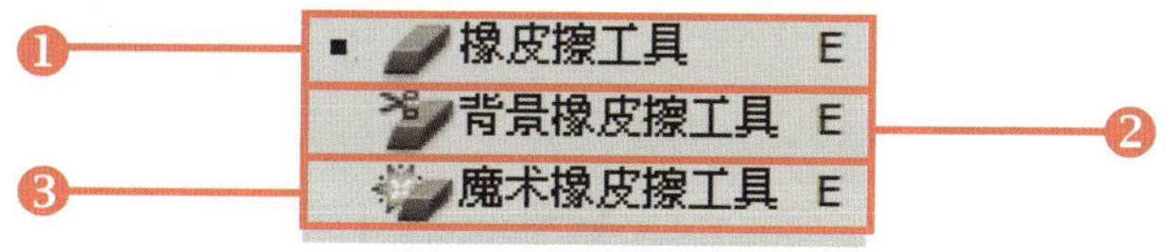

图 12-8

❶橡皮擦工具

“橡皮擦工具”用于擦除图像或某一图层中的单个对象。打开素材图像，单击工具箱中的“橡皮擦工具”按钮，然后在图像中单击并拖动，如图 12-9 所示。连续在图像中单击并拖动鼠标后，被涂抹的区域显示为默认的白色背景，如图 12-10 所示。

图 12-9

图 12-10

❷背景橡皮擦工具

“背景橡皮擦工具”可以将图层中的图像擦除，同时，被擦除区域内的图像将透明的背景区域替代。打开一张素材照片，如图 12-11 所示。单击“背景橡皮擦工具”按钮，在选项栏中单击“取样：连续”按钮，在图像中要删除的区域进行颜色取样。然后在图像中直接单击，即可将单击区域内的区域擦除，效果如图 12-12 所示。

图 12-11

图 12-12

❸魔术橡皮擦工具

“魔术橡皮擦工具”可以擦除图像中颜色相同的区域，适合于较大区域图像的擦除。“魔术橡皮擦工具”擦除图像区域的大小主要通过“容差”值的大小来确定，设置的参数值越大，擦除的区域就越广。单击工具箱中的“魔术橡皮擦工具”按钮，设置“容差”为 5，在图像上单击，得到如图 12-13 所示的图像效果。设置“容差”为 20，在图像上单击，得到如图 12-14 所示的图像效果。设置“容差”为 35，在图像中单击，则将得到如图 12-15 所示的图像。

图 12-13

图 12-14

图 12-15

技巧点拨

应用“背景橡皮擦工具”和“魔术橡皮擦工具”直接在“背景”图层中使用，使用后“背景”图层将自动转换为普通图层。

 核心知识 3　应用“色彩范围”命令

在 Photoshop CS5 中，蒙版可以根据图像中颜色分布的情况进行调整。在图像中创建蒙版后，打

开“蒙版”面板，单击面板下方的“颜色范围”按钮，打开“色彩范围”对话框，如图 12-16 所示。在“色彩范围”对话框中，用户可以根据自己的需要添加不同的颜色范围。

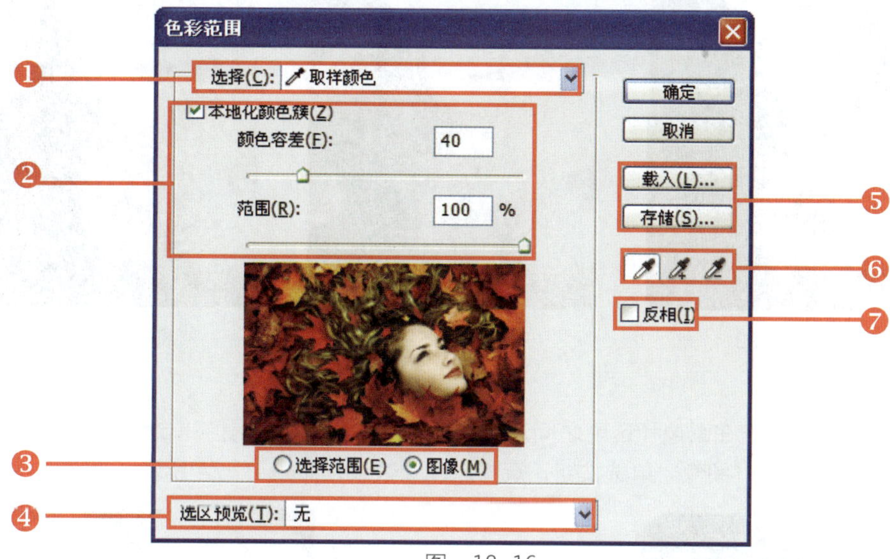

图 12-16

❶预设取样

单击“预设取样”右侧的下拉按钮，打开如图 12-17 所示的预设选项，通过这些预设选项可快速地对图像中的不同色相进行选取，如选择“阴影”选项，则 Photoshop CS5 会自动计算出图像中的阴影色调，并在“色彩范围”对话框中的图像预览框中显示出来。图 12-18 和 12-19 所示分别为选择“红色”和“黄色”所得到的取样效果。

图 12-17　图 12-18　图 12-19

❷本地化颜色簇

“本地化颜色簇”选项组用于设置选区边缘的衰减情况，包括“颜色容差”和“范围”两个选项。“颜色容差”选项主要用于调整选区边缘的衰减情况，也就是调整固定范围内的显示程度。“范围”选项用于调整选区的范围大小，当范围值很小时，可以查看图像中的取样个数。图 12-20、图 12-21 和图 12-22 所示分别为设置“颜色容差”值为 30、100 和 170 时的效果。

图 12-20

图 12-21

图 12-22

❸图像预览

“图像预览”可快速在图像和选区之间进行切换。选中“选择范围”单选按钮，查看选区蒙版，如图 12-23 所示。选中“图像”单选按钮，查看原图像效果，如图 12-24 所示。

图 12-23

图 12-24

❹选区预览

单击“选区预览”下拉按钮，打开“选区预览”下拉列表，如图 12-25 所示，在该列表中可以设置选择选区的显示模式。图 12-26 和图 12-27 所示分别为选择“白色杂边”和“快速蒙版”选项时得到的效果。

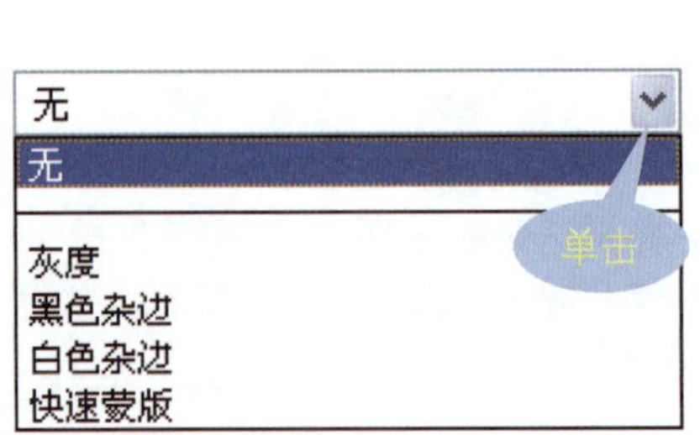

图 12-25

图 12-26

图 12-27

❺载入/存储

在对话框中通过“存储”或“载入”按钮，可对色彩范围进行保留或者是载入另外的替换颜色。其中单击“载入”按钮，载入替换的颜色；单击“存储”按钮，存储当前的色彩范围设置。

❻吸管工具

“吸管工具”可以对图像中的各种色彩进行选择，从而利用选择的色彩生成蒙版。单击“吸管工具”按钮，可以吸取图像中任意色彩，并反应到蒙版中，如图 12-28 所示。单击“添加到取样”按钮，可以添加图像取样颜色点，如图 12-29 所示。单击“从取样中减去”按钮，可以减少图像取样的颜色点，如图 12-30 所示。

图 12-28

图 12-29

图 12-30

❼反相

在对话框中勾选“反相”复选框，可以将蒙版进行反相选取，即黑色变为白色，白色变为黑色。图 12-31 所示为创建的蒙版图像，勾选“反相”复选框后，效果如图 12-32 所示。

图 12-31

图 12-32

核心知识 4 应用“通道”抠出复杂图像

通道用来显示图像中各个颜色的信息，当在图像中建立图层蒙版时，该图层蒙版会同时出现在“通道”面板中，即通过通道可以从照片中抠出复杂的图像。

打开一幅需要抠取细节的素材照片，如图 12-33 所示。选择“窗口”→“通道”命令，显示“通道”面板，在打开的面板中显示了当前打开图像所包含的各个通道信息，单击“通道”面板中黑白对比较为强烈的“蓝”通道，如图 12-34 所示。单击后显示该通道下的灰度图像，如图 12-35 所示。

图 12-33

图 12-34

图 12-35

将选定的通道拖动至“创建新通道”按钮上，生成一个新的通道副本，如图 12-36 所示。选取复制的副本通道，选择“图像”→“调整”→“色阶”命令，则打开的“色阶”对话框。在对话框中设置参数，如图 12-37 所示。设置后单击“确定”按钮，得到如图 12-38 所示的图像效果。

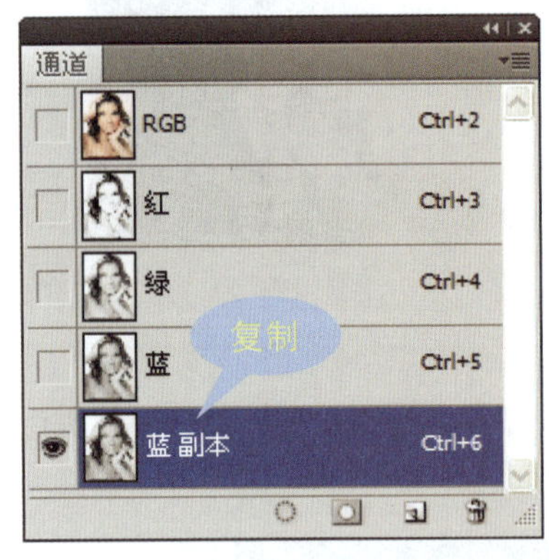

图 12-36

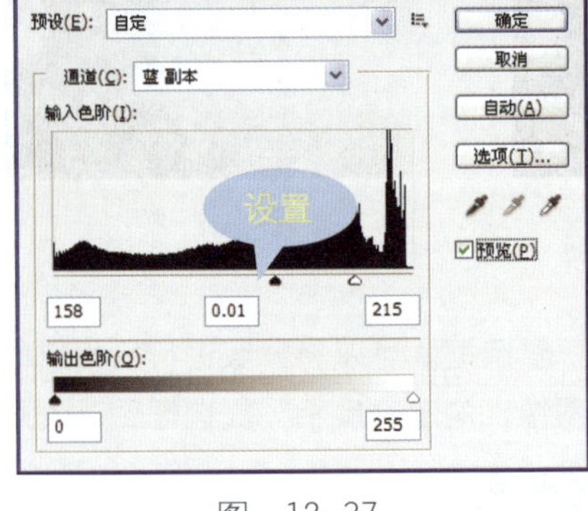

图 12-37

图 12-38

在复制的通道中调整图像，则可以保证原图像不被修改，此时，在通道中应用黑色画笔在通道中涂抹，将需要保留的图像全部涂成黑色，不需要保留的区域涂抹成纯白色，如图 12-39 所示，按住〈Ctrl〉键的同时单击“通道”面板中副本通道缩览图，即可将该通道内的图像载入到选区，如图 12-40 所示。此时，按〈Delete〉键即可将删除内的图像删除，删除后的图像如图 12-41 所示。

图 12-39

图 12-40

图 12-41

技巧点拨

通过选择“图像”→“模式”命令，可以将图像转换成不同的颜色模式，不同颜色模式下的图像自然具有不同的通道。

核心知识 5 使用“钢笔工具”抠出复杂轮廓

Photoshop 中的“钢笔工具”不仅可以在图像中进行各种图形的绘制，也可以通过运用此工具来进行复杂图像的抠取，通过使用“钢笔工具”绘制路径的形状来控制需要选取的图像范围。在图像中绘制的锚点越多，所得到的路径就越精确，抠出的图像也就更加精准。

打开如图 12-42 所示的素材图像，单击工具箱中的“钢笔工具”按钮，将鼠标移至图像中。当光标变为形时，单击开始沿着模特的轮廓进行路径的绘制。绘制完成后，效果如图 12-43 所示。

图 12-42

图 12-43

完成路径的绘制后，需要将绘制的路径转换为选区。打开“路径”面板，选中绘制的工作路径，单击面板下方的“将路径作为选区载入”按钮，或按快捷键〈Ctrl+Enter〉，将路径作为选区载入到图像中，如图 12-44 所示。此时按〈Delete〉键，则把选区内的图像删除。若选择“选择”→“反向”命令后，再按〈Delete〉键，则会将与之前相反区域内的图像删除。图 12-45 所示为抠出人物并替换背景后的图像效果。

图 12-44

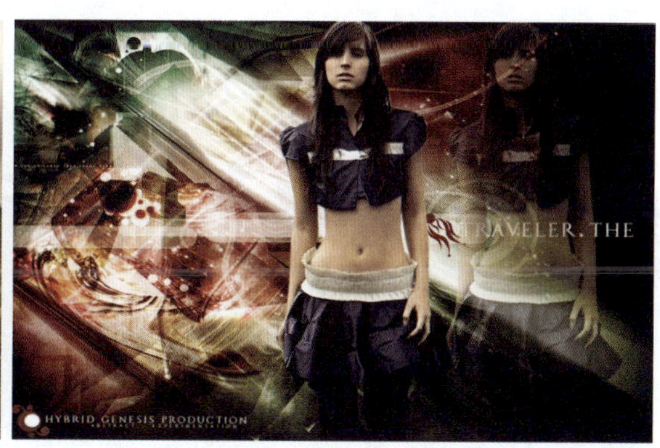

图 12-45

核心知识 6　快速蒙版的抠图应用

快速蒙版即是将图像作为蒙版进行编辑，当编辑完成后，所涉及的部分将被转换为选区。因此，快速蒙版通常用于复杂图像的抠取，通过使用画笔编辑蒙版，调整选区的范围及大小。

如果想通过快速蒙版进行图像的抠取，首先要进入快速蒙版编辑状态。打开一幅素材图像，如图 12-46 所示，单击工具箱中的“以快速蒙版模式编辑”按钮，然后应用“画笔工具”在图像上涂抹，被涂抹过的地方将以默认的 50%红色显示，连续在蒙版中进行涂抹，将图像中需要保留的区域全部涂抹成红色状态，如图 12-47 所示。

图　12-46

图　12-47

单击工具箱中的“以标准模式编辑”按钮，或按键盘上的〈Q〉键，退出快速蒙版编辑状态。退出后在图像中被红色覆盖的区域已经载入到选区，按〈Delete〉键，将选区内的图像删除，如图 12-48 所示。删除选区后，可以为图像添加另外的背景，得到不同的视觉效果，如图 12-49 所示。

图　12-48

图　12-49

12.2 蒙版在合成中的应用

蒙版作为 Photoshop 中的核心技术之一，与图层不同的是，蒙版可以在不参与图层操作的情况下，用于控制图层的显示和隐藏。蒙版是一种灰度图像并具有一定的透明特性，它主要通过将不同的灰度值转换为不同的透明度，并作用于它所在的图层，可以遮盖住图像的一部分区域。因此，蒙版在图像的合成中深受人们的喜爱。

核心知识 1　蒙版的分类

在 Photoshop 中有多种类型的蒙版，包括“图层蒙版”、“矢量蒙版”、“快速蒙版”和“剪贴蒙版”等，如图 12-50 所示。根据不同蒙版的特征，可以制作出边缘过渡自然或清晰的图像遮罩效果。

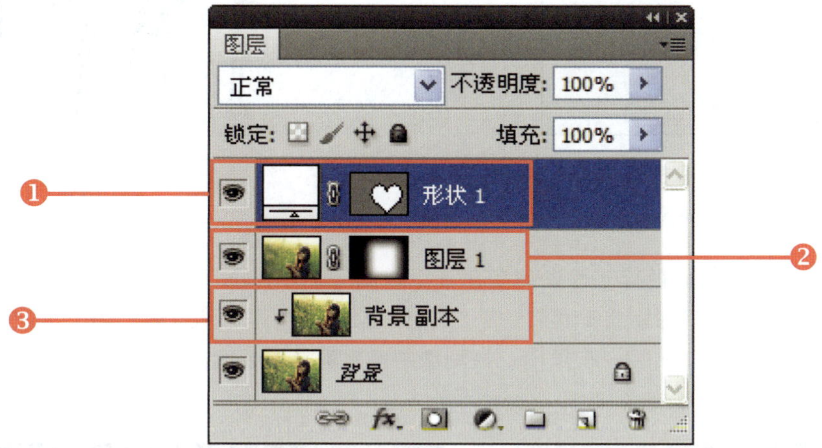

图　12-50

❶矢量蒙版

矢量蒙版与分辨率无关，它是由钢笔或形状工具创建的。为图像创建矢量蒙版后，在“图层”面板中显示为黑色的区域将被隐藏，而蒙版中显示为白色的区域将被显示，如图 12-51 所示。添加矢量蒙版后的图像效果如图 12-52 所示。

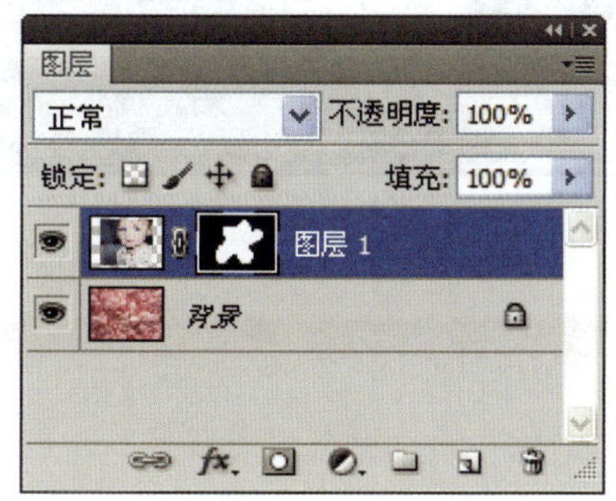

图　12-51

图　12-52

技巧点拨

在 Photoshop 中除了可以通过临时蒙版创建选区外，还可以通过临时选区转换为快速蒙版，具体的转换方式为应用选区工具在图像中创建选区，然后单击工具箱中的“快速蒙版模式编辑”按钮即可自动将选区包括的区域转换为蒙版。

❷图层蒙版

图层蒙版可以理解为在当前图层上覆盖一层玻璃片，玻璃片只由黑色和白色组成。白色代表透明位置；黑色代表隐藏位置；而透明的程度则由灰度级确定。为打开的图像添加图层蒙版后，位于图层缩览图右侧的就是蒙版缩览图，如图 12-53 所示。双击可查看蒙版中的对象，如图 10-54 所示。

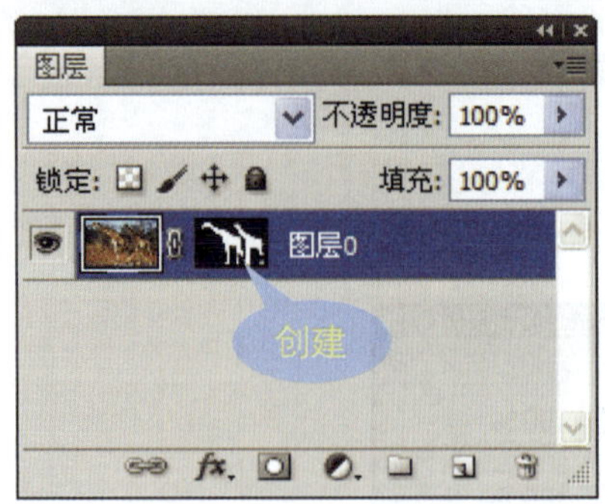

图 12-53

图 12-54

❸剪贴蒙版

剪贴蒙版将上级图层的颜色样式等处理应用在下级图层上，并不应用在其他的图层上，从而达到一种剪贴画的效果，即“下形状上颜色”。在“图层”面板中创建剪贴蒙版，将“图层 1”中的对象剪贴至“图层 2”之上，如图 12-55 所示。在图像中创建剪贴蒙版后，可以使“图层 2”的图形自动应用于“图层 1”的图像上，效果如图 12-56 所示。

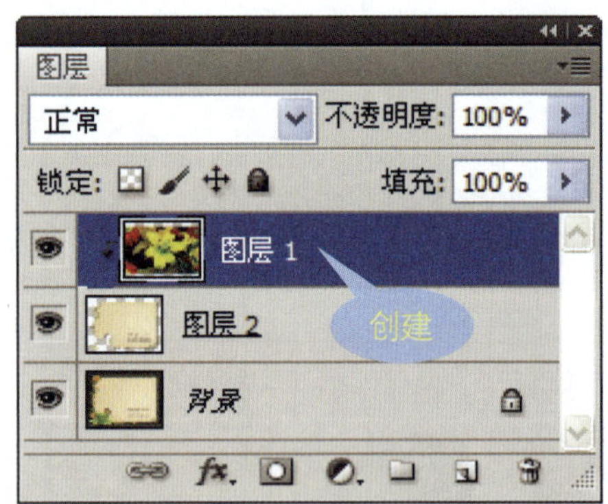

图 12-55

图 12-56

知识补充

自动创建蒙版与手动创建蒙版的区别在于，在“蒙版”面板中创建图层蒙版，即直接在当前图层上创建蒙版。用户不必考虑当前图层是否为背景图层，Photoshop 自动将其转换为普通图层并添加蒙版。而手动创建蒙版则是在“图层”面板中进行，若为背景图层，则需要先将其转换为普通图层，否则将不能进行蒙版的创建。

 核心知识 2　运用图层蒙版进行简单合成

在了解了蒙版的分类后，可以应用图层蒙版进行简单的图像合成。在图像中创建图层蒙版，通过图层的遮罩可以实现抠图应用，通过抠出照片中的部分图像进行图像的简单合成。

要创建图层蒙版，首先打开“蒙版”面板，然后单击面板上方的“添加像素蒙版”按钮，如图 12-57 所示。单击“图层”标签，打开“图层”面板，即可看到在该图像上选定的图层中创建的图层蒙版，如图 12-58 所示。

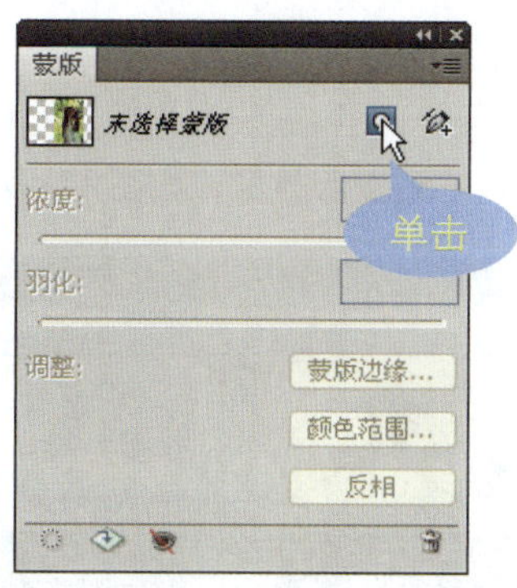

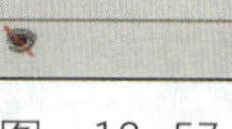

图 12-57

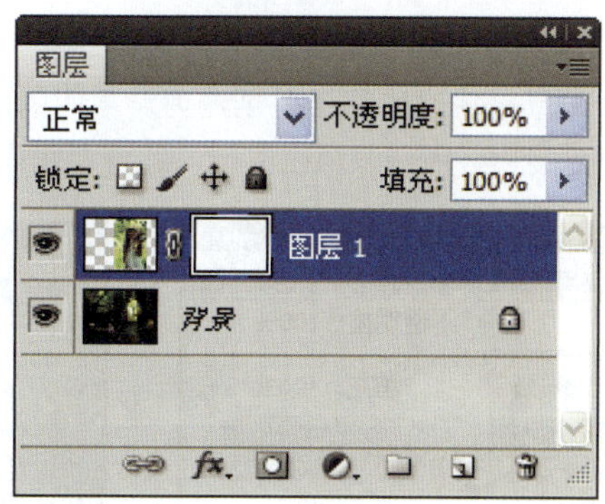

图 12-58

选择“画笔工具”，将画笔颜色更改为黑色，在创建的蒙版上进行涂抹，如图 12-59 所示。应用画笔涂抹背景，将人物的图像边缘全部隐藏，只保留人物图像，将人物与背景融合后的效果如图 12-60 所示。

图 12-59

图 12-60

核心知识 3 剪贴蒙版的艺术合成应用

剪贴蒙版是由多个图层组成的群体组织，在图像中所创建的剪贴蒙版下方的一个图层叫做基底图层，简称基层，位于其上的图层叫做顶层。在剪贴蒙版中，基层只能有一个，顶层可以有若干个。剪贴蒙版与图层蒙版一样，也可以用于多张图像的合成。

打开两幅图像，并将其添加于一个图像文件中，如图 12-61 所示，再将最上层图像隐藏，应用“快速选择工具”在需要创建蒙版的区域单击创建选区，并复制选区内的图像，如图 12-62 所示。

图 12-61

图 12-62

在“图层”面板中，显示隐藏的图层，然后选中要添加图层蒙版的图层。选择“图层”→“创建剪贴蒙版”命令，或是将鼠标移至要创建剪贴蒙版的两个图层之间并按〈Alt〉键，光标自动变为两个叠加的圆形，如图 12-63 所示。单击鼠标，即可在图像上创建剪贴蒙版效果，如图 12-64 所示。

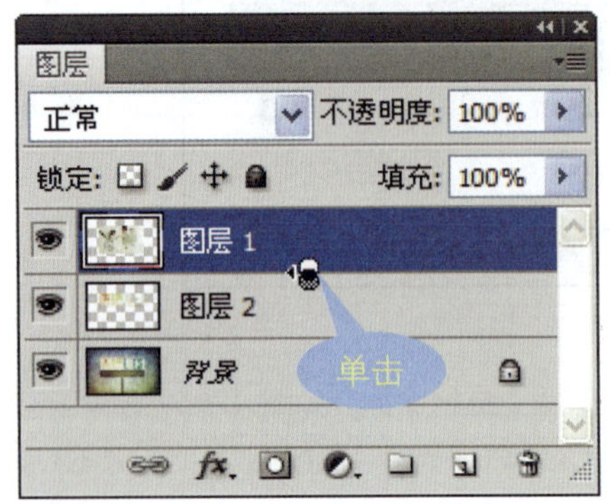

图 12-63

图 12-64

12.3 应用与提高

数码合成可以充分发挥自己的想象力，将多种图像合成在一起，组合出更具感染力、更丰富、更神奇的画面效果。在照片的抠图与合成上，Photoshop 也将其强大的图像编辑功能表现得更加淋漓尽致，表现出图像合成的强大魅力。

典型案例 1　对纯色的背景进行替换

在 Photoshop 中，通过简单的几步操作，即可实现对纯色照片的背景进行替换。本实例首先结合“魔棒工具”和“快速选择工具”将人物图像载入到选区，反向选择后将人物图像抠出。再为图像添加上新的背景，达到逼真的效果，具体操作步骤如下。

★素材文件：随书光盘\素材\12\01.jpg、02.jpg、03.psd
★最终文件：随书光盘\源文件\12\对纯色的背景进行替换.psd

步骤 1　创建图层选区

打开随书光盘\素材\12\01.jpg 素材图像，单击工具箱中的“魔棒工具”按钮，在背景区域上单击，创建选区。

步骤 2　复制选区内的图像

单击“快速选择工具”按钮，适当对选区进行调整，得到精确的背景区域。选择“选择”→“反向”命令，反选选区。按快捷键〈Ctrl+J〉，复制选区，生成“图层 1”图层。

步骤 3　打开素材图像

选择“文件”→“打开”命令，打开随书光盘\素材\12\02.jpg 素材图像。

步骤 4　将素材移至人像下方

使用“移动工具”把打开的 02.jpg 背景图像拖动至人物中，并将其置于人物下方。

步骤 5　设置“投影”样式

选择“图层 1”图层，选择“图层”→“图层样式”→“投影”命令，打开“图层样式”对话框。设置“角度”为-152，单击“确定”按钮。

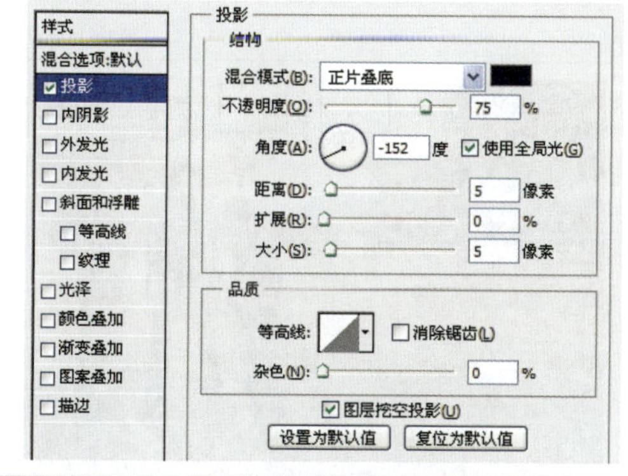

步骤 6　添加投影效果

关闭“图层样式”对话框，查看为人物添加逼真投影后的效果。

步骤 7　选择"创建图层"命令

右击"图层 1"下方的"投影"样式，在打开的快捷菜单中选择"创建图层"命令。

步骤 8　创建""图层 1"的投影"图层

打开系统警告对话框，单击"确定"按钮，创建"'图层 1'的投影"图层。

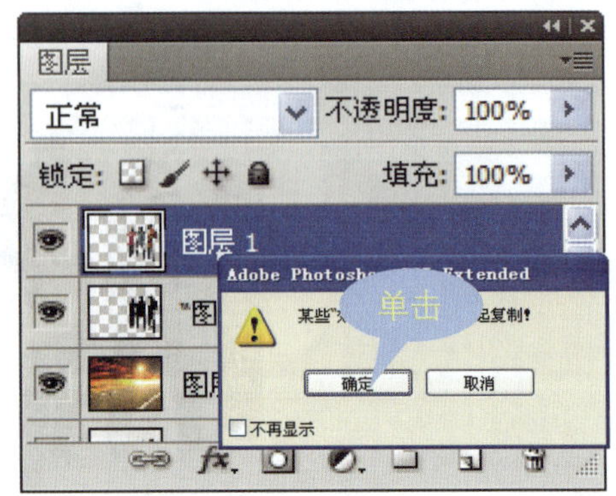

步骤 9　垂直翻转投影

选择""图层 1"的投影"图层，选择"编辑"→"变换"→"垂直翻转"命令，垂直翻转人物的投影图像。

步骤 10　更改投影位置

按快捷键〈Ctrl+T〉，打开变换工具，继续对投影的大小和位置进行调整。调整后，得到正确的影子图像。

步骤 11　选择"前景色到透明渐变"

单击工具箱中的"渐变工具"按钮，在显示的"渐变工具"选项栏中，单击"渐变编辑器"右侧的下拉按钮，在打开的列表中选择"前景色到透明渐变"图标。

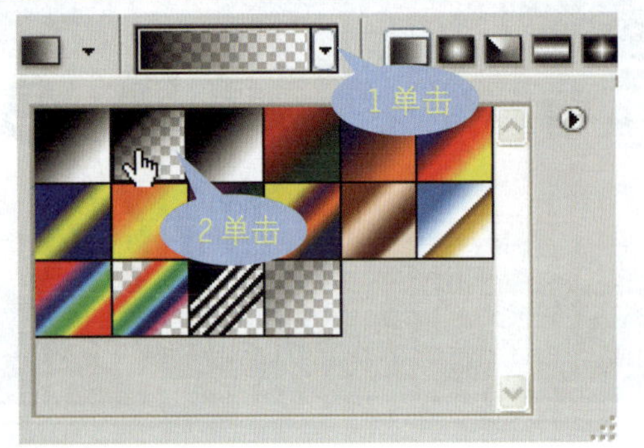

步骤 12　在蒙版中设置渐变

单击选项栏中的"线性渐变"按钮，选择""图层 1"的投影"图层，创建图层蒙版。然后从图像左下角向右上角拖动鼠标，填充渐变效果。

步骤 13　设置“高斯模糊”滤镜

选择“滤镜”→“模糊”→“高斯模糊”命令，打开“高斯模糊”对话框。在对话框中将“半径”设置为 4.0 像素，单击“确定”按钮。

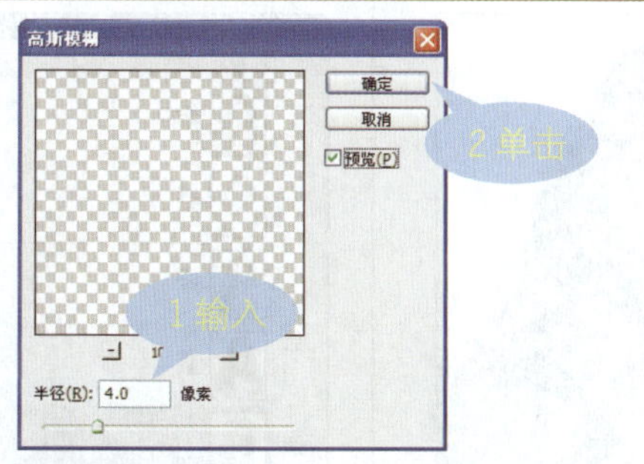

步骤 14　查看模糊图像效果

应用设置的参数值，对创建的投影进行高斯模糊处理，使画面中的人物倒影更为自然。

步骤 15　添加文字

打开随书光盘\素材\12\02.psd 文字图像，然后将打开的文字移至图像左侧，并适当调整其大小。

步骤 16　叠加文字效果

按住〈Ctrl〉键不放，单击文字对象，载入选区。将前景色设置为黑色后，新建图层。按快捷键〈Alt+Delete〉，将选区填充为黑色，然后将黑色的文字移至白色文字下方。

典型案例 2　精确到发丝的抠图应用

在 Photoshop 中，抠图是一个复杂的过程，而抠出图像的好坏还在于原图像本身的难度。对于较为复杂的发丝的抠取，巧妙地运用通道即可实现完美的抠图。在本实例中，通过选取单个颜色通道，然后复制该通道，对通道内的图像进行颜色的调整，抠出复杂的人像图像，再为抠出的图像替换上一个全新的背景图像，具体操作步骤如下。

★素材文件：随书光盘\素材\12\04.jpg、05.jpg、06.jpg

★最终文件：随书光盘\源文件\12\精确到发丝的抠图应用.psd

步骤 1　打开素材图像

选择“文件”→“打开”命令，打开随书光盘\素材\12\04.jpg 人像素材。

步骤 2　选择“蓝”通道

单击“通道”标签，切换到“通道”面板。选择“蓝”通道，查看该通道中的图像。

步骤 3　复制“蓝”通道

选择“蓝”通道后，将其拖动至“创建新通道”按钮上，复制得到“蓝副本”通道。

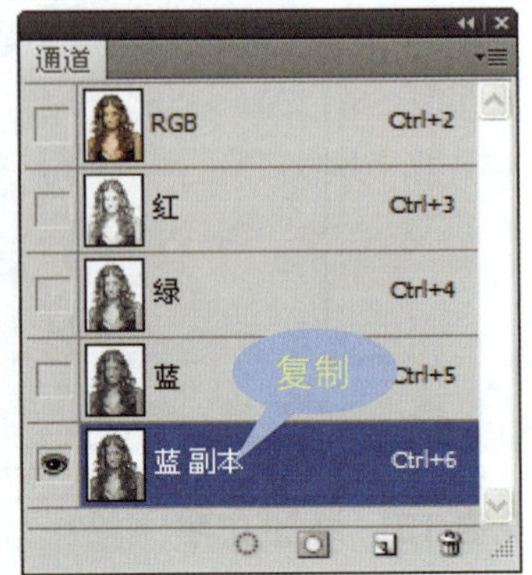

步骤 4　设置色阶

按快捷键〈Ctrl+L〉，打开“色阶”对话框。在对话框中设置“色阶”为 0、0.15 和 225，单击“确定”按钮。

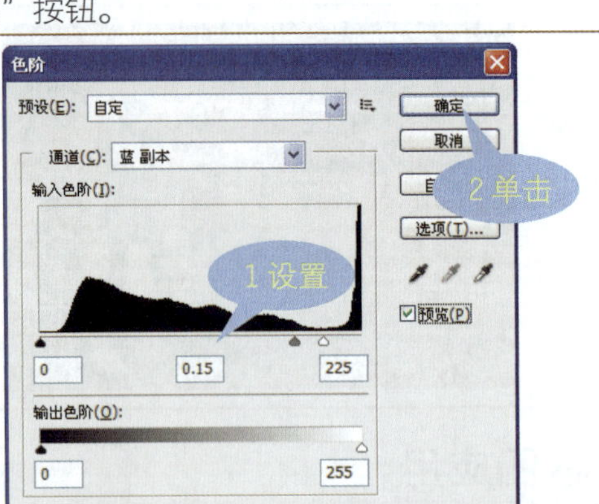
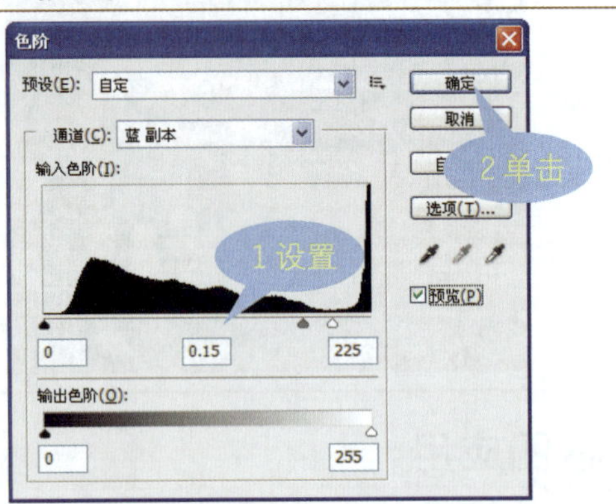

步骤 5　调整图像

通过在“色阶”对话框中设置参数后，将图像快速转换为对比明显的黑白效果。

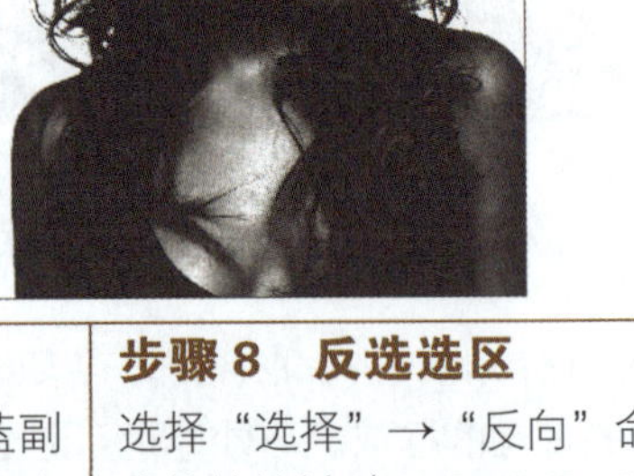

步骤 6　在蒙版中涂抹

选择“画笔工具”，将画面上要保留人物图像涂抹成黑色，而将背景区域涂抹为白色。

步骤 7　载入通道选区

按住 Ctrl 键的同时单击“蓝副本”通道，载入选区。单击 RGB 通道，返回至“图层”面板，查看载入的选区。

步骤 8　反选选区

选择“选择”→“反向”命令，或按快捷键〈Ctrl+Shift+I〉，反选选区。

步骤 9　复制选区内的图像

在“图层”面板中选择“背景”图层，按快捷键〈Ctrl +J〉，得到“图层 1”。

步骤 10　打开素材图像

选择“文件”→“打开”命令，打开随书光盘\素材\12\05.jpg 素材图像，将抠出的人物移至图像左侧。

步骤 11　将人物移至圆形中间位置

按住 Ctrl 键的同时，单击“图层 1”图层，将人物载入到选区中。

步骤 12　创建选区

选择“选择”→“修改”→“收缩”命令，打开“收缩选区”对话框。设置“收缩量”为 2，单击“确定”按钮，收缩选区。

步骤 13　将人像置入选区中

选择“选择”→“反向”命令，反选选区。按〈Delete〉键，将选区内的图像删除。

步骤 14　添加文字效果

打开随书光盘\素材\12\06.jpg 文字素材图像，将文字移至图像中，再调整其大小和位置。

步骤 15　设置图层混合模式

选择文字所在的“图层 2”图层，将此图层的“混合模式”更改为“柔光”。

步骤 16　编辑图层蒙版

为“图层 2”图层添加蒙版，单击“图层 2”的蒙版缩览图，选择较软的画笔在图像中涂抹，隐藏人物脸上的文字图像。

步骤 17　调整图像亮度

按住 Ctrl 键不放，单击“图层 1”图层，再次载入人像选区。单击“调整”面板中的“创建新的亮度/对比度调整图层”图标，设置参数，调整图像亮度。

步骤 18　设置色相/饱和度

单击“调整”面板中的“创建新的色相/饱和度调整图层”图标，在打开的面板中勾选“着色”复选框，设置“色相”为 32，“饱和度”为 25。

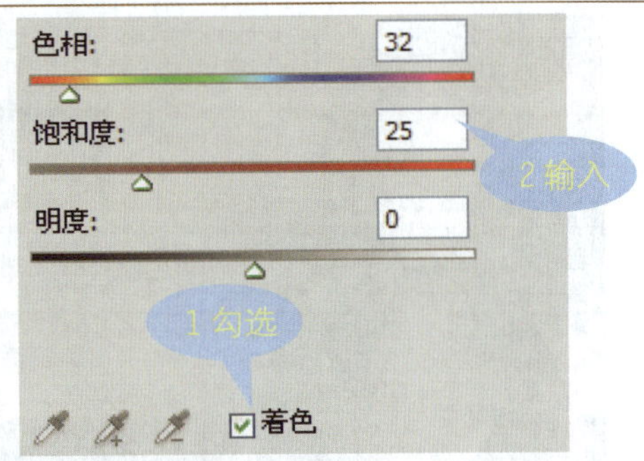

步骤 19　转换为单色图像

完成设置后，退出“调整”面板。根据上一步设置的色相和饱和度对图像进行着色，转换为单色调图像。

步骤 20　设置图层混合模式

选择“色相/饱和度”图层，设置“混合模式”为“叠加”，“不透明度”为 86%。单击“色相/饱和度”的蒙版缩览图，使用黑色柔角画笔在脸部过亮区域涂抹，还原局部区域的亮度。至此，完成本实例的制作。

典型案例 3 合成合照的人像效果

在 Photoshop 中，可以根据照片的具体情况制作合成照片的人像效果。在本实例中，使用“快速选择工具”在男士的照片中单击，创建人像选区。然后将选区图像移至另一张照片中，通过调整颜色，设置成最终的合照片效果，具体操作步骤如下。

★素材文件：随书光盘\素材\12\07.jpg、08.jpg

★最终文件：随书光盘\源文件\12\合成合照的人像效果.psd

步骤 1 打开并复制图像	**步骤 2 设置色阶**	**步骤 3 应用色阶调整图像**
打开随书光盘\素材\12\07.jpg 素材图像，选择“背景”图层，将其拖动至“创建新图层”按钮上，生成“背景副本”。	单击“调整”面板中的“创建新的色阶调整图层”图标，在打开的面板中将“色阶”设置为 9、1.12 和 253。	在“调整”面板中对“色阶”进行设置后，退出该面板，在图像窗口中查看调整色阶后的效果。
	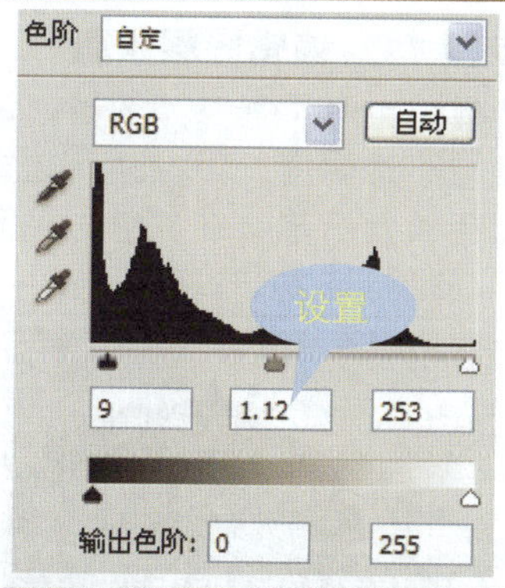	
步骤 4 创建人像选区	**步骤 5 设置并收缩选区**	**步骤 6 移动选区内的图像**
打开随书光盘\素材\12\08.jpg 素材图像，应用“钢笔工具”沿左侧人物绘制路径。绘制完成后按快捷键〈Ctrl+Enter〉，将路径转换为选区。	选择“选择”→“修改”→“收缩”命令，打开“收缩选区”对话框。设置“收缩量”为 1 像素，单击“确定”按钮，收缩选区。	使用“移动工具”把选区内的人物移至 07.jpg 图像的左侧。按快捷键〈Ctrl+T〉，将人物调整为合适大小。

步骤 7　设置“投影”样式

选择“图层”→“图层样式”→“投影”命令，打开“图层样式”对话框。设置“不透明度”为 26%，“大小”为 5 像素。

步骤 8　添加投影效果

确认设置的投影参数后，查看添加投影后的人像效果。

步骤 9　设置色彩平衡

载入“图层 1”选区，单击“调整”面板中的“创建新的色彩平衡调整图层”图标⚖。选中“阴影”单选按钮，设置颜色值为+19、–3 和 0。

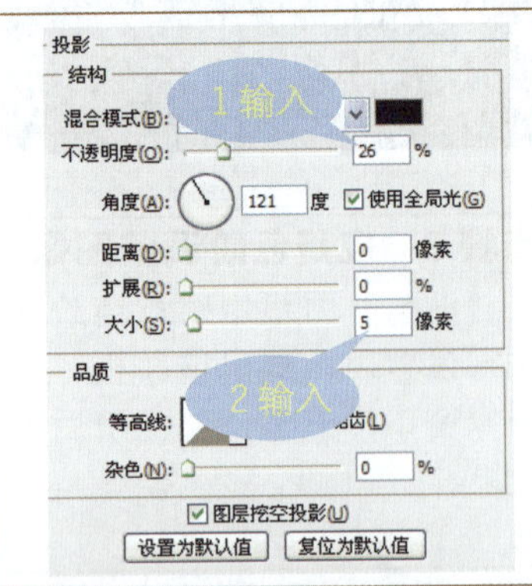

步骤 10　调整图像颜色

应用上一步设置的参数值，调整图像的颜色。

步骤 11　编辑图层蒙版

选择“色彩平衡 1”图层，设置“不透明度”为 73%。选择黑色柔角画笔，在“色彩平衡 1”蒙版上涂抹，调整颜色。

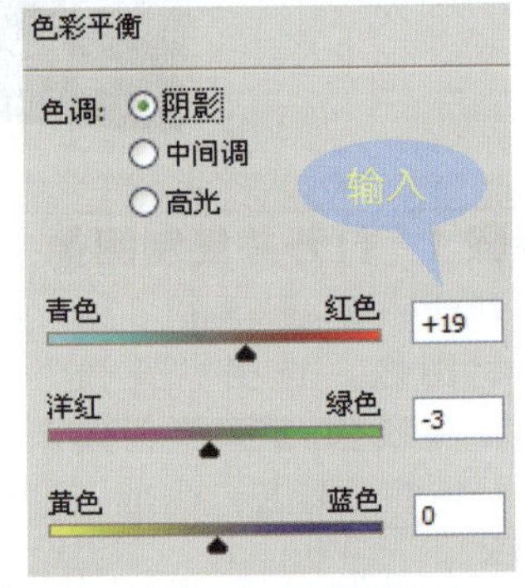

步骤 12　设置色彩平衡

载入“图层 1”选区，单击“调整”面板中的“创建新的色彩平衡调整图层”图标⚖，在打开的面板中设置颜色值为+8、+1 和 0。

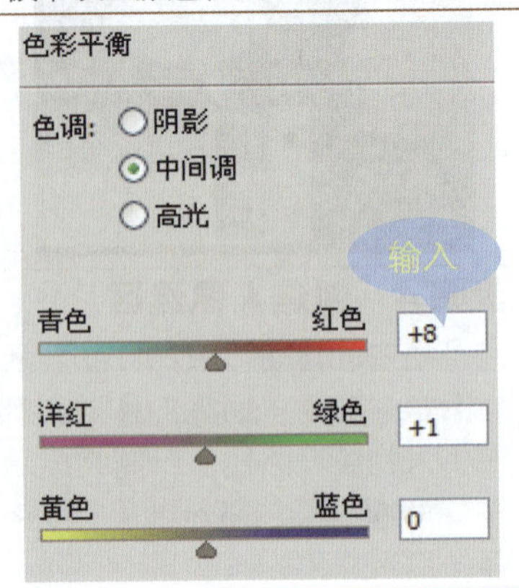

步骤 13　调整图像颜色

创建“色彩平衡 2”调整层，应用在“调整”面板中设置的“色彩平衡”值，调整图像的颜色。

步骤 14　应用预设曲线调整

载入“图层 1”选区，单击“调整”面板中的“创建新的曲线调整图层”图标，选择“线性对比度（RGB）”曲线，调整图像的对比度。

步骤 15　设置可选颜色

载入“图层 1”选区，单击“调整”面板中的“创建新的可选颜色调整图层”图标，在打开的面板中设置颜色百分比为-14%、+2%、+8%和-9%。

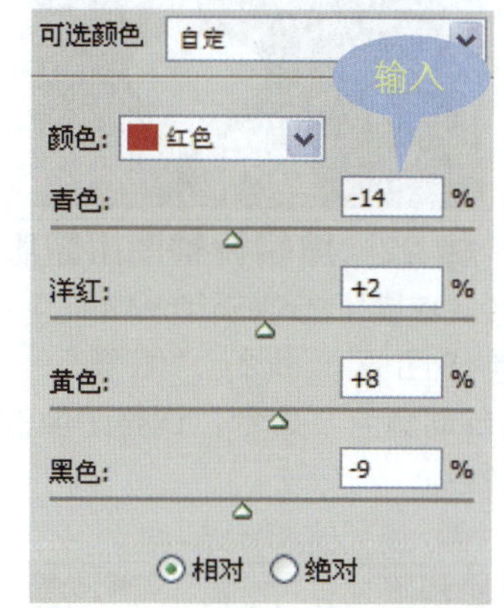

步骤 16　设置可选颜色

在“颜色”下拉列表框中，选择“中性色”选项，然后设置颜色百分比为 0%、0%、0%和+8%。

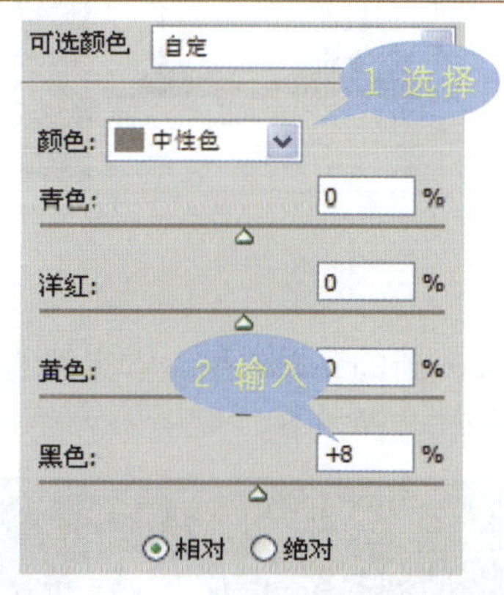

步骤 17　设置可选颜色

在“颜色”下拉列表框中，选择“黑色”选项，然后设置颜色百分比为+12%、+21%、+32%和+6%。

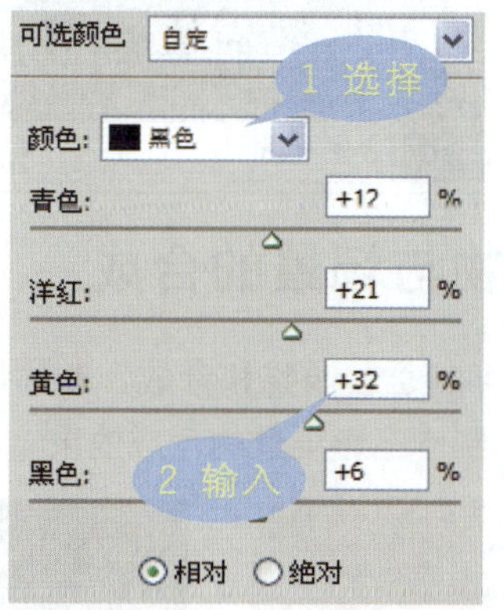

步骤 18　调整图像颜色

创建“可选颜色 1”调整层，应用在“调整”面板中设置的“可选颜色”值，调整图像的颜色。

步骤 19　编辑调整图层蒙版

选择“可选颜色 1”图层，选择黑色柔角画笔，设置“不透明度”为 60%，“流量”为 40%。在“色彩平衡 1”蒙版上涂抹，去除部分区域的调整色。

步骤 20　设置曲线调整

载入“图层 1”选区，单击“调整”面板中的“创建新的曲线调整图层”图标，选择“线性对比度（RGB）”曲线，调整图像的对比度。

步骤 21　编辑调整图层蒙版

选择“曲线 2”图层，选择黑色柔角画笔，设置“不透明度”为 45%，“流量”为 50%。在“曲线 1”蒙版上涂抹，去除部分区域的调整色。

<table>
<tr>
<td></td>
<td></td>
<td></td>
</tr>
<tr>
<td>步骤 22　编辑调整图层蒙版
按快捷键〈Ctrl+Shift+Alt+E〉，盖印图层。执行“图像”→“自动颜色”命令，调整图像的颜色。</td>
<td>步骤 23　编辑调整图层蒙版
单击“调整”面板中的“创建新的曲线调整图层”图标，在打开的面板中选择“较亮（RGB）”曲线，提高图像亮度。</td>
<td>步骤 24　编辑调整图层蒙版
单击“调整”面板中的“创建新的色阶调整图层”图标，在打开的面板中设置“色阶”为 9、1.27 和 255，进一步调整照片的影调。</td>
</tr>
<tr>
<td></td>
<td></td>
<td></td>
</tr>
</table>

典型案例 4　人物与场景的合成

即使是几张很普通的照片，也可以通过调整和合成，制作出耳目一新的画面效果。本实例通过将抠出的人像与设置的背景相融合，制作电影场景的合成效果，具体操作步骤如下。

★素材文件：随书光盘\素材\12\09.jpg、10.jpg、11.jpg、12.jpg、13.jpg

★最终文件：随书光盘\源文件\12\人物与场景的合成.psd

<table>
<tr><td>

步骤 1　打开素材图像并复制背景

打开随书光盘\素材\12\09.jpg 素材图像，选择"背景"图层，并将其拖动至"创建新图层"按钮上，复制得到"背景副本"。

</td><td>

步骤 2　设置色彩平衡

单击"调整"面板中的"创建新的色彩平衡调整图层"图标，在打开的面板中设置颜色值为−51、+50、+37。

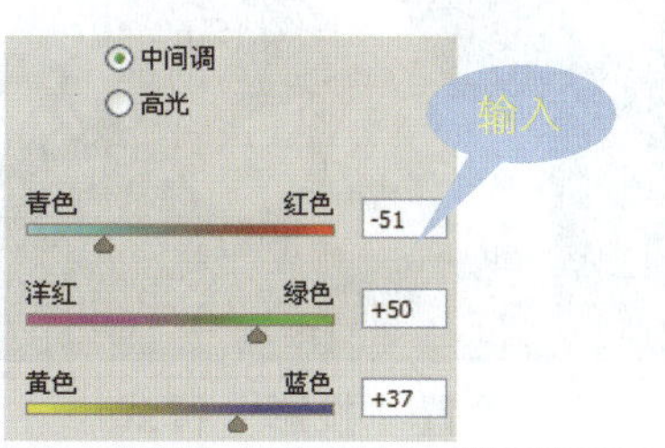

</td></tr>
<tr><td>

步骤 3　设置色彩平衡

选中"阴影"单选按钮，设置颜色值为+6、+13、+26。

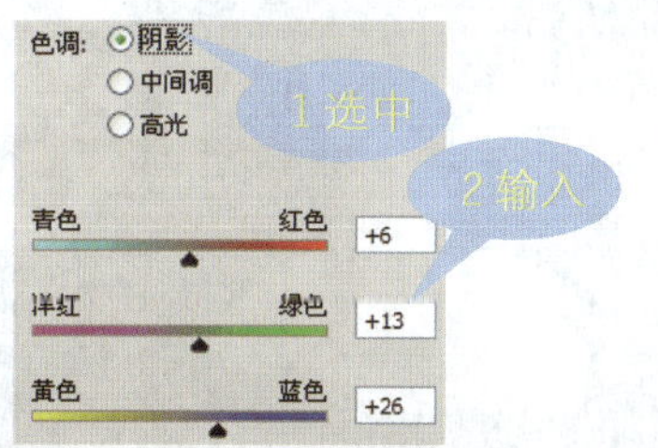

</td><td>

步骤 4　查看图像效果

退出"调整"面板，创建"色彩平衡 1"调整图层，并应用设置的参数，调整图像的整体色调。

</td></tr>
<tr><td>

步骤 5　设置曲线调整图像

单击"调整"面板中的"创建新的曲线调整图层"图标，在打开的面板中单击并拖动鼠标，更改曲线形状。通过更改曲线，加亮图像效果。

</td><td>

步骤 6　应用预设曲线调整图像

再次单击"调整"面板中的"创建新的曲线调整图层"图标，在打开的面板中选择"增加对比度（RGB）"曲线，增强图像的对比度。

</td></tr>
</table>

步骤 7　打开并移动人像素材

打开随书光盘\素材\12\10.JPG 素材图像，并将其移至处理好的背景图像上。按快捷键〈Ctrl+T〉，调整人物的大小和位置。

步骤 8　擦除多余图像

单击工具箱中的“橡皮擦工具”按钮，将人物周围不需要的多余背景擦除，只保留中间的人物图像。

步骤 9　设置“投影”样式

选择“图层”→“图层样式”→“投影”命令，打开“图层样式”对话框。在对话框中设置“不透明度”为 46%，“距离”为 5 像素，“大小”为 46 像素，单击“确定”的按钮。

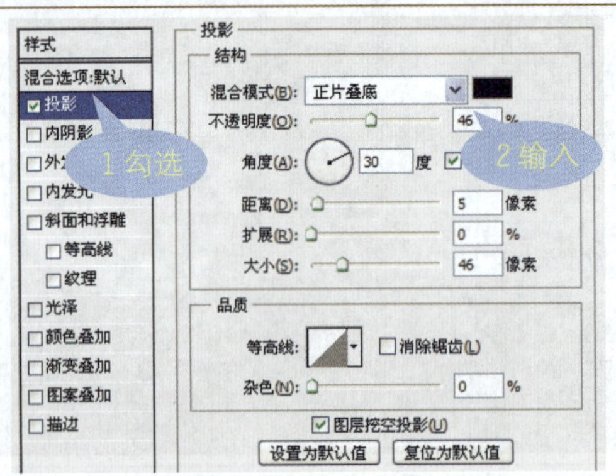

步骤 10　添加投影效果

关闭“图层样式”对话框，在人物周围添加了逼真的投影效果。

步骤 11　载入人像选区

按住〈Ctrl〉键不放，单击“图层 1”图层，将该图层中的人像作为选区载入。

步骤 12　设置曲线调整图像

单击“调整”面板中的“创建新的曲线调整图层”图标，在打开的面板中单击并拖动曲线，调整图像颜色。

步骤 13 设置可选颜色

单击“调整”面板中的“创建新的色彩平衡调整图层”图标，在打开的面板中设置颜色值为–75、–15、+22。

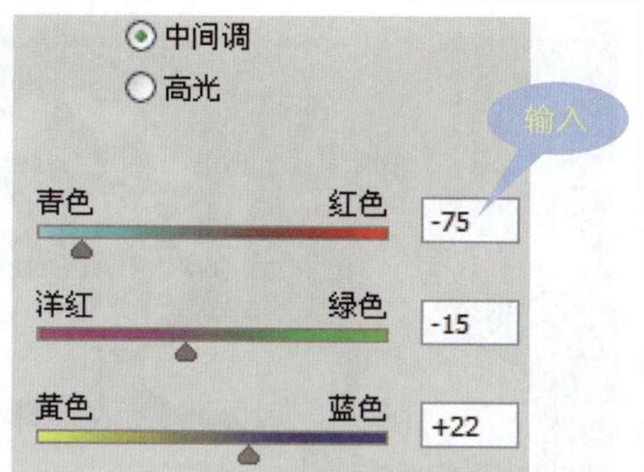

步骤 14 设置可选颜色

选中“阴影”单选按钮，设置颜色值为–41、–8、+9。

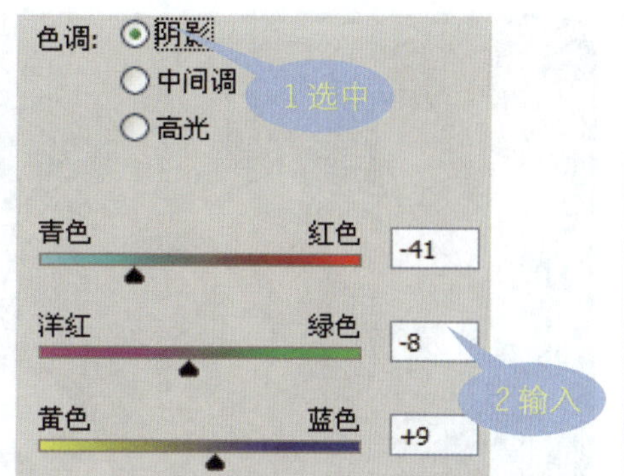

步骤 15 查看图像效果

退出“调整”面板，创建“色彩平衡 2”调整图层，并应用设置的参数，调整选区的颜色。

步骤 16 盖印所选图层

选择“图层 1”到“色彩平衡 2”的图层，按快捷键〈Ctrl+Alt+E〉，盖印选定图层。

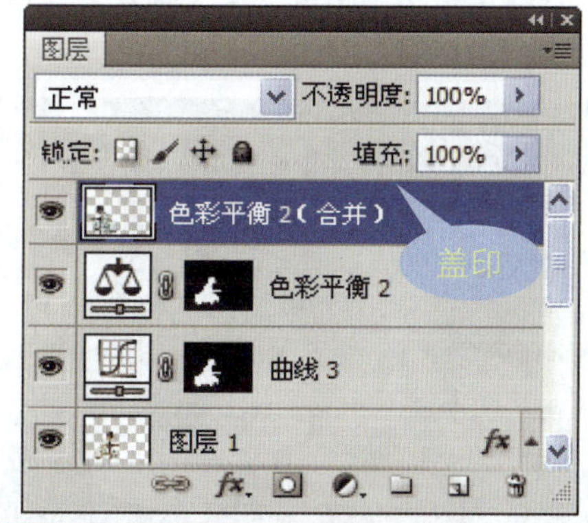

步骤 17 水平翻转图像

选择“编辑”→“变换”→“水平翻转”命令，对复制的人物图像进行水平翻转操作，然后将人物向左侧移动，调至合适位置。

步骤 18 添加并编辑图层蒙版

选择“色彩平衡 2（合并）”图层，单击“图层”面板中的“添加图层蒙版”按钮。选择黑色柔角画笔，在蒙版上涂抹，隐藏不需要的裙子和人像部分。

步骤 19　将纹理素材移到人物图像上 打开随书光盘\素材\12\11.jpg 素材图像，使用"移动工具"把打开的素材图像移至 08.jpg 素材图像中，并生成"图层 2"图层。	**步骤 20　调整图层混合模式** 选择"图层 2"图层，将此图层的"混合模式"更改为"柔光"，"不透明度"设置为 87%。
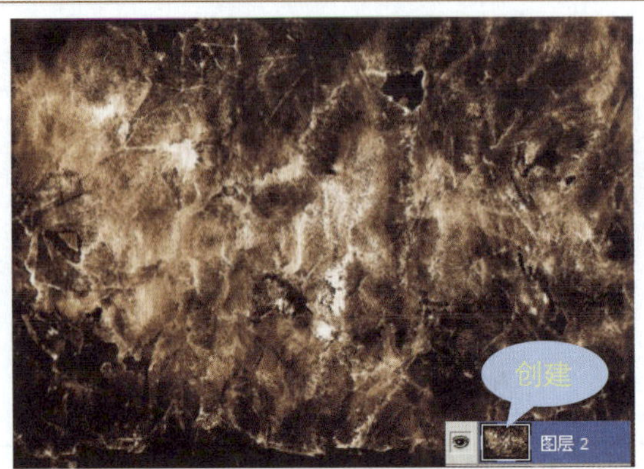	
步骤 21　创建并编辑图层蒙版 单击"图层"面板底部的"添加图层蒙版"按钮，选择黑色柔角画笔，在人物身上涂抹，将皮肤上的纹理隐藏。	**步骤 22　打开素材图像** 选择"文件"→"打开"命令，打开随书光盘\素材\12\12.jpg 素材图像。

步骤 23　载入"蓝"通道选区 切换至"通道"面板，按〈Ctrl〉键的同时单击"蓝"通道，将该通道中的图像载入到选区中。	**步骤 24　移动选区内的图像** 应用"移动工具"把选区内的火焰移至人物图像的左侧，按快捷键〈Ctrl+T〉，打开变换工具，适当对火焰的大小进行调整。
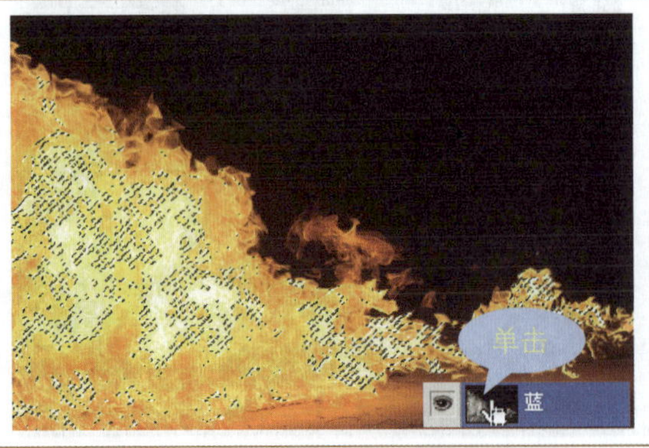	

步骤 25　载入图层选区

按住〈Ctrl〉键不放，单击“图层 3”图层，将火焰载入至选区中。单击“图层 3”前方的“指示图层可见性”按钮，将该图层隐藏。

步骤 26　创建新图层并填充颜色

单击“图层”面板底部的“创建新图层”按钮，新建“图层 4”。确认前景色为白色，按快捷键〈Alt+Delete〉，将选区填充为白色。

步骤 27　更改图层混合模式

在“图层”面板中选择“图层 4”图层，将此图层的“混合模式”更改为“柔光”，将白色烟雾叠加于人像上。

步骤 28　复制烟雾图像

确认选中“图层 4”图层，选择“图层”→“复制图层”命令，生成“图层 4 副本”图层，并适当调整复制图层的位置。

步骤 29　载入“红”通道选区

打开随书光盘\素材\12\13.jpg 素材图像，切换至“通道”面板。按〈Ctrl〉键不放，单击“红”通道缩览图，将其载入到选区中。

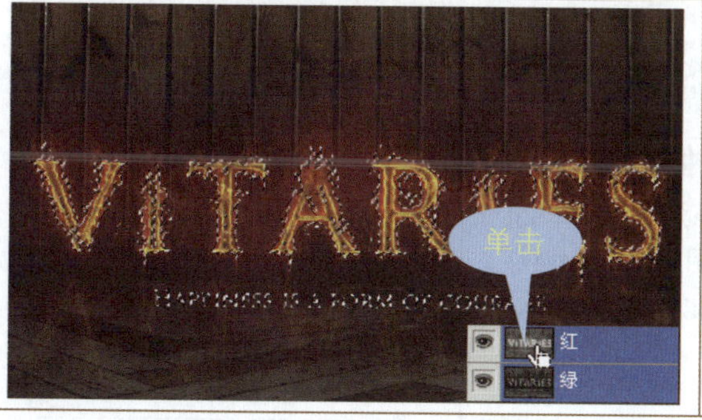

步骤 30　叠加文字效果

应用“移动工具”把选区内的文字拖动至人物图像中，生成“图层 5”图层，将此图层的“混合模式”设置为“浅色”。至此，完成本实例的制作。

典型案例 5　神奇的变脸术

在 Photoshop 中，通过使用“套索工具”，可对照片中人物的面部五官进行替换。本实例将具体介绍变脸术的应用，首先使用“套索工具”在人物的五官上创建选区，然后羽化并复制选区内的图像。结合图层蒙版，将复制出来多余的图像隐藏，将芭比娃娃的五官与原照片中的人物脸部融合，具体操作步骤如下。

★素材文件：随书光盘\素材\12\14.jpg~16.psd

★最终文件：随书光盘\源文件\12\变脸术.psd

步骤 1　打开并复制图层	步骤 2　设置“色相/饱和度”	步骤 3　查看图像效果
打开随书光盘\素材\12\14.jpg，选择“背景”图层，并将其拖动至“创建新图层”按钮上，复制得到“背景副本”。	单击“调整”面板中的“创建新的色相/饱和度调整图层”图标，在打开的面板中设置“饱和度”为+17。	创建“色相/饱和度 1”调整图层，应用设置的参数调整图像，增强画面中的色彩饱和度。
	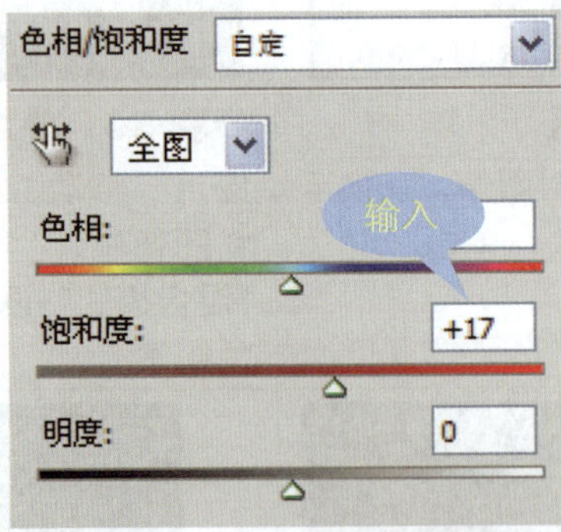	
步骤 4　增加图像的对比度	步骤 5　打开并复制图像	步骤 6　创建选区
单击“调整”面板中的“创建新的曲线调整图层”图标，在打开的面板中选择“强对比度（RGB）”曲线，增强图像的整体对比度。	打开随书光盘\素材\12\15.jpg素材图像，应用“移动工具”把打开的芭比娃娃移动人物图像上。	单击工具箱中的“套索工具”按钮，设置“羽化”值为5px，然后在左眼上单击并拖动鼠标，创建选区。

步骤 7 复制选区内的图像

按快捷键〈Ctrl+J〉，复制选区内的图像，生成“图层 2”图层。

步骤 8 复制更多图像

继续使用“套索工具”抠出芭比娃娃的五官，并将“图层 1”图层隐藏，查看抠出的图像效果。

步骤 9 创建并编辑图层蒙版

选择“图层 2”图层，单击“添加图层蒙版”按钮，创建图层蒙版。应用黑色柔角画笔在蒙版中涂抹，隐藏多余图像。

步骤 10 设置曲线

按住 Ctrl 键的同时单击“图层 2”图层，载入选区。单击“调整”面板中的“创建新的曲线调整图层”图标，在打开的面板中单击并向上拖动鼠标，调整曲线形状。

步骤 11 调整图像亮度

根据上一步设置的参数，为图像创建“曲线 2”调整图层，并应用设置的参数，提高该图层中对象的明亮度。

步骤 12 创建并编辑图层蒙版

选择“图层 3”图层，单击“添加图层蒙版”按钮，创建图层蒙版。应用黑色柔角画笔在蒙版中涂抹，隐藏多余的图像。

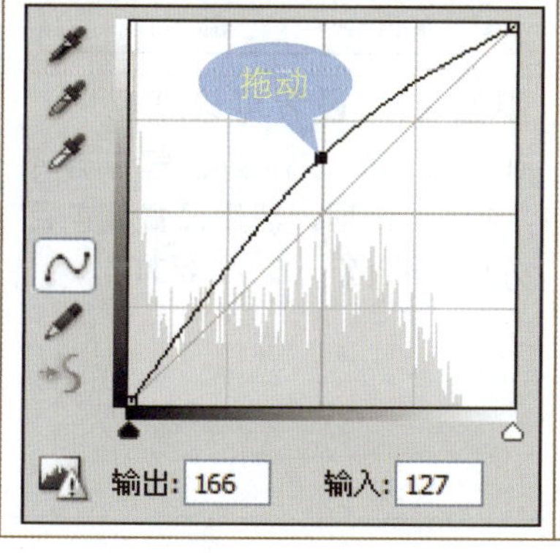

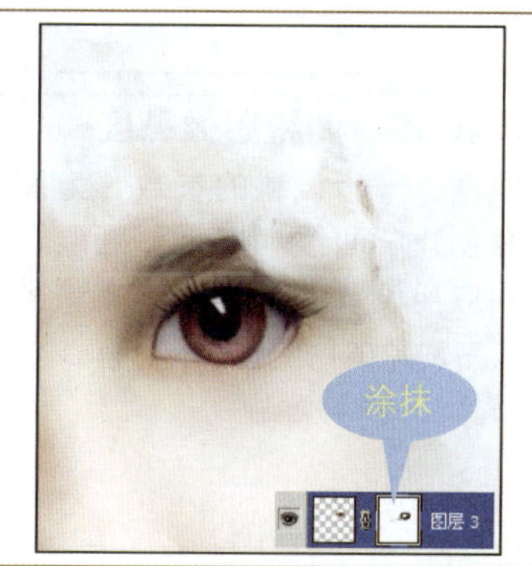

步骤 13　选择“变形”命令

按快捷键〈Ctrl+T〉，打开变换工具。右击编辑框内的图像，在打开的快捷菜单中选择“变形”命令。

步骤 14　变形图像

调出变形编辑框，分别拖动编辑框中的各个控制点。当拖动到满意形状后，按〈Enter〉键，确认变形的图像。

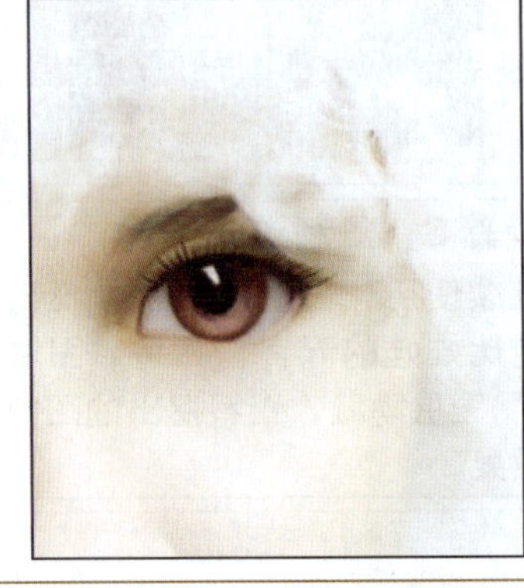

步骤 15　设置曲线

按住〈Ctrl〉键的同时单击“图层 3”图层，载入选区。单击“调整”面板中的“创建新的曲线调整图层”图标，在打开的面板中单击并向上拖动鼠标，调整曲线形状。

步骤 16　调整图像亮度

根据上一步设置的参数，为图像创建“曲线 3”调整图层，并应用设置的参数，提高该图层中对象的明亮度。

步骤 17　创建并编辑图层蒙版

选择“图层 4”图层，单击“添加图层蒙版”按钮，创建图层蒙版。应用黑色柔角画笔在蒙版中涂抹，隐藏多余的图像。

步骤 18　设置曲线

按住 Ctrl 的同时键单击“图层 4”图层，载入选区。单击“调整”面板中的“创建新的曲线调整图层”图标，在打开的面板中单击并向上拖动鼠标，调整曲线形状。

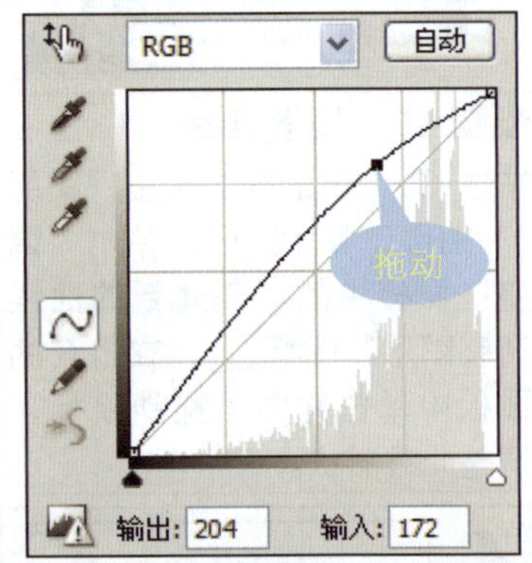

步骤 19　调整图像亮度

根据上一步设置的参数，为图像创建“曲线 4”调整图层，并应用设置的参数，提高该图层中对象的明亮度。

步骤 20　照加设置可选颜色

按住 Ctrl 键的同时单击“图层 4”图层，载入选区。单击“调整”面板中的“创建新的可选颜色调整图层”图标，在打开的面板中设置颜色百分比为 -37%、+100%、+45% 和 +100。

步骤 21　设置可选颜色

在“颜色”下拉列表框中选择“绿色”选项，然后设置颜色百分比为+25%、0%、0%和 0%。

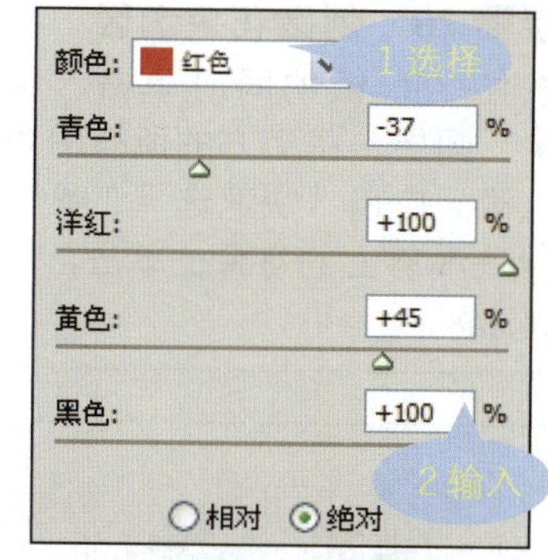

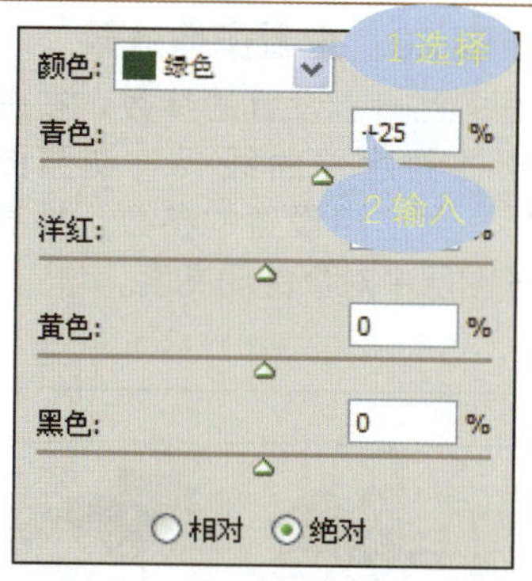

步骤 22 设置可选颜色

再次打开“颜色”下拉列表框，选择“中性色”选项，然后设置颜色百分比为-3%、-3%、-9%和-7%。

步骤 23 查看图像效果

根据前 3 步中设置的颜色值，在图像中创建“可选颜色 1”调整图层，并应用设置的参数，调整鼻子的颜色。

步骤 24 创建并编辑图层蒙版

选择“图层 5”图层，单击“添加图层蒙版”按钮，创建图层蒙版。应用黑色柔角画笔在蒙版中涂抹，隐藏多余的图像。

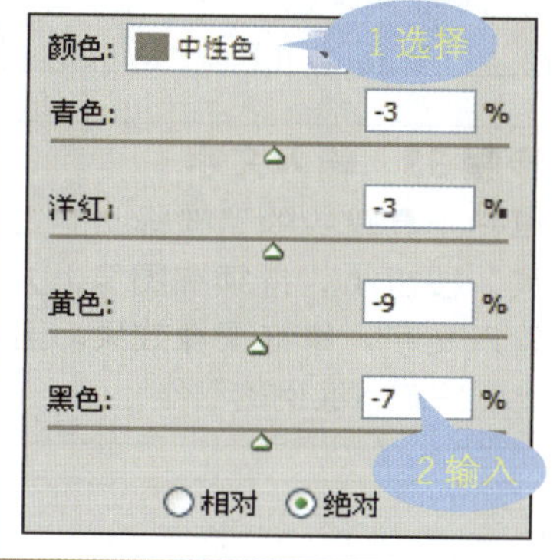

步骤 25 选择“变形”命令

按快捷键〈Ctrl+T〉，打开变换工具。右击编辑框内的图像，在打开的快捷菜单中选择“变形”命令。

步骤 26 变形图像效果

调出变形编辑框，分别拖动编辑框中的各个控制点。当拖动到满意形状后，按〈Enter〉键，确认变形的图像。

步骤 27 设置曲线

按住 Ctrl 键的同时单击“图层 5”图层，载入选区。单击“调整”面板中的“创建新的曲线调整图层”图标，在打开的面板中单击并向上拖动鼠标，调整曲线形状。

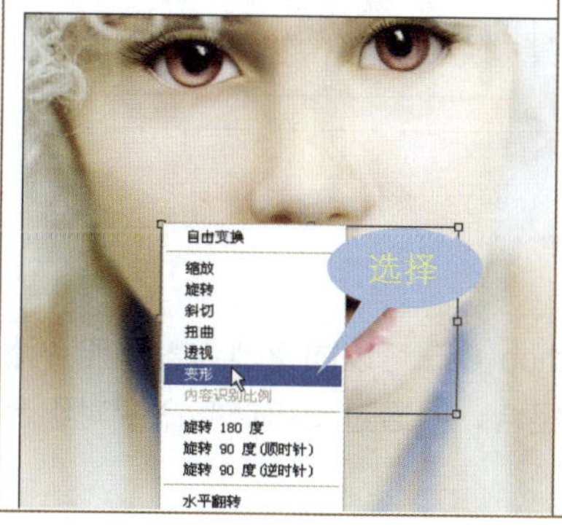

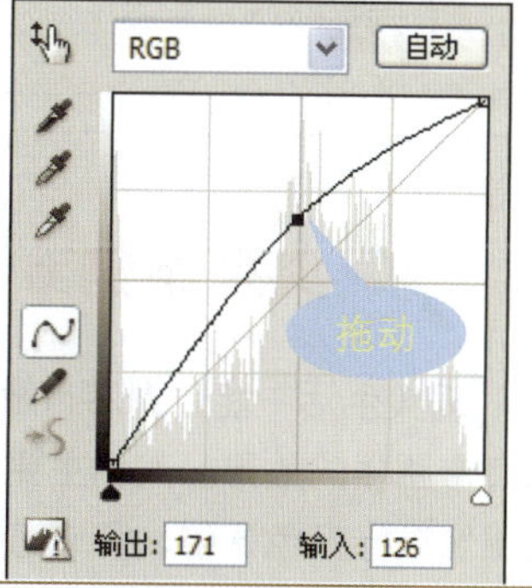

步骤 28　查看图像效果

根据上一步设置的参数，在图像上创建“曲线 5”调整图层，并应用设置的参数，提高该图层中对象的明亮度。

步骤 29　创建花朵选区

按住 Alt 键的同时单击“背景”图层，将上方的所有图像隐藏。应用“快速选择工具”在嘴唇上的花朵上单击，创建选区。

步骤 30　复制选区内的图像

按快捷键〈Ctrl+J〉，复制选区，生成“图层 6”图层。将此图层置于最上方，然后将隐藏的图像显示，查看图像效果。

步骤 31　修饰肤色

按快捷键〈Ctrl+Shift+Alt+E〉，盖印图层。单击工具箱中的“修补工具”按钮，对脸部不均匀的肤色进行调整。

步骤 32　添加文字素材

打开随书光盘\素材\12\16.psd，使用“移动工具”把文字移至人物的右上角位置，并适当调整其大小。

步骤 33　输入文字

单击工具箱中的“横排文字工具”按钮T，继续在图像上方输入文字，修饰图像效果。至此，完成本实例的制作

典型案例 6　合成海市蜃楼

现实生活中能见到海市蜃楼的人毕竟还是少数，而利用 Photoshop CS5 可以随意地为数码照片添加海市蜃楼的效果。实例主要通过图层蒙版的方式将多张图像进行组合，并通过使用调整命令对组合的图像进行颜色调整，完成海市蜃楼效果的设置，具体操作步骤如下。

★素材文件：随书光盘\素材\12\17.jpg、18.jpg、19.jpg、20.jpg、21.psd

★最终文件：随书光盘\源文件\12\合成海市蜃楼.psd

步骤 1 打开素材图像

选择“文件”→“打开”命令，同时打开随书光盘\素材\12\17.jpg、18.jpg 素材图像。

步骤 2 移动并复制图像

使用“移动工具”把 18.jpg 素材移至 17.jpg 素材上。按快捷键〈Ctrl+T〉，打开变换工具，将图像调整为合适大小。

步骤 3 编辑图层蒙版

单击“图层”面板底部的“添加图层蒙版”按钮，应用黑色柔角画笔在“图层 1”下半部分涂抹，隐藏不需要的图像。

步骤 4 绘制云雾效果

设置前景色为#d9f1f8，选择柔角画笔，设置“不透明度”为 30%，“流量”为 35%。新建“图层 2”图层，在图像的中间区域涂抹，绘制云雾。

步骤 5　载入选区

按住〈Ctrl〉键的同时单击“图层 1”蒙版缩览图，将该蒙版区域中的对象载入到选区中。

步骤 6　设置曲线调整图像

单击“调整”面板中的“创建新的曲线调整图层”图标，在打开的面板中单击并向下拖动鼠标，更改曲线形状，调整图像的亮度。

步骤 7　调整天空亮度

再次载入“图层 1”蒙版选区。单击“调整”面板中的“创建新的亮度/对比度调整图层”图标，在打开的面板中设置“亮度”为 32，调整天空区域的亮度。

步骤 8　设置色彩平衡

载入“图层 1”蒙版选区，单击“调整”面板中的“创建新的色彩平衡调整图层”图标，在打开的面板中选中“中间调”选项，设置颜色值为-43、+17 和-29。

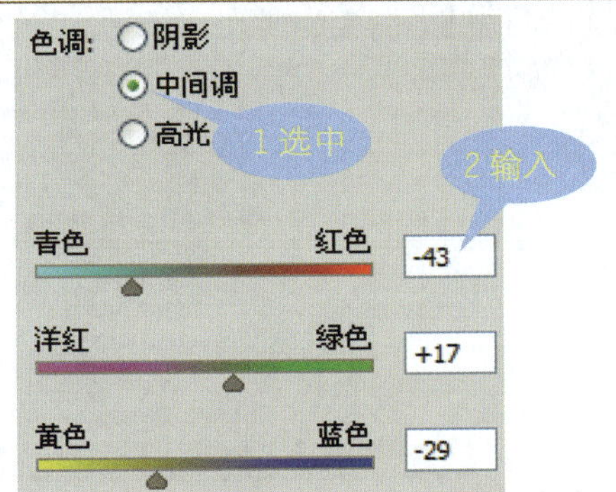

步骤 9　查看图像效果

创建“色彩平衡 1”调整图层，根据在面板中设置的颜色值，调整天空的颜色，使其与水平面自然融合。

步骤 10　移动并复制图像

打开随书光盘\素材\12\19.jpg，使用“移动工具”把城市建筑移至 17.jpg 素材图像的中间位置，并适当调整其大小。

步骤 11 编辑图层蒙版

选择"图层 3"图层，单击"图层"面板下方的"添加图层蒙版"按钮。应用黑色柔角画笔，在蒙版上涂抹，隐藏不需要的建筑图像。

步骤 12 添中海水图案

打开随书光盘\素材\12\20.jpg，使用"移动工具"把海水图像移至 17.jpg 素材建筑下方，并适当调整其大小。

步骤 13 编辑图层蒙版

选择"图层 4"图层，单击"图层"面板下方的"添加图层蒙版"按钮。应用黑色柔角画笔，在蒙版上涂抹，隐藏左、右两侧的海水。

步骤 14 设置曲线调整图像

按住〈Ctrl〉键的同时单击"图层 4"的蒙版缩览图，载入到选区。单击"调整"面板中的"创建新的曲线调整图层"图标，在打开的面板中单击并向下拖动鼠标，应用曲线调整图像亮度。

步骤 15 添加草地和彩虹

打开随书光盘\素材\12\21.psd，使用"移动工具"把草地和彩虹图像移至 17.jpg 素材建筑下方，并适当调整其大小。

步骤 16 绘制白色光点

设置前景色为白色，新建"图层 7"。单击工具箱中的"画笔工具"按钮，在图像上方绘制一些不同大小的白色小点。

步骤 17　设置“径向模糊”滤镜 选择“滤镜”→“模糊”→“径向模糊”命令，打开“径向模糊”对话框。设置“数量”为 86，“模糊”方法为“缩放”，“品质”为“最好”，设置后单击“确定”按钮。	**步骤 18　模糊图像效果** 关闭“径向模糊”对话框，应用设置的滤镜对绘制的小白点进行模式处理，制作成发散的光线效果。
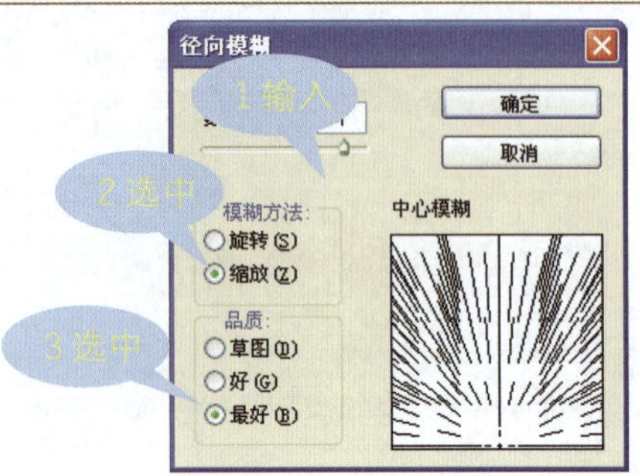	
步骤 19　更改图层混合模式 在“图层”面板中选择“图层 7”图层，将此图层的“混合模式”更改为“叠加”。	**步骤 20　复制图层** 选择“图层”→“复制图层”命令，或按快捷键〈Ctrl+J〉，复制图层，并应用“橡皮擦工具”适当擦除一部分光线。至此，完成本实例的制作。

典型案例 7　游走在异国他乡

在人物照片中通过合成替换背景，可以打造异国之旅的效果。本实例首先通过“移动工具”把人像写真照片复制到风景照片中，并创建图层蒙版，将人物后方多余背景隐藏。然后对人物的头发等区域的颜色进行调整，最后利用图层样式添加投影效果，使人物与背景完美结合在一起，具体操作步骤如下。

★素材文件：随书光盘\素材\12\22.jpg、23.jpg

★最终文件：随书光盘\源文件\12\游走在异国他乡.psd

步骤 1 打开素材图像

打开随书光盘\素材\12\22.jpg、23.jpg，选择“移动工具”，把打开的人物移至街道中间位置。按快捷键〈Ctrl+T〉，调整其大小。

步骤 2 隐藏人像背景

选择“图层 1”图层，单击“图层”面板下方的“添加图层蒙版”按钮。应用黑色画笔在图像上涂抹，隐藏人物后方的背景图像。

步骤 3 创建头发选区

单击工具箱中的“快速选择工具”按钮，在头发区域上单击，创建选区。

步骤 4 设置羽化选区

选择“选择”→“修改”→“羽化”命令，打丌“羽化选区”对话框。设置“羽化半径”为 2 像素，单击“确定”按钮，羽化选区。

步骤 5 设置曲线调整图像

单击“调整”图层面板中的“创建新的曲线调整图层”图标，在打开的面板中选择“中对比度（RGB）”曲线，调整头发的对比度。

步骤 6 设置色阶

按住〈Ctrl〉键的同时单击“曲线 1”缩览图，载入选区。单击“调整”面板中的“创建新的色阶调整图层”图标，在打开的面板中设置“色阶”为 0、0.58 和 255。

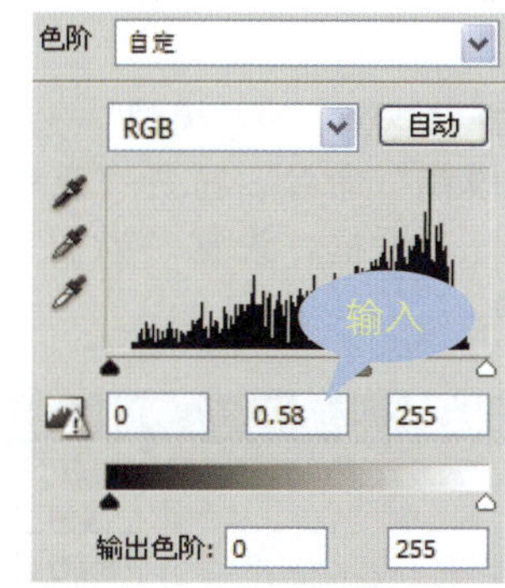

步骤 7 查看图像效果

创建“色阶”调整图层，根据设置的“色阶”值，调整头发的颜色，使其与背景自然融合。

步骤 8 设置“投影”样式

选择“图层 1”图层，选择“图层”→“图层样式”→“投影”命令，打开“图层样式”对话框。设置投影“不透明度”75%，单击“确定”按钮。

步骤 9 选择快捷菜单命令

右击“图层 1”下方的“投影”样式，在打开的快捷菜单中选择“创建图层”菜单命令。

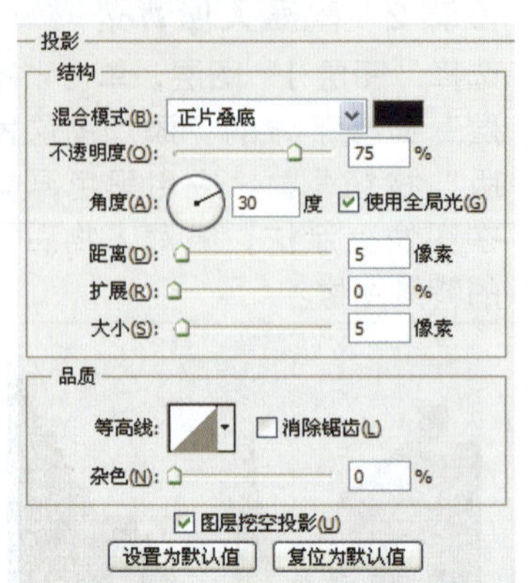

步骤 10　创建投影图层

打开 Adobe Photoshop CS5 Extended 警示对话框，单击“确定”按钮，创建“图层 1”的投影”图层。

步骤 11　调整投影大小位置

选择“图层 1”的投影”图层，按快捷键〈Ctrl+T〉，打开变换工具，调整投影的大小和位置。

步骤 12　更改不透明度

在“图层”面板中选择“图层 1”的投影”图层，将此图层的“不透明度”为 41%。

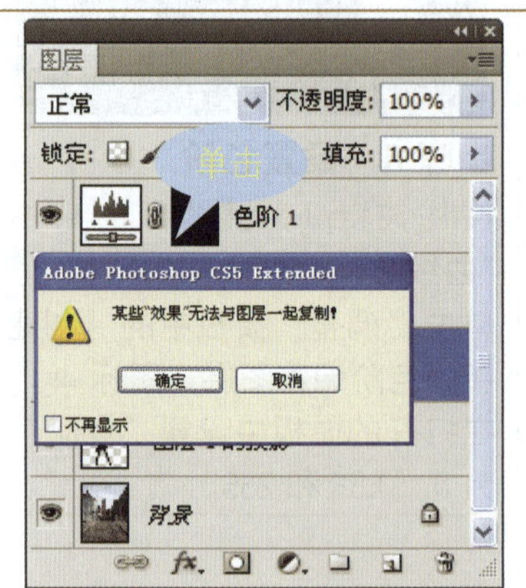

步骤 13　设置“高斯模糊”滤镜

选择“滤镜”→“模糊”→“高斯模糊”命令，打开“高斯模糊”对话框，设置“半径”为 4.0。

步骤 14　调整颜色

按快捷键〈Ctrl+Shift+Alt+E〉盖印图层。单击“调整”面板中的“创建新的色彩平衡调整图层”图标，在打开的面板中设置颜色值为-5、-1 和-8。

步骤 15　模糊图像

单击“调整”面板中的“创建新的照片滤镜调整图层”图标，在打开的面板中选择“加温滤镜（81）”选项，进一步调整图像的颜色。至此，完成本实例的制作。

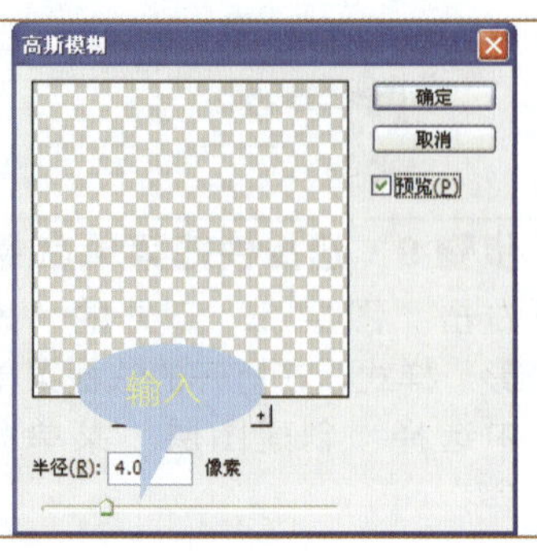

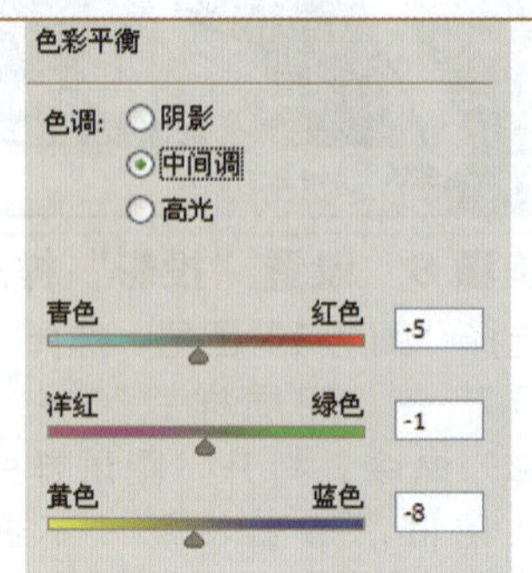

13 数码照片的输出

对数码照片进行后期处理后，就可以进行数码照片的输出了。在输出照片前，可以为照片添加水印，并为照片进行简单的装裱设计，从而更好地展示处理后的照片。

本章的重要概念有：掌握如何为照片添加版权信息的方法，了解数码装裱技术，学会将处理好的照片进行最终展示输出的方法。

本章知识点

- 添加边框和版权信息
- 数码照片的输出
- 数码照片的打印

13.1 添加边框和版权信息

通过在照片上添加一些文字和图案信息，可以起到鉴别图像真伪、保护图像版权等作用。当在自己的作品中添加水印后，再将其上传到网上时，既保护了照片的版权，也可以彰显作者的个性。在Photoshop中，不仅可以为照片进行版权信息的设置，而且还可以对处理后的照片进行最后的装裱工作。

核心知识 1　设定版权信息

在数码照片中添加特殊的字符或是图案信息，可以达到图像真伪辨别、版权保护等功能。版本信息的添加不仅保障了摄影者的作品版权，而且可以体现摄影者的个性品味。

在 Photoshop 中，通过“定义画笔预设”命令，可以将选择的图案定义为画笔，然后利用“画笔工具”即可在需要添加版权的照片中绘制该图案。定义画笔后，还可以重复多次使用该图案。打开如图13-1 所示的图案，选择“编辑”→“定义画笔预设”命令，打开“画笔名称”对话框，设置画笔的名称，如图 13-2 所示。确认设置后单击“确定”按钮，即可将选取的图案定义为画笔。

图　13-1

图　13-2

选择工具箱中的“画笔工具”，在其选项栏中打开“画笔预设”选取器。选择已经定义好的画笔，然后在照片中即可通过“画笔工具”绘制定义的画笔，制作出独具个性的水印，保留照片版权。图 13-3 和图 13-4 所示分别为原素材图像和添加版板信息后的图像效果。

图　13-3

图　13-4

核心知识 2　设置版权状态

在图像中添加版板信息后，还可对照片的版权状态进行设置。选择“文件”→“文件简介”命令，如图 13-5 所示，在打开的对话框中可设置该图像的“版板状态”、“版权公告”、“版权信息 URL”等，如图 13-6 所示。

关闭(C)	Ctrl+W
关闭全部	Alt+Ctrl+W
关闭并转到 Bridge...	Shift+Ctrl+W
存储(S)	Ctrl+S
存储为(A)...	Shift+Ctrl+S
签入(I)...	
存储为 Web 和设备所用格式(D)...	Alt+Shift+Ctrl+S
恢复(V)	F12
置入(L)...	
导入(M)	▸
导出(E)	▸
自动(U)	▸
脚本(R)	▸
文件简介(F)...	Alt+Shift+Ctrl+I
打印(P)...	Ctrl+P
打印一份(Y)	Alt+Shift+Ctrl+P
退出(X)	Ctrl+Q

单击

图 13-5

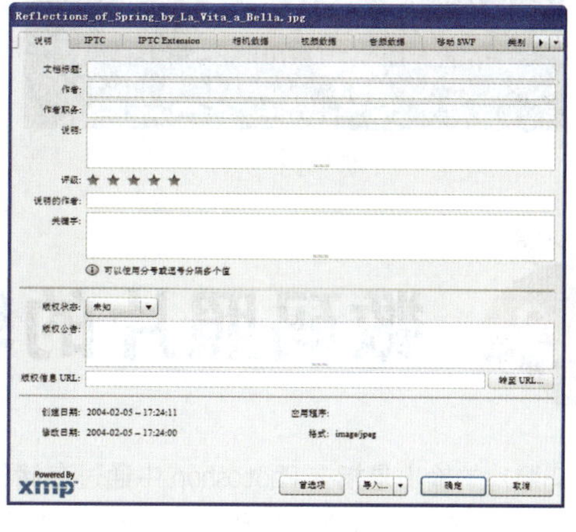

图 13-6

在“版权状态”下拉列表框中可选择“未知”、“版板所有”和“公共域”3 个选项。若选择“版权所有”选项，将会在文档名称前出现一个图标，用于表示该文档为版权所有的文件。在“版权公告”文本框中可以输入相应的公告内容，如图 13-7 所示。通过相应的设置后，此时在图像标题栏上会对版权进行显示，如图 13-8 所示。

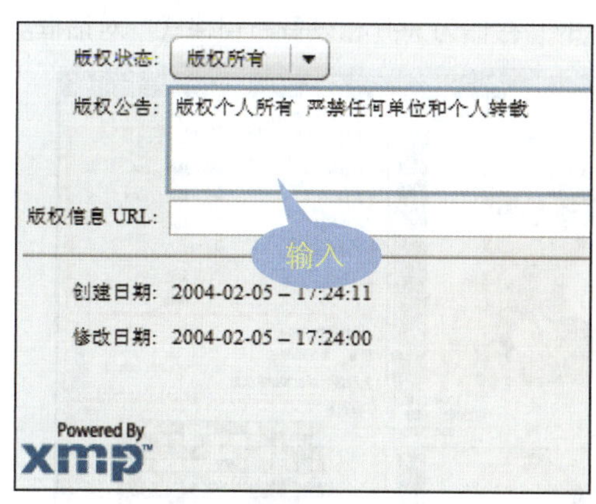

图 13-7

图 13-8

核心知识 3　专业的数码装裱技术

数码照片的装裱是指在数码照片的边缘添加画框效果，使图像变得更加美观，便于对作品进行观赏、保存和携带。利用 Photoshop CS5 软件在照片中添加一些漂亮的边框，模拟装裱效果，称为现代的数码装裱技术。打开如图 13-9 所示的素材图像，通过设置边框后，得到如图 13-10 所示的照片效果。

图 13-9

图 13-10

13.2 数码照片的输出

数码照片的输出是指在 Photoshop 中通过存储和另存等操作，保存经过后期处理的照片。用户可以根据需要选择适合自己的输入方法和格式，也可以对最终输出的照片进行优化处理，得到最佳的显示效果。

核心知识 1　存储为 Web 网页格式

在 Photoshop 中可以轻松构建网页的组件块，或者按照预设或自定格式输出完整的网页，即将图像文件存储为 Web 网格格式。通过“存储为 Web 和设备所用格式”命令，可以快速导出和优化 Web 图像，并根据预览框中显示的图像的文件画质来调整压缩率和颜色数。打开素材图像，选择“文件”→“存储为 Web 和设备所用格式”命令，打开如图 13-11 所示的“存储为 Web 和设备所用格式”对话框。

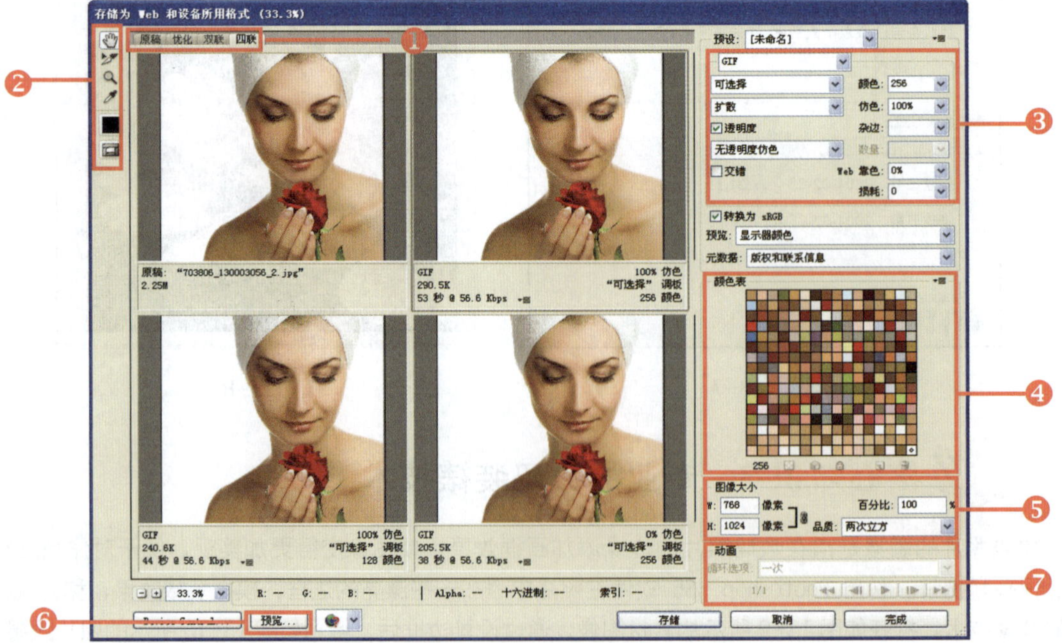

图 13-11

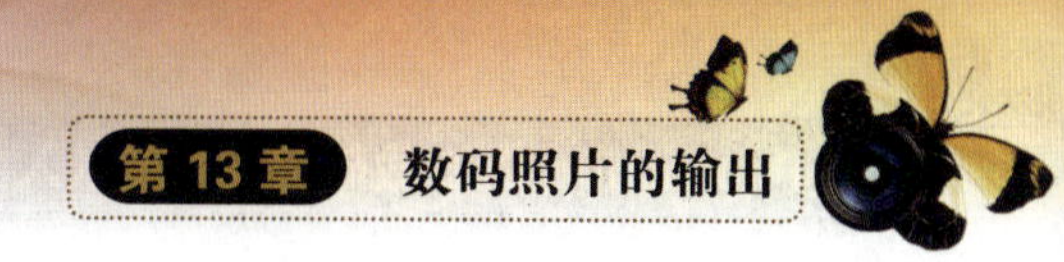

❶标签

在“存储为 Web 和设备所用格式”对话框上方提供了 4 个标签，分别为“原稿”、“优化”、“双联”和“四联”。图 13-12、图 13-13 和图 13-14 所示分别为原图像、双联显示和四联显示效果。

图 13-12

图 13-13

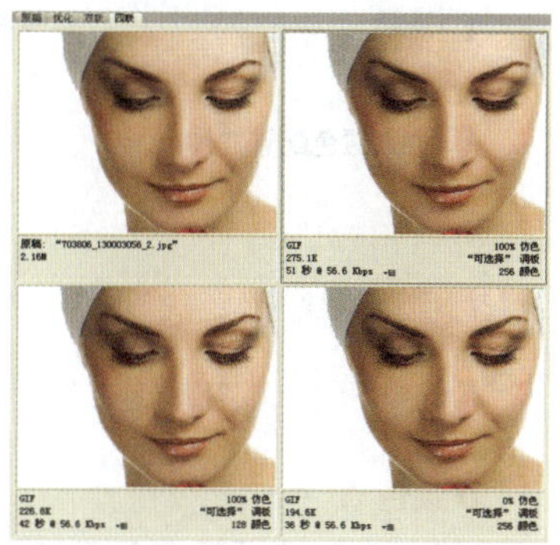

图 13-14

❷工具按钮

在“存储为 Web 和设备所用格式”对话框最左侧为工具列表，其中包括“抓手工具”、“切片选择工具”和“缩放工具”等按钮。通过单击对应的工具按钮，可以完成图像的查看。打开幅图像，如图 13-15 所示。单击“抓手工具”按钮，然后在图像中单击并向上拖动鼠标，即可看到下半部分的图像效果，如图 13-16 所示。

图 13-15

图 13-16

技巧点拨

单击“存储为 Web 和网页设备所用格式”对话框左下角“缩放级别“右侧的下拉按钮，在打开的下拉列表中可以根据图像的需要选择合适的大小来预览图像；也可以通过快捷键〈Ctrl++〉和〈Ctrl+-〉实现图像的快速放大或缩小。

❸文件格式

单击“文件格式”右侧的下拉按钮，可以选择 Web 所需要的各种文件格式，此处提供了 JPEG、GIF、PNG 等格式。当选择其中的一种文件格式后，将弹出相应的格式设置选项。图 13-17 和图 13-18 所示分别为选择 JPEG 和 GIF 格式时对应的选项。

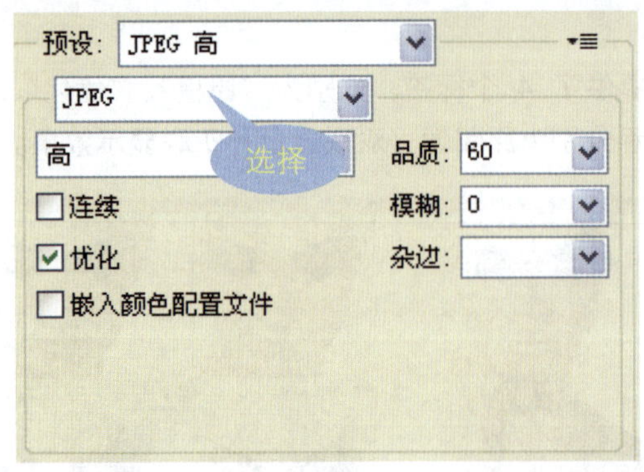

图 13-17

图 13-18

❹颜色表

“颜色表”选项组用于显示组成图像的颜色，可自定优化的 GIF 和 PNG-8 图像中的颜色。若减少颜色量，则将减小图像文件夹的大小，但同时保持图像画面的品质。在“颜色表”中可添加或删除颜色，还可以将选择的颜色转换为 Web 安全颜色。单击“颜色表”右侧的扩展按钮，在打开的快捷菜单中选择“载入颜色表”命令，可打开如图 13-19 所示的“载入颜色表”对话框。若选择“存储颜色表”命令，可打开“存储颜色表”对话框，可将设置的颜色表存储于指定位置，如图 13-20 所示。

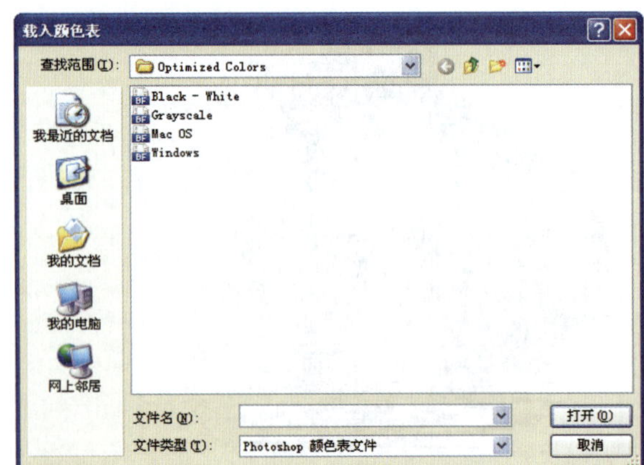

图 13-19

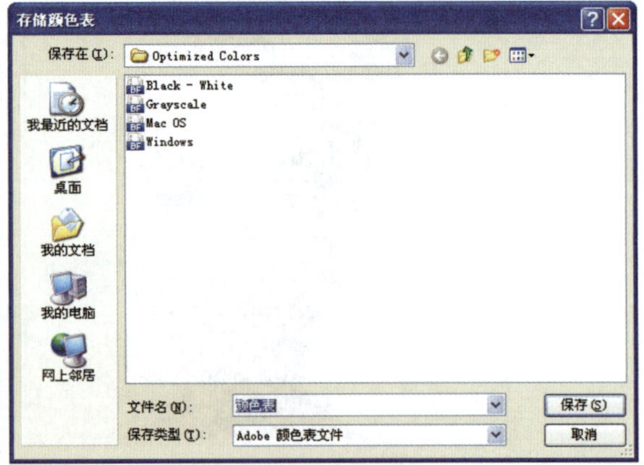

图 13-20

❺图像大小

“图像大小”选项组用于显示图像的具体大小。通过调整“百分比”数值框的数值，可对图像大小进行缩放；在“品质”下拉列表框中提供了多种取样方法。

❻“预览”按钮

单击“预览”按钮，可运行网页浏览器，在浏览器中显示了优化后的图像，并且在图像下方显示该图像的所有信息，包括图像的格式、大小和尺寸等。图 13-21 所示为预览图像效果，图 13-22 所示为图像的所有详细信息。

❼动画

当输出图像为动画时，应用“动画”选项组可进行动画的播放。

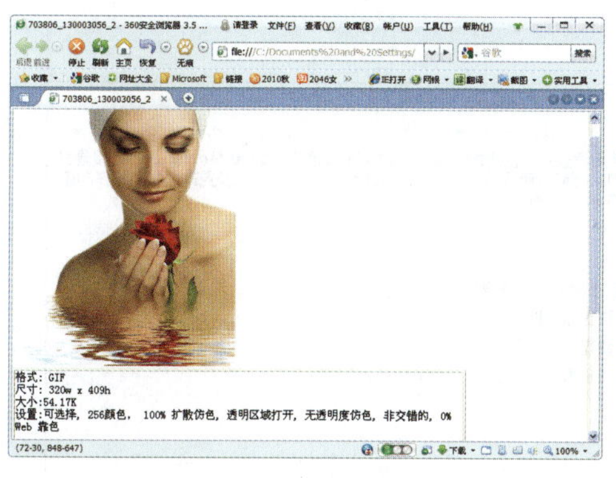

图 13-21

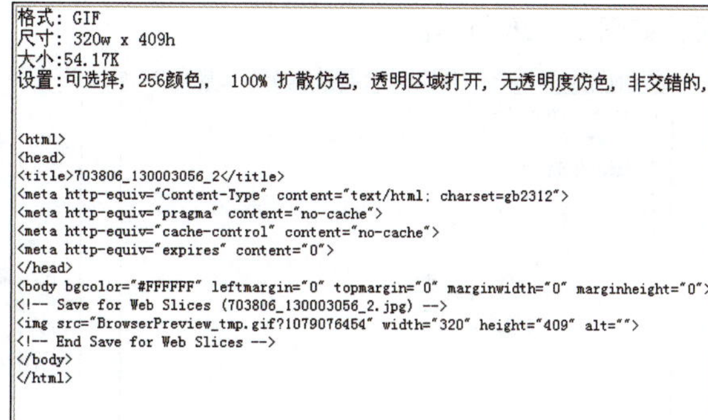

```
格式: GIF
尺寸: 320w x 409h
大小:54.17K
设置:可选择, 256颜色, 100% 扩散仿色, 透明区域打开, 无透明度仿色, 非交错的,

<html>
<head>
<title>703806_130003056_2</title>
<meta http-equiv="Content-Type" content="text/html; charset=gb2312">
<meta http-equiv="pragma" content="no-cache">
<meta http-equiv="cache-control" content="no-cache">
<meta http-equiv="expires" content="0">
</head>
<body bgcolor="#FFFFFF" leftmargin="0" topmargin="0" marginwidth="0" marginheight="0">
<!-- Save for Web Slices (703806_130003056_2.jpg) -->
<img src="BrowserPreview_tmp.gif?1079076454" width="320" height="409" alt="">
<!-- End Save for Web Slices -->
</body>
</html>
```

图 13-22

知识补充

为了展示自己制作的后期效果，可以将自己拍摄的照片打印出来或将其制作成电子文本上传到网站上。根据照片最终的用途，在拍摄前需要设置照片的尺寸和品质。影像的尺寸通常分为大、中和小 3 种，而影像的品质一般有基本、一般和精细等。

核心知识 2 输出为 PDF 文件

Photoshop PDF 是一种灵活的文件格式，它与 PSD 格式一样，可以保存图像中所包含的图层、通道和注释信息。

选择“文件”→“存储为”命令，打开“存储为”对话框，如图 13-23 所示。打开“格式”下拉列表框，选择“Photoshop （*.PDF; *.POP）”存储格式，如图 13-24 所示。

图 13-23

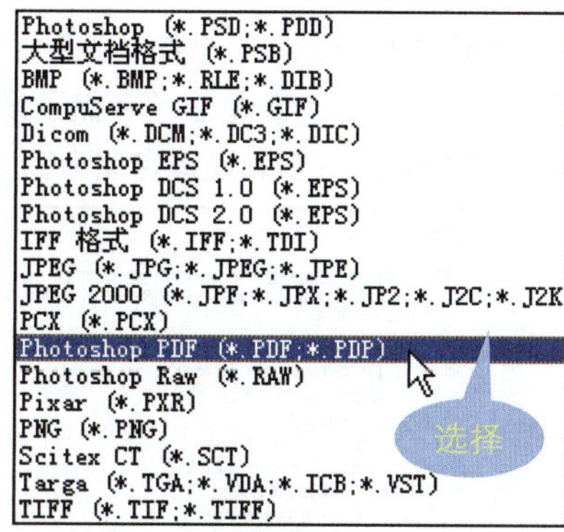

图 13-24

单击“保存”按钮，打开“存储 Adobe PDF”对话框，如图 13-25 所示，用于对存储的 PDF 文件进行设置。在“存储 Adobe PDF”对话框中，可对图像的“一般”、“压缩”、“输出”、“安全性”等选项进行设置。当选择其中一个预设选项时，右侧将会弹出相应的设置界面，默认选择“一般”

选项，如图 13-26 所示。

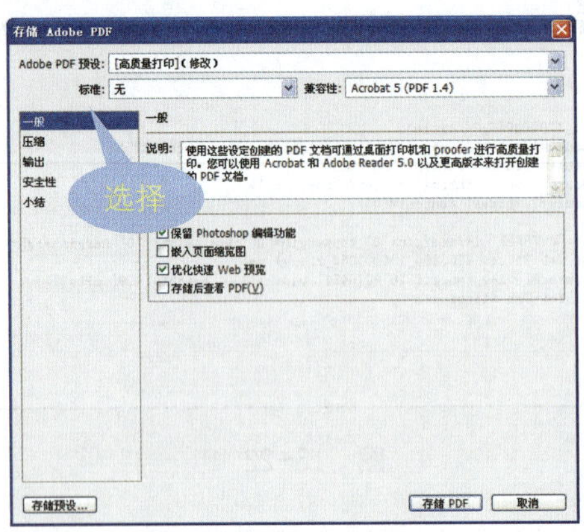

图 13-25

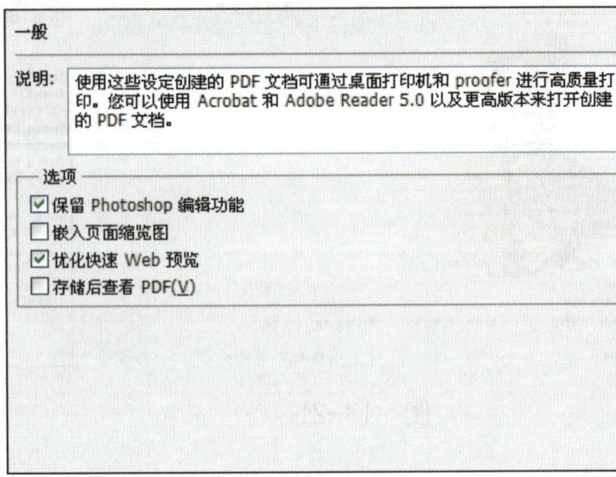

图 13-26

在“存储 Adobe PDF”对话框中，若选择“压缩”选项，可在压缩文本的同时，对位图图像进行压缩和缩减像素采样，如图 13-27 所示。若选择“输出”选项，可在右侧显示的“输出”界面中设置输出的“颜色转换”、“输出文法配置文件名称”、“输出条件”等，如图 13-28 所示。

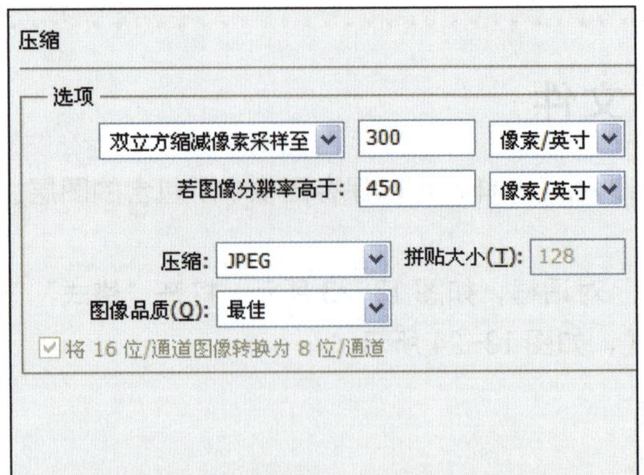

图 13-27

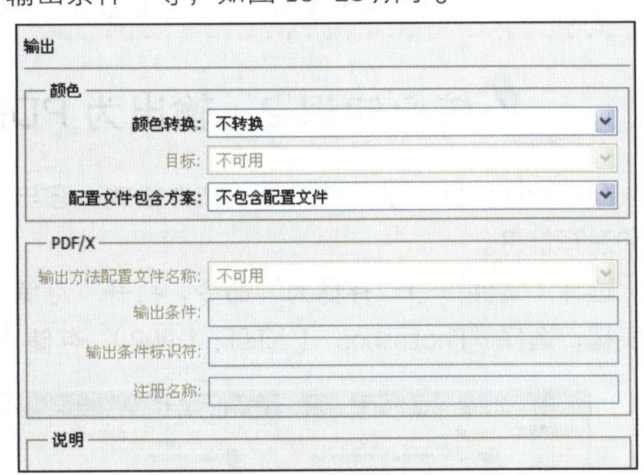

图 13-28

在对话框中左侧选择“小结”选项后，可在右侧显示设置后的“说明”、“选项”、“警告”等信息，如图 13-29 所示。若单击“存储预设”按钮，可打开“存储”对话框，如图 13-30 所示，在对话框中将当前的 Adobe PDF 设置存储为预设。

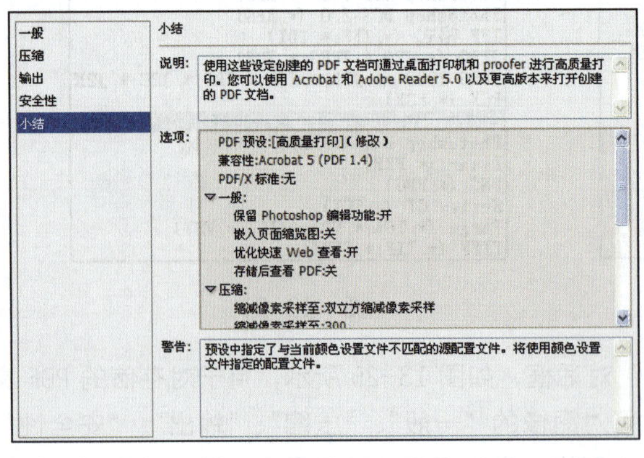

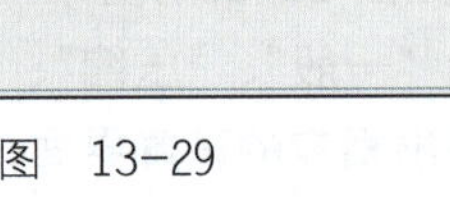

图 13-29

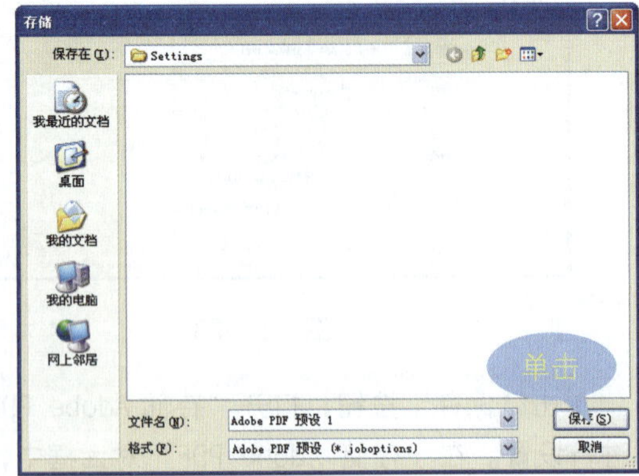

图 13-30

技巧点拨

在“一般”选项下提供了 4 个不同的复选框，包括“保留 Photoshop 编辑功能”、“嵌入页面缩览图”、“优化快速 Web 预览”和“存储后查看 PDF”。勾选“保留 Photoshop 编辑功能”复选框，可以在 PDF 中保留 Photoshop 文档的数据，如图层、Alpha 通道、专色等；勾选“嵌入页面缩览图”复选框，可创建图片的缩览图；勾选“优化快速 Web 预览”复选框，可优化 PDF 文件，以便在 Web 浏览器中更快地查看图像；勾选“存储后查看 PDF”复选框，可在默认的 PDF 查看应用程序中打开创建的 PDF 文件。

13.3 数码照片的打印

在 Photoshop 中，可将后期处理过的照片直接进行打印设置，然后将其发送到多种设备，以便直接在纸上打印图像或将图像转换为胶片上的正片或负片图像。在 Photoshop CS5 中，通过“打印”对话框对照片进行打印前的设置，设置完成后单击“打印”按钮，即可将软件中的照片通过打印机打印出来。

核心知识 1　打印选项的设置

选择“文件”→“打印”命令，打开“打印”对话框。在对话框中选择打印机、打印份数、输出选项和色彩管理选项，并通过左侧的预览框预览打印效果，如图 13-31 所示。

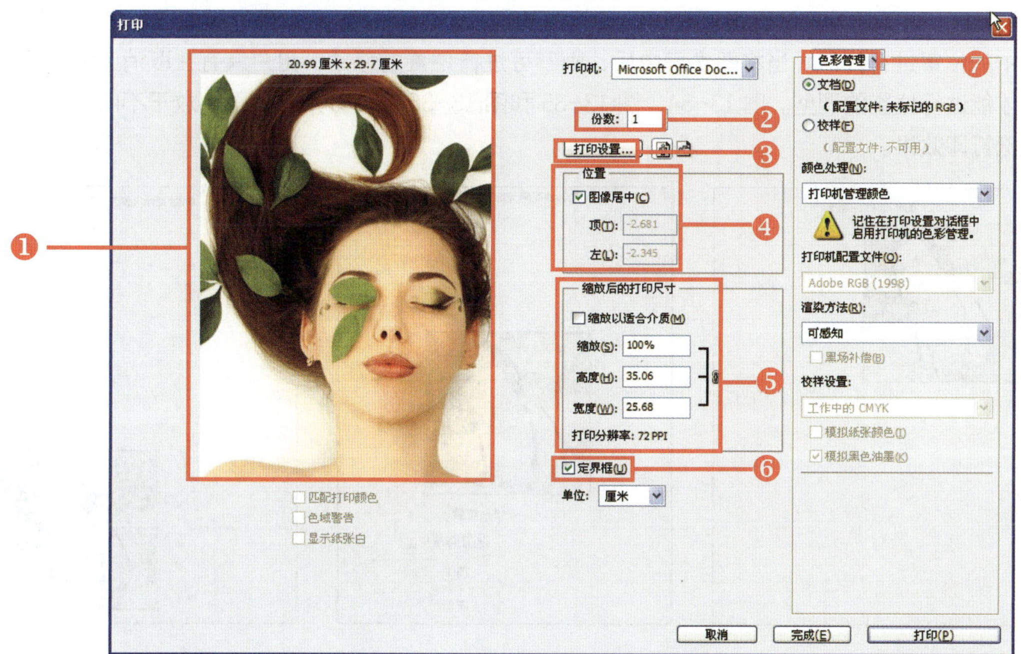

图　13-31

❶预览框

“打印”对话框左侧即为预览框，用于显示打印效果，同时在预览框上方显示该图像的尺寸。

❷份数

“份数”数值框用于设置打印的张数，可以在数值框中直接输入当前照片所需要打印的份数。

❸打印设置

单击“打印设置”按钮，打开“打印设置”对话框。在“页面”选项卡中，可设置页面的大小和方向，如图 13-32 所示。单击“高级”标签，在该选项卡中可设置文档图像的首选项参数，如图 13-33 所示。

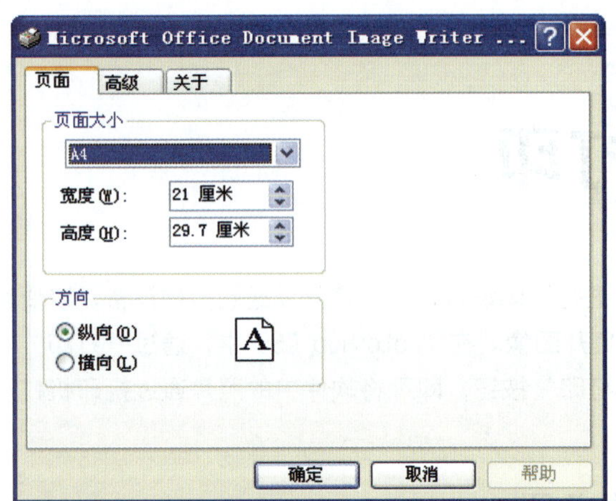

图 13-32

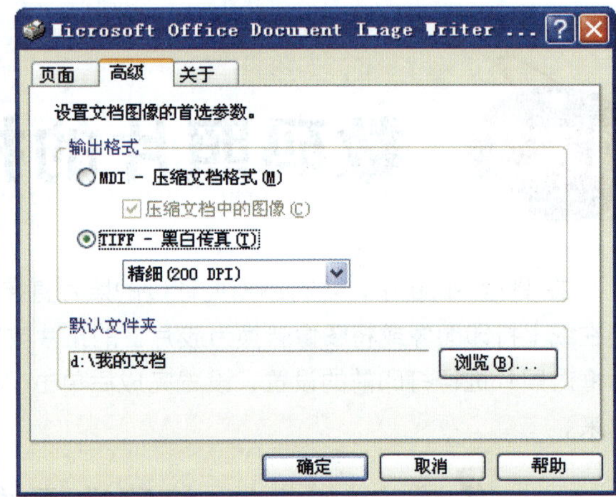

图 13-33

❹位置

“位置”选项组用于设置照片在打印页面中的位置。若勾选“图像居中”复选框，可将图像调整到居中的位置进行打印。当将图像居中后，则不可进行位置的移动，用户只有在取消此复选框的勾选后，才能进行位置的调整。图 13-34、图 13-35 和图 13-36 所示分别为将图像放于不同位置时，显示的预览打印效果。

图 13-34

图 13-35

图 13-36

❺缩放后的打印尺寸

此选项组用于提供图像缩放选项，如图 13-37 所示。若勾选“缩放以适合介质”复选框，该选项组中的各数值框将变得不可用。系统将自动调整图像在介质框内的大小，并对其高度和宽度进行设置，同时显示打印分辨率。勾选“缩放以适合介质”复选框，图像效果如图 13-38 所示。

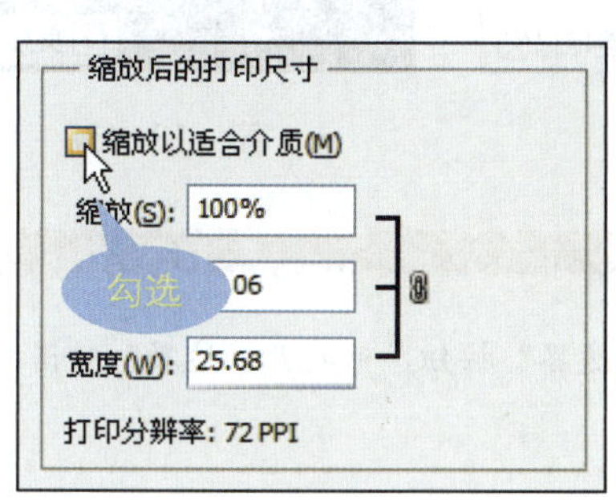

图 13-37

图 13-38

❻定界框

勾选“定界框”复选框，在预览框中的图像即可显示定界框，通过在定界框上拖动鼠标缩放图像。图 13-39 和图 13-40 所示分别为缩小图像和放大图像效果。

图 13-39

图 13-40

❼指定颜色管理器和校样选项

指定颜色管理器和校样选项用于设置“色彩管理”和“输出”的相关选项，默认选择“色彩管理”选项。选择“输出”选项，可以对图像设置打印标记，如图 13-41 所示。勾选“套准标记”复选框，效果如图 13-42 所示。勾选“负片”复选框，效果如图 13-43 所示。

图 13-41

图 13-42

图 13-43

知识补充

在“打印”对话框中选择“输出”选项后，单击“边界”按钮，可打开“边界”对话框，在对话框中对打印文档的边界进行有效的控制。

核心知识 2　在一个文档内打印不同尺寸的照片

在对文件的打印选项有了一定的了解后，就需要将文件进行最终的打印输出。Photoshop CS5 不仅可以在一个文档中打印单个图像，也可以在一个文档内打印出不同尺寸的照片。

选择“文件”→“新建”命令，打开“新建”对话框，在对话框中设置各项参数，如图 13-44 所示。单击“确定”按钮，新建一个空白的文档，如图 13-45 所示。

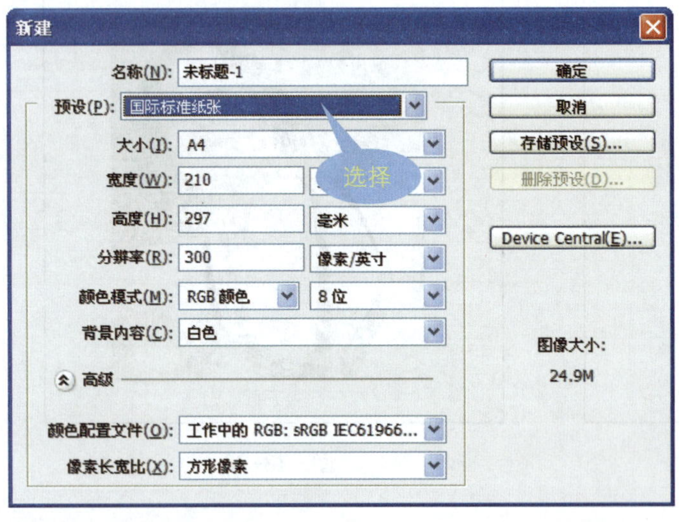

图 13-44

图 13-45

按快捷键〈Ctrl+T〉，打开变换工具，使用变换编辑框对图像进行大小的设置，满意后将照片移至页面合适的位置，如图 13-46 所示。将图像放于合适的位置后，进行照片的复制操作，如图 13-47

所示。对于复制出来的图像，可以应用键盘上的方向箭头调整图像位置，如图 13-48 所示。

图 13-46

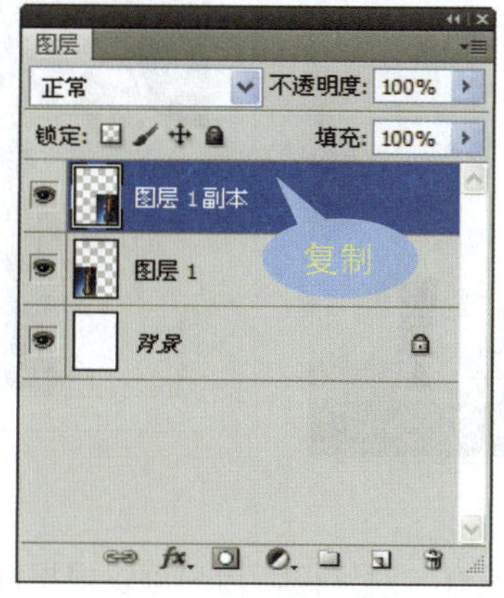

图 13-47

图 13-48

连续对图像进行复制，再应用变换工具分别对复制的图像进行大小和位置的调整，使其以最佳的排版方式显示打印图像，如图 13-49 所示。选择“文件”→“打印”命令，打开“打印”对话框，在预览框中查看图像效果，如图 13-50 所示。单击“打印”按钮，即可通过连接的打印机将照片打印出来。

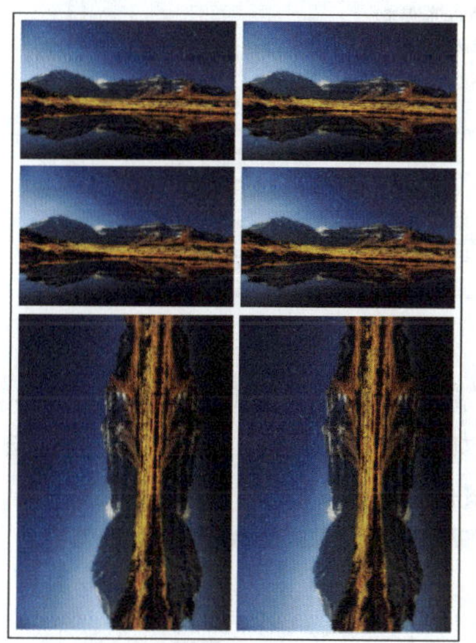
图 13-49

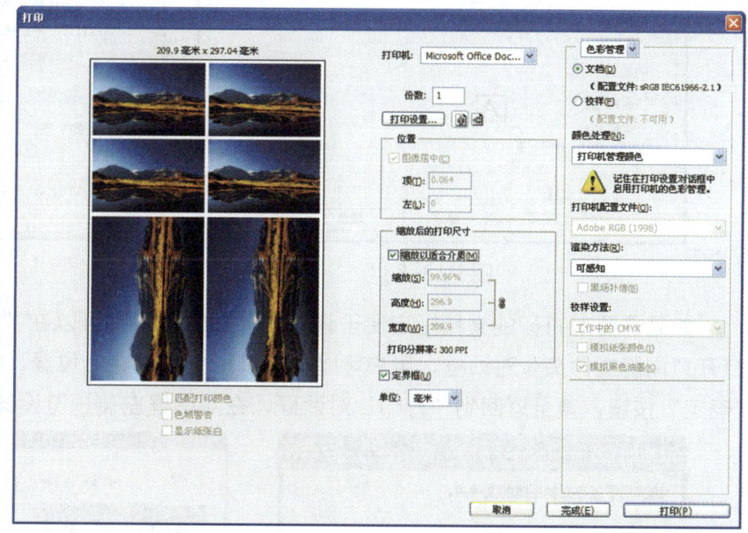

图 13-50

核心知识 3　精确定位的打印功能

在对数码照片进行打印时，用户可以根据需要在 Photoshop 的“打印设置”对话框对打印的文档进行更精确的定位，即将打印的文档存储于指定的文件夹中。打开处理好的照片，如图 13-51 所示，选择“文件”→“打印”命令，打开“打印”对话框，单击“打印设置”按钮，如图 13-52 所示。

图 13-51

图 13-52

打开如图 13-53 所示的“打印设置”对话框，用户可以根据情况选择或输入要打印的页面的宽度和高度，同时还可以对打印页面的方向进行调整。若单击对话框上方的“高级”标签，可以在该选项卡中设置输出文档的格式，如图 13-54 所示。

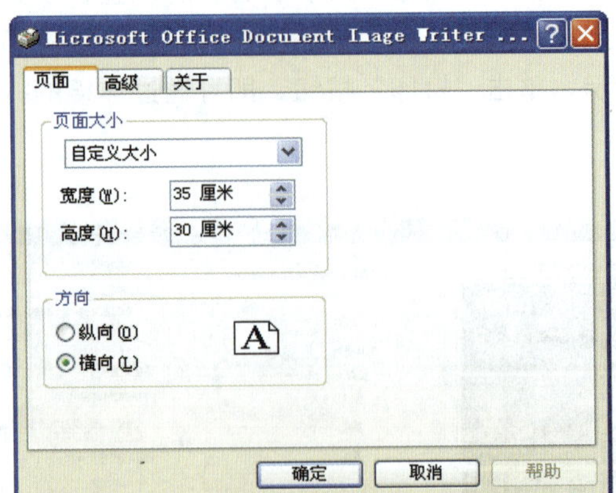
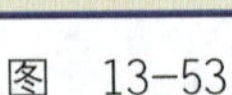

图 13-53

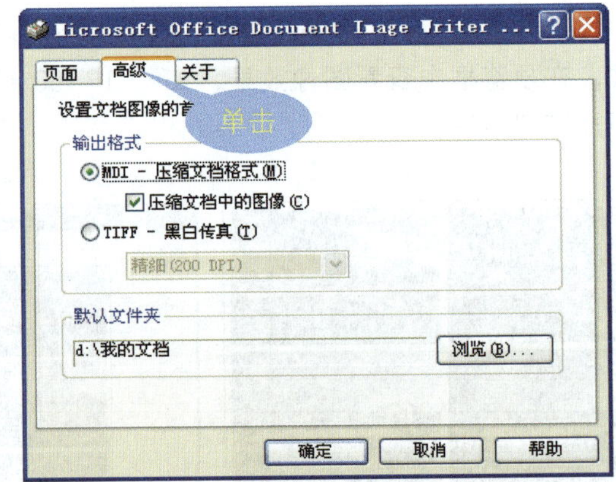

图 13-54

如果需要对打印的文档指定便于查找的存储位置，则可以在“高级”选项中单击“浏览”按钮，打开“浏览文件夹”对话框，用户可以指定打印文档的存储位置，如图 13-55 所示。设置完成后单击“确定”按钮，直至返回到“打印”对话框，在对话框左侧预览设置后的效果，如图 13-56 所示。

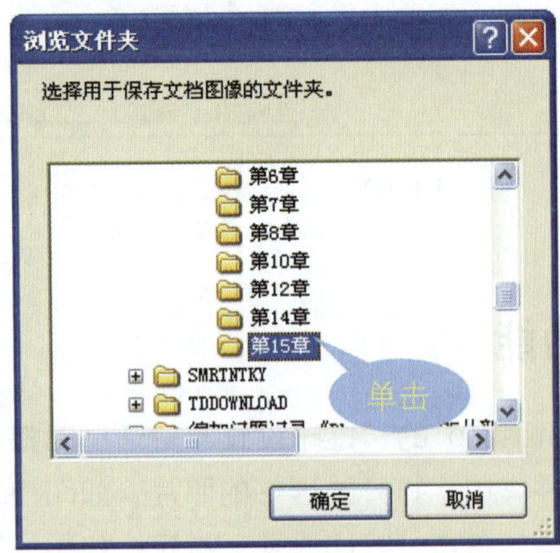

图 13-55

图 13-56

13.4 应用与提高

完成数码照片后期处理后，可以对其进行输出设置。在输出照片前可以对照片进行版权的添加，还可以为输出的照片设置各式各样的装裱效果等。Photoshop CS5 为数码照片的最终处理提供了一系列的菜单命令，可以使编辑后的图像更加美观。

典型案例 1　为数码照片添加水印

从打开的网站中可以看到，很多照片为了保护自己的版权，都添加了个性化的水印。在本实例中，将应用“画笔工具”在人像中绘制图案，并输入相应的文字，为照片添加水印，具体操作步骤如下。

★素材文件：随书光盘\ 素材\13\01.jpg、02.jpg
★最终文件：随书光盘\源文件\13\为数码照片添加水印.psd

步骤 1　打开素材图像	**步骤 2　定义画笔预设**
打开随书光盘\素材\13\01.jpg，应用“魔棒工具”在白色背景上单击创建选区。按快捷键〈Ctrl+Shift+I〉，反选选区，再按快捷键〈Ctrl+J〉，复制选区内的图像，生成“图层 1”图层。	选择“编辑”→“定义”→“画笔预设”命令，打开“画笔名称”对话框。在“名称”文本框中输入画笔名，单击“确定”按钮。

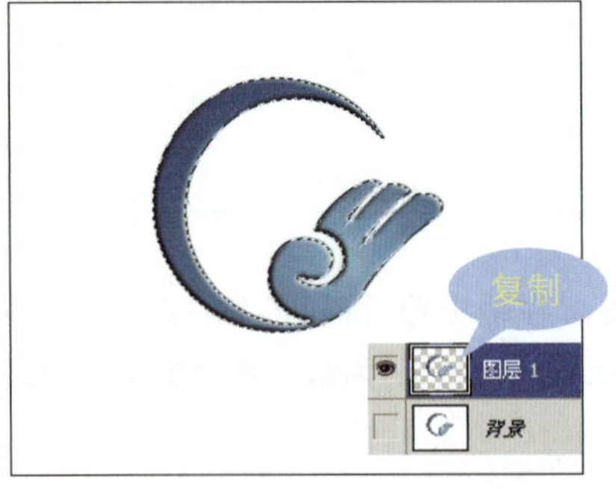

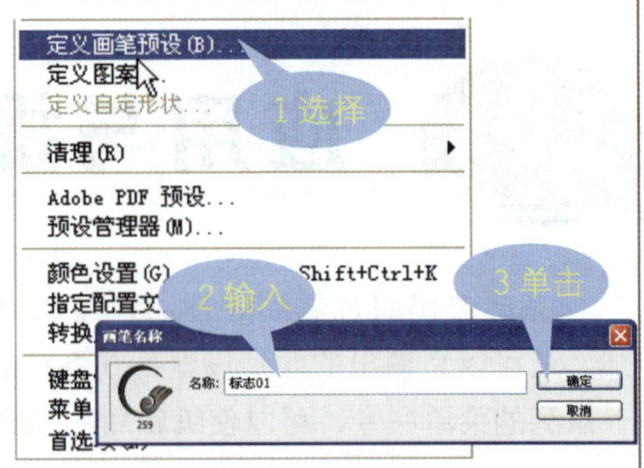

步骤 3　打开素材图像

打开随书光盘\素材\13\02.jpg，选择“背景”图层，并将其拖动至“创建新图层”按钮上，复制得到“背景副本”。

步骤 4　选择预设的画笔

单击“画笔工具”按钮，在其选项栏中单击“画笔”选项后的下拉按钮，打开“画笔预设”选取器，选择步骤 2 中定义的画笔。

步骤 5　应用画笔绘制图案

单击“创建新图层”按钮，新建“图层 1”图层。将前景色设置为白色，使用“画笔工具”在人物画面中的合适位置单击，绘制图像。

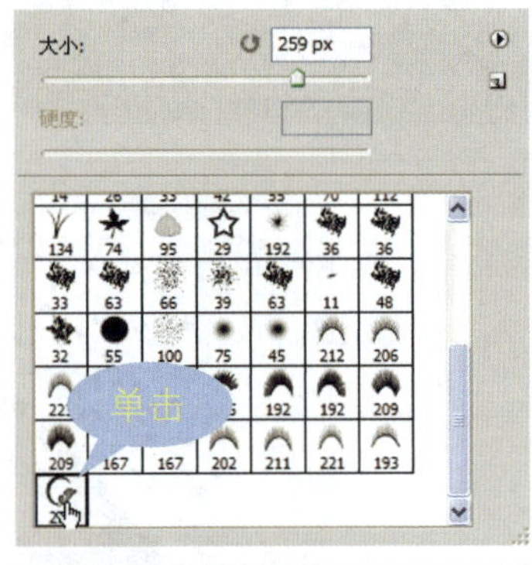

步骤 6　“浮雕效果”滤镜

选择“滤镜”→“风格化”→“浮雕效果”命令，打开“浮雕效果”对话。在对话框中设置“角度”为 135 度，“高度”为 3 像素，“数量”为 100%。

步骤 7　查看浮雕效果

设置完成后，单击“确定”按钮，应用设置的“浮雕效果”滤镜在绘制的图案上添加浮雕效果。

步骤 8　“高斯模糊”滤镜

选择“滤镜”→“模糊”→“高斯模糊”命令，打开“高斯模糊”对话框，在对话框中设置“半径”为 0.5 像素。

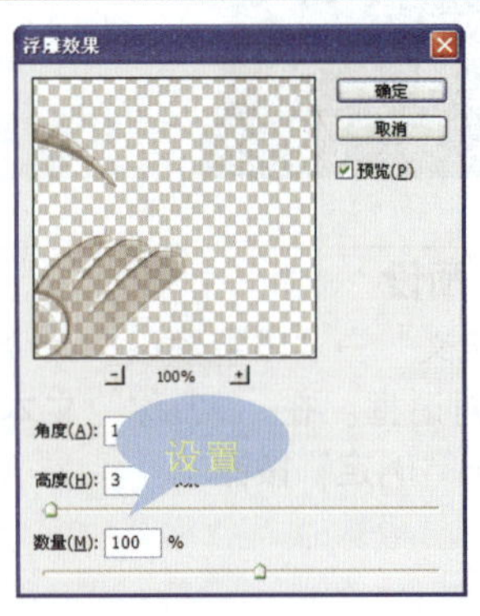

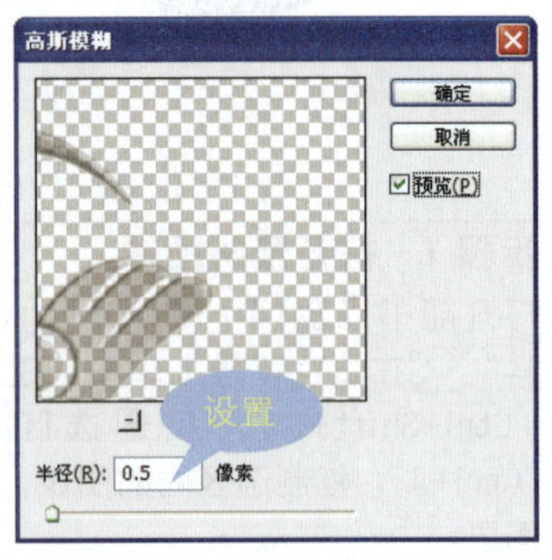

步骤 9 查看模糊后的图像效果

设置完成后，单击“确定”按钮，应用设置的“高斯模糊”滤镜对绘制的图案进行模糊处理。

步骤 10 设置图层混合模式

在“图层”面板中选择“图层1”图层，将此图层的“混合模式”设置为“强光”。

步骤 11 设置文字属性

单击工具箱中的“横排文字工具”按钮T，选择“窗口”→“字符”命令，打开“字符”面板，在面板中设置文本属性。

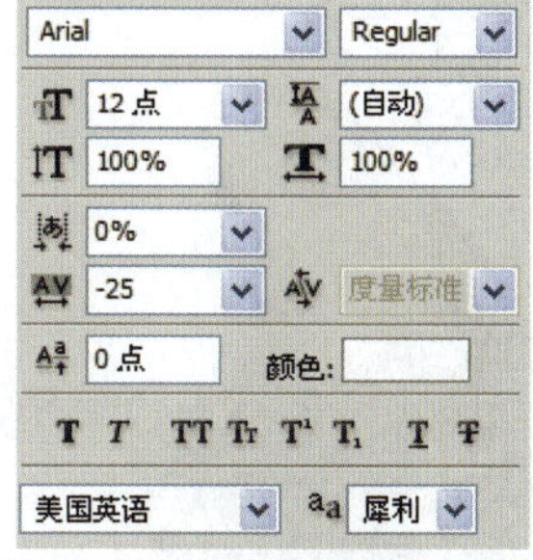

步骤 12 输入文字

返回图像窗口，在人物画面中的合适位置单击，并输入相应的文字。

步骤 13 选择命令

选择“图层”→“栅格化”→“文字”命令，或在“图层”面板中右击文字图层，在打开的快捷菜单中选择“删格化文字”命令。

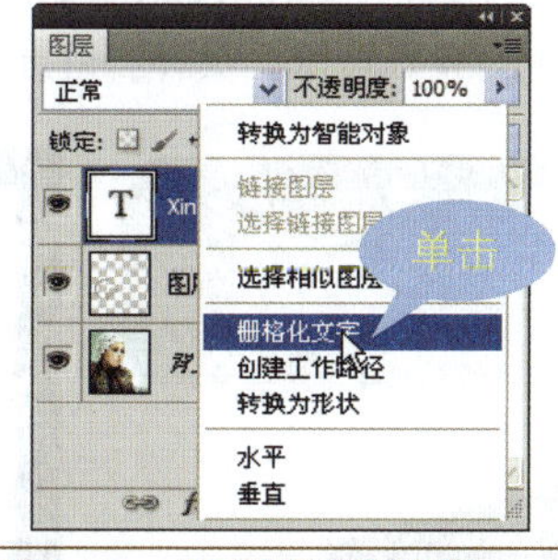

步骤 14 栅格化文字

在选择上一步的命令后，将原来的文本图层转换为普通的图像层。

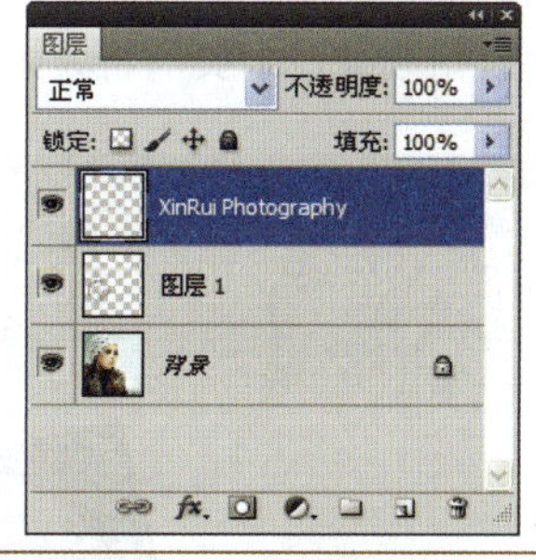

步骤 15 “浮雕效果”滤镜

选择“滤镜”→“风格化”→“浮雕效果”命令，打开“浮雕效果”对话。在对话框中设置“角度”为 135 度，“高度”为 3 像素，“数量”为 100%。

步骤 16 查看浮雕效果

设置完成后，单击“确定”按钮，应用设置的“浮雕效果”滤镜为输入的文字添加浮雕效果。

步骤 17 “高斯模糊”滤镜

选择“滤镜”→“模糊”→“高斯模糊”命令，打开“高斯模糊”对话框，在对话框中设置“半径”为 0.5 像素。

步骤 18 查看模糊后的效果	步骤 19 更改图层混合模式	步骤 20 添加更多的水印文字
设置完成后，单击“确定”按钮，应用设置的“高斯模糊”滤镜对绘制的图案进行模糊处理。	在“图层”面板中选择文字所在的图层，将此图层的“混合模式”设置为“强光”。	在图像中输入文字，应用同样的方法对输入的文字进行处理，设置成水印效果。至此，完成本实例的制作。

典型案例 2 为照片添加装裱效果

装裱是装饰书画、碑帖等方面的一门特殊技艺，应用 Photoshop 中提供的各类工具，可以快速完成数码照片的后期装裱。通过应用选区工具，可为照片添加各种形式的艺术边缘，设置出独具风格的照片装裱效果。本实例将具体介绍照片的装裱技术，具体操作步骤如下。

★素材文件：随书光盘\素材\13\03.jpg
★最终文件：随书光盘\源文件\13\为照片设置装裱效果.psd

步骤 1 绘制矩形选区	步骤 2 为选区填充颜色	步骤 3 新建图层并填充颜色
打开随书光盘\素材\13\03.jpg，单击工具箱中的“矩形选框工具”按钮[ ]，在图像中绘制矩形选区。	在“图层”面板中新建“图层 1”图层，将前景色设置为#840404。按快捷键〈Alt+Delete〉，为选区填充颜色。	在“图层”面板中新建“图层 2”图层，将前景色设置为#7c0202。按快捷键〈Alt+Delete〉，填充颜色。

步骤 4 设置“纤维”滤镜 设置背景色为#360101，选择“滤镜”→“渲染”→“纤维”命令，在打开的对话框中设置“差异”为 12，“强度”为 5。	**步骤 5 查看图像效果** 在画面中查看应用设置的“纤维”滤镜为图像渲染纤维效果。	**步骤 6 添加图层蒙版** 按住〈Ctrl〉键不放，单击“图层 1”缩览图，然后选择“图层 2”图层，单击“添加图层蒙版”按钮，创建蒙版。
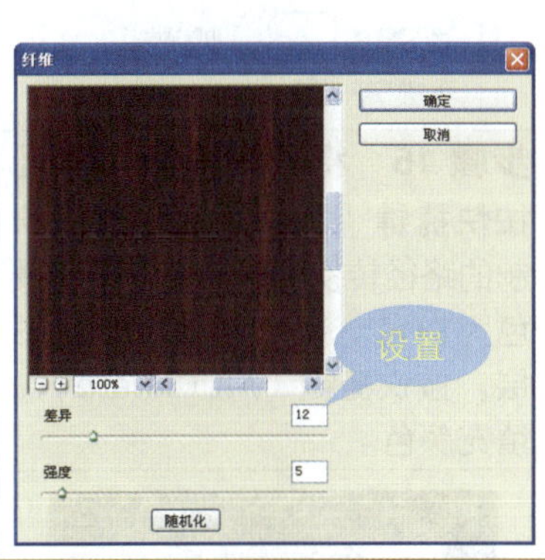		
步骤 7 绘制矩形选区 单击工具箱中的“矩形选框工具”按钮，在画面中的合适位置单击并拖动鼠标，绘制矩形选区。	**步骤 8 将选区填充为黑色** 在“图层”面板中新建“图层 3”图层，将前景色设置为黑色。按快捷键〈Alt+Delete〉，为选区填充颜色。	**步骤 9 绘制矩形选区** 单击工具箱中的“矩形选框工具”按钮，在画面中的合适位置单击并拖动鼠标，绘制矩形选区。

步骤 10　编辑渐变颜色

单击“渐变工具”按钮，在其选项栏中单击“渐变编辑器”下拉列表框，在打开的对话框中单击添加渐变滑块，并将颜色依次设置为#5f5f5f、#dfdfdf、#a09f9f、#e8e7e7 和#8e8d8d。

步骤 11　为选区填充渐变颜色

设置完成后，单击“确定”按钮。在选项栏中单击“线性渐变”按钮，新建“图层 4”图层，从图像左上角向右下角拖动鼠标，为选区填充设置的渐变颜色。

步骤 12　设置图层样式

选择“图层”→“图层样式”→“斜面和浮雕”命令，打开“图层样式”对话框。在对话框中设置“深度”为 52%，“大小”为 10 像素。

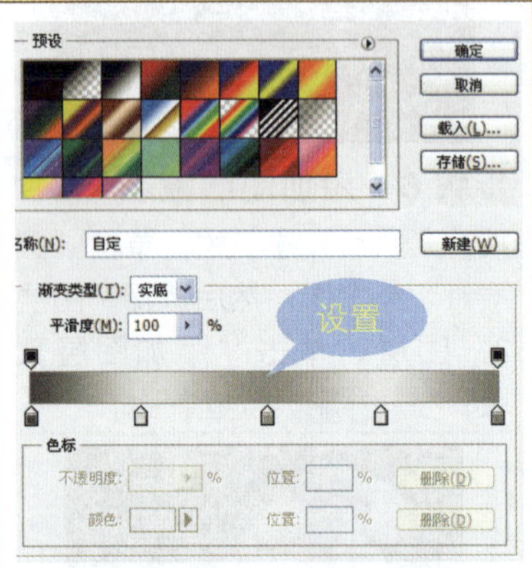

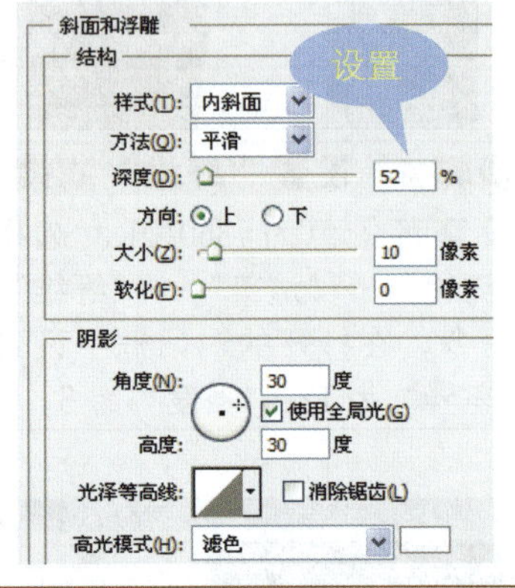

步骤 13　查看图像效果

应用设置的“斜面和浮雕”图层样式，为图形添加逼真的浮雕效果。

步骤 14　绘制路径

单击工具箱中的“钢笔工具”按钮，在相框的左上角绘制一个三角形状的工作路径。

步骤 15　将路径转换为选区

按快捷键〈Ctrl+Enter〉，将绘制的路径转换为选区，设置前景色为白色。新建“图层 5”图层，按快捷键〈Alt+Delete〉，填充颜色。

步骤 16　设置投影

选择“图层”→“图层样式”→“投影”命令，打开“图层样式”对话框。在对话框中设置“不透明度”为 44%，“距离”为 5 像素，“大小”为 7 像素。

步骤 17　设置斜面和浮雕

单击“图层样式”对话框左侧的“斜面和浮雕”复选框，然后在右侧面板中将“深度”调整为 100%。

步骤 18　设置纹理

勾选左侧的“纹理”复选框，单击“图案”右侧的下拉按钮，在打开的“图案”拾色器中选择“浅色水粉水彩画（150×150 像素，灰度模式）”纹理。

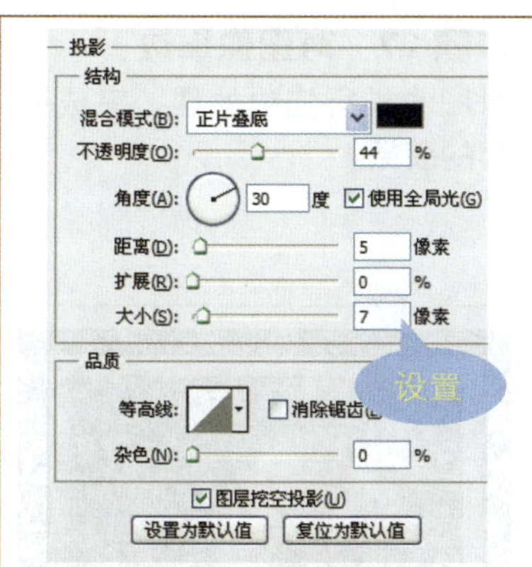

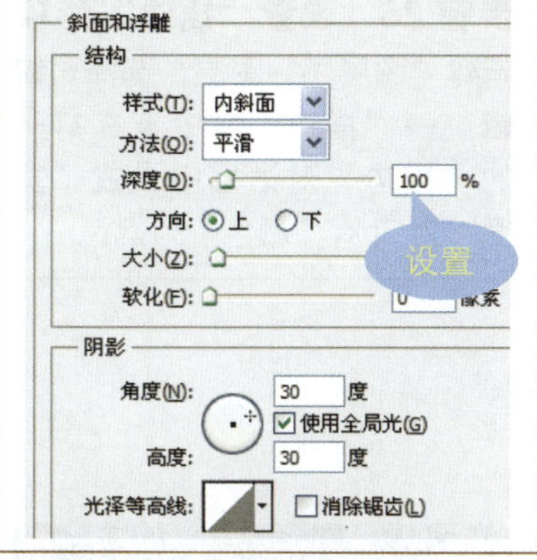

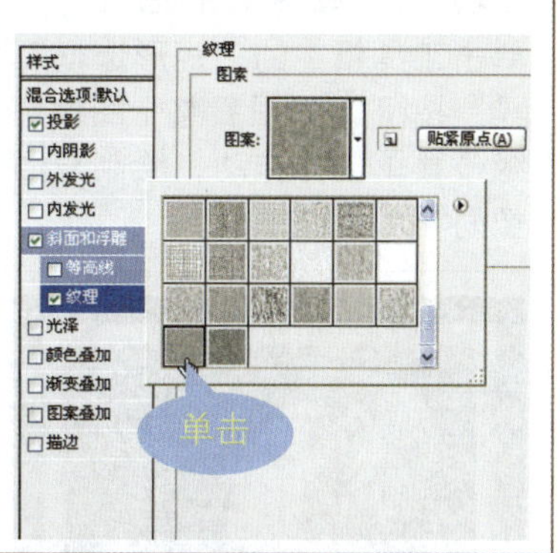

步骤 19 应用图层样式

为"图层 5"中的图像添加设置的图层样式，查看添加"斜面和浮雕"图层样式后的图像。

步骤 20 复制图像

选择"图层 5"图层，连续按快捷键〈Ctrl+J〉，复制 3 个三角形图案，然后分别对图案进行调整后放到相框四周。

步骤 21 盖印选定图层

按住 Shift 不放，单击"图层 3"和"图层 5 副本 3"图层，同时选中多个图层，按下快捷键〈Ctrl+Alt+E〉，盖印选定图层。

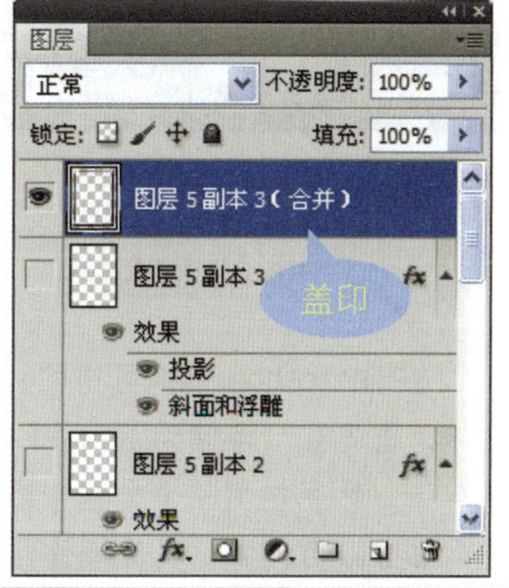

步骤 22 复制"背景"图层

在"图层"面板中选择"背景"图层，选择"图层"→"复制图层"命令，复制图层，并将复制的图层置于最上方。

步骤 23 调整图像大小

按快捷键〈Ctrl+T〉，打开变换工具。按住〈Shift〉键不放，同时拖动图像右上角的双向箭头，适当缩小人物图像。

步骤 24 调整图层顺序

在"图层"面板中选择"背景副本"图层，选择"图层"→"排列"→"后移一层"命令，将人物图像置于相框下方。

步骤 25　绘制矩形选区	步骤 26　设置“描边”选项	步骤 27　对图像描边
单击工具箱中的“矩形选框工具”按钮，沿着整个图像边缘位置单击并拖动，绘制与图像同等大小的选区。	新建“图层 6”图层，选择“编辑”→“描边”命令，在打开的“描边”对话框中设置“宽度”为 3px，“颜色”为黑色。	对图像进行描边处理，完成照片的装裱。
	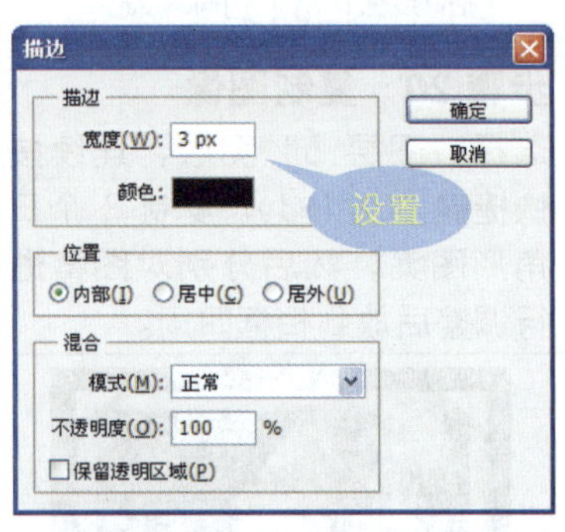	

典型案例 3　将照片导出为 Web 网页格式

在 Photoshop 中，可将照片导出为 Web 网页格式，更便于直观地浏览编辑后的照片效果。在本实例中，首先在“存储为 Web 和设备所用格式”对话框中，利用“颜色表”扩展菜单中的命令对颜色进行存储。然后在另一个文档中载入存储的颜色信息，调整文档中图像的颜色，最后将优化后的图像存储为 Web 网页格式，具体操作步骤如下。

★素材文件：随书光盘\素材\13\04.jpg、05.jpg
★最终文件：随书光盘\源文件\13\将照片导出为Web 网页格式.png

步骤 1　打开素材图像

打开随书光盘\素材\13\04.jpg，选择“背景”图层，选择“图层”→“复制前层”命令，获得“背景副本”图层。

步骤 2　选择菜单命令

选择“文件”→“存储为 Web 和设备所用格式”命令，打开“存储为 Web 和设备所用格式”对话框。

步骤 3　存储颜色表

在对话框中单击“颜色表”选项组右侧的扩展按钮，在打开的菜单中选择“存储颜色表”命令。

步骤 4　设置位置和名称

打开“存储颜色表”对话框，设置文件名为“夕阳”，单击“保存”按钮，在返回的对话框中单击“完成”按钮。

步骤 5　转换颜色模式

打开随书光盘\素材\13\05.jpg 素材图像，选择“图像”→“模式”→“CMYK 颜色”命令，将图像转换为 CMYK 模式。

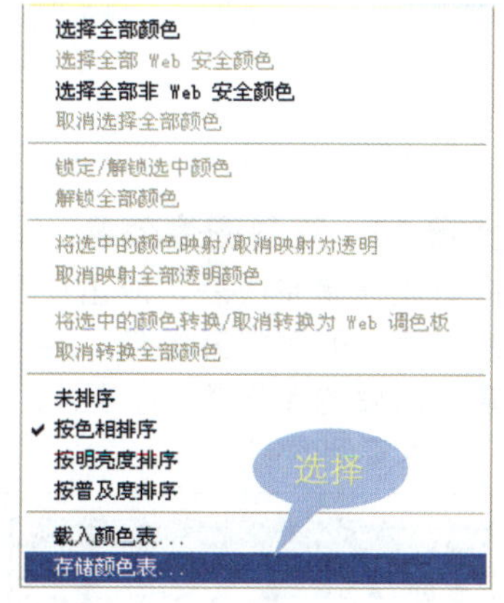

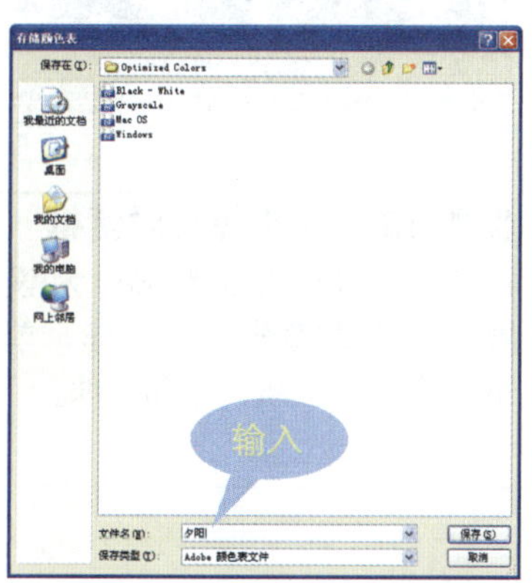

步骤 6　载入颜色表

选择“文件”→“存储为 Web 和设备所用格式”命令，打开“存储为 Web 和设备所用格式”对话框。单击“颜色表”选项组右侧的扩展按钮，在打开的菜单中选择“载入颜色表”命令。

步骤 7　选择载入的颜色表

打开“载入颜色表”对话框，在对话框中选取“夕阳”，单击“打开”按钮。

步骤 8　查看载入的颜色表

在返回的“存储为 Web 和设备所用格式”对话框右侧的“颜色表”列表框中将显示新载入的颜色。

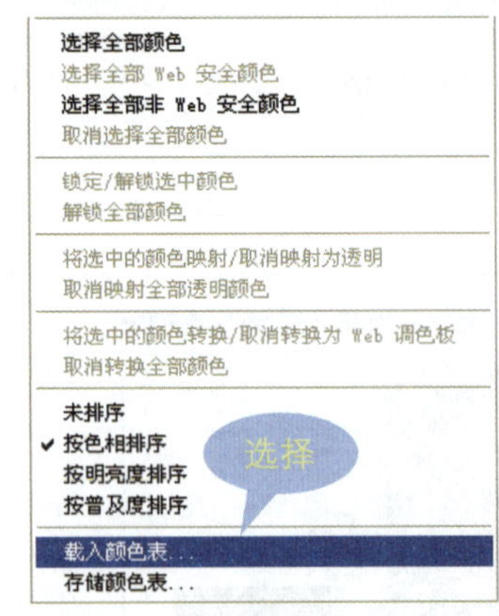

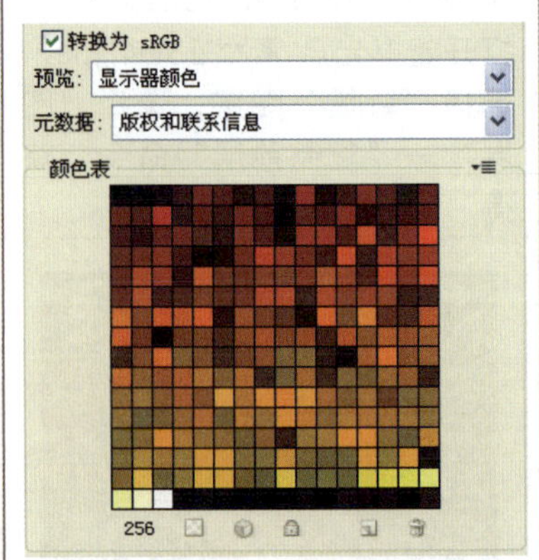

步骤 9　设置存储选项

在优化的文件"格式"下拉列表框中选择"PNG-8"选项，并对其他选项进行相应的设置。

步骤 10　预览图像效果

设置完成后，单击左侧的"双联"标签，在预览框内即可以双联方式查看优化后的效果。

步骤 11　单击"存储"按钮

对设置的效果满意后，单击"存储为 Web 和设备所用格式"对话框右下角的"存储"按钮。

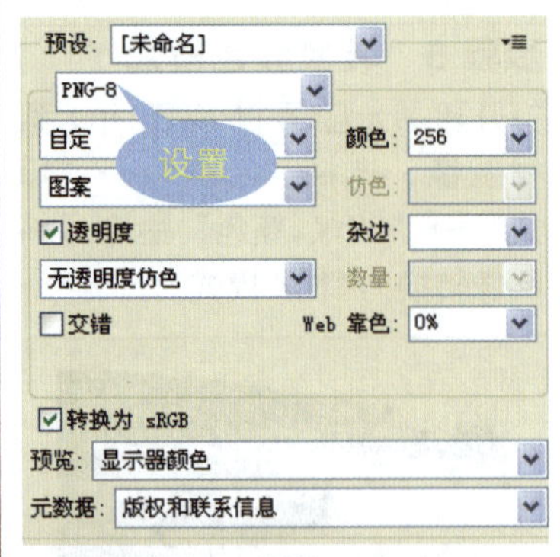

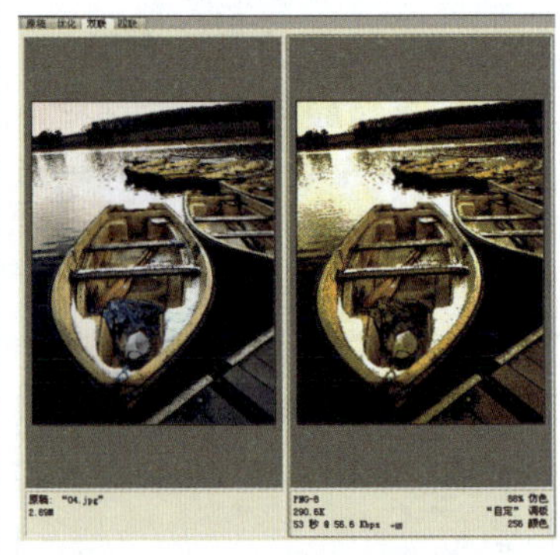

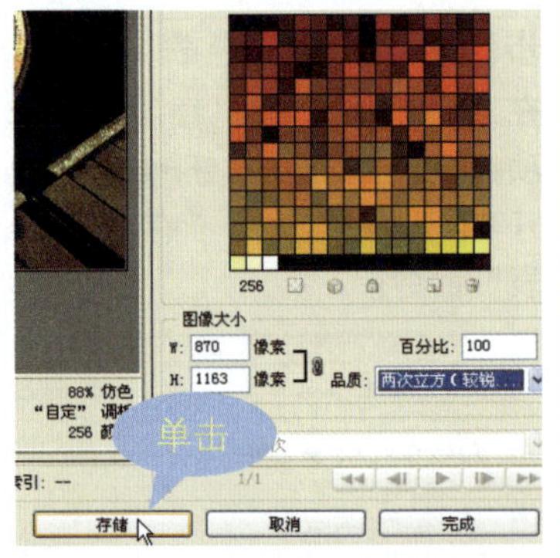

步骤 12　设置存储位置

打开"将优化结果存储为"对话框，在对话框中选择优化图像的存储位置，单击"保存"按钮。

步骤 13　打开警告对话框

打开"'Adobe 存储为 Web 和设置所用格式'警告"对话框，单击"确定"按钮，存储图像。

步骤 14　查看图像效果

将图像存储完成后，双击优化的图像，即可打开图像，并查看存储后的图像效果。至此，完成本实例的制作。

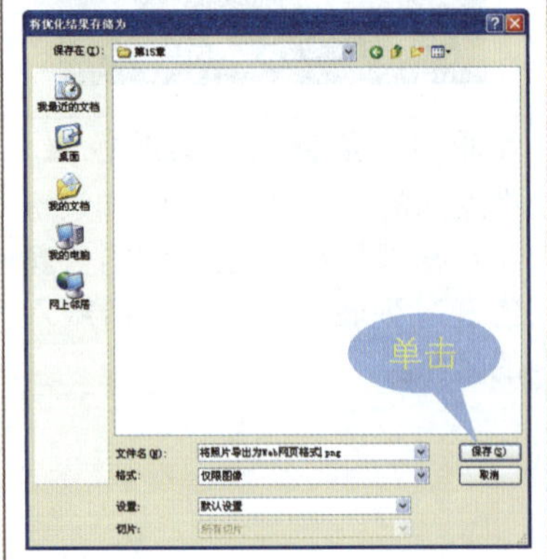

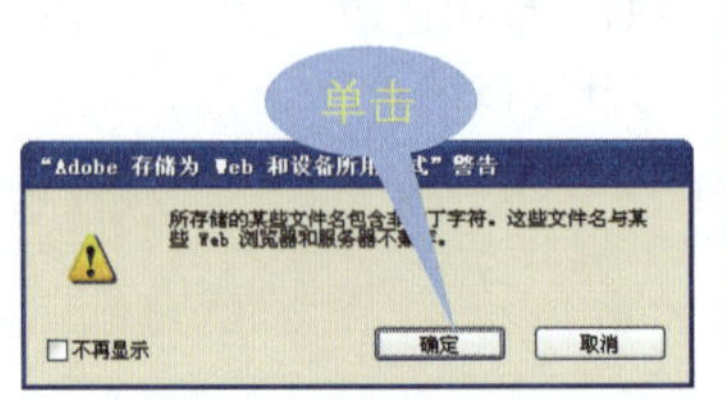

典型案例 4 设置更为节约的打印排版

在打印文档前，可应用“打印”对话框对需要打印的文档进行版面调整。本实例将多张风景照片添加于新建的用于打印的文档中，然后对各个图像的大小和位置进行设置，制作一个节约的版面效果，具体操作步骤如下。

★素材文件：随书光盘\素材\13\06.jpg、07.jpg、08.jpg

★最终文件：随书光盘\源文件\13\设置更为节约的打印排版.psd

步骤 1 设置新建文件

选择“文件”→“新建”命令，打开“新建”对话框。在“名称”文本框中输入文件名，在“预设”下拉列表框中选择“国际标准纸张”选项，单击“确定”按钮。

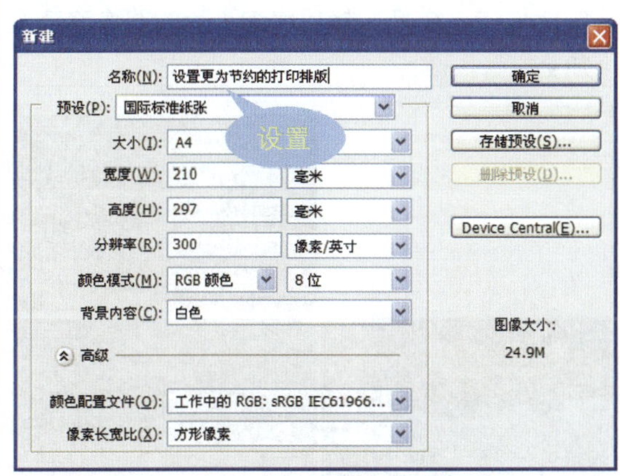

步骤 2 旋转新建的图像

新建一个 A4 空白文档，选择“图像”→“图像”→“旋转”→“90 度（顺时针）”命令，将画布进行旋转，成为横向效果。

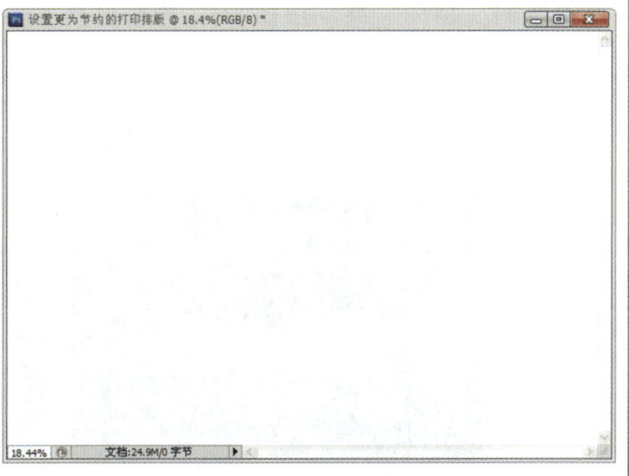

步骤 3　打开并移动素材图像 打开随书光盘\素材\13\06.jpg 素材图像，单击工具箱中的“移动工具”按钮，将素材移至新建的文档中。	步骤 4　调整图像大小和位置 按快捷键〈Ctrl+T〉，使用变换编辑框对图像进行等比例缩小变换，然后将缩小后的图像移至右上角。

步骤 5　复制图层 在“图层”面板中选择“图层 1”图层，选择“图层”→“复制图层”命令，复制图层。	步骤 6　调整复制的图像的位置 应用“移动工具”把复制的图像移至新建的图像右下角位置。
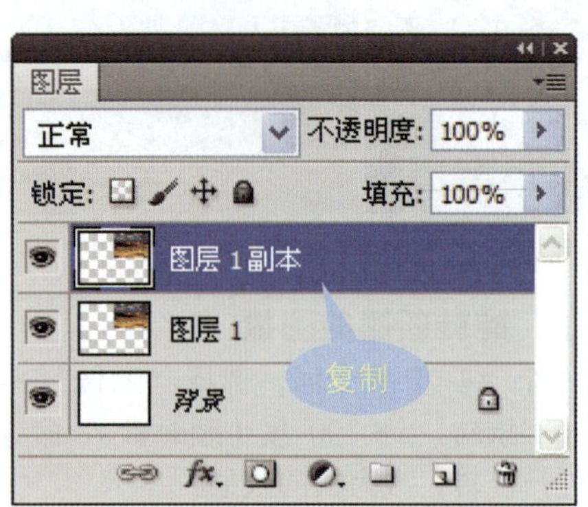	
步骤 7　打开并移动素材图像 打开随书光盘\素材\13\07.jpg 素材图像，单击工具箱中的“移动工具”按钮，将素材移至新建的文档中。	步骤 8　调整图像大小和位置 按快捷键〈Ctrl+T〉，使用变换编辑框对图像进行等比例缩小变换，然后将缩小后的图像移至左下角。

步骤 9 绘制矩形选区

单击工具箱中的“矩形选框工具”按钮，在图像左下角的合适位置创建一个矩形选区。

步骤 10 复制选区内的图像

按快捷键〈Ctrl+J〉，复制选区内的图像，生成“图层 3”图层。单击“图层 2”图层前方的“指示图层可见性”按钮，将“图层 2”图层隐藏。

步骤 11 打开并移动素材图像

打开随书光盘\素材\13\08.jpg 素材图像，单击工具箱中的“移动工具”按钮，将素材移至新建的文档中。

步骤 12 调整图像大小和位置

按快捷键〈Ctrl+T〉，使用变换编辑框对图像进行等比例缩小变换，然后将缩小后的图像移至左上角的空白位置。

步骤 13 复制图层

在“图层”面板中选择“图层 4”图层，按快捷键〈Ctrl+J〉，生成“图层 4 副本”图层。

步骤 14 调整复制图像的位置

使用“移动工具”把复制的图像移至图像左上角的空白位置。

步骤 15 选择“打印”命令 选择“文件”→“打印”命令，打开“打印”对话框。	步骤 16 勾选“缩放以适合介质”复选框 在“打印”对话框中勾选“缩放以适合介质”复选框。
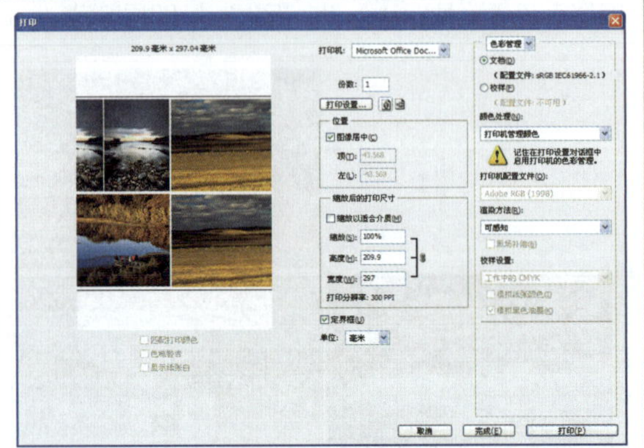	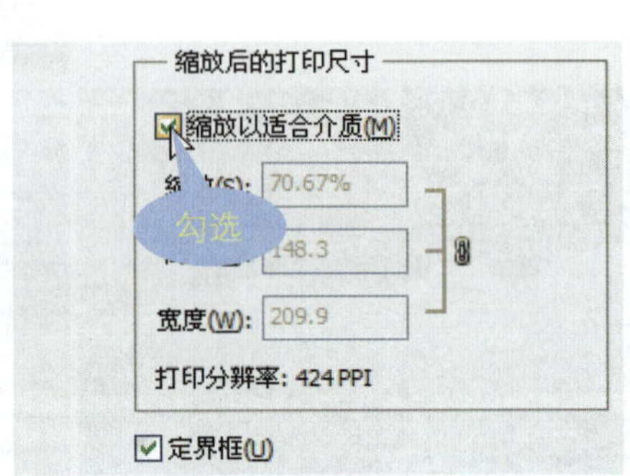
步骤 17 设置打印方向和份数 设置打印“份数”为10，单击“横向”按钮。	步骤 18 预览并打印图像 设置完成后，在左侧预览效果。单击“打印”按钮，即可通过连接的打印机进行照片的打印。
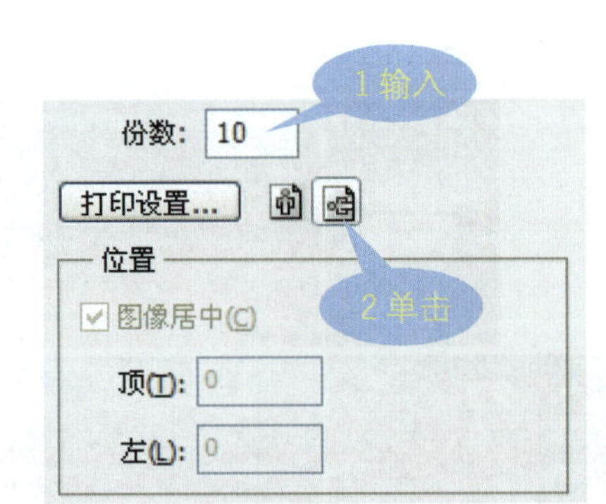	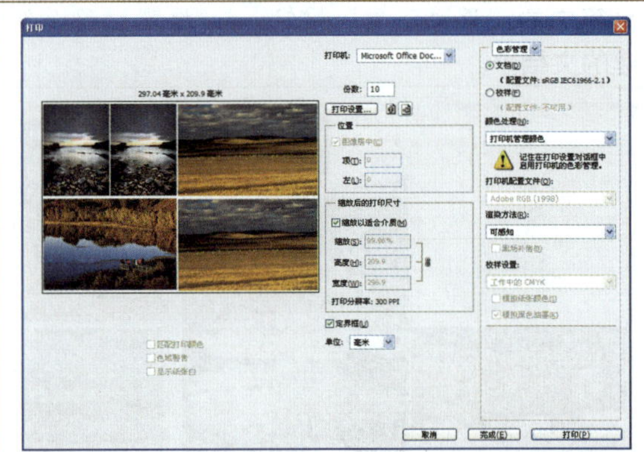

14 纯真孩童的写真照片处理

现在一些影楼专门针对小朋友开设儿童艺术写真拍摄，在拍摄完成后，再重新对画面进行调整，使儿童艺术写真也具有自己独特的味道。本章将具体介绍如何打造纯真孩子的写真照片效果。

本章知识点

- 合成背景图像
- 在完成的背景中添加人物图像
- 添加文字和其他图案

14.1 合成背景图像

本节将首先打开背景素材，使用图层混合模式叠加图像，制作层次分别的背景图像。然后对整个页面统一布局，对用于放置小朋友照片的位置进行精细调整，使整个背景图像色调统一。

步骤 1　转换图层 打开随书光盘\素材\14\01.jpg，双击“背景”图层，在打开的对话框中直接单击“确定”按钮，将“背景”图层转换为“图层 0”图层。	**步骤 2　设置不透明度** 选择“图层 0”图层，将此图层的“不透明度”设置为 43%，得到半透明的图像效果。

步骤 3　调整图层混合模式 打开随书光盘\素材\14\02.jpg，使用“移动工具”把打开的图像移至 01.jpg 素材图像中，生成“图层 1”图层。设置“混合模式”为“柔光”，“不透明度”为 46%。	**步骤 4　调整图层混合模式** 打开随书光盘\素材\14\03.jpg，使用“移动工具”把打开的图像移至 01.jpg 素材图像中，生成“图层 2”图层，设置“混合模式”为“颜色加深”。

步骤 5　添加纹理图案 打开随书光盘\素材\14\04.jpg，使用“移动工具”把打开的图像移至 01.jpg 素材图像中。	**步骤 6　绘制路径并将其转换为选区** 使用“钢笔工具”在图像中合适位置绘制路径，然后按快捷键〈Ctrl+Enter〉，将路径转换为选区。

步骤 7　添加图层蒙版

选择“图层 3”图层，单击“图层”面板中的“添加图层蒙版”按钮，为“图层 3”图层添加蒙版效果。

步骤 8　设置图层样式

选择“图层”→“图层样式”→“投影”命令，打开“图层样式”对话框。设置“不透明度”为 23%，“距离”为 2 像素，“大小”为 6 像素。

步骤 9　设置并添加图层样式

在“图层样式”对话框中勾选“内阴影”复选框，然后在右侧的选项区中设置相应的参数，单击“确定”按钮。

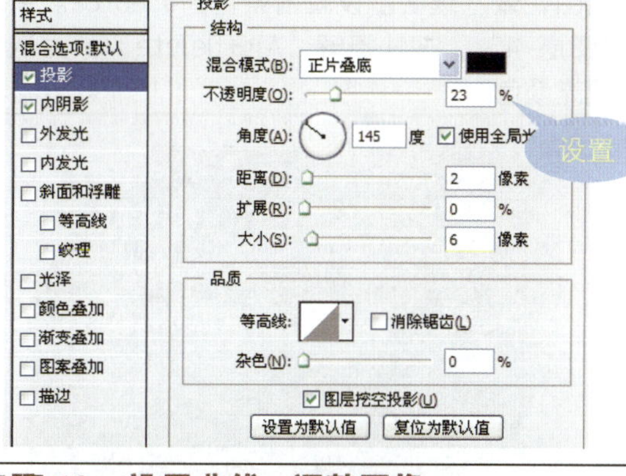

步骤 10　设置曲线，调整图像

按住〈Ctrl〉键的同时单击“图层 3”的蒙版缩览图。创建“曲线 1”调整图层，在打开的面板中调整曲线形状，变换选区内图像的影调。

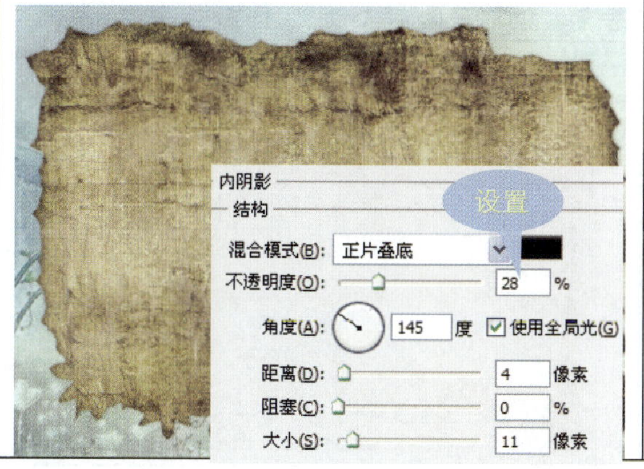

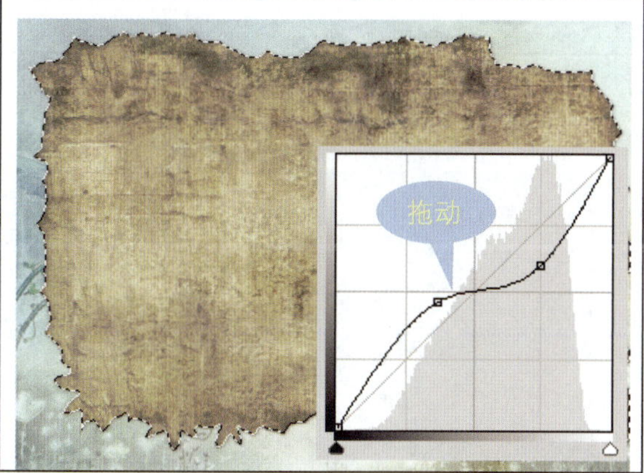

步骤 11　调整图像的色相/饱和度

再次载入选区，单击“调整”面板中的“创建新的色相/饱和度”调整图层图标，创建“色相/饱和度 1”调整图层。在打开的面板中设置相应的参数，调整图像颜色。

步骤 12　设置色阶调整图像

载入“色相/饱和度 1”选区，单击“调整”面板中的“创建新的色阶调整图层”图标，创建“色阶 1”调整图层。在打开的面板中设置相应的参数，调整图像颜色。

步骤 13　复绘选区并填充颜色

按住〈Ctrl〉键的同时单击“色阶 1”的蒙版缩览图，载入选区。设置前景色为#5e8f8a。新建“图层 4”，按快捷键〈Alt+Delete〉，为选区填充颜色。

步骤 14　添加纹理化效果

选择“滤镜”→“纹理”→“纹理化”命令，在打开的对话框中选择“砂岩”纹理，并设置各项参数，为绘制的图形添加纹理效果。

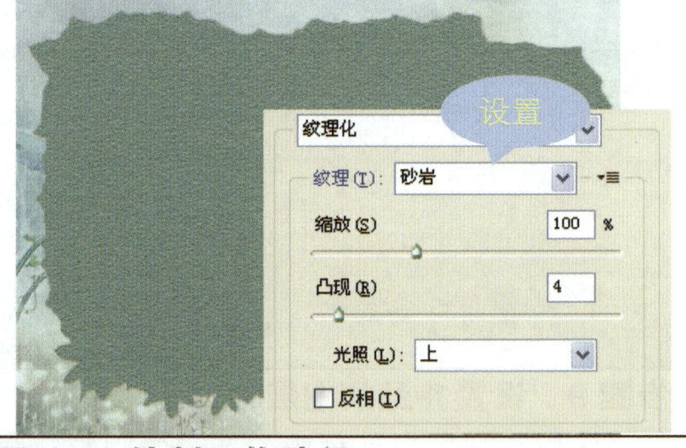

步骤 15　设置图层混合模式

在“图层”面板中确保“图层 4”图层为选中状态，设置图层“混合模式“为“柔光”。

步骤 16　绘制工作路径

打开随书光盘\素材\14\05.jpg，使用“移动工具”把打开的图像移至 01.jpg 素材图像中，使用“钢笔工具”绘制工作路径。

步骤 17　创建图层蒙版

按快捷键〈Ctrl+Enter〉，将路径转换为选区。选择“图层 5”图层，单击“图层”面板下方的“添加图层蒙版”按钮创建图层蒙版。

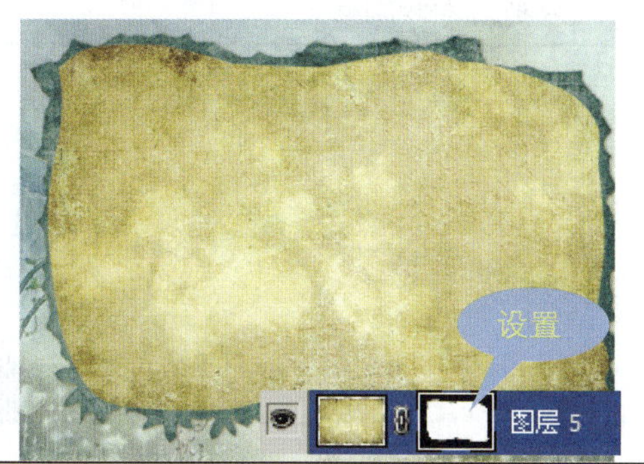

步骤 18　设置图层样式

双击“图层 5”，打开“图层样式”对话框。勾选“投影”复选框，在右侧的选项区中设置“不透明度”为 49%，“距离”为 9 像素，“大小”为 8 像素。

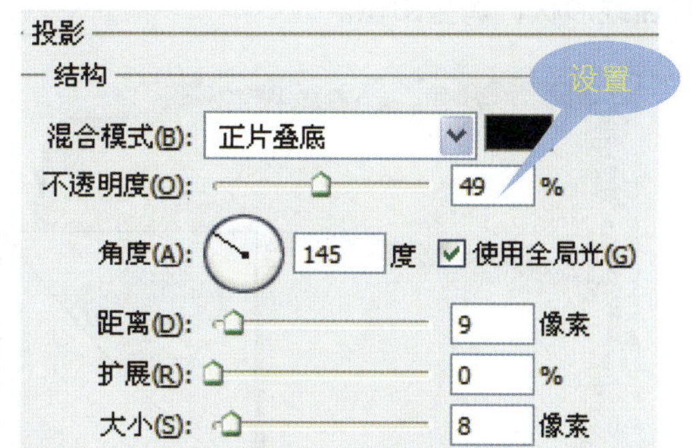

步骤 19　设置并添加图层样式

勾选“内阴影”复选框，然后在右侧的选项区中设置相应的参数，设置完成后单击“确定”按钮，为图像添加阴影。

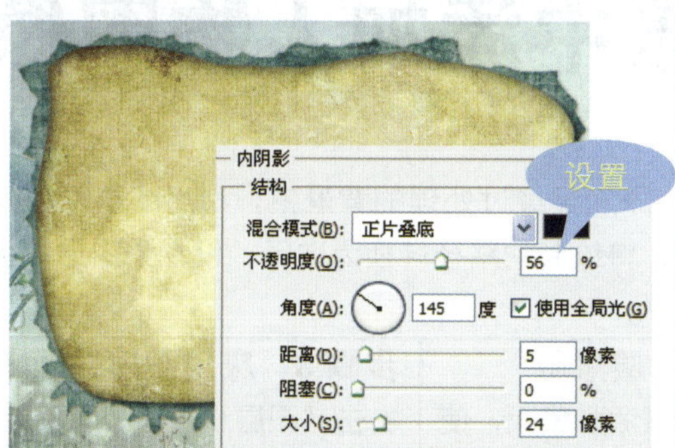

步骤 20　通过曲线调整图像亮度

按住 Ctrl 键的同时单击“图层 5”的蒙版缩览图。然后创建“曲线 2”图层，在打开的面板中单击并向上拖动鼠标，调整曲线形状，变换影调。

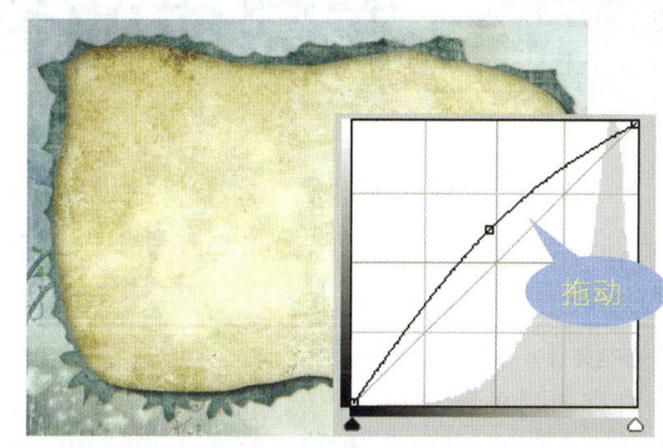

步骤 21　添加图层蒙版

将随书光盘\素材\14\06.psd 图像置入到 01.jpg 素材图像中，按住 Ctrl 键的同时单击“图层 6”的蒙版缩览图，再单击“添加图层蒙版”按钮，创建图层蒙版。

步骤 22　设置并为图像添加投影

双击“图层 6”图层，打开“图层样式”对话框。勾选“投影”复选框，在右侧的选项区中设置“不透明度”为 39%，“距离”为 9 像素，“大小”为 6 像素，为图像添加逼真的投影效果。

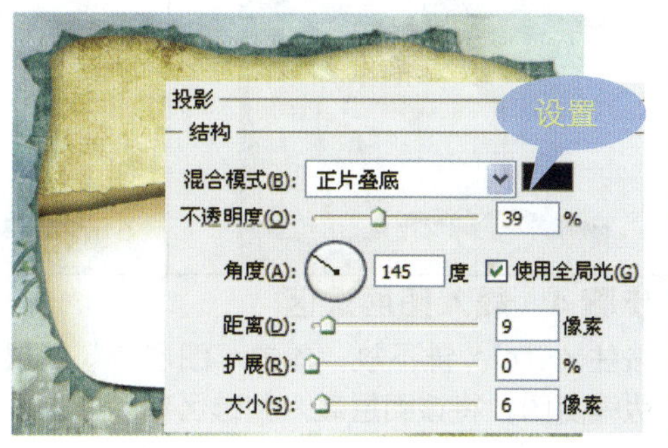

步骤 23　应用曲线调整图像	步骤 24　应用色阶调整图像
按住〈Ctrl〉键的同时单击“图层 6”的缩览图，载入选区。单击“调整”面板中的“创建新的曲线调整图层”图标，在打开的面板中设置曲线形状，调整图像。	按住 Ctrl 键的同时单击“图层 6”的缩览图，载入选区，单击“调整”面板中的“创建新的色阶调整图层”图标，在打开的面板中设置相应的参数，调整图像。
	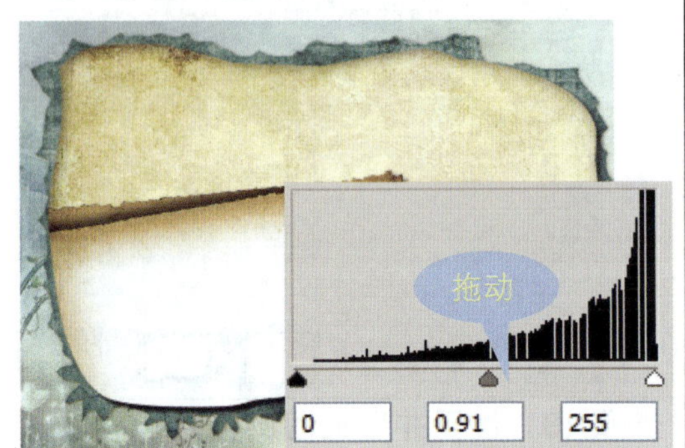

14.2 在完成的背景中添加人物图像

在完成背景的处理后，本节将把小朋友的照片添加至经过处理的背景中，利用图层蒙版隐藏多余的背景图像。再结合路径绘制工具创建工作路径，将绘制的路径转换为选区，设置为图层蒙版。调整图像的显示，将 3 幅人像照片融合于背景图像之中。

步骤 1　复制人物图像	步骤 2　编辑图层蒙版	步骤 3　应用图层蒙版
打开随书光盘\素材\14\07.jpg，使用“移动工具”把打开的图像移至 01.jpg 素材图像中。	为“图层 7”图层添加蒙版，使用较软的画笔在图像上涂抹，将人物后方的背景图像隐藏。	右击“图层 7”的图层蒙版，在打开的快捷菜单中选择“应用图层蒙版”命令，将蒙版效果直接应用于该图层中的图像上。
		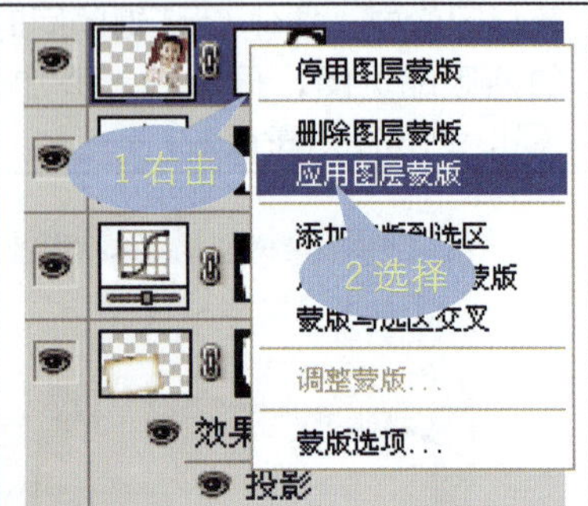

步骤 4　载入图层选区	步骤 5　创建图层蒙版
按住〈Ctrl〉键不放，单击“图层 5”图层的蒙版缩览图，将该图层载入到选区中。	在“图层”面板中确保“图层 7”为选中状态，单击“添加图层蒙版”按钮，为“图层 7”添加图层蒙版。

步骤 6 载入图层选区

按住〈Ctrl〉键不放，单击“图层 7”的缩览图，将此图层中的对象载入到选区中。

步骤 7 设置曲线调整图像

单击“调整”面板中的“创建新的曲线调整图层”图标，在打开的面板中单击并向下拖动鼠标，降低选区内的图像亮度。

步骤 8 设置色阶调整图像

载入“图层 7”选区，单击“调整”面板中的“创建新的色阶调整图层”图标，设置“色阶”为 0、0.81 和 255，增加图像的对比度。

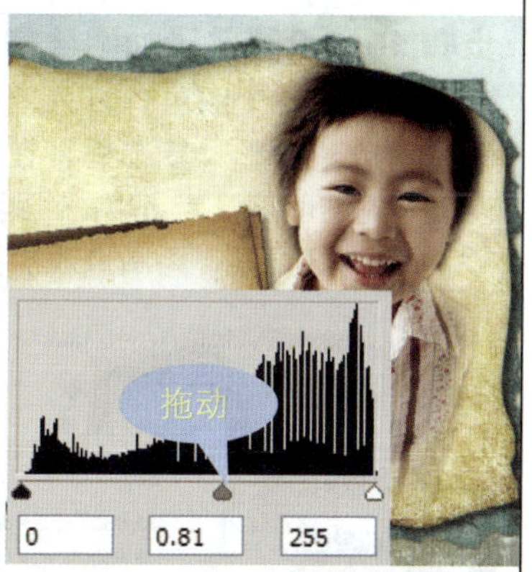

步骤 9 设置色彩平衡

载入“图层 7”选区，单击“调整”面板中的“创建新的色彩平衡调整图层”图标，设置颜色值为-1、+8 和+9。

步骤 10 设置色彩平衡

选中“阴影”单选按钮，然后在下方设置颜色值为-9、+8 和+2。

步骤 11 查看图像效果

设置完成后，退出“调整”面板，应用设置的颜色值，调整图像颜色。

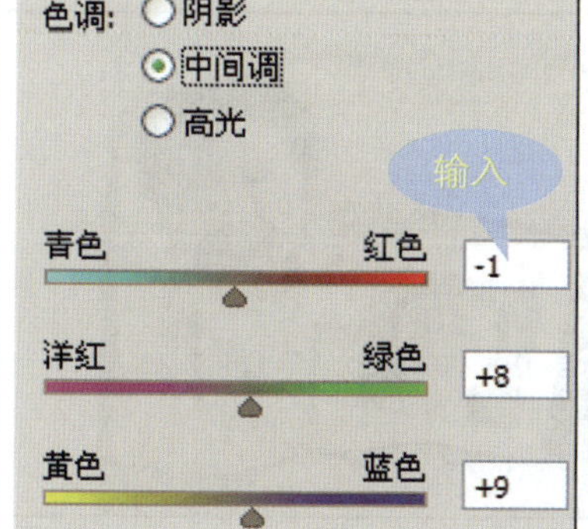

色调: 阴影
中间调
高光
1 选中
2 输入
青色 红色 -9
洋红 绿色 +8
黄色 蓝色 +2

步骤 12　应用色阶调整图像

载入"图层 7"选区，单击"调整"面板中的"创建新的色阶调整图层"图标，选择"较暗"预设色阶，降低图像亮度。

步骤 13　添加人物至背景中

打开随书光盘\素材\14\08.jpg、09.jpg，然后将打开的人物素材移到 01.jpg 图像中，生成"图层 8"和"图层 9"图层。

步骤 14　绘制路径创建蒙版

单击"圆角矩形工具"按钮，在选项栏中设置"半径"为 15px。在图像中绘制圆角矩形路径，再将路径转换为选区。单击"添加图层蒙版"按钮，添加蒙版。

步骤 15　设置并添加图层样式

双击"图层 8"图层，打开"图层样式"对话框。勾选"投影"复选框，在右侧的选项区中设置"不透明度"为 67%，"距离"为 5 像素，"大小"为 8 像素，为图像添加投影效果。

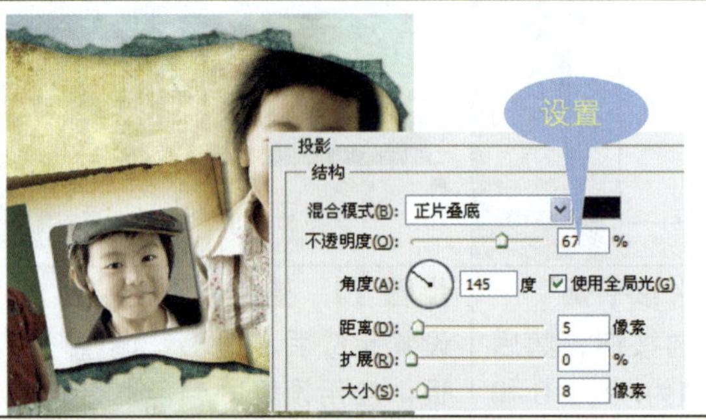

步骤 16　绘制路径并创建图层蒙版

再次使用"圆角矩形工具"绘制圆角矩形路径，并将路径转换为选区。选择"图层 9"图层，单击"添加图层蒙版"按钮，创建图层蒙版，隐藏局部区域的图像。

步骤 17　载入图层选区并反选

单击"图层 6"的蒙版缩览图，载入选区。选择"选择"→"反向"命令，反选选区。

步骤 18　隐藏局部图像

单击"图层 9"的蒙版缩览图，应用黑色画笔在选区内涂抹，将人物左下角的图像隐藏。

步骤 19　设置并添加图层样式

双击“图层 9”图层，打开“图层样式”对话框。勾选“投影”复选框，在右侧的选项区中设置“不透明度”为 59%，“距离”为 9 像素，“大小”为 7 像素。设置后单击“确定”按钮，添加投影效果。

步骤 20　设置并羽化选区

单击“快速选择工具”按钮，在绿色背景上单击，创建选区。按快捷键〈Shift+F6〉，打开“羽化选区”对话框。设置“羽化半径”为 2 像素，单击“确定”按钮，羽化选区。

步骤 21　创建纯色填充图层

单击“图层”面板下方的“创建新的填充或调整图层”按钮，在打开的菜单下选择“纯色”命令，打开“拾取实色”对话框。设置颜色为#7f776c，创建“颜色填充 1”调整图层。

步骤 22　设置图层混合模式

选择“颜色填充 1”调整图层，设置“混合模式”为“颜色”。单击“颜色填充 1”的蒙版缩览图，使用较软的黑色画笔在图像上涂抹，去除人像上多余的颜色。

14.3 添加文字和其他图案

本节主要将花朵、蝴蝶结等素材添加到图像中的合适位置，应用调整命令对其颜色进行设置，丰富整个画面。然后使用“横排文字工具”在图像上输入文字，根据整个画面的效果为文字叠加多种样式，最终完成本实例的制作。

步骤 1　创建选区

打开随书光盘\素材\14\10.jpg，使用“魔棒工具”在背景区域单击，创建选区。

步骤 2　反选选区

选择“选择”→“反向”命令，反选选区，选择“选择”→“修改”→“收缩”命令，在打开的对话框中直接单击“确定”按钮，收缩选区。

步骤 3　复制选区内的图像

单击工具箱中的“移动工具”按钮，将选区内的花朵图像移至 01.jpg 素材图像中的合适位置。

步骤 4　调整图层顺序

选择花朵所在的“图层 10”图层，然后将此图层移至“图层 6”图层下方。

步骤 5　设置图层样式

双击“图层 10”图层，打开“图层样式”对话框。勾选“投影”复选框，在右侧的选项区中设置相应的参数，为图像添加投影。

步骤 6　设置色彩平衡

将“图层 10”载入到选区中，单击“调整”面板中的“创建新的色彩平衡调整图层”图标，设置颜色值为+33、+9 和+43。

色调: 阴影
中间调
高光
输入
青色 红色 +33
洋红 绿色 +9
黄色 蓝色 +43

步骤 7 设置色彩平衡 选中“阴影”单选按钮，在面板下方设置颜色值为-15、+3 和 0。	步骤 8 调整花朵颜色 退出“调整”面板，根据上一步所设置的颜色值，调整花朵颜色。
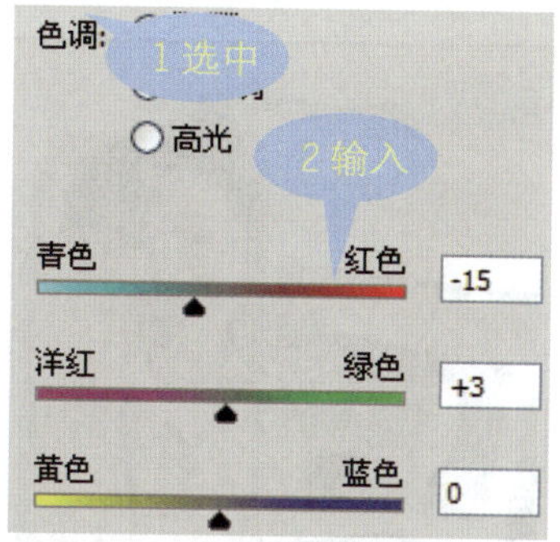	
步骤 9 设置可选颜色 再次载入选区，单击“调整”面板中的“创建新的可选颜色调整图层”图标，在打开的面板中设置相应的参数，调整图像。	步骤 10 设置色阶调整 将“图层 10”载入至选区，创建“色阶 5”调整图层，在打开的面板中设置色阶为 40、0.79、232，调整图像。

步骤 11 调整花朵亮度 将“图层 10”载入至选区，单击“调整”面板中的“创建新的亮度/对比度调整图层”图标，设置亮度和对比度，调整图像影调。	步骤 12 添加蝴蝶结图案 打开随书光盘\素材\14\11.psd，使用“移动工具”把蝴蝶结移至图像中的合适位置。

步骤 13　设置色相/饱和度

载入蝴蝶结选区，单击“调整”面板中的“创建新的色相/饱和度调整图层”图标，在打开的面板中勾选“着色”复选框，然后设置相应的参数。

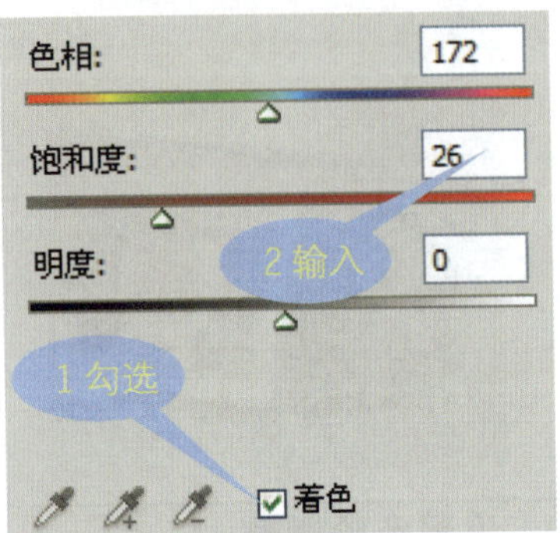

步骤 14　查看图像效果

设置完成后，退出“调整”面板。应用设置的参数值，调整图像颜色，将原红色的蝴蝶结转换为蓝绿调。

步骤 15　调整蝴蝶结亮度

载入蝴蝶结选区，创建“亮度/对比度 2”调整图层。设置“亮度”为 29，“对比度”为-8，调整蝴蝶结的亮度。

步骤 16　设置并添加图层样式

双击“图层 11”图层，打开“图层样式”对话框。勾选“投影”复选框，在右侧的选项区中设置相应的参数，为蝴蝶结添加投影。

步骤 17　创建图像选区

打开随书光盘\素材\14\12.jpg，使用“魔棒工具”在背景区域单击，创建选区。

步骤 18　调整选区

按快捷键 Ctrl+Shift+I，反选选区。选择“选择”→“修改”→“收缩”命令，在打开的对话框中单击“确定”按钮，收缩选区。

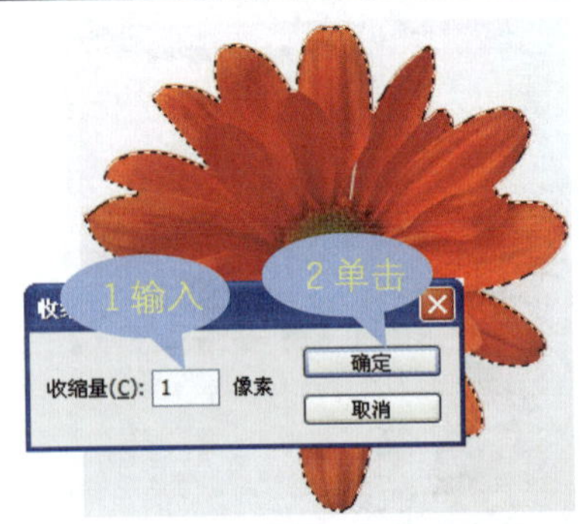

步骤 19　复制并添加投影	步骤 20　设置色彩平衡
将选区内的花朵移至 01.jpg 图像中。双击“图层 12”图层，打开“图层样式”对话框。勾选“投影”复选框，在右侧的选项区中设置相应的参数，为花朵添加投影。	按住 Ctrl 键的同时单击“图层 12”缩览图，载入花朵选区。单击“调整”面板中的“创建新的色彩平衡调整图层”图标，设置颜色值为-72、+100 和+100。
	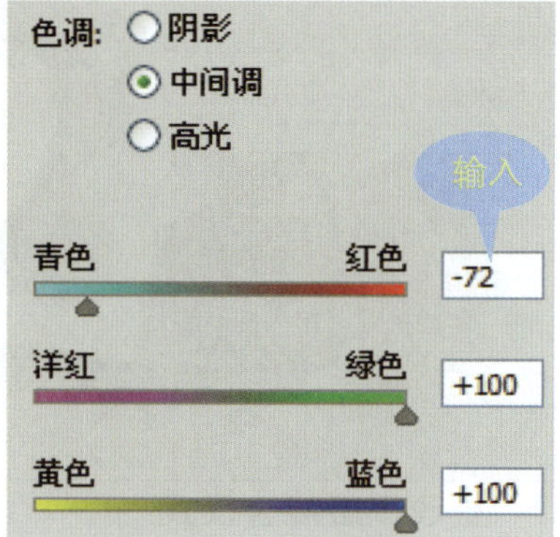
步骤 21　设置色彩平衡	步骤 22　设置参数、调整颜色
选中“阴影”单选按钮在面板下方设置颜色值为-37、+33 和-31。	选中“高光”单选按钮，在面板下方设置颜色值为-61、+20 和+22。然后应用黑色画笔涂抹花朵中心，调整图像颜色。
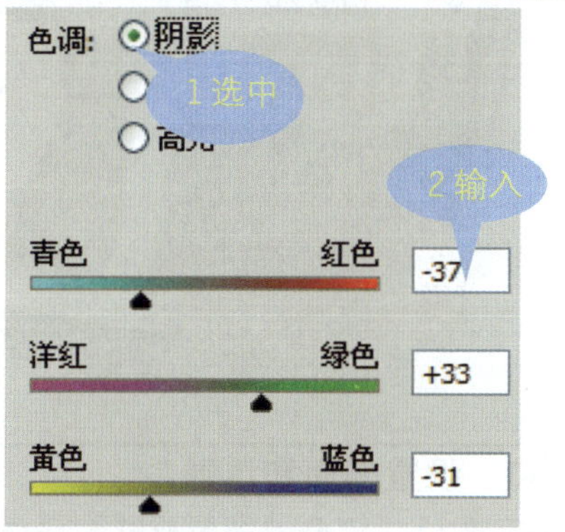	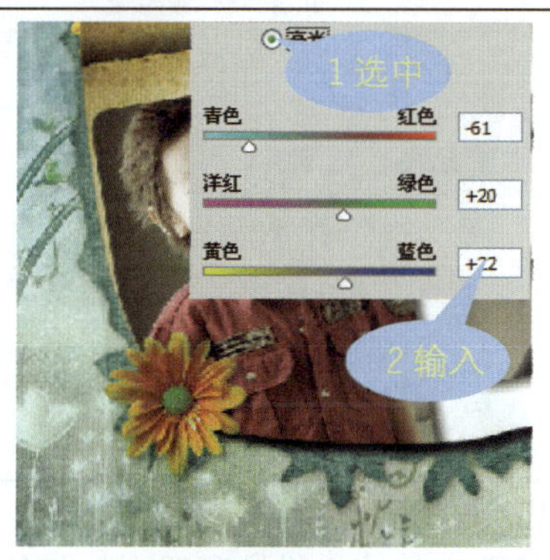
步骤 23　设置可选颜色	步骤 24　查看图像效果
载入“图层 12”选区。单击“调整”面板中的“创建新的可选颜色可选图层”图标，设置百分比为+38%、+16、+56%和-41%。	设置完成后，退出“调整”面板。应用设置的参数值，调整图像颜色。
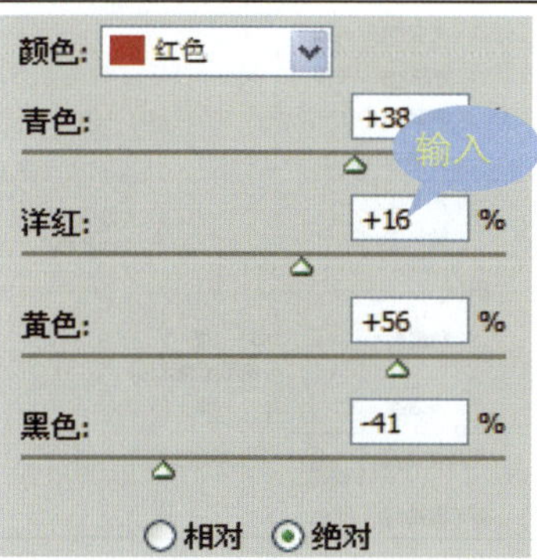	

步骤 25　调整图像亮度/对比度

载入"图层 12"选区。单击"调整"面板中的"创建新的亮度/对比度调整图层"图标☀，在打开的面板中设置相应的参数，调整图像亮度。

步骤 26　创建纯色填充图层

载入"图层 12"选区，创建"颜色填充 2"调整图层。在"拾取实色"对话框中设置填充为#cda22f，为图像填充纯色。

步骤 27　更改图层混合模式

在"图层"面板中确保"颜色填充 2"图层为选中状态，设置"混合模式"为"叠加"，"不透明度"为 56%。

步骤 28　复制花朵

选择"图层 12"及以上的所有图层，按快捷键〈Ctrl+Alt+E〉，盖印选定图层。盖印后再复制一个花朵，分别设置其大小和位置。

步骤 29　设置并输入文字

单击工具箱中的"横排文字工具"按钮T，选择"窗口"→"字符"命令，打开"字符"面板，在面板中设置文本的后输入相应的文字。

步骤 30　设置斜面和浮雕

双击文字图层，打开"图层样式"对话框。勾选"斜面和浮雕"复选框，在右侧的选项区中设置各项参数。

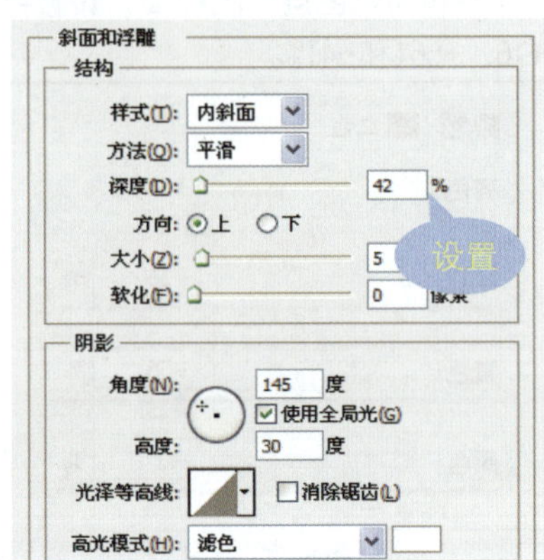

步骤 31 设置纹理 勾选左侧的“纹理”复选框，在右侧的选项区中单击“图案”下拉按钮，选择“灰泥（200×200 像素，灰度模式）”纹理。	步骤 32 设置颜色叠加 勾选左侧的“颜色叠加”复选框，在右侧的选项区中设置“不透明度”为 47%，“颜色”为 b57e1d。
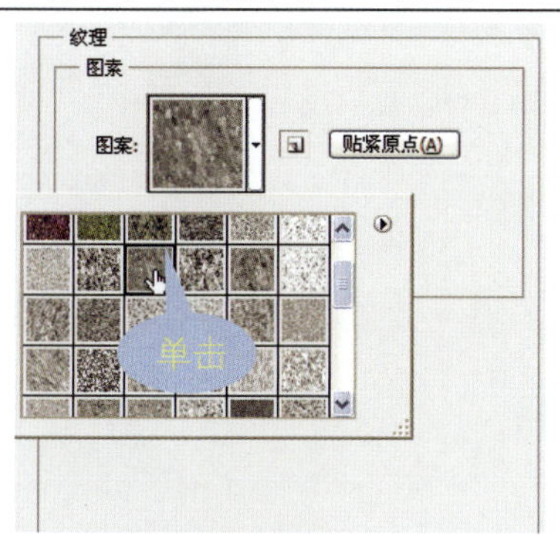	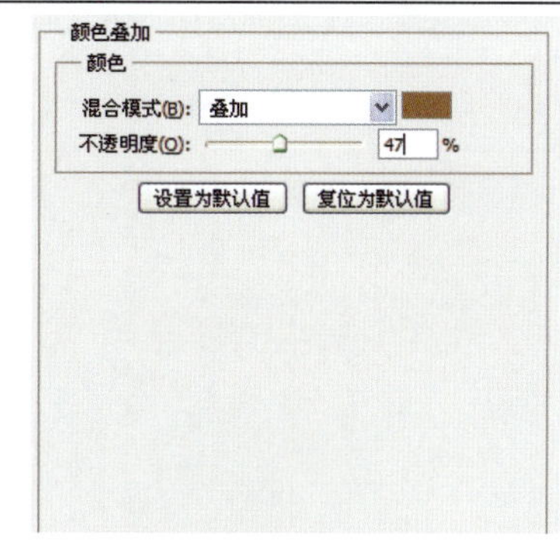
步骤 33 设置图案叠加 勾选左侧的“图案叠加”复选框，在右侧的选项区中单击“图案”下拉按钮，选择“深色粗织物（176×178 像素，灰度模式）”纹理。	步骤 34 添加图层样式 设置完成后单击“确定”按钮，应用设置的样式为文字添加丰富的样式效果。
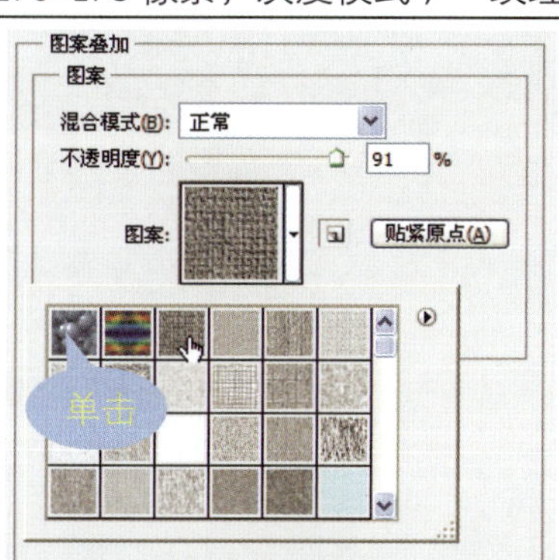	

步骤 35 输入更多的文字

使用“横排文字工具”T在图像上的合适位置输入更多的文字，并根据情况添加上相同的样式。至此，完成本实例的制作。

15 制作个人写真艺术照

现在越来越多的人喜欢拍摄个人写真，可以说是人人都想拥有一套专属于自己的写真集。面对此种情况，各个影楼都推出了不同风格的个人写真。本章实例将具体介绍怎样制作一套个性化的艺术写真照。

本章知识点

- 背景图像的设置
- 美化人物肖像
- 添加文字和其他图案

15.1 背景图像的设置

在制作个人写真时，需要选择一个适合于自己照片的版面。本节将新建一个“制作个性写真艺术照”图像，在新建的图像中添加多张素材图像，然后运用图层混合模式和图层蒙版组合多张素材，设置一个漂亮的写真背景。

步骤 1　新建图像

选择“文件”→“新建”命令，打开“新建”对话框。在“名称”文本框中输入“制作个性写真艺术照”，然后设置“宽度”为10 厘米，“高度”为 7 厘米，“分辨率”为300 像素/英寸。

步骤 2　新建图层填充颜色

完成后单击“确定”按钮，新建图像。单击“创建新图层”按钮，新建“图层 1”图层，将前景色设置为 #fef8e8 。按快捷键〈Alt+Delete〉，填充图像。

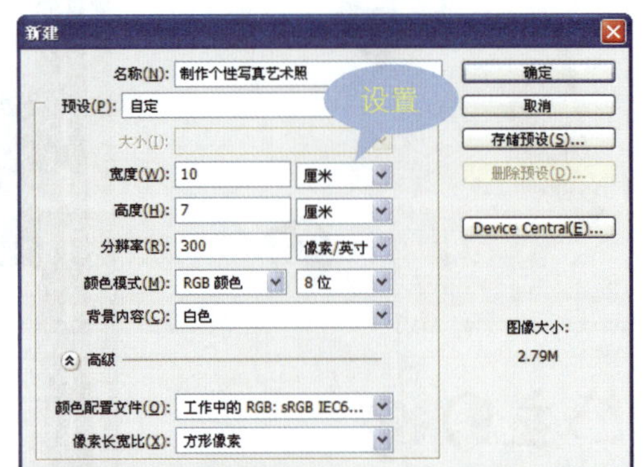

步骤 3　添加白色花纹

打开随书光盘\素材\15\01.psd 花纹素材，并将其复制到新建的图像中，生成“图层 2”图层。

步骤 4　复制图层并调整其位置

选择“图层 2”图层，选择“图层”→“复制图层”命令，复制图像并将其移至图像的另一侧。

步骤 5　添加绿色花纹

打开随书光盘\素材\14\02.psd 花纹素材，并将其复制到新建的图像中，生成“图层 3”图层。

步骤 6　设置图层混合模式

选择“图层 3”图层，设置“混合模式”为“明度”，“不透明度”为 11%。

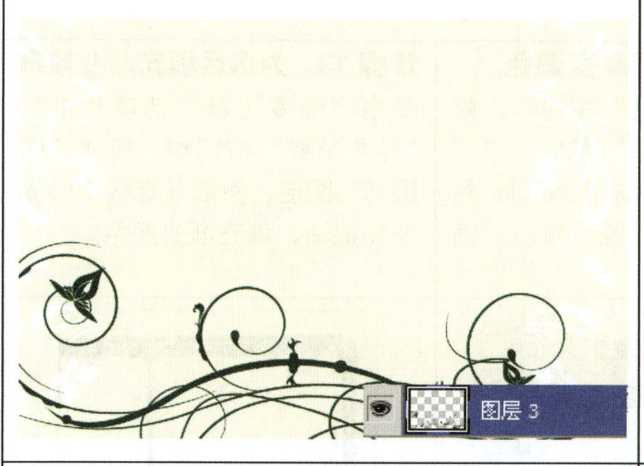

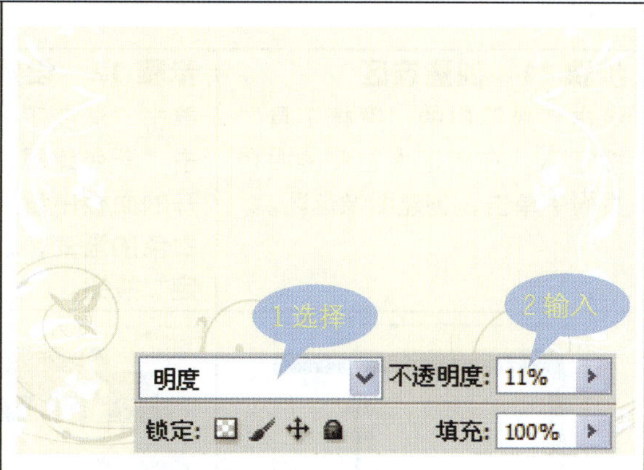

步骤 7　复制图层并调整图像的位置

选择“图层 3”图层，连续按两次快捷键〈Ctrl+J〉，复制图像，然后分别对副本图层中图像的大小和位置进行调整。

步骤 8　添加笔记本素材

打开随书光盘\素材\14\03.psd 笔记本素材，并将其复制到新建的图像中，生成“图层 4”图层。

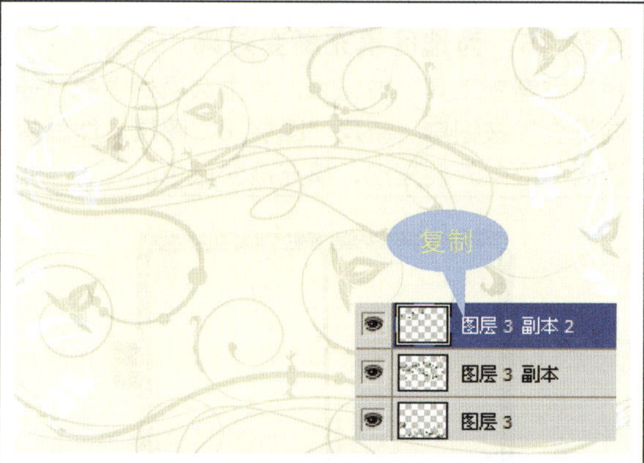

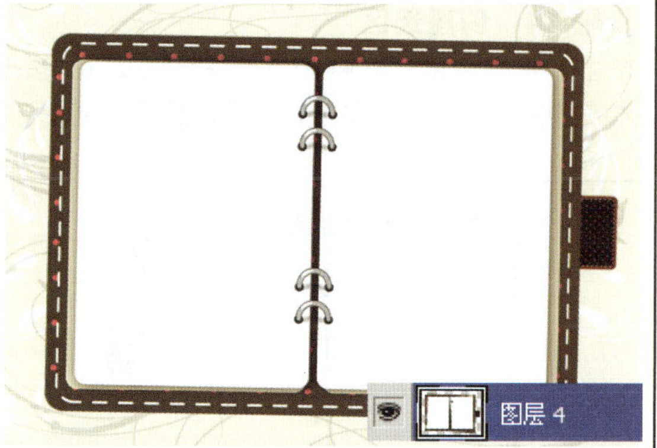

步骤 9　设置并添加投影效果

双击“图层 4”图层，打开“图层样式”对话框。勾选“投影”复选框，在右侧的选项区中设置“不透明度”为 31%，“距离”为 5 像素，“大小”为 5 像素，为笔记本添加投影效果。

步骤 10　创建投影图层

右击“图层 4”下方的“投影”样式，在打开的快捷菜单中选择“创建图层”命令，将投影与原图层分离，得到“图层 4”的投影”图层。按快捷键〈Ctrl+T〉，旋转投影。

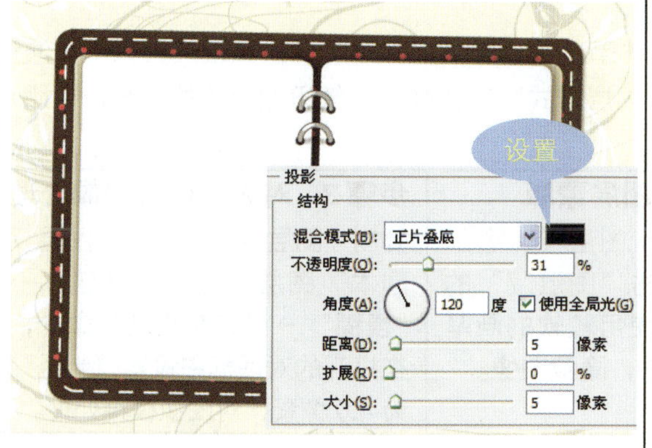

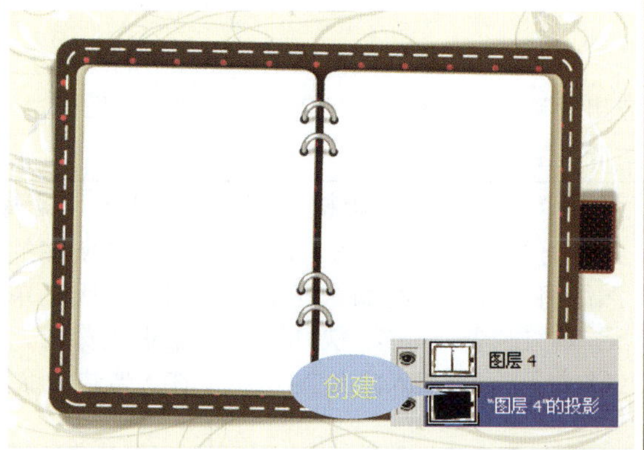

步骤 11 创建选区 单击工具箱中的“魔棒工具”按钮，在笔记本左侧的白色页面中单击，创建图像选区。	步骤 12 设置渐变颜色 单击“渐变工具”按钮，单击“渐变编辑器”图标，在打开的面板中设置从#ebe7d6 到白色的渐变，设置后单击“确定”按钮。	步骤 13 为选区填充渐变效果 单击“渐变工具”选项栏中的“径向渐变”按钮。新建“图层 5”图层，然后从选区中心向外侧拖动，填充渐变颜色。

步骤 14 创建选区 单击工具箱中的“魔棒工具”按钮，在笔记本左侧的白色页面中单击，创建图像选区。	步骤 15 为选区填充渐变效果 单击“渐变工具”按钮，单击选项栏中的“径向渐变”按钮。新建“图层 6”图层，然后从选区中心向外侧拖动，填充渐变颜色。

15.2 美化人物肖像

写真照中最主要的部分就是照片中的人物了。本节将把人物的照片添加到设置好的背景中，通过应用调整命令对照片的颜色进行处理。然后通过“图层样式”对话框为人像添加合适的阴影，让照片与背景图像融合在一起。

步骤 1 添加人像素材	步骤 2 编辑图层蒙版	步骤 3 对人像进行模糊处理
打开随书光盘\素材\15\04.jpg，然后将打开的人物图像移至笔记本左侧。按快捷键〈Ctrl+T〉，调整人像大小。	为人像所在的“图层 7”添加图层蒙版，单击“图层 7”的蒙版缩览图，使用较软的画笔在人像边缘涂抹，隐藏图像。	复制“图层 7”，生成“图层 7 副本”图层。选择“滤镜”→“模糊”→“高斯模糊”命令，在打开的对话框中设置“半径”为 4.0 像素，对图像模糊处理。

步骤 4 设置图层混合模式

选择"图层 7 副本"图层，设置"混合模式"为"滤色"，"不透明度"为 29%。

步骤 5 调整亮度/对比度

按住 Ctrl 键的同时单击"图层 7 副本"的缩览图，创建"亮度/对比度 1"调整图层，在打开的面板中设置各项参数。

步骤 6 设置可选颜色

载入蒙版选区，单击"调整"面板中的"创建新的可选颜色调整图层"图标，在打开的面板中选择"黄色"选项，设置颜色百分比为-8%、+2%、-7%和 0%。

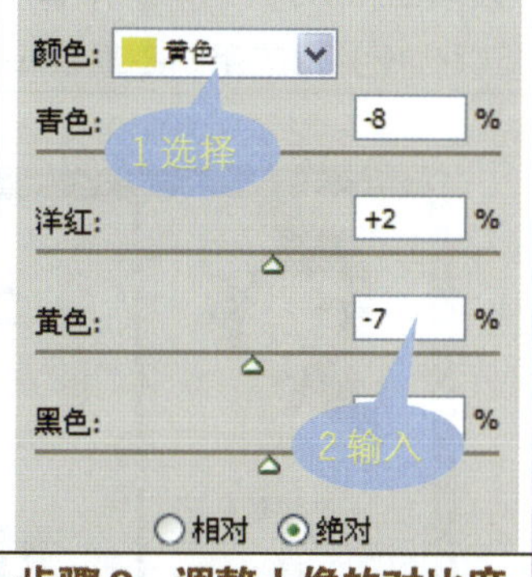

步骤 7 调整图像颜色

设置完成后，退出"调整"面板。应用设置的参数值，适当调整图像颜色。

步骤 8 设置滤镜、调整图像颜色

载入蒙版选区，单击"调整"面板中的"创建新的照片滤镜调整图层"图标，在打开的面板中选择"青"滤镜，设置"浓度"为 10，调整人像颜色。

步骤 9 调整人像的对比度

载入蒙版选区，单击"调整"面板中的"创建新的曲线调整图层"图标，在打开的面板中选择"中对比度（RGB）"曲线，增强人像对比度。

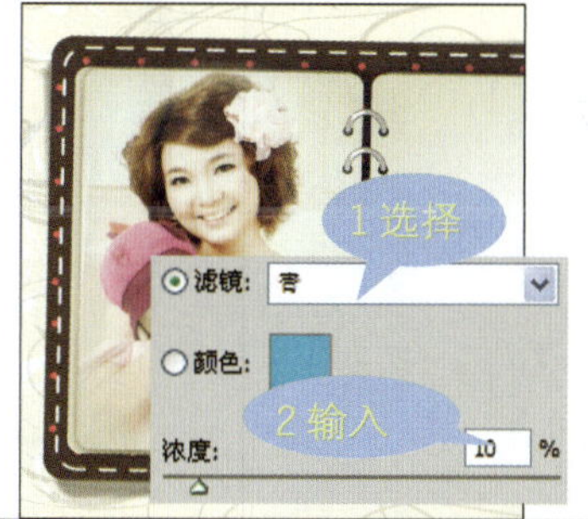

步骤 10　添加人物图像	步骤 11　设置图层样式	步骤 12　添加内阴影效果
打开随书光盘\素材\15\05.jpg，并将其移至笔记本右侧。选择“编辑”→“变换”→“斜切”命令，变换图像。	双击“图层 8”，打开“图层样式”对话框。勾选“内阴影”复选框，然后在右侧的选项区中设置内相应的参数。	根据上一步设置的“内阴影”样式，为人像添加逼真的内阴影效果。
	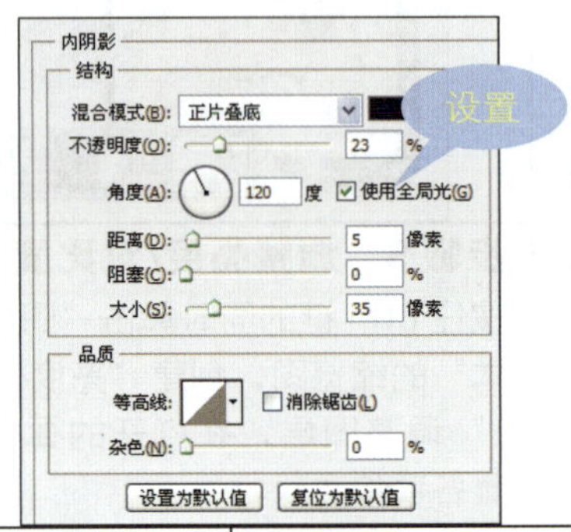	

步骤 13　复制图层并模糊图像	步骤 14　编辑图层蒙版
选择“图层 8”图层，按快捷键〈Ctrl+J〉，复制图层，生成“图层 8 副本”图层。按快捷键〈Ctrl+F〉，应用“高斯模糊”滤镜模糊图像。	为“图层 8 副本”图层添加图层蒙版，单击“图层 8 副本”的蒙版缩览图，使用较软的黑色画笔在人像上涂抹，还原清晰的人物。
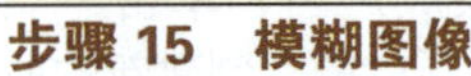	

步骤 15　模糊图像	步骤 16　设置图层混合模式
同时选中“图层 8”和“图层 8 副本”图层，按快捷键〈Ctrl+Alt+E〉，盖印选定图层。按快捷键〈Ctrl+F〉，再次应用“高斯模糊”滤镜模糊图像。	选择盖印的“图层 8 副本（合并）”图层，设置此图层的“混合模式”为“滤色”，“不透明度”为 11%。

步骤 17 载入选区并调整选区图像亮度

按住 Ctrl 键的同时单击“图层 8 副本（合并）”图层缩览图，创建“亮度/对比度 2”调整图层，在打开的面板中设置相应参数，调整图像的亮度。

步骤 18 设置可选颜色

载入“图层 8 副本（合并）”选区，单击“调整”面板中的“创建新的可选颜色调整图层”图标，在打开的面板中选择“黄色”选项，设置颜色百分比为-8%、+2%、-7%和 0%。

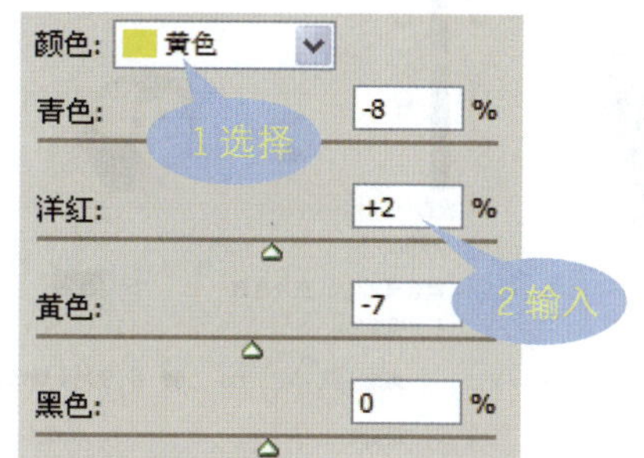

步骤 19 调整人物的亮度

设置完成后，退出“调整”面板。应用设置的参数值，适当调整图像颜色。

步骤 20 设置照片滤镜，变换图像色调

载入“图层 8 副本（合并）”选区，单击“调整”面板中的“创建新的照片滤镜调整图层”图标，在打开的面板中选择“青”滤镜，设置“浓度”为 10，调整人像颜色。

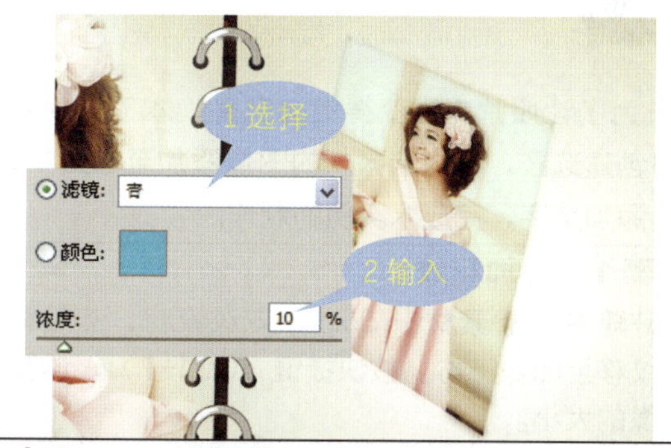

步骤 21 应用曲线调整人像对比度

载入“图层 8 副本（合并）”选区，单击“调整”面板中的“创建新的曲线调整图层”图标，在打开的面板中选择“中对比度（RGB）”曲线，增强人像对比度。

步骤 22 绘制选区并将其填充为白色

新建“图层 9”图层，单击工具箱中的“多边形套索工具”按钮，在人物图像外围绘制多边形选区，之后按快捷键〈Alt+Delete〉，将选区填充为白色。

步骤 23 设置并添加投影效果 双击“图层 9”图层，打开“图层样式”对话框。勾选“投影”复选框，在右侧的选项区中设置相应的参数，为白色边框添加投影效果。	**步骤 24 复制图像** 选择“图层 9”及其以上的所有图层，按快捷键〈Ctrl+Alt+E〉，生成“曲线 2（合并）”图层，然后调整盖印图层中图像的大小和位置。
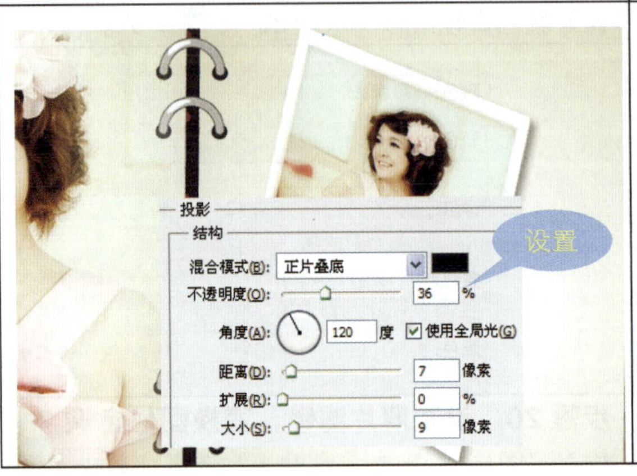	

15.3 添加文字和其他图像

为了让照片内容变得更加完整，本节将为照片添加一些装饰的图案，丰富整个画面。通过在素材中创建选区，再将选区内的图像添加至画面中，然后结合调整命令对颜色进行处理，最后使用文字工具添加文字，完成本实例的制作。

步骤 1 添加花纹 打开随书光盘\素材\15\06.psd 花纹素材，然后将花纹移至图像下方。按快捷键〈Ctrl+T〉，调整图像的大小。	**步骤 2 复制图层并更改其混合模式** 选择花纹所在的“图层 10”图层，设置“混合模式”为“颜色加深”，“不透明度”为 66%。按快捷键〈Ctrl+J〉，复制图像并移至另一侧。

步骤 3 创建选区 打开随书光盘\素材\15\07.jpg 叶子素材，使用“魔棒工具”在空白区域单击，创建图像选区。	**步骤 4 反选选区** 选择“选择”→“反向”命令，或按快捷键〈Ctrl+Shift+I〉，反选选区。	**步骤 5 复制叶子至人物图像中** 使用“移动工具”把选区内的叶子图像移至人物头部的上方。按快捷键〈Ctrl+T〉，调整叶子的大小。

步骤 6　设置可选颜色

载入叶子选区，单击“调整”面板中的“创建新的色彩平衡调整图层”图标⚖，在打开的面板中设置颜色值为+48、-78和-69。

步骤 7　设置可选颜色

选中“阴影”单选按钮，然后在下方分别设置颜色值为+29、+9和+40。

步骤 8　更改叶子颜色

设置完成后，退出“调整”面板。应用设置的参数值，调整叶子的颜色。

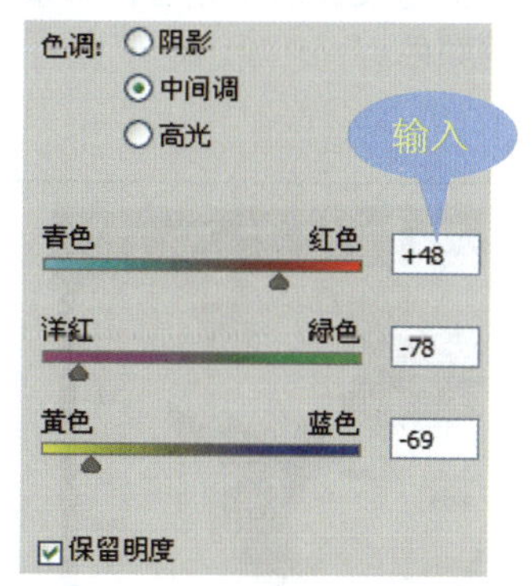

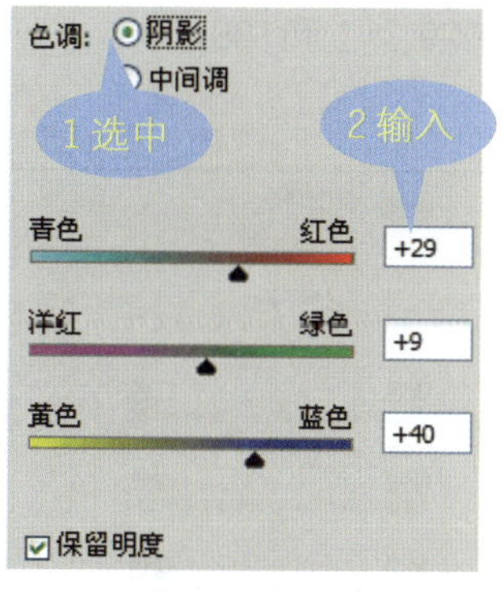

步骤 9　调整亮度/对比度

载入叶子选区，单击“调整”面板中的“创建新的亮度/对比度调整图层”图标☀，在打开的面板中设置“亮度”为 24，“对比度”为 23，调整叶子的亮度。

步骤 10　降低透明度

选择“图层 11”及其以上图层，按快捷键〈Ctrl +Alt+E〉，生成“亮度/对比度 3（合并）”图层。设置“不透明度”为 70%，再对其大小和位置进行调整。

步骤 11　调整图像不透明度

选择“图层 11”中的叶子图像，在“图层”面板中将该图层的“不透明度”设置为 62%，降低图像的饱和度。

步骤 12　创建选区

打开随书光盘\素材\15\08.jpg 叶子素材，使用“魔棒工具”在区域单击，创建图像选区。

步骤 13　收缩叶子选区

反选选区，选择“选择”→“修改”→“收缩”命令，在打开的对话框中设置“收缩量”为 1，收缩选区。

步骤 14　复制叶子至人像中

使用“移动工具”把选区内的叶子图像移至人物的头部上方，按快捷键〈Ctrl+T〉，调整叶子的大小。

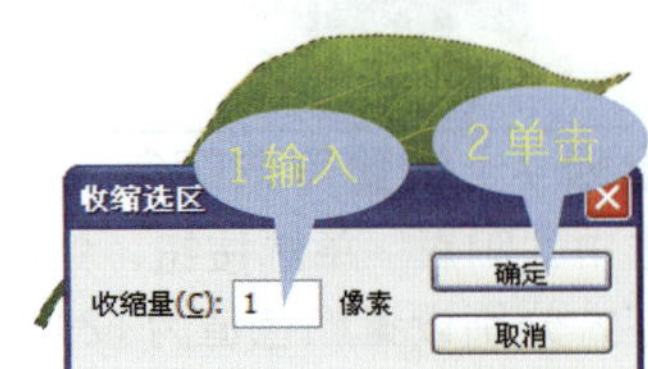

步骤 15　设置可选颜色

将“图层 12”载入选区，单击“调整”面板中的“创建新的色彩平衡调整图层”图标，在打开的面板中设置颜色值为+73、-58 和-20。

步骤 16　设置可选颜色

选中“阴影”单选按钮，然后在下方分别设置颜色值为+29、-1 和+38。

步骤 17　变换叶子颜色

设置完成后，退出“调整”面板。应用设置的参数值，调整叶子的颜色。

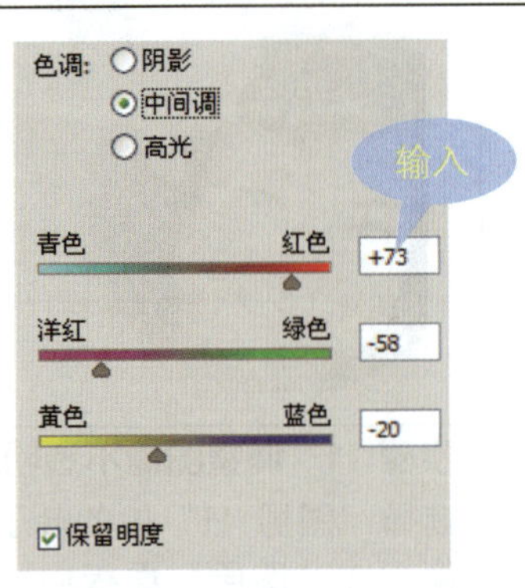

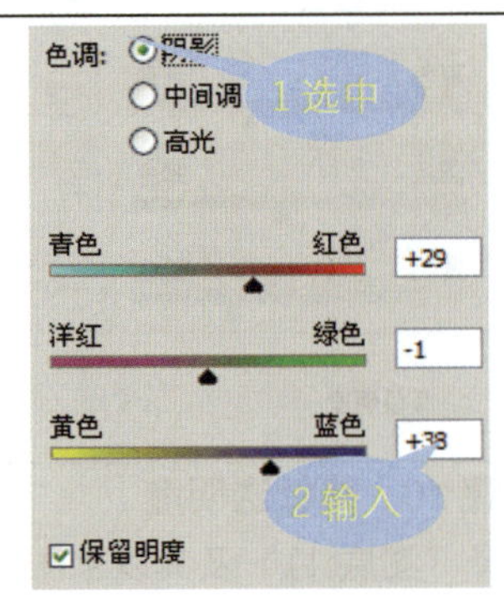

步骤 18　设置色阶和对比度

将“图层 12”载入选区，单击“调整”面板中的“创建新的色阶调整图层”图标，在打开的面板中选择“增加对比度 2”预设色阶，调整图像。

步骤 19　复制图层

选择“图层 12”及其以上图层，按快捷键〈Ctrl+Alt+E〉，生成“色阶 1（合并）”图层，再连续复制多个副本图层。

步骤 20　调整各图层叶子

分别根据情况对各个图层中叶子的大小和位置进行调整，得到飘洒的落叶效果。

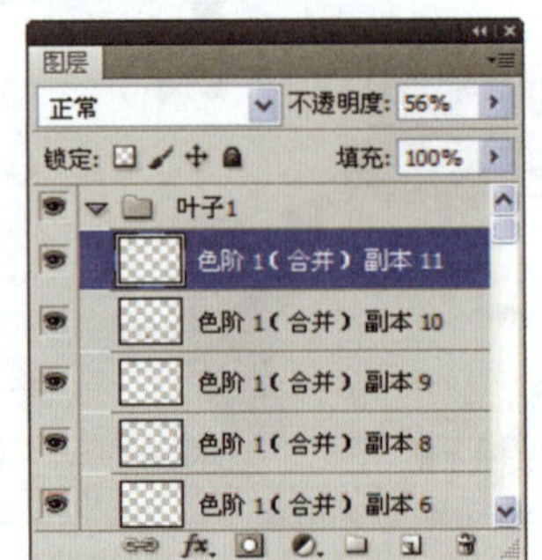

步骤 21 添加黄色叶子

打开随书光盘\素材\14\09.psd 叶子素材，然后将打开的素材图像移至笔记本的中间位置。按快捷键〈Ctrl+T〉，调整黄色叶子的大小。

步骤 22 设置可选颜色

将“图层 13”载入选区，单击“调整”面板中的“创建新的色彩平衡调整图层”图标，在打开的面板中分别设置“中间调”颜色值为+90、-82 和-79，“阴影”颜色值为-15、-68 和+31。

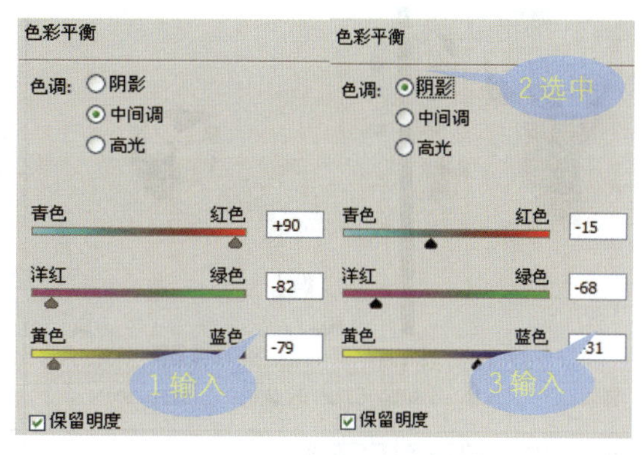

步骤 23 变换图像的颜色

设置完成后，退出“调整”面板。应用设置的参数值，调整叶子的颜色，将原淡黄色的叶子转换为深黄色调。

步骤 24 设置曲线，调整图像

将“图层 13”载入选区，单击“调整”面板中的“创建新的曲线调整图层”图标，在打开的面板中单击并拖动曲线，调整叶子的亮度。

步骤 25 对叶子进行描边

双击“图层 13”图层，打开“图层样式”对话框。勾选“描边”复选框，在右侧的选项组中设置“大小”为 3 像素，“颜色”为白色，为图像进行描边。

步骤 26　调整图像的不透明度

选择“图层 13”及其以上图层，按快捷键〈Ctrl+Alt+E〉，生成“曲线 3（合并）”图层。设置其“不透明度”为 31%，隐藏“图层 13”和上方的两个调整图层。

步骤 27　为各图层设置合适的不透明度

选择“曲线 3（合并）”图层，按 4 次快捷键〈Ctrl+J〉，复制图层。设置“曲线 3（合并）副本”和“曲线 3（合并）副本 2”的“不透明度”为 45%，“曲线 3（合并）副本 3”和“曲线 3（合并）副本 4”的“不透明度”为 50%。

步骤 28　编辑图层蒙版

选择“曲线 3（合并） 副本 2”图层，为其添加图层蒙版。单击“渐变工具”按钮，设置前景色为黑色。单击“曲线 3（合并）副本 2”蒙版缩览图，然后从叶子下方向上拖动鼠标，创建渐隐效果。

步骤 29　盖印选定图层

选择“曲线 3（合并）”至“曲线 3（合并）副本 5”图层，按快捷键〈Ctrl+Shift+Alt+E〉，生成“曲线 3（合并）副本 5（合并）”图层。

步骤 30　复制图层

将“曲线 3（合并）副本 5（合并）”图层”移至“图层 2 副本”上方，按快捷键〈Ctrl+J〉，复制图层，再分别调整各图层中叶子的大小和位置。

步骤 31　输入文字

单击工具箱中的“横排文字工具”按钮T，打开“字符”面板。在面板中设置文字属性后，在画面中的合适位置输入文字。

步骤 32　设置“投影”样式

双击文字图层，打开“图层样式”对话框。勾选“投影”复选框，在右侧的选项区中设置“不透明度”为 75%，“距离”为 10 像素，“大小”为 5 像素。

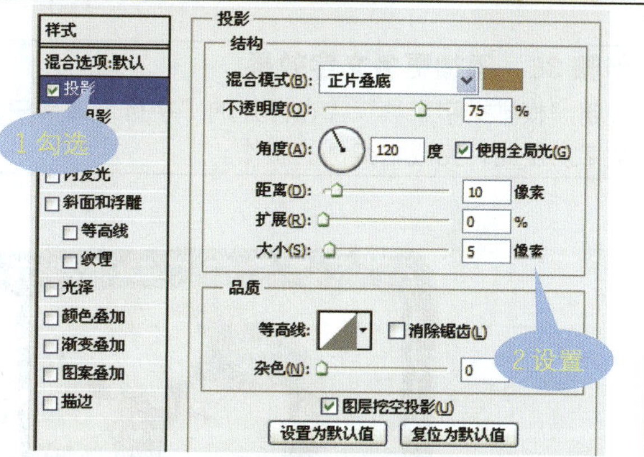

步骤 33　设置“斜面和浮雕”样式

勾选对话框左侧的“斜面和浮雕”复选框，然后在右侧的选项区中设置浮雕的“深度”为 11%，“大小”为 5 像素。

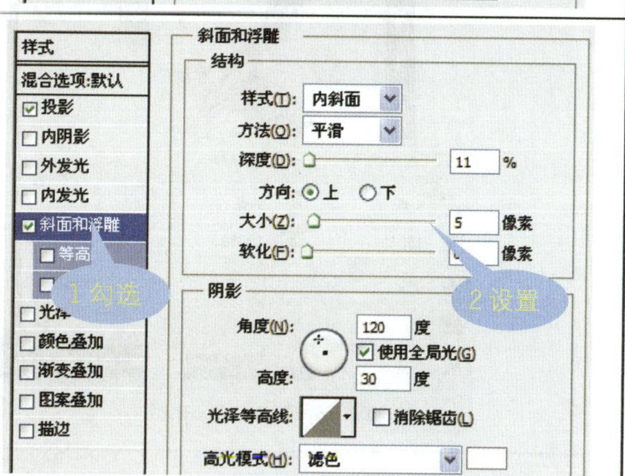

步骤 34　设置“描边”样式

勾选对话框左侧的“描边”复选框，然后在右侧的选项区中设置描边的“大小”为 1 像素，“颜色”为#bd6d35。

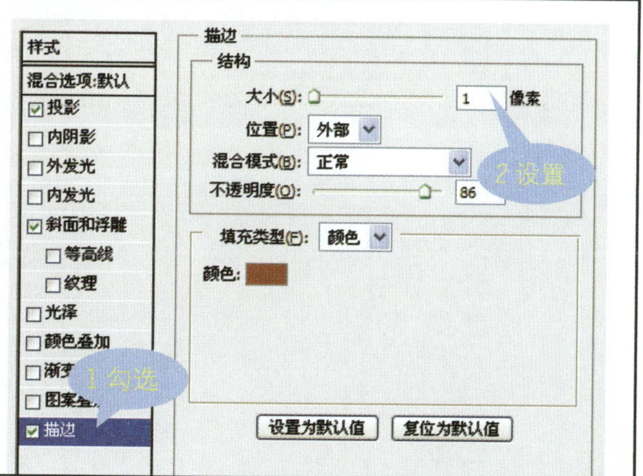

步骤 35　在文字中应用样式效果

确认设置，关闭对话框，应用设置的图层样式为输入的文字添加丰富的样式效果。

步骤 36　添加更多文字效果

使用“横排文字工具”在打开的“字符”面板中设置文字属性后，在画面中的合适位置再次输入文字。至此，完成本实例的制作。

16 唯美风格婚纱照片的处理

优秀的婚纱摄影作品往往能给人以视觉冲击感，很多专业的摄影师或婚纱摄影机构就因为具有自己独特的艺术风格而深受人们喜爱。本章实例将介绍唯美风格的婚纱艺术照片的制作过程。

本章知识点

- 婚纱照片的艺术调色
- 背景图像的绘制
- 在图像中添加主题文字

16.1 婚纱照片的艺术调色

照片整体色调的控制是决定最终效果的一个重要因素。本小节将对婚纱照片的色调进行处理，使拍摄出来的照片更具有艺术感，首先选择单个通道中的图像进行复制，对照片的整体色调进行变换，再结合滤镜和其他的调整命令对影调进行修饰，设置唯美的照片色调。

步骤 1　打开素材并复制图层

打开随书光盘\素材\16\01.jpg 素材照片，将“背景”图层拖动至“创建新图层”按钮上，生成“背景副本”图层。

步骤 2　设置图层混合模式

选择“背景副本”图层，设置“混合模式”为“滤色”，“不透明度”为 44%。

步骤 3　创建图像选区

单击“套索工具”按钮，在选项栏中设置“羽化”值为 60px。在人物区域创建选区，选择“选择”反向”命令，反选选区。

步骤 4　降低选区内图像的明暗度

单击“调整”面板中的“创建新的亮度/对比度调整图层”图标，在打开的面板中设置“亮度”为-24，“对比度”为-5，降低背景区域的亮度。

步骤 5　复制“绿”通道

盖印图层，并切换至“通道”面板。选择“绿”通道，按快捷键〈Ctrl+A〉，全选“绿”通道图像，然后按快捷键〈Ctrl+C〉，复制图像。

步骤 6　将“绿”通道图像粘贴至“蓝”通道

选择“蓝”通道图像，按快捷键〈Ctrl+V〉，将“绿”通道中的图像粘贴到此通道中，再返回“图层”面板，查看变换色调后的图像。

步骤 7 设置色相/饱和度

盖印图层，单击“调整”面板中的“创建新的色相/饱和度调整图层”图标，在打开的面板中直接设置参数值为-5、+7和+4。

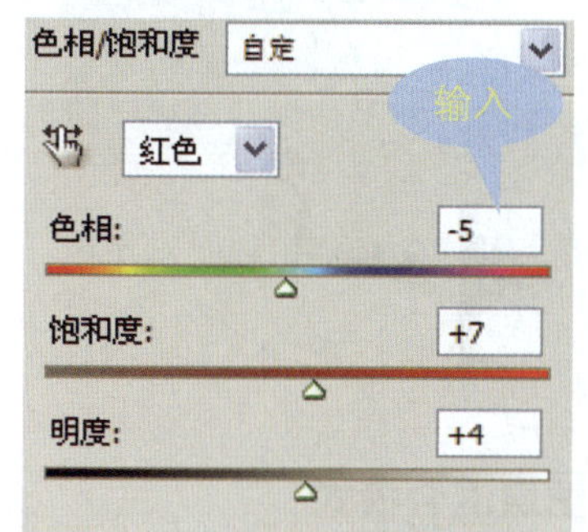

步骤 8 设置色相/饱和度

单击“颜色”右侧的下拉按钮，选择“黄色”选项，然后在面板下方设置参数值为-45、+35 和+40。

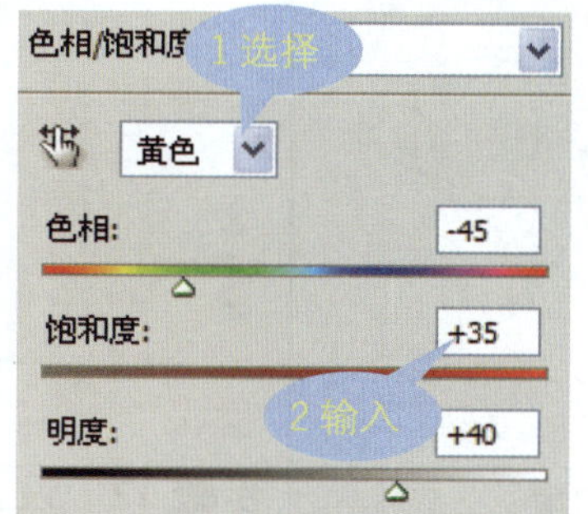

步骤 9 设置色相/饱和度

单击“颜色”右侧的下拉按钮，选择“青色”选项，然后在面板下方设置参数值为+7、+14 和+0。

步骤 10 调整图像的颜色

设置完成后，退出“调整”面板，返回至图像中。根据上一步设置的参数值，调整图像中各颜色区域的饱和度。

步骤 11 复制“红”通道图像

切换至“通道”面板，选择“红”通道图像。按快捷键〈Ctrl+A〉，全选“红”通道图像，然后按快捷键〈Ctrl+C〉，复制图像。

步骤 12 粘贴“红”通道图像

返回至“图层”面板，新建“图层 2”图层，按快捷键〈Ctrl+V〉，粘贴图像。设置“混合模式”为“滤色”，“不透明度”为 54%。

步骤 13 设置“动感模糊”滤镜

盖印图层，选择“滤镜”→“模糊”→“动感模糊”命令，打开“动感模糊”对话框。设置“角度”为 0，“距离”为 798，单击“确定”按钮，模糊图像。

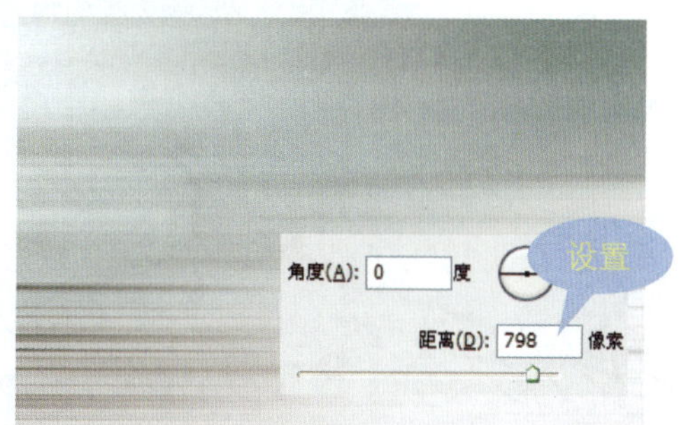

步骤 14 设置图层混合模式

选择“图层 3”图层，设置“混合模式”为“柔光”。单击“套索工具”按钮，在选项栏中设置“羽化”值为 60px，勾出人物图像，按〈Delete〉键将其删除。

步骤 15 创建色阶调整

创建“色阶 1”图层，在打开的面板中设置参数值为 80、0.95 和 247，调整图像。应用较软的黑色画笔在人像上涂抹，还原影调。

步骤 16 增加图像的颜色饱和度

创建“色相/饱和度 2”图层，在打开的面板中设置参数值为-5、+24 和+12，调整图像。应用较软的黑色画笔在人像上涂抹，还原颜色。

步骤 17 设置图层混合模式

选择“背景”图层，按快捷键〈Ctrl+J〉，生成“背景副本 2”图层。将此图层置于最上方，设置“混合模式”为“明度”。

步骤 18 编辑图层蒙版

选择“背景副本 2”图层，单击“添加图层蒙版”按钮，添加图层蒙版。应用较软的黑色画笔在天空区域涂抹，还原涂抹区域的颜色。

步骤 19 调整天空颜色的对比度

使用“套索工具”在天空上方创建选区，单击“调整”面板中的“创建新的色阶调整图层”图标，设置参数值为 100、0.85 和 255，加深天空颜色。

步骤 20 模糊图像

盖印图层，选择“滤镜”→“模糊”→“高斯模糊”命令，在打开的对话框中设置“半径”为 4.0，设置后单击“确定”按钮，模糊图像。

步骤 21 更改图像混合模式

为“图层 4”添加图层蒙版，应用黑色柔角画笔在人物图像四周涂抹，还原清晰图像，然后将“混合模式“更改为“柔光”。

步骤 22 曲线调整图像

创建“曲线 1”调整图层，在打开的面板中选择“中对比度（RGB）”曲线，调整图像，增加图像的对比度。

步骤 23 “减少杂色”滤镜

盖印图层，选择“滤镜”→“杂色”→“减少杂色”命令，打开“减少杂色”对话框，在对话框中设置各项参数。

强度(T): 8
保留细节(D): 0
减少杂色(C): 100 %
锐化细节(H): 15 %
移去 JPEG 不自然感(R)
设置

步骤 24 去除杂色效果

根据上一步设置的“减少杂色”滤镜对图像中的杂点进行去除，得到光洁的图像效果。

步骤 25 编辑图层蒙版

为“图层 5”添加图层蒙版，单击相应的蒙版缩览图，选用较软的黑色画笔涂抹除天空的图像，得到清晰的人像。

步骤 26 创建选区

单击工具箱中的“修补工具”按钮，在天空中颜色不均区域单击并拖动鼠标，创建选区。

步骤 27 修补图像

将选区内的图像拖动至干净的位置后释放鼠标，修饰图像，继续使用“修补工具”对图像的颜色进行修整。

步骤 28　绘制渐变效果

新建“图层 6”图层，将前景色设置为黑色。单击“渐变工具”按钮，在选项栏中选择“前景色到透明渐变”，从图像中心向外侧拖动鼠标，填充径向渐变效果。

步骤 29　设置图层混合模式

选择“图层 6”图层，设置“混合模式”为“叠加”，使用“橡皮擦工具”将天空中过暗区域的图像擦除，至此完成照片的色彩调整。按快捷键〈Ctrl+Shift+Alt+E〉，盖印图层。

16.2 背景图像的绘制

在一个好的婚纱作品中，漂亮的背景可以起到美化照片的作用。本节将新建一个文档，然后将准备好的素材图像添加至新建的文件中。通过调整混合模式叠加图像，应用绘图工具在图像中进行不同形状的绘制并将人像添加至背景中，使其与整个图像影调统一。

步骤 1　设置新建文件的大小

选择“文件”→“新建”命令，打开“新建”对话框。在“名称”文本框中输入“唯美风格婚纱照片的处理”，并设置图像的大小。

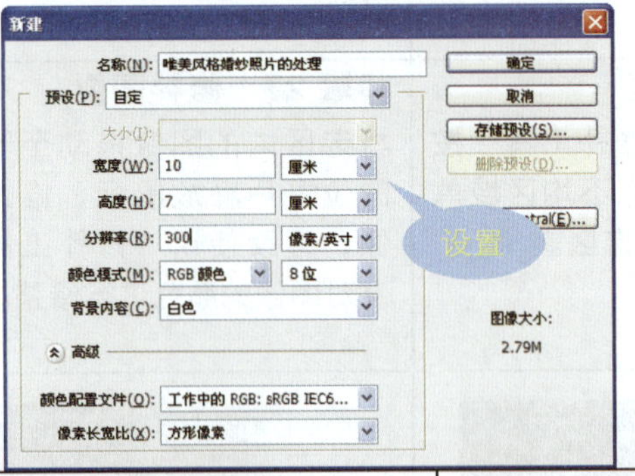

步骤 2　在新建的图像中添加素材

打开随书光盘\素材\16\02.jpg，再将其复制到新建的图像上，设置“不透明度”为 24%。

步骤 3　复制图像

选择“图层 1”图层，按快捷键〈Ctrl+J〉，复制多个花朵背景，然后分别将其拖动至不同的位置。

步骤 4　添加邮票素材

打开随书光盘\素材\16\03.jpg 素材，再将打开的图像移至新建的图像中，根据情况调整图像大小。

步骤 5　设置图像混合模式

打开随书光盘\素材\16\04.jpg，并将打开的图像移至新建的图像中。设置“混合模式”为“正片叠底”，“不透明度”为 75%。

步骤 6　创建选区

选择"图层 2"图层，使用"魔棒工具"在图像中间单击，创建选区。

步骤 7　添加图层蒙版

选择"图层 3"图层，单击"图层"面板底部的"添加图层蒙版"按钮，添加蒙版效果。

步骤 8　载入选区

按住〈Ctrl〉键不放，单击"图层 3"的蒙版缩览图，载入选区，新建"图层 4"图层。

步骤 9　设置"描边"选项

选择"编辑"→"描边"命令，打开"描边"对话框。设置"宽度"为 2px，"颜色"为#e4e4e4。

步骤 10　对选区进行描边

确认"描边"选项，返回图像窗口，对绘制的选区进行描边操作。

步骤 11　绘制矩形选区

单击工具箱中的"矩形选框工具"按钮，在图像左侧绘制一个矩形选区。

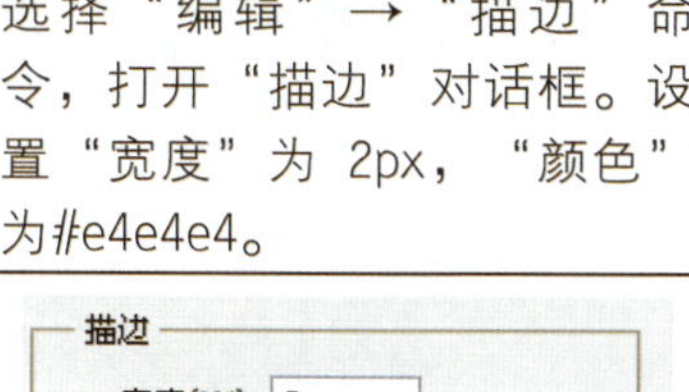

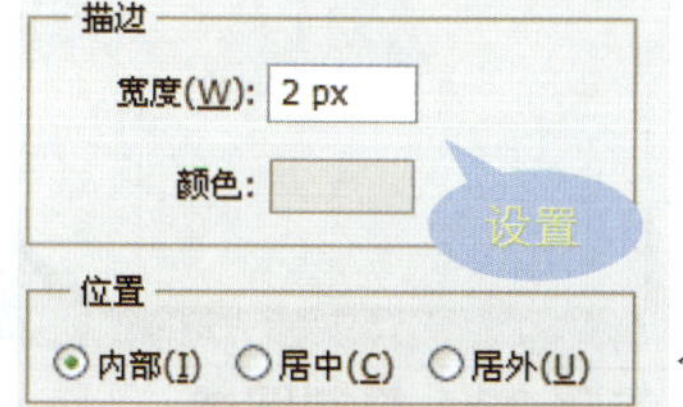

步骤 12　设置渐变颜色

单击"渐变工具"按钮，设置前景色为#eaeaea，背景色为白色。在选项栏中选择"前景色到背景色渐变"，单击"确定"按钮。

步骤 13　为选区填充渐变

新建"图层 5"图层，之后单击"线性渐变"按钮，从选区右侧向左拖动鼠标，填充渐变效果。

步骤 14　将路径转换为选区

使用"钢笔工具"在图像中绘制路径，之后按快捷键〈Ctrl+Enter〉，从而将绘制的路径转换为选区。

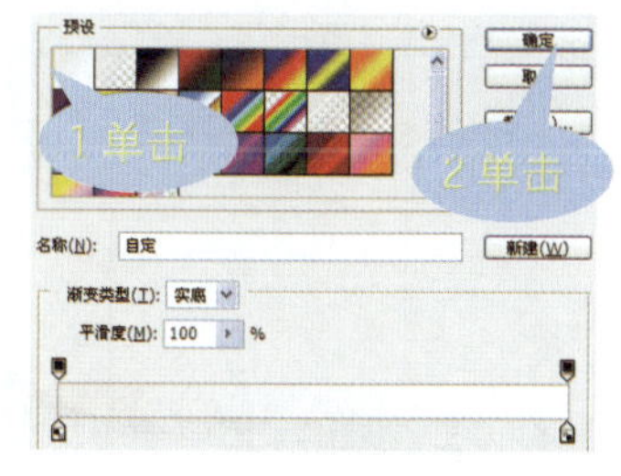

步骤 15　设置渐变颜色	步骤 16　创建选区填充渐变	步骤 17　绘制直线
单击“渐变工具”按钮，设置前景色为#e2e2e2，背景色为白色。在选项栏中选择“前景色到背景色渐变”，单击“确定”按钮。	新建“图层 6”图层，单击“线性渐变”按钮，从选区左侧向右拖动鼠标，填充渐变效果。	设置前景色为#5959592，新建“图层 6”图层。单击“直线工具”按钮，设置“粗细”为 6px，在图像中绘制一条直线。
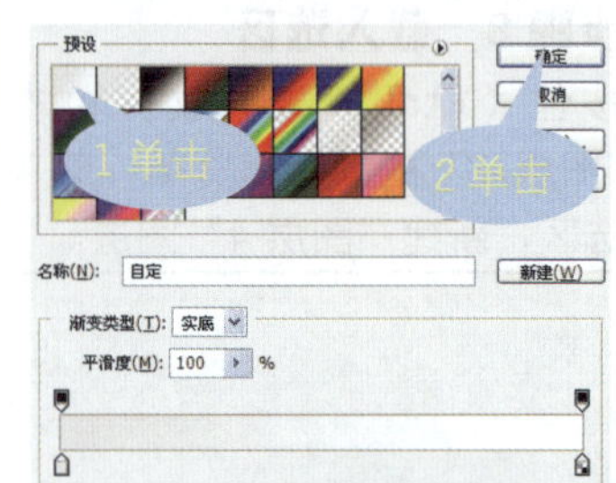		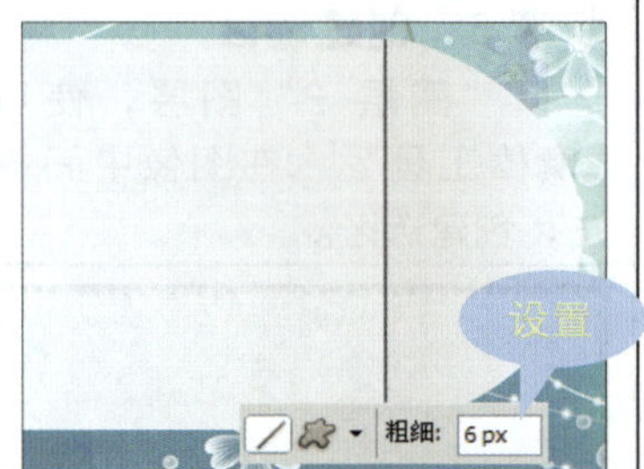
步骤 18　盖印选定图层	**步骤 19　调整图层顺序**	**步骤 20　模糊投影图像**
同时选取“图层 5”、“图层 6”和“图层 7”图层，按快捷键〈Ctrl+Alt+E〉，生成“图层 7（合并）”图层。	按住〈Ctrl〉键的同时单击“图层 7（合并）”的图层缩览图，载入选区，并将其填充为黑色。然后将此图层移至“图层 4”上方，按快捷键〈Ctrl+T〉，旋转图像。	选择“滤镜”→“模糊”→“高斯模糊”命令，打开“高斯模糊”对话框。设置“半径”为 7 像素，单击“确定”按钮，模糊图像。
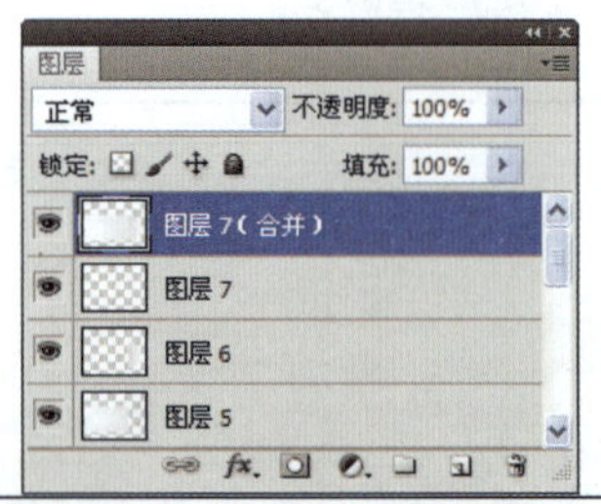		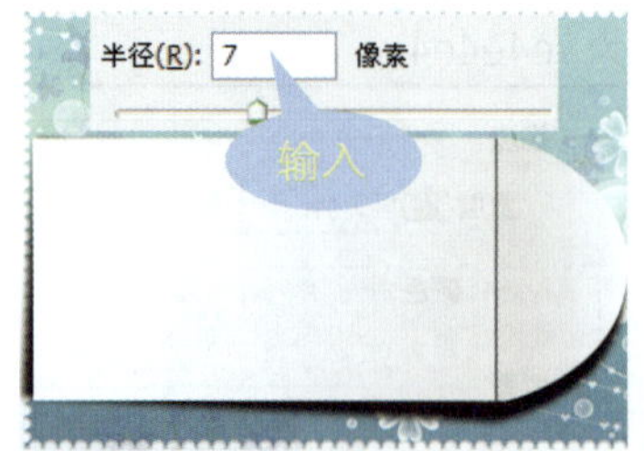
步骤 21　设置不透明度	**步骤 22　绘制小正方形**	**步骤 23　复制图像**
为“图层 7（合并）”图层添加图层蒙版，在左侧的阴影图像上涂抹，将其隐藏，并设置图层“不透明度”为 86%。	新建“图层 8”，使用“矩形选框工具”绘制选区。选择“编辑”→“描边”命令，在打开的对话框中设置“宽度”为 2px，“颜色”为#6e2b2b，对选区进行描边。	选择“图层 8”图层，按快捷键〈Ctrl+J〉，生成“图层 8 副本”图层，然后将此图层中的对象移至信封的右下角。
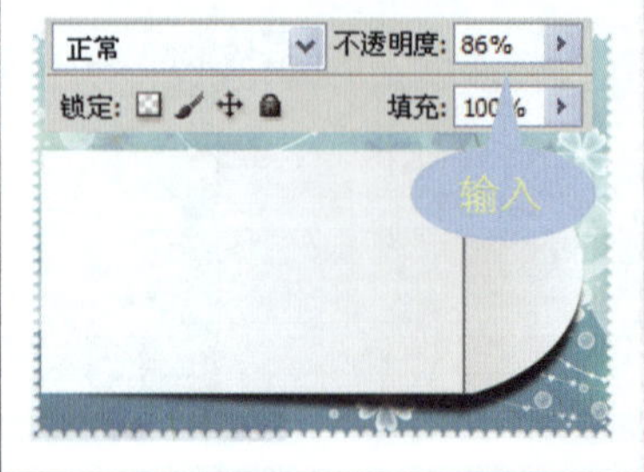	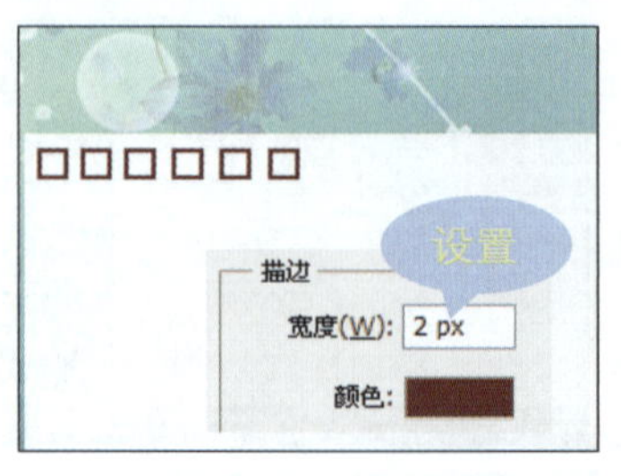	

步骤 24　将人像移至背景中 切换至 01.jpg 图像中，选择盖印的“图层 6”图层，然后将其拖动至新建的图像中，生成“图层 9”图层。按快捷键〈Ctrl+T〉，调整图像大小。	步骤 25　复制多个人物对象 选择“图层 9”图层，按快捷键〈Ctrl+J〉，复制多个人物图像，再分别调整各图层中人物的大小和位置。

步骤 26　设置并为人像进行描边 双击“图层 9”图层，打开“图层样式”对话框。勾选“描边”复选框，在右侧的选项区中设置“大小”为 1 像素，“颜色”为#9b9b9b，对照片进行描边。	步骤 27　绘制白色矩形 在“图层 9”下方新建“图层 10”图层，使用“矩形工具”在照片下方绘制一个稍大一些的白色矩形。

步骤 28　为矩形添加投影效果 双击“图层 9”图层，打开“图层样式”对话框。勾选“投影”复选框，在右侧的选项区中设置“不透明度”为 62%，“距离”为 6 像素，“大小”为 5 像素，为照片添加投影。	步骤 29　绘制路径 单击工具箱中的“钢笔工具”按钮，在右侧的人像照片上方绘制一个封闭的工作路径，并在“图层”面板中生成“路径 2”。

步骤 30　复制工作路径	步骤 31　添加图层蒙版	步骤 32　设置图层样式
将“路径 2”拖动至“创建新路径”按钮上，得到“路径 2 副本”。选择“编辑”→“变换”→“垂直翻转”命令，垂直翻转路径。	选择“路径 2”，按快捷键〈Ctrl+Enter〉，将其转换为选区。选择“图层 9 副本”图层，单击“添加图层蒙版”按钮，创建蒙版效果。	选择“图层”→“图层样式”→“投影”命令，打开“图层样式”对话框。设置“不透明度”为 50%，“距离”为 5 像素，“大小”为 5 像素。
		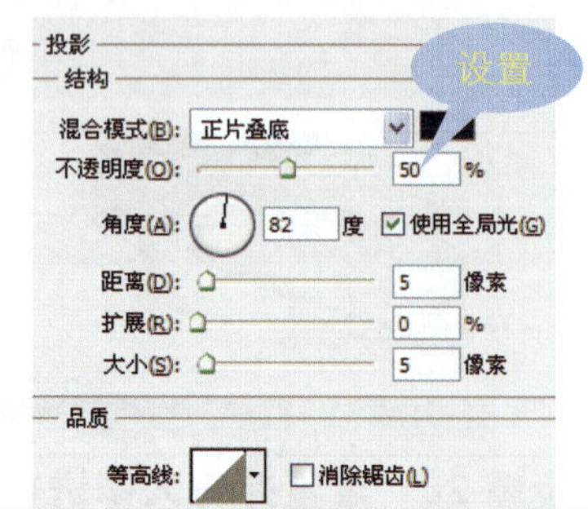
步骤 33　设置“描边”样式	步骤 34　在图像中应用样式	步骤 35　继续创建图层蒙版
在对话框中勾选“描边”复选框，在右侧的选项区中设置“大小”为 6 像素，“颜色”为 #bebdbd。	确认完设置后，返回图像窗口，为人像图像添加投影和描边效果。	选择“图层 9 副本 2”图层，同样为其添加图层蒙版，并设置上相同的图层样式。
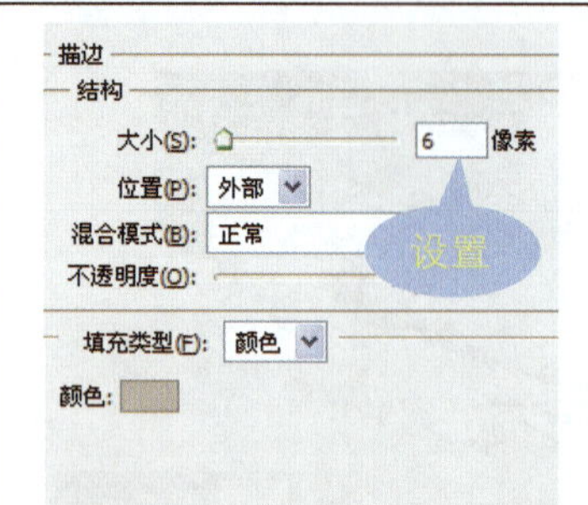		
步骤 36　设置“描边”样式	步骤 37　查看描边效果	步骤 38　绘制白色图形
双击“图层 9 副本 3”图层，打开“图层样式”对话框。勾选“描边”复选框，在右侧的选项区中设置“大小”为 1 像素，“颜色”为 #9b9b9b。	返回图像窗口，查看根据设置的“描边”样式为人物添加描边效果。	新建“图层 11”图层，按〈Ctrl〉键的同时单击“图层 9 副本 3”的图层缩览图，载入选区。设置前景色为白色，填充选区。
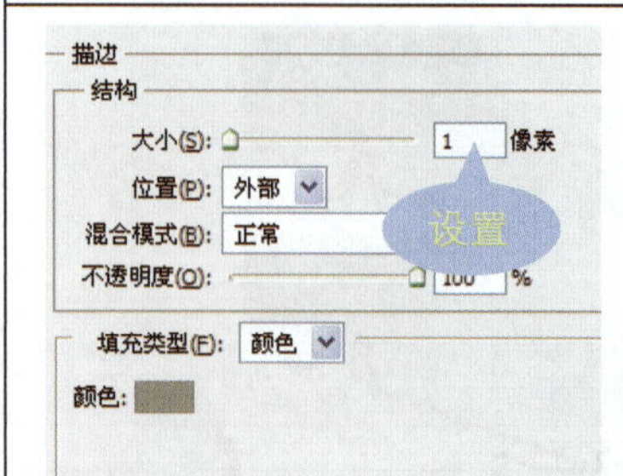		

步骤 39　设置“投影”样式 选择“图层”→“图层样式”→“投影”命令，打开“图层样式”对话框。设置“不透明度”为 33%，“距离”为 17 像素，“大小”为 10 像素。	**步骤 40　设置“描边”样式** 在对话框中勾选“描边”复选框，在右侧的选项区中设置“大小”为 9 像素，颜色为 #bebdbd，单击“确定”按钮。	**步骤 41　应用设置的样式** 返回图像窗口，根据设置的“描边”样式为人物添加投影和描边效果。
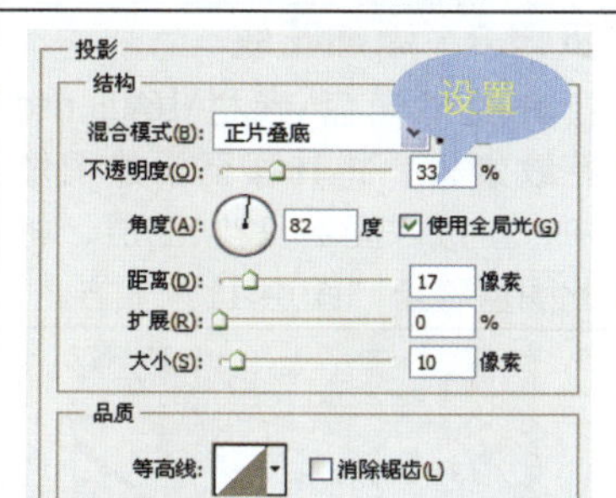	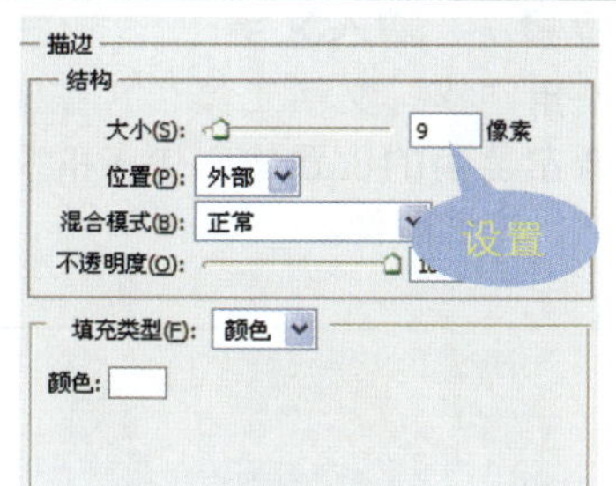	

16.3 在图像中添加主题文字

在完成照片整体图案的编辑后，最后就是在画面中的合适位置添加主题文字，完善最终效果。本节主要应用文字工具在页面中输入水平和垂直方向的文字，然后通过对输入的文字进行调整，完成本实例的制作。

步骤 1　设置并输入文字 单击工具箱中的“直排文字工具”按钮，打开“字符”面板。在打开的面板中对要输入的文字的属性进行设置，然后在画面右侧输入文本。	**步骤 2　更改文字的不透明度** 选择输入的文字图层，设置“混合模式”为“柔光”，“不透明度”为 74%，将文字叠加于图像上。

步骤 3　输入段落文本 使用“横排文字工具”在图像中的合适位置绘制一个文本框，之后在文本框中输入相应的文字。	**步骤 4　右对齐文本** 单击“段落”面板标签，切换至“段落”面板，单击面板上方的“右对齐文本”按钮，右对齐输入的文本。	**步骤 5　设置文本属性** 单击“字符”面板标签，切换至“字符”面板，在面板中重新对文本属性进行设置。

步骤 6　输入文字

将鼠标移至图像左上角的合适位置后单击鼠标左键，然后输入相应的文本。

步骤 7　输入文字

使用“横排文字工具”在图像左上角的位置输入更多的文字，修饰图像。

步骤 8　添加花纹

打开随书光盘\素材\16\05.psd 花纹素材，将其移至新建图像中，生成“图层 12”图层，将此图层移至“图层 11”下方。

步骤 9　添加花纹

打开随书光盘\素材\16\06.psd 花纹素材，将其移至新建的文件中，设置“不透明度”为 12%，降低花纹图像的透明度。

步骤 10　设置“投影”样式

双击“图层 12”图层，打开“图层样式”对话框。勾选“投影”复选框，在右侧的选项区中设置“不透明度”为 24%，“距离”为 4 像素。单击“确定”按钮，添加投影效果。

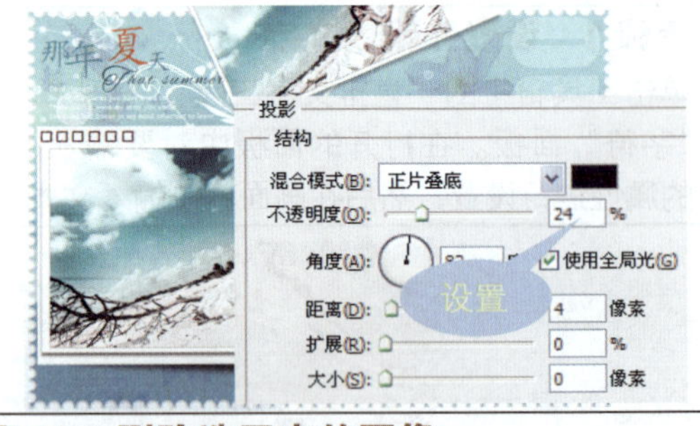

步骤 11　载入图像选区

选择“图层 2”图层，单击工具箱中的“魔棒工具”按钮，在邮票边缘的白色区域单击，创建选区。

步骤 12　删除选区内的图像

选择“图层 9 副本 3”图层，按〈Delete〉键，将选区内的图像删除。至此，完成此实例的制作。

17 制作杂志风格的婚纱艺术照

当看到杂志封面印着的漂亮照片时，难免会想如果自己也能出现在里面那该有多好，而时下将照片做成一本杂志的风潮已经慢慢成为一种时尚。本实例将介绍杂志风格婚纱艺术照片的制作过程。

本章知识点

- 设置艺术化的照片色调
- 对人像照片进行美化处理
- 杂志版面的设计

17.1 设置艺术化的照片色调

要设置杂志风格的艺术照片，首先需要了解整个杂志的主体风格，根据其特点进行色调的处理。本节首先对打开的人像照片进行复制，然后在复制的图层中应用调整命令对照片的色调进行修饰，制作出怀旧的婚纱照。

步骤 1　复制图层

打开随书光盘\素材\17\01.jpg 人像素材，选择"背景"图层，并将其拖动至"创建新图层"按钮上，生成"背景副本"图层。

步骤 2　调整图像的亮度

选择"背景副本"图层，单击"调整"面板中的"创建新的亮度/对比度调整图层"图标，在打开的面板设置"亮度"为 4，"对比度"为 27。创建"亮度/对比度 1"调整图层，提高照片的亮度。

步骤 3　设置照片的饱和度

单击"调整"面板中的"创建新的色相/饱和度调整图层"图标，在打开的面板中设置参数值为-1、-9和0，增加图像的颜色饱和度。

步骤 4　设置可选颜色

单击"调整"面板中的"创建新的可选颜色调整图层"图标，在打开的面板中单击"颜色"下拉按钮，选择"黄色"选项，然后设置颜色百分比为 0%、+9%、+11%和 0%。

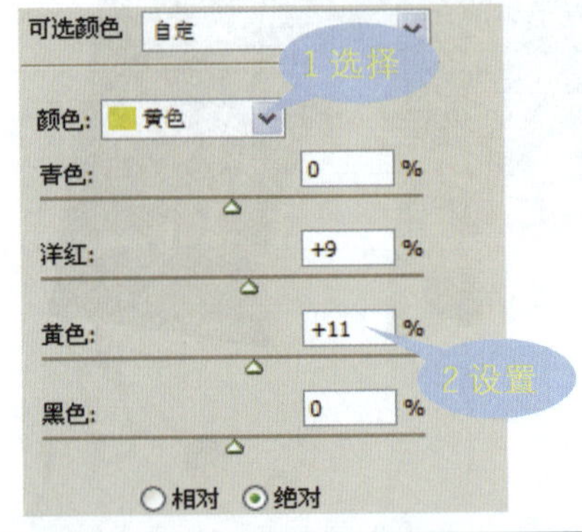

步骤 5　调整图像颜色

设置完成后，退出"调整"面板，应用设置的参数值调整图像的颜色。

步骤 6　设置色相/饱和度

单击"调整"面板中的"创建新的色相/饱和度调整图层"图标，在打开的面板中勾选"着色"复选框，设置参数值为 32、57 和 0。

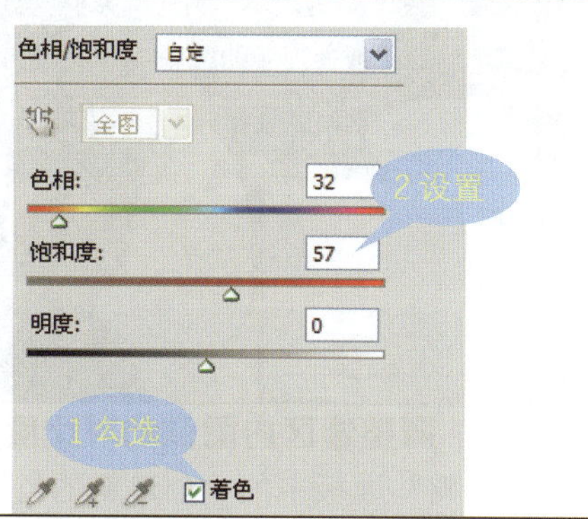

步骤 7　更改图层混合模式

创建“色相/饱和度 2”调整图层，将该图层的“混合模式”设置为“深色”，对图像的色调进行调整。

步骤 8　复制图层并更改混合模式

选择“色相/饱和度 2”图层，按快捷键〈Ctrl+J〉，生成“色相/饱和度 2 副本”图层。设置“混合模式”为“颜色减淡”，“不透明度”为 28%。

步骤 9　编辑图层蒙版

单击“色相/饱和度 2 副本”图层的蒙版缩览图，然后在图像中过暗的区域涂抹，还原局部图像的影调。

步骤 10　单击并拖动曲线

单击“调整”面板中的“创建新的曲线调整图层”图标，在打开的面板中单击并向下方拖动鼠标，变换曲线形状。

步骤 11　降低图像的亮度

创建“曲线 1”调整图层，单击“曲线 1”图层的蒙版缩览图，然后在图像中过暗的区域涂抹，还原局部图像的影调。

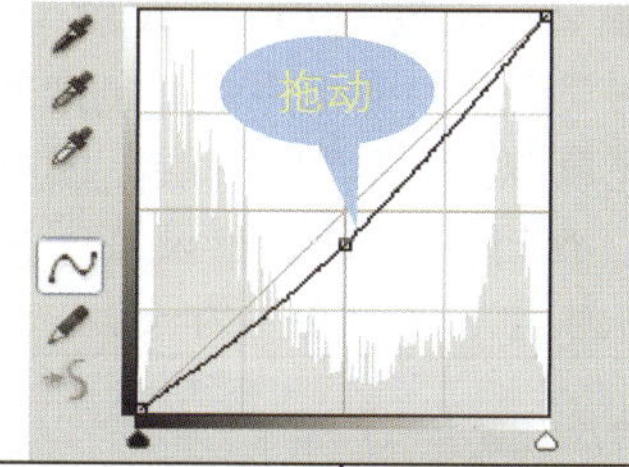

步骤 12　添加“黄色”滤镜

单击“调整”面板中的“创建新的照片滤镜调整图层”图标，在打开的面板中单击“滤镜”下拉按钮，选择“黄”滤镜，设置“浓度”为 22%，调整图像色调。

步骤 13　创建人像选区

使用“快速选择工具”在人像上方单击，创建选区。按快捷键〈Shift+F6〉，打开“羽化选区”对话框。设置“羽化半径”为 4 像素，单击“确定”按钮，羽化人像选区。

步骤 14　调整选区内图像的对比度

单击“调整”面板中的“创建新的色阶调整图层”图标，在打开的面板中单击“色阶”下拉按钮，选择“增加对比度 2”预设色阶，调整图像的对比度。

步骤 15　盖印可见图层

在完成整个图像的色调处理后，单击“创建新图层”按钮，新建“图层 1”。按快捷键〈Ctrl+Shift+Alt+E〉，盖印图层。

17.2 对人像照片进行美化处理

在一个杂志页面中，往往不止有一张照片而已，很多时候都会在同一页面上添加多张照片。把握好照片的整体色调，可以使整个杂志风格得到完美的统一。17.1 节完成了第一张照片的处理，本节将进一步对另一张照片进行美化处理。

步骤 1　添加人像素材	**步骤 2　设置亮度/对比度**	**步骤 3　增加照片亮度**
打开随书光盘\素材\17\02.jpg，在图像窗口中进行查看。	单击“调整”面板中的“创建新的亮度/对比度调整图层”图标，在打开的面板中设置“亮度”为 7，“对比度”为-8。	设置完成后，退出“调整”面板，根据上一步设置的亮度和对比度调整图像的影调。

步骤 4　设置色相/饱和度

单击“调整”面板中的“创建新的色相/饱和度调整图层”图标，在打开的面板中设置参数值为+2、-10 和 0。

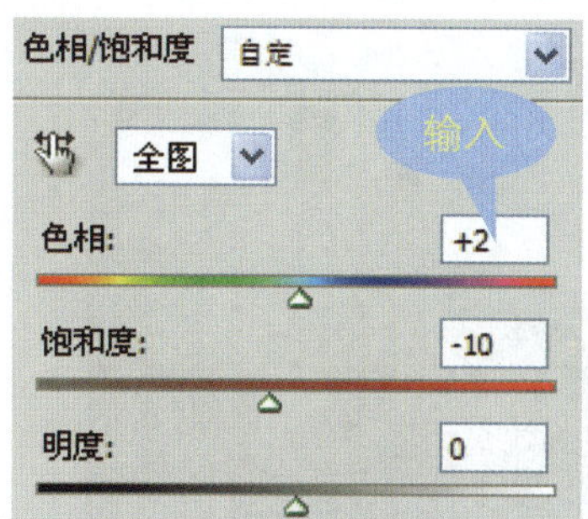

步骤 5　降低颜色饱和度

设置完成后，退出“调整”面板，根据上一步设置的参数值，调整图像的整体饱和度。

步骤 6　设置可选颜色

单击“调整”面板中的“创建新的可选颜色调整图层”图标，在打开的面板中选择“红色”选项，设置颜色百分比为 0%、-2%、0%和 0%。

步骤 7　设置可选颜色

单击“颜色”下拉按钮，选择“黄色”选项，设置颜色百分比为-24%、+4%、+5%和-1%。

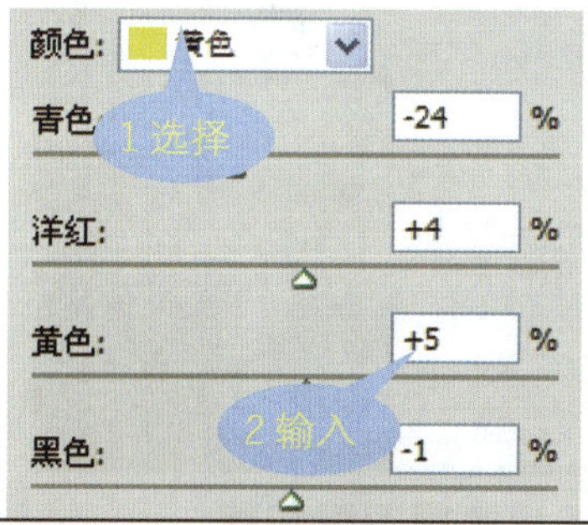

步骤 8　变换照片色调

设置完成后，退出“调整”面板，应用设置的参数值，适当调整图像颜色。

步骤 9　设置色相/饱和度

单击“调整”面板中的“创建新的色相/饱和度调整图层”图标，在打开的面板中勾选“着色”复选框，设置参数值为 45、29 和 0。

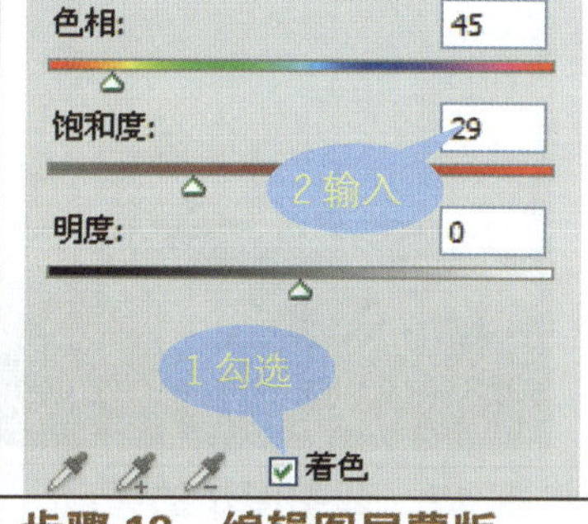

步骤 10　图层混合模式

创建“色相/饱和度 2”调整图层，并将此图层的“混合模式”设置为“正片叠底”。

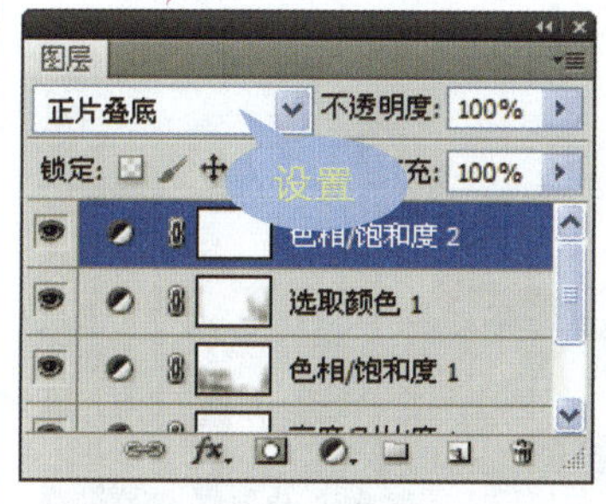

步骤 11　查看图像效果

根据上一步选择的“正片叠底”混合模式叠加图像，使原图像变得更暗。

步骤 12　编辑图层蒙版

单击“色相/饱和度 2”图层的蒙版缩览图，选择较软的黑色画笔在图像中的合适位置涂抹，还原局部区域的影调。

步骤 13 设置“智能锐化”滤镜

盖印图层，选择“滤镜”→“锐化”→“智能锐化”命令，打开“智能锐化”对话框。设置“数量”为 169%，“半径”为 1.4 像素。

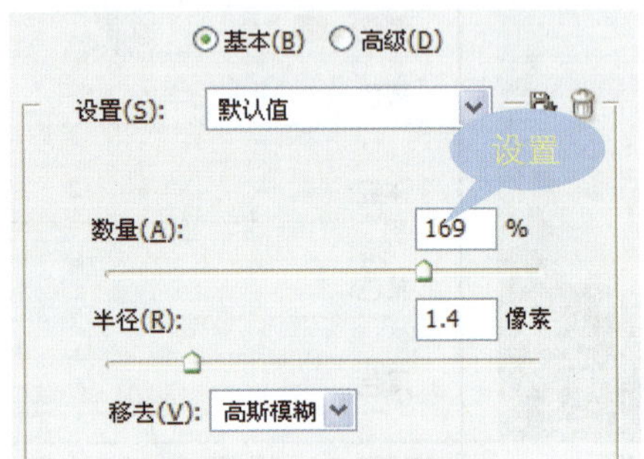

步骤 14 锐优图像效果

单击“确定”按钮，关闭对话框。根据上一步设置的“智能锐化”滤镜对图像进行锐化，还原清晰的照片细节。

步骤 15 在较暗区域绘制选区

单击工具箱中的“矩形选框工具”按钮，沿着图像底端单击并拖动鼠标，绘制一个矩形选区。

步骤 16 对选区进行羽化

按快捷键〈Shift+F6〉，打开“羽化选区”对话框。设置“羽化半径”为 60 像素，单击“确定”按钮，羽化选区。

步骤 17 调整图像的亮度

单击“调整”面板中的“创建新的亮度/对比度调整图层”图标，在打开的面板中设置“亮度”为 40，“对比度”为-17，提高照片的亮度。

步骤 18 复制图层编辑图层蒙版

按快捷键〈Ctrl+J〉，复制“亮度/对比度 2”图层。单击“亮度/对比度 2 副本”图层的蒙版缩览图，选择较软的黑色画笔在图像中的合适位置涂抹，还原局部区域的影调。

步骤 19 设置色相/饱和度

单击“调整”面板中的“创建新的色相/饱和度调整图层”图标，在打开的面板中勾选“着色”复选框，设置参数值为 40、31 和 0，更改照片的整体色调。

步骤 20 设置图层混合模式

创建“色相/饱和度 3”图层，设置该图层的“混合模式”为“柔光”，“不透明度”为 55%。

步骤 21 编辑图层蒙版

单击“色相/饱和度 3”图层的蒙版缩览图，选择较软的黑色画笔在图像中的合适位置涂抹，还原局部区域的影调。

步骤 22 应用曲线调整对比度

单击“调整”面板中的“创建新的曲线调整图层”图标，在打开的面板中单击“曲线”下拉按钮，选择“线性对比度（RGB）”曲线，增加图像的对比度。

步骤 23 创建并羽化选区

使用“椭圆选框工具”在图像中绘制圆形选区，按快捷键〈Shift+F6〉，打开“羽化选区”对话框。设置“羽化半径”为 200 像素，单击“确定”按钮，羽化选区。

步骤 24 反选选区

选择“选择”→“反向”命令，或按快捷键〈Ctrl+Shift+I〉，反选选区。

步骤 25　设置曲线，调整图像明暗	步骤 26　设置照片滤镜
单击“调整”面板中的“创建新的曲线调整图层”图标，在打开的面板中单击并向下拖动鼠标，调整曲线形状，降低背景区域的亮度。	单击“调整”面板中的“创建新的照片滤镜调整图层”图标，在打开的面板中单击“滤镜”下拉按钮，选择“黄”滤镜，设置“浓度”为 22%。
	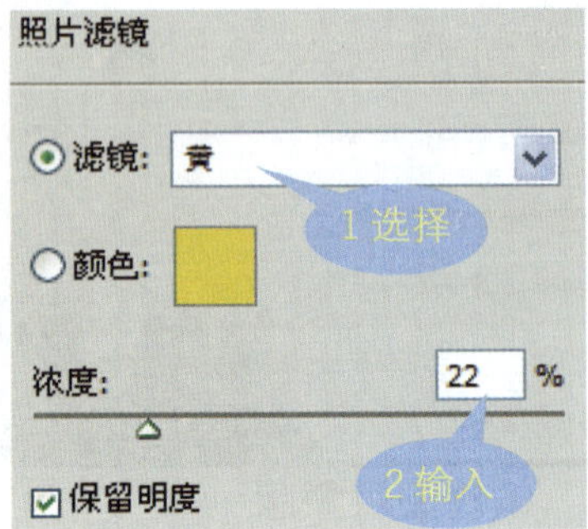
步骤 27　增强照片的色调	**步骤 28　盖印图层**
设置完成“照片滤镜”后，创建“照片滤镜 1”调整图层，应用“黄“滤镜调整图像的色调。	单击“图层”面板底部的“创建新图层”按钮，新建“图层 2”图层。按快捷键〈Ctrl+Shift+Alt+E〉，盖印图层。
	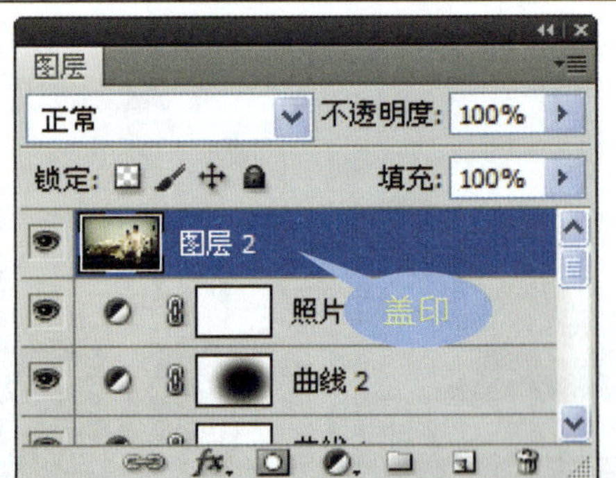

17.3 杂志版面的设计

众所周知，在一个杂志中，只有图案是完全不够的。除了主要的图像外，还应用有一些必要的文字，用于修饰图像或说明杂志的主要内容等。本节将把前面处理好的照片添加至一个新的版面中，结合文字和图形绘制工具，完成杂志版面的设计。

步骤 1　设置新建文件的名称和大小	步骤 2　新建图层填充颜色
选择“文件”→“新建”命令，打开“新建”对话框。在“名称”文本框中输入 “制作杂志风格的婚纱艺术照”，然后设置“宽度”为 20 厘米，“高度”为 14 厘米，“分辨率”为 300 像素/英寸。	单击“确定”按钮，新建图像。单击“创建新图层”按钮，新建“图层 1”图层。将前景色设置为#ffefdd，按快捷键〈Alt+Delete〉，填充图像。

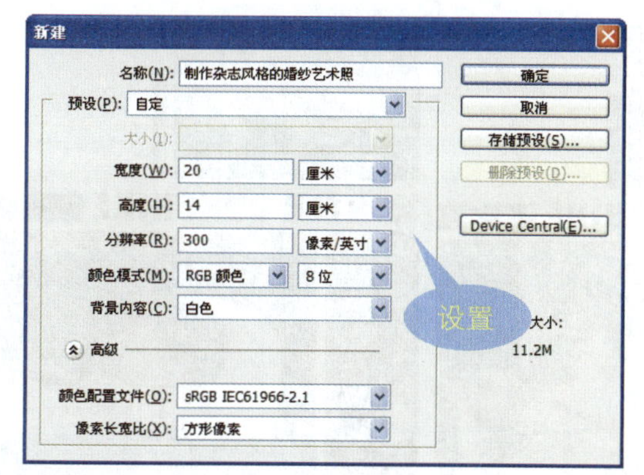

步骤 3　绘制矩形

将前景色设置为#744e1d，新建“图层 2”图层，使用“矩形工具”在图像左侧绘制一个矩形。

步骤 4　绘制矩形

继续使用“矩形工具”在画面中的合适位置再绘制两个不同大小的矩形。

步骤 5　添加人像照片

切换至 01.jpg、02.jpg 素材图像，将盖印的人像照片拖动至新建的文件中。

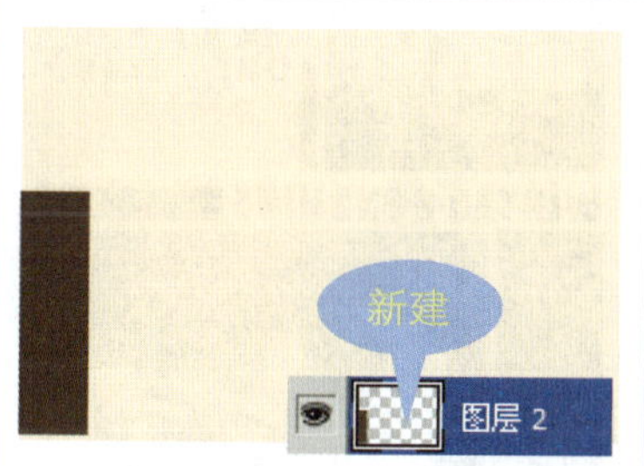

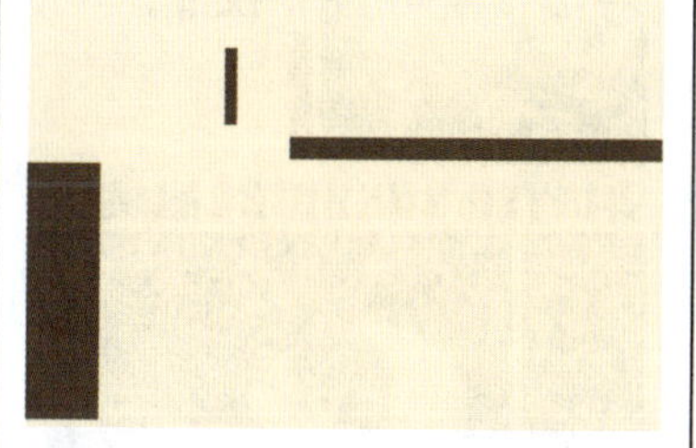

步骤 6　绘制矩形选区

单击工具箱中的“矩形选框工具”按钮，在下方的人像照片上绘制一个矩形选区。

步骤 7　添加图层蒙版

选择“图层 5”图层，单击“添加图层蒙版”按钮，创建图层蒙版，隐藏选区外的图像。

步骤 8　设置文字属性

单击“横排文字工具”按钮，打开“字符”面板，对要输入的文字进行相应的设置。

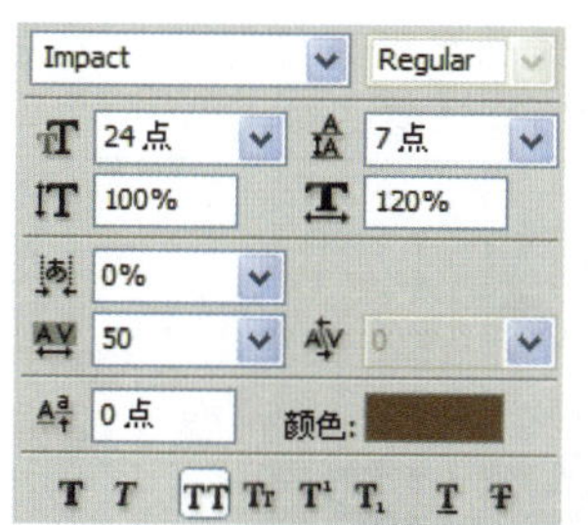

步骤 9　输入文字

在画面左侧的合适位置单击，并输入相应的文字。

步骤 10　输入文字

继续使用“横排文字工具”在图像中输入黑色的文字，然后将输入文字的“不透明度”设置为 60%。

步骤 11　调整文字排列顺序

选择黑色文字所在的图层，选择“图层”→“排列”→“后移一层”命令，将黑色的文字置于深褐色文字下方。

步骤 12　更改文字属性

单击"横排文字工具"按钮 T，打开"字符"面板，在面板中重新调整文字的属性。

步骤 13　输入文字

在画面右上角的空白位置单击，并输入相应的文字。

步骤 14　输入更多的文字

继续使用"横排文字工具" T 在图像的右上角输入更多的文字，修饰图像。

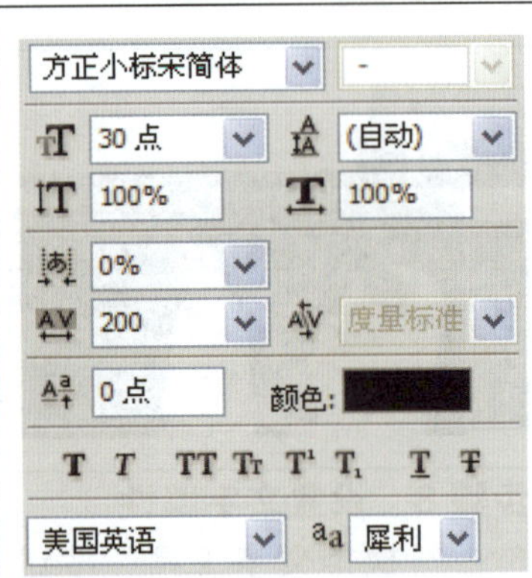

步骤 15　添加背景图像

打开随书光盘\素材\17\03.jpg素材图像，然后将打开的素材图像移至新建图像的右上角，并适当调整图像大小。

步骤 16　载入文本选区

按住〈Ctrl〉键不放，单击 our 文字图层，将该文字图层载入选区。

步骤 17　添加图层蒙版

选择"图层 7"图层，单击"图层"面板中的"添加图层蒙版"按钮，创建图层蒙版，隐藏选区外的图像。

步骤 18　复制图层

选择“图层 7”图层，按两次快捷键〈Ctrl+J〉，复制两个图层，并将复制的图层中的图层蒙版去除。

步骤 19　添加图层蒙版

按住〈Ctrl〉键不放，单击 Stor 文字图层，将该文字图层载入选区。选择“图层 7 副本”图层，单击“添加图层蒙版”按钮，创建图层蒙版。

步骤 20　添加图层蒙版

按住〈Ctrl〉键不放，单击 y 文字图层，将该文字图层载入选区。选择“图层 7 副本 2”图层，单击“添加图层蒙版”按钮，创建图层蒙版。

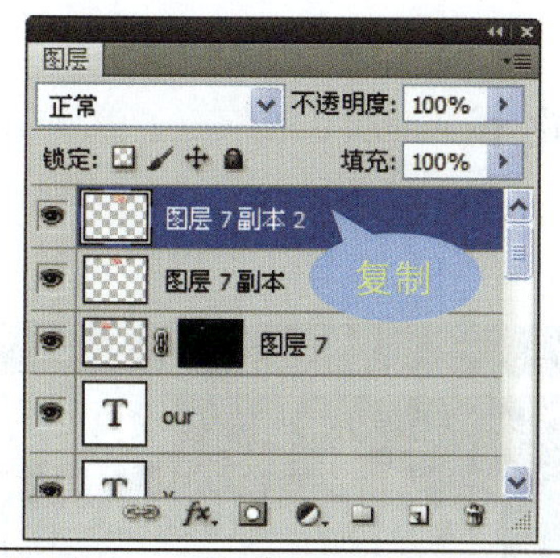

步骤 21　将花瓣图像移至文字上方

打开随书光盘\素材\14\04.psd 花瓣素材，并将打开的素材图像拖动至文字下方。按快捷键〈Ctrl+T〉，调整花瓣至合适大小。

步骤 22　设置“投影”样式

选择“图层”→“图层样式”→“投影”命令，打开“图层样式”对话框。设置“颜色”为#c1c1c1 “不透明度”为 25%，“距离”为 20 像素。

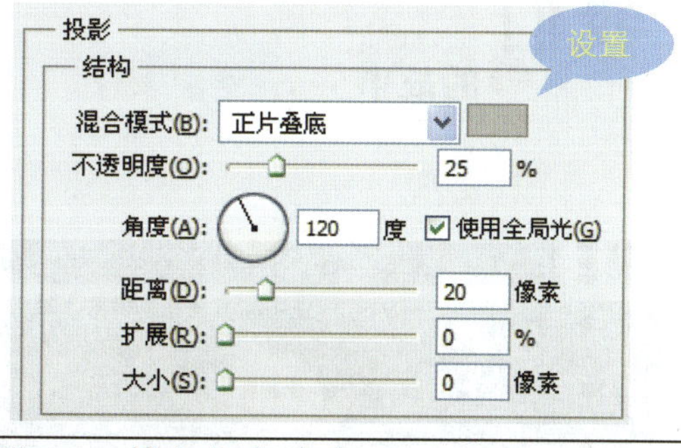

步骤 23　应用设置的图层样式

单击“确定”按钮，关闭对话框。根据上一步设置的“投影”样式，为花瓣添加逼真的投影效果。

步骤 24　输入红色文本

单击“横排文字工具”按钮，打开“字符”面板。在面板中对要输入的文字进行相应的设置，然后在图像中的合适位置输入红色文字。

步骤 25　输入黑色文本 单击“横排文字工具”按钮T，打开“字符”面板。在面板中对要输入的文字进行相应的设置，然后在图像中的合适位置输入黑色文字。	步骤 26　调整图像的不透明度 选择输入的黑色文字图层，将该图层的“不透明度”设置为 13%，降低文字的不透明度，使其与背景融合。
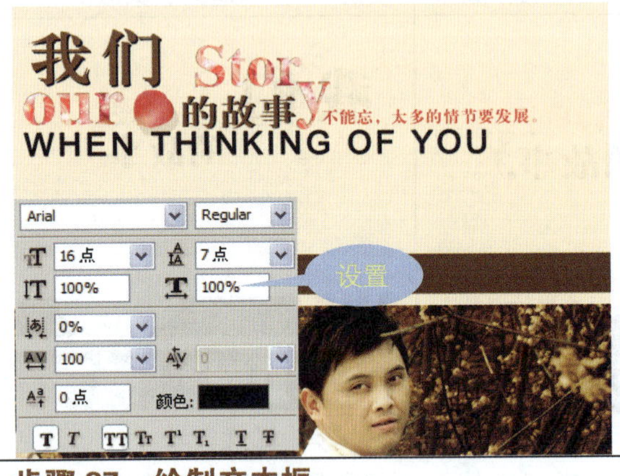	
步骤 27　绘制文本框 单击工具箱中的“横排文字工具”按钮T，在图像中的合适位置绘制一个文本框。	步骤 28　添加段落文本 在绘制的文本框中单击，输入相应的文字。至此，完成本实例的制作。

18 数码照片的商业应用

随着传媒市场的不断发展，数码照片也被广泛应用在各种网站设计中。本章实例将应用多张素材照片设计一个购物类的网页。

本章知识点

- 网页标题的设计
- 制作网页的结构主体
- 添加页面元素

18.1 网页标题的设计

网页标题不仅可以吸引人们的眼球，而且可以很好地引导浏览者对网站进行查看。本节主要制作的是网页标题，即把素材文件中的图像拖入到所创建的网页框架结构中，并为图像进行颜色的调整。然后再将一些小元素添加至标题中，使网页主题和细节的颜色融合得更加自然。

步骤 1　复制图层	步骤 2　调整色相/饱和度	步骤 3　调整图像的亮度
按快捷键〈Ctrl+N〉，打开“新建”对话框，设置文档大小，新建文档。打开随书光盘\素材\18\01.jpg 素材，并拖动至新建的文件上方。	单击“调整”面板中的“创建新的色相/饱和度调整图层”图标，在打开的面板中设置参数值为+2、+51 为+17，增加图像的饱和度。	单击“调整”面板中的“创建新的色阶调整图层”图标，在打开的面板中设置“色阶”值为 6、1.00 和 249，调整图像的亮度。
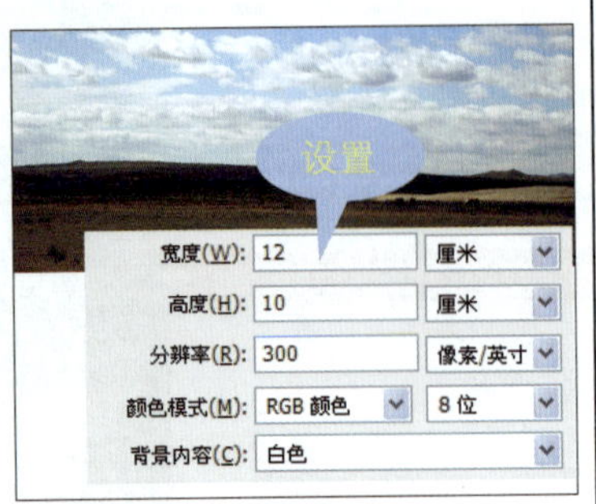		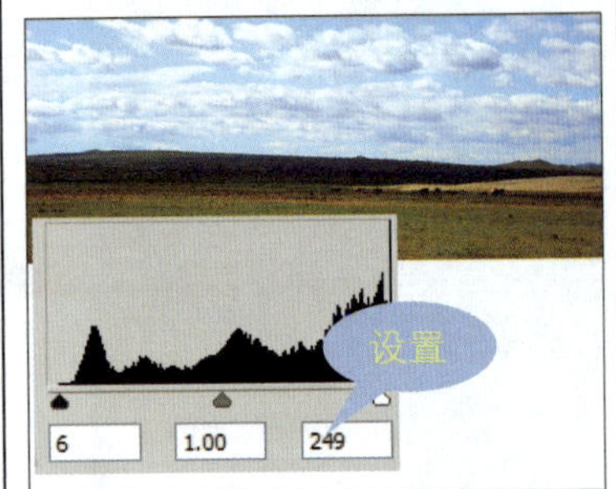
步骤 4　设置照片滤镜	步骤 5　绘制路径转换选区	步骤 6　设置渐变颜色
单击“调整”面板中的“创建新的照片滤镜调整图层”图标，在打开的面板中选择“冷却滤镜（80）”滤镜，调整图像的颜色。	使用“钢笔工具”在图像下方绘制路径，按快捷键〈Ctrl+Enter〉，将绘制的路径转换为选区。	单击“渐变工具”按钮，打开“渐变编辑器”对话框，设置从#a1d337 至#599c0e 的颜色渐变，设置后单击“确定”按钮。
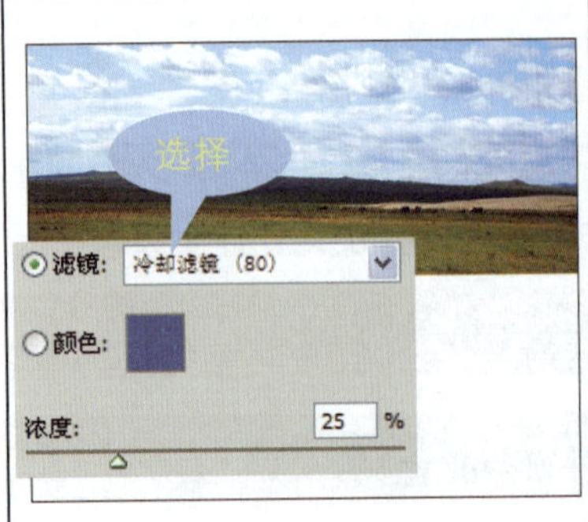	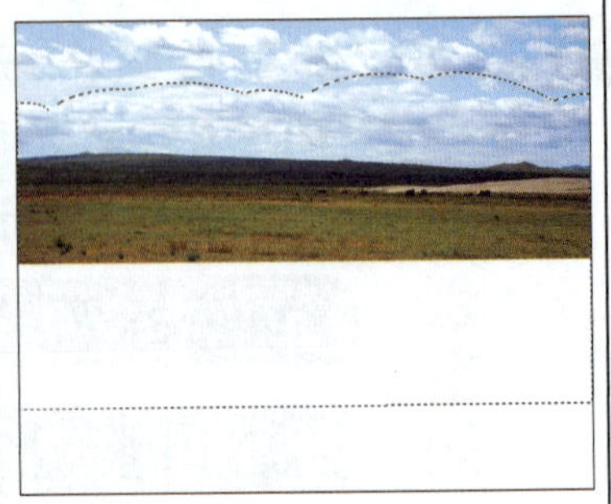	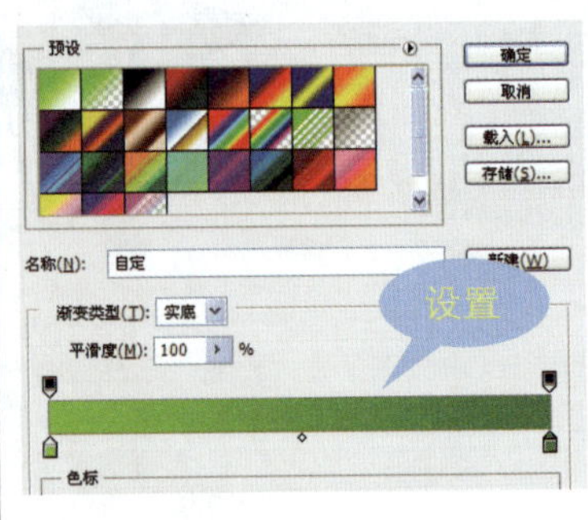

步骤 7　填充渐变颜色	**步骤 8　设置图层样式**	**步骤 9　应用样式效果**
新建“图层 2”图层，单击选项栏中的“线性渐变”按钮，从选区上方向下方拖动鼠标，填充渐变颜色。	双击“图层 2”图层，打开“图层样式”对话框。勾选“斜面和浮雕”复选框，然后在右侧的选项区中设置各项参数。	根据上一步设置的“斜面和浮雕”样式，为图像添加逼真的浮雕效果。
	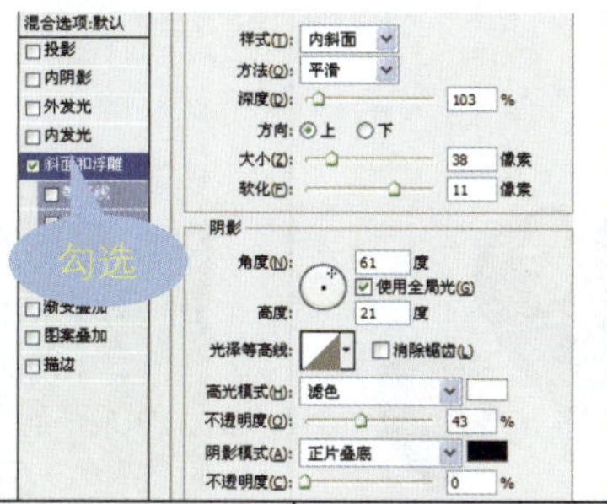	

步骤 10　打开图像并创建选区	**步骤 11　复制图像**
打开随书光盘\素材\18\02.bmp 素材，利用“魔棒工具”按钮，在背景区域单击，创建选区按快捷键〈Ctrl+Shift+I〉，反选选区。	按快捷键〈Ctrl+J〉，复制选区内的图像，生成“图层 1”图层，使用“矩形选框工具”在最左侧的热汽球上方创建选区。

步骤 12　复制选区内的图像	**步骤 13　复制图像**
单击工具箱中的“移动工具”按钮，把选区内的热汽球图像拖动至新建的文件中。按快捷键〈Ctrl+T〉，将热汽球设置为合适大小。	选择“图层 3”图层，连续按快捷键〈Ctrl+J〉，复制两个汽球图像，然后分别调整各图层中热汽球的大小和位置。

步骤 14　创建选区

返回至 02.jpg 素材图像，使用“矩形选框工具”在红色热汽球上方绘制矩形选择。

步骤 15　复制选区内的图像

单击工具箱中的“移动工具”按钮，把选区内的热汽球图像拖动至新建的文件中，按快捷键〈Ctrl+T〉，将热汽球设置为合适大小。

步骤 16　复制图像

选择“图层 4”图层，连续按快捷键〈Ctrl+J〉，复制两个汽球图像，然后分别调整各图层中热汽球的大小和位置。

步骤 17　将大树素材拖入画布

打开随书光盘\素材\18\03.psd 素材，然后将打开的大树图像拖动至新建的图像上。按快捷键〈Ctrl+T〉，调整图像大小。

步骤 18　复制图像

选择“图层 5”图层，连续按快捷键〈Ctrl+J〉，复制两个大树图像，然后分别调整各图层中树的大小和位置。

步骤 19　移动栅栏素材

打开随书光盘\素材\18\04.psd 素材，然后将打开的栅栏图像拖动至新建的图像上。按快捷键〈Ctrl+T〉，调整图像大小。

步骤 20　复制图像

选择“图层 6”图层，连续按快捷键〈Ctrl+J〉，复制两个栅栏图像，然后分别调整各栅栏的位置。

步骤 21　移动人物素材

打开随书光盘\素材\18\05.jpg 素材，然后将打开的人物图像拖动至新建的图像上。按快捷键〈Ctrl+T〉，调整图像大小。

步骤 22　擦除多余图像

单击工具箱中的“橡皮擦工具”按钮，将人物后面多余的背景擦除。

步骤 23　绘制路径选区

设置前景色为黑色，新建“图层 8”，使用“钢笔工具”在人物脚下绘制路径，按快捷键〈Ctrl+Enter〉，将其转换为选区。

步骤 24　填充渐变颜色

单击“渐变工具”按钮，选择“前景色到透明渐变”，然后从选区左下角向右上角拖动鼠标，为选区填充渐变。

步骤 25　设置滤镜，模糊图像

选择“滤镜”→“模糊”→“高斯模糊”命令，打开“高斯模糊”对话框，设置“半径”为 2 像素，模糊图像。

步骤 26　调整不透明度

在“图层”面板中选择“图层 8”图层，将此图层的“不透明度”更改为 50%。

步骤 27　复制并翻转图像

分别选择人像和阴影所在的“图层 7”和“图层 8”图层，按快捷键〈Ctrl+J〉，复制图层，并水平翻转复制的图像。

步骤 28　绘制正圆选区

单击工具箱中的“椭圆选框工具”按钮，在图像中的合适位置绘制一个正圆形选区。

步骤 29　设置渐变颜色

单击“渐变工具”按钮，选择“透明彩虹渐变”，然后再对各颜色滑块的位置进行设置，单击“确定”按钮。

步骤 30　为选区填充渐变色

新建“图层 9”图层，单击“径向渐变”按钮，从选区内侧往外侧拖动鼠标，填充设置的渐变颜色。

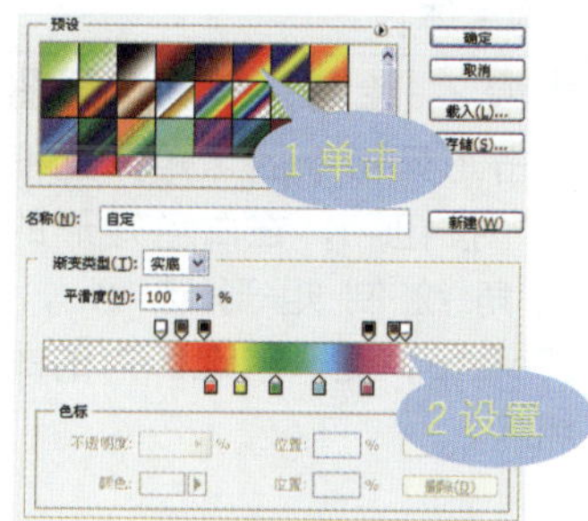

步骤 31　模糊图像 按快捷键〈Ctrl+F〉，应用前面设置的“高斯模糊”滤镜对绘制的图案进行模糊处理。	**步骤 32　编辑图层蒙版** 为“图层 9”添加图层蒙版，单击“图层 9”的蒙版缩览图，应用黑色画笔在彩色图案下方涂抹，隐藏局部图像。	**步骤 33　打开并复制图像** 打开随书光盘\素材\18\06.psd 素材，然后将打开的盒子图像拖动至彩虹图像下方，按快捷键〈Ctrl+T〉，调整图像大小。

步骤 34　设置“投影“样式 选择“图层”→“图层样式”→“投影”命令，打开“图层样式”对话框。设置“不透明度”为 29%，“距离”为 5 像素，“大小”为 6 像素，单击“确定”按钮。	**步骤 35　添加投影效果** 根据上一步设置的“投影”图层样式，为盒子图像添加逼真的投影效果。
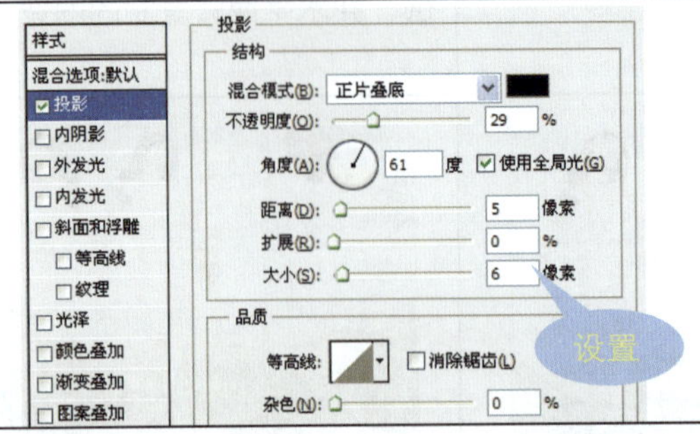	

18.2 制作网页的结构主体

在设计一个网页时，需要对网页的整体结构有一个详细规划，再按照规划进行网页结构主体的设计。本小节主要制作的是网页的结构主体。

步骤 1　绘制白色矩形 将前景色设置为白色，新建“图层 11”图层，单击“矩形工具”按钮，单击选项栏中的“填充像素”按钮，在图像中绘制一个白色矩形。	**步骤 2　绘制并删除选区图像** 单击工具箱中的“矩形选框工具”按钮，在白色矩形的右上角绘制矩形选区。按〈Delete〉键，将选区内的图像删除。	**步骤 3　绘制圆角矩形** 将前景色设置为#f2f3f7，新建“图层 12”图层，单击“圆角矩形工具”按钮，单击选项栏中的“填充像素”按钮，设置“半径”为 2px，在图像中绘制一个圆角矩形。

步骤 4 绘制图层样式

选择“图层”→“图层样式”→“斜面和浮雕”命令，打开“图层样式”对话框。在对话框中设置各项参数，然后单击“确定”按钮。

步骤 5 应用样式效果

根据上一步中设置的“斜面和浮雕”样式，为圆角矩形添加浮雕效果。

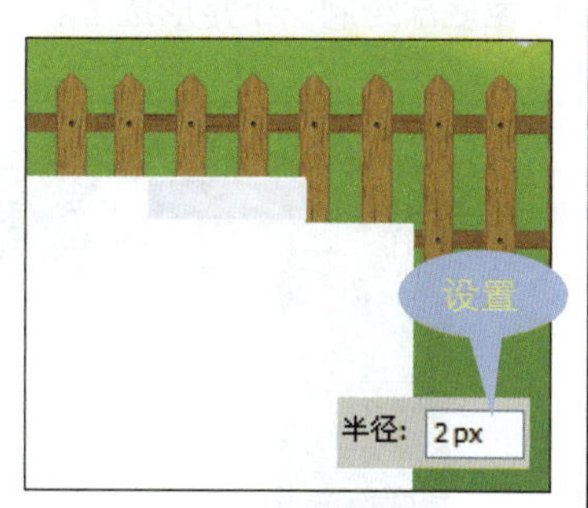

步骤 6 设置渐变颜色

设置前景色为#c8c9c，单击“渐变工具”按钮，打开“渐变编辑器”，单击“前景色到透明渐变”，然后单击“确定”按钮。

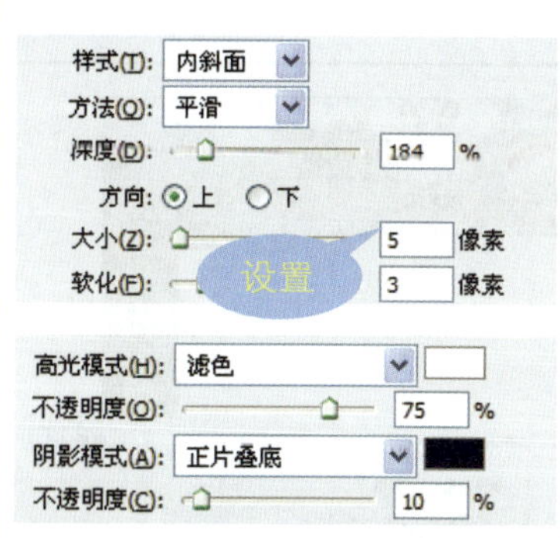

步骤 7 填充渐变颜色

将“图层 12”载入选区，然后新建“图层 13”图层，再从选区左下角往右上角位置拖动鼠标，填充渐变颜色。

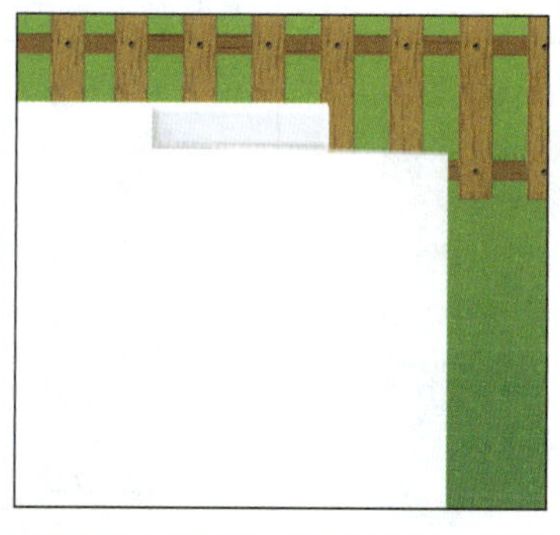

步骤 8 复制图像

同时选取“图层 12”和“图层 13”图层，按快捷键〈Ctrl+Alt+E〉，生“图层 13（合并）”图层，适当调整该图层中图像的大小和位置。

步骤 9 复制更多矩形图案

选择“图层 13（合并）”图层，连续按快捷键〈Ctrl+J〉，复制多个图层。分别调整各图层中图像的位置，得到网页主题按钮。

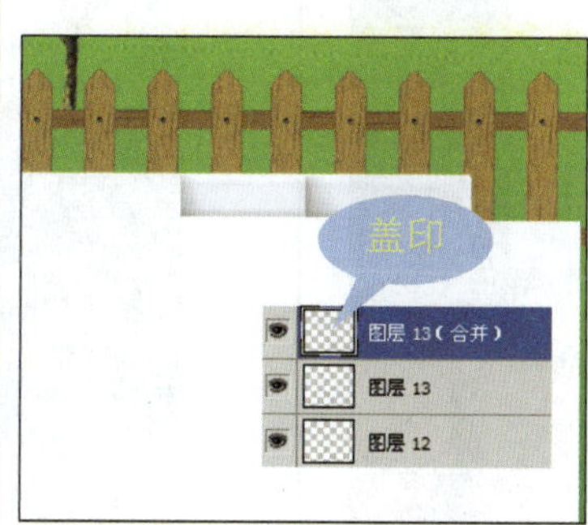

步骤 10　绘制矩形选区

单击工具箱中的“矩形选框工具”按钮，在图像底部绘制一个矩形选区。

步骤 11　设置并填充渐变色

设置前景色为#6e2b2b，背景色为#8c3301。单击“渐变工具”按钮，新建“图层 14”，使用“前景色到背景色渐变”填充选区。

步骤 12　打开并复制图像

单击工具箱中的“矩形选框工具”按钮，在图像底部绘制一个矩形选区。

步骤 13　设置并填充渐变色

新建“图层 15”图层，单击“渐变工具”按钮，打开“渐变编辑器”对话框。设置渐变颜色为#ff8e07、#f7bb00 和#ff9004，然后为选区填充渐变颜色。

步骤 14　打开并复制图像

打开随书光盘\素材\18\07.psd 素材，然后将打开的指示图像拖动至新建图像的右下角。按快捷键〈Ctrl+T〉，调整图像大小。

步骤 15　绘制矩形选区

单击工具箱中的“矩形选框工具”按钮，在图像底部绘制一个矩形选区。

步骤 16 设置并填充颜色

设置前景色为#c86c20，背景色为#e4994b。单击“渐变工具”按钮，新建“图层 17”，使用“前景色到背景色渐变”填充选区。

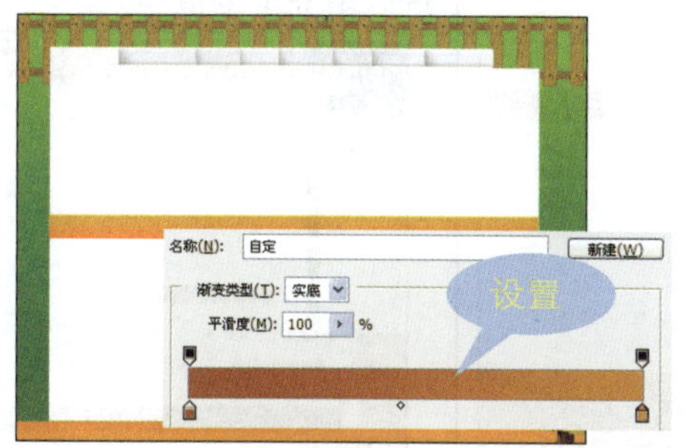

步骤 17 绘制单行选区

单击“单行选框工具”按钮，在选项栏中单击“添加到选区”按钮，在画面中连续单击，绘制多个单行的选区。

步骤 18 为选区填充颜色

设置前景色为#e55808，新建“图层 20”图层。按快捷键〈Alt+Delete〉，为选区填充颜色。

步骤 19 绘制单列选区

单击“单列选框工具”按钮，在选项栏中单击“添加到选区”按钮，在画面中连续单击，绘制多个单列的选区。

步骤 20 删除选区中图像

按〈Delete〉键，将选区内的线条删除，得到虚线效果。

步骤 21 擦除多余图像

单击工具箱中的“橡皮擦工具”按钮，将除虚线区域外的所有线条图像擦除。

步骤 22 打开并移动图像

打开随书光盘\素材\18\07.psd素材，然后将打开的图像拖动至新建图像的右下角。设置“混合模式”为“叠加”，“不透明度”为 74%。

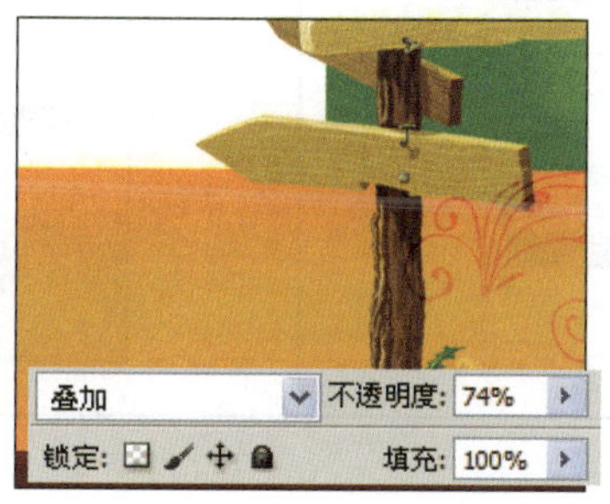

步骤 23 复制花纹图案

连续按快捷键〈Ctrl+J〉，复制更多的花纹图像，然后分别调整各花纹的大小和位置，制作成底纹效果。继续应用图形绘制工具在页面中绘制更多不同形状的图案。

步骤 24　复制人像及投影	步骤 25　绘制工具路径	步骤 26　填充渐变颜色
选择人像和阴影所在的“图层7”和“图层 8”图层，按快捷键〈Ctrl+J〉，复制图层，并将人物和阴影移至左下角。	单击工具箱中的“钢笔工具”按钮，在图像中绘制一个封闭的工作路径。按快捷键〈Ctrl+Enter〉，将绘制的路径转换为选区。	新建“图层 26”图层，选择“渐变工具”，打开“渐变编辑器”对话框。设置渐变颜色为# ae4400 到# c27731，然后为选区填充渐变颜色。

步骤 27　设置图层样式	**步骤 28　应用图层样式**	**步骤 29　将路径转换为选区**
双击“图层 26”图层，打开“图层样式”对话框。勾选“斜面和浮雕”复选框，在右侧的选项区中设置各项参数，完成后单击“确定”按钮。	根据上一步设置的“斜面和浮雕”样式，为绘制的图案添加斜面和浮雕效果。	单击工具箱中的“钢笔工具”按钮，在图像中绘制一个封闭的工作路径。按快捷键〈Ctrl+Enter〉，将绘制的路径转换为选区。
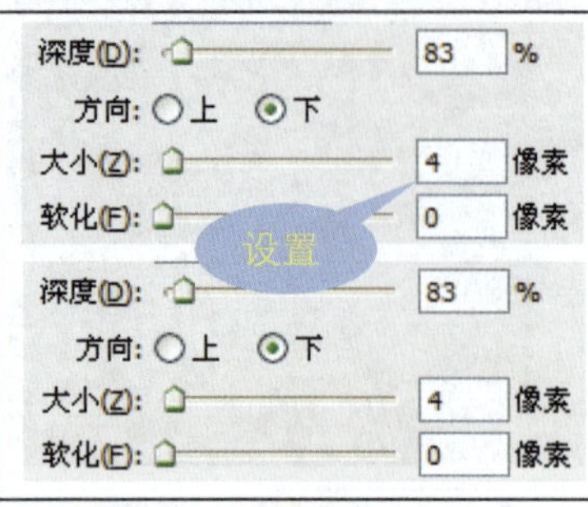		

步骤 30　设置渐变颜色	步骤 31　为选区填充颜色
单击“渐变工具”按钮，打开“渐变编辑器”对话框。设置渐变颜色为#8d340b、#ca5315 和#883000，设置后单击“确定”按钮。	新建“图层 27”图层，单击选项栏中的“线性渐变”按钮，在选区中从左向右拖动鼠标，为选区填充渐变颜色。
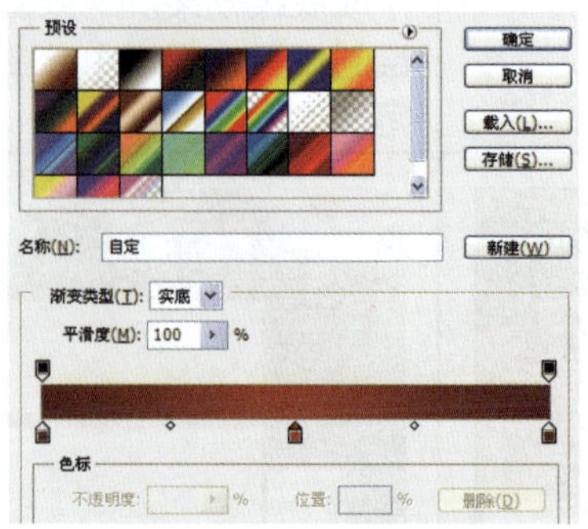	

步骤 32 盖印选定图层	步骤 33 复制图像
同时选中“图层 26”和“图层 27”图层，按快捷键〈Ctrl+Alt+E〉，盖印选定图层，生成“图层 27（合并）”图层，然后将该图层移至合适位置。	选择“图层 27（合并）”图层，连续按快捷键〈Ctrl+J〉，复制多个图像。分别调整其位置，再应用图形绘制工具在图像中绘制更多的图形。

18.3 添加页面元素

在本节中首先将饰品素材添加到页面中并调整为合适大小。之后在网页中输入合适的文字，并适当调整文字的颜色。最后在输入的文字添加上相应的图层样式。

步骤 1 打开并移动素材	步骤 2 创建并删除选区
打开随书光盘\素材\18\08.jpg 人像素材，使用“移动工具”把打开的天空图像移至新建的图像中。	使用“矩形选框工具”沿着首饰图像绘制选区，按快捷键〈Ctrl+Shift+I〉，反选选区。按〈Delete〉键，删除多余的白色背景。
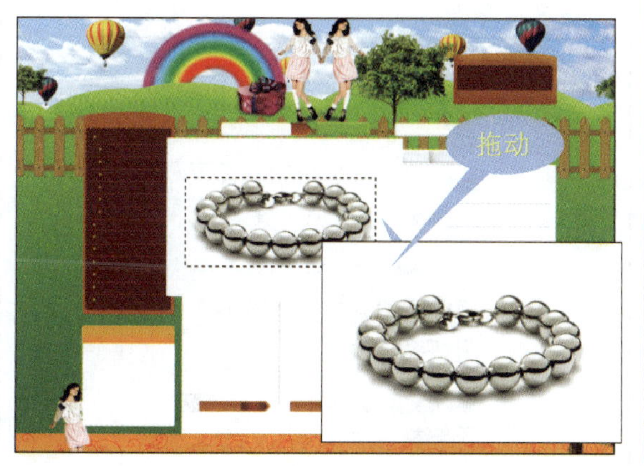	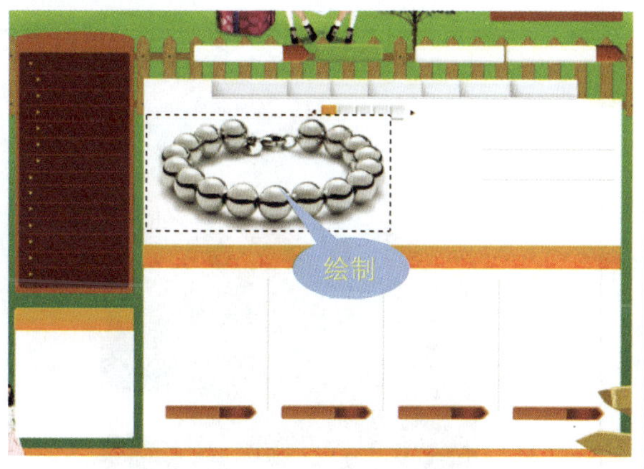

步骤 3　绘制并删除选区图像 将 09.jpg~12.jpg 素材图像都移动至新建的图像中，结合“矩形选框工具”将多余的白色背景删除。	步骤 4　输入文字 单击“横排文字工具”按钮，打开“字符”面板，在面板中设置文本属性，然后在图像右上角输入文字。
	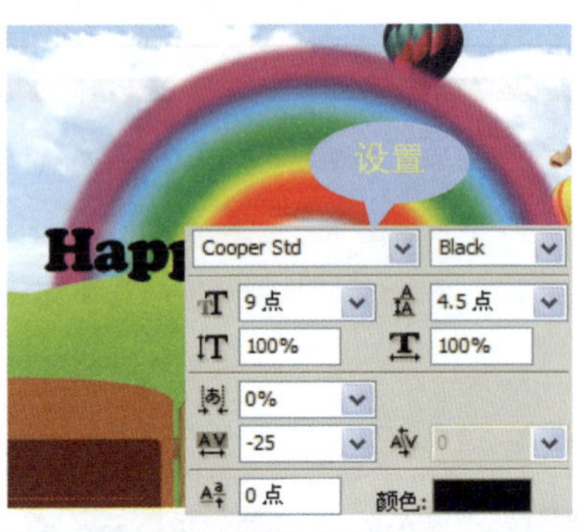
步骤 5　选中输入的文字 使用“横排文字工具”在输入的文字上方单击并拖动鼠标，将第一个字母选中，使其反向显示。	步骤 6　更改文本颜色 打开“字符”面板，在面板中单击颜色块，设置“颜色”为#ec0302，变换第一个字母的颜色。
	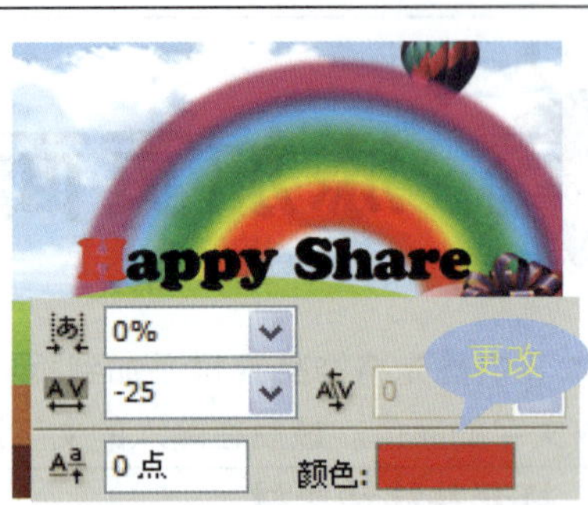
步骤 7　调整文本颜色 继续使用相同的操作对其他字母的颜色进行调整，设置出漂亮的彩色文字效果。	步骤 8　设置图层样式 双击文字图层，打开“图层样式”对话框。勾选“斜面和浮雕”复选框，在右侧的选项区中设置各项参数。
	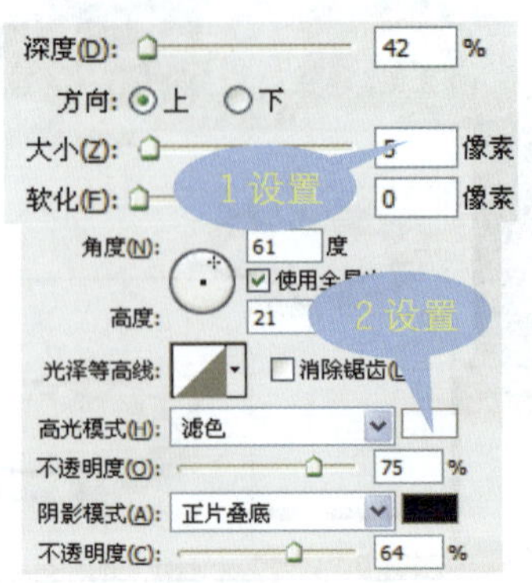

步骤 9　设置描边样式

勾选“描边”复选框，在右侧的选项区中设置“大小”为 3 像素，“颜色”为白色，设置后单击“确定”按钮。

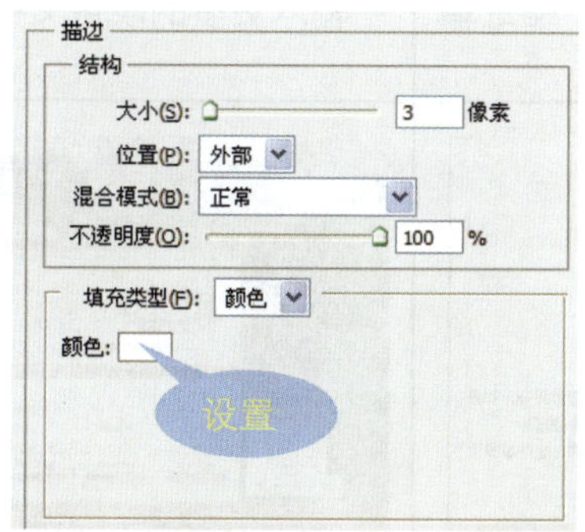

步骤 10　应用样式效果

返回图像窗口，根据设置的图层样式为文字添加“斜面和浮雕”和“描边”效果。

步骤 11　输入文字

单击“横排文字工具”按钮T，打开“字符”面板。在面板中设置文本属性，然后在图像右上角输入文字。

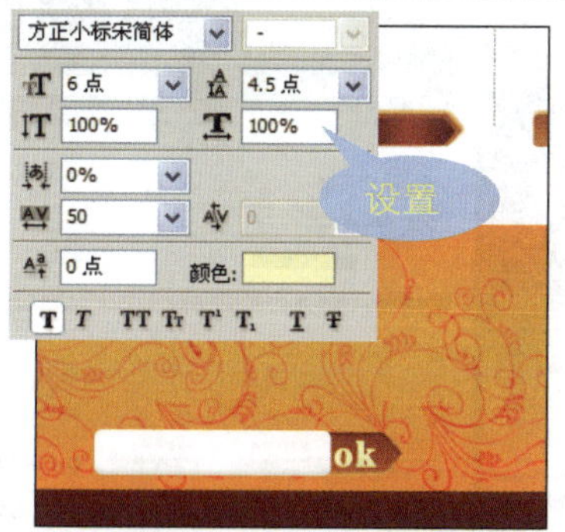

步骤 12　设置图层样式

双击文字图层，打开“图层样式”对话框。勾选“斜面和浮雕”复选框，在右侧的选项区中，在“样式”下拉列表框中选择“浮雕效果”选项，设置相应的参数，为文字添加浮雕效果。

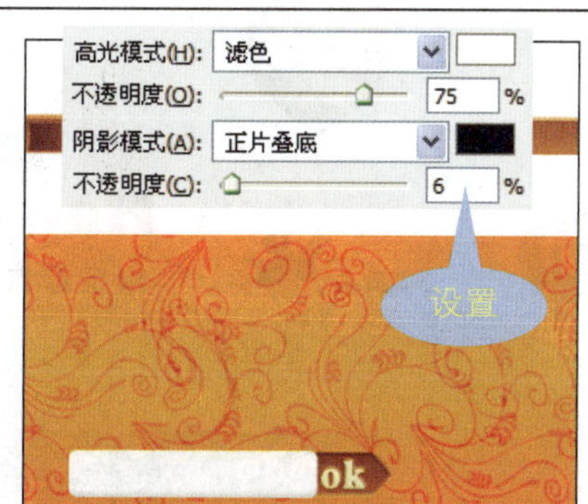

步骤 13　复制文字

选择字母 OK，连续按快捷键〈Ctrl+J〉，复制文字，然后分别将复制的文字移至画面中的合适位置。

步骤 14　完成更多文字的输入

继续结合“横排文字工具”T和“字符”面板，在图像中输入更多的文字。

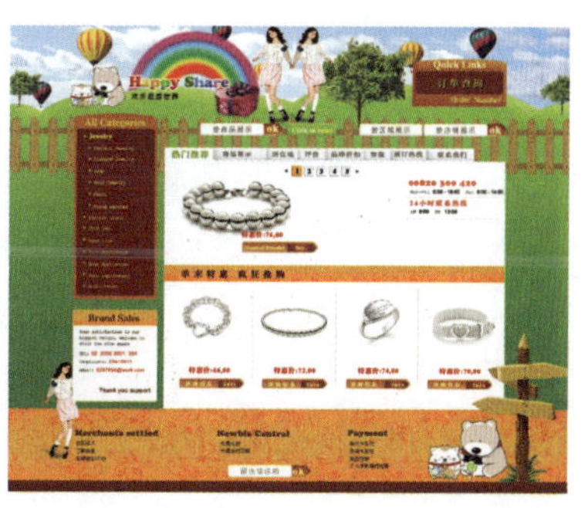

步骤 15　创建段落文字

使用“横排文字”工具T在图像右侧绘制一个文本框，然后在绘制的文本框中输入段落文字。

步骤 16　设置文本对齐方式

选择“窗口”→“段落”命令，打开“段落”面板。在面板中设置“首行缩进”为 4 点，缩进输入的段落文本。

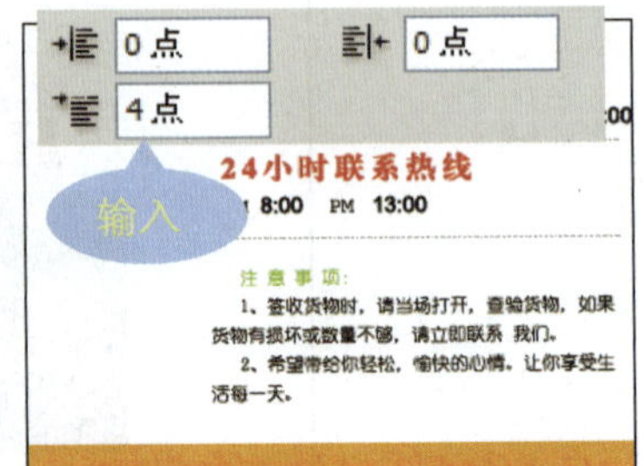

步骤 17　继续创建段落

继续结合“横排文字工具”T和“段落”面板，在页面中输入更多的段落文字。

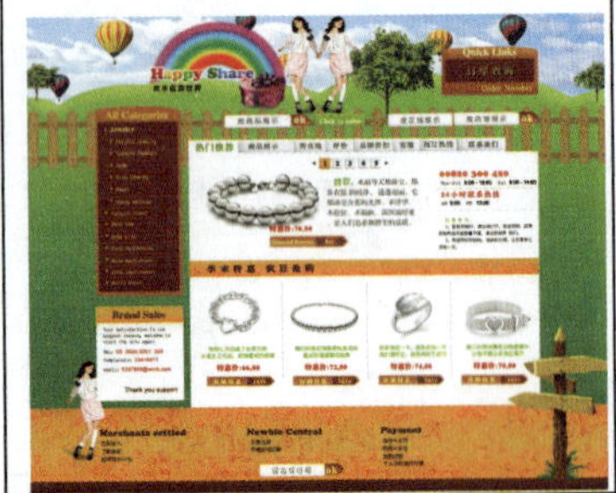

步骤 18　打开并移动素材

打开随书光盘\素材\18\13.psd 素材图像，并将打开的素材图像移至图像的右上角。按快捷键〈Ctrl+T〉，调整图像大小。

步骤 19　复制图像并调整位置

选择“图层 42”图层，按快捷键〈Ctrl+J〉，复制图像，并将复制的图像移至右下角。至此，完成本实例的制作。